최신기출문제수록
2022
enplebooks

한|국|산|업|인|력|공|단|의|출|제|기|준|에|따|른

전자기기 기능사
Craftsman Electronic Apparatus

필기

과년도 3주완성

전자기기문제연구회 엮음

산업용 및 가정용 전자기기 생산업체, 전자기기 부품제조업체, 전문수리센터 등에 취업하거나 계측기기 제조업체, 건설회사의 계전 및 계측기기 부서, 데이터통신업무를 운용하는 업체, 컴퓨터시스템을 운용하는 업체, 자동차 및 비행기제조업체 등에 진출 할 수 있다.

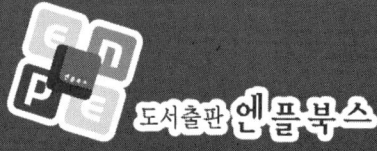
도서출판 엔플북스

목차

1. 2011년 과년도 출제문제 …………………………………… 1
2. 2012년 과년도 출제문제 …………………………………… 29
3. 2013년 과년도 출제문제 …………………………………… 55
4. 2014년 과년도 출제문제 …………………………………… 83
5. 2015년 과년도 출제문제 …………………………………… 109
6. 2016년 과년도 출제문제 …………………………………… 137
★ 해설 및 정답 …………………………………………………… 159
🔍 CBT 대비 모의고사 ………………………………………… 1
　해설 및 정답 ………………………………………………… 51

전자기기기능사 3주 완성

2011년도 과년도 출제문제

Craftsman Electronic Apparatus

전자기기 기능사 (2011년 2월 13일 시행)

1. 제어정류소자(SCR)와 관계없는 것은?
   - ㉮ 다이나트론
   - ㉯ 대전류의 제어
   - ㉰ 게이트전류로서 통전
   - ㉱ 쌍방향성

2. 전자결합으로 전자가 빠져 나간 빈자리는?
   - ㉮ 정공
   - ㉯ 도너
   - ㉰ 억셉터
   - ㉱ 이온 전류

3. 상용전원의 정류방식 중 맥동주파수가 180[Hz]가 되었다면 이때의 정류회로는?
   - ㉮ 3상 반파정류기
   - ㉯ 3상 전파정류기
   - ㉰ 2배 전압정류기
   - ㉱ 브리지형 정류기

4. 그림과 같은 이상적인 발진기에서 발진주파수를 결정하는 소자는?

   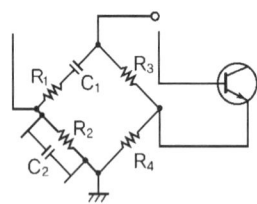

   - ㉮ R_3, R_4, C_1, C_2
   - ㉯ C_1, C_2, R_1, R_2
   - ㉰ C_1, R_1, R_2, R_3
   - ㉱ C_1, R_1

5. 공진회로에 있어서 선택도 Q를 표시하는 식은? (단, RLC 직렬 공진회로이다.)
   - ㉮ $\dfrac{\omega L}{R}$
   - ㉯ $\dfrac{\omega C}{R}$
   - ㉰ $\dfrac{R}{\omega C}$
   - ㉱ $\dfrac{R}{\omega L}$

6. 트랜지스터가 ON, OFF 스위치로 동작하기 위한 영역으로 가장 적합한 것은?
   - ㉮ 포화영역과 차단영역
   - ㉯ 활성영역과 차단영역
   - ㉰ 활성영역과 포화영역
   - ㉱ 포화영역과 항복영역

7. 다음 회로에서 합성정전용량은?

   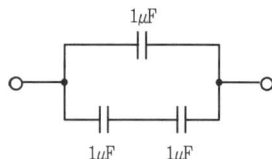

   - ㉮ $0.5\,[\mu F]$
   - ㉯ $1\,[\mu F]$
   - ㉰ $1.5\,[\mu F]$
   - ㉱ $3\,[\mu F]$

8. 보통 발진회로에 많이 사용되는 수정의 전기적 등가회로는?

   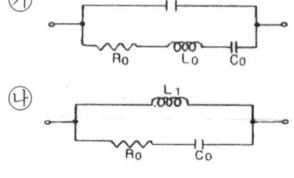

   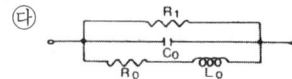

㉣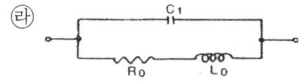

9. 이상적인 연산증폭기의 주파수 대역폭으로 가장 적합한 것은?
㉮ 0　　㉯ 100[kHz]
㉰ 1000[kHz]　　㉱ 무한대

10. 그림과 같은 이상적인 OP Amp에서 출력전압 V_o는?

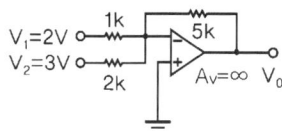

㉮ −17.5[V]　　㉯ 18.5[V]
㉰ 19.5[V]　　㉱ −20.5[V]

11. R=10[kΩ], C=0.5[μF] 인 RC 직렬회로에 10[V]를 인가할 때 시정수 τ는?
㉮ 1[ms]　　㉯ 5[ms]
㉰ 10[ms]　　㉱ 50[ms]

12. 시계, 송신기, PLL 회로 등의 용도로 주로 사용하는 발진회로는?
㉮ RC 발진회로
㉯ LC 발진회로
㉰ 수정 발진회로
㉱ 세라믹 발진회로

13. 이미터 폴로어(emitter follower) 증폭회로에 대한 설명으로 틀린 것은?
㉮ 컬렉터 접지 방식으로 궤환 증폭기의 일종이다.
㉯ 입력 임피던스가 높고, 출력 임피던스가 매우 낮다.
㉰ 전압이득이 1보다 크다.
㉱ 버퍼(buffer)용으로 많이 사용된다.

14. 직렬형 정전압 회로의 특징에 대한 설명으로 틀린 것은?
㉮ 경부하 시 효율이 병렬에 비하여 훨씬 크다.
㉯ 과부하 시 전류가 제한된다.
㉰ 출력전압의 안정 범위가 비교적 넓게 설계된다.
㉱ 증폭단을 증가시킴으로써 출력저항 및 전압 안정계수를 매우 작게 할 수 있다.

15. 반송파의 전류가 $I_c = I_c \sin(\omega t + \theta)$에서 I_c가 의미하는 변조방식은?
㉮ 주파수 변조　　㉯ 위상 변조
㉰ 펄스 변조　　㉱ 진폭 변조

16. 10[μF] 의 콘덴서에 250[V]의 전압을 가할 때, 콘덴서에 저장되는 에너지는?
㉮ 약 0.31[J]　　㉯ 약 0.36[J]
㉰ 약 0.42[J]　　㉱ 약 0.52[J]

17. 다음은 C언어에서 쓰이는 연산자 기호이다. 대입의 의미를 갖고 있는 연산자는?
㉮ ==　　㉯ &
㉰ +=　　㉱ ?

18. 컴퓨터 내부에서 수치자료를 표현하는데 사용하지 않는 형식은?
㉮ 고정 소수점 데이터 형식
㉯ 부동 소수점 데이터 형식
㉰ 팩 형식
㉱ 아스키 데이터 형식

과년도 출제문제

19. 다음 중 스택(stack)과 관계없는 것은?
  ㉮ PUSH   ㉯ LIFO
  ㉰ POP   ㉱ FIFO

20. 목적 프로그램을 만들지 않고 원시 프로그램을 명령문 단위로 번역하여 실행하는 언어는?
  ㉮ 코볼(COBOL)
  ㉯ 포트란(FORTRAN)
  ㉰ C언어
  ㉱ 베이직(BASIC)

21. 〈보기〉는 불 대수의 정리를 나타낸 것이다. 올바른 것만 나열한 것은?

  〈보기〉
  ㄱ. A+B = B+A
  ㄴ. A+(B·C) = (A+B)(A+C)
  ㄷ. A+1 = A
  ㄹ. A+A = 1
  ㅁ. A·A = A

  ㉮ ㄱ, ㄴ, ㄹ, ㅁ
  ㉯ ㄱ, ㄴ, ㄷ, ㅁ
  ㉰ ㄱ, ㄴ, ㅁ
  ㉱ ㄴ, ㄷ, ㅁ

22. 순서도를 작성하는 방법으로 틀린 것은?
  ㉮ 처리순서의 방향은 아래에서 위로, 오른쪽에서 왼쪽 화살표로 표시한다.
  ㉯ 논리적 타당성을 확보할 수 있도록 작성한다.
  ㉰ 처리과정을 간단 명료하게 표시한다.
  ㉱ 순서도가 길거나 복잡할 경우 기능별로 분할한 후 연결 기호를 사용하여 연결한다.

23. 연산될 데이터의 값을 직접 오퍼랜드에 나타내는 주소지정방식은?
  ㉮ 직접 주소지정방식
  ㉯ 상대 주소지정방식
  ㉰ 간접 주소지정방식
  ㉱ 레지스터 방식

24. 마이크로프로세서에서 가산기를 주축으로 구성된 장치는?
  ㉮ 제어장치
  ㉯ 입·출력장치
  ㉰ 산술논리 연산장치
  ㉱ 레지스터

25. 16진수 1B7을 10진수로 변환하면?
  ㉮ 339   ㉯ 340
  ㉰ 439   ㉱ 440

26. 가상 기억장치(virtual memory)의 개념으로 가장 옳은 것은?
  ㉮ 기억장치를 분할한다.
  ㉯ data를 미리 주기억장치에 넣는다.
  ㉰ 많은 data를 주기억장치에서 한 번에 가져오는 것을 의미한다.
  ㉱ 프로그래머가 필요로 하는 주소공간보다 작은 주기억장치의 컴퓨터가 큰 기억장치를 갖는 효과를 준다.

27. 2진 직렬가산기에 대한 설명 중 틀린 것은?
  ㉮ 더하는 수와 더해지는 수의 비트 쌍들이 직렬로 한 비트씩 전가산기에 전달된다.
  ㉯ 1개의 전가산기와 1개의 자리 올림수 저장기가 필요하다.
  ㉰ 병렬가산기에 비해 계산 시간이 빠르다.
  ㉱ 회로가 간단하다.

28. 플립플롭으로 구성되는 레지스터는 어느 역할을 수행하는가?
  ㉮ 기억장치   ㉯ 연산장치
  ㉰ 입력장치   ㉱ 출력장치

29. 잡음지수 측정에 사용되는 계기가 아닌 것은?
  ㉮ 잡음 발생기
  ㉯ 수신기
  ㉰ 레벨계
  ㉱ 주파수 체배기

30. 고정밀도의 측정이 가능하고, 영위법에 의한 측정 원리를 이용한 기록 계기는?
  ㉮ 펜식   ㉯ 타점식
  ㉰ 자려식   ㉱ 자동평형식

31. 다음 중 스위프 신호 발진기의 구성 요소가 아닌 것은?
  ㉮ LC 발진기   ㉯ 톱니파 발진기
  ㉰ 리액턴스관   ㉱ 고주파 발진기

32. 무부하 시 단자전압이 100[V]이고, 부하가 연결됐을 때 단자전압이 80[V]이면, 이때의 전원 전압변동률은?
  ㉮ 15[%]   ㉯ 20[%]
  ㉰ 25[%]   ㉱ 35[%]

33. 지시계기의 3대 구성 요소에 포함되지 않는 것은?
  ㉮ 구동장치   ㉯ 제어장치
  ㉰ 제동장치   ㉱ 진동장치

34. 다음 중 블로미터로 측정할 수 없는 것은?
  ㉮ 고주파 전압측정
  ㉯ 고주파 전류측정
  ㉰ 고주파 파형측정
  ㉱ 마이크로파 전력측정

35. 오실로스코프로 파형을 관측할 때 수평 편향판에 가하는 전압은?
  ㉮ 톱니파   ㉯ 삼각파
  ㉰ 사인파   ㉱ 구형파

36. 정전용량이나 유전체 손실각의 측정에 사용되는 것은?
  ㉮ 셰링 브리지(Schering Bridge)
  ㉯ 맥스웰 브리지(Maxwell Bridge)
  ㉰ 헤이 브리지(Hay Bridge)
  ㉱ 휘트스톤 브리지(Wheatstone Bridge)

37. $R = \dfrac{V}{I}$의 계산식으로부터 저항 R을 구하는 측정방법은?
  ㉮ 직접측정   ㉯ 간접측정
  ㉰ 편위법   ㉱ 영위법

38. 다음 중 가장 높은 주파수까지 사용할 수 있는 계기는?
  ㉮ 흡수형 주파수계
  ㉯ 헤테로다인 주파수계
  ㉰ 레헤르선 주파수계
  ㉱ 동축형 주파수계

39. 참값이 100[V]인 전압을 측정한 값이 99[V]였다면 백분율 오차는?
  ㉮ −1   ㉯ −0.91
  ㉰ 0.0101   ㉱ 1

40. 그림과 같은 이산사상 계수측정회로의 빈칸 A와 B에 구성되어야 할 것은

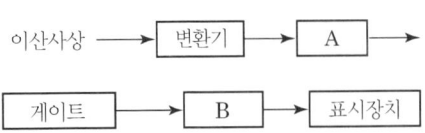

㉮ A : 파형 정형회로, B : 계수기
㉯ A : 계수기, B : 파형 정형회로
㉰ A : 비교기, B : 계수기
㉱ A : 계수기, B : 비교기

41. 다음 중 태양전지를 연속적으로 사용하기 위하여 필요한 장치는?
 ㉮ 변조장치   ㉯ 정류장치
 ㉰ 검파장치   ㉱ 축전장치

42. 전자빔이 시료를 투과할 때 속도가 다른 여러 전자가 생겨서 상이 흐려지는 현상은?
 ㉮ 색수차   ㉯ 구면수차
 ㉰ 라디오존데 ㉱ 축 비대칭수차

43. 비디오 신호를 기록, 재생하는 장치로 해상도나 화상의 아름답기를 결정하는 성능상 매우 중요한 부분은?
 ㉮ 비디오 헤드   ㉯ 헤드 드럼
 ㉰ 비디오 테이프 ㉱ 로딩 기구

44. 다음 중 메인엠프의 구비 조건이 아닌 것은?
 ㉮ 주파수 특성이 모든 주파수에서 평탄할 것
 ㉯ 전원리플이 많을 것
 ㉰ S/N가 우수할 것
 ㉱ 왜율이 적을 것

45. 서보 기구의 일반적인 특징으로 틀린 것은?
 ㉮ 조작량이 커야 한다.
 ㉯ 추종속도가 빨라야 한다.
 ㉰ 서보 모터의 관성은 커야 한다.
 ㉱ 회전력에 대한 관성의 비가 커야 한다.

46. 자동제어에서 인디셜(indicial) 응답을 조사할 때 입력에 가하는 파형은?
 ㉮ 사인파   ㉯ 펄스파
 ㉰ 스텝파   ㉱ 톱니파

47. 녹음기 회로에서 자기 테이프에 기록된 내용을 소거하는 방법 중 거리가 먼 것은?
 ㉮ 교류 소거법
 ㉯ 영구자석에 의한 소거법
 ㉰ 전자석에 의한 소거법
 ㉱ 전압 소거법

48. 다음 중 압력-변위 변환기에 속하는 것은?
 ㉮ 전자석   ㉯ 슬라이드 저항
 ㉰ 전자코일 ㉱ 스프링

49. 다음 그림은 동작 신호량(Z)와 조작량(Y)의 관계를 나타낸 것이다. 그림의 ( ) 안에 알맞은 것은?

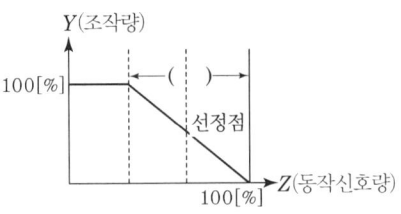

 ㉮ 적분시간   ㉯ 미분시간
 ㉰ 동작범위   ㉱ 비례대

50. 공중선의 전류가 57.3[A]이고, 복사저항이 250[Ω], 손실저항이 50[Ω]일 때 공중선 능률은?
 ㉮ 약 0.83   ㉯ 약 0.22
 ㉰ 약 1.23   ㉱ 약 50

51. 다음 제어요소의 동작 중 연속동작이 아닌 것은?
- ㉮ D 동작
- ㉯ P+D 동작
- ㉰ ON-OFF 동작
- ㉱ P+I 동작

52. 슈퍼헤테로다인 수신기의 장점으로 틀린 것은?
- ㉮ 전파 형식에 따라 통과 대역폭을 변화시킬 수 있다.
- ㉯ 감도가 좋다.
- ㉰ 선택도가 좋다.
- ㉱ 회로가 간단하며, 조정이 매우 간단하다.

53. 컬러TV 수상기에서 특정 채널만이 흑백으로 나올 때의 고장은?
- ㉮ 위상검파 회로 불량
- ㉯ 컬러킬러의 동작상태 불량
- ㉰ 국부발진기 세밀조정 불량
- ㉱ 3.58[MHz] 발진주파수의 발진정지

54. 콘(cone)형 다이내믹 스피커의 특성에 대한 설명으로 옳은 것은?
- ㉮ 비교적 넓은 주파수대를 재생할 수 있다.
- ㉯ 현재 중·고음용으로 가장 널리 사용된다.
- ㉰ 능률이 높고 지향성이 강하나 저음특성이 나쁘다.
- ㉱ 재생음이 투명하고 섬세하나 큰소리 재생에는 불합리하다.

55. 수신기의 특성 중 송신된 전파를 수신할 때, 수신기가 본래의 정보 신호를 어느 정도 정확하게 재생시키느냐의 능력을 나타내는 것으로, 주파수 특성, 일그러짐, 잡음 등에 의하여 결정되는 것은?
- ㉮ 충실도
- ㉯ 안정도
- ㉰ 선택도
- ㉱ 감도

56. 녹음기에서 테이프를 헤드에 정확히 밀착시켜 레벨 변동이나 고역저하의 원인이 되는 스페이싱 손실을 줄이는 것은?
- ㉮ 핀치롤러와 텐션암
- ㉯ 테이프 가이드와 캡스턴
- ㉰ 캡스턴과 핀치롤러
- ㉱ 압착(pressure) 패드

57. 다음 중 유전가열이 이용되지 않는 것은?
- ㉮ 목재의 건조
- ㉯ 고주파 치료기
- ㉰ 고주파 납땜
- ㉱ 비닐제품 접착

58. 금속의 두께 측정 시 초음파의 어떤 성질을 이용하는가?
- ㉮ 전파속도
- ㉯ 진동력
- ㉰ 공진작용
- ㉱ 굴절작용

59. 등화 증폭기의 역할로서 거리가 먼 것은?
- ㉮ 고역에 대한 이득을 낮추어 원음 재생이 실현되도록 한다.
- ㉯ 고음역의 잡음을 감쇠시킨다.
- ㉰ 라디오의 음질을 좋게 한다.
- ㉱ 미약한 신호를 증폭한다.

60. 심장의 박동에 따르는 혈관의 맥동 상태를 측정하고 기록하는 의용 전자기기는?
- ㉮ 맥파계(sphygmograph)
- ㉯ 근전계(electromyograph)
- ㉰ 심음계(phono cardiograph)
- ㉱ 심전계(electrocardiograph)

전자기기 기능사 (2011년 4월 17일 시행)

1. 플립플롭이라고도 하며, 데이터 기억소자로 많이 사용되는 것은?
   - ㉮ 시미트 트리거
   - ㉯ 비안정 멀티바이브레이터
   - ㉰ 단안정 멀티바이브레이터
   - ㉱ 쌍안정 멀티바이브레이터

2. 다음 사이리스터 중에서 단방향성 소자는?
   - ㉮ TRIAC
   - ㉯ DIAC
   - ㉰ SSS
   - ㉱ SCR

3. 트랜지스터 증폭회로에서 베이스-컬렉터 접합부의 바이어스는?
   - ㉮ 항상 순방향 바이어스이다.
   - ㉯ 항상 역방향 바이어스이다.
   - ㉰ NPN에서만 순방향 바이어스이다.
   - ㉱ PNP에서만 역방향 바이어스이다.

4. B급 푸시풀(push-pull) 증폭기의 최대 전력 효율은?
   - ㉮ 25.5[%]
   - ㉯ 50[%]
   - ㉰ 78.5[%]
   - ㉱ 100[%]

5. 다음 그림과 같은 연산증폭기 회로는?

   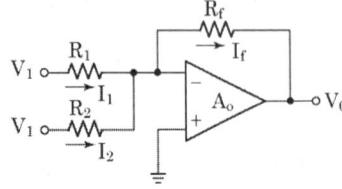

   - ㉮ 가산기
   - ㉯ 감산기
   - ㉰ 적분기
   - ㉱ 미분기

6. 반송파 f_c와 신호파 f_s인 두 신호를 링(ring) 변조시켰을 때 출력 주파수 성분으로 가장 적합한 것은?
   - ㉮ $f_c + f_s$
   - ㉯ $f_c - f_s$
   - ㉰ $f_c \pm f_s$
   - ㉱ $2(f_c \pm f_s)$

7. 부궤환 증폭회로의 일반적인 특징에 대한 설명으로 적합하지 않은 것은?
   - ㉮ 이득이 증가한다.
   - ㉯ 안정도가 증가한다.
   - ㉰ 왜율이 개선된다.
   - ㉱ 주파수 특성이 개선된다.

8. 반송파 전력이 20[kW]일 때 변조율 70[%]로 변조하였을 경우 피변조파 전력(P) 및 상측파 전력(P_u)은 각각 몇 [kW]인가?
   - ㉮ P=24.9, P_u=2.45
   - ㉯ P=15.9, P_u=20.7
   - ㉰ P=24.0, P_u=24.5
   - ㉱ P=17.6, P_u=4.91

9. 다음 중 맥동률이 가장 큰 방식은?
   - ㉮ 단상 반파정류기
   - ㉯ 단상 전파정류기
   - ㉰ 3상 반파정류기
   - ㉱ 3상 전파정류기

10. V_1=100[V], V_2=50[V], R_1=R_2=1000[Ω], R_3=200[Ω], R_4=800[Ω]일 때 단자 1-2 사이

의 전위차는 몇 [V]인가?

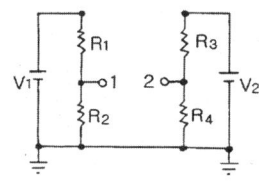

㉮ 10[V]   ㉯ 20[V]
㉰ 40[V]   ㉱ 50[V]

11. 발진주파수 범위가 가장 넓은 것은?
   ㉮ LC 발진기   ㉯ RC 발진기
   ㉰ 수정발진기   ㉱ 음차발진기

12. 다음 중 수정발진기의 발진주파수 변동 원인과 대책으로 적합하지 않은 것은?
   ㉮ 전원전압의 변동-정전압회로의 사용
   ㉯ 부하의 변동-완충증폭기 사용
   ㉰ 습도에 의한 변동-방습을 위하여 타 회로와 차단
   ㉱ 주위 온도의 변화-코일이나 콘덴서의 온도계수가 높은 재료의 사용

13. 정류회로에서 그림과 같은 출력파형이 얻어지는 정류회로는?

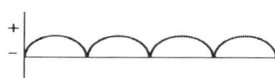

   ㉮ 반파 배전압 정류회로
   ㉯ 반파 정류회로
   ㉰ 정전압 정류회로
   ㉱ 전파 정류회로

14. 다음 중 이상적인 연산증폭기의 특징에 대한 설명으로 옳지 않은 것은?
   ㉮ 입력 오프셋 전류가 0이다.
   ㉯ 주파수 대역폭이 무한대이다.
   ㉰ 오픈 루프 전압이득이 무한대이다.
   ㉱ 동상신호제거비(CMRR)가 0이다.

15. 발진회로의 분류에서 사인파 발진회로의 종류가 아닌 것은?
   ㉮ LC 발진회로   ㉯ RC 발진회로
   ㉰ 수정 발진회로   ㉱ 블로킹 발진회로

16. 트랜지스터 증폭회로에 대한 설명으로 옳지 않은 것은?
   ㉮ 베이스 접지회로의 입력은 이미터가 된다.
   ㉯ 컬렉터 접지회로의 입력은 베이스가 된다.
   ㉰ 베이스 접지회로의 입력은 컬렉터가 된다.
   ㉱ 이미터 접지회로의 입력은 베이스가 된다.

17. 기억된 정보를 읽기는 자유롭지만 내용을 바꾸어 넣을 수 없는 기억소자는?
   ㉮ ROM   ㉯ RAM
   ㉰ SRAM   ㉱ DRAM

18. 명령부의 오퍼랜드(Operand) 자체가 실제 그 데이터인 번지지정 방식은?
   ㉮ direct address
   ㉯ immediate address
   ㉰ indirect address
   ㉱ relative address

19. 다음 중 순서 논리회로에 해당되는 것은?

과년도 출제문제

㉮ 반가산기(half adder)
㉯ 부호기(encoder)
㉰ 플립플롭(flip-flop)
㉱ 멀티플렉서(multiplexer)

20. 자기 디스크의 설명으로 옳은 것은?
㉮ sequential access만 가능하다.
㉯ random access만 가능하다.
㉰ 주로 sequential access를 많이 한다.
㉱ 주로 random access를 많이 한다.

21. 컴퓨터를 구성하는 요소를 크게 2부분으로 분류하면?
㉮ 중앙처리장치와 입·출력장치
㉯ 연산장치와 제어장치
㉰ 중앙처리장치와 보조기억장치
㉱ 주기억장치와 보조기억장치

22. 다음 중 객체지향언어에 해당하지 않은 것은?
㉮ 기계어   ㉯ 비주얼 C++
㉰ 델파이(Delphi) ㉱ 자바(JAVA)

23. 8진수 37.54를 16진수로 변환하면?
㉮ 1F.A   ㉯ 1F.A4
㉰ 1F.B4   ㉱ 1F.B

24. 다음 중에서 일반적으로 가장 적은 Bit로 표현 가능한 데이터는?
㉮ 영상 데이터
㉯ 문자 데이터
㉰ 숫자 데이터
㉱ 논리 데이터

25. 다음 중 C언어 프로그램 형식과 관계가 없는 것은?

㉮ 인터프리터 방식을 사용한다.
㉯ "/★"와 "★/"을 이용하여 주석을 나타낸다.
㉰ 프로그램 내의 명령은 ;(세미콜론)으로 구분된다.
㉱ 모든 프로그램은 main 함수로부터 실행이 시작된다.

26. 컴퓨터 회로에서 bus line을 사용하는 가장 큰 목적은?
㉮ 정확한 전송
㉯ 속도 향상
㉰ 레지스터 수의 축소
㉱ 결합선 수의 축소

27. 레지스터와 유사하게 동작하는 임시 저장장소로서 유사한 기능을 하며 다음 실행할 명령어의 주소를 기억하는 기능을 하는 것은?
㉮ 레지스터
㉯ 프로그램 카운터
㉰ 기억장치
㉱ 플립플롭

28. 다음 회로는 직렬가산기이다. 입력 A=10, B=11을 입력할 때 합 S의 값은?

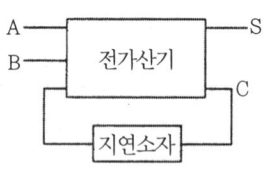

㉮ 100   ㉯ 101
㉰ 110   ㉱ 111

29. 자동평형계기의 구성 요소가 아닌 것은?
㉮ 미끄럼줄 저항
㉯ DC-AC 변환회로

㉰ 함수 발생기
㉱ 서보 모터

30. 다음 중 흡수형 주파수계의 구성으로 필요하지 않는 것은?
  ㉮ 발진기   ㉯ 검파기
  ㉰ 직류전류계   ㉱ 공진회로

31. 디지털전압계에서 고주파 신호의 경우 변화가 너무 빨라서 정확한 변환이 불가능할 경우 A/D 변환기와 같이 사용되는 회로는?
  ㉮ 파형 정형회로
  ㉯ 샘플 홀드회로
  ㉰ 게이트 제어회로
  ㉱ D/A 컨버터회로

32. 다음 그림은 오실로스코프상에 나타난 정현파이다. 주파수는 몇 [Hz]인가?

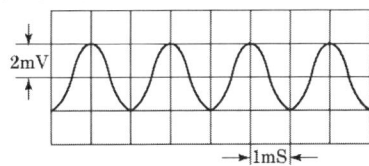

  ㉮ 500[Hz]   ㉯ 1000[Hz]
  ㉰ 5[Hz]   ㉱ 1[Hz]

33. 다음 중 가장 높은 주파수를 측정할 수 있는 계기는?
  ㉮ 동축형 주파수계
  ㉯ 흡수형 주파수계
  ㉰ 헤테로다인 주파수계
  ㉱ 전력계형 주파수계

34. 다음 중 헤이 브리지로 측정할 수 있는 것은?
  ㉮ 절연 저항

㉯ 자기 인덕턴스
㉰ 상호 인덕턴스
㉱ 임피던스

35. 스위프 발진기의 발진 주파수 소인에 사용되는 전압파형으로 옳은 것은?
  ㉮ 사인파   ㉯ 톱니파
  ㉰ 구형파   ㉱ 펄스파

36. 지시계기의 제어장치 중 교류용 적산전력계에 대표적으로 사용되는 제어방법은?
  ㉮ 스프링 제어   ㉯ 중력 제어
  ㉰ 전기적 제어   ㉱ 맴돌이 전류 제어

37. 다음 중 휘트스톤 브리지법에 해당하는 측정법은?
  ㉮ 편위법   ㉯ 영위법
  ㉰ 직편법   ㉱ 반경사법

38. Q-미터를 사용하여 측정하는데 적당하지 않은 것은?
  ㉮ 절연저항
  ㉯ 코일의 실효저항
  ㉰ 코일의 분포용량
  ㉱ 콘덴서의 정전용량

39. 어떤 전류의 기본파 진폭이 50[mA], 제2고조파 진폭이 4[mA], 제3고조파 진폭이 3[mA]라면 이 전류의 왜형률은?
  ㉮ 5[%]   ㉯ 10[%]
  ㉰ 15[%]   ㉱ 20[%]

40. 동축케이블로 전달되는 초단파대의 전력측정에 사용되는 전력계로서 방향성 결합기를 내장하고 있는 것은?

㉮ 의사부하법 전력계
㉯ 볼로미터 전력계
㉰ C-C형 전력계
㉱ C-M형 전력계

41. 수신기에서 주파수 다이버시티(frequency diversity) 사용의 주된 목적은?
㉮ 페이딩(fading) 방지
㉯ 주파수 편이 방지
㉰ S/N 저하 방지
㉱ 이득 저하 방지

42. 다음 그림은 자동제어 검출부의 구성을 나타낸 것이다. ⓒ에 해당하는 것은?

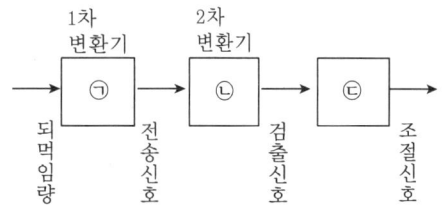

㉮ 검출기　　　㉯ 조절기
㉰ 전송기　　　㉱ 되먹임기

43. 다음 중 서보 기구에 사용되지 않는 것은?
㉮ 단상전동기　　㉯ 리졸버
㉰ 차동변압기　　㉱ 싱크로

44. 제어요소의 동작 중 연속동작이 아닌 것은?
㉮ D동작　　　㉯ P+D동작
㉰ P+I동작　　㉱ On-Off동작

45. 재생 헤드의 특성 중 자기 테이프가 헤드에 밀착하지 않고 간격이 있기 때문에 생기는 손실은?
㉮ 스페이싱 손실
㉯ 경사에 의한 손실
㉰ 두께 손실
㉱ 각도 손실

46. 주파수 변별기의 주된 사용 목적은?
㉮ 다중 통신에서 주화를 방지하기 위하여
㉯ FM파에서 원래의 신호파를 꺼내기 위하여
㉰ 자동적으로 발진주파수를 제어하기 위하여
㉱ 외래잡음에 의해 생긴 진폭변조파를 제거하기 위하여

47. 항공기나 선박이 전파를 이용하여 자기 위치를 탐지할 때 무지향성 비컨 방식이나 호밍 비컨 방식을 이용하는 항법은?
㉮ 쌍곡선 항법
㉯ $\rho - \theta$ 항법
㉰ 방사상 항법[1]
㉱ 방사상 항법[2]

48. 흑백 방송은 정상이나 컬러 방송 수신 시 색이 전혀 안나온다면 조사할 요소는?
㉮ 제2영상 증폭회로
㉯ X복조 회로
㉰ 컨버전스 회로
㉱ 컬러 킬러 회로

49. 오디오 시스템(Audio System)에서 잡음에 대하여 가장 영향을 많이 받는 부분은?
㉮ 등화증폭기
㉯ 저주파증폭기
㉰ 전력증폭기
㉱ 주출력증폭기

50. 센서의 명명법에서 X형 센서로 표시하지 않는 것은?
- ㉮ 변위 센서
- ㉯ 속도 센서
- ㉰ 열 센서
- ㉱ 반도체형 가스 센서

51. 라디오존데의 주된 측정으로 옳지 않은 것은?
- ㉮ 온도 측정
- ㉯ 습도 측정
- ㉰ 기압 측정
- ㉱ 주파수 측정

52. 그림과 같은 수상관 회로에서 콘덴서 C가 단락되었을 때의 고장 증상은?

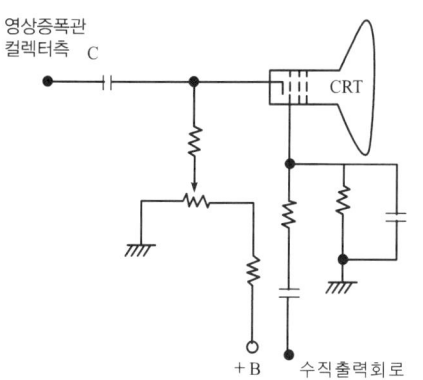

- ㉮ 라스터는 나오나 화면이 나오지 않는다.
- ㉯ 라스터가 나오지 않는다.
- ㉰ 밝아진 채로 어두워지지 않는다.
- ㉱ 수평, 수직, 동기가 불안정하다.

53. 포마드, 크림 등의 화장품이나 도료의 제조에 이용되는 초음파는 어떤 작용을 응용한 것인가?
- ㉮ 소나 작용
- ㉯ 응집 작용
- ㉰ 확산 작용
- ㉱ 분산 에멀션화 작용

54. 다음 중 전장 발광장치의 설명으로 옳지 않은 것은?
- ㉮ 형광체의 미소한 결정을 유전체와 혼합하여 여기에 높은 직류전압을 가하면 지속적으로 발광한다.
- ㉯ 전극으로부터 전자나 정공이 직접 결정에 유입되지 않는다.
- ㉰ 반도체의 성질을 가지고 있는 물질(형광체를 포함)에 전장을 가하면 발광현상이 생긴다.
- ㉱ 발광은 결정 내부의 인가전압에 따라 높은 전장이 유기되어서 생기므로 고유형 EL이라 한다.

55. 다음 중 TV 수신 안테나가 아닌 것은?
- ㉮ 반파장 다이폴 안테나
- ㉯ 폴디드(folded) 안테나
- ㉰ 야기(yagi) 안테나
- ㉱ 비월 안테나

56. 자기녹음기에서 테이프를 일정한 속도로 구동시키기 위한 금속 롤러는?
- ㉮ 핀치 롤러
- ㉯ 캡스턴 롤러
- ㉰ 릴축
- ㉱ 아이들러

57. 다음 중 유도가열법을 적용시킬 수 있는 것은?
- ㉮ 목재
- ㉯ 유리
- ㉰ 고무
- ㉱ 금속

58. 초음파 가습기의 원리는 초음파의 어떤 것을 이용한 것인가?
- ㉮ 소나
- ㉯ 펠티어 효과

㉰ 회절작용   ㉱ 캐비테이션

59. 자기 녹음기의 자기헤드에 대한 특성으로 옳지 않은 것은?
  ㉮ 자기헤드의 임피던스는 유도성이다.
  ㉯ 주파수에 비례하여 임피던스가 감소한다.
  ㉰ 높은 주파수에서는 헤드에 흐르는 전류가 감소하여 특성이 나빠진다.
  ㉱ 녹음할 때는 주파수가 변하더라도 전류가 일정하도록 한다.

60. 다음 중 음압의 단위는?
  ㉮ [N/C]   ㉯ [kcal]
  ㉰ [μbar]   ㉱ [Neper]

전자기기 기능사 (2011년 7월 31일 시행)

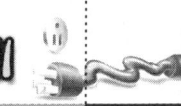

1. 다음 중 전압 변동률을 나타내는 식은?(단, V_O : 무부하시 정류기의 출력 단자전압, V_L : 부하시 정류기의 출력 단자전압임)

㉮ $\dfrac{V_L - V_O}{V_O} \times 100[\%]$

㉯ $\dfrac{V_O - V_L}{V_L} \times 100[\%]$

㉰ $\dfrac{V_L - V_O}{V_L} \times 100[\%]$

㉱ $\dfrac{V_O - V_L}{V_O} \times 100[\%]$

2. 전동기에서 전기자에 흐르는 전류와 자속, 회전방향의 힘을 나타내는 법칙은?

㉮ 플레밍 오른손법칙
㉯ 플레밍 왼손법칙
㉰ 앙페르의 오른손법칙
㉱ 렌츠의 법칙

3. 이상적인 상태에서 100[%] 변조된 AM파는 무변조파에 비하여 출력이 몇 배로 되는가?

㉮ 1   ㉯ 1.5
㉰ 2   ㉱ 100

4. 교류의 최대치가 V_m 일 때 전파정류회로의 무부하 시 직류출력(평균) 전압값은 얼마인가?

㉮ $\dfrac{V_m}{\sqrt{2}}$ ㉯ $\dfrac{V_m}{2}$

㉰ $\dfrac{V_m}{\pi}$ ㉱ $\dfrac{2V_m}{\pi}$

5. 다음 정류 출력에서 맥동(ripple) 파형 내에 포함된 고조파 성분의 진폭을 감소시키기 위해 사용되는 회로는?

㉮ 평활회로   ㉯ 정류회로
㉰ 전원회로   ㉱ 증폭회로

6. RC 결합 증폭회로의 특징으로 적합하지 않은 것은?

㉮ 효율이 매우 높다.
㉯ 회로가 간단하고 경제적이다.
㉰ 직류신호를 증폭할 수 없다.
㉱ 입력 임피던스가 낮고 출력 임피던스가 높으므로 임피던스 정합이 어렵다.

7. 기전력 1.5[V], 내부저항 0.1[Ω]인 전지 3개를 직렬로 연결하고 이를 단락하였을 때 단락전류는 몇 [A]인가?

㉮ 12.5   ㉯ 15
㉰ 17.5   ㉱ 20

8. 다음 중 CdS 소자의 설명으로 가장 적합한 것은?

㉮ 전압에 의하여 전기 저항이 변화한다.
㉯ 온도에 의하여 저항이 변화한다.
㉰ 전압 안정화 회로에 사용한다.
㉱ 빛에 의하여 전기 저항이 변화한다.

9. 증폭기에서 잡음지수가 얼마일 때 가장 이상적인가?

㉮ 0   ㉯ 1
㉰ 10   ㉱ 무한대

과년도 출제문제

10. 그림은 정전압회로의 예이다. TR₂의 역할은?

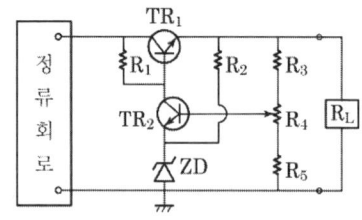

㉮ 제어용 ㉯ 증폭용
㉰ 비교부용 ㉱ 기준부용

11. 연산증폭기의 정확도를 높이기 위한 조건으로 적합하지 않은 것은?
㉮ 높은 안정도가 필요하다.
㉯ 좋은 차단 특성을 가져야 한다.
㉰ 증폭도는 가능한 한 작아야 한다.
㉱ 많은 양의 부궤환을 안정하게 걸 수 있어야 한다.

12. 도체의 저항을 고주파에서 측정하면 저주파에서 측정한 것보다 높은 값을 표시하는 이유로 가장 적합한 것은?
㉮ 피에조 효과 ㉯ 밀러 효과
㉰ 전계 효과 ㉱ 표피 효과

13. 다음 그림의 회로에서 합성저항은 몇 [Ω]인가?

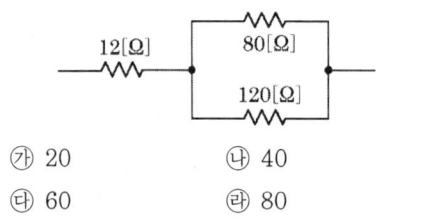

㉮ 20 ㉯ 40
㉰ 60 ㉱ 80

14. B급 푸시풀(Push-pull) 증폭기의 장점이 아닌 것은?
㉮ 효율이 A급보다 좋다.
㉯ 출력 변압기의 철심이 적어도 된다.
㉰ 출력에 우수 고조파가 포함되지 않는다.
㉱ 크로스 오버(cross over) 찌그러짐이 생기지 않는다.

15. 트랜지스터가 정상적으로 증폭작용을 하는 영역은?
㉮ 활성영역 ㉯ 포화영역
㉰ 항복영역 ㉱ 차단영역

16. LC 발진기에서 일어나기 쉬운 이상 현상이 아닌 것은?
㉮ blocking 현상
㉯ 기생 진동(parasitic oscillator)
㉰ 자왜(磁歪) 현상
㉱ 인입 현상(pull-in phenomenon)

17. 컴퓨터의 중앙처리장치(CPU) 내부에서 기억장치 내의 정보를 호출하기 위해 그 주소를 기억하고 있는 제어용 레지스터는?
㉮ 상태 레지스터
㉯ 프로그램 카운터
㉰ 메모리 주소 레지스터
㉱ 스택 포인터

18. 패리티 비트(parity bit)의 사용 목적은?
㉮ 에러(error) 정정
㉯ 에러(error) 검사
㉰ 데이터 전송
㉱ 데이터 수신

19. 주기억장치를 보조기억장치와 비교 설명한 것으로 틀린 것은?
㉮ CPU가 간접 접근한다.
㉯ 데이터를 직접 처리한다.

㉰ 접근시간이 빠르다.
㉱ 구입 단가가 높다.

20. 순서도를 작성하는 일반적인 규칙이 아닌 것은?
㉮ 약속된 표준 기호를 사용한다.
㉯ 흐름에 따라 오른쪽에서 왼쪽으로 그린다.
㉰ 기호 내부에 처리 내용을 간단, 명료하게 기술한다.
㉱ 한 면에 다 그릴 수 없거나 연속적인 표현이 어려울 때는 연결 기호를 사용한다.

21. 마이크로프로세서를 이용하여 회로를 설계할 때 생기는 장점이 아닌 것은?
㉮ 소비전력의 증가
㉯ 제품의 소형화
㉰ 시스템 신뢰성 향상
㉱ 부품의 수량 감소

22. 정보를 중앙처리장치에서 기억장치로 기억시키는 것을 무엇이라 하는가?
㉮ load   ㉯ store
㉰ fetch   ㉱ transfer

23. 10진수 234에 대한 9의 보수로 옳게 변환한 것은?
㉮ 764   ㉯ 765
㉰ 766   ㉱ 777

24. 디코더(decoder)는 일반적으로 어떤 게이트를 사용하여 만들 수 있는가?
㉮ NAND, NOR
㉯ AND, NOT
㉰ OR, NOR
㉱ NOT, NAND

25. 주소지정방식 중 명령어의 피연산자 부분에 데이터의 값을 저장하는 방식은?
㉮ 즉시 주소지정방식
㉯ 절대 주소지정방식
㉰ 상대 주소지정방식
㉱ 간접 주소지정방식

26. 클록펄스가 인가되면 입력신호가 그대로 출력에 나타나고, 클록펄스가 없으면 출력은 현 상태를 그대로 유지하는 플립플롭은?
㉮ RS 플립플롭
㉯ JK 플립플롭
㉰ D 플립플롭
㉱ T 플립플롭

27. 컴파일러형 언어의 설명으로 틀린 것은?
㉮ 원시 프로그램의 수정없이 계속 반복 수행하는 응용 시스템에서 효율적이다.
㉯ FORTRAN, COBOL, C, 어셈블리어 등이 있다.
㉰ 목적 프로그램을 만든다.
㉱ 고급언어와 관련된 번역 프로그램이다.

28. 마이크로프로세서의 구성 요소가 아닌 것은?
㉮ 누산기   ㉯ 연산장치
㉰ 입력장치   ㉱ 레지스터

29. 다음 중 디지털 전압계의 원리는 어느 것과 가장 유사한가?
㉮ A/D 변환기   ㉯ D/A 변환기
㉰ 계수기   ㉱ 분압기

30. 수신기의 감도 측정 시 필요하지 않은 것은?
- ㉮ 표준신호 발생기
- ㉯ 의사 공중선
- ㉰ VTVM
- ㉱ 공중선 전류계

31. 측정자의 눈금오독 또는 부주의로 발생하는 오차는?
- ㉮ 과실 오차
- ㉯ 이론적 오차
- ㉰ 개인적 오차
- ㉱ 우연 오차

32. 다음 중 가장 높은 주파수를 측정할 수 있는 계기는?
- ㉮ 흡수형 주파수계
- ㉯ 딥 미터(dip meter)
- ㉰ 헤테로다인 주파수계
- ㉱ 동축형 주파수계

33. 그림과 같은 파형이 오실로스코프에 나타났을 때 위상은 어떻게 되는가?

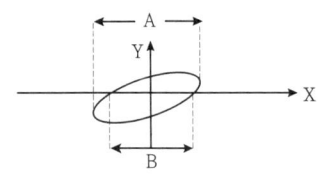

- ㉮ 동위상
- ㉯ 45°
- ㉰ 90°
- ㉱ 180°

34. 지시계기의 구성 요소 중 제동장치에 속하지 않는 것은?
- ㉮ 공기 제동
- ㉯ 액체 제동
- ㉰ 맴돌이 전류 제동
- ㉱ 중력 제동

35. 표준신호발생기가 갖추어야 할 조건 중 옳지 않은 것은?
- ㉮ 변조도가 정확하게 조정될 수 있을 것
- ㉯ 주파수가 정확하고, 가변 범위가 넓을 것
- ㉰ 출력이 고정되어 정확한 값을 알 수 있을 것
- ㉱ 차폐가 완전하고, 출력단자 이외에서 전자파가 누설되지 않을 것

36. 다음 그림에서 측정 범위를 5배로 하기 위한 배율기의 저항값은?

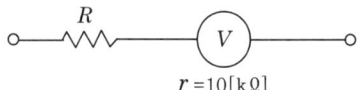

- ㉮ 2.5[kΩ]
- ㉯ 25[kΩ]
- ㉰ 30[kΩ]
- ㉱ 40[kΩ]

37. 다음 보기의 계기와 관련 있는 것은?

> (보기)
> 공진 브리지, 캠벨 브리지, 빈 브리지

- ㉮ 상용 주파수 측정
- ㉯ 반송 주파수 측정
- ㉰ 고주파수 측정
- ㉱ 가청 주파수 측정

38. 유도형 적산 전력계의 구동 토크는?
- ㉮ 저항에 비례한다.
- ㉯ 전류에 비례한다.
- ㉰ 전류 자승에 비례한다.
- ㉱ 전압 자승에 비례한다.

39. Wien Bridge는 무엇을 측정하는 데 사용하는가?
- ㉮ 정전용량
- ㉯ 인덕턴스
- ㉰ 임피던스
- ㉱ 역률

40. LED의 극성을 측정하기 위하여 LED의 양 리드단자에 회로 시험기의 테스트 봉을 교대로 접속했을 때의 설명으로 옳은 것은?
- ㉮ 한쪽 방향에서는 LED가 점등되고, 다른 방향에서는 소등되면 정상적인 LED이다.
- ㉯ 한쪽 방향에서 LED가 점등되고, 다른 방향에서도 점등되면 정상적인 LED이다.
- ㉰ 한쪽 방향에서 LED가 소등되고, 다른 방향에서도 소등되면 정상적인 LED이다.
- ㉱ 회로 시험기로는 LED의 극성을 판별할 수 없다.

41. 온도의 예정 한도를 검출하는데 사용되는 것은?
- ㉮ 레벨미터(level meter)
- ㉯ 서모스탯(thermostat)
- ㉰ 리밋스위치(limit switch)
- ㉱ 압력스위치(pressure switch)

42. 다음 중 압력을 변위로 변환하는 것은?
- ㉮ 스프링   ㉯ 전자코일
- ㉰ 전자석   ㉱ 유도형 변환기

43. 다음은 자동제어계의 블록선도이다. 빈칸에 알맞은 것은?

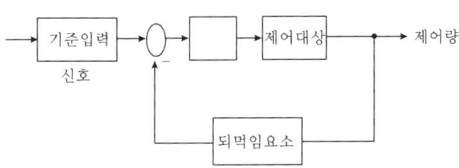

- ㉮ 제어요소   ㉯ 동작요소
- ㉰ 외란   ㉱ 오차

44. 비스므스(Bi)와 안티몬(Sb)을 접합하여 전류를 흘리면 접촉점에서 흡열 또는 발열 현상이 일어난다. 다음 중 이와 관계있는 것은?
- ㉮ 줄 효과(Joule effect)
- ㉯ 핀치 효과(Pinch effect)
- ㉰ 톰슨 효과(Thomson effect)
- ㉱ 펠티에 효과(Peltier effect)

45. 중음 재생을 전용으로 하는 스피커는?
- ㉮ 우퍼(woofer)
- ㉯ 스쿼커(squawker)
- ㉰ 트위터(tweeter)
- ㉱ 혼스피커

46. 고주파 유도가열에 해당하는 것은?
- ㉮ 금속표면의 가열
- ㉯ 음식물 조리
- ㉰ 목재의 접착
- ㉱ 합성수지의 접착

47. 자동제어 조절계의 제어 동작에서 D 동작은?
- ㉮ 온·오프 동작   ㉯ 비례동작
- ㉰ 비례적분동작   ㉱ 미분동작

48. 동축 케이블(TV수신용 급전선)에 관한 설명으로 옳지 않은 것은?
- ㉮ 특성 임피던스가 약 75[Ω]의 것이 많다.
- ㉯ 고스트가 많은 시가지에 적합하다.
- ㉰ 광대역 전송이 불가능하다.
- ㉱ 평행 2선식 피더보다 외부로부터의 방해를 잘 받지 않는다.

49. VTR용 Head의 자성재료에 요구되는 특성으로 옳지 않은 것은?
- ㉮ 실효 투자율이 높을 것
- ㉯ 가공성이 좋을 것
- ㉰ 마모성이 클 것

㉣ 잡음발생이 적을 것

50. 컬러 킬러(color killer) 회로에 대한 설명으로 옳은 것은?
   ㉮ 컬러 화면에 나오는 색 잡음을 없애는 것이다.
   ㉯ 컬러 화면을 흑백 화면으로 전환시키는 것이다.
   ㉰ 강한 컬러를 부드럽게 하는 일종의 색 콘트라스트이다.
   ㉣ 흑백 방송 수신시에 색 노이즈가 화면에 나오는 것을 방지하는 것이다.

51. 녹음기 회로에서 녹음 시는 고역을, 재생 시는 저역을 각각의 증폭기로 보정하여 전체를 통하여 평탄한 특성으로 만드는 것은?
   ㉮ 등화   ㉯ 증폭기
   ㉰ 임펄스   ㉣ 진폭제한기

52. 초음파 측심기로 수심을 측정하고자 초음파를 발사하였다. 이때 물의 깊이(h)를 계산하는 식은 어떻게 되는가?(단, 물 속에서의 초음파 속도는 v[m/s], 초음파가 발사된 후 다시 돌아올 때까지의 시간은 t[sec]이다.)
   ㉮ $h = \dfrac{vt}{2}[m]$ ㉯ $h = vt[m]$
   ㉰ $h = 2vt[m]$ ㉣ $h = \dfrac{2}{vt}[m]$

53. 증폭회로에 1[mW]를 공급하였을 때 출력으로 1[W]가 얻어졌다면, 이때 이득은?
   ㉮ 10[dB]   ㉯ 20[dB]
   ㉰ 30[dB]   ㉣ 40[dB]

54. 일반적으로 슈퍼헤테로다인 수신기에서 주파수 변환회로의 이상적인 변환 이득은?
   ㉮ 낮을수록 좋다.
   ㉯ 클수록 좋다.
   ㉰ 중간 정도가 좋다.
   ㉣ 별 관계가 없다.

55. 무지향성 비컨, 호밍 비컨은 어떤 전파 항법 방식을 사용하는 것인가?
   ㉮ $\rho - \theta$ 항법   ㉯ 극좌표 항법
   ㉰ 방사성 항법   ㉣ 쌍곡선 항법

56. 다음 중 자동제어의 되먹임 제어에서 반드시 필요한 장치는?
   ㉮ 구동하는 모터
   ㉯ 안정도를 좋게 하는 장치
   ㉰ 입력과 출력을 비교하는 장치
   ㉣ 응답 속도를 빠르게 하는 장치

57. 다음 그림은 VHS 방식 카세트테이프의 후면 모양이다. 구멍 H의 역할은?

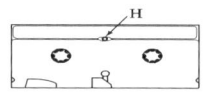

   ㉮ 릴 브레이크 해제
   ㉯ 종단 검출용 램프 장착
   ㉰ 오소거 방지
   ㉣ 테이프 사용시간 구분

58. 테이프 리코더(tape recorder) 구성에서 테이프의 운동을 조절하며, 일정한 속도로 회전하는 축을 무엇이라고 하는가?
   ㉮ 핀치 롤러   ㉯ 테이프 가드
   ㉰ 플라이 휠   ㉣ 캡스턴

59. 납땜이 잘되지 않는 알루미늄의 납땜에 이용되는 초음파의 성질은?
  ㉮ 초음파 응집   ㉯ 초음파 굴절
  ㉰ 초음파 탐상   ㉱ 초음파 진동

60. 다음 마이크로폰의 종류 중 쌍지향성을 갖는 것은?
  ㉮ 가동코일형   ㉯ 리본형
  ㉰ 크리스탈형   ㉱ 콘덴서형

전자기기 기능사 (2011년 10월 9일 시행)

1. 단상 전파정류회로의 이론상 최대 정류 효율은?
   - ㉮ 40.6[%]
   - ㉯ 81.2[%]
   - ㉰ 48.2[%]
   - ㉱ 1.21[%]

2. 다음 중 수정발진기의 발진 주파수를 안정시키는 방법으로 부적당한 것은?
   - ㉮ 수정진동자를 항온조에 넣어 사용한다.
   - ㉯ 발진단 후단에 완충 증폭단을 둔다.
   - ㉰ 발진부 출력 동조회로를 전류가 최소로 되는 점에 조정한다.
   - ㉱ 발진부의 전원은 따로 마련하여 공급한다.

3. 다음 중 저항체로서 필요한 조건이 아닌 것은?
   - ㉮ 고유저항이 클 것
   - ㉯ 저항의 온도계수가 작을 것
   - ㉰ 구리에 대한 열기전력이 작을 것
   - ㉱ 전압이 높을 것

4. 부궤환 증폭기의 일반적인 특징으로 적합하지 않은 것은?
   - ㉮ 왜율이 감소한다.
   - ㉯ 이득이 감소한다.
   - ㉰ 안정도가 증가한다.
   - ㉱ 주파수 대역폭이 감소한다.

5. 이상적인 연산증폭기의 특징으로 적합한 것은?
   - ㉮ 입력저항이 아주 작다.
   - ㉯ 출력저항이 매우 크다.
   - ㉰ 동상신호 제거비가 매우 크다.
   - ㉱ 대역폭이 아주 작다.

6. 그림과 같은 회로는 어떤 궤환회로인가?

   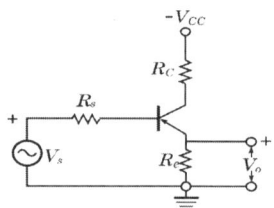

   - ㉮ 직렬 전압 궤환회로
   - ㉯ 직렬 전류 궤환회로
   - ㉰ 병렬 전압 궤환회로
   - ㉱ 병렬 전류 궤환회로

7. 어떤 도체의 단면을 1시간에 36000[C]의 전기량이 통과했다고 한다. 이 전류의 크기는 몇 [A]인가?
   - ㉮ 10[A]
   - ㉯ 36[A]
   - ㉰ 50[A]
   - ㉱ 36000[A]

8. R-L 직렬회로에서 L=50[mH], R=5[Ω]일 때 이 회로의 시정수[ms]는?
   - ㉮ 10[ms]
   - ㉯ 15[ms]
   - ㉰ 20[ms]
   - ㉱ 27[ms]

9. 다음 연산증폭기의 전압증폭도 A_V는?

   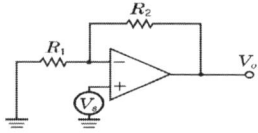

   - ㉮ $\dfrac{R_2}{R_1}$
   - ㉯ $\dfrac{R_1}{R_2}$

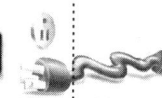

㉰ $\dfrac{R_1}{R_1+R_2}$ ㉱ $\dfrac{R_1+R_2}{R_1}$

10. 연산증폭기의 두 입력 단자에 동일한 신호를 가했을 경우 출력신호에 영향을 받지 않는 정도를 나타내는 것은?
㉮ 슬루율   ㉯ 옵셋전압
㉰ 동상제거비   ㉱ 개방전압이득

11. $R=4[\Omega]$, $X_L=5[\Omega]$, $X_C=8[\Omega]$의 직렬회로에 100[V]의 교류전압을 가할 때, 이 회로에 흐르는 전류[A]는?
㉮ 5   ㉯ 10
㉰ 20   ㉱ 40

12. 반파정류회로에서 저항 r의 역할은?

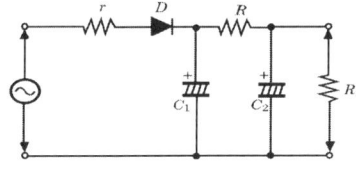

㉮ 리플의 감소
㉯ 필터 콘덴서의 보호
㉰ 다이오드의 보호
㉱ 전압변동의 감소

13. 진공관에서 음극 표면의 상태가 고르지 못하여 전자의 방사가 시간적으로 일정하지 않으므로 발생하는 잡음으로 가청 주파수대에서만 일어나는 잡음은?
㉮ 열 잡음
㉯ 산탄 잡음
㉰ 플리커 잡음
㉱ 트랜지스터 잡음

14. N형 반도체를 만드는 도핑 물질은?
㉮ Sb   ㉯ B
㉰ Ga   ㉱ In

15. 트랜지스터 증폭회로의 설명으로 옳지 않은 것은?
㉮ 베이스 접지회로의 입력은 이미터가 된다.
㉯ 컬렉터 접지회로의 입력은 베이스가 된다.
㉰ 베이스 접지회로의 입력은 컬렉터가 된다.
㉱ 이미터 접지회로의 입력은 베이스가 된다.

16. AM 변조의 과변조파를 수신(복조)했을 때 나타나는 현상으로 가장 적합한 것은?
㉮ 검파기가 과부하된다.
㉯ 음성파 전력이 적다.
㉰ 음성파가 찌그러진다.
㉱ 음성파 전력이 크다.

17. 다음 연산의 기능 중 LOAD나 STORE 명령은 어디에 속하는가?
㉮ 함수연산 기능
㉯ 제어 기능
㉰ 전달 기능
㉱ 입·출력 기능

18. 16진수 A7B8과 1C3D를 더한 결과는?
㉮ C3F5   ㉯ B4F6
㉰ C4F5   ㉱ C3F6

19. 주기억장치의 용량을 보다 크게 사용하기 위한 것으로 하드디스크 장치의 용량을 주기억장치와 같이 사용할 수 있도록 한 메모리는?
㉮ Flash Memory
㉯ Virtual Memory

㉰ Associative Memory
㉱ USB Memory

20. 서브루틴 호출 시 데이터나 주소의 임시 저장이 가능한 것은?
㉮ 스택
㉯ 번지 해독기
㉰ 프로그램 카운터
㉱ 메모리 주소 레지스터

21. 다음 C 프로그램의 실행 결과는?

```
void main()
{
   int a, b, tot;
   a=200;
   b=400;
   tot=a+b;
   printf("두 수의 합=%d\n", tot);
}
```

㉮ 두 수의 합=a+b
㉯ 두 수의 합=200+400
㉰ 두 수의 합=600
㉱ 두 수의 합=%d\n

22. 단항 연산과 거리가 먼 것은?
㉮ EX-OR   ㉯ Move
㉰ Shift   ㉱ Complement

23. 마이크로프로세서에서 누산기(accumulator)의 용도는?
㉮ 명령을 저장
㉯ 명령을 해독
㉰ 명령의 주소를 저장
㉱ 연산 결과를 일시적으로 저장

24. 원시 언어로 작성한 프로그램을 동일한 내용의 목적 프로그램으로 번역하는 프로그램을 무엇이라 하는가?
㉮ 기계어   ㉯ 파스칼
㉰ 컴파일러   ㉱ 소스 프로그램

25. 다음 카르노 맵의 표현이 바르게 된 것은?

AB\CD	00	01	11	10
00	1	1	1	1
01	0	1	1	0
11	0	1	1	0
10	0	1	1	0

㉮ $Y = \overline{A}\overline{B} + D$ ㉯ $Y = A\overline{B} + \overline{D}$
㉰ $Y = \overline{A}\overline{B} + \overline{D}$ ㉱ $Y = AB + \overline{D}$

26. 마이크로프로세서의 CPU 모듈 동작 순서를 바르게 나열한 것은?
㉮ 명령어 인출→데이터 인출→명령어 해석→데이터 처리
㉯ 데이터 인출→명령어 인출→명령어 해석→데이터 처리
㉰ 명령어 인출→명령어 해석→데이터 인출→데이터 처리
㉱ 데이터 처리→데이터 인출→명령어 해석→명령어 인출

27. 부동 소수점 표현 방법에 대한 설명으로 옳은 것은?
㉮ 부호와 절대값을 이용한 표현 방법을 사용한다.
㉯ 부호, 지수부, 가수부로 구성되어 있다.
㉰ 2의 보수 표현 방법을 많이 사용한다.
㉱ 고정 소수점 연산에 비해 단순하고 시간이 적게 걸린다.

28. 채널(channel)의 종류로 옳게 묶인 것은?
㉮ 다이렉트(direct) 채널과 멀티플렉서 채널
㉯ 멀티플렉서 채널과 실렉터(selector) 채널
㉰ 실렉터 채널과 스트로브(strobe) 채널
㉱ 스트로브 채널과 다이렉트 채널

29. 단상 교류회로에서 전압이 100[V], 전류가 5[A], 전력이 400[W]일 때의 역률은?
㉮ 0.2   ㉯ 0.8
㉰ 0.9   ㉱ 1

30. 다음 중 스미스 선도(Smith chart)는 무엇을 구하는가?
㉮ 반사 계수
㉯ 파수(波數)
㉰ 정규화 임피던스
㉱ 전송선로의 특성 임피던스

31. 캠벨(campbell) 주파수 브리지가 평형되었을 때, 전원의 주파수는 어떻게 표시하는가?(단, M은 상호 인덕턴스, C는 콘덴서의 용량이다.)
㉮ $f = \dfrac{1}{\sqrt{MC}}$ ㉯ $f = \dfrac{1}{MC\sqrt{2}}$
㉰ $f = \dfrac{1}{2\pi\sqrt{MC}}$ ㉱ $f = \dfrac{1}{\sqrt{2\pi MC}}$

32. 다음은 오실로스코프의 기본 구성도이다. 빈 칸 A, B에 들어갈 내용으로 가장 적합한 것은?

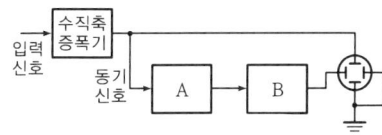

㉮ A : 트리거회로, B : 편향회로
㉯ A : 톱니파 발생기, B : 편향회로
㉰ A : 수평축증폭기, B : 편향회로
㉱ A : 톱니파 발생기, B : 수평축증폭기

33. 회로시험기(Multi-circuit tester)로 측정할 수 없는 것은?
㉮ 저항   ㉯ 변조도
㉰ 직류전류   ㉱ 교류전압

34. 단상 유효 전력을 구하는 식으로 옳은 것은? (단, V : 전압계 지시, I : 전류계 지시)
㉮ $P = V \cdot I\cos\theta$
㉯ $P = V \cdot I\cos^2\theta$
㉰ $P = V \cdot I\sin\theta$
㉱ $P = V \cdot I\sin^2\theta$

35. 다음 중 자동평형식 기록계기의 특징에 대한 설명으로 옳지 않은 것은?
㉮ 펜과 기록용지에서 생기는 마찰에 의한 오차를 피하기 위한 것이다.
㉯ 구동 에너지로 움직이게 하는 자동평형 서보기구를 사용한다.
㉰ 영위법에 의한 측정원리를 이용한 것이다.
㉱ 마찰과 관성이 증가하는 결점이 생긴다.

36. 전압이나 전류의 크기를 숫자로 표시하는 장치는?
㉮ C-A 변환기   ㉯ A-C 변환기
㉰ D-A 변환기   ㉱ A-D 변환기

37. 다음 중 스위프 신호발진기에 포함되지 않는 것은?
㉮ 진폭제한기   ㉯ 저주파 발진기
㉰ 톱니파 발진기   ㉱ 리액턴스관

38. 참값 100[V]인 전압을 측정하였더니 측정값

이 80[V]이었다. 보정 백분율은?
- ㉮ 25[%]
- ㉯ −25[%]
- ㉰ 50[%]
- ㉱ −50[%]

39. 다음 중 헤테로다인 주파수계의 교정용 발진기로 사용되는 것은?
- ㉮ LC 발진기
- ㉯ RC 발진기
- ㉰ 비트 발진기
- ㉱ 수정 발진기

40. 증폭기 또는 임의회로에 입력 전압을 가했을 때 출력에 포함된 고조파 성분비(일그러짐률)를 나타낸 것은?(단, 기본파 전압 : E_f, 고조파 전압 : E_h)
- ㉮ $\dfrac{E_f}{E_h} \times 100 [\%]$
- ㉯ $\dfrac{E_h - E_f}{E_f} \times 100 [\%]$
- ㉰ $\dfrac{E_h}{E_f} \times 100 [\%]$
- ㉱ $\dfrac{E_h}{E_f - E_h} \times 100 [\%]$

41. 다음 중 초음파의 전파에 있어서 캐비테이션(cavitation)에 대한 설명으로 옳은 것은?
- ㉮ 액체인 매질에서 기포의 생성과 소멸 현상
- ㉯ 액체인 매질에서 기포의 생성과 횡파 현상
- ㉰ 액체인 매질에서 종파에 의한 협대역 잡음
- ㉱ 액체인 매질에서 횡파에 의한 광대역 잡음

42. 동축 케이블 전송방식의 특성이 아닌 것은?
- ㉮ 내전압이 높다.
- ㉯ 도체저항이 적다.
- ㉰ 전송손실이 매우 크다.
- ㉱ 다중화 전송이 가능하다.

43. 다음 중 태양전지에 관한 설명으로 옳지 않은 것은?
- ㉮ 광기전력 효과를 이용한다.
- ㉯ 장치가 간단하고, 보수가 편하다.
- ㉰ 빛 에너지를 전기 에너지로 변환한다.
- ㉱ 축전 기능이 있어 축전지로도 사용할 수 있다.

44. 792[kHz]의 중파방송을 수신하려 할 때 슈퍼헤테로다인 수신기의 국부 발진 주파수는 얼마로 조정해야 하는가?(단, 중간주파수는 450[kHz]이다.)
- ㉮ 350[kHz]
- ㉯ 1242[kHz]
- ㉰ 450[kHz]
- ㉱ 792[kHz]

45. 다음 중 레이더에 사용되는 초단파 발진관으로 주로 사용되는 것은?
- ㉮ magnetron
- ㉯ waveguide
- ㉰ cavity resonator
- ㉱ duplexer

46. 다음 중 서보기구에 사용되지 않는 것은?
- ㉮ 싱크로
- ㉯ 리졸버
- ㉰ 카보런덤
- ㉱ 저항식 서보기구

47. 자동제어의 제어 목적에 따른 분류 중 어떤 일정한 목표값을 유지하는 것에 해당하는 것은?
- ㉮ 비율 제어
- ㉯ 추종 제어
- ㉰ 프로그램 제어
- ㉱ 정치 제어

48. 유전가열의 공업제품에 대한 응용에 해당하지 않는 것은?
  ㉮ 합성수지의 예열 및 성형가공
  ㉯ 합성수지의 접착
  ㉰ 목재의 접착
  ㉱ 목재의 세척

49. 전파를 상공에 수직으로 발사하여 0.002초 후에 그 전파가 수신되었다고 하면 전리층의 높이는?
  ㉮ 150[km]   ㉯ 300[km]
  ㉰ 1500[km]   ㉱ 3000[km]

50. 청력을 검사하기 위하여 가청주파수 영역의 여러 가지 레벨의 순음을 전기적으로 발생하는 음향발생 장치는?
  ㉮ 오디오미터
  ㉯ 페이스메이커
  ㉰ 망막전도 측정기
  ㉱ 심음계

51. 신호변환 검출에서 다이어프램(diaphragm) 조절기는 무엇을 변위시키는가?
  ㉮ 전압   ㉯ 전류
  ㉰ 압력   ㉱ 온도

52. 컬러방송은 정상으로 수신되는데 흑백신호 방송을 수신할 때에 색이 붙는 잡음이 나온다. 고장 원인은 무엇인가?
  ㉮ 색 복조회로의 고장
  ㉯ 컨버젼스회로의 고장
  ㉰ 컬러 킬러회로의 고장
  ㉱ 지연회로의 고장

53. 항법보조장치의 ILS란?
  ㉮ 계기 착륙 시스템
  ㉯ 회전 비컨
  ㉰ 무지향성 무선표식
  ㉱ 호우머

54. 다음 제어계 블록선도에서 전달함수 C/R는?

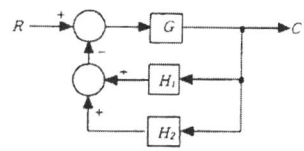

  ㉮ $\dfrac{C}{R} = \dfrac{GH_1H_2}{1+G(H_1+H_2)}$
  ㉯ $\dfrac{C}{R} = \dfrac{G}{1-G(H_1+H_2)}$
  ㉰ $\dfrac{C}{R} = \dfrac{G}{1+H_1+H_2G}$
  ㉱ $\dfrac{C}{R} = \dfrac{G}{1+G(H_1+H_2)}$

55. 일반적인 재생헤드에 대한 설명 중 옳지 않은 것은?
  ㉮ 초투자율이 매우 낮다.
  ㉯ 녹음헤드와 같은 구조로 되어 있다.
  ㉰ 코어손실이 적은 코어에 코일을 감아서 만든다.
  ㉱ 재생헤드에서 얻어지는 기전력 $e = N\dfrac{\Delta\phi}{\Delta t}$ [V]이다.

56. 전자현미경의 배율을 크게 하려면?
  ㉮ 전자렌즈의 크기를 줄인다.
  ㉯ 전자총의 길이를 길게 한다.
  ㉰ 전자렌즈에 자기장을 강하게 한다.
  ㉱ 전자렌즈가 오목렌즈의 역할을 하도록 한다.

과년도출제문제

57. VTR 사용 전 미리 전원을 인가하여 두는 것이 좋은데, 이의 주된 이유는?
  ㉮ 각종 IC의 동작온도를 유지하기 위하여
  ㉯ 각종 발진회로가 정상상태를 유지하는 데 시간이 필요하므로
  ㉰ 헤드 드럼의 표면온도를 가열하여 상대 습도를 낮추기 위하여
  ㉱ 기기 전체의 온도를 높여 최량의 동작상태를 만들어주기 위하여

58. 압력을 변위로 변환하는 요소가 아닌 것은?
  ㉮ 벨로즈
  ㉯ 다이어프램
  ㉰ 부르동관
  ㉱ 유압 분사관

59. 자동음량조절(AVC)회로의 사용 목적으로 옳지 않은 것은?
  ㉮ 큰 출력을 얻기 위하여
  ㉯ 음량을 일정하게 하기 위하여
  ㉰ 페이딩(fading) 방지를 위하여
  ㉱ 과대한 출력이 나오지 않게 하기 위하여

60. 자기 녹음기(tape recorder)에서 고음부의 음량과 명료도가 저하한 증세가 나타났을 경우, 주로 어떤 부분의 조정이 필요한가?
  ㉮ 헤드 높이
  ㉯ 테이프 스피드(모터)
  ㉰ 헤드 애지머스
  ㉱ 녹음 바이어스

전자기기기능사 3주 완성

2012년도 과년도 출제문제

Craftsman Electronic Apparatus

전자기기 기능사 (2012년 2월 12일 시행)

1. 다음 중 옴의 법칙으로 가장 적합한 것은?
   - ㉮ $V = I^2 R$
   - ㉯ $W = IQt$
   - ㉰ $V = IR$
   - ㉱ $W = IQ$

2. $2[\mu F]$ 콘덴서에 60[V]를 인가할 때 저장되는 에너지[J]는?
   - ㉮ $3.6 \times 10^{-3}[J]$
   - ㉯ $4.0 \times 10^{-3}[J]$
   - ㉰ $4.5 \times 10^{-4}[J]$
   - ㉱ $6.5 \times 10^{-4}[J]$

3. 10분 동안에 600[C]의 전기량이 이동했다고 하면 이때 전류의 크기는?
   - ㉮ 0.1[A]
   - ㉯ 1[A]
   - ㉰ 6[A]
   - ㉱ 60[A]

4. 플립플롭(FF) 회로의 설명으로 옳지 않은 것은?
   - ㉮ 비안정 멀티바이브레이터회로이다.
   - ㉯ 구형파 출력을 낸다.
   - ㉰ 직류결합으로 되어 있다.
   - ㉱ 계수기회로에 쓰인다.

5. 실생활 중에서 정전기의 원리를 응용하는 것과 거리가 먼 것은?
   - ㉮ 전자복사기
   - ㉯ 공기청정기
   - ㉰ 전기도금
   - ㉱ 차량도장

6. 저주파회로에서 직류 신호를 차단하고 교류 신호를 잘 통과시키는 소자로 가장 적합한 것은?
   - ㉮ 커패시터(capacitor)
   - ㉯ 코일(coil)
   - ㉰ 저항(R)
   - ㉱ 다이오드(diode)

7. 다음 중 연산증폭기의 특징에 대한 설명으로 적합하지 않은 것은?
   - ㉮ 전압이득이 매우 크다.
   - ㉯ 출력저항이 매우 작다.
   - ㉰ 주파수 대역폭이 매우 작다.
   - ㉱ 동상신호제거비(CMRR)가 매우 크다.

8. 스위프(sweep) 발진기를 옳게 설명한 것은?
   - ㉮ RC 발진기의 일종이다.
   - ㉯ 2차 전자방사를 이용한 것이다.
   - ㉰ 발진주파수가 주기적으로 어느 비율로 변화하는 것이다.
   - ㉱ 인입현상을 이용한 것이다.

9. 이상적인 연산증폭기의 두 입력전압이 같을 때의 출력전압은?
   - ㉮ 1[V]이다.
   - ㉯ 입력의 2배이다.
   - ㉰ 입력과 같다.
   - ㉱ 0[V]이다.

10. 비검파기가 리미터 역할을 하는 이유는?
    - ㉮ 잡음제한기가 설치되기 때문에
    - ㉯ 단동조회로를 이용하여 위상검파를 하기 때문에
    - ㉰ 디엠퍼시스 회로의 동작으로 잡음제한을 하기 때문에
    - ㉱ 출력단 대용량의 콘덴서 작용으로 펄스성 잡음을 흡수하기 때문에

11. 다음 중 차동증폭기에 대한 설명으로 옳은 것은?
- ㉮ 공통성분제거비(CMRR)가 작을수록 잡음출력이 작다.
- ㉯ 교류증폭에서는 사용하지 않으며 직류증폭에만 사용한다.
- ㉰ 두 입력의 차에 의한 출력과 합에 의한 출력을 동시에 얻는 방식이다.
- ㉱ 차동 이득이 크고 동상 이득이 작을수록 공통성분제거비(CMRR)가 크다.

12. RC 직렬회로에서 R=30[kΩ], C=1[μF]인 회로에 직류 전압 10[V]를 가했을 때의 시상수(time constant)는?
- ㉮ 3[ms]
- ㉯ 30[ms]
- ㉰ 60[ms]
- ㉱ 90[ms]

13. 전원주파수 60[Hz]를 사용하는 정류회로에서 120[Hz]의 맥동주파수를 나타내는 것은?
- ㉮ 단상 반파정류
- ㉯ 단상 전파정류
- ㉰ 3상 반파정류
- ㉱ 3상 전파정류

14. 다음과 같은 회로는 무슨 회로인가?(단, CR> τ_w 이고, τ_w는 입력신호의 펄스폭이다.)

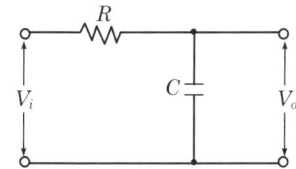

- ㉮ 미분회로
- ㉯ 적분회로
- ㉰ RC 발진회로
- ㉱ 분주회로

15. 평활회로의 출력전압을 일정하게 유지시키는 데 필요한 회로는?
- ㉮ 안정화(정전압)회로
- ㉯ 정류회로
- ㉰ 전파 정류회로
- ㉱ 브리지 정류회로

16. 다음 중 RC 결합 증폭회로에 대한 설명으로 적합하지 않은 것은?
- ㉮ 주파수 특성이 좋다.
- ㉯ 회로가 복잡하고 경제적이다.
- ㉰ 입력 임피던스가 낮고 출력 임피던스가 높으므로 임피던스 정합이 어렵다.
- ㉱ 전원 이용률이 나쁘다.

17. 지정 어드레스로 분기하고 후에 그 명령으로 되돌아오는 명령은?
- ㉮ 강제 인터럽트 명령
- ㉯ 조건부 분기 명령
- ㉰ 서브루틴 분기 명령
- ㉱ 분기 명령

18. D형 플립플롭을 사용하여 토글(toggle)작용이 일어나도록 하려 한다. 어떻게 결선하면 좋은가?
- ㉮ D단 입력에 인버터를 연결한다.
- ㉯ 클록펄스 입력단에 인버터를 연결한다.
- ㉰ D단 입력과 출력단 $\overline{Q}$를 외부 결선한다.
- ㉱ 클록펄스 입력단과 출력단 Q를 외부 결선한다.

19. 마이크로프로세서에서 누산기의 용도는?
- ㉮ 명령의 해독
- ㉯ 명령의 저장
- ㉰ 연산 결과의 일시 저장
- ㉱ 다음 명령의 주소 저장

20. 다음은 데이터의 크기를 나타내는 단위들이다. 데이터의 크기순으로 옳게 나열된 것은?
㉮ byte＜word＜record＜bit
㉯ bit＜byte＜field＜record＜file
㉰ file＜field＜record＜bit＜byte
㉱ field＜record＜file＜byte

21. 순서도의 기본 유형에 속하지 않는 것은?
㉮ 직선형 순서도
㉯ 회전형 순서도
㉰ 분기형 순서도
㉱ 반복형 순서도

22. 특정한 비트 또는 문자를 삭제하는 데 가장 적합한 연산은?
㉮ AND
㉯ OR
㉰ MOVE
㉱ COMPLEMENT

23. 컴퓨터에서 제어장치의 일부로, 컴퓨터가 다음에 실행할 명령의 로케이션이 기억되어 있는 레지스터는?
㉮ 스택 포인터
㉯ 명령 해독기
㉰ 상태 레지스터
㉱ 프로그램 카운터

24. 컴퓨터에서 각 구성 요소 간의 데이터 전송에 사용되는 공통의 전송로를 무엇이라 하는가?
㉮ 버스(bus)
㉯ 포트(port)
㉰ 채널(channel)
㉱ 인터페이스(interface)

25. 4개의 입력과 2개의 출력으로 구성된 회로에서 4개의 입력 중 하나가 선택되면 그에 해당하는 2진수가 출력되는 논리회로는?
㉮ 디코더   ㉯ 인코더
㉰ 반가산기   ㉱ 플립플롭

26. dynamic RAM에 관한 설명 중 옳지 않은 것은?
㉮ static RAM보다 속도가 빠르다.
㉯ static RAM보다 용량이 크다.
㉰ 주기적으로 재충전(refresh)을 해주어야 한다.
㉱ MOS RAM 동작방식에 속한다.

27. 컴퓨터의 행동을 지시하는 일련의 순차적으로 작성된 명령어 모음을 무엇이라고 하는가?
㉮ 하드웨어
㉯ 플립플롭
㉰ 프로그램
㉱ 정보

28. 2진수 $(11001)_2$에서 1의 보수는?
㉮ 00110   ㉯ 11001
㉰ 10110   ㉱ 11110

29. 정류형 계기의 정류기 접속 방식으로 옳은 것은?

㉮ 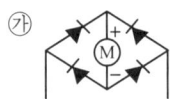   ㉯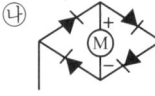

㉰ 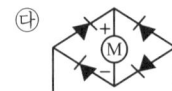   ㉱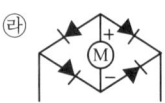

30. 정재파비(VSWR)가 2일 때 반사 계수는?
㉮ 1/2   ㉯ 1/3
㉰ 1/4   ㉱ 1/5

31. 측정하고자 하는 양과 일정한 관계가 있는 다른 종류의 양을 각각 직접 측정으로 구하여 그 결과로부터 계산에 의하여 측정량의 값을 결정하는 측정을 무엇이라 하는가?
  ㉮ 직접 측정(비교 측정)
  ㉯ 간접 측정(절대 측정)
  ㉰ 편위법
  ㉱ 영위법

32. 다음 중 볼로미터(bolometer) 전력계의 저항 소자는?
  ㉮ 서미스터
  ㉯ 터널 다이오드
  ㉰ 바리스터
  ㉱ FET

33. 지시계기는 고정 부분과 가동 부분으로 구성되어 있는데 기능상 지시계기의 3대 요소에 속하지 않는 것은?
  ㉮ 구동장치   ㉯ 가동장치
  ㉰ 제어장치   ㉱ 제동장치

34. 수신기 내부 잡음 측정에서 잡음이 없는 경우 잡음지수는?
  ㉮ 0   ㉯ 1
  ㉰ 10 ㉱ 무한대

35. 1차 코일의 인덕턴스 4[mH], 2차 코일의 인덕턴스 10[mH]를 직렬로 연결했을 때 합성 인덕턴스는 24[mH]이었다. 이들 사이의 상호 인덕턴스는?

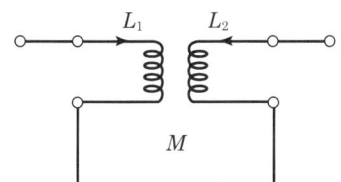

  ㉮ 2[mH]   ㉯ 5[mH]
  ㉰ 10[mH] ㉱ 19[mH]

36. 오실로스코프로 직류에 포함된 리플(ripple)만을 측정하고자 할 때 INPUT MODE로 옳은 것은?
  ㉮ DC   ㉯ AC
  ㉰ GND   ㉱ DUAL

37. 다음과 같은 특징을 가지는 측정계기는?

  - 직렬 공진회로의 주파수 특성을 이용
  - RLC로 구성된 회로의 공진 주파수를 개략적으로 측정
  - 대체로 100[MHz] 이하의 고주파 측정에 사용

  ㉮ 동축 주파수계
  ㉯ 공동 주파수계
  ㉰ 계수형 주파수계
  ㉱ 흡수형 주파수계

38. 디지털 전압계에서 계기의 심장부이며, 아날로그량을 디지털량으로 변환시키는 부분은?
  ㉮ 측정량 입력부
  ㉯ 입력 전환부
  ㉰ A/D 변환기부
  ㉱ D/A 변환기부

39. 증폭회로에서 전압 증폭도가 100이면 데시벨 이득 G는?
  ㉮ 5[dB]   ㉯ 10[dB]
  ㉰ 20[dB]   ㉱ 40[dB]

40. 주파수 안정도와 파형이 좋기 때문에 저주파대의 기본 발진기로 사용되는 발진기는?
  ㉮ 음차 발진기   ㉯ RC 발진기
  ㉰ 비트 발진기   ㉱ 수정 발진기

과년도 출제문제

41. 텔레비전의 고압 전원은 어떻게 얻어내는가?
㉮ 부스터 회로에서 얻어낸다.
㉯ B전원을 3배 전압하여 얻어낸다.
㉰ 전원 트랜스를 승압하여 얻어낸다.
㉱ 수평귀선 기간에 일어나는 펄스를 승압하여 얻어낸다.

42. VHS 방식 VTR의 설명으로 옳은 것은?
㉮ 병렬(parallel) 로딩 기구에 의한 M자형 로딩
㉯ 큰 헤드 드럼에 낮은 테이프 속도
㉰ 리드 테이프에 의한 종단 검출 방식
㉱ 1모터에 의한 안정된 구동 방식

43. 슈퍼헤테로다인 수신기에서 영상 주파수는?
㉮ 중간 주파수와 같다.
㉯ 국부발진주파수와 같다.
㉰ (국부발진주파수-중간 주파수)와 같다.
㉱ (국부발진주파수+중간 주파수)와 같다.

44. 오디오의 재생 주파수 대역을 몇 개의 대역으로 나누어 각각의 대역 내의 주파수 특성을 자유자재로 바꿀 수 있는 기능은?
㉮ 믹싱 앰프
㉯ 채널 디바이더
㉰ 그래픽 이퀄라이저
㉱ 라우드니스 컨트롤

45. 녹음기에서 테이프를 일정한 속도로 움직이게 하는 것은?
㉮ 핀치 롤러와 캡스턴
㉯ 핀치 롤러와 텐션암
㉰ 캡스턴과 테이프 가이드
㉱ 테이프 가이드와 테이프 패드

46. 2종류의 금속으로 구성되는 회로에 전류를 흘렸을 때, 그 접합점에 열의 흡수 발생이 일어나는 현상은?
㉮ 펠티어 효과   ㉯ 톰슨 효과
㉰ 제벡 효과   ㉱ 줄 효과

47. 다음 중 레이더의 초단파 발진관으로 사용되는 것은?
㉮ 전자 혼(horn)
㉯ 자전관(magnetron)
㉰ TR관(transmit-receive tube)
㉱ ATR관(anti-transmit-receive tube)

48. 서보 기구에 대한 설명으로 옳지 않은 것은?
㉮ 추종속도가 빨라야 한다.
㉯ 서보 모터의 관성은 작아야 한다.
㉰ 일반적으로 조작력이 약해야 한다.
㉱ 제어계 전체의 관성이 클 경우에는 관성의 비가 작을지라도 토크가 큰 편이 좋다.

49. 제어량의 변화를 일으킬 수 있는 신호 중에서 기준 입력 신호 이외의 것은?
㉮ 제어동작 신호
㉯ 외란
㉰ 주되먹임 신호
㉱ 제어 편차

50. 전자냉동의 원리에 대한 설명으로 틀린 것은?
㉮ 펠티어 효과를 이용한 것이다.
㉯ 펠티어 효과는 물질에 따라 다르다.
㉰ 펠티어 효과는 접점을 통과하는 전류에 반비례한다.
㉱ 펠티어 효과가 클수록 효과적인 냉각기를 얻을 수 있다.

51. FM 수신기에 필요한 요소가 아닌 것은?
㉮ 저주파 증폭회로

㉯ 주파수 판별회로
㉰ 변조회로
㉱ 주파수 혼합회로

52. 광학 현미경과 전자 현미경의 차이점에 대한 설명으로 가장 옳은 것은?
㉮ 광학 현미경에서는 시료 위의 정보를 전하는 매개체로 빛과 전자를 동시에 사용한다.
㉯ 광학 현미경은 매개체로 빛과 광학렌즈를, 전자 현미경은 매개체로 전자빔과 전자렌즈를 사용한다.
㉰ 전자 현미경은 전자선을 오목렌즈에 이용하고, 광학 현미경은 볼록렌즈에 사용한다.
㉱ 전자 현미경은 볼록렌즈에 전자선을 사용하고, 광학 현미경은 오목렌즈에 전자선을 이용한다.

53. 다음 중 음압의 단위는?
㉮ [N/C]   ㉯ [dB]
㉰ [μbar]   ㉱ [Neper]

54. 수신기의 성능을 표시하는 요소 중 옳지 않은 것은?
㉮ 선택도   ㉯ 충실도
㉰ 변조도   ㉱ 안정도

55. 채널을 선택하고 수신된 고주파를 증폭, 주파수를 변환하여 중간 주파수를 얻는 회로는?
㉮ 편향회로
㉯ 튜너회로
㉰ 음성신호회로
㉱ 동기분리회로

56. 유전가열의 공업상의 응용에 있어서 옳지 않은 것은?
㉮ 고무의 가황   ㉯ 섬유류의 염색
㉰ 목재의 건조   ㉱ 섬유류의 건조

57. VTR의 기록방식에서 기록헤드와 재생헤드의 갭을 ϕ도만큼 기울여 재생할 때의 장점은?
㉮ 휘도신호의 크로스 토크가 제거된다.
㉯ 테이프 속도가 증가한다.
㉰ 장시간 기록이 재생된다.
㉱ 테이프를 좁게 사용할 수 있다.

58. 다음 각 항법장치의 설명 중 옳은 것은?
㉮ TACAN : 전파의 도래 방향을 자동적으로 측정한다.
㉯ ADF : 두 국 A, B의 전파의 도래 시간 차를 측정한다.
㉰ VOR : 사용 주파수는 108[MHz]~118[MHz]의 초단파를 사용한다.
㉱ 로란(Loran) : 지상국으로부터 방위와 거리를 측정하는 시스템이다.

59. 수면에서 수직으로 초음파를 방사하여 수신되기까지의 시간이 3초 소요되었다면 물의 깊이는? (단, 이 물 속에서 초음파의 속도는 1530[m/s]이다.)
㉮ 1530[m]   ㉯ 3060[m]
㉰ 4590[m]   ㉱ 2295[m]

60. 다음 중 전기식 조절계에서 가장 많이 사용되는 방식은?
㉮ 비례동작
㉯ 온・오프동작
㉰ 비례적분동작
㉱ 비례적분미분동작

전자기기 기능사 (2012년 4월 8일 시행)

1. 정류회로의 직류전압이 300[V]이고 리플 전압이 3[V]였다. 이 회로의 리플률은 몇 [%]인가?
   ㉮ 1[%]
   ㉯ 2[%]
   ㉰ 3[%]
   ㉱ 5[%]

2. 다음 연산증폭기 회로의 입력전압 V_i 값으로 옳은 것은? (단, 이상적인 연산증폭기이다.)

   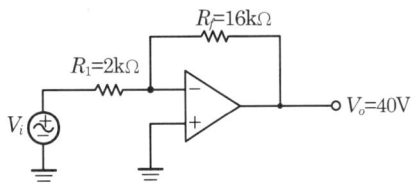

   ㉮ −5[V]
   ㉯ 7.5[V]
   ㉰ −10[V]
   ㉱ 12.5[V]

3. 운동하고 있는 전자에 자장을 가하면 운동방향을 변화시킬 수 있다. 만약 전자의 운동방향이 자장의 운동방향과 직각이면 전자는 무슨 운동을 하는가?
   ㉮ 수직운동
   ㉯ 수평운동
   ㉰ 원운동
   ㉱ 지그재그운동

4. 연산증폭기의 특징에 대한 설명으로 옳지 않은 것은?
   ㉮ 전압 이득이 크다.
   ㉯ 입력 임피던스가 높다.
   ㉰ 출력 임피던스가 낮다.
   ㉱ 단일 주파수만을 통과시킨다.

5. 이상적인 연산증폭기에 대한 설명으로 옳지 않은 것은?
   ㉮ 주파수 대역폭이 무한대이다.
   ㉯ 출력 임피던스가 무한대이다.
   ㉰ 입력 바이어스 전류는 0이다.
   ㉱ 오픈 루프 전압이득이 무한대이다.

6. 그림과 같은 구형파 펄스의 충격계수(duty factor) D는?

   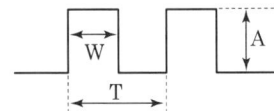

   ㉮ $D = \dfrac{1}{T}$
   ㉯ $D = \dfrac{W}{T}$
   ㉰ $D = \dfrac{A}{T}$
   ㉱ $D = \dfrac{1}{A}$

7. 다음 중 정류회로의 종류가 아닌 것은?
   ㉮ 브리지 정류회로
   ㉯ 반파 정류회로
   ㉰ 전파 정류회로
   ㉱ 정전압 정류회로

8. 그림은 연산회로의 일종이다. 출력을 바르게 표시한 것은?

   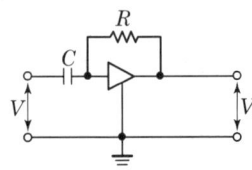

   ㉮ $V_o = \dfrac{1}{CR} \int_0^t v\,dt$
   ㉯ $V_o = -\dfrac{1}{CR} \int_0^t v\,dt$

㉰ $V_o = -RC\dfrac{dv}{dt}$

㉱ $V_o = RC\dfrac{dv}{dt}$

9. 트랜지스터의 전류증폭률 α와 β의 관계는?
㉮ $\alpha = \dfrac{\beta}{1+\beta}$ ㉯ $\alpha = \dfrac{\beta}{1-\beta}$
㉰ $\alpha = \dfrac{1+\beta}{\beta}$ ㉱ $\alpha = \dfrac{1-\beta}{\beta}$

10. 이미터 폴로어에 대한 설명으로 옳지 않은 것은?
㉮ 입력 임피던스는 낮다.
㉯ 전압증폭도는 대략 1이다.
㉰ 입·출력 위상은 동위상이다.
㉱ 부하효과를 최소화하는 버퍼증폭기로 많이 사용된다.

11. 직류 안정화 전원회로의 기본 구성 요소로 가장 적합한 것은?
㉮ 기준부, 비교부, 검출부, 증폭부, 지시부
㉯ 기준부, 비교부, 검출부, 증폭부, 제어부
㉰ 기준부, 발진부, 검출부, 제어부, 증폭부
㉱ 기준부, 지시부, 검출부, 증폭부, 발진부

12. 다음 중 부궤환 증폭회로에 대한 설명으로 적합하지 않은 것은?
㉮ 증폭도가 저하된다.
㉯ 안정도가 감소한다.
㉰ 주파수 특성이 개선된다.
㉱ 입·출력 임피던스가 궤환에 의해 변화된다.

13. 다음 중 압전 효과를 이용한 발진기는?
㉮ LC 발진기
㉯ RC 발진기
㉰ 블로킹 발진기
㉱ 수정 발진기

14. 베이스 접지 트랜지스터회로에서 입력과 출력 신호 사이의 위상차는?
㉮ 동상 ㉯ 90°
㉰ 180° ㉱ 270°

15. 비검파회로에 삽입된 대용량 콘덴서 C_o의 목적은?

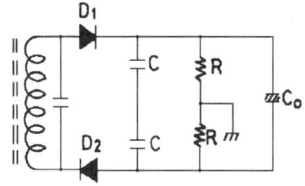

㉮ 결합작용
㉯ 직류차단작용
㉰ 진폭제한작용
㉱ 측로(by pass)작용

16. 충돌된 1차 전자의 운동에너지에 의하여 방출된 자유전자의 명칭으로 바르게 된 것은?
㉮ 열전자 ㉯ 광전자
㉰ 2차 전자 ㉱ 전기장전자

17. 속도가 빠른 중앙처리장치와 속도가 느린 주기억장치 사이에 위치하며 두 장치 간의 속도차를 줄여 컴퓨터의 전체적인 동작 속도를 빠르게 하는 기억장치는?
㉮ 캐시 메모리(Cache Memory)
㉯ 가상 메모리(Virtual Memory)
㉰ 플래시 메모리(Flash Memory)
㉱ 자기버블 메모리(Magnetic Bubble Memory)

18. 프로그래밍에 사용하는 고급언어 중 절차지향 언어에 포함되지 않는 것은?

㉮ 코볼(COBOL) ㉯ C언어
㉰ 자바(JAVA) ㉱ 베이직(BASIC)

19. 컴퓨터 내부에서 문자를 표현하는 방식은?
 ㉮ 팩 방식
 ㉯ 아스키 코드 방식
 ㉰ 고정 소수점 방식
 ㉱ 부동 소수점 방식

20. 각 세그먼트를 하나의 프로그램이 되도록 연결하고, 어셈블러가 번역한 목적 프로그램을 실행 모듈로 바꾸어 주는 프로그램은?
 ㉮ 에디터 ㉯ ASM
 ㉰ LINKER ㉱ EXE2BIN

21. 16진수 $(28C)_{16}$을 10진수로 변환한 것으로 옳은 것은?
 ㉮ 626 ㉯ 627
 ㉰ 628 ㉱ 652

22. 다음 그림은 어떤 주소지정방식인가?

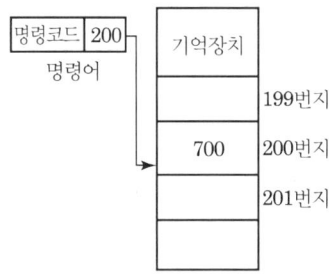

 ㉮ 즉시 주소(Immediate Address) 지정
 ㉯ 직접 주소(Direct Address) 지정
 ㉰ 간접 주소(Indirect Address) 지정
 ㉱ 상대 주소(Relative Address) 지정

23. 컴퓨터와 오퍼레이터 사이에 필요한 정보를 주고받을 수 있는 장치는?

㉮ 자기디스크 ㉯ 라인프린터
㉰ 콘솔 ㉱ 데이터 셀

24. 다음 논리 연산 명령어 중 누산기의 값이 변하지 않는 것은? (단, 여기서 X는 임의의 8bit 데이터이다.)
 ㉮ CP X ㉯ AND X
 ㉰ OR X ㉱ EX-OR X

25. 주기적으로 재기록하면서 기억 내용을 보존해야 하는 반도체 기억장치는?
 ㉮ SRAM ㉯ EPROM
 ㉰ PROM ㉱ DRAM

26. 다음 중 "0"에서부터 "9"까지의 10진수를 4비트의 2진수로 표현하는 코드는?
 ㉮ 아스키 코드 ㉯ 3-초과 코드
 ㉰ 그레이 코드 ㉱ BCD 코드

27. 컴퓨터가 직접 인식하여 실행할 수 있는 언어로서, 2진수 "0"과 "1"만을 이용하여 명령어와 데이터를 나타내는 언어는?
 ㉮ 기계어
 ㉯ 어셈블리 언어
 ㉰ 컴파일러 언어
 ㉱ 인터프리터 언어

28. 명령어 형식에서 오퍼랜드(operand)부의 역할이라고 할 수 없는 것은?
 ㉮ 레지스터 지정
 ㉯ 명령어 종류 지정
 ㉰ 기억장치의 어드레스 지정
 ㉱ 데이터 자체의 표현

29. 250[V]인 전지의 전압을 어떤 전압계로 측정하여 보정 백분율을 구하였더니 0.2이었다. 전

압계의 지시값은?
- ㉮ 250.5
- ㉯ 250.2
- ㉰ 249.5
- ㉱ 249.8

30. 유도형 계기의 특징에 대한 설명 중 옳지 않은 것은?
- ㉮ 가동부에 전류를 흘릴 필요가 없으므로 구조가 간단하고 견고하다.
- ㉯ 공극이 좁고 자장이 강하므로 외부 자장의 영향이 작고 구동 토크가 크다.
- ㉰ 주파수의 영향이 다른 계기에 비하여 크므로 정밀급 계기에는 부적합하다.
- ㉱ DC 전용 계기로 주로 사용된다.

31. 표준신호발생기의 필요 조건으로 옳지 않은 것은?
- ㉮ 주파수가 정확하고 가변 파형이 양호할 것
- ㉯ 변조특성이 좋으며 지시변조도가 정확할 것
- ㉰ 출력 임피던스가 가변될 것
- ㉱ 불필요한 출력을 내지 않을 것

32. 일반적으로 1[Ω] 이하 10^{-5}[Ω] 정도의 저저항 정밀측정에 사용되는 브리지는?
- ㉮ 켈빈 더블 브리지
- ㉯ 휘트스톤 브리지
- ㉰ 콜라우슈 브리지
- ㉱ 맥스웰 브리지

33. 오실로스코프에서 휘도(intensity)를 조정하는 것은?
- ㉮ 양극전압
- ㉯ 편향판전압
- ㉰ 캐소드전압
- ㉱ 제어그리드전압

34. 적산전력계의 알루미늄 원판에 유기되는 전류는?
- ㉮ 여자 전류
- ㉯ 맴돌이 전류
- ㉰ 자화 전류
- ㉱ 최대 전류

35. 전압 측정 시 계측기에 흐르는 미소 전류에 의한 전압 강하로 발생되는 오차를 줄이는 방법은?
- ㉮ 계측기의 입력 저항을 크게 한다.
- ㉯ 미끄럼 줄의 마찰에 의한 저항 변화를 줄인다.
- ㉰ 전압 분압기로 1[V] 정도 전압을 낮춰 측정한다.
- ㉱ 계측기에 배율기를 사용하여 측정 범위를 넓힌다.

36. 저주파 증폭기의 출력측에서 기본파의 전압이 50[V], 제2고조파의 전압이 4[V], 제3고조파의 전압이 3[V]임을 측정으로 알았다면, 이때 일그러짐률[%]은?
- ㉮ 5
- ㉯ 6
- ㉰ 8
- ㉱ 10

37. 내부저항이 20[kΩ]인 전압계의 측정 범위를 크게 하려고 80[kΩ]의 배율기를 직렬로 연결했을 때, 전압계의 지시값이 50[V]였다면 측정 전압은?
- ㉮ 220[V]
- ㉯ 250[V]
- ㉰ 280[V]
- ㉱ 320[V]

38. 자동평형식 기록계기의 구성 요소가 아닌 것은?
- ㉮ 함수발생기
- ㉯ 증폭회로
- ㉰ 서보모터
- ㉱ DC-AC변환회로

39. 다음 중 가장 높은 주파수를 측정할 수 있는 것은?

㉮ 헤테로다인 주파수계
㉯ 공동 주파수계
㉰ 흡수형 주파수계
㉱ 동축 주파수계

40. 아날로그 계측기와 비교 시 디지털 계측기에만 반드시 필요한 것은?
㉮ 비교기　　㉯ 증폭기
㉰ A/D 변환기　㉱ D/A 변환기

41. 슈퍼헤테로다인 수신기에서 중간 주파 증폭을 하는 이유 중 옳지 않은 것은?
㉮ 전압 변동을 적게 하기 위해
㉯ 선택도를 높이기 위해
㉰ 충실도를 높이기 위해
㉱ 안정한 증폭으로 이득을 높이기 위해

42. 슈퍼헤테로다인 수신기에서 중간주파수가 455[kHz]일 때 710[kHz]의 전파를 수신하고 있다. 이때 수신될 수 있는 영상주파수는 몇 [kHz]인가?
㉮ 910　　㉯ 1165
㉰ 1420　㉱ 1620

43. 태양전지에 이용되는 효과는?
㉮ 광기전력 효과
㉯ 광전자 방출 효과
㉰ 광 증폭 효과
㉱ 펠티어 효과

44. 한 조를 이루는 지상국에서 펄스 대신에 연속파를 발사하여 수신 장소에서는 그 위상차를 이용하여 거리차를 알아내는 쌍곡선 항법을 유럽에서 사용했는데 이를 무엇이라고 하는가?
㉮ 데카(decca)
㉯ 로란 A(loran A)

㉰ TACAN(tactical air navigation)
㉱ AN레인지(AN range)

45. 주파수 특성의 표현법과 관계없는 것은?
㉮ 벡터 궤적
㉯ 나이퀴스트 선도
㉰ 보드 선도
㉱ 스칼라 궤적

46. 고주파 가열 중 유전가열에 대한 설명으로 거리가 먼 것은?
㉮ 가열이 골고루 된다.
㉯ 온도 상승이 빠르다.
㉰ 피가열물의 모양에 제한을 받지 않는다.
㉱ 내부가열이므로 표면 손상이 되지 않는다.

47. TV 수상기의 영상 증폭회로에서 피킹 코일에 관한 설명으로 옳은 것은?
㉮ 수직의 동기를 제거한다.
㉯ 고역주파수 특성을 보상한다.
㉰ 저역주파수 특성을 보상한다.
㉱ 4.5[MHz]의 음성신호를 제거한다.

48. 다음 중 변위를 압력으로 변환하는 변환기는?
㉮ 전자석
㉯ 전자코일
㉰ 유압분사관
㉱ 차동변압기

49. 기본파 진폭 20[mA], 제2고조파 진폭 4[mA]인 고조파 전류의 왜율은 몇 [%]인가?
㉮ 10　　㉯ 20
㉰ 50　　㉱ 80

50. VTR에서 테이프 구동기구인 로딩 기구(loading mechanism)에 대한 설명으로 옳은

것은?
- ㉮ 헤드 드럼에서 테이프를 끌어내어 핀치 롤러에 세트하는 기구이다.
- ㉯ 비디오 카세트에서 테이프를 끌어내어 헤드 드럼에 세트하는 기구이다.
- ㉰ 빨리 보내기(FF), 되돌리기(REW) 시에 테이프가 비디오 헤드에 세트하는 기구이다.
- ㉱ 빨리 보내기(FF), 되돌리기(REW) 시에 테이프가 헤드 드럼과 접촉하게 하는 기구이다.

51. 다음 중 태양전지에 대한 설명으로 옳지 않은 것은?
- ㉮ 축전장치가 필요하다.
- ㉯ 장치가 간단하고, 보수가 편하다.
- ㉰ 대전력용은 부피가 크고, 가격이 비싸다.
- ㉱ 빛의 방향에 따라 발생 출력이 변하지 않는다.

52. 서보 기구에 관한 일반적인 설명 중 옳지 않은 것은?
- ㉮ 조작력이 강해야 한다.
- ㉯ 서보 기구에서는 추종속도가 느려야 한다.
- ㉰ 유압 서보 모터나 전기적 서보 모터가 사용된다.
- ㉱ 전기식이면 증폭부에 전자관 증폭기나 자기증폭기가 사용된다.

53. 초음파 집진기는 초음파의 어떤 작용을 이용한 것인가?
- ㉮ 응집작용
- ㉯ 분산작용
- ㉰ 확산작용
- ㉱ 에멀션화작용

54. 초음파 탐상기의 주요 구성 요소가 아닌 것은?
- ㉮ 수신부
- ㉯ 송신부
- ㉰ 동기부
- ㉱ 자동방향 탐지부

55. 다음 중 잔류편차가 없는 제어 동작은?
- ㉮ PI 동작
- ㉯ P 동작
- ㉰ PD 동작
- ㉱ ON-OFF 동작

56. 출력이 500[W]인 송신기의 공중선에 5[A]의 전류가 흐를 때 복사저항은?
- ㉮ 10[Ω]
- ㉯ 20[Ω]
- ㉰ 30[Ω]
- ㉱ 40[Ω]

57. 항공기가 강하할 때 수직면 내에 올바른 코스를 지시하는 것으로 90[Hz] 및 150[Hz]로 변조된 두 전파에 의해 표시되는 착륙보조장치는?
- ㉮ PAR
- ㉯ 팬 마커
- ㉰ 글라이드 패드
- ㉱ 지상 제어 진입장치

58. 직류전동기의 속도제어방법이 아닌 것은?
- ㉮ 전압제어법
- ㉯ 계자제어법
- ㉰ 주파수제어법
- ㉱ 저항제어법

59. 캡스턴의 원주속도가 고르지 않을 때 생기는 현상은?
- ㉮ 험
- ㉯ 와우 플로터
- ㉰ 모터 보팅
- ㉱ 잡음

60. 다음 중 화상의 질을 판단하기 위한 시험도형으로 일반적으로 사용되는 것은?
- ㉮ 고스트
- ㉯ 비월주사
- ㉰ 순차주사
- ㉱ 테스트 패턴

전자기기 기능사 (2012년 7월 22일 시행)

1. 다음 중 출력 임피던스가 가장 작은 회로는?
   - ㉮ 베이스 접지회로
   - ㉯ 컬렉터 접지회로
   - ㉰ 이미터 접지회로
   - ㉱ 캐소드 접지회로

2. 이상적인 연산증폭기의 특징에 대한 설명으로 틀린 것은?
   - ㉮ 주파수 대역폭이 무한대이다.
   - ㉯ 입력 임피던스가 무한대이다.
   - ㉰ 오픈 루프 전압이득이 무한대이다.
   - ㉱ 온도에 대한 드리프트(Drift)의 영향이 크다.

3. 가정용 전원의 교류전압은 220[V]이다. 이는 무슨 값인가?
   - ㉮ 최댓값
   - ㉯ 순시값
   - ㉰ 평균값
   - ㉱ 실효값

4. 5[V]의 입력전압을 50[V]로 증폭했을 때 전압이득은?
   - ㉮ 10[dB]
   - ㉯ 20[dB]
   - ㉰ 30[dB]
   - ㉱ 40[dB]

5. 다음과 같은 정류회로에서 D_1 다이오드에 걸리는 최대 역전압[PIV]은 몇 [V]인가?(단, V_i는 정현파이다.)

   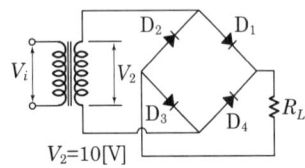

   - ㉮ 10[V]
   - ㉯ 20[V]
   - ㉰ $10\sqrt{2}$ [V]
   - ㉱ $20\sqrt{2}$ [V]

6. 전파 정류회로에서 리플전압을 나타낸 설명으로 옳은 것은?(단, 콘덴서 입력형 필터 회로의 경우이다.)
   - ㉮ 리플전압은 콘덴서의 용량에만 반비례한다.
   - ㉯ 리플전압은 부하저항 및 콘덴서 용량에 반비례한다.
   - ㉰ 리플전압은 부하저항에 무관하고 콘덴서의 용량에 비례한다.
   - ㉱ 리플전압은 부하저항 및 콘덴서 용량에 비례한다.

7. 다음 정류회로 중 사용하는 다이오드의 수량이 가장 많은 것은?
   - ㉮ 반파 정류회로
   - ㉯ 전파 정류회로
   - ㉰ 브리지 정류회로
   - ㉱ 배전압 전파 정류회로

8. 입력 전압이 500[mV]일 때 5[V]가 출력되었다면 전압 증폭도는?
   - ㉮ 9배
   - ㉯ 10배
   - ㉰ 90배
   - ㉱ 100배

9. 발진기의 발진주파수를 높이기 위하여 사용되는 회로는?
   - ㉮ 주파수체배기
   - ㉯ 분주기
   - ㉰ 영상증폭기
   - ㉱ 마그네트론

10. 병렬공진회로에서 공진주파수 $f_o = 455[kHz]$, $L=1[mH]$, $Q=50$이면 공진 임피던스는 약 몇 $[k\Omega]$인가?
 ㉮ $83[k\Omega]$ ㉯ $103[k\Omega]$
 ㉰ $123[k\Omega]$ ㉱ $143[k\Omega]$

11. 홀 효과(hall effect)에 대한 설명으로 옳은 것은?
 ㉮ 전류와 자기장으로 기전력 발생
 ㉯ 자기 저항 소자
 ㉰ 빛과 자기장으로 기전력 발생
 ㉱ 광전도 소자

12. $5[\mu F]/150[V]$, $10[\mu F]/150[V]$, $20[\mu F]/150[V]$의 콘덴서를 서로 직렬로 연결하고 그 끝에 직류전압을 서서히 인가할 때 다음 중 옳은 것은?
 ㉮ $5[\mu F]$ 콘덴서가 가장 먼저 파괴된다.
 ㉯ $10[\mu F]$ 콘덴서가 가장 먼저 파괴된다.
 ㉰ $20[\mu F]$ 콘덴서가 가장 먼저 파괴된다.
 ㉱ 모든 콘덴서가 동시에 파괴된다.

13. 진폭제한기가 필요치 않으며 FM파의 일그러짐을 가장 작게 복조하는 방식은?
 ㉮ 슬로프 검파
 ㉯ 게이티드 빔 검파
 ㉰ 포스터실리 검파
 ㉱ 비검파

14. 고주파 전력증폭기에 주로 사용되는 증폭방식은?
 ㉮ A급   ㉯ B급
 ㉰ C급   ㉱ AB급

15. 과변조한 전파를 수신하면 어떤 현상이 생기는가?
 ㉮ 음성파가 많이 일그러진다.
 ㉯ 검파기가 과부하로 된다.
 ㉰ 음성파 전력이 작아진다.
 ㉱ 음성파 전력이 크게 된다.

16. 어떤 사람의 음성 주파수 폭이 $100[Hz]$에서 $18[kHz]$ 음성을 진폭변조하면 점유 주파수 대역폭은 얼마나 필요한가?
 ㉮ $9[kHz]$ ㉯ $18[kHz]$
 ㉰ $27[kHz]$ ㉱ $36[kHz]$

17. 컴퓨터 내부에서 연산의 중간 결과를 일시적으로 기억하거나 데이터의 내용을 이송할 목적으로 사용되는 임시 기억장치는?
 ㉮ ROM   ㉯ I/O
 ㉰ buffer   ㉱ register

18. 마이크로프로세서의 순서제어 명령어로 나열된 것은?
 ㉮ 로테이트 명령, 콜 명령, 리턴 명령
 ㉯ 시프트 명령, 점프 명령, 콜 명령
 ㉰ 블록 서치 명령, 점프 명령, 리턴 명령
 ㉱ 점프 명령, 콜 명령, 리턴 명령

19. 서브루틴에서의 복귀 어드레스가 보관되어 있는 곳은?
 ㉮ 프로그램 카운터
 ㉯ 스택
 ㉰ 큐
 ㉱ 힙

20. C언어에서 정수형 변수를 선언할 때 사용되는 명령어는?
 ㉮ int   ㉯ float
 ㉰ double   ㉱ char

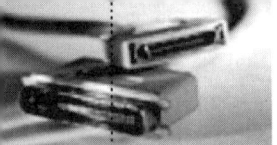

과년도 출제문제

21. 4개의 존 비트와 4개의 숫자비트로 이루어져 있으며 영문 대문자를 포함하여 모든 문자를 표현할 수 있도록 한 범용 코드로서 대형 컴퓨터에 주로 사용하는 코드는?
㉮ BCD 코드
㉯ ASCII 코드
㉰ 그레이 코드
㉱ EBCDIC 코드

22. 버스란 MPU, Memory, I/O 장치들 사이에서 자료를 상호 교환하는 공동의 전송로를 말하는데 다음 중 양방향성 버스에 해당하는 것은?
㉮ 주소 버스(Address Bus)
㉯ 제어 버스(Control Bus)
㉰ 데이터 버스(Data Bus)
㉱ 입·출력 버스(I/O Bus)

23. 주어진 수의 왼쪽으로부터 비트 단위로 대응을 시켜 서로가 1이면 결과를 1, 하나라도 0이면 결과가 0으로 연산 처리되는 명령은?
㉮ OR   ㉯ AND
㉰ EX-OR   ㉱ NOT

24. 사용자의 요구에 따라 제조회사에서 내용을 넣어 제조하는 롬(ROM)은?
㉮ PROM   ㉯ Mask ROM
㉰ EPROM   ㉱ EEPROM

25. 산술 시프트(Shift)에 관한 설명으로 옳은 것은?
㉮ 좌측 시프트 후 유효 비트 1을 잃는 것을 오버플로우(overflow)라 한다.
㉯ n비트 우측으로 시프트하면 2^n 으로 곱한 결과가 된다.
㉰ n비트 좌측으로 시프트하면 2^n 으로 나눈 결과가 된다.
㉱ 논리 시프트와는 달리 시프트 후 빈 자리에 새로 들어오는 비트는 항상 0이다.

26. 컴퓨터가 이해할 수 있는 언어로 변환 과정이 필요 없는 언어는?
㉮ Assembly
㉯ COBOL
㉰ Machine Language
㉱ LISP

27. 순서도 작성 시 지키지 않아도 될 사항은?
㉮ 기호는 창의성을 발휘하여 만들어 사용한다.
㉯ 문제가 어려울 때는 블록별로 나누어 작성한다.
㉰ 기호 내부에는 처리 내용을 간단명료하게 기술한다.
㉱ 흐름은 위에서 아래로, 왼쪽에서 오른쪽으로 그린다.

28. 모든 명령어의 길이가 같다고 할 때, 수행시간이 가장 긴 주소지정방식은?
㉮ 직접(direct) 주소지정방식
㉯ 간접(indirect) 주소지정방식
㉰ 상대(relative) 주소지정방식
㉱ 즉시(immediate) 주소지정방식

29. 초당 반복되는 파를 펄스로 변화하여 주파수를 측정하는 주파수계는?
㉮ 계수형 주파수계
㉯ 빈 브리지형 주파수계
㉰ 헤테로다인법 주파수계
㉱ 캠벨 브리지형 주파수계

30. 내부저항 $r_a[\Omega]$의 전류계에 병렬로 분류기 저항 $R_s[\Omega]$를 접속하고 이것에 I[A]의 전류를 흘릴 때 전류계에 흐르는 전류 I_a[A]는?

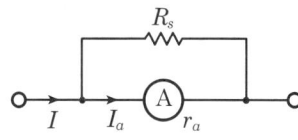

㉮ $I_a = \dfrac{R_s}{R_s + r_a}I$ 　㉯ $I_a = \dfrac{r_a}{R_s + r_a}I$

㉰ $I_a = \dfrac{R_s + r_a}{r_a}I$ 　㉱ $I_a = \dfrac{R_s + r_a}{R_s}I$

31. 주파수의 안정도와 파형이 좋기 때문에 저주파대의 기본 발진기로 사용되는 것은?
㉮ RC 발진기
㉯ 음차 발진기
㉰ 수정 발진기
㉱ 세라믹 발진기

32. 자기장 내에서 반도체 소자에 발생되는 기전력으로 자기장을 측정할 수 있는 효과는?
㉮ 홀 효과(Hall effect)
㉯ 톰슨 효과(Thomson effect)
㉰ 피에조 효과(Piezo effect)
㉱ 펠티어 효과(Peltier effect)

33. 충전된 두 물체 간에 작용하는 정전흡인력 또는 반발력을 이용한 계기는?
㉮ 가동코일형 계기
㉯ 전류력계형 계기
㉰ 유도형 계기
㉱ 정전형 계기

34. 오실로스코프에서 다음과 같은 그림을 얻었다. 이것은 무엇을 측정한 파형인가? (단, A=3, B=10이다.)

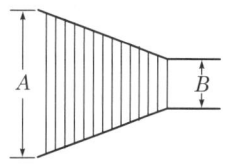

㉮ 100[%] AM 변조파
㉯ 100[%] FM 변조파
㉰ 50[%] AM 변조파
㉱ 50[%] FM 변조파

35. 다음 중 자동평형 기록계기의 측정 원리는?
㉮ 영위법　　㉯ 편위법
㉰ 직접측정법　㉱ 간접측정법

36. 고주파 전력측정방법이 아닌 것은?
㉮ 의사 부하법
㉯ 3전력계법
㉰ C-C형 전력계
㉱ C-M형 전력계

37. 인덕턴스를 L, 커패시턴스를 C라고 했을 때, 흡수형 주파수계의 공진 주파수를 나타낸 식은?

㉮ $\dfrac{1}{2\pi\sqrt{LC}}$ 　㉯ $\dfrac{1}{2\pi LC}$

㉰ $\dfrac{1}{\sqrt{LC}}$ 　㉱ $\dfrac{1}{LC}$

38. 수신기의 내부 잡음 측정에서 잡음이 없는 경우 잡음 지수(F)는?
㉮ F=1　　㉯ F>1
㉰ F<1　　㉱ F=2

39. 헤테로다인 주파수계의 정밀도를 높이기 위해 사용되는 교정발진기는?
㉮ 펄스발진기　㉯ 수정발진기
㉰ RC 발진기　㉱ LC 발진기

40. 지시계기의 구비 조건이 아닌 것은?
- ㉮ 정확도가 높고 오차가 작을 것
- ㉯ 눈금이 균등하거나 대수 눈금일 것
- ㉰ 응답도가 늦을 것
- ㉱ 절연 및 내구력이 높을 것

41. 주파수 변별기(frequency discriminator)에 대한 설명 중 옳은 것은?
- ㉮ FM파에서 원래의 신호파를 꺼내는 FM 검파기이다.
- ㉯ 자동으로 출력 전압을 제어한다.
- ㉰ 다중 통신의 누화를 방지한다.
- ㉱ 잡음 감쇠기이다.

42. 다음 중 음압의 단위는?
- ㉮ [N/C] ㉯ [μbar]
- ㉰ [Hz]   ㉱ [Neper]

43. 비디오테이프에서 요구되는 특성으로 가장 적합한 것은?
- ㉮ 대역폭이 작을 것
- ㉯ 항자력이 작을 것
- ㉰ SN비가 좋을 것
- ㉱ 잔류 자속이 작을 것

44. VTR의 컬러 프로세스(color process)의 VHS 방식에서 사용하고 있는 색 신호 처리방식은?
- ㉮ DOS 방식
- ㉯ HPF$_2$ 방식
- ㉰ PS(Phase Shift) 방식
- ㉱ PI(Phase Invert) 방식

45. 공항에 수색 레이더(SRE)와 정측 레이더(PAR)의 두 레이더가 설치된 항법보조장치는?
- ㉮ ILS장치
- ㉯ 고도측정장치
- ㉰ 거리측정장치
- ㉱ 지상제어진입장치(GCA)

46. 선박이 A 무선표지국이 있는 항구에 입항하려고 할 때, 그 전파의 방향, 즉 진북에 대한 α 도의 방향을 추적함으로써, A 무선표지국이 있는 항구에 직선으로 도달하는 것을 무엇이라고 하는가?

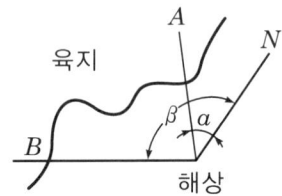

- ㉮ 로란(Loran)
- ㉯ 데카(Decca)
- ㉰ 호밍(Homing)
- ㉱ 센스 결정(Sense determination)

47. 자기녹음기에서 자기헤드의 임피던스 특성은?
- ㉮ 용량성   ㉯ 저항성
- ㉰ 무특성   ㉱ 유도성

48. FM 수신기의 고주파 증폭에 전계효과 트랜지스터가 사용되는 주된 이유는?
- ㉮ 입력 임피던스가 높기 때문에
- ㉯ 증폭률이 높기 때문에
- ㉰ 고주파 특성이 우수하기 때문에
- ㉱ 회로 설계가 용이하기 때문에

49. 전자냉동기의 특징으로 옳지 않은 것은?
- ㉮ 온도의 조절이 용이하다.
- ㉯ 회전 부분이 없으므로 소음이 없다.
- ㉰ 대용량에서도 효율을 쉽게 해결할 수 있다.
- ㉱ 성능이 고르고 수명이 길며 취급이 간단하다.

과년도 출제문제

50. 비월주사를 하는 주된 이유에 해당하는 것은?
㉮ 깜박거림(flicker)을 방지하기 위하여
㉯ 수평 주사선 수를 줄이기 위하여
㉰ 콘트라스트를 좋게 하기 위하여
㉱ 헌팅 현상을 방지하기 위하여

51. VTR의 재생 화면에 하나 또는 다수의 흰 수평선이 나타나는 드롭 아웃(Drop Out) 현상의 원인은?
㉮ 수평 동기가 정확히 잡히지 않기 때문에
㉯ 영상 신호에 강한 잡음 신호가 혼입되기 때문에
㉰ 전원전압이 순간적으로 불안정하기 때문에
㉱ 테이프와 헤드 사이에 먼지 등이 끼기 때문에

52. 고주파 유도가열에서 열 발생의 원인이 되는 현상은?
㉮ 와류 ㉯ 정전유도
㉰ 광전 효과 ㉱ 동조

53. 사이클링(cycling)을 일으키는 제어는?
㉮ ON-OFF 제어
㉯ 비례적분제어
㉰ 적분제어
㉱ 비례제어

54. 컬러텔레비전 수상기회로의 구성에서 튜너, 자동이득 조절기는 어느 계통 회로에 구성되어 있는가?
㉮ 영상수신계 회로
㉯ 영상회로
㉰ 동기 및 편향회로
㉱ 음성회로

55. 녹음기에서 마스킹 효과를 이용하여 히스 잡음을 줄이기 위하여 고안된 것은?
㉮ 니들(needle)
㉯ 캡스턴(capstan)
㉰ 캔틸레버(cantilever)
㉱ 돌비 시스템(dolby system)

56. 프로세스 제어(process control)는 어느 제어에 속하는가?
㉮ 추치 제어 ㉯ 속도 제어
㉰ 정치 제어 ㉱ 프로그램 제어

57. 수신기의 성능에서 종합 특성이 아닌 것은?
㉮ 감도 ㉯ 충실도
㉰ 선택도 ㉱ 증폭도

58. SN비가 40[dB]이라고 할 때, 신호가 포함된 잡음이 신호전압의 얼마임을 가리키는가?
㉮ $\dfrac{1}{10}$ ㉯ $\dfrac{1}{100}$
㉰ $\dfrac{1}{1000}$ ㉱ $\dfrac{1}{10000}$

59. 초음파의 액체 또는 기체 중의 속도를 표시한 식으로서 옳은 것은? (단, K : 체적탄성률, d : 물질의 밀도, C : 초음파 속도)
㉮ $C = \sqrt{\dfrac{K}{d}}$ [m/s] ㉯ $C = \sqrt{\dfrac{d}{K}}$ [m/s]
㉰ $C = Kd$ [m/s] ㉱ $C = \dfrac{d}{K}$ [m/s]

60. 태양전지에서 음극(-) 단자와 연결된 부분의 물질은?
㉮ P형 실리콘판 ㉯ N형 실리콘판
㉰ 셀렌 ㉱ 붕소

전자기기 기능사 (2012년 10월 20일 시행)

1. 정류회로의 종류로 옳지 않은 것은?
   - ㉮ 대파 정류회로
   - ㉯ 반파 정류회로
   - ㉰ 전파 정류회로
   - ㉱ 브리지 정류회로

2. 다음 중 입력신호의 정(+), 부(-)의 피크(peak)를 어느 기준레벨로 바꾸어 고정시키는 회로는?
   - ㉮ 클리핑회로(clipping circuit)
   - ㉯ 비교회로(comparison circuit)
   - ㉰ 클램핑회로(clamping circuit)
   - ㉱ 선택회로(selection circuit)

3. 진성반도체에 대한 설명으로 가장 적합한 것은?
   - ㉮ 전도전자의 다수캐리어가 정공인 반도체
   - ㉯ 전도전자의 다수캐리어가 전자인 반도체
   - ㉰ 안티몬(Sb), 인(P) 등이 포함된 반도체
   - ㉱ 불순물이 첨가되지 않은 순수한 반도체

4. 다음과 같은 회로의 명칭은?

   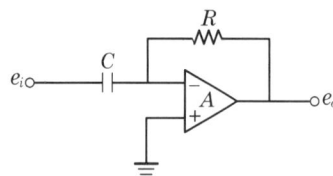

   - ㉮ 부호 변환기
   - ㉯ 신호 검파기
   - ㉰ 적분기
   - ㉱ 미분기

5. 잡음 특성에 대한 설명 중 옳지 않은 것은?
   - ㉮ 진공관 잡음에는 산탄 잡음과 플리커 잡음이 있다.
   - ㉯ 트랜지스터 잡음은 진공관 잡음보다는 대체로 작다.
   - ㉰ 트랜지스터 잡음은 주파수가 높아지면 감소하는 경향이 있다.
   - ㉱ 이상적 잡음 지수 F=1이다.

6. 트랜지스터 증폭기의 바이어스를 안정화하기 위하여 사용되는 소자가 아닌 것은?
   - ㉮ 트랜지스터
   - ㉯ SCR
   - ㉰ 서미스터
   - ㉱ 다이오드

7. 저항 4[Ω], 유도 리액턴스 3[Ω]을 병렬로 연결하면 합성 임피던스는 몇 [Ω]이 되는가?
   - ㉮ 2.4
   - ㉯ 5
   - ㉰ 7.5
   - ㉱ 10

8. 전파정류기의 입력 주파수가 60[Hz]일 경우 출력 리플 주파수는 몇 [Hz]인가?
   - ㉮ 60
   - ㉯ 120
   - ㉰ 180
   - ㉱ 360

9. 그림과 같은 정전압회로의 설명으로 옳지 않은 것은?

   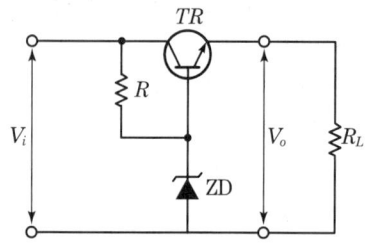

   - ㉮ ZD는 기준전압을 얻기 위한 제너 다이

오드이다.
㉯ 부하전류가 증가하여 V_o가 저하될 때에는 TR의 BE가 순방향 전압이 낮아진다.
㉰ 직렬제어형 정전압회로이다.
㉱ TR은 제어석이고, R은 ZD와 함께 제어석의 베이스에 일정한 전압을 공급하기 위한 것이다.

10. 실리콘 트랜지스터와 관련된 파라미터 중 온도에 따른 변동이 가장 적은 것은?
㉮ β
㉯ I_{CO}
㉰ h_{ie}
㉱ V_{BE}

11. FET를 사용한 이상 발진기에서 발진을 지속하기 위한 FET의 증폭도는 최소 얼마 이상인가?
㉮ 10
㉯ 20
㉰ 29
㉱ 59

12. 트랜지스터(TR)가 정상적으로 증폭작용을 하는 영역은?
㉮ 활성영역
㉯ 포화영역
㉰ 차단영역
㉱ 항복영역

13. 다음 연산증폭기 회로에서 $Z = 50[k\Omega]$, $Z_f = 500[k\Omega]$일 때 전압증폭도(A_{vf})는?

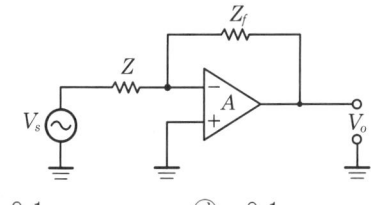

㉮ 0.1
㉯ -0.1
㉰ 10
㉱ -10

14. 100[V], 500[W]의 전열기를 90[V]에서 사용했을 때 소비전력은 몇 [W]인가?
㉮ 300[W]
㉯ 405[W]
㉰ 450[W]
㉱ 715[W]

15. 직류 안정화 회로에서 출력석의 역할은?
㉮ 가변저항기의 역할
㉯ 증폭역할
㉰ 발진역할
㉱ 정류역할

16. 그림과 같은 연산증폭기의 출력전압 V_o는?

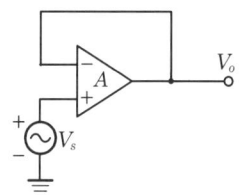

㉮ 0
㉯ 1
㉰ $-V_s$
㉱ V_s

17. 자기보수화 코드(Self Complement Code)가 아닌 것은?
㉮ Excess-3 Code
㉯ 2421 Code
㉰ 51111 Code
㉱ Gray Code

18. 객체지향언어이고 웹상의 응용 프로그램에 알맞게 만들어진 언어는?
㉮ 포트란(FORTRAN)
㉯ C
㉰ 자바(java)
㉱ SQL

19. 다음 기억장치 중 접근 시간이 빠른 것부터 순서대로 나열된 것은?
㉮ 레지스터-캐시메모리-보조기억장치-주기억장치
㉯ 캐시메모리-레지스터-주기억장치-보조

기억장치
㉰ 레지스터-캐시메모리-주기억장치-보조기억장치
㉱ 캐시메모리-주기억장치-레지스터-보조기억장치

20. 8진수 2374를 16진수로 변환한 값은?
㉮ 3A2 ㉯ 3C2
㉰ 4D2 ㉱ 4FC

21. 8비트로 부호와 절대치 표현 방법에 의해 27과 -27을 표현하면?
㉮ 27 : 00011011, -27 : 10011011
㉯ 27 : 10011011, -27 : 00011011
㉰ 27 : 00011011, -27 : 00011011
㉱ 27 : 10011011, -27 : 10011011

22. 다음 중 범용 레지스터에서 이용하며, 가장 일반적인 주소지정방식은?
㉮ 0-주소지정방식
㉯ 1-주소지정방식
㉰ 2-주소지정방식
㉱ 3-주소지정방식

23. 다음 중 데이터 전송 명령어에 해당하는 것은?
㉮ MOV ㉯ ADD
㉰ CLR ㉱ JMP

24. 연산장치에 대한 설명으로 옳은 것은?
㉮ 계산기에 필요한 명령을 기억한다.
㉯ 연산 작용은 주로 가산기에서 한다.
㉰ 연산은 주로 10진법으로 한다.
㉱ 연산 명령을 해석한다.

25. 컴퓨터의 중앙처리장치에서 제어장치에 해당하는 것은?
㉮ 기억 레지스터
㉯ 누산기
㉰ 상태 레지스터
㉱ 데이터 레지스터

26. 다음 중 순서도(flow chart)의 특징이 아닌 것은?
㉮ 프로그램 코딩(coding)의 기초 자료가 된다.
㉯ 프로그램 보관 시 자료가 된다.
㉰ 오류 수정(debugging)이 용이하다.
㉱ 사용하는 언어에 따라 기호, 형태도 달라진다.

27. 다음 논리회로 중 Fan-out 수가 가장 많은 회로는?
㉮ TTL ㉯ RTL
㉰ DTL ㉱ CMOS

28. 연산결과가 양수(0) 또는 음수(1), 자리올림(carry), 넘침(overflow)이 발생했는가를 표시하는 레지스터는?
㉮ 상태 레지스터
㉯ 누산기
㉰ 가산기
㉱ 데이터 레지스터

29. 회로 내부 검류계 전류가 0이 되도록 평형시키는 영위법을 이용해서 미지 저항을 구하는 방법으로 주로 중저항 측정에 사용되는 브리지는?
㉮ 캠벨(Campbell) 브리지
㉯ 맥스웰(Maxwell) 브리지
㉰ 휘트스톤(Wheatstone) 브리지
㉱ 콜라우시(Kohlrausch) 브리지

30. 다음 중 흡수형 주파수계의 설명으로 옳지 않은 것은?
  ㉮ 100[MHz] 이하의 고주파 측정에 사용된다.
  ㉯ 직렬 공진회로의 공진주파수는 $\dfrac{1}{2\pi\sqrt{LC}}$ 이다.
  ㉰ 공진회로의 Q가 크지 않을 때에는 공진점을 찾기가 쉬워 정밀한 측정이 가능하다.
  ㉱ 저항, 인덕턴스, 커패시턴스 등을 직렬로 연결시킨 직렬 공진회로의 주파수 특성을 이용한 것이다.

31. 증폭기의 주파수 특성을 오실로스코프로 측정하고자 할 때 입력 신호 파형은 어느 것이 이상적인가?
  ㉮ 구형파   ㉯ 정현파
  ㉰ 삼각파   ㉱ 음성파

32. 수신기에 관한 측정 중 주파수 특성 및 파형의 일그러짐률에 관계되는 것은?
  ㉮ 감도 측정
  ㉯ 선택도의 측정
  ㉰ 충실도의 측정
  ㉱ 잡음 지수의 측정

33. 대전류로 서미스터 내부에서 소비되는 전력이 증가하면 온도 및 저항값은?
  ㉮ 온도는 높아지고, 저항값은 증가한다.
  ㉯ 온도는 높아지고, 저항값은 감소한다.
  ㉰ 온도는 낮아지고, 저항값은 감소한다.
  ㉱ 온도는 낮아지고, 저항값은 증가한다.

34. 표준신호발생기의 출력을 개방했을 때 데시벨 눈금이 100[dB]이면 출력 전압은?
  ㉮ 1[V]   ㉯ 0.1[V]
  ㉰ 0.01[V] ㉱ 1[mV]

35. 아날로그 신호를 디지털 신호로 변환하는 과정으로 옳은 것은?
  ㉮ 표본화→양자화→부호화
  ㉯ 부호화→양자화→표본화
  ㉰ 부호화→표본화→양자화
  ㉱ 양자화→부호화→표본화

36. 300[Ω]의 TV 급전선에 75[Ω]의 공중선을 접속하면 반사계수 m은?
  ㉮ +0.25   ㉯ −0.6
  ㉰ +1.7   ㉱ −1.7

37. 다음 설명에 가장 알맞은 계기의 명칭은?

> 회전 자장이 금속원통과 쇄교하면 맴돌이 전류가 흐른다. 이 맴돌이 전류와 회전 자장 사이의 전자력에 의하여 알루미늄 원통에 구동 토크가 생기게 된다.

  ㉮ 가동코일형 계기
  ㉯ 전류력계형 계기
  ㉰ 가동철편형 계기
  ㉱ 유도형 계기

38. 다음 중 진폭 변조 신호의 변조도, 주파수 변조 신호의 편차, 잡음 등의 신호로부터 여러 가지 정보를 얻는 데 사용하는 계측기는?
  ㉮ 오실로스코프
  ㉯ 주파수 계수기
  ㉰ 함수발생기
  ㉱ 스펙트럼 분석기

39. 어느 측정량을 그것과 같은 종류의 기준량과 비교하여 똑같이 되도록 기준량을 조정한 후 기

과년도 출제문제

준량의 크기로부터 측정량을 구하는 방법으로 다음 측정법 중에서 감도가 높고 정밀측정에 적합한 측정법은?
- ㉮ 영위법
- ㉯ 직편법
- ㉰ 편위법
- ㉱ 반경법

40. AC/DC 전력 측정용 디지털 멀티미터 계측기로 측정할 수 없는 것은?
- ㉮ 직류 및 교류전력
- ㉯ 유효 및 피상전력
- ㉰ 전압 및 전류
- ㉱ 주기와 주파수

41. 다음 텔레비전 수상기의 신호 처리 과정으로 순서가 옳은 것은?

> ① 튜너에서 원하는 채널을 선택한다.
> ② 영상신호에서 동기신호를 분리한다.
> ③ 영상신호와 음성신호를 분리한다.
> ④ 안테나로 전파를 받는다.

- ㉮ ①②③④
- ㉯ ④②③①
- ㉰ ④①③②
- ㉱ ②③④①

42. 일반적으로 프로세스 제어계의 주요 구성부가 아닌 것은?
- ㉮ 서보 모터
- ㉯ 제어대상
- ㉰ 검출장치
- ㉱ 조절부 및 조작부

43. 중간주파수가 455[kHz]이고 수신주파수가 900[kHz]일 때 영상 주파수는 몇 [kHz]인가?
- ㉮ 1355
- ㉯ 1610
- ㉰ 1810
- ㉱ 1955

44. 다음 그림은 저음 전용 스피커(W)와 고음 전용 스피커(T)를 연결한 것이다. 이에 관한 설명 중 옳지 않은 것은?

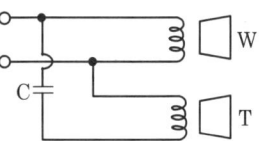

- ㉮ 콘덴서는 저음만 T로 들어가도록 해 준다.
- ㉯ T의 구경은 W의 구경보다 보통 작게 한다.
- ㉰ 두 스피커의 위상은 같이 해주어야 한다.
- ㉱ 콘덴서 용량은 보통 2~6[μF] 정도이다.

45. 송신기에서 신호파는 주파수대의 어느 부분이 타부분에 비해 특히 강조되는데 이 회로의 명칭은?
- ㉮ 디엠퍼시스 회로
- ㉯ 프리엠퍼시스 회로
- ㉰ 스켈치 회로
- ㉱ 주파수 변별기 회로

46. 주파수 특성이 평탄하고 음질이 좋아서 현재 주로 사용되고 있는 동전형 스피커의 동작 원리로 가장 적절한 것은?
- ㉮ 자기의 쿨롱력
- ㉯ 압전력 효과
- ㉰ 쿨롱력
- ㉱ 전류와 자계에서 생기는 힘

47. 다음 중 영상기기에서 색의 3속성이 아닌 것은?
- ㉮ 채도(saturation)
- ㉯ 색상(hue)
- ㉰ 명암(contrast)
- ㉱ 명도(luminosity)

48. 펠티에 효과는 어떤 장치에 이용되는가?
- ㉮ 자동제어
- ㉯ 온도제어
- ㉰ 전자냉동기
- ㉱ 태양전지

49. 초음파의 감쇠율에 관한 일반적인 설명 중 옳지 않은 것은?
  ㉮ 감쇠율은 물질에 따라 다르다.
  ㉯ 초음파의 진동수가 클수록 감쇠율이 크다.
  ㉰ 초음파의 세기는 진폭의 제곱에 비례한다.
  ㉱ 고체가 가장 크고, 액체, 기체의 순서로 작아진다.

50. 다음 컬러 수상기의 협대역 방식 구성도에서 □ 부분에 들어갈 내용은?

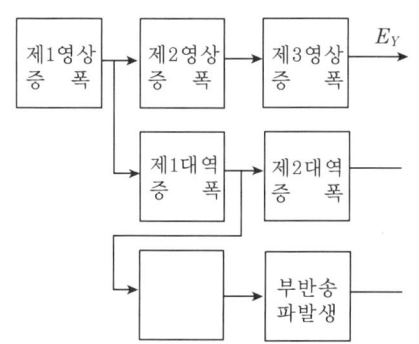

  ㉮ 영상 출력   ㉯ 버스트 증폭
  ㉰ x축 복조   ㉱ 수정 필터

51. 강한 직류 자장을 테이프에 가하여 녹음에 의한 잔류자기를 자화시켜 소거하는 방법은?
  ㉮ 교류 소거법
  ㉯ 소거 헤드법
  ㉰ 직류 소거법
  ㉱ 테이프 소자기 사용법

52. 디지털 텔레비전의 A/D 변환기에 입력되는 디지털 영상 데이터를 수평 동기신호와 수직 동기신호로 분리하여 수평 및 수직 출력단에 출력시키는 기능을 하는 것은?
  ㉮ 편향 처리 회로부
  ㉯ 음성 처리 회로부
  ㉰ 디지털 영상 처리 회로부
  ㉱ RGB 매트릭스와 D/A 변환기

53. 목표값이 변화하지만 그 변화가 알려진 값이며, 예정된 스케줄에 따라 변화할 경우의 제어는?
  ㉮ 프로그램 제어
  ㉯ 추치 제어
  ㉰ 비율 제어
  ㉱ 정치 제어

54. 서보 기구라 함은 어느 자동제어 장치를 나타내는 것인가?
  ㉮ 속도나 전압
  ㉯ 위치나 각도
  ㉰ 온도나 압력
  ㉱ 원격조정

55. 자기녹음기의 주파수 보상법으로 옳은 것은?
  ㉮ 녹음 때에나 재생 때에 모두 고역을 보상한다.
  ㉯ 녹음 때에나 재생 때에 모두 저역을 보상한다.
  ㉰ 녹음 때에는 저역을, 재생 때에는 고역을 보상한다.
  ㉱ 녹음 때에는 고역을, 재생 때에는 저역을 보상한다.

56. 제어계의 출력신호와 입력신호와의 비를 무엇이라 하는가?
  ㉮ 전달함수   ㉯ 제어함수
  ㉰ 적분함수   ㉱ 미분함수

57. VTR의 기록방식에서 기록 헤드와 재생 헤드의 갭을 ϕ 도만큼 기울여 재생할 때의 장점은?
  ㉮ 장시간 기록, 재생된다.
  ㉯ 테이프 속도가 증가한다.

㉰ 테이프를 좁게 사용할 수 있다.
㉱ 휘도 신호의 크로스토크가 제거된다.

58. 다음 중 항공기의 착륙보조장치는?
㉮ VOR ㉯ ILS
㉰ ADF ㉱ TACAN

59. 유전가열은 어떤 원리를 이용하여 가열하는 방식인가?
㉮ 유전체손
㉯ 표피작용에 의한 손실
㉰ 히스테리시스손
㉱ 맴돌이 전류손

60. 선박에 이용되며 방향 탐지기가 없이 보통 라디오 수신기를 이용하여 방위를 측정할 수 있는 것은?
㉮ AN 레인지 비컨
㉯ 무지향성 비컨
㉰ 회전 비컨
㉱ 초고주파 전방향성 비컨

전자기기기능사 3주 완성

2013년도 과년도 출제문제

Craftsman Electronic Apparatus

전자기기 기능사 (2013년 1월 27일 시행)

1. 마스터 슬리브 J K FF에서 클록 펄스가 들어올 때마다 출력상태가 반전되는 것은?
   - ㉮ J=0, K=0
   - ㉯ J=1, K=0
   - ㉰ J=0, K=1
   - ㉱ J=1, K=1

2. 증폭회로에서 전압증폭도가 10000배이면 이득 [dB]은?
   - ㉮ 10[dB]
   - ㉯ 80[dB]
   - ㉰ 150[dB]
   - ㉱ 10000[dB]

3. 다음 회로의 명칭은?

   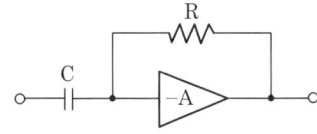

   - ㉮ 미분회로
   - ㉯ 적분회로
   - ㉰ 정현파 발생회로
   - ㉱ 톱니파 발생회로

4. P형 반도체에서 정공을 만들어 주기 위해서 공급하는 불순물을 무엇이라고 하는가?
   - ㉮ 도너
   - ㉯ 베이스
   - ㉰ 캐리어
   - ㉱ 억셉터

5. 증폭회로에서 되먹임(궤환)의 특징으로 옳지 않은 것은?
   - ㉮ 증폭도는 감소한다.
   - ㉯ 내부 잡음이 감소한다.
   - ㉰ 대역폭이 좁아진다.
   - ㉱ 주파수 특성이 좋아진다.

6. 푸시풀(push-pull) 전력증폭기에서 출력 파형의 찌그러짐이 작아지는 주요 원인은?
   - ㉮ 기본파가 상쇄되기 때문에
   - ㉯ 기수고조파가 상쇄되기 때문에
   - ㉰ 우수고조파가 상쇄되기 때문에
   - ㉱ 우수 및 기수고조파가 모두 상쇄되기 때문에

7. 트랜지스터 증폭기의 전압증폭도에 대한 설명으로 옳지 않은 것은?
   - ㉮ 입력전압과 출력전압의 비이다.
   - ㉯ 데시벨로 나타낼 수 있다.
   - ㉰ 입력전압과 출력전압은 항상 동위상이다.
   - ㉱ 증폭기의 접지방식에 따라 전압증폭도가 1 정도인 경우도 있다.

8. 빛의 변화로 전류 또는 전압을 얻을 수 없는 것은?
   - ㉮ 광전 다이오드
   - ㉯ 광전 트랜지스터
   - ㉰ 황화카드뮴(CdS)
   - ㉱ 태양전지

9. 펄스폭이 2[μs]이고 주기가 20[μs]인 펄스의 듀티 사이클은?
   - ㉮ 0.1
   - ㉯ 0.2
   - ㉰ 0.5
   - ㉱ 20

10. 단일 접합 트랜지스터(UJT)의 전극을 옳게 나타낸 것은?
    - ㉮ 이미터 전극 1, 베이스 전극 1
    - ㉯ 이미터 전극 1, 베이스 전극 2

㉰ 이미터 전극 2, 베이스 전극 1

㉱ 이미터 전극 2, 베이스 전극 2

11. 트랜지스터를 증폭기로 사용하는 영역은?
㉮ 차단영역
㉯ 활성영역
㉰ 포화영역
㉱ 차단영역 및 포화영역

12. 톱니파 발생회로와 무관한 것은?
㉮ 멀티바이브레이터
㉯ 블로킹 발진기
㉰ UJT 발진기
㉱ LC 발진기

13. α 차단 주파수가 10[MHz]인 트랜지스터에서 이것을 이미터 접지로 사용할 경우 β 차단 주파수는 몇 [kHz]인가? (단, $h_{fb} = 0.98$ 이다.)
㉮ 49[kHz]
㉯ 98[kHz]
㉰ 204[kHz]
㉱ 362[kHz]

14. 그림에서 시정수가 작을 경우의 출력파형으로 가장 적합한 것은?

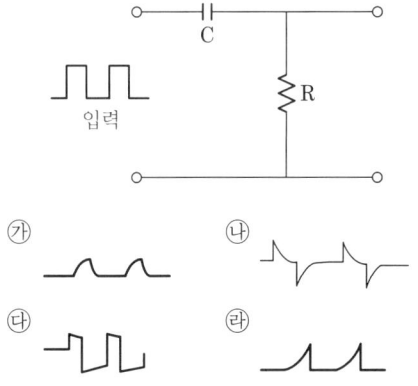

15. 전원주파수가 60[Hz]일 때 3상 전파정류회로의 리플주파수는 몇 [Hz]인가?
㉮ 90[Hz]
㉯ 120[Hz]
㉰ 180[Hz]
㉱ 360[Hz]

16. 쌍안정 멀티바이브레이터에 관한 설명으로 적합하지 않은 것은?
㉮ 부궤환을 하는 2단 비동조 증폭회로로 구성된다.
㉯ 능동소자로 트랜지스터나 IC가 주로 이용된다.
㉰ 플립플롭 회로도 일종의 쌍안정 멀티바이브레이터이다.
㉱ 입력 트리거 펄스 2개마다 1개의 출력펄스가 얻어지는 회로이다.

17. 전원이 공급되어 있는 동안 지정된 내용을 계속 기억하고 있는 메모리 소자로서 단위 기억소자가 플립플롭으로 구성되어 있으며 비교적 속도가 빠르고 정보를 안전하게 보존하는 것은?
㉮ 마스크롬(Mask ROM)
㉯ Dynamic RAM
㉰ Bubble Memory
㉱ Static RAM

18. 4칙 연산이 이루어지는 곳은?
㉮ 기억장치
㉯ 입력장치
㉰ 제어장치
㉱ 연산장치

19. 2진화 10진 코드(BCD Code)의 설명 중 맞는 것은?
㉮ 4개의 존 비트(zone bit)를 가지고 있다.
㉯ 4개의 디짓 비트(digit bit)를 가지고 있다.
㉰ 영문자의 소문자, 한글 등을 나타내기 쉽다.
㉱ 최대 128문자까지 표현 가능하다.

20. 마이크로프로세서의 구성 요소가 아닌 것은?
    ㉮ 캐시메모리   ㉯ 제어장치
    ㉰ 레지스터   ㉱ 제어버스

21. 실수 $(0.01101)_2$을 32비트 부동 소수점으로 표현하려고 한다. 지수부에 들어갈 알맞은 표현은? (단, 바이어스된 지수(biased exponent)는 $(01111111)_2$로 나타내며 IEEE754 표준을 따른다.)
    ㉮ $(01111100)_2$ ㉯ $(01111101)_2$
    ㉰ $(01111110)_2$ ㉱ $(10000000)_2$

22. 다음 중 논리 비교 동작과 같은 동작은?
    ㉮ AND   ㉯ OR
    ㉰ XOR   ㉱ NAND

23. 주 프로그램 내에서 같은 프로그램의 반복을 피하기 위한 방법은?
    ㉮ 스택
    ㉯ 인터럽트
    ㉰ 서브루틴
    ㉱ 푸시(push)와 팝(pop)

24. 데이터 처리 과정 및 프로그램 결과가 출력되는 전반적인 처리 과정의 흐름을 일정한 기호를 사용하여 나타낸 것을 무엇이라 하는가?
    ㉮ 순서도   ㉯ 수식도
    ㉰ 로그   ㉱ 분석도

25. 중앙처리장치와 주기억장치 사이의 속도 차이를 해결하기 위해 장치한 고속 버퍼 기억장치는?
    ㉮ 캐시기억장치
    ㉯ 주기억장치
    ㉰ 보조기억장치
    ㉱ 가상기억장치

26. 어셈블리어(Assembly Language)의 설명 중 틀린 것은?
    ㉮ 기호 언어(Symbolic Language)라고도 한다.
    ㉯ 언어번역프로그램으로 컴파일러(Compiler)를 사용한다.
    ㉰ 기종 간에 호환성이 적어 전문가들만 주로 사용한다.
    ㉱ 기계어를 단순히 기호화한 기계 중심 언어이다.

27. 마이크로컴퓨터의 주소가 16비트로 구성되어 있을 때 사용할 수 있는 주기억장치의 최대 용량은?
    ㉮ 8K   ㉯ 16K
    ㉰ 32K   ㉱ 64K

28. Parity Bit에 대한 설명 중 옳지 않은 것은?
    ㉮ error 검출 및 교정이 가능하다.
    ㉯ 기존 코드값에 1bit를 추가하여 사용한다.
    ㉰ 기수(Odd)와 우수(Even) 체크법이 있다.
    ㉱ 정보의 옳고 그름을 판별하기 위해 사용한다.

29. 헤테로다인 주파수계에 대한 설명으로 옳지 않은 것은?
    ㉮ 흡수형 주파수계에 비하여 측정 확도가 높다.
    ㉯ 흡수형 주파수계에 비하여 측정 범위가 넓다.
    ㉰ 흡수형 주파수계에 비하여 구조가 복잡하다.
    ㉱ 흡수형 주파수계에 비하여 감도가 양호하다.

과년도 출제문제

30. D/A 컨버터는 무슨 회로인가?
 ㉮ 저항을 측정하는 회로
 ㉯ 전류를 전압으로 변환하는 회로
 ㉰ 아날로그 양을 디지털 양으로 변환하는 회로
 ㉱ 디지털 양을 아날로그 양으로 변환하는 회로

31. 측정기의 지시로 나타낼 수 있는 최소의 측정량을 무엇이라 하나?
 ㉮ 확도(precision)
 ㉯ 감도(sensitivity)
 ㉰ 정도(accuracy)
 ㉱ 보정(correction)

32. 다음은 수신기의 감도 측정회로의 구성도이다. 빈칸의 내용이 순서대로 바르게 나열된 것은?

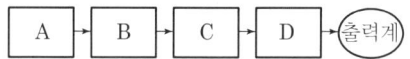

 ㉮ A : 의사안테나 → B : 표준신호발생기 → C : 수신기 → D : 무유도저항
 ㉯ A : 의사안테나 → B : 수신기 → C : 표준신호발생기 → D : 무유도저항
 ㉰ A : 표준신호발생기 → B : 의사안테나 → C : 수신기 → D : 무유도저항
 ㉱ A : 표준신호발생기 → B : 수신기 → C : 의사안테나 → D : 무유도저항

33. 오실로스코프에 파형을 나타나게 하기 위해서 브라운관의 수평편향판에 인가하는 전압 파형은?
 ㉮ 구형파 ㉯ 정현파
 ㉰ 톱니파 ㉱ 펄스파

34. 기준 전압이 1[V]일 때, 측정 전압이 10[V]이면 몇 [dB]인가?
 ㉮ 0[dB] ㉯ 10[dB]
 ㉰ 14[dB] ㉱ 20[dB]

35. 회전 자기장 내에 금속편을 놓으면 여기에 맴돌이 전류가 생겨서 자기장이 이동하는 방향으로 금속편을 이동시키는 토크가 발생하는데 이 원리를 이용한 계기는?
 ㉮ 유도형 계기
 ㉯ 가동코일형 계기
 ㉰ 가동철편형 계기
 ㉱ 전류력계형 계기

36. 다음 중 저항, 인덕턴스, 정전 용량을 모두 측정할 수 있는 계기는?
 ㉮ Q미터
 ㉯ 테스터
 ㉰ 오실로스코프
 ㉱ 스펙트럼 분석기

37. 계측기로 측정한 입력측 S/N비와 출력측 S/N비에 대한 비를 나타내며, 단위로 [dB]을 쓰는 통신 품질의 평가 척도를 무엇이라 하는가?
 ㉮ 충실도 ㉯ 변조지수
 ㉰ 명료도 ㉱ 잡음지수

38. 표준신호발생기의 출력은 1[μV]를 0[dB]로 기준 삼는다. 피측정회로의 이득이 40[dB]이었다면 피측정 전압은?
 ㉮ 10[μV] ㉯ 100[μV]
 ㉰ 0.01[μV] ㉱ 0.1[μV]

39. 자동평형 기록계기의 측정 방식에 속하는 것은?
 ㉮ 영위법 ㉯ 직접 측정법
 ㉰ 간접 측정법 ㉱ 편위법

과년도 출제문제

40. 다음 중 고주파 전력 측정에 이용되는 전력계가 아닌 것은?
㉮ C-C형 전력계
㉯ C-M형 전력계
㉰ C-P형 전력계
㉱ 볼로미터 전력계

41. VTR용 Head의 자성재료에 요구되는 특성으로 옳지 않은 것은?
㉮ 실효 투자율이 높을 것
㉯ 가공성이 좋을 것
㉰ 마모성이 클 것
㉱ 잡음발생이 적을 것

42. 다음 중 제너 다이오드를 이용한 회로로 가장 적합한 것은?
㉮ 검파회로
㉯ 저주파 증폭회로
㉰ 고주파 발진회로
㉱ 정전압회로

43. 다음 중 디지털 3D 그래픽스 처리의 구성이 아닌 것은?
㉮ 기하처리   ㉯ 렌더링
㉰ 프레임 버퍼   ㉱ 모델링

44. 청력을 검사하기 위하여 가청주파수 영역 중 여러 가지 레벨의 순음을 전기적으로 발생하는 음향발생 장치는?
㉮ 심음계   ㉯ 오디오미터
㉰ 페이스메이커   ㉱ 망막전도 측정기

45. 전고조파의 실효치와 기본파의 실효치의 비를 무엇이라 하는가?
㉮ 변조도   ㉯ 신호대 잡음비
㉰ 역률   ㉱ 일그러짐률

46. FM 수신기에서 도래 전파가 없을 때 일어나는 잡음을 제거하기 위해 자동적으로 저주파 증폭기가 열리고 입력파가 도래했을 때 닫히도록 한 회로는?
㉮ 필터회로
㉯ 리미터회로
㉰ 직선 검파회로
㉱ 스켈치회로

47. 녹음기에 관한 일반적인 설명 중 옳지 않은 것은?
㉮ 소거방법에는 직류소거법과 교류소거법이 있다.
㉯ 자기 테이프를 매체로 녹음 및 재생을 한다.
㉰ 캡스턴은 고음과 저음의 균형을 유지시켜 준다.
㉱ 자기 헤드, 테이프 전송 기구 및 증폭기 등으로 되어 있다.

48. 영상의 가장 밝은 부분에서부터 가장 어두운 부분을 단계로 표시하는 것을 무엇이라 하는가?
㉮ 화소   ㉯ 계조
㉰ 비트맵   ㉱ 추출

49. 다음 중 광대역 VHF 안테나는?
㉮ 수직 안테나
㉯ 코니컬(conical) 안테나
㉰ 다이폴(dipole) 안테나
㉱ 폴디드 다이폴(folded dipole) 안테나

50. 초음파 가공기의 공구로 사용되는 것은?
㉮ 황동
㉯ 강철
㉰ 다이아몬드
㉱ 베이클라이트

51. 녹음 바이어스를 사용하는 주된 목적은?
㉮ 와우 플러터 제거
㉯ 감도 향상
㉰ 안정도 향상
㉱ 일그러짐 감소

52. 무선 수신기의 안테나 회로에 웨이브 트랩(wave trap)을 사용하는 목적으로 가장 적절한 것은?
㉮ 혼신을 방지하기 위하여
㉯ 페이딩을 방지하기 위하여
㉰ 델린저의 영향을 방지하기 위하여
㉱ 지향성을 갖게 하기 위하여

53. 수평동기신호 기간에만 AGC를 동작시키고 나머지 기간에는 동작하지 않도록 한 것으로 펄스성 잡음이 특히 많은 장소, 비행기에 의한 반사파의 영향을 받는 장소 또는 포터블 TV와 같이 전파의 세기가 갑자기 변동하는 경우 사용되는 AGC 방식은?
㉮ 평균치형 AGC
㉯ 첨두치형 AGC
㉰ 키드 AGC
㉱ 지연형 AGC

54. 다음 중 변위-임피던스 변환기가 아닌 것은?
㉮ 다이어프램   ㉯ 용량형 변환기
㉰ 슬라이드 저항   ㉱ 유도형 변환기

55. 라디오 수신기의 중간 주파수가 455[kHz]이고, 상측 헤테로다인 방식이라면 700[kHz] 방송을 수신할 때 국부발진 주파수는?
㉮ 455[kHz]   ㉯ 700[kHz]
㉰ 1155[kHz]   ㉱ 1600[kHz]

56. 다음 중 자동 온수기의 제어관계가 옳지 않은 것은?
㉮ 제어대상-물
㉯ 제어량-온도
㉰ 목표값-희망온도
㉱ 조작량-물의 공급

57. 다이오드를 사용한 정류회로에서 과대한 부하전류에 의하여 다이오드가 파손될 우려가 있을 경우, 이를 방지하기 위한 조치로 옳은 것은?
㉮ 다이오드를 병렬로 추가한다.
㉯ 다이오드를 직렬로 추가한다.
㉰ 다이오드 양단에 적당한 값의 저항을 추가한다.
㉱ 다이오드 양단에 적당한 값의 콘덴서를 추가한다.

58. 자기테이프와 헤드의 접촉면에 있어서의 간격이 커질 경우 손실도 커지게 되는 것은?
㉮ 두께 손실   ㉯ 와류 손실
㉰ 스페이싱 손실   ㉱ 갭 손실

59. 서보 기구에 관한 일반적인 조건으로 옳은 것은?
㉮ 조작력이 강해야 한다.
㉯ 추종속도가 느려야 한다.
㉰ 서보 모터의 관성은 매우 커야 한다.
㉱ 유압식의 경우 증폭부에 트랜지스터 증폭부나 자기 증폭기가 사용된다.

60. AN(Arrival Notice) 레인지 비컨(range beacon)에서 등신호 방향과 관계없는 각도는?
㉮ 45°   ㉯ 190°
㉰ 135°   ㉱ 315°

전자기기 기능사 (2013년 4월 14일 시행)

1. 저항을 R이라고 하면 컨덕턴스 G[℧]는 어떻게 표현되는가?
   - ㉮ R^2
   - ㉯ R
   - ㉰ $\dfrac{1}{R^2}$
   - ㉱ $\dfrac{1}{R}$

2. 쌍안정 멀티바이브레이터에 대한 설명 중 적합하지 않은 것은?
   - ㉮ 플립플롭회로이다.
   - ㉯ 분주기, 2진 계수회로 등에 많이 사용된다.
   - ㉰ 입력 트리거 펄스 1개마다 1개의 출력펄스를 얻는다.
   - ㉱ 저항과 병렬로 연결되는 스피드업(speed up) 콘덴서가 2개 쓰인다.

3. 집적회로(IC)의 특징으로 적합하지 않은 것은?
   - ㉮ 대전력용으로 주로 사용
   - ㉯ 소형경량
   - ㉰ 고신뢰도
   - ㉱ 경제적

4. 이상적인 펄스 파형 최대 진폭 $A_{\max}$의 90[%]되는 부분에서 10[%]되는 부분까지 내려가는 데 소요되는 시간은?
   - ㉮ 지연시간
   - ㉯ 상승시간
   - ㉰ 하강시간
   - ㉱ 오버슈트 시간

5. 자기인덕턴스가 L_1, L_2이고, 상호인덕턴스가 M, 결합계수가 1일 때의 관계는?
   - ㉮ $L_1 L_2 = M$
   - ㉯ $L_1 L_2 > M$
   - ㉰ $\sqrt{L_1 L_2} > M$
   - ㉱ $\sqrt{L_1 L_2} = M$

6. R-L 직렬회로의 시정수에 해당되는 것은?
   - ㉮ $\dfrac{1}{2R}$
   - ㉯ $2R$
   - ㉰ $\dfrac{R}{L}$
   - ㉱ $\dfrac{L}{R}$

7. 40[dB]의 전압이득을 가진 증폭기에 10[mV]의 전압을 입력에 가하면 출력전압은 몇 [V]인가?
   - ㉮ 0.1[V]
   - ㉯ 1[V]
   - ㉰ 10[V]
   - ㉱ 100[V]

8. 다음 중 연산증폭회로에서 되먹임 저항을 되먹임 콘덴서로 변경한 것은?
   - ㉮ 미분기회로
   - ㉯ 적분기회로
   - ㉰ 가산기회로
   - ㉱ 감산기회로

9. 어떤 정류기 부하양단의 직류전압이 300[V]이고, 맥동률이 2[%]이면 교류성분의 실효값은?
   - ㉮ 2[V]
   - ㉯ 4.24[V]
   - ㉰ 6[V]
   - ㉱ 8.48[V]

10. 펄스의 상승 부분에서 진동의 정도를 말하며 높은 주파수 성분에 공진하기 때문에 생기는 것은?
    - ㉮ Sag
    - ㉯ Storage Time
    - ㉰ Under Shoot
    - ㉱ Ringing

11. 클리퍼(clipper)에 대한 설명으로 가장 옳은 것은?
㉮ 임펄스를 증폭하는 회로이다.
㉯ 톱니파를 증폭하는 회로이다.
㉰ 구형파를 증폭하는 회로이다.
㉱ 파형의 상부 또는 하부를 일정한 레벨로 잘라내는 회로이다.

12. B급 푸시풀 증폭기에 대한 설명 중 옳은 것은?
㉮ 최대 양극효율은 33.6[%]이다.
㉯ 고주파 전압증폭용으로 널리 쓰인다.
㉰ 우수고조파가 상쇄되어 찌그러짐이 적다.
㉱ 출력변성기의 철심이 직류에 의해 포화된다.

13. 저항 R=5[Ω], 인덕턴스 L=100[mH], 정전용량 C=100[μF]의 RLC 직렬회로에 60[Hz]의 교류전압을 가할 때 회로의 리액턴스 성분은?
㉮ 저항　　㉯ 유도성
㉰ 용량성　㉱ 임피던스

14. 회로에서 V_o를 구하면 몇 [V]인가? (단, $I_2 \gg I_S$, V_{BE} =0.6[V], $I_C \approx I_E$ 임)

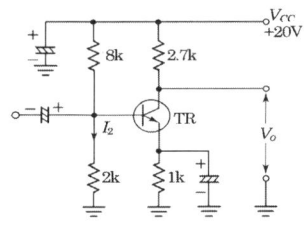

㉮ 9.82[V]　　㉯ 10.82[V]
㉰ 11.82[V]　㉱ 12.82[V]

15. 전압안정화회로에서 리니어(linear) 방식과 스위칭(switching) 방식의 장단점 비교가 옳은 것은?
㉮ 효율은 리니어 방식보다 스위칭 방식이 좋다.
㉯ 회로구성에서 리니어 방식은 복잡하고 스위칭 방식은 간단하다.
㉰ 중량은 리니어 방식은 가볍고 스위칭 방식은 무겁다.
㉱ 전압정밀도는 리니어 방식은 나쁘고 스위칭 방식은 좋다.

16. 구형파의 입력을 가하여 폭이 좁은 트리거 펄스를 얻는 데 사용되는 회로는?
㉮ 미분회로　　㉯ 적분회로
㉰ 발진회로　　㉱ 클리핑회로

17. 다음 10진수 756.5를 16진수로 옳게 표현한 것은?
㉮ 2F4.8　　㉯ 2E4.8
㉰ 2F4.5　　㉱ 2E4.5

18. 중앙처리장치 중 제어장치의 기능으로 가장 알맞은 것은?
㉮ 정보를 기억한다.
㉯ 정보를 연산한다.
㉰ 정보를 연산하고, 기억한다.
㉱ 명령을 해석하고, 실행한다.

19. 기억장치의 주소를 4비트(bit)로 구성할 경우 나타낼 수 있는 최대 경우의 수는?
㉮ 8　　㉯ 16
㉰ 32　㉱ 64

20. 논리함수 (A+B)(A+C)를 불 대수에 의해 간략화한 것은?
㉮ A+BC　　㉯ AB+C
㉰ AC+BC　㉱ AB+BC

21. 프로그램에 대한 설명으로 틀린 것은?
  ㉮ 컴퓨터가 이해할 수 있는 언어를 프로그래밍 언어라 한다.
  ㉯ 프로그램을 작성하는 일을 프로그래밍이라 한다.
  ㉰ 프로그래밍 언어에는 C, 베이직, 포토샵 등이 있다.
  ㉱ 컴퓨터가 행동하도록 단계적으로 지시하는 명령문의 집합체를 프로그램이라 한다.

22. 다음 명령어 형식 중 틀린 것은?

연산자	Address 1	Address 2

  ㉮ 주소부는 2개로 구성되어 있다.
  ㉯ 명령어 형식은 명령코드부와 operand(주소)부로 되어 있다.
  ㉰ 주소부는 동작 지시뿐 아니라 주소부의 형태를 함께 표현한다.
  ㉱ 주소부는 처리할 데이터가 어디에 있는지를 표현한다.

23. 제어장치 중 다음에 실행될 명령어의 위치를 기억하고 있는 레지스터는?
  ㉮ 범용 레지스터
  ㉯ 프로그램 카운터
  ㉰ 메모리 버퍼 레지스터
  ㉱ 번지 해독기

24. 미국 표준 코드로서 Data 통신에 많이 사용되는 자료의 표현 방식은?
  ㉮ BCD 코드
  ㉯ ASCII 코드
  ㉰ EBCDIC 코드
  ㉱ GRAY 코드

25. 명령어 내의 주소부에 실제 데이터가 저장된 장소의 주소를 가진 기억장소의 주소를 표현한 방식은?
  ㉮ 즉시 주소지정방식
  ㉯ 직접 주소지정방식
  ㉰ 암시적 주소지정방식
  ㉱ 간접 주소지정방식

26. 컴퓨터의 연산 결과를 나타내는 데 사용되며, 연산값의 부호 및 오버플로 발생 유무를 표시하는 레지스터는?
  ㉮ 데이터 레지스터
  ㉯ 상태 레지스터
  ㉰ 누산기
  ㉱ 연산 레지스터

27. 운영체제의 종류가 아닌 것은?
  ㉮ MS-DOS   ㉯ WINDOWS
  ㉰ UNIX   ㉱ P-CAD

28. C언어의 변수명으로 적합하지 않은 것은?
  ㉮ KIM50   ㉯ ABC
  ㉰ 5P0P   ㉱ E182U3

29. 안테나의 급전선 임피던스(Z_r)가 75[Ω]이고, 여기에 특성임피던스(Z_0)가 50[Ω]인 필터를 연결한다면 반사계수는 얼마인가?
  ㉮ 0.1   ㉯ 0.2
  ㉰ 0.4   ㉱ 0.75

30. 다음 중 회로시험기로 측정이 곤란한 것은?
  ㉮ 직류 전압
  ㉯ 교류 전압 및 저항
  ㉰ 직류 전류
  ㉱ 교류 전압의 주파수

31. 디지털 전압계의 원리는 다음 중 어느 것과 가장 유사한가?
㉮ A/D 변환기 ㉯ D/A 변환기
㉰ 분류기 ㉱ 비교기

32. 자동평형 기록계의 구성에 포함되지 않는 것은?
㉮ DC-AC 변환기 ㉯ 증폭회로
㉰ 서보모터 ㉱ 발진기

33. 다음 중 오실로스코프로 측정할 수 없는 것은?
㉮ 주파수 ㉯ 위상
㉰ 회전수 ㉱ 파형

34. 길이의 참값이 1.2[m]인 막대의 측정값이 1.212[m]이었다. 백분율 오차는?
㉮ 0.212[%] ㉯ 1[%]
㉰ 1.2[%] ㉱ 2.12[%]

35. C-M형 전력계에 대한 설명으로 옳지 않은 것은?
㉮ 초단파대의 전력측정에 사용된다.
㉯ 표유용량 C를 통하여 전류가 흐른다.
㉰ 반사전력이 없으므로 부하의 정합 상태를 알 수 없다.
㉱ 실제로 부하에 공급되는 전력을 측정된다.

36. 다음 중 1[V] 이하의 미세 직류전압을 정밀하게 측정할 수 있는 계기는?
㉮ 가동 코일형 ㉯ 직류 전위차계
㉰ 진공관 전압계 ㉱ 정전장의 영향

37. 표준신호발생기의 구비 조건으로 적합하지 않은 것은?
㉮ 변조도의 가변범위가 작아야 할 것
㉯ 발진주파수가 정확하고 파형이 양호할 것
㉰ 안정도가 높고 주파수의 가변범위가 넓을 것
㉱ 주변의 온도 및 습도 조건에 영향을 받지 않을 것

38. 송신기의 스퓨리어스 방사를 측정하는 방법과 거리가 먼 것은?
㉮ 전력측정법
㉯ 브라운관법
㉰ 전구부하측정법
㉱ 전장강도측정법

39. 헤테로다인 주파수계(heterodyne frequency meter)에 대한 설명 중 옳지 않은 것은?
㉮ 측정 범위가 넓고, 구조가 간단하다.
㉯ 헤테로다인 검파의 원리를 이용한 것이다.
㉰ 작은 전력의 주파수를 측정할 수 있고 감도가 좋다.
㉱ 100[kHz]~35[MHz], 20[MHz]~100[MHz] 범위의 종류가 있다.

40. 브리지법에 의한 측정의 적용에 대한 설명으로 옳지 않은 것은?
㉮ 저저항 정밀측정에는 켈빈 더블 브리지법을 이용한다.
㉯ 중저항 측정에는 휘트스톤 브리지법을 이용한다.
㉰ 접지저항 측정에는 콜라우슈 브리지법을 이용한다.
㉱ 전해액의 저항측정에는 맥스웰 브리지법을 이용한다.

41. 고주파 유도가열에서 전류의 침투 깊이 S의 값은 주파수가 높아짐에 따라 어떻게 변하는가?
㉮ 증가한다.
㉯ 감소한다.
㉰ 변화하지 않는다.
㉱ 감소-증가 상태를 반복한다.

과년도출제문제

42. 방송국으로부터 직접파와 반사파가 수상될 때 수상되는 시간차이로 다중상이 생기는 현상을 무엇이라 하는가?
㉮ 고스트(ghost)
㉯ 글로스(gloss)
㉰ 그라데이션(gradation)
㉱ 콘트라스트(contrast)

43. 비선형 증폭기에서 일그러짐률이 1[%]라면 몇 [dB]인가?
㉮ −40[dB]　㉯ −50[dB]
㉰ +60[dB]　㉱ +70[dB]

44. 잡음전압이 10[μV]이고 신호전압이 10[V]일 때, S/N은 몇 [dB]인가?
㉮ 40[dB]　㉯ 60[dB]
㉰ 80[dB]　㉱ 120[dB]

45. 전자빔이 시료를 투과할 때 속도가 다른 여러 전자가 생겨서 상이 흐려지는 현상은?
㉮ 색수차
㉯ 구면수차
㉰ 라디오존데
㉱ 축 비대칭수차

46. 동축 케이블(TV 수신용 급전선)에 관한 설명이 아닌 것은?
㉮ 광대역 전송이 불가능하다.
㉯ 고스트가 많은 시가지에 적합하다.
㉰ 특성 임피던스가 75[Ω]의 것이 많다.
㉱ 평행 2선식 피더보다 외부로부터의 방해를 잘 받지 않는다.

47. 다음 중 서보 모터의 일반적인 조건으로 옳지 않은 것은?
㉮ 조작량이 커야 한다.
㉯ 추종 속도가 빨라야 한다.
㉰ 서보 모터의 관성이 작아야 한다.
㉱ 유압식의 경우 증폭부에 트랜지스터 증폭기나 자기증폭기가 사용된다.

48. FM 통신 방식 중 고음부를 강조하여 S/N비를 개선하는 회로는?
㉮ De-emphasis 회로
㉯ Pre-emphasis 회로
㉰ Limiter 회로
㉱ Squelch 회로

49. VTR의 $\beta - max$ 방식과 VHS 방식에 대한 설명으로 옳지 않은 것은?
㉮ 두 방식 모두 1/2인치 테이프를 이용한다.
㉯ 두 방식의 처리방식과 원리가 유사하다.
㉰ 두 방식은 서로 호환이 된다.
㉱ 현재 VHS 방식이 많이 사용된다.

50. 전력증폭기는 스피커를 구동시키는 데 요구되는 충분한 전력을 보내주는 역할을 한다. 전력증폭기의 구성으로 옳지 않은 것은?
㉮ 전압 증폭단　㉯ 전치 구동단
㉰ 등화 증폭단　㉱ 출력단

51. FM 수신기에서 AFC(Automatic Frequency Control circuit)가 사용되는 목적은?
㉮ 감도조정
㉯ 선택도 향상
㉰ 충실도 향상
㉱ 수신기 감도 향상

52. 다음 중 장거리용 항법장치는?
㉮ ADF　㉯ LORAN
㉰ TACAN　㉱ VOR

53. 녹음기의 녹음 특성이 저역에서 저하되므로 이 특성을 보상하는 증폭기는?
  ㉮ 주증폭기
  ㉯ 전력증폭기
  ㉰ 등화폭기
  ㉱ DEPP와 SEPP회로

54. 초음파 발생장치의 진동자로 사용할 수 없는 것은?
  ㉮ 수정   ㉯ 니켈
  ㉰ 탄화붕소   ㉱ 티탄산바륨

55. 테이프 리코드의 구성 중 자기헤드의 순서는?
  ㉮ 녹음헤드 → 재생헤드 → 소거헤드
  ㉯ 소거헤드 → 녹음헤드 → 재생헤드
  ㉰ 재생헤드 → 소거헤드 → 녹음헤드
  ㉱ 녹음헤드 → 소거헤드 → 재생헤드

56. 초음파를 이용한 측심기로 바다 깊이를 측정한 결과 4초의 왕복시간이 걸렸다. 바다 속의 깊이는 얼마인가? (단, 바닷물 온도는 15[℃], 초음파 속도는 1527[m/sec])
  ㉮ 6108[m]   ㉯ 3801[m]
  ㉰ 3054[m]   ㉱ 1527[m]

57. 두 개의 트랜지스터가 부하에 대하여 직렬로 동작하고 직류 전원에 대해서는 병렬로 접속되는 회로는?
  ㉮ SEPP 회로   ㉯ BTL 회로
  ㉰ OTL 회로   ㉱ DEPP 회로

58. 납땜이 잘 되지 않는 알루미늄 납땜에 이용되는 초음파 성질은?
  ㉮ 초음파 응집   ㉯ 초음파 굴절
  ㉰ 초음파 탐상   ㉱ 초음파 진동

59. 자동제어장치로부터 제어 대상으로 보내지는 것을 무엇이라 하는가?
  ㉮ 제어량   ㉯ 설정량
  ㉰ 목표량   ㉱ 조작량

60. 다음 중 바리스터(varistor)가 이용되지 않는 것은?
  ㉮ 온도보상장치
  ㉯ 회로의 전압조정
  ㉰ 낙뢰로부터 통신기기의 보호
  ㉱ 스파크를 제거함으로써 접점 보호

전자기기 기능사 (2013년 7월 21일 시행)

1. 그림과 같은 회로에 대한 것으로 옳은 것은?

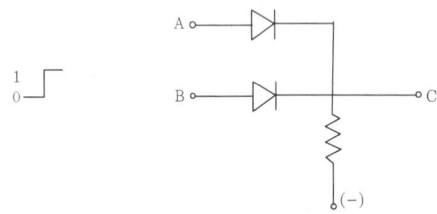

- ㉮ 정논리 AND
- ㉯ 부논리 AND
- ㉰ 정논리 OR
- ㉱ 부논리 OR

2. 그림의 파형 A, B가 AND 게이트를 통과했을 때의 출력 파형은?

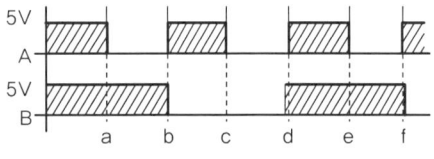

3. 쌍안정 멀티바이브레이터에 대한 설명으로 적합하지 않은 것은?
- ㉮ 구형파 발생회로이다.
- ㉯ 2개의 트랜지스터가 동시에 ON한다.
- ㉰ 입력펄스 2개마다 1개의 출력펄스를 얻는 회로이다.
- ㉱ 플립플롭회로이다.

4. 그림과 같은 회로에서 2[Ω]의 단자전압은 몇 [V]인가?

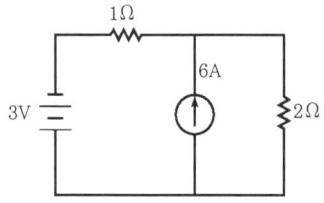

- ㉮ 4[V]
- ㉯ 5[V]
- ㉰ 6[V]
- ㉱ 7[V]

5. JK 플립플롭에서 클록 펄스가 인가되고 JK 입력이 모두 1일 때 출력은?
- ㉮ 1
- ㉯ 반전
- ㉰ 0
- ㉱ 변화 없다.

6. 전류의 흐름을 방해하는 소자를 무엇이라 하는가?
- ㉮ 전압
- ㉯ 전류
- ㉰ 저항
- ㉱ 콘덴서

7. 과변조(over modulation)한 전파를 수신하면 어떤 현상이 발생하는가?
- ㉮ 음성파 출력이 크다.
- ㉯ 음성파 전력이 작다.
- ㉰ 검파기가 과부하된다.
- ㉱ 음성파가 많이 일그러진다.

8. 회로에서 다음과 같은 조건일 때 동작 상태를 가장 잘 나타낸 것은? (단, $R_1=R_2=R_3=R$이고 $R>R_f$ 이다.)

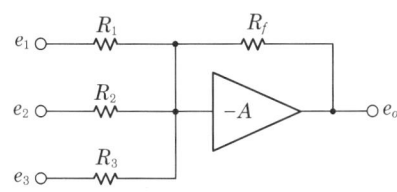

㉮ 반전 가산증폭기
㉯ 반전 가산감쇠기
㉰ 반전 차동증폭기
㉱ 반전 차동감쇠기

9. 트라이액(TRIAC)에 관한 설명 중 옳지 않은 것은?
㉮ 쌍방향성 소자이다.
㉯ 교류제어에 사용한다.
㉰ (+) 또는 (−) 전류로 통전시킬 수 있다.
㉱ 게이트 전압을 가변하여 부하전류를 조절한다.

10. 트랜지스터의 특성에 대한 설명 중 옳지 않은 것은?
㉮ 트랜지스터는 전류를 증폭하는 소자이다.
㉯ 트랜지스터의 전류 이득은 h_{fe}로 일반적으로 표기한다.
㉰ 트랜지스터의 전류 이득은 컬렉터의 전류에 따라 변한다.
㉱ 트랜지스터의 전류 이득은 접합부의 온도가 증가하면 감소한다.

11. 전자유도에 의한 유도기전력의 방향을 정하는 법칙은?
㉮ 렌츠의 법칙
㉯ 패러데이 법칙
㉰ 앙페르의 법칙
㉱ 플레밍의 오른손법칙

12. 다음 중 이상적인 연산증폭기의 특성으로 적합하지 않은 것은?
㉮ 입력 저항이 무한대이다.
㉯ 동상신호제거비가 0이다.
㉰ 입력 오프셋 전압이 0이다.
㉱ 오픈 루프 전압이득이 무한대이다.

13. 다음 그림과 같은 부궤환 증폭기의 일반적인 특성이 아닌 것은?

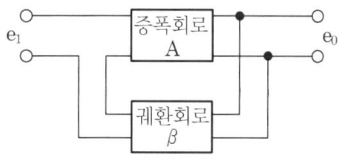

㉮ 부궤환 증폭기의 동작은 $|1-A\beta|<1$인 때를 말한다.
㉯ 부궤환을 충분히 시켰을 때, 즉 $A\beta \gg 1$이면 주파수 특성이 좋아진다.
㉰ 비직선 일그러짐을 감소시킨다.
㉱ 잡음을 감소시킨다.

14. 그림과 같이 회로에 입력을 주었을 때 출력 파형은 어떻게 되는가?

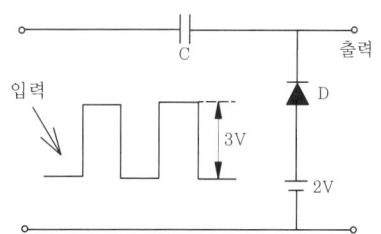

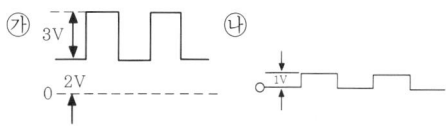

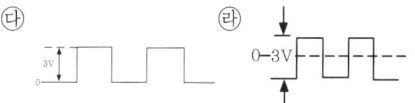

과년도출제문제

15. 정보가 부호화되어 있는 변조방식은?
㉮ PAM   ㉯ PWM
㉰ PCM   ㉱ PPM

16. 어떤 증폭기의 전압 증폭도가 20일 때 전압이득은?
㉮ 10[dB]   ㉯ 13[dB]
㉰ 20[dB]   ㉱ 26[dB]

17. 순서도는 일반적으로 표시되는 정도에 따라 종류를 구분하게 되는데 다음 중 순서도 종류에 해당되지 않는 것은?
㉮ 시스템 순서도(system flowchart)
㉯ 일반 순서도(General flowchart)
㉰ 세부 순서도(detail flowchart)
㉱ 실체 순서도(entity flowchart)

18. 다음 중 객체지향언어에 속하지 않는 것은?
㉮ COBOL   ㉯ Delphi
㉰ Power Builder   ㉱ JAVA

19. 다음은 어떤 명령어 실행 주기인가? (단, EAC : 끝자리 올림과 누산기라는 의미)

$q_1C_2t_0$: MAR ← MBR(AD)
$q_1C_2t_1$: MAR ← M
$q_1C_2t_2$: EAC ← AC +MBR

㉮ 덧셈(ADD)   ㉯ 뺄셈(SUB)
㉰ 로드(LDA)   ㉱ 스토어(STA)

20. 2진수 100100을 2의 보수(2's complement)로 변환한 것은?
㉮ 011100   ㉯ 011011
㉰ 011010   ㉱ 010101

21. BCD코드 0001 1001 0111을 10진수로 나타내면?
㉮ 195   ㉯ 196
㉰ 197   ㉱ 198

22. 다음 중 고정 소수점 표현 방식의 설명으로 옳은 것은?
㉮ 부호, 지수부, 가수부로 구성되어 있다.
㉯ 2의 보수 표현 방법을 많이 사용한다.
㉰ 매우 큰 수와 작은 수를 표시하기에 편리하다.
㉱ 연산이 복잡하고 시간이 많이 걸린다.

23. 다음 카르노 맵의 표현이 바르게 된 것은?

AB\CD	00	01	11	10
00	1	1	1	1
01	0	1	1	0
11	0	1	1	0
10	0	1	1	0

㉮ $Y = \overline{A}\,\overline{B} + D$ ㉯ $Y = A\overline{B} + \overline{D}$
㉰ $Y = \overline{A}\,\overline{B} + \overline{D}$ ㉱ $Y = AB + D$

24. 다음 중 C언어의 관계연산자가 아닌 것은?
㉮ <<   ㉯ >==
㉰ ==   ㉱ >

25. 컴퓨터의 기억장치에서 번지가 지정된 내용은 어느 버스를 통해서 중앙처리장치로 가는가?
㉮ 제어 버스
㉯ 데이터 버스
㉰ 어드레스 버스
㉱ 입·출력 포트 버스

26. 채널(channel)의 종류로 옳게 묶인 것은?
㉮ 다이렉트(direct) 채널과 멀티플렉서 채널
㉯ 멀티플렉서 채널과 블록 멀티플렉서 채널

㉰ 셀렉터 채널과 스트로브(strobe) 채널
㉱ 스트로브 채널과 다이렉트 채널

27. 가상기억장치(virtual memory)의 개념으로 가장 적합한 것은?
㉮ 기억장치를 분할한다.
㉯ data를 미리 주기억장치에 넣는다.
㉰ 많은 data를 주기억장치에서 한 번에 가져오는 것을 의미한다.
㉱ 프로그래머가 필요로 하는 주소공간보다 작은 주기억장치의 컴퓨터가 큰 기억장치를 갖는 효과를 준다.

28. 컴퓨터의 주기억장치와 주변장치 사이에서 데이터를 주고받을 때, 둘 사이의 전송속도 차이를 해결하기 위해 전송할 정보를 임시로 저장하는 고속 기억장치는?
㉮ Address   ㉯ Buffer
㉰ Channel   ㉱ Register

29. 각종 무선기기의 주파수 특성이나 수신기의 중간주파 증폭기의 특성을 관측할 때 사용되는 발진기는?
㉮ 이상 발진기   ㉯ 음차 발진기
㉰ 비트 발진기   ㉱ 소인 발진기

30. 디지털 전압계의 원리는 다음 중 어느 것과 가장 유사한가?
㉮ D/A 변환기   ㉯ A/D 변환기
㉰ 분류기   ㉱ 비교기

31. 콜라우슈 브리지의 측정 용도로 적합한 것은?
㉮ 전해액의 저항 측정
㉯ 저저항의 측정
㉰ 정전용량의 측정
㉱ 인덕턴스의 측정

32. 측정값을 M, 참값을 T라 할 때 오차(error)를 올바르게 표현한 것은?
㉮ $\dfrac{M-T}{2}$ ㉯ $\dfrac{M+T}{2}$
㉰ $M-T$ ㉱ $M+T$

33. 큰 제동을 필요로 하는 기록계기나 정전형 계기에 쓰이는 제동장치는?
㉮ 공기제동   ㉯ 액체제동
㉰ 전자제동   ㉱ 맴돌이 전류제동

34. 다음 파형은 오실로스코프로 교류 전압을 측정했을 때의 파형이다. 이때 교류 전압 최댓값은? (단, VOLTS/DIV[4mV/DIV], 10 : 1 프로브 사용)

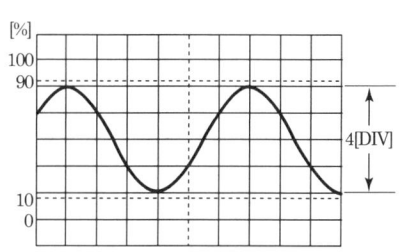

㉮ 40[mV]   ㉯ 60[mV]
㉰ 80[mV]   ㉱ 160[mV]

35. 증폭기의 일그러짐률 측정법이 아닌 것은?
㉮ 필터법   ㉯ 검류계법
㉰ 왜율계법   ㉱ 공진브리지법

36. 전압계와 전류계의 연결 방법으로 가장 적합한 것은? (단, A는 전류계, V는 전압계)

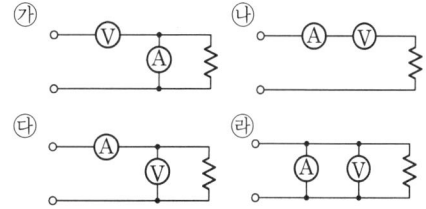

과년도 출제문제

37. 계수형 주파수계에서 게이트의 시간이 0.02초인데 그 동안의 펄스 카운터가 1000이라면 피측정 주파수는?
㉮ 500[Hz]   ㉯ 5[kHz]
㉰ 50[kHz]   ㉱ 500[kHz]

38. Q 미터 구성 요소가 아닌 것은?
㉮ 발진부   ㉯ 입력 감시부
㉰ 동조회로부   ㉱ 조절부

39. 수신기의 감도를 측정할 때 의사 안테나에 변조파를 인가하는 것은?
㉮ 펄스발진기(Pulse Generator)
㉯ 함수발진기(Function Generator)
㉰ 저주파발진기(Audio Generator)
㉱ 표준신호발생기(Standard Signal Generator)

40. 다음 중 가장 높은 주파수를 측정할 수 있는 계기는?
㉮ 동축 주파수계
㉯ 흡수형 주파수계
㉰ 헤테로다인 주파수계
㉱ 전류력계형 주파수계

41. 자동조정의 제어량에 해당하지 않는 것은?
㉮ 온도   ㉯ 전압
㉰ 전류   ㉱ 속도

42. 전자냉동기는 어떤 효과를 응용한 것인가?
㉮ 줄 효과(Joule effect)
㉯ 제벡 효과(Seebeck effect)
㉰ 톰슨 효과(Thomson effect)
㉱ 펠티어 효과(Peltier effect)

43. 두 점으로부터의 거리 차가 일정한 점의 궤적으로서 이때 두 점은 쌍곡선의 초점이 되는 것을 이용한 전파 항법은?
㉮ VOR   ㉯ ILS
㉰ 쌍곡선 항법   ㉱ DME

44. 다음 중 아날로그 오디오를 디지털 오디오로 변환하는 방법이 아닌 것은?
㉮ 표본화(sampling)
㉯ 양자화(quantization)
㉰ 부호화(encoding)
㉱ 복호화(decoding)

45. 다음 중 고주파 유전가열장치로서 가공되는 것은?
㉮ 금속의 용접
㉯ 금속의 열처리
㉰ 강철의 표면처리
㉱ 플라스틱의 접착

46. 초음파 가공기에서 혼(horn)의 역할로 가장 적절한 것은?
㉮ 진동을 약하게 하기 위해
㉯ 공구의 진폭을 크게 하기 위해
㉰ 공구와 결합을 쉽게 하기 위해
㉱ 발진기와 임피던스 매칭을 하기 위해

47. 단파통신에서 다이버시티를 사용하는 주된 이유는?
㉮ 주파수 특성을 향상시키기 위하여
㉯ 페이딩을 방지하기 위하여
㉰ 이득을 높이기 위하여
㉱ 출력을 높이기 위하여

48. 반사파가 많은 경우 직접파와 반사파 사이에 간섭이 일어나 직접파에 의한 영상이 반사파에 의한 영상보다 시간적으로 벗어나기 때문에 상이 2중, 3중으로 나타나는 현상은?

㉮ 고스트(ghost)　　㉯ 이미지 혼신
㉰ 해상도　　㉱ 색도

49. 녹음기에 사용되는 자기헤드를 기능상으로 분류한 것으로 가장 적당한 것은?
㉮ 녹음, 증폭, 재생헤드
㉯ 녹음, 소거, 발진헤드
㉰ 녹음, 발진, 재생헤드
㉱ 녹음, 소거, 재생헤드

50. 전자현미경에서 초점은 무엇으로 조정하는가?
㉮ 투사렌즈의 여자전류
㉯ 대물렌즈의 여자전류
㉰ 집광렌즈의 여자전류
㉱ 전자총

51. 제어하려는 양을 목표에 일치시키기 위하여 편차가 있으면 그것을 검출하여 정정 동작을 자동으로 행하는 것을 의미하는 것은?
㉮ 제어대상　　㉯ 설정값
㉰ 제어량　　㉱ 자동제어

52. 기구에 관측 장치를 적재하여 대기로 띄워 보내는 것을 무엇이라 하는가?
㉮ 라디오존데　　㉯ 레이더
㉰ 메카　　㉱ 전파 고도계

53. 오디오 시스템(Audio System)에서 잡음에 대하여 가장 영향을 많이 받는 부분은?
㉮ 등화증폭기　　㉯ 저주파증폭기
㉰ 전력증폭기　　㉱ 주출력증폭기

54. 압력을 변위로 변화시키는 변환기는?
㉮ 전자석　　㉯ 전자코일
㉰ 스프링　　㉱ 차동 변압기

55. 다음 중 컬러 수상기에서 흑백 방송은 정상으로 수신되나 컬러 방송을 수신할 때 색이 나오지 않는 경우 고장 회로는?
㉮ 제2영상 증폭회로
㉯ 대역증폭회로
㉰ X복조회로
㉱ 매트릭스회로

56. 태양전지의 특징에 대한 설명 중 옳지 않은 것은?
㉮ 빛의 방향에 따라 발생 출력이 변한다.
㉯ 장치가 복잡하고 보수가 어렵다.
㉰ 연속적으로 사용하기 위해서는 축전장치가 필요하다.
㉱ 대전력용은 부피가 크고 가격이 비싸다.

57. VTR에서 테이프의 속도를 일정하게 유지하기 위한 기구는?
㉮ 임피던스 롤러
㉯ 핀치 롤러
㉰ 캡스턴
㉱ 텐션 포스트

58. 그림과 같은 적분회로의 시정수는 얼마인가?

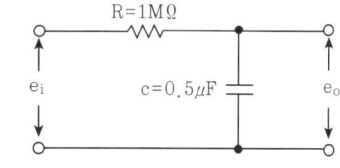

㉮ 0.2[sec]　　㉯ 0.5[sec]
㉰ 2[sec]　　㉱ 5[sec]

59. 청력 검사기(Audio meter)에서 신호음으로 사용하는 신호의 파형은?
㉮ 삼각파　　㉯ 톱니파
㉰ 사인파　　㉱ 삼각파

60. 증폭기를 통과하여 나온 출력 파형이 입력 파형과 닮은꼴이 되지 않는 경우의 일그러짐은?
   ㉮ 과도 일그러짐
   ㉯ 위상 일그러짐
   ㉰ 비직선 일그러짐
   ㉱ 파형 일그러짐

전자기기 기능사 (2013년 10월 12일 시행)

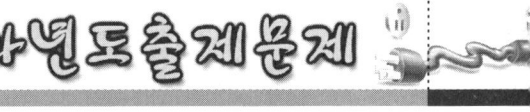

1. 다음 그림과 같은 회로의 명칭은?

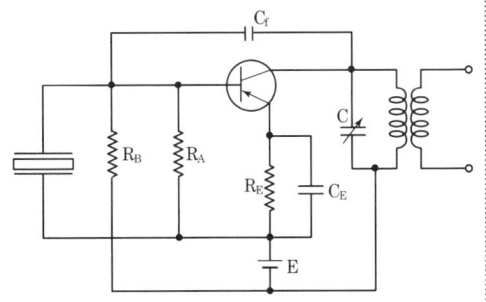

① 피어스 C-B형 발진회로
② 피어스 B-E형 발진회로
③ 하틀리 발진회로
④ 콜피츠 발진회로

2. FET의 핀치 오프(Pinch-off) 전압이란?
① 드레인 전류가 포화일 때의 드레인-소스 간의 전압
② 드레인 전류가 0인 때의 드레인-소스 간의 전압
③ 드레인 전류가 0인 때의 게이트-드레인 간의 전압
④ 드레인 전류가 0인 때의 게이트-소스 간의 전압

3. JK 플립플롭을 이용한 비동기식 계수기의 오동작에 대한 설명으로 적합한 것은?
① 오동작과 클록 주파수와는 관련 없다.
② 클록 주파수가 높을수록 오동작 가능성이 크다.
③ 클록 주파수가 낮을수록 오동작 가능성이 크다.
④ 직렬로 연결된 플립플롭의 수가 많을수록 오동작의 가능성이 적다.

4. 증폭기에서 바이어스가 적당하지 않으면 일어나는 현상으로 옳지 않은 것은?
① 이득이 낮다.
② 전력 손실이 많다.
③ 파형이 일그러진다.
④ 주파수 변화 현상이 일어난다.

5. 열전자 방출 재료의 구비 조건으로 옳지 않은 것은?
① 일함수가 작을 것
② 융점이 낮을 것
③ 방출효율이 좋을 것
④ 가공, 공작이 용이할 것

6. 트랜지스터와 비교하여 전계효과 트랜지스터(FET)에 관한 설명 중 옳지 않은 것은?
① 다수 캐리어 제어 방식이다.
② 게이트 전압 제어로 드레인 전류를 제어한다.
③ 출력 임피던스가 매우 높다.
④ 열적으로 안정된 동작을 한다.

7. 다음과 같은 회로에서 출력 V_o는?

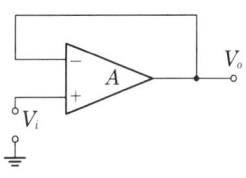

① ∞   ② 1
③ V_i ④ $-V_i$

8. 직렬형 정전압회로의 특징에 대한 설명 중 옳지 않은 것은?
   ① 과부하 시 전류가 제한된다.
   ② 경부하 시 효율이 병렬에 비하여 훨씬 크다.
   ③ 출력전압의 안정범위가 비교적 넓게 설계된다.
   ④ 증폭단을 증가시킴으로써 출력저항 및 전압 안정계수를 매우 작게 할 수 있다.

9. 다음 중 제너 다이오드를 사용하는 회로는?
   ① 검파회로 ② 전압안정회로
   ③ 고주파발진회로 ④ 고압정류회로

10. Y 결선의 전원에서 각 상의 전압이 100[V]일 때 선간전압은?
    ① 약 100[V] ② 약 141[V]
    ③ 약 173[V] ④ 약 200[V]

11. 다음 중 집적회로(Integrated Circuit)의 장점이 아닌 것은?
    ① 신뢰성이 높다.
    ② 대량 생산할 수 있다.
    ③ 회로를 초소형으로 할 수 있다.
    ④ 주로 고주파 대전력용으로 사용된다.

12. 이상형 병렬 저항형 CR 발진회로의 발진주파수는?
    ① $f_o = \dfrac{1}{2\pi\sqrt{6}\,CR}$
    ② $f_o = \dfrac{1}{2\pi\sqrt{6CR}}$
    ③ $f_o = \dfrac{1}{2\pi LC}$
    ④ $f_o = \dfrac{\sqrt{6}}{2\pi CR}$

13. 다음 중 플립플롭회로와 같은 것은?
    ① 클리핑회로
    ② 무안정 멀티바이브레이터회로
    ③ 단안정 멀티바이브레이터회로
    ④ 쌍안정 멀티바이브레이터회로

14. 100[Ω]의 저항에 10[A]의 전류를 1분간 흐르게 하였을 때의 발열량은?
    ① 36[kcal] ② 72[kcal]
    ③ 144[kcal] ④ 288[kcal]

15. 고전압 고전류를 얻기 위해서는 다음 중 어느 정류회로가 좋은가?
    ① 반파정류기
    ② 단상 양파정류기
    ③ 브리지 정류기
    ④ 배전압 반파정류기

16. 다음 중 저주파 발진기로 가장 적합한 것은?
    ① CR 발진기
    ② 콜피츠 발진기
    ③ 수정발진기
    ④ 하틀리 발진기

17. 2진수 11010.11110을 8진수와 16진수로 올바르게 변환한 것은?
    ① $(32.74)_8$, $(D0.F)_{16}$
    ② $(32.74)_8$, $(1A.F)_{16}$
    ③ $(62.72)_8$, $(D0.F)_{16}$
    ④ $(62.72)_8$, $(1A.F)_{16}$

18. ADD 명령을 사용하여 1을 덧셈하는 것과 같이 해당 레지스터의 내용에 1을 증가시키는 명령어는?
    ① DEC ② INC
    ③ MUL ④ SUB

19. 다음 중 C언어의 자료형과 거리가 먼 것은?
① integer   ② double
③ char   ④ short

20. 다음 중 제어장치의 역할이 아닌 것은?
① 명령을 해독한다.
② 두 수의 크기를 비교한다.
③ 입·출력을 제어한다.
④ 시스템 전체를 감시 제어한다.

21. 마이크로프로세서의 구성 요소가 아닌 것은?
① 제어장치   ② 연산장치
③ 레지스터   ④ 분기 버스

22. 8비트로 부호와 절대값 방법으로 표현된 수 42를 한 비트씩 좌우측으로 산술 시프트하면?
① 좌측 시프트 : 42, 우측 시프트 : 42
② 좌측 시프트 : 84, 우측 시프트 : 42
③ 좌측 시프트 : 42, 우측 시프트 : 21
④ 좌측 시프트 : 84, 우측 시프트 : 21

23. 불 대수의 기본 정리 중 틀린 것은?
① $x + x \cdot y = y$
② $x \cdot (x + y) = x$
③ $\overline{(x \cdot y)} = \overline{x} + \overline{y}$
④ $x \cdot (y + z) = x \cdot y + x \cdot z$

24. 다음 중 설명이 바르게 된 것은?
① 자심(magnetic core)은 보조기억장치로 사용된다.
② 자기 디스크, 자기 테이프는 주기억장치로 사용된다.
③ DRAM은 SRAM보다 용량이 크고 속도가 빠르다.
④ 누산기는 사칙연산, 논리연산 등의 중간 결과를 기억한다.

25. 입·출력장치에 대한 설명으로 옳지 않은 것은?
① 대표적인 출력장치로는 프린터, 모니터, 플로터 등이 있다.
② 스캐너는 그림이나 사진, 문서 등을 이미지 형태로 입력하는 장치이다.
③ 광학마크판독기(OMR)는 특정한 의미를 지닌 굵고 가는 막대로 이루어진 코드를 판독하는 입력장치이며 판매시점 관리시스템에 주로 사용한다.
④ 디지타이저는 종이에 그려져 있는 그림, 차트, 도형, 도면 등을 판 위에 대고 각각의 위치와 정보를 입력하는 장치이며 CAD/CAM 시스템에 사용한다.

26. 연산에 관계되는 상태와 인터럽트(interrupt) 신호를 기억하는 것은?
① 가산기   ② 누산기
③ 상태 레지스터   ④ 보수기

27. 순서도를 사용함으로써 얻을 수 있는 효과가 아닌 것은?
① 프로그램 코딩의 직접적인 자료가 된다.
② 프로그램을 다른 사람에게 쉽게 인수, 인계할 수 있다.
③ 프로그램의 내용과 일 처리 순서를 한눈에 파악할 수 있다.
④ 오류가 발생했을 때 그 원인을 찾아 수정하기가 어렵다.

28. ROM에 대한 설명 중 틀린 것은?
① 비휘발성 소자이다.
② 내용을 읽어내는 것만이 가능하다.
③ 사용자가 작성한 프로그램이나 데이터를 저장하고 처리할 수 있다.
④ 시스템 프로그램을 저장하기 위해 많이 사용된다.

29. 어떤 전자 기술자가 색 띠 저항을 측정하고자 한다. 그런데 그 저항의 색 띠가 벗겨져 값을 읽을 수 없었다. 그래서 그 전자 기술자는 옆에 있는 테스터기(Multi Tester)를 두고, 연구실에 있는 휘트스톤 브리지(Wheatstone Bridge)를 가져와 저항값을 측정하였다. 그 이유로 가장 적당한 것은?
① 시간이 남아서
② 저항의 정밀한 값을 알고 싶어서
③ 저항값과 전류 용량을 알고 싶어서
④ 저항의 저항값뿐만 아니라 저항의 전력(W) 용량까지 알아보려고

30. 가동코일형 전류계에서 측정하고자 하는 전류가 50[mA] 이상으로 클 때에는 계기에 무엇을 접속하여 측정하는가?
① 정류기   ② 분류기
③ 검류기   ④ 배율기

31. 다음 ( ) 안에 들어갈 내용으로 옳은 것은?

> 대전류를 측정할 경우에는 열전쌍의 허용 전류가 커지므로 열선이 굵어지고, 필연적으로 (①)가 커져서 차단 주파수가 낮아진다. 그러므로 높은 주파수의 대전류는 철심을 사용한 (②)를 사용한다.

① ① 우연오차, ② 분배기
② ① 전위오차, ② 배율기
③ ① 표피오차, ② 고주파 변류기
④ ① 전위오차, ② 고주파 변류기

32. 저항값을 측정하는 방법 중 중저항 1[Ω]~1[MΩ]을 측정하는 방법으로 가장 적합하지 않은 것은?
① 전류 전압계법
② 전위차계법
③ 브리지법
④ 저항계법

33. 참값이 25.00[V]인 전압을 측정하였더니 24.85[V]라는 값을 얻었다. 이때 보정 백분율은 약 몇 [%]인가?
① +0.6[%]   ② −0.6[%]
③ +0.15[%]   ④ −0.15[%]

34. 기록계기의 기록 방법에 해당하지 않는 것은?
① 실선식   ② 타점식
③ 자동평형식   ④ 흡수식

35. 3상 전력을 측정하는 방법으로 적합하지 않은 것은?
① 2전력계법
② 3전력계법
③ 고주파 전력계법
④ 멀티미터 전력계법

36. 안테나의 실효 저항은 희망주파수에서 공진시킨 상태에서 측정해야 한다. 실효 저항 측정법이 아닌 것은?
① 저항 삽입법
② 작도법(Pauli의 방법)
③ 치환법
④ coil 삽입법

37. 표준신호발생기의 출력은 1[μV]를 기준으로 하여 0[dB]로 표시하는 것이 보통이다. 환산된 출력이 60[dB]일 때, 전압은 몇 [μV]인가?
① 1[μV]   ② 10[μV]
③ 100[μV]   ④ 1000[μV]

38. 오실로스코프로 전압을 측정할 때 수평 편향판에 가해지는 전압의 파형은?
① 정현파   ② 직류
③ 톱니파   ④ 구형파

39. R, L, C 등을 직렬로 연결시켜 직렬 공진회로의 특성을 이용한 주파수계는?
① 동축 주파수계
② 흡수형 주파수계
③ 헤테로다인 주파수계
④ 공동 주파수계

40. 다음은 무엇에 대한 설명인가?

> 시간적으로 연속적인 아날로그 신호에서 어느 시간 간격마다 원신호의 크기를 추출하는 조작을 말하며, 원신호에서 추출된 값을 샘플값이라 한다.

① 표본화   ② 양자화
③ 부호화   ④ 복호화

41. 다음 제어량 중 서보 기구에 속하는 것은?
① 압력   ② 유량
③ 위치   ④ 속도

42. 다음 중 공정제어에 속하지 않는 것은?
① 온도 제어   ② 전압 제어
③ 액면 제어   ④ 압력 제어

43. 다음 설명 중 전장 발광과 관계가 없는 것은?
① 전장 발광판, 고유형 EL과 주입형 EL 등 3종류로 나눈다.
② 전장 발광 현상을 일렉트로 루미네센스라고 한다.
③ 전장 발광판은 발광재료에 따라 발광색이 다르나 주파수에는 관계가 없다.
④ 전장 발광은 반도체의 성질을 가지고 있는 물질에 전장을 가하였을 때 생기는 발광 현상을 말한다.

44. 다음 중 태양전지는 무슨 효과를 이용한 것인가?
① 광전자 방출 효과
② 광방전 효과
③ 광기전력 효과
④ 광증폭 효과

45. 초음파의 발생 소자 중 전기 왜형 진동자로 사용되는 소자는?
① 페라이트
② 수정
③ 티탄산바륨
④ 로셀염

46. 그림과 같이 복합유전체를 선택 가열하는 경우 온도가 높은 순서로 옳은 것은? (단, 그림은 3개의 비커를 축이 일치하도록 하여 전극판 사이에 놓고 유전 가열하는 경우로서 주파수는 20[MHz]로 하며, 식염수는 0.1[%] NaCl이다.)

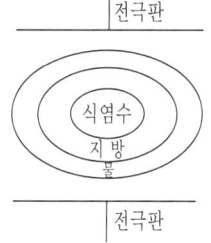

① 식염수 > 지방 > 물
② 물 > 식염수 > 지방
③ 지방 > 식염수 > 물
④ 식염수 > 물 > 지방

47. 다음 중 자동 온수기에서 제어대상은?
① 온도   ② 물
③ 연료   ④ 조절밸브

과년도 출제문제

48. 흑백 방송은 정상이나 컬러 방송 수신 시 색이 전혀 안 나온다면 조사할 요소는?
① 제2영상 증폭회로
② X복조회로
③ 컨버전스회로
④ 컬러킬러회로

49. 펄스 레이더에서 전파를 발사하여 수신할 때까지 $2.8[\mu s]$가 걸렸다면 목표물까지의 거리는?
① 14[m]   ② 28[m]
③ 280[m]   ④ 420[m]

50. 다음 그림은 동작 신호량(Z)과 조작량(Y)의 관계를 나타낸 것이다. 그림의 ( ) 안에 알맞은 것은?

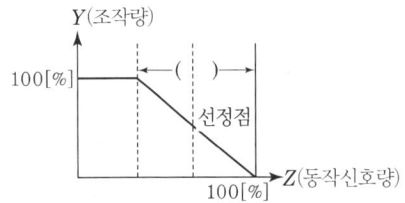

① 적분시간   ② 미분시간
③ 동작범위   ④ 비례대

51. 전자냉동기의 기본 원리를 나타낸 것이다. "ㄷ"점에서 발열이 있었다면 흡열현상이 나타나는 곳은?

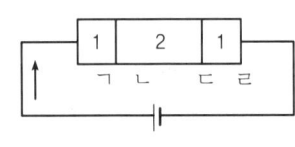

① ㄱ   ② ㄴ
③ ㄷ   ④ ㄹ

52. 수신기의 종합특성에 해당되지 않는 것은?
① 감도   ② 충실도
③ 선택도   ④ 변조도

53. 2개의 스피커를 병렬 연결했을 때의 합성 임피던스는 1개의 스피커 때보다 어떻게 되는가?
① 1/4   ② 1/2
③ 2배   ④ 4배

54. FM 수신기에서 스켈치(squelch) 회로의 사용 목적은?
① 입력신호가 없을 때 수신기 내부 잡음을 제거한다.
② FM 전파 수신 시 수신기 내부 잡음을 증폭한다.
③ 국부발진 주파수의 변동을 막는다.
④ 안테나로부터 불필요한 복사를 제거한다.

55. 녹음 때는 고역을, 재생 때는 저역을 각각의 증폭기로 보정하여 전체를 통하여 평탄한 특성으로 만드는 것을 무엇이라고 하는가?
① 등화   ② 소거
③ 증폭   ④ 재생

56. 다음 중 TV 수신 안테나가 아닌 것은?
① 반파장 다이폴 안테나
② 폴디드(folded) 안테나
③ 야기(yagi) 안테나
④ 비월 안테나

57. 오디오 앰프(audio amp)에 부궤환을 걸어줄 때의 현상이 아닌 것은?
① 주파수 특성이 개선된다.
② 안정도가 향상된다.
③ 찌그러짐이 감소된다.
④ 증폭도가 증가한다.

58. 다음 중 산란 효과를 보완하여 X-선 영상의 해상도를 높이기 위해 사용되는 것은?
  ① 필터
  ② 셔터
  ③ 그리드
  ④ 증감지

59. 다음 중 전력 증폭기의 출력 P[W]는? (단, V는 출력되는 음성전압, R은 스피커의 부하저항)
  ① $P = \dfrac{V^2}{R}$ [W]
  ② $P = \dfrac{R}{V^2}$ [W]
  ③ $P = \dfrac{V}{R}$ [W]
  ④ $P = \dfrac{R}{V}$ [W]

60. 광학 현미경의 광원은 전자 현미경의 어느 곳에 해당되는가?
  ① 전자총
  ② 전자렌즈
  ③ 여자 전류전원
  ④ 시료

전자기기기능사 3주 완성

2014년도 과년도 출제문제

Craftsman Electronic Apparatus

전자기기 기능사 (2014년 1월 26일 시행)

1. 궤환증폭기에서 궤환을 시켰을 때의 증폭도 $A = \dfrac{A_0}{1 - A_0\beta}$ 라면 이 식에서 $|1 - A_0\beta| > 1$일 때 나타나는 특성 중 옳지 않은 것은?
   ① 증폭도가 감소된다.
   ② 출력 임피던스가 커진다.
   ③ 주파수 특성이 양호하다.
   ④ 증폭기의 잡음이 감소된다.

2. 최고 주파수가 8[kHz]인 신호파를 펄스 변조할 경우 표본화 주파수의 최저값과 이때의 표본화 주기는 각각 얼마인가?
   ① 8[kHz], 125[μs]
   ② 10[kHz], 160[μs]
   ③ 13[kHz], 120[μs]
   ④ 16[kHz], 62.5[μs]

3. 송신기 등에 사용하는 고주파 전력증폭기로 가장 많이 사용되는 증폭 방식은?
   ① A급   ② B급
   ③ C급   ④ AB급

4. 공진회로에 있어서 선택도 Q를 표시하는 식은? (단, RLC 직렬공진회로이다.)
   ① $\dfrac{\omega L}{R}$ ② $\dfrac{\omega C}{R}$
   ③ $\dfrac{R}{\omega C}$ ④ $\dfrac{R}{\omega L}$

5. 그림과 같은 연산증폭기의 완전한 평형 조건은?

   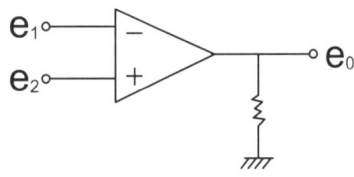

   ① $e_1 = e_2 = e_0$
   ② $e_1 = e_2$, $e_0 = 0$
   ③ $e_1 \neq e_2$, $e_0 = \infty$
   ④ $e_1 = e_2$, $e_0 = -\infty$

6. 연산증폭기의 정확도를 높이기 위한 조건으로 적합하지 않은 것은?
   ① 높은 안정도가 필요하다.
   ② 좋은 차단 특성을 가져야 한다.
   ③ 증폭도는 가능한 한 작아야 한다.
   ④ 많은 양의 부궤환을 안정하게 걸 수 있어야 한다.

7. 푸시풀 증폭회로의 이점이 아닌 것은?
   ① 비교적 큰 출력이 얻어진다.
   ② 출력변압기의 직류여자가 상쇄된다.
   ③ 전원전압에 함유되는 험(hum)이 상쇄된다.
   ④ 기수 고조파가 제거된다.

8. 신호파의 진폭과 반송파의 진폭의 비를 m이라 할 때 m>1이면 어떤 상태인가?
   ① 무변조   ② 100[%] 변조
   ③ 과변조   ④ 얕은 변조

9. "임의의 접속점에 유입되는 전류의 합은 접속점에서 유출되는 전류의 합과 같다"라는 법칙은?
   ① 옴의 법칙
   ② 가우스의 법칙
   ③ 패러데이의 법칙
   ④ 키르히호프의 법칙

10. 단상 전파정류기의 DC 출력전압은 단상 반파정류기 DC 출력전압의 몇 배인가?
    ① 2배   ② 3배
    ③ 4배   ④ 5배

11. 압전기(piezo effect) 현상을 이용하여 발진하는 회로는?
    ① 콜피츠 발진   ② 하틀리 발진
    ③ LC 발진   ④ 수정 발진

12. 전류계 회로에서 전류를 측정하고자 할 때 고려해야 할 사항 중 옳지 않은 것은?
    ① 전류계는 반드시 회로와 직렬로 연결해야 한다.
    ② 전류계의 내부저항은 무시할 정도로 작아야 한다.
    ③ 전류계의 내부저항은 전류를 못 흐르게 할 만큼 커야 한다.
    ④ 전류계에는 분배저항이 들어 있다.

13. 콘덴서 입력형 전파 정류회로의 입력 전압이 실효값으로 12[V]일 경우 정류 다이오드의 최대 역전압은?
    ① 약 12[V]   ② 약 17[V]
    ③ 약 24[V]   ④ 약 34[V]

14. 트랜지스터 증폭회로에 대한 설명으로 옳지 않은 것은?
    ① 베이스 접지회로의 입력은 이미터가 된다.
    ② 컬렉터 접지회로의 입력은 베이스가 된다.
    ③ 베이스 접지회로의 입력은 컬렉터가 된다.
    ④ 이미터 접지회로의 입력은 베이스가 된다.

15. 브리지 정류회로에서 교류 200[V]를 정류시킨다면 최대 출력전압은?
    ① 141[V]   ② 246[V]
    ③ 282[V]   ④ 314[V]

16. 진성반도체에 대한 설명으로 가장 적합한 것은?
    ① As를 함유한 n형 반도체
    ② In을 함유한 p형 반도체
    ③ 과잉 전자를 만드는 도너 불순물
    ④ 불순물을 첨가하지 않은 순수한 반도체

17. 다음 Diagram에서 A와 B의 값이 입력될 때 최종 결과 X는? (단, A=0101, B=1011)

    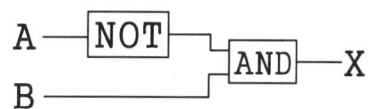

    ① 1010   ② 1110
    ③ 1101   ④ 0101

18. 다음 중 반복구간으로 설정된 프로그램을 정해진 횟수만큼 반복 실행시키는 분기명령어는?
    ① JMP 명령   ② JNP 명령
    ③ MOV 명령   ④ LOOP 명령

19. 컴퓨터의 중앙처리장치 내부에서 기억장치 내의 정보를 호출하기 위하여 그 주소를 기억하고 있는 제어용 레지스터는?
    ① 명령 레지스터
    ② 프로그램 카운터
    ③ 메모리 데이터 레지스터
    ④ 메모리 어드레스 레지스터

과년도 출제문제

20. 입·출력장치와 메모리 사이에서 CPU의 도움 없이 직접 데이터가 전달되도록 관리하는 것은?
① PPI ② PIO
③ DMA ④ Control unit

21. 플립플롭의 종류에 해당되지 않는 것은?
① RS 플립플롭 ② T 플립플롭
③ D 플립플롭 ④ K 플립플롭

22. C언어에서 정형화된 입출력(formatted I/O)에 사용하는 입력문과 출력문을 나타낸 것은?
① getchar, putchar
② max, min
③ scanf, printf
④ static, extern

23. 컴퓨터가 직접 인식하여 실행할 수 있는 언어로 0과 1만을 사용하여 명령어와 데이터를 나타내는 것은?
① 기계어
② 어셈블리어
③ 컴파일 언어
④ 인터프리터 언어

24. 다음 메모리 중 가장 빠르게 액세스되는 메모리는?
① 가상 메모리 ② 주기억 메모리
③ 캐시 메모리 ④ 보조기억 메모리

25. 출력장치로 사용할 수 있는 것은?
① 카드판독기
② 광학마크판독기
③ 자기잉크판독기
④ 디스플레이장치

26. 4개의 입력과 2개의 출력으로 구성된 회로에서 4개의 입력 중 하나가 선택되면 그에 해당하는 2진수가 출력되는 논리회로는?
① 디코더 ② 인코더
③ 전가산기 ④ 플립플롭

27. 다음 내용이 설명하는 프로그래밍 언어는?

- UNIX 시스템 프로그래밍 언어
- 수식이나 시스템 제어 및 자료구조를 간편하게 표현
- 연산자가 풍부
- 범용 프로그래밍 언어

① C언어 ② BASIC 언어
③ COBOL 언어 ④ JAVA 언어

28. 다음 논리함수를 최소화하면?

$$X(\overline{X}+Y)$$

① X ② Y
③ $\overline{X}Y$ ④ XY

29. 다음 중 펜과 기록 용지에서 생기는 마찰 오차를 피하기 위하여 고안된 것으로 영위법에 의한 측정원리를 이용한 기록계기는?
① 직동식 기록계기
② 실선식 기록계기
③ 타점식 기록계기
④ 자동평형식 기록계기

30. Q-미터(Q-meter)는 무엇을 측정하는 것인가?
① 코일의 리액턴스와 저항의 비
② 코일에 유기되는 전계강도
③ 반도체 소자의 정수
④ 공진회로의 주파수

31. 대전류로 서미스터 내부에서 소비되는 전력이 증가하면 온도 및 저항값은?

① 온도는 높아지고, 저항값은 변동이 없다.
② 온도는 높아지고, 저항값은 감소한다.
③ 온도는 낮아지고, 저항값은 감소한다.
④ 온도는 낮아지고, 저항값은 증가한다.

32. 헤테로다인 주파수 측정기의 교정용 발진기로는 어떤 것을 쓰는가?
① LC 발진기
② RC 발진기
③ 음차 발진기
④ 수정 발진기

33. 볼로미터 전력계의 구성 소자 중 서미스터의 용도는?
① 전류 감지용 ② 전압 감지용
③ 온도 감지용 ④ 습도 감지용

34. 디지털 전압계의 원리는 어느 것과 가장 유사한가?
① A/D변환기 ② D/A변환기
③ 변환기 ④ 비교기

35. 지시계기의 3대 요소가 아닌 것은?
① 구동장치 ② 제어장치
③ 출력장치 ④ 제동장치

36. 참값이 50[V]인 전압을 측정하였더니 51.4[V]이었다. 이때의 오차 백분율은?
① 1.3[%] ② 1.4[%]
③ 1.5[%] ④ 2.8[%]

37. 표준 전지의 기전력과 미지 전지의 기전력을 비교하여 1[V] 이하의 직류 전압을 정밀하게 측정할 수 있는 직류용 전압계는?
① 직류 전위차계
② 계기용 변압기(PT)
③ 변류기(CT)
④ 교류 전위차계

38. 무선 수신기의 랜덤 잡음(Random Noise)을 측정하기 위하여 레벨미터(Level Meter) 앞에 설치하는 필터는?
① 저역 필터 ② 소거저역 필터
③ 고역 필터 ④ 통과대역 필터

39. 1차 코일의 인덕턴스 3[mH], 2차 코일의 인덕턴스 11[mH]를 직렬로 연결했을 때 합성 인덕턴스가 24[mH]이었다면, 이들 사이의 상호 인덕턴스는?
① 2[mH] ② 5[mH]
③ 10[mH] ④ 19[mH]

40. 다음 중 오실로스코프로 직접 관측하지 못하는 것은?
① 변조도 ② 주파수
③ 왜곡률 ④ 임피던스

41. 다음 중 PI 동작이란?
① 온·오프동작
② 비례미분동작
③ 비례적분동작
④ 비례적분미분동작

42. 자동제어의 제어목적에 따른 분류 중 어떤 일정한 목표값을 유지하는 것에 해당하는 것은?
① 비율 제어
② 정치 제어
③ 추종 제어
④ 프로그램 제어

43. 다음 중 초음파 성질에서 파동과 속도의 설명으로 옳지 않은 것은?

① 파동의 전파속도는 횡파가 종파보다 느리다.
② 기체 중에서는 파동의 전파 방향으로 입자가 진동하는 종파만 존재한다.
③ 고체 중에서는 파동의 전파 방향에 수직 방향으로 입자가 진동하는 횡파만 존재한다.
④ 액체 중에서는 파동의 전파 방향으로 입자가 진동하는 횡파만 존재한다.

44. 초음파 가공에서 사용되는 연마가루에 적합하지 않은 것은?
① 강한 철분 ② 탄화실리콘
③ 산화알루미늄 ④ 탄화붕소

45. 컬러 킬러(color killer) 회로에 대한 설명으로 옳은 것은?
① 컬러 화면에 나오는 색 잡음을 없애는 것이다.
② 컬러 화면을 흑백 화면으로 전환시키는 것이다.
③ 강한 컬러를 부드럽게 하는 일종의 색 콘트라스트이다.
④ 흑백 방송 수신 시에 색 노이즈가 화면에 나오는 것을 방지하는 것이다.

46. 스피커의 감도 측정에 있어서 표준 마이크로폰이 받는 음압이 4[μbar]이면 스피커의 전력 감도는? (단, 스피커의 입력에는 1[W]를 가한 것으로 한다.)
① 약 9[dB] ② 약 12[dB]
③ 약 16[dB] ④ 약 20[dB]

47. 마스킹 효과를 이용하여 히스 잡음을 줄이는 방식을 무엇이라 하는가?
① 돌비 시스템
② 녹음 시스템
③ 서라운드 시스템
④ 재생 시스템

48. 전자냉동에 대한 설명으로 가장 옳지 않은 것은?
① 온도조절이 용이하다.
② 대용량에 더욱 효율이 좋다.
③ 소음이 없고 배관도 필요 없다.
④ 전류방향만 바꾸어 냉각과 가열을 쉽게 변환할 수 있다.

49. 3웨이(Three-way) 스피커 시스템의 구조에 포함되지 않는 것은?
① 트위터 ② 스쿼커
③ 리미터 ④ 우퍼

50. 텔레비전 화면을 구성하는 3요소는?
① 화소, 주사, 동기
② 주사, 동기, 휘점
③ 화소, 동기, 휘점
④ 화소, 휘점, 편향

51. 다음 그림은 슈퍼헤테로다인 수신기의 구성도이다. ①과 ③의 내용으로 옳은 것은?

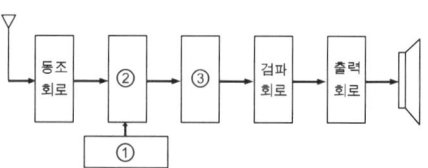

① ① 국부 발진회로, ③ 중간주파 증폭회로
② ① 혼합회로, ③ 중간주파 증폭회로
③ ① 혼합회로, ③ 저주파 증폭회로
④ ① 국부 발진회로, ③ 혼합회로

52. 태양전지를 연속적으로 사용하기 위하여 필요한 장치는?
① 변조장치 ② 정류장치
③ 축전장치 ④ 검파장치

53. 센서의 명명법에서 X형 센서로 표시하지 않는 것은?
① 변위 센서
② 속도 센서
③ 열 센서
④ 반도체형 가스 센서

54. 그림과 같은 수상관 회로에서 콘덴서 C가 단락되었을 때의 고장 증상은?

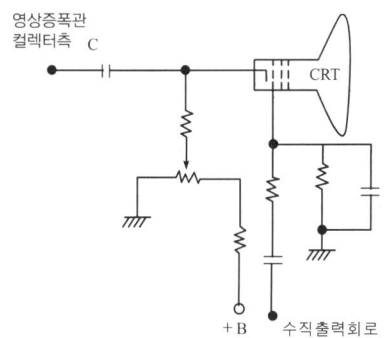

① 래스터는 나오나 화면이 나오지 않는다.
② 래스터가 나오지 않는다.
③ 밝아진 채로 어두워지지 않는다.
④ 수평, 수직 동기가 불안정하다.

55. 포마드, 크림 등 화장품이나 도료의 제조에 이용되는 초음파는 어떤 작용을 응용한 것인가?
① 소나작용
② 응집작용
③ 확산작용
④ 분산 에멀션화 작용

56. 테이프를 헤드에 밀착시켜 레벨 변동이나 고역 저하의 원인이 되는 스페이싱 손실을 줄이는 것은?
① 캡스턴(capstan)
② 압착 패드(pressure pad)
③ 핀치 롤러(pinch roller)
④ 테이프 가이드(tape guide)

57. 측심기로 물속으로 초음파를 발사하여 0.8초 후에 반사파를 받았다면 물의 깊이는 몇 [m]인가? (단, 바닷물 속의 초음파 속도는 1500[m/sec]이다.)
① 100[m] ② 300[m]
③ 600[m] ④ 1000[m]

58. 콘트라스트(contrast)에 대한 설명으로 옳은 것은?
① 잡음지수를 말한다.
② 음성신호의 이득을 말한다.
③ 국부발진기의 주파수 조정 정도를 나타낸다.
④ 화면의 가장 밝은 부분과 가장 어두운 부분에 대한 밝기의 비를 말한다.

59. 다음 중 전자현미경에 대한 짝이 옳지 않은 것은?
① 매질 – 진공
② 상관철 수단 – 형광 막상의 상 또는 사진
③ 초점 조절 – 대물렌즈와 시료의 거리를 조절
④ 콘트라스트가 생기는 이유 – 산란 또는 흡수

60. 항공기가 강하할 때 수직면 내에서의 올바른 코스를 지시하는 것은?
① 팬 마커 ② 로컬라이저
③ 로란 ④ 글라이드 패드

전자기기 기능사 (2014년 4월 6일 시행)

1. 다음 회로에서 $R_1=R_f$일 때 적합한 명칭은?

   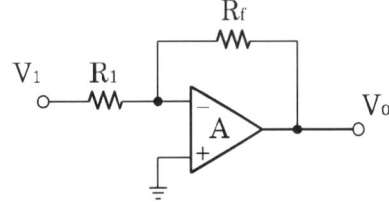

   ① 적분기　　② 감산기
   ③ 부호변환기　④ 전류증폭기

2. 반송파 전력이 100[W]이고, 변조도 60[%]로 진폭변조시키면 피변조파의 전력은 몇 [W]인가?
   ① 50[W]　　② 100[W]
   ③ 118[W]　　④ 136[W]

3. 다음 중 저주파 증폭기의 핵심 능동소자로 알맞은 것은?
   ① 저항　　② 콘덴서
   ③ 코일　　④ 트랜지스터

4. 쌍안정 멀티바이브레이터의 결합 저항에 병렬로 접속한 콘덴서의 목적은?
   ① 증폭도를 높이기 위한 것이다.
   ② 스위칭 속도를 높이는 동작을 한다.
   ③ 트랜지스터의 이미터 전위를 일정하게 한다.
   ④ 트랜지스터의 베이스 전위를 일정하게 한다.

5. 다음 사이리스터 중 단방향성 소자는?
   ① TRIAC　　② DIAC
   ③ SSS　　　④ SCR

6. 고정 바이어스 회로를 사용한 트랜지스터의 β가 50이다. 안정도 S는 얼마인가?
   ① 49　　② 50
   ③ 51　　④ 52

7. 다음 (　) 안에 들어갈 내용으로 알맞은 것은?

   D 플립플롭은 1개의 S-R 플립플롭과 1개의 (　) 게이트로 구성할 수 있다.

   ① AND　　② OR
   ③ NOT　　④ NAND

8. 저역통과 RC 회로에서 시정수가 의미하는 것은?
   ① 응답의 상승 속도를 표시한다.
   ② 응답의 위치를 결정해 준다.
   ③ 입력의 진폭 크기를 표시한다.
   ④ 입력의 주기를 결정해 준다.

9. 연산증폭기에서 차동 출력을 0[V]가 되도록 하기 위하여 입력 단자 사이에 걸어주는 것은?
   ① 입력 오프셋 전압
   ② 출력 오프셋 전압
   ③ 입력 오프셋 전류
   ④ 입력 오프셋 전류 드리프트

10. 정현파의 파고율은 얼마인가?
    ① $\sqrt{2}$　　② $\dfrac{2}{\pi}$
    ③ $\dfrac{\pi}{2\sqrt{2}}$　　④ $\dfrac{\pi}{2}$

11. 도체에 전압이 가해졌을 때 흐르는 전류의 크기는 가해진 전압에 비례한다는 법칙은?
 ① 줄의 법칙
 ② 옴의 법칙
 ③ 중첩의 법칙
 ④ 키르히호프의 전류의 법칙

12. 다음 중 FET에 대한 설명으로 적합하지 않은 것은?
 ① 입력 임피던스가 매우 높다.
 ② 전압제어형 트랜지스터이다.
 ③ BJT보다 잡음특성이 양호하다.
 ④ 베이스, 드레인, 게이트 전극이 있다.

13. 수정진동자의 직렬 공진주파수를 f_o, 병렬 공진주파수를 f_s라 할 때 수정진동자가 안정한 발진을 하기 위한 리액턴스 성분의 주파수 f의 범위는?
 ① $f_o < f < f_s$
 ② $f_o < f_s < f$
 ③ $f_s < f < f_o$
 ④ $f = f_s = f_o$

14. 다음 중 이상적인 연산증폭기의 특징으로 적합하지 않은 것은?
 ① 입력 임피던스가 무한대이다.
 ② 출력 임피던스가 무한대이다.
 ③ 주파수 대역폭이 무한대이다.
 ④ 오픈 루프 이득이 무한대이다.

15. 일반적으로 크로스오버 일그러짐은 증폭기를 어느 급으로 사용했을 때 생기는가?
 ① A급 증폭기
 ② B급 증폭기
 ③ C급 증폭기
 ④ AB급 증폭기

16. 멀티바이브레이터의 비안정, 단안정, 쌍안정이라고 말하는 것은 무엇으로 결정하는가?
 ① 전원의 크기
 ② 바이어스 전압의 크기
 ③ 저항의 크기
 ④ 결합회로의 구성

17. 10진수 0.375를 2진수로 변환하면?
 ① $(0.11)_2$
 ② $(0.011)_2$
 ③ $(0.110)_2$
 ④ $(0.111)_2$

18. 논리식 $F = \overline{A}BC + A\overline{B}\,\overline{C} + ABC + AB\overline{C}$ 를 카르노 맵에 의해 간소화시킨 식은?
 ① $F = AB + \overline{B}C$
 ② $F = A + A\overline{C}$
 ③ $F = \overline{A}B + B\overline{C}$
 ④ $F = BC + A\overline{C}$

19. 다음 중 일반적으로 가장 적은 bit로 표현 가능한 데이터는?
 ① 영상 데이터
 ② 문자 데이터
 ③ 숫자 데이터
 ④ 논리 데이터

20. 데이터 처리 과정 및 프로그램 결과가 출력되는 전반적인 처리 과정의 흐름을 일정한 기호를 사용하여 나타낸 것을 무엇이라 하는가?
 ① 순서도
 ② 수식도
 ③ 로그
 ④ 분석도

21. 중앙처리장치(CPU)를 구성하는 주요 요소로 올바르게 짝지어진 것은?
 ① 연산장치와 보조기억장치
 ② 입·출력장치와 보조기억장치
 ③ 연산장치와 제어장치
 ④ 제어장치와 입·출력장치

22. 컴퓨터 기억용량의 1K 바이트는 몇 바이트인가?
 ① 1000
 ② 1001
 ③ 1024
 ④ 1212

23. 데이터 처리를 위하여 연산 능력과 제어 능력을 가지도록 하나의 칩 안에 연산장치와 제어장치를 집적시킨 것은?
① 컴퓨터
② 레지스터
③ 누산기
④ 마이크로프로세서

24. 순서도를 작성하는 방법으로 틀린 것은?
① 처리순서의 방향은 아래에서 위로, 오른쪽에서 왼쪽 화살표로 표시한다.
② 논리적 타당성을 확보할 수 있도록 작성한다.
③ 처리과정을 간단 명료하게 표시한다.
④ 순서도가 길거나 복잡할 경우 기능별로 분할한 후 연결기호를 사용하여 연결한다.

25. 상태 레지스터 중 2진 연산의 수행 결과 나타난 자리올림 또는 내림 상태를 판별하는 것은?
① Z(zero) 비트
② C(carry) 비트
③ S(sign) 비트
④ P(parity) 비트

26. 후입선출(LIFO) 동작을 수행하는 자료구조는?
① RAM
② ROM
③ STACK
④ QUEUE

27. 명령어는 전자계산기의 동작을 수행시키기 위한 비트들의 집합으로 나누어진다. 각 명령은 어떻게 구성되는가?
① 오퍼레이션 코드와 실행 프로그램
② 오퍼랜드와 목적 프로그램
③ 오퍼레이션 코드와 소스 코드
④ 오퍼레이션 코드와 오퍼랜드

28. 다음 스위치 회로를 불 대수로 표현하면?

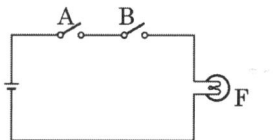

① $F = A + B$
② $F = A \cdot \overline{B}$
③ $F = A \cdot B$
④ $F = \overline{A} \cdot B$

29. 가동코일형 계기로 교류전압을 측정하고자 할 때 필요한 것은?
① 정류기
② 분류기
③ 배율기
④ 공중선계

30. 참값이 100[mA]이고, 측정값이 102[mA]일 때 오차율은?
① $-2[\%]$
② $2[\%]$
③ $-1.96[\%]$
④ $1.96[\%]$

31. 발진주파수가 주기적인 변화를 갖는 주파수 발진기로서 각종 무선 주파회로의 주파수 특성을 관측, 수신기 중간 주파 증폭기의 특성, 주파수 변별기 또는 증폭회로 등의 조정에 사용되는 발진기는?
① 이상 발진기
② 비트 발진기
③ 음차 발진기
④ 소인 발진기

32. 디지털 주파수계에서 입력 주파수가 너무 높아서 계수가 어려울 경우 입력회로와 게이트 사이에 추가하는 회로로 적합한 것은?
① 분주회로
② 변조회로
③ 복조회로
④ 체배회로

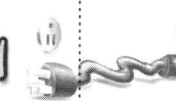

33. 다음 그림은 오실로스코프상에 나타난 정현파이다. 주파수는 몇 [Hz]인가?

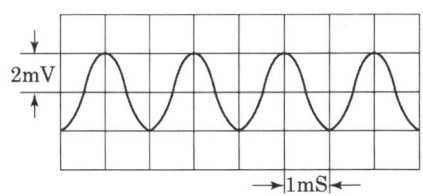

① 500[Hz]   ② 1000[Hz]
③ 5[Hz]   ④ 1[Hz]

34. 분류기 없이 상당히 큰 전류까지 측정할 수 있고, 취급이 용이하지만 감도가 높은 것은 제작하기 어려운 계기는?
① 가동코일형 전류계
② 전류력계형 전류계
③ 가동철편형 전류계
④ 유도형 전류계

35. 표준 저항기용 저항 재료에 요구되는 조건으로 옳지 않은 것은?
① 저항값이 안정할 것
② 온도계수가 작을 것
③ 고유저항이 클 것
④ 구리에 대한 열기전력이 클 것

36. 마이크로파 측정에서 정재파비가 2일 때 반사계수는?
① $\frac{1}{2}$ ② $\frac{1}{3}$
③ 1   ④ 2

37. 이미터 접지회로를 이용하여 β를 측정하였더니 49가 되었다. 트랜지스터의 α는 얼마인가?
① 1   ② 0.9
③ 0.96   ④ 0.98

38. 지시계기는 고정 부분과 가동 부분으로 구성되어 있는데 기능상 지시계기의 3대 요소에 속하지 않는 것은?
① 구동장치   ② 가동장치
③ 제어장치   ④ 제동장치

39. 지침형 주파수계의 동작 원리에 따른 분류에 속하지 않는 것은?
① 진동편형
② 가동철편형
③ 편위형
④ 전류력계형

40. 1차 coil의 인덕턴스가 10[mH]이고, 2차 coil의 인덕턴스가 20[mH]인 변성기를 직렬로 접속하고 측정하니, 합성 인덕턴스가 36[mH]이었다. 이들 사이의 상호 인덕턴스는?
① 6[mH]   ② 4[mH]
③ 3[mH]   ④ 2[mH]

41. 유전가열의 공업제품에 대한 응용에 해당하지 않는 것은?
① 목재의 세척
② 목재의 접착
③ 합성수지의 접착
④ 합성수지의 예열 및 성형가공

42. 다음 중 서미스터(thermistor)와 관계없는 것은?
① 온도 측정
② 자동이득조정
③ 마이너스의 온도계수
④ 전압에 의하여 저항값 변화

43. 녹음기에 녹음 바이어스 회로를 사용하는 주된 이유는?
① 증폭을 높이기 위하여
② 대역폭을 넓히기 위하여
③ 신호를 없애기 위하여
④ 일그러짐을 없애기 위하여

44. 다음 중 초음파 속도가 1500[m/s]일 때 반사파의 도달시간이 1.5초이면 물속의 깊이는 몇 [m]인가?
① 1125[m]   ② 1527[m]
③ 2000[m]   ④ 2250[m]

45. 다음 중 음압의 단위는?
① [N/C]   ② [kcal]
③ [μbar] ④ [Neper]

46. 다음 블록도는 FM 수신기의 계통도이다. 빈 칸 A, B에 해당하는 명칭은?

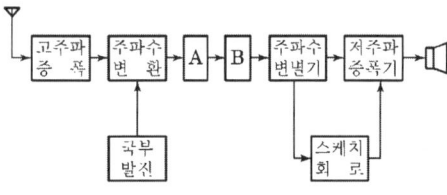

① A=중간 주파 증폭기, B=저주파 증폭기
② A=고주파 증폭기, B=진폭 제한기
③ A=중간 주파 증폭기, B=진폭 제한기
④ A=고주파 증폭기, B=검파기

47. 다음 중 비월 주사의 이점으로 가장 옳은 것은?
① 고압발생이 용이하다.
② 색상재현이 용이하다.
③ 임피던스 매칭이 용이하다.
④ 일정 주파수대역에 대해서 플리커를 감소시킬 수 있다.

48. 인간의 영상 인식 과정 중 가시광선의 반사 패턴 또는 발광 패턴을 인식하는 과정을 무엇이라 하는가?
① 패턴 매칭
② 특징 추출
③ 전처리
④ 영상의 입력

49. 항법보조장치의 ILS란?
① 계기착륙시스템
② 회전 비컨
③ 무지향성 무선표식
④ 호머

50. 무지향성 비컨, 호밍 비컨은 어떤 전파 항법 방식을 사용하는 것인가?
① $\rho-\theta$ 항법   ② 극좌표 항법
③ 방사성 항법   ④ 쌍곡선 항법

51. 라디오존데로서 측정할 수 없는 사항은?
① 풍속   ② 온도
③ 기압   ④ 습도

52. 온도의 예정 한도를 검출하는 데 사용되는 것은?
① 레벨미터(level meter)
② 서모스탯(thermostat)
③ 리밋스위치(limit switch)
④ 압력스위치(pressure switch)

53. 오디오 시스템에서 마이크로폰 신호가 입력되는 증폭기는?
① 주증폭기(main amplifier)
② 전치증폭기(pre-amplifier)
③ 전력증폭기(power amplifier)
④ 등화증폭기(equalizing amplifier)

54. 사이클링과 오프셋(offset)이 제거되고 응답 속도가 빠르며 안정성이 좋은 제어동작은?
① 온-오프 동작 ② P 동작
③ PI 동작 ④ PID 동작

55. AM/FM 수신기의 성능 특성을 표시하는 것으로 가장 관련이 적은 것은?
① 감도 ② 변조도
③ 충실도 ④ 선택도

56. 귀의 청력을 검사하기 위하여 가청 주파수 영역의 여러 가지 레벨의 순음을 전기적으로 발생하는 음향 발생 장치는?
① 심전계 ② 뇌파계
③ 근전계 ④ 오디오미터

57. 초음파의 전파에 있어서 캐비테이션(cavitation)에 대한 설명으로 옳은 것은?
① 액체인 매질에서 기포의 생성과 소멸 현상
② 액체인 매질에서 기포의 생성과 횡파 현상
③ 액체인 매질에서 종파에 의한 협대역 잡음
④ 액체인 매질에서 횡파에 의한 광대역 잡음

58. 초음파 세척은 무슨 작용을 이용한 것인가?
① 반사 ② 굴절
③ 진동 ④ 간섭

59. 다음 그림과 같은 정전압 회로의 동작을 옳게 설명한 것은?

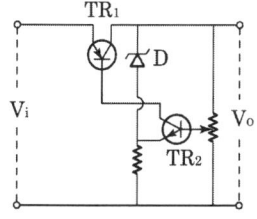

① V_i가 커지면 TR_1의 내부저항이 작아진다.
② V_i가 커지면 D 양단의 전위차는 거의 변동이 없다.
③ V_i가 작아지면 D 양단의 전위차가 작아진다.
④ V_i가 작아지면 TR_2의 Base 전압은 커진다.

60. 다음 녹음기의 녹음 헤드(HEAD)의 특징이 아닌 것은?
① 투자율이 높은 합금의 박판을 사용한다.
② 공극의 형상에 따라 녹음주파수 특성이 달라진다.
③ 공극의 길이는 녹음파장에 비하여 충분히 넓은 것이 요망된다.
④ 특수 퍼멀로이나 페라이트 등의 자성합금을 이용한다.

전자기기 기능사 (2014년 7월 20일 시행)

1. 굵기가 균일한 전선의 단면적이 S[m²]이고, 길이가 l[m]인 도체의 저항은 몇 [Ω]인가? (단, ρ는 도체의 고유저항이다.)
   ① $R = \rho \dfrac{S}{l}[\Omega]$
   ② $R = \rho \dfrac{l}{S}[\Omega]$
   ③ $R = l \dfrac{S}{\rho}[\Omega]$
   ④ $R = lS\rho[\Omega]$

2. 720[kHz]인 반송파를 3[kHz]의 변조신호로 진폭변조했을 때 주파수 대역폭 B는 몇 [kHz]인가?
   ① 3[kHz]
   ② 6[kHz]
   ③ 8[kHz]
   ④ 10[kHz]

3. 주파수가 100[MHz]인 반송파를 3[kHz]의 신호파로 FM 변조했을 때 최대 주파수 편이가 ±15[kHz]이면 변조지수는?
   ① 3
   ② 5
   ③ 10
   ④ 15

4. 그림의 회로에서 결합계수가 k일 때 상호인덕턴스 M은?

   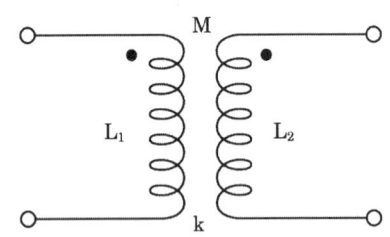

   ① $M = k\sqrt{L_1 L_2}$
   ② $M = kL_1 L_2$
   ③ $M = \dfrac{k}{\sqrt{L_1 L_2}}$
   ④ $M = \dfrac{k}{L_1 L_2}$

5. 다음과 같은 회로의 명칭은?

   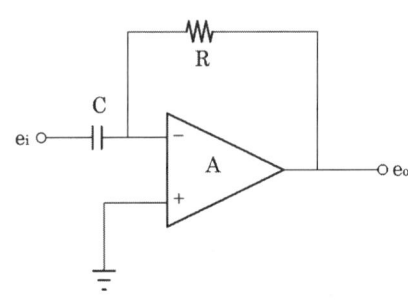

   ① 부호변환기
   ② 전류증폭기
   ③ 적분기
   ④ 미분기

6. 10[V]의 전압이 100[V]로 증폭되었다면 증폭도는?
   ① 20[dB]
   ② 30[dB]
   ③ 40[dB]
   ④ 50[dB]

7. 슈미트 트리거 회로의 입력에 정현파를 넣었을 경우 출력파형은?
   ① 톱니파
   ② 삼각파
   ③ 정현파
   ④ 구형파

8. 이상형 CR 발진회로의 CR을 3단 계단형으로 조합할 경우, 컬렉터측과 베이스측의 총 위상편차는 몇 도인가?
   ① 90°
   ② 120°
   ③ 180°
   ④ 360°

9. RC 결합 저주파 증폭회로의 이득이 높은 주파수에서 감소되는 이유는?
   ① 증폭기 소자의 특성이 변화하기 때문에
   ② 결합 커패시턴스의 영향 때문에
   ③ 부성저항이 생기기 때문에

④ 출력회로의 병렬 커패시턴스 때문에

10. PN 접합 다이오드에 가한 역방향 전압이 증가할 때 옳은 것은?
① 저항이 감소한다.
② 공핍층의 폭이 감소한다.
③ 공핍층 정전용량이 감소한다.
④ 다수 캐리어의 전류가 증가한다.

11. 트랜지스터의 컬렉터 역포화 전류가 주위온도의 변화로 12[μA]에서 112[μA]로 증가되었을 때 컬렉터 전류의 변화가 0.71[mA]이었다면 이 회로의 안정도 계수는?
① 1.2
② 6.3
③ 7.1
④ 9.7

12. 펄스의 주기 등은 일정하고 그 진폭을 입력 신호 전압에 따라 변화시키는 변조방식은?
① PAM
② PFM
③ PCM
④ PWM

13. 크로스오버 일그러짐은 어디에서 생기는 증폭방식인가?
① A급
② B급
③ C급
④ AB급

14. 반도체 소자 중 정전압회로에서 전압조절(VR)과 같은 동작 특성을 갖는 것은?
① 서미스터
② 바리스터
③ 제너 다이오드
④ 트랜지스터

15. 최댓값이 I_m[A]인 전파정류 정현파의 평균값은?
① $\sqrt{2}\,I_m$ [A]
② $\dfrac{I_m}{\pi}$ [A]
③ $\dfrac{2I_m}{\pi}$ [A]
④ $\dfrac{I_m}{2}$ [A]

16. N형 반도체의 다수 반송자는?
① 정공
② 도너
③ 전자
④ 억셉터

17. 가상기억장치(virtual memory)에서 주기억장치의 내용을 보조기억장치로 전송하는 것을 무엇이라 하는가?
① 로드(Load)
② 스토어(Store)
③ 롤아웃(Roll-out)
④ 롤인(Roll-in)

18. 데이터 전송 속도의 단위는?
① bit
② byte
③ baud
④ binary

19. 마이크로컴퓨터에서 오퍼랜드가 존재하는 기억장치의 어드레스를 명령 속에 포함시켜 지정하는 주소지정방식은?
① 직접 어드레스 지정방식
② 이미디어트 어드레스 지정방식
③ 간접 어드레스 지정방식
④ 레지스터 어드레스 지정방식

20. 컴퓨터 회로에서 Bus Line을 사용하는 가장 큰 목적은?
① 정확한 전송
② 속도 향상
③ 레지스터 수의 축소
④ 결합선 수의 축소

21. 누산기(accumulator)에 대한 설명으로 올바른 것은?
① 상태 신호를 발생시킨다.
② 제어 신호를 발생시킨다.
③ 주어진 명령어를 해독한다.

④ 연산의 결과를 일시적으로 기억한다.

22. 다음 중 8421 코드는?
① BCD 코드
② Gray 코드
③ Biquinary 코드
④ Excess-3 코드

23. 비가중치 코드이며 연산에는 부적합하지만 어떤 코드로부터 그 다음의 코드로 증가하는 데 하나의 비트만 바꾸면 되므로 데이터의 전송, 입·출력장치 등에 많이 사용되는 코드는?
① BCD 코드
② Gray 코드
③ ASCII 코드
④ Excess-3 코드

24. 데이터의 입·출력 전송이 중앙처리장치의 간섭없이 직접 메모리 장치와 입·출력장치 사이에서 이루어지는 인터페이스는?
① DMA
② FIFO
③ 핸드셰이킹
④ I/O 인터페이스

25. 기억장치의 성능을 평가할 때 가장 큰 비중을 두는 것은?
① 기억장치의 용량과 모양
② 기억장치의 크기와 모양
③ 기억장치의 용량과 접근속도
④ 기억장치의 모양과 접근속도

26. 명령어의 기본적인 구성 요소 2가지를 옳게 짝지은 것은?
① 기억장치와 연산장치
② 오퍼레이션 코드와 오퍼랜드
③ 입력장치와 출력장치
④ 제어장치와 논리장치

27. 단항(Unary) 연산을 행하는 것은?
① OR
② AND
③ SHIFT
④ 4칙 연산

28. 다음 논리회로에서 출력이 0이 되려면, 입력조건은?

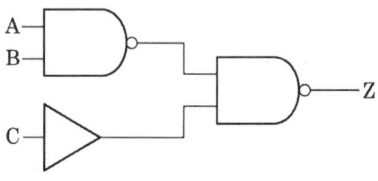

① A=1, B=1, C=1
② A=1, B=1, C=0
③ A=0, B=0, C=0
④ A=0, B=1, C=1

29. 수신기에 관한 측정 중 주파수 특성 및 파형의 일그러짐률에 관계되는 것은?
① 감도 측정
② 선택도의 측정
③ 충실도의 측정
④ 명료도의 측정

30. 고주파 전력을 측정하는 방법 중 콘덴서를 사용하여 부하전력의 전압 및 전류에 비례하는 양을 구하고, 열전쌍의 제곱 특성을 이용하여 부하 전력에 비례하는 직류 전류를 가동코일형 계기로 측정하도록 한 전력계는?
① C-C형 전력계
② C-M형 전력계
③ 볼로미터 전력계
④ 의사 부하법

31. 무부하 시 단자전압이 100[V]이고, 부하가 연결됐을 때 단자전압이 80[V]이면, 이때의 전원

전압변동률은?
① 15[%] ② 20[%]
③ 25[%] ④ 35[%]

32. 전류계의 측정범위를 넓히기 위해서 계기와 병렬로 연결해주는 저항을 무엇이라 하는가?
① 분류기 저항 ② 분압기 저항
③ 전류 저항 ④ 전압 저항

33. 다음 중 흡수형 주파수계의 설명으로 옳지 않은 것은?
① 50[MHz] 정도의 고주파 측정에 사용할 수 있다.
② 직렬 공진회로의 공진주파수는 $\dfrac{1}{2\pi\sqrt{LC}}$ 이다.
③ 공진회로의 Q가 크지 않을 때에는 공진점을 찾기가 쉬워 정밀한 측정이 가능하다.
④ 저항, 인덕턴스, 커패시턴스 등을 직렬로 연결시킨 직렬 공진회로의 주파수 특성을 이용한 것이다.

34. 가청 주파수의 측정에 사용되는 것이 아닌 것은?
① 빈 브리지
② 공진 브리지
③ 캠벨 브리지
④ 동축 주파수계

35. 직동식 기록계기의 동작 원리 방식은?
① 영위법 ② 편위법
③ 치환법 ④ 반경법

36. 저항 2[kΩ]에서 소비되는 전력을 1[W] 이내로 하기 위해서 전류는 약 몇 [mA] 이내로 되어야 하는가?

① 20.4[mA] ② 22.4[mA]
③ 26.2[mA] ④ 30.5[mA]

37. 표준신호발생기(SSG)가 갖추어야 할 조건으로 옳지 않은 것은?
① 불필요한 출력을 내지 않을 것
② 출력 임피던스가 크고, 가변적일 것
③ 주파수가 정확하고, 파형이 양호할 것
④ 변조도가 자유롭게 조절될 수 있을 것

38. 표본화된 연속적인 샘플값을 디지털량으로 하기 위해서 소구간으로 분할하여 유한의 자리수를 가지는 수치를 할당하는 것은?
① 표본화 ② 구체화
③ 부호화 ④ 양자화

39. 오실로스코프로 측정할 수 없는 것은?
① 교류전압 ② 주파수
③ 위상차 ④ 코일의 Q

40. 다음 중 정전용량의 측정에 적합한 브리지는?
① 셰링브리지
② 휘트스톤브리지
③ 콜라우슈브리지
④ 켈빈더블브리지

41. 유전 가열의 특징으로 옳지 않은 것은?
① 가열이 골고루 된다.
② 전원을 끌 때 과열이 적다.
③ 표면 손상이 없다.
④ 온도 상승이 늦다.

42. 계기착륙방식이라고도 하며 로컬라이저, 글라이드 패스 및 팬 마커로 구성되는 것은?
① ILS ② NDB
③ VOR ④ DME

43. 그림과 같은 회로의 1차측에서 본 임피던스 Z_p를 구하는 식은?

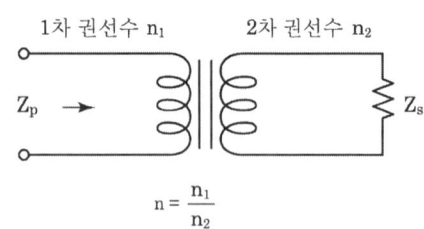

$$n = \frac{n_1}{n_2}$$

① $Z_p = nZ_s$
② $Z_p = n^2 Z_s$
③ $Z_p = \frac{Z_s}{n}$
④ $Z_p = \frac{Z_s}{n^2}$

44. 전자 현미경에서 배기장치(펌프)가 필요한 이유는?
① 시료를 압축하기 위해서
② 전자렌즈의 압력을 높이기 위해서
③ 현미경 내부를 진공으로 하기 위해서
④ 전자빔을 한 곳으로 집중시키기 위해서

45. 항공기나 선박이 전파를 이용하여 자기 위치를 탐지할 때 무지향성 비컨 방식이나 호밍 비컨 방식을 이용하는 항법은?
① 쌍곡선 항법
② $\rho - \theta$ 항법
③ 방사상 항법[1]
④ 방사상 항법[2]

46. 다음 중 초음파의 성질에 대한 설명으로 옳은 것은?
① 지향성은 진동수가 많을수록 작아진다.
② 기체나 액체 중에서는 종파로 전파된다.
③ 감쇠율은 고체, 액체, 기체 순으로 작아진다.
④ 특성 임피던스가 같은 물질의 경계면에서 반사 및 굴절을 한다.

47. 자기 녹음기의 교류 바이어스에 사용되는 주파수는?
① 약 60~100[Hz]
② 약 100~200[Hz]
③ 약 30~200[kHz]
④ 약 200~2000[kHz]

48. 다음 중 태양전지를 연속적으로 사용하기 위하여 필요한 장치는?
① 변조장치
② 정류장치
③ 검파장치
④ 축전장치

49. 변위신호가 가해지면 출력단자에는 변위에 비례한 크기를 가진 교류신호가 나오는 것은?
① 리졸버
② 저항식 서보기구
③ 차동변압기
④ 싱크로

50. 전자냉동은 무슨 효과를 이용한 것인가?
① 제벡 효과(Seebeck effect)
② 톰슨 효과(Thomson effect)
③ 펠티어 효과(Peltier effect)
④ 줄 효과(Joule effect)

51. 다음 중 VOR의 설명으로 옳지 않은 것은?
① AN 레인지 비컨보다 정밀도가 높다.
② VHF를 사용한 전방향식 AN 레인지 비컨이다.
③ 사용 주파수는 108~118[MHz]의 초단파를 사용한다.
④ 일종의 라디오 비컨으로 90°의 방향에서는 항공기와 수신하고 다른 90° 방향에서는 비행 코스를 알려준다.

52. 다음 중 초음파를 이용한 것이 아닌 것은?
① 기포를 발생시킨다.
② 급속 냉동에 이용한다.
③ 물건의 세척에 이용한다.
④ 용접한 곳의 균열을 검사한다.

53. 무선 수신기의 공중선 회로를 밀결합했을 때, 생길 수 있는 현상은?
① 발진을 일으킨다.
② 동조점이 2개 나온다.
③ 내부잡음이 많아진다.
④ 영상혼신이 없어진다.

54. 디지털 오디오 테이프란 디지털 오디오 신호를 저장하기 위한 테이프 형식이다. 3가지 샘플링 주파수[kHz]가 아닌 것은?
① 32[kHz] ② 44.1[kHz]
③ 48[kHz] ④ 55[kHz]

55. 변위-임피던스 변환기에 해당하지 않는 것은?
① 스프링
② 슬라이드 저항
③ 용량형 변환기
④ 유도형 변환기

56. 초음파 측심기로 수심을 측정하고자 초음파를 발사하였다. 이때 물의 깊이(h)를 계산하는 식은 어떻게 되는가? (단, 물속에서의 초음파 속도는 v[m/s], 초음파가 발사된 후 다시 돌아올 때까지의 시간은 t[sec]이다.)
① $h = \dfrac{vt}{2}[m]$ ② $h = vt[m]$
③ $h = 2vt[m]$ ④ $h = \dfrac{2}{vt}[m]$

57. 다음 중 DVD(Digital versatile Disc)의 설명으로 옳지 않은 것은?
① 콤팩트 디스크와 같은 지름의 디스크에 고화질의 정보를 저장할 수 있다.
② 광 저장 매체이며 1매의 기록 용량은 일반 CD의 6~8배 정도이다.
③ 광원으로는 적외선 반도체 레이저(파장 780[nm] 정도)를 사용하였다.
④ 영상 데이터는 국제표준방식인 MPEG 2로 압축한다.

58. 컬러 TV 수상기에서 특정 채널만이 흑백으로 나올 때의 고장은?
① 위상검파회로 불량
② 컬러킬러의 동작상태 불량
③ 국부발진기 세밀조정 불량
④ 3.58[MHz] 발진 주파수의 발진 정지

59. 비스무트(Bi)와 안티몬(Sb)을 접합하여 전류를 흘리면 접촉점에서 흡열 또는 발열 현상이 일어난다. 다음 중 이와 관계있는 것은?
① 줄 효과(Joule effect)
② 핀치 효과(Pinch effect)
③ 톰슨 효과(Thomson effect)
④ 펠티어 효과(Peltier effect)

60. VTR에 사용되는 자기테이프에 기록되는 신호의 파장을 λ[cm], 자기테이프 주행속도를 V[cm/sec], 신호의 주파수를 f[Hz]라 할 때 이들의 관계식으로 옳은 것은?
① $\lambda = \dfrac{f}{\sqrt{V}}[cm]$ ② $\lambda = \dfrac{V^2}{f}[cm]$
③ $\lambda = \dfrac{f}{V}[cm]$ ④ $\lambda = \dfrac{V}{f}[cm]$

전자기기 기능사 (2014년 10월 11일 시행)

1. PN 접합 다이오드의 기본 작용은?
   ① 증폭작용 ② 발진작용
   ③ 발광작용 ④ 정류작용

2. 이미터 접지 증폭회로에서 바이어스 안정지수 S는 얼마인가? (단, 고정 바이어스임)
   ① β ② $1+\beta$
   ③ $1-\beta$ ④ $1-\alpha$

3. 그림은 연산회로의 일종이다. 출력을 바르게 표시한 것은?

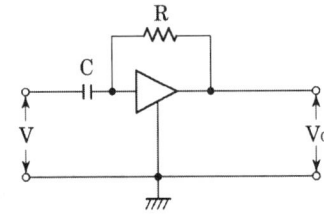

① $V_0 = \dfrac{1}{CR}\int_0^t vdt$

② $V_0 = -\dfrac{1}{CR}\int_0^t vdt$

③ $V_0 = -RC\dfrac{dv}{dt}$

④ $V_0 = RC\dfrac{dv}{dt}$

4. 다음과 같은 연산증폭기의 출력 e_0는?

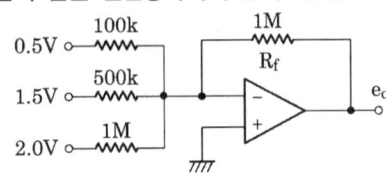

① $-6[V]$ ② $-10[V]$
③ $-15[V]$ ④ $-20[V]$

5. 4[Ω]의 저항과 8[mH]의 인덕턴스가 직렬로 접속된 회로에 60[Hz], 100[V]의 교류전압을 가하면 전류는 약 몇 [A]인가?
   ① 20[A] ② 25[A]
   ③ 30[A] ④ 35[A]

6. 정류회로의 직류전압이 300[V]이고, 리플 전압이 3[V]이었다. 이 회로의 리플률은 몇 [%]인가?
   ① 1[%] ② 2[%]
   ③ 3[%] ④ 5[%]

7. A급 저주파 증폭기의 최대 효율은 몇 [%]인가?
   ① 25[%] ② 50[%]
   ③ 78.5[%] ④ 100[%]

8. T 플립플롭의 설명으로 옳지 않은 것은?
   ① 클록 펄스가 가해질 때마다 출력상태가 반전한다.
   ② 출력파형의 주파수는 입력주파수의 1/2이 되기 때문에 2분주회로 및 계수회로에 사용된다.
   ③ JK 플립플롭의 두 입력을 묶어서 하나의 입력으로 만든 것이다.
   ④ 어떤 데이터의 일시적인 보존이나 디지털신호의 지연작용 등의 목적으로 사용되는 회로이다.

9. 변조도 "m>1"일 때 과변조(over modulation) 전파를 수신하면 어떤 현상이 생기는가?
   ① 검파기가 과부하된다.
   ② 음성파 전력이 커진다.

③ 음성파 전력이 작아진다.
④ 음성파가 많이 일그러진다.

10. 다음 중 억셉터(accepter)에 속하지 않는 것은?
① 붕소(B) ② 인듐(In)
③ 게르마늄(Ge) ④ 알루미늄(Al)

11. 이상적인 연산증폭기에 대한 설명으로 옳지 않은 것은?
① 대역폭은 일정하다.
② 출력저항은 0이다.
③ 전압이득은 무한대이다.
④ 입력저항은 무한대이다.

12. 트랜지스터가 정상 동작(전류 증폭)을 하는 영역은?
① 포화 영역(saturation region)
② 항복 영역(breakdown region)
③ 활성 영역(active region)
④ 차단 영역(cutoff region)

13. J-K Flip-Flop에서 입력이 J=1, K=1일 때 Clock pulse가 계속 들어오면 출력의 상태는?
① Toggle ② Set
③ Reset ④ 동작불능

14. 직렬형 정전압회로의 특징에 대한 설명으로 틀린 것은?
① 경부하 시 효율이 병렬에 비하여 훨씬 크다.
② 과부하 시 전류가 제한된다.
③ 출력전압의 안정 범위가 비교적 넓게 설계된다.
④ 증폭단을 증가시킴으로써 출력저항 및 전압 안정계수를 매우 작게 할 수 있다.

15. 다음과 같은 연산증폭기의 기능으로 가장 적합한 것은? (단, $R_i = R_f$이고 연산증폭기는 이상적이다.)

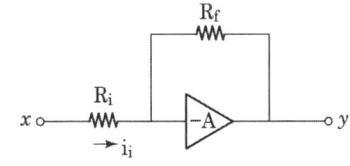

① 적분기 ② 미분기
③ 배수기 ④ 부호변환기

16. 자체 인덕턴스 0.2[H]의 코일에 흐르는 전류를 0.5초 동안에 10[A]의 비율로 변화시키면 코일에 유도되는 기전력은?
① 2[V] ② 3[V]
③ 4[V] ④ 5[V]

17. 16진수 D27을 2진수로 변환하면?
① 110101110010 ② 110100100111
③ 011111010010 ④ 011100101101

18. 다음 ( ) 안에 들어갈 용어로 알맞은 것은?

마이크로프로세서에서 버스 요구 사이클(bus request cycle)은 주변장치가 CPU로부터 버스 사용을 허락받아 CPU의 간섭 없이 독자적으로 메모리와 데이터를 주고받는 방식인 ( ) 동작에 필요하다.

① interrupt ② polling
③ DMA ④ MAR

19. 마이크로프로세서의 내부 구성 요소 중 산술연산과 논리연산 동작을 수행하는 것은?
① PC ② MAR
③ IR ④ ALU

20. 정적인 기억소자 SRAM은 무슨 회로로 구성되어 있는가?
① COUNTER ② MOSFET
③ ENCODER ④ FLIPFLOP

21. 컴퓨터 시스템에서 자료를 처리하는 최소 단위는?
① 바이트(byte) ② 비트(bit)
③ 워드(word) ④ 니블(Nibble)

22. 인간 중심 언어인 고급 언어가 아닌 것은?
① BASIC ② COBOL
③ FORTRAN ④ ASSEMPLY

23. 다음 중 "0"에서부터 "9"까지의 10진수를 4비트의 2진수로 표현하는 코드는?
① 아스키 코드 ② 3-초과 코드
③ 그레이 코드 ④ BCD 코드

24. 다음 그림은 순서도의 기호를 나타낸 것이다. 무엇을 나타내는 기호인가?

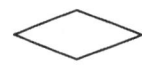

① 처리 ② 판단
③ 터미널 ④ 준비

25. 다음 회로의 출력 결과로 맞는 것은? (단, A, B는 입력, Y는 출력이다.)

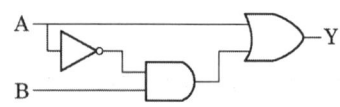

① $Y = \overline{A} + \overline{B}$
② $Y = A + (\overline{A} + B)$
③ $Y = \overline{A + B}$
④ $Y = A + B$

26. 다음 중 컴퓨터를 구성하는 기본 소자의 발전과정을 순서대로 옳게 나열한 것은?
① Tube → TR → IC
② Tube → IC → TR
③ TR → IC → Tube
④ IC → TR → Tube

27. 프로그램에서 자주 반복하여 사용되는 부분을 별도로 작성한 후 그 루틴이 필요할 때마다 호출하여 사용하는 것으로, 개방된 서브루틴이라고도 하는 것은?
① 매크로 ② 레지스터
③ 어셈블러 ④ 인터럽트

28. 컴퓨터에서 보수(complement)를 사용하는 가장 큰 이유는?
① 가산과 승산을 간단히 하기 위해
② 감산을 가산의 방법으로 처리하기 위해
③ 가산의 결과를 정확히 하기 위해
④ 감산의 결과를 정확히 하기 위해

29. 그림에서 a=15[mm], b=13[mm]라 하면 수직 수평 두 전압의 위상차는?

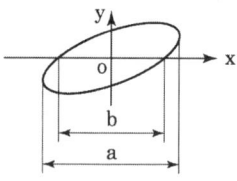

① 약 30° ② 약 45°
③ 약 60° ④ 약 75°

30. 시간에 따라서 직선적으로 증가하는 전압은?
① 비교 전압
② 계수 전압
③ 직류 전압
④ 램프 전압

31. 다음 중 가장 높은 주파수를 측정할 수 있는 계기는?
① 동축형 주파수계
② 흡수형 주파수계
③ 헤테로다인 주파수계
④ 전력계형 주파수계

32. 다음 중 흡수형 주파수계의 구성으로 필요하지 않은 것은?
① 발진기   ② 검파기
③ 직류전류계   ④ 공진회로

33. 정전용량이나 유전체 손실각의 측정에서 사용되는 브리지는?
① 맥스웰 브리지   ② 셰링 브리지
③ 헤이 브리지   ④ 하트숀 브리지

34. 중저항 측정방법이 아닌 것은?
① 편위법
② 직편법
③ 미끄럼줄 브리지
④ 휘트스톤 브리지법

35. 다음 중 펄스형 주파수와 전압을 측정하는 데 가장 적합한 것은?
① VTVM
② 헤테로다인 주파수계
③ 회로시험기
④ 오실로스코프

36. 자동 평형 기록기는 어느 측정법에 속하는가?
① 영위법   ② 변위법
③ 직접측정법   ④ 간접측정법

37. 내부저항 4[kΩ], 최대눈금 50[V]의 전압계로 300[V]의 전압을 측정하기 위한 배율기 저항은 몇 [Ω]인가?
① 670[Ω]   ② 800[Ω]
③ 20000[Ω]   ④ 24000[Ω]

38. 표준신호발생기의 필요 조건으로 옳지 않은 것은?
① 주파수가 정확하고 가변범위가 넓을 것
② 변조도가 자유롭게 조절될 수 있을 것
③ 출력 임피던스가 크고 가변적일 것
④ 불필요한 출력을 내지 않을 것

39. 다음 중 캠벨 브리지(Campbell bridge)는 주로 무엇을 측정하는가?
① 고저항   ② 컨덕턴스
③ 정전용량   ④ 상호 인덕턴스

40. 그림과 같이 전압계 및 전류계를 연결하였다. 부하 전력은 얼마인가? (단, 전압계, 전류계의 지시는 각각 100[V], 4[A]이고 전류계의 내부저항은 0.5[Ω]이다.)

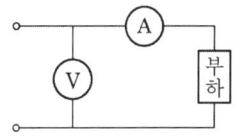

① 400[W]   ② 398[W]
③ 392[W]   ④ 384[W]

41. 초음파 진동자에서 자기 왜형 진동자에 적합한 진동자는?
① 니켈   ② 연강
③ 수정   ④ 압전결정체

42. 공정제어에서 제어량의 종류에 속하지 않는 것은?
① 온도   ② 장력
③ 유량   ④ 압력

43. 다음 중 마이크로폰의 종류가 아닌 것은?
① 가동코일형 마이크로폰
② 트랜지스터 마이크로폰
③ 일렉트리트형 마이크로폰
④ 콘덴서 마이크로폰

44. 제어요소의 동작 중 연속동작이 아닌 것은?
① D 동작
② P+D 동작
③ P+I 동작
④ ON-OFF 동작

45. 태양전지에 축전장치가 필요한 이유로 옳은 것은?
① 빛의 반사를 위해서
② 빛의 굴절을 위해서
③ 연속적인 사용을 위해서
④ 광전자를 방출하기 위해서

46. 유전가열의 공업상의 응용에 있어서 옳지 않은 것은?
① 고무의 가황
② 섬유류의 염색
③ 목재의 건조
④ 섬유류의 건조

47. 다음 중 전장발광장치의 설명으로 옳지 않은 것은?
① 형광체의 미소한 결정을 유전체와 혼합하여 여기에 높은 직류전압을 가하면 지속적으로 발광한다.
② 전극으로부터 전자나 정공이 직접 결정에 유입되지 않는다.
③ 반도체의 성질을 가지고 있는 물질(형광체를 포함)에 전장을 가하면 발광현상이 생긴다.
④ 발광은 결정 내부의 인가전압에 따라 높은 전장이 유기되어서 생기므로 고유형 EL이라 한다.

48. 공기 중에 떠 있는 먼지나 가루를 제거하는 장치는 초음파의 어느 작용을 응용한 것인가?
① 응집작용
② 캐비테이션
③ 확산작용
④ 에멀션화작용

49. 컬러 TV(수상기)회로에서 색 동기회로의 링잉(Ringing)에 관한 설명으로 옳은 것은?
① 주파수 선택도가 높은 수정 필터에 간헐파의 버스트 신호를 직접 가하여 연속파의 3.58[MHz]를 재생하는 회로 방식이다.
② 제1대역 증폭회로에 의해 증폭된 반송색신호에 포함된 컬러 버스트 신호를 분리하여 증폭하는 회로이다.
③ 3.58[MHz]의 자려 발진회로에 수정 필터를 통한 정확한 3.58[MHz]의 신호를 가하여 자려 발진기의 발진 주파수를 강제적으로 컬러 버스트에 동기를 취하게 하는 방식이다.
④ 컬러 버스트와 수상기측의 3.58[MHz]의 발진기의 위상차를 검출하여 3.58[MHz] 발진기의 위상을 제어하여 부반송파를 얻을 수 있도록 한 회로이다.

50. FM 통신 방식의 특징으로 옳은 것은?
① SN 비가 나쁘다.
② 혼신 방해를 적게 할 수 있다.
③ 수신기의 출력 준위 변동이 많다.
④ 송신 시의 효율을 높일 수 있고, 일그러짐이 많다.

51. 색의 3요소에 해당하지 않는 것은?
① 색상
② 채도
③ 투명도
④ 명도

52. 790[kHz]의 중파방송을 수신하려 할 때 슈퍼헤테로다인 수신기의 국부 발진 주파수는 얼마로 조정해야 하는가? (단, 중간 주파수는 450[kHz]이다.)
① 340[kHz] ② 450[kHz]
③ 790[kHz] ④ 1240[kHz]

53. 다음 중 캐비테이션(공동작용)을 이용한 것은?
① 소나 ② 초음파 세척
③ 초음파 납땜 ④ 고주파 가열

54. 전축 바늘이 레코드판 음구의 벽을 밀기 때문에 생기는 잡음을 제거하기 위하여 사용하는 필터(filter)는?
① 수정 필터 ② 스크래치 필터
③ RC 필터 ④ CL 필터

55. 다음 중 소나(sonar)와 관계없는 것은?
① 수중 레이더
② 어군 탐지기
③ 물의 깊이와 수위
④ 물속에 녹아 있는 염분의 농도측정

56. 다음 각 항법장치의 설명 중 옳은 것은?
① TACAN : 전파의 도래 방향을 자동적으로 측정한다.
② ADF : 두 국 A, B의 전파의 도래 시간차를 측정한다.
③ VOR : 사용주파수는 108[MHz]~118[MHz]의 초단파를 사용한다.
④ 로란(Loran) : 지상국으로부터 방위와 거리를 측정하는 시스템이다.

57. 등화증폭기의 역할로서 거리가 먼 것은?
① 고역에 대한 이득을 낮추어 원음 재생이 실현되도록 한다.
② 고음역의 잡음을 감쇠시킨다.
③ 라디오의 음질을 좋게 한다.
④ 미약한 신호를 증폭한다.

58. 다음 제어계 블록선도에서 전달함수 C/R는?

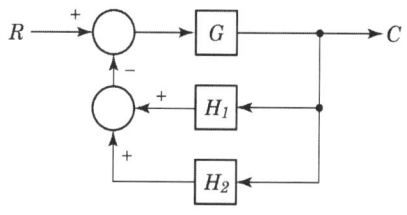

① $\dfrac{C}{R} = \dfrac{G}{1 + H_1 + H_2 G}$

② $\dfrac{C}{R} = \dfrac{G}{1 - G(H_1 + H_2)}$

③ $\dfrac{C}{R} = \dfrac{GH_1 H_2}{1 + G(H_1 + H_2)}$

④ $\dfrac{C}{R} = \dfrac{G}{1 + G(H_1 + H_2)}$

59. 수신안테나의 특성으로 사용하지 않는 것은?
① 종횡비 ② 대역폭
③ 지향성 ④ 이득

60. 수신기의 성능에서 종합 특성이 아닌 것은?
① 감도 ② 충실도
③ 선택도 ④ 증폭도

Memo

전자기기기능사 3주 완성

2015년도 과년도 출제문제

Craftsman Electronic Apparatus

전자기기 기능사 (2015년 1월 25일 시행)

1. 다이오드-트랜지스터 논리회로(DTL)의 특징이 아닌 것은?
   ① 소비전력이 적다.
   ② 잡음여유도가 크다.
   ③ 응답속도가 비교적 빠르다.
   ④ 저속도 및 중속도에서 동작이 안정하다.

2. 전동기에서 전기자에 흐르는 전류와 자속, 회전 방향의 힘을 나타내는 법칙은?
   ① 렌츠의 법칙
   ② 플레밍의 왼손법칙
   ③ 플레밍의 오른손법칙
   ④ 앙페르의 오른손법칙

3. 이미터 접지회로에서 I_B=10[μA], I_C=1[mA]일 때 전류증폭률 β는 얼마인가?
   ① 10   ② 50
   ③ 100   ④ 120

4. 5[μF]의 콘덴서에 1[kV]의 전압을 가할 때 축적되는 에너지[J]는?
   ① 1.5[J]   ② 2.5[J]
   ③ 5.5[J]   ④ 10[J]

5. 펄스증폭회로의 설명으로 틀린 것은?
   ① 저역특성이 양호하면 새그가 감소한다.
   ② 결합콘덴서를 크게 하면 새그가 감소한다.
   ③ 고역특성이 양호하면 입상의 기울기가 개선된다.
   ④ 고역보상이 지나치면 언더슈트가 발생한다.

6. 이상적인 연산증폭기의 주파수 대역폭으로 가장 적합한 것은?
   ① 0~100[kHz]
   ② 100~1000[kHz]
   ③ 1000~2000[kHz]
   ④ 무한대(∞)

7. 9[μF]의 같은 콘덴서 3개를 병렬로 접속하면 콘덴서의 합성용량은?
   ① 3[μF]   ② 9[μF]
   ③ 27[μF] ④ 81[μF]

8. TR을 A급 증폭기(활성영역)로 사용할 때 바이어스 상태를 옳게 표현한 것은?
   ① B-E : 순방향 Bias, B-C : 순방향 Bias
   ② B-E : 역방향 Bias, B-C : 역방향 Bias
   ③ B-E : 순방향 Bias, B-C : 역방향 Bias
   ④ B-E : 역방향 Bias, B-C : 순방향 Bias

9. 자체 인덕턴스가 10[H]인 코일에 1[A]의 전류가 흐를 때 저장되는 에너지는?
   ① 1[J]   ② 5[J]
   ③ 10[J]   ④ 20[J]

10. 연산증폭기의 설명으로 틀린 것은?
    ① 직렬 차동증폭기를 사용하여 구성한다.
    ② 연산의 정확도를 높이기 위해 낮은 증폭도가 필요하다.
    ③ 차동증폭기에서 TR 특성의 불일치로 출력에 드리프트가 생긴다.
    ④ 직류에서 특정 주파수 사이의 되먹임 증

폭기를 구성, 일정한 연산을 할 수 있도록 한 직류증폭기이다.

11. 진공관에서 음극 표면의 상태가 고르지 못해 전자의 방사가 시간적으로 일정하지 않아 발생하는 잡음으로 가청 주파수대에서만 일어나는 잡음은?
① 열 잡음
② 산탄 잡음
③ 플리커 잡음
④ 트랜지스터 잡음

12. N형 반도체를 만드는 불순물은?
① 붕소(B) ② 인듐(In)
③ 갈륨(Ga) ④ 비소(As)

13. 주파수 변조 방식에 대한 설명으로 가장 적합한 것은?
① 반송파의 주파수를 신호파의 크기에 따라 변화시킨다.
② 신호파의 주파수를 반송파의 크기에 따라 변화시킨다.
③ 반송파와 신호파의 위상을 동시에 변화시킨다.
④ 신호파의 크기에 따라 반송파의 크기를 변화시킨다.

14. 다음 회로에서 공진을 하기 위해 필요한 조건은?

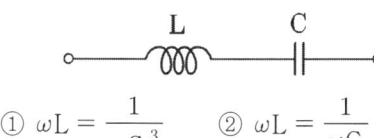

① $\omega L = \dfrac{1}{\omega C^3}$ ② $\omega L = \dfrac{1}{\omega C}$
③ $\omega L = \omega C$ ④ $\dfrac{1}{\omega L} = \omega C^2$

15. 평활회로의 출력 전압을 일정하게 유지시키는데 필요한 회로는?
① 안정화(정전압)회로
② 브리지 정류회로
③ 전파 정류회로
④ 정류회로

16. 다음 연산증폭기 회로에서 Z=50[kΩ], Z_f=500[kΩ]일 때 전압증폭도(A_v)는?

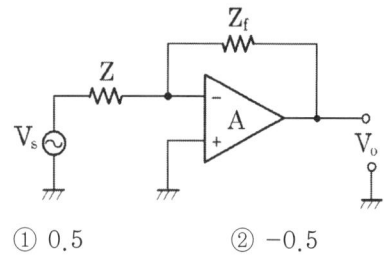

① 0.5 ② −0.5
③ 10 ④ −10

17. 읽기 전용 메모리로서 전원이 끊어져도 기억된 내용이 소멸되지 않는 비휘발성 메모리는?
① ROM ② I/O
③ control Unit ④ register

18. 마이크로프로세서(Microprocessor)를 이용하여 컴퓨터를 설계할 때의 장점이 아닌 것은?
① 소비전력의 증가
② 제품의 소형화
③ 시스템 신뢰성 향상
④ 부품의 수량 감소

19. 데이터를 중앙처리장치에서 기억장치로 저장하는 마이크로명령어는?
① $\overline{LOAD}$ ② $\overline{STORE}$
③ $\overline{FETCH}$ ④ $\overline{TRANSFER}$

20. 서브루틴의 복귀 주소(Return Address)가 저장되는 곳은?
① Stack
② Program Counter
③ Data Bus
④ I/O Bus

21. 다음 C 프로그램의 실행 결과는?

```
void main( )
{
  int a, b, tot;
  a = 200;
  b = 400;
  tot = a+b;
  printf("두 수의 합 = %d\n", tot);
}
```

① tot
② 600
③ 두 수의 합=600
④ 두 수의 합=tot

22. 마이크로프로세서에서 누산기(accumulator)의 용도는?
① 연산 결과를 일시적으로 삭제
② 오퍼레이션 코드를 인출
③ 오퍼레이션의 주소를 저장
④ 연산 결과를 일시적으로 저장

23. 플립플롭으로 구성되는 레지스터는 어떤 기능을 수행하는가?
① 기억 ② 연산
③ 입력 ④ 출력

24. 자료의 단위가 작은 크기에서 큰 크기순으로 나열된 것은?
① 니블<비트<바이트<워드<풀워드
② 비트<니블<바이트<하프워드<풀워드
③ 비트<바이트<하프워드<풀워드<니블
④ 풀워드<더블워드<바이트<니블<비트

25. 명령어의 오퍼랜드 부분과 프로그램 카운터의 내용이 더해져 실제 데이터의 위치를 찾는 주소 지정방식을 무엇이라 하는가?
① 직접 주소지정방식
② 간접 주소지정방식
③ 상대 주소지정방식
④ 레지스터 주소지정방식

26. 컴퓨터의 주변장치에 해당되는 것은?
① 연산장치   ② 제어장치
③ 주기억장치   ④ 보조기억장치

27. 코드 내에 패리티 비트(parity bit)가 있어 전송 시에 오류 검사가 가능한 코드는?
① ASCII 코드   ② gray 코드
③ EBCDIC 코드   ④ BCD 코드

28. 2진수 $(11001)_2$에서 1의 보수는?
① 00110   ② 00111
③ 10110   ④ 11110

29. 측정자의 부주의에 의하여 발생하는 것으로서 측정기의 눈금을 잘못 읽거나, 부정확한 조정, 부적당한 적용 및 계산의 실수 등에 의하여 발생하는 오차는?
① 개인오차   ② 계통오차
③ 우연오차   ④ 측정오차

30. 볼로미터(bolometer) 전력계의 저항 소자는?
① 서미스터   ② 바리스터
③ 트랜지스터 ④ 터널 다이오드

31. 표준 저항기의 실효 저항을 R, 실효 인덕턴스를 L이라 했을 때 시상수를 나타내면?

① $\dfrac{L}{R}$ ② $\dfrac{L^2}{R}$ ③ $\dfrac{R}{L}$ ④ $\dfrac{R^2}{L}$

32. 전력증폭기에서 저항을 측정하는 이유로 옳은 것은?
① 전류 이득을 계산하기 위해서
② 전압 이득을 계산하기 위해서
③ 부하 저항과의 정합을 이루기 위하여
④ 주파수 응답 특성을 알기 위하여

33. 오실로스코프로 다음과 같은 도형이 얻어졌다. 이 회로의 위상은?

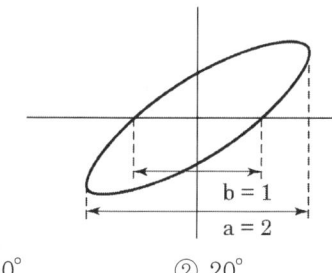

① 10° ② 20°
③ 30° ④ 40°

34. 지시계기의 3대 요소에 해당되지 않는 것은?
① 구동 장치   ② 지시 장치
③ 제동 장치   ④ 제어 장치

35. 디지털 측정에 널리 이용되는 샘플 홀드회로 (sample-hold circuit)에 대한 설명 중 틀린 것은?
① A/D 변환기와 함께 사용된다.
② 스위치와 콘덴서로 간단히 실현할 수 있다.
③ 홀드 모드 동안에는 하나의 연산증폭기 이다.
④ 샘플 모드 동안에는 콘덴서에 전하를 방전한다.

36. 편위법을 이용한 기록계기는?
① 타점식 기록계기
② 펜식 기록계기
③ 브리지형 기록계기
④ 자동평형식 기록계기

37. 일반적으로 지시계기의 구비 조건 중 옳은 것은?
① 절연내력이 낮아야 한다.
② 눈금이 균등하든가 대수 눈금이어야 한다.
③ 확도가 낮고, 외부의 영향을 받지 않아야 한다.
④ 지시가 측정값의 변화에 불확정 응답이어야 한다.

38. 주파수 특성 측정에 사용되는 발진기로 소요 주파수 대역 내에서 발진 주파수가 자동적으로 걸려 연속적으로 변화하는 발진기는?
① 비트 발진기
② LC 발진기
③ 음차 발진기
④ 소인 발진기

39. [보기]의 계기와 관련 있는 측정계기는?

[보기]
공진 브리지, 캠벨 브리지, 빈 브리지

① 고주파수 측정계기
② 반송 주파수 측정계기
③ 상용 주파수 측정계기
④ 가청 주파수 측정계기

40. 기본파의 전압이 40[V]이고, 고조파의 전압이 80[V]라 하면 이때의 일그러짐률은 약 몇 [dB]인가?
① -3[dB]   ② -6[dB]
③ 3[dB]   ④ 6[dB]

41. 서보 기구에 사용되지 않는 것은?
① 싱크로   ② 차동변압기
③ 리졸버   ④ 단상전동기

42. 수신기에서 주파수 다이버시티(frequency diversity)의 주된 사용 목적은?
① 페이딩(fading) 방지
② 주파수 편이 방지
③ S/N 저하 방지
④ 이득 저하 방지

43. 비디오 신호를 기록, 재생하는 장치로 해상도나 화상의 아름답기를 결정하는 성능에서 매우 중요한 부분은?
① 비디오 헤드   ② 헤드 드럼
③ 비디오 테이프   ④ 로딩 기구

44. VTR의 컬러 프로세스(color process)의 VHS 방식에서 사용하고 있는 색 신호 처리방식은?
① DOS 방식
② HPF_2 방식
③ PS(phase shift) 방식
④ PI(phase invert) 방식

45. 다음 의용전자장치 중 치료에 이용되는 것은?
① 오디오미터
② 심전계
③ 망막 전도 측정기
④ 심장용 페이스메이커

46. 태양전지의 용도가 아닌 것은?
① 조도계나 노출계
② 인공위성의 전원
③ 광전자 방출 효과
④ 초단파 무인 중계국

47. 선박에 이용되며 방향 탐지기가 없이 보통 라디오 수신기를 이용하여 방위를 측정할 수 있는 것은?
① 회전 비컨
② 무지향성 비컨
③ AN 레인지 비컨
④ 초고주파 전방향성 비컨

48. 공항에 수색레이더(SRE)와 정측레이더(PAR)의 두 레이더가 설치된 항법보조장치는?
① ILS장치
② 고도측정장치
③ 거리측정장치
④ 지상제어진입장치(GCA)

49. 스피커의 감도 측정에 있어서 표준 마이크로폰이 받는 음압이 4[μbar]이면 스피커의 전력 감도는? (단, 스피커의 입력에는 1[W]를 가한 것으로 한다.)
① 약 9[dB]   ② 약 12[dB]
③ 약 16[dB]   ④ 약 20[dB]

50. 녹음기에서 테이프를 일정한 속도로 움직이게 하는 것은?
① 핀치 롤러와 캡스턴
② 핀치 롤러와 텐션 암
③ 캡스턴과 테이프 가이드
④ 테이프 가이드와 테이프 패드

51. FM 변조에서 변조지수가 6이고, 신호주파수가 3[kHz]일 때, 최대 주파수 편이는?
① 6[kHz] ② 9[kHz]
③ 18[kHz] ④ 36[kHz]

52. 다음 회로의 전달함수는?

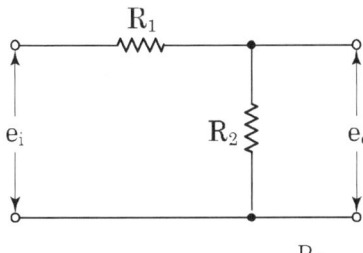

① $R_1 + R_2$ ② $\dfrac{R_2}{R_1 + R_2}$
③ $\dfrac{R_1 + R_2}{R_2}$ ④ $\dfrac{R_1 R_2}{R_1 + R_2}$

53. 광학 현미경과 전자 현미경의 차이점에 대한 설명으로 가장 옳은 것은?
① 광학 현미경에서는 시료 위의 정보를 전하는 매개체로 빛과 전자를 동시에 사용한다.
② 광학 현미경은 매개체로 빛과 광학렌즈를, 전자 현미경은 매개체로 전자 빔과 전자렌즈를 사용한다.
③ 전자 현미경은 전자선을 오목렌즈에 이용하고, 광학 현미경은 볼록렌즈를 사용한다.
④ 전자 현미경은 볼록렌즈에 전자선을 사용하고, 광학 현미경은 오목렌즈에 전자선을 이용한다.

54. 60[Hz] 4극 3상 유도전동기의 동기속도는?
① 1200[rpm] ② 1800[rpm]
③ 2400[rpm] ④ 3600[rpm]

55. 무선기기의 음성신호 표본화 주파수를 8[kHz]를 사용할 경우 채널이 두 개일 때 펄스 간격 T는 얼마인가?
① 62.5[μsec] ② 125[μsec]
③ 250[μsec] ④ 500[μsec]

56. 수평해상도 340, 수직해상도 350인 경우 해상비(resolution ratio)는?
① 0.49 ② 0.76
③ 0.83 ④ 0.97

57. 소나의 원리 응용과 거리가 먼 것은?
① 측심기 ② 어군탐지기
③ 액면계 ④ 수중레이더

58. 슈퍼헤테로다인 수신기에서 중간 주파 증폭을 하는 이유 중 옳지 않은 것은?
① 안정한 증폭으로 이득을 높이기 위해
② 전압 변동을 적게 하기 위해
③ 충실도를 높이기 위해
④ 선택도를 높이기 위해

59. 다음 중 유전가열이 이용되지 않는 것은?
① 목재의 건조
② 고주파 치료기
③ 고주파 납땜
④ 비닐제품 접착

60. 다음 중 전자기기에 사용되는 평판 디스플레이의 동작 방식이 발광형인 것은?
① ECD(전자변색 디스플레이)
② LCD(액정 디스플레이)
③ TBD(착색입자 회전형 디스플레이)
④ FED(전계방출 디스플레이)

전자기기 기능사 (2015년 4월 4일 시행)

1. 다음 중 증폭회로를 구성하는 수동소자에서 자유전자의 온도에 의하여 발생하는 잡음은?
   ① 산탄 잡음
   ② 열잡음
   ③ 플리커 잡음
   ④ 트랜지스터 잡음

2. 전원주파수가 60[Hz]일 때 3상 전파정류회로의 리플 주파수는?
   ① 90[Hz] ② 120[Hz]
   ③ 180[Hz] ④ 360[Hz]

3. 회로에서 입력단자와 출력단자가 도통되는 상태는?

   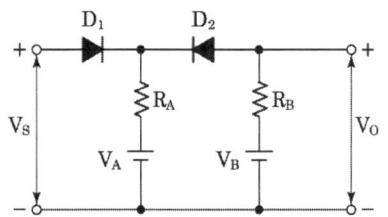

   ① $V_S > V_A$, $V_S < V_B$
   ② $V_S > V_A$, $V_S > V_B$
   ③ $V_S < V_A$, $V_S > V_B$
   ④ $V_S < V_A$, $V_S < V_B$

4. JK 플립플롭의 J입력과 K입력을 묶어서 1개의 입력 형태로 변경한 것은?
   ① RS 플립플롭
   ② D 플립플롭
   ③ T 플립플롭
   ④ 시프트 레지스터

5. 트랜지스터가 스위치로 ON/OFF 기능을 하고 있다면 어떤 영역을 번갈아 가면서 동작하는가?
   ① 포화 영역과 차단 영역
   ② 활성 영역과 포화 영역
   ③ 포화 영역과 항복 영역
   ④ 활성 영역과 차단 영역

6. 수정발진기의 특징 중 가장 큰 장점은?
   ① 발진이 용이하다.
   ② 주파수 안정도가 높다.
   ③ 발진세력이 강하다.
   ④ 소형이며 잡음이 적다.

7. 3단자 레귤레이터의 특징이 아닌 것은?
   ① 입력전압이 출력전압보다 높다.
   ② 방열이 필요 없다.
   ③ 회로의 구성이 간단하다.
   ④ 전력 손실이 높다.

8. 다음 중 펄스의 시간적 관계의 기본 조작이 아닌 것은?
   ① 정형 ② 선택
   ③ 비교 ④ 변이

9. UJT를 이용한 기본 발진회로일 때 발진주기 τ는? (단, η는 스탠드 오프비이다.)

   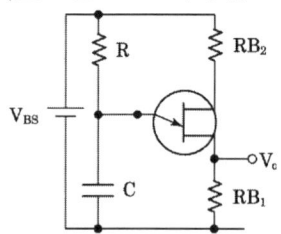

① $\tau = RC$

② $\tau = 0.69RC$

③ $\tau = 2.3RC \cdot \log(\frac{1}{1-\eta})$

④ $\tau = RC \cdot \log(\frac{\eta}{1-\eta})$

10. 그림과 같은 2단 궤환 증폭회로에서 궤환전압 V_f는?

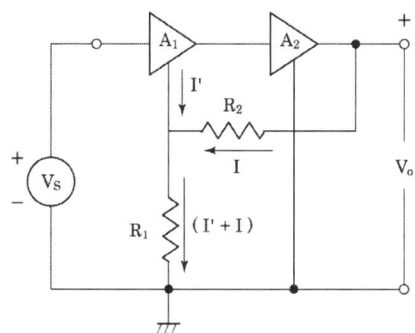

① $V_f = \dfrac{R_2}{R_1 + R_2} V_o$

② $V_f = \dfrac{R_1 \cdot R_2}{R_1 + R_2} V_o$

③ $V_f = \dfrac{R_1}{R_2} V_o$

④ $V_f = \dfrac{R_1}{R_1 + R_2} V_o$

11. 그림과 같은 4개의 콘덴서회로의 합성 정전용량은 얼마인가? (단, 각 콘덴서의 값은 4[μF]이다.)

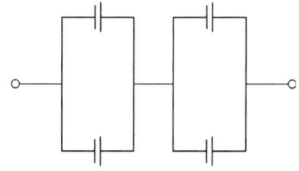

① 4[μF] ② 8[μF]
③ 12[μF] ④ 16[μF]

12. 어떤 정류회로의 무부하 시 직류 출력전압이 12[V]이고, 전부하 시 직류 출력전압이 10[V]일 때 전압변동률은?

① 5[%]   ② 10[%]
③ 20[%] ④ 40[%]

13. 입력 전압이 500[mV]일 때 5[V]가 출력되었다면 전압 증폭도는?

① 9배   ② 10배
③ 90배 ④ 100배

14. 그림과 같은 발진기에서 A점과 B점의 파형을 옳게 나타낸 것은?

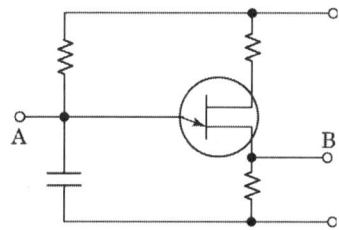

① A : 펄스,   B : 펄스
② A : 톱니파, B : 펄스
③ A : 톱니파, B : 톱니파
④ A : 펄스,   B : 톱니파

15. 저항 20[Ω]인 도체에 100[V]의 전압을 가할 때, 그 도체에 흐르는 전류는 몇 [A]인가?

① 0.2 ② 0.5
③ 2   ④ 5

16. 반도체의 다수캐리어로 옳게 짝지어진 것은?

① P형의 정공, N형의 전자
② P형의 정공, N형의 정공
③ P형의 전자, N형의 전자
④ P형의 전자, N형의 정공

17. CPU의 내부 동작에서 실행하고자 하는 명령의 번지를 지정한 후 명령 레지스터에 불러오기까지의 기간은?
① 명령 사이클(Instruction cycle)
② 기계 사이클(Machine cycle)
③ 인출 사이클(Fetch cycle)
④ 실행 사이클(Execution cycle)

18. 불 대수에서 하나의 논리식과 다른 논리식 사이에서 AND는 OR로, OR은 AND로, 0은 1로, 1은 0으로 변환하는 원리는?
① 쌍대의 원리
② 불 대수의 원리
③ 드모르간의 원리
④ 교환법칙의 원리

19. 사칙연산 명령이 내려지는 장치는?
① 입력장치 ② 제어장치
③ 기억장치 ④ 연산장치

20. 연산 결과가 양인지 음인지, 또는 자리올림(carry)이나 오버플로(overflow)가 발생했는지를 기억하는 장치는?
① 가산기(adder)
② 누산기(accumulator)
③ 데이터 레지스터(data register)
④ 상태 레지스터(status register)

21. 마이크로프로세서를 구성하고 있는 버스에 해당하지 않는 것은?
① 데이터 버스 ② 번지 버스
③ 제어 버스   ④ 상태 버스

22. 데이터의 구성 체계에 속하지 않는 것은?
① 비트   ② 섹터
③ 필드   ④ 레코드

23. 16진수 $(5C)_{16}$을 10진수로 변환하면?
① 72   ② 86
③ 92   ④ 96

24. 어떤 마이크로프로세서가 1100 0110 0101 1110의 주소 버스를 점하고 있다. 이 상태는 메모리의 몇 page에 출입하고 있는 것인가?
① 37   ② 124
③ B53C   ④ C65E

25. 불 대수의 표현이 올바른 것은?
① $A+1=1$ ② $A \cdot 1=1$
③ $A \cdot A=1$ ④ $A+A=1$

26. $F=(A, B, C, D)=\Sigma(0, 1, 4, 5, 13, 15)$이다. 간략화하면?
① $F=A'C'+BC'D+ABD$
② $F=AC+B'CD+ABD$
③ $F=A'C'+ABD$
④ $F=AC+A'B'D$

27. 전자계산기의 특징이 아닌 것은?
① 기억하는 능력이 크다.
② 창의적 능력이 있다.
③ 계산은 빠르고 정확하다.
④ 논리적 판단 및 비교능력이 있다.

28. 배타적(Exclusive) OR 게이트를 나타내는 논리식은?
① $Y = A \cdot \overline{B}$
② $Y = \overline{A} \cdot A\overline{B}$
③ $Y = \overline{A}B + \overline{B}$
④ $Y = \overline{A}B + A\overline{B}$

29. Q-미터를 사용하여 측정하는데 적당하지 않은 것은?
① 절연저항
② 코일의 실효저항
③ 코일의 분포용량
④ 콘덴서의 정전용량

30. 균등눈금을 갖고 상용 주파수에 주로 사용하며 두 코일의 전류 사이에 전자력을 이용하여 단상 실효 전력의 직접 측정에 많이 사용되는 전력계는?
① 직류 적산 전력계
② 교류 적산 전력계
③ 진공관 전력계
④ 전류력계형 전력계

31. 오실로스코프에서 측정하고자 하는 신호를 인가하는 단자로 맞는 것은?
① 수평축 단자
② 수직축 단자
③ 외부동기 신호단자
④ X-Y축 단자

32. 지시계기의 구비 조건의 설명으로 틀린 것은?
① 절연 내력이 낮을 것
② 튼튼하고 취급이 편리할 것
③ 눈금이 균등하든가 대수 눈금일 것
④ 확도가 높고, 외부의 영향을 받지 않을 것

33. 충전된 두 물체 간에 작용하는 정전흡인력 또는 반발력을 이용한 계기는?
① 정전형 계기
② 유도형 계기
③ 전류력계형 계기
④ 가동코일형 계기

34. 고주파수 측정에서 직렬공진회로의 주파수 특성을 이용한 것은?
① 동축 주파수계
② 공동 주파수계
③ 흡수형 주파수계
④ 헤테로다인 주파수계

35. 지시계기의 제어장치 중 교류용 적산전력계에 대표적으로 사용되는 제어 방법은?
① 스프링 제어
② 중력 제어
③ 전기적 제어
④ 맴돌이 전류 제어

36. 정전용량이나 유전체의 손실각의 측정에 사용되는 브리지는?
① 맥스웰 브리지
② 헤비사이드 브리지
③ 헤이 브리지
④ 셰링 브리지

37. 1[kW]의 출력을 갖는 신호 발생기의 출력에 10[dB]의 감쇠기 2대를 연결하여 사용하면 최종 출력은?

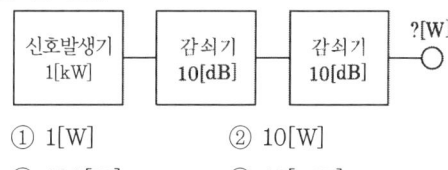

① 1[W] ② 10[W]
③ 100[W] ④ 10[mW]

38. 250[V]인 전지의 전압을 어떤 전압계로 측정하여 보정 백분율을 구하였더니 0.2이었을 때 전압계의 지시값은?
① 250.5 ② 250.2
③ 249.5 ④ 249.8

39. 디지털 측정에서 파형의 변화가 빠른 고주파 신호의 변화를 필요로 할 때 A/D 변환기와 함께 사용되는 것은?
① 파형 정형회로
② 샘플 홀드회로
③ 슈미트 트리거회로
④ 입력파형 비교회로

40. 클램프미터(후크미터)의 주된 특징은?
① 임피던스 측정이 가능하다.
② 절연저항 측정이 가능하다.
③ 교류전류의 측정이 가능하다.
④ 직류전류의 측정이 가능하다.

41. 콘(cone)형 다이내믹 스피커의 특성에 대한 설명으로 옳은 것은?
① 현재 중·고음용으로 가장 널리 사용된다.
② 비교적 넓은 주파수대를 재생할 수 있다.
③ 능률이 높고 지향성이 강하나 저음특성이 나쁘다.
④ 재생음이 투명하고 섬세하나 큰소리 재생에는 불합리하다.

42. 회로의 어떤 부분에 있어서 신호전력과 잡음전력의 크기의 비를 무엇이라고 하는가?
① Noise Factor
② SNR
③ Distion Rate
④ Modulation Rate

43. 초음파 가습기, 초음파 세척기는 초음파의 어떤 현상을 이용하여 만든 것인가?
① 응집
② 소나(SONAR)
③ 히스테리시스
④ 캐비테이션(cavitation)

44. 다음 그림에서 LR 회로의 입·출력 전압비 (V_o/V_i)는? (단, $S = \dfrac{d}{dt}$, $T = \dfrac{L}{R}$)

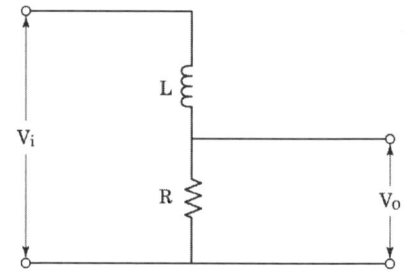

① $G(S) = (1+ST)K$
② $G(S) = \dfrac{1}{1+ST}$
③ $G(S) = 1-ST$
④ $G(S)\dfrac{1+ST}{K}$

45. 다음 중 가로 800픽셀, 세로 600픽셀, 픽셀당 16비트인 디지털 영상의 크기는 얼마인가?
① 480KB
② 960KB
③ 21KB
④ 12KB

46. 전자 편향형 브라운 관의 전자빔 진행 방향을 수정하여 래스터의 위치를 조절하기 위한 링모양의 자석을 무엇이라고 하는가?
① 센터링 마그네트
② 편향 코일
③ AGC전압
④ 튜너

47. 디지털 LCD TV에서 전체 화면이 무지개색으로 나올 경우 그 고장증상은?
① 인버터회로 불량
② 영상보드회로 불량
③ 백 라이트 불량
④ 패널 TAP칩 불량

48. 유도 가열은 어떤 원리를 이용하여 가열하는 방식인가?
① 전압손
② 유전체손
③ 맴돌이 전류손
④ 히스테리시스손

49. 제어계의 방식에 따른 제어용 증폭기에 속하지 않는 것은?
① 전기식
② 유압식
③ 기계식
④ 공기식

50. 오디오미터(audiometer)는 어떤 의료기기에 이용되는가?
① 청력계(귀) 사용
② 맥파계(맥동) 사용
③ 안진계(눈) 사용
④ 심음계(청진기) 사용

51. 원거리용에 사용되는 레이더(Radar)의 주파수는 몇 [GHz]인가?
① 3[GHz]
② 9[GHz]
③ 25[GHz]
④ 30[GHz]

52. 테이프 레코더 구성 요소에서 모터에 의해 일정한 스피드로 회전하는 축은 어느 것인가?
① 테이크업 릴
② 가이드 롤러
③ 핀치 롤러
④ 캡스턴

53. 목표값이 변화하나 그 변화가 알려진 값이며 예정된 스케줄에 따라 변화하는 제어 방식은?
① 정치 제어
② 추치 제어
③ 수동 제어
④ 프로그램 제어

54. 그림과 같은 되먹임계의 관계식 중 옳은 것은?

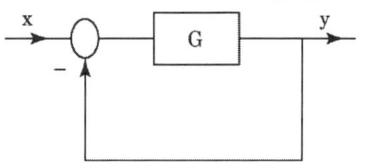

① $y = \dfrac{G}{1+G} x$
② $y = \dfrac{1}{1+G} x$
③ $y = \dfrac{G}{1-G} x$
④ $y = \dfrac{1}{1-G} x$

55. TV 송신안테나의 전력을 100[W]에서 200[W]로 올리면 같은 지점에서 전계강도는 얼마로 변하는가?
① 약 1.4배
② 약 1.5배
③ 약 1.6배
④ 약 1.7배

56. 물질에 빛을 비춤으로써 기전력이 발생하는 현상은?
① 광방전 효과
② 광전도 효과
③ 광전자 방출 효과
④ 광기전력 효과

57. CD-ROM, DVD-ROM 등의 광학 드라이브 장치에서 디스크면에 기록된 부분이 일정한 시간에 일정한 거리를 움직이도록 하는 방식은?
① 헤드 일정(CHV)
② 각속도 일정(CAV)
③ 선속도 일정(CLV)
④ 회전속도 일정(CRV)

58. 유기발광 다이오드(OLED)에 대한 설명 중 잘못된 것은?

① 자연광에 가까운 빛을 내고, 에너지 소비량도 적다.
② 전자냉동기는 펠티에 효과를 이용한 것이다.
③ 화질 반응속도가 TFT-LCD보다 느려, 동영상 구현 시 잔상이 거의 없다.
④ 두께와 무게를 LCD의 3분의 1로 줄일 수 있는, 차세대 평판 디스플레이다.

59. 전력증폭기 출력단자에서 출력되는 음성전압이 10[V]이고 스피커 부하저항이 8[Ω]일 때 출력은 몇 [W]인가?
① 10[W]   ② 12.5[W]
③ 15[W]   ④ 17.5[W]

60. 적외선 센서의 설명으로 옳지 않은 것은?
① 자동이득 제어장치는 자동으로 에코를 조절한다.
② 리젝션은 강한 에코의 자동 조절을 하여 경계면을 선명하게 하는 회로이다.
③ 아웃풋은 초음파를 출력하는 곳이다.
④ 게인 컨트롤은 에코 증폭량을 조절한다.

전자기기 기능사 (2015년 7월 19일 시행)

1. 전류와 전압이 비례 관계를 갖는 법칙은?
   ① 키르히호프의 법칙
   ② 줄의 법칙
   ③ 렌츠의 법칙
   ④ 옴의 법칙

2. 그림(a)의 회로에서 출력전압 V_2와 입력전압 V_1과의 비와 주파수의 관계를 조사하면 그림(b)와 같을 경우에 저역차단주파수 f_L은?

   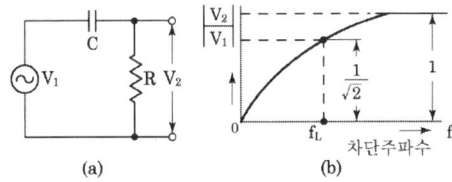

   ① $f_L = \dfrac{1}{2\pi RC}$ ② $f_L = \dfrac{1}{2\pi R\sqrt{C}}$
   ③ $f_L = \dfrac{1}{2\pi R^2 C}$ ④ $f_L = \dfrac{1}{2\pi \sqrt{RC}}$

3. 다음 중 정현파 발진기가 아닌 것은?
   ① LC 반결합 발진기
   ② CR 발진기
   ③ 멀티바이브레이터
   ④ 수정발진기

4. 단측파대(single side band) 통신에 사용되는 변조 회로는?
   ① 컬렉터 변조회로
   ② 베이스 변조회로
   ③ 주파수 변조회로
   ④ 링 변조회로

5. 평활회로에서 리플률을 줄이는 방법은?
   ① R과 C를 작게 한다.
   ② R과 C를 크게 한다.
   ③ R을 크게, C를 작게 한다.
   ④ R을 적게, C를 크게 한다.

6. 실리콘 제어 정류기(SCR)의 게이트는 어떤 형의 반도체인가?
   ① N형 반도체   ② P형 반도체
   ③ PN형 반도체 ④ NP형 반도체

7. 다음 회로의 설명 중 틀린 것은?

   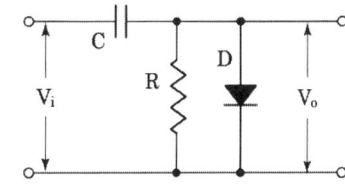

   ① 음 클램프 회로이다.
   ② 입력 펄스의 파형이 상승 시 다이오드가 동작한다.
   ③ C가 충전되는 동안 저항(R)값은 무한대이다.
   ④ 입력 펄스 파형이 하강 시 C가 충전된다.

8. 슈미트 트리거(schmitt trigger) 회로는?
   ① 톱니파 발생회로
   ② 계단파 발생회로
   ③ 구형파 발생회로
   ④ 삼각파 발생회로

9. 베이스 접지 시 전류증폭률이 0.89인 트랜지스터를 이미터 접지회로에 사용할 때 전류증폭률은?
① 8.1
② 6.9
③ 0.99
④ 0.89

10. 전계 효과 트랜지스터(FET)에 대한 설명으로 틀린 것은?
① BJT보다 잡음특성이 양호하다.
② 소수 반송자에 의한 전류 제어형이다.
③ 접합형의 입력저항은 MOS형보다 낮다.
④ BJT보다 온도 변화에 따른 안정성이 높다.

11. 회로의 전원 V_S가 최대 전력을 전달하기 위한 부하 저항 R_L의 값은?

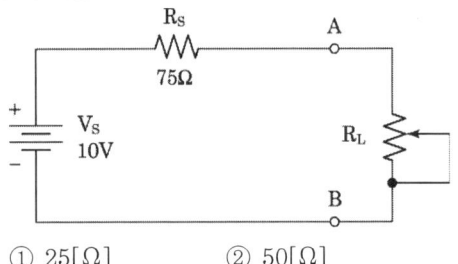

① 25[Ω]
② 50[Ω]
③ 75[Ω]
④ 100[Ω]

12. 쌍안정 멀티바이브레이터에 관한 설명으로 틀린 것은?
① 부궤환을 하는 2단 비동조 증폭회로로 구성된다.
② 능동소자로 트랜지스터나 IC가 주로 이용된다.
③ 플립플롭회로도 일종의 쌍안정 멀티바이브레이터이다.
④ 입력 트리거 펄스 2개마다 1개의 출력펄스가 얻어지는 회로이다.

13. 연산증폭기의 응용회로가 아닌 것은?
① 멀티플렉서
② 미분기
③ 가산기
④ 적분기

14. PLL 회로에서 전압의 변화를 주파수로 변화하는 회로를 무엇이라 하는가?
① 공진 회로
② 신시사이저 회로
③ 슈미트 트리거 회로
④ 전압제어 발진기(VCO)

15. 전압증폭도가 30[dB]와 50[dB]인 증폭기를 직렬로 연결시켰을 때 종합이득은?
① 20
② 80
③ 1500
④ 10000

16. 이상적인 다이오드를 사용하여 그림에 나타낸 기능을 수행할 수 있는 클램프회로를 만들 수 있는 것은? (단, V_i=입력파형, V_o=출력파형이다.)

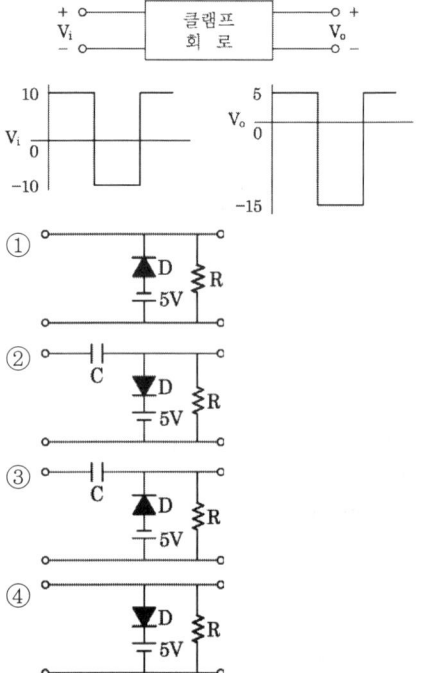

17. 논리식 F = A + $\overline{A}$ · B 와 같은 기능을 갖는 논리식은?
① A · B　　② A+B
③ A-B　　④ B

18. 반도체 기반 저장장치가 아닌 것은?
① Solid State Drive
② MicroSD
③ Floppy Disk
④ Compact Flash

19. ALU(Arithmetic and Logical Unit)의 기능은?
① 산술연산 및 논리연산
② 데이터의 기억
③ 명령 내용의 해석 및 실행
④ 연산 결과의 기억될 주소 산출

20. 데이터를 스택에 일시 저장하거나 스택으로부터 데이터를 불러내는 명령은?
① STORE/LOAD
② ENQUEUE/DEQUEUE
③ PUSH/POP
④ INPUT/OUTPUT

21. 2^n개의 입력 중에 선택 입력 n개를 이용하여 하나의 정보를 출력하는 조합회로는?
① 디코더
② 인코더
③ 멀티플렉서
④ 디멀티플렉서

22. 2진수 10111을 그레이 코드(Gray Code)로 변환하면 그 결과는?
① 11101　　② 11110
③ 11100　　④ 10110

23. 어셈블리어(Assembly Language)의 설명 중 틀린 것은?
① 기호 언어(Symbolic Language)라고도 한다.
② 번역프로그램으로 컴파일러(Compiler)를 사용한다.
③ 기종 간에 호환성이 적어 전문가들만 주로 사용한다.
④ 기계어를 단순히 기호화한 기계 중심 언어이다.

24. 16진수 1B7을 10진수로 변환하면?
① 339　　② 340
③ 438　　④ 439

25. R/W, Reset, INT와 같은 신호는 마이크로컴퓨터의 어느 부분에 내장되어 있는가?
① 주변 I/O 버스　　② 제어 버스
③ 주소 버스　　④ 자료 버스

26. 여러 하드디스크 드라이브를 하나의 저장장치처럼 사용 가능하게 하는 기술은?
① CD-ROM　　② SCSI
③ EIDE　　④ RAID

27. 기억장치의 계층 구조에서 캐시 메모리(cache memory)가 위치하는 곳은?
① 입력장치와 출력장치 사이
② 주기억장치와 보조기억장치 사이
③ 중앙처리장치와 보조기억장치 사이
④ 중앙처리장치와 주기억장치 사이

28. C언어에서 사용되는 관계 연산자가 아닌 것은?
① =　　② !=
③ >　　④ <=

29. 다음 설명에 가장 알맞은 계기의 명칭은?

> 회전 자장이 금속원통과 쇄교하면 맴돌이 전류가 흐른다. 이 맴돌이 전류와 회전 자장 사이의 전자력에 의하여 알루미늄 원통에 구동 토크가 생기게 된다.

① 가동코일형 계기
② 전압계형 계기
③ 가동철편형 계기
④ 유도형 계기

30. 수신기의 감도를 올리기 위하여 사용되고, 신호대 잡음비 및 선택도의 향상에 도움이 되는 회로는?

① 검파회로
② 고주파 증폭회로
③ 주파수 변환회로
④ 중간주파 증폭회로

31. 60[Hz]의 주파수와 8[V_{p-p}]의 직사각형파를 입력공급 전압으로 사용하는 표시기는?

① LED 표시기
② LCD 표시기
③ 디지털 표시관
④ 브라운관

32. 출력 임피던스가 50[Ω]인 표준 신호 발생기의 출력 레벨을 40[dB]에 고정시키고 50[Ω]의 임피던스를 가진 부하를 연결하였을 때, 부하 양단의 단자 전압은?

① 50[μV]
② 100[μV]
③ 150[μV]
④ 200[μV]

33. 자동평형 기록기에서 직류 입력 전압을 교류로 바꾸는 장치로서 기계적인 부분이 없으므로 수명이 긴 것은?

① 초퍼
② 서보 모터
③ 자기 변조기
④ 자기 초퍼

34. 다음 중 회로 시험기를 사용할 때 극성을 구분해서 측정해야 하는 것은?

① 저항
② 교류전압
③ 직류전압
④ 통전시험

35. 오실로스코프의 X축에 미지 신호를 가하고, Y축에 100[Hz]의 신호를 가했더니 그림과 같은 리사주 도형이 얻어졌을 때, 미지 주파수는?

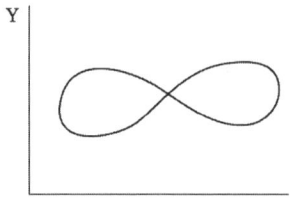

① 50[Hz]
② 100[Hz]
③ 150[Hz]
④ 200[Hz]

36. 주파수 측정 브리지의 일종일 때, 어떤 종류의 브리지인가? (단, M : 상호 인덕턴스)

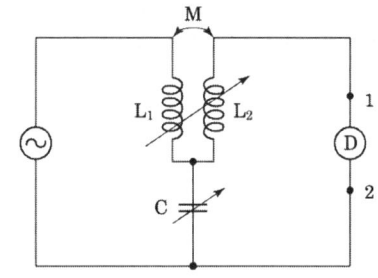

① 빈 브리지(Wien bridge)
② 공진 브리지(Resonance bridge)
③ 캠벨 브리지(Campbell breidge)
④ 휘트스톤 브리지(Wheatstone bridge)

37. 다음과 같이 브라운관 회로의 블록 다이어그램을 나타내었을 때, 빈 칸에 들어갈 알맞은 것은?

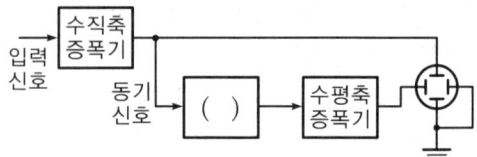

① 톱니파 발생기 ② 정현파 발생기
③ 구형파 발생기 ④ 직류 발생기

38. 다음 빈 브리지(Wien bridge) 회로에서 R_2를 구하면?

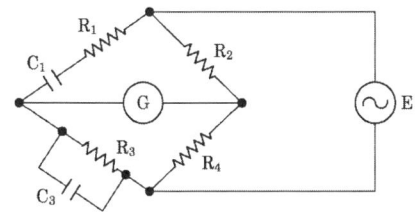

① $R_2 = \dfrac{R_1}{R_3R_4} + \dfrac{C_3}{C_1}$

② $R_2 = \dfrac{R_1R_4}{R_3} + \dfrac{R_4C_3}{C_1}$

③ $R_2 = \dfrac{R_1C_1}{R_3} + \dfrac{R_4C_1}{C_1}$

④ $R_2 = \dfrac{R_1R_4}{R_3} + \dfrac{R_4C_1}{C_1}$

39. 가청주파수 측정에 사용되는 주파수계에 해당되지 않는 것은?
① 주파수 브리지
② 헤테로다인 파장계
③ 오실로스코프
④ 흡수형 주파수계

40. 측정범위의 확대를 위한 장치에 대한 연결로 틀린 것은?
① 변류기 - 교류전류
② 배율기 - 직류전압
③ 분류기 - 직류전류
④ 계기용 변압기 - 교류전류

41. 심장의 박동에 따르는 혈관의 맥동 상태를 측정하고 기록하는 의용 전자기기는?
① 맥파계(sphygmograph)
② 근전계(electromyograph)
③ 심음계(phono cardiograph)
④ 심전계(electrocardiograph)

42. 반도체의 성질을 가지고 있는 물질(형광체를 포함)에 전장을 가하였을 때 생기는 현상은?
① 광전 효과 ② 줄 효과
③ 전장 발광 ④ 톰슨 효과

43. VTR로 기록된 테이프를 재생할 때 VHF 출력의 채널은?
① 2~3ch ② 3~4ch
③ 4~5ch ④ 1~2ch

44. 다음 제어요소의 동작 중 연속동작이 아닌 것은?
① D 동작 ② ON-OFF 동작
③ P+D 동작 ④ P+I 동작

45. 야기(YAGI) 안테나의 특성에 대한 설명으로 옳지 않은 것은?
① 소자수가 많을수록 이득이 증가하고 지향성이 예민해진다.
② 소자수가 많을수록 반사나 도파기에 의한 영향으로 안테나 급전점 임피던스가 저하된다.
③ 도파기는 투사기보다 짧게 하여 용량성으로 동작한다.
④ 반사기는 투사기보다 짧게 하여 용량성으로 동작한다.

46. 원통형 도체를 유도가열할 때 주파수를 높게 하여 가열하면 맴돌이 전류밀도는 어떻게 되는가?
① 축의 위치에서 가장 크다.
② 표면에 가까워질수록 작아진다.
③ 단면 전체가 거의 같다.
④ 표면에 가까워질수록 커진다.

과년도 출제문제

47. 자기녹음기에서 테이프를 일정한 속도로 구동시키기 위한 금속 롤러는?
① 핀치 롤러   ② 캡스턴 롤러
③ 릴 축   ④ 아이들러

48. 방송국으로부터 직접파와 반사파가 수상될 때 수상되는 시간 차이로 인하여 다중상이 생기는 현상을 무엇이라 하는가?
① 고스트(ghost)
② 글로스(gloss)
③ 그라데이션(gradation)
④ 콘트라스트(contrast)

49. 제어계의 출력 신호와 입력 신호와의 비를 무엇이라 하는가?
① 전달함수   ② 미분함수
③ 적분함수   ④ 제어함수

50. 전자빔이 시료를 투과할 때 속도가 다른 여러 전자가 생겨서 상이 흐려지는 현상은?
① 색 수차   ② 구면 수차
③ 라디오존데   ④ 축 비대칭 수차

51. 다음 그림은 저음 전용 스피커(W)와 고음 전용 스피커(T)를 연결한 것이다. 이에 관한 설명 중 옳지 않은 것은?

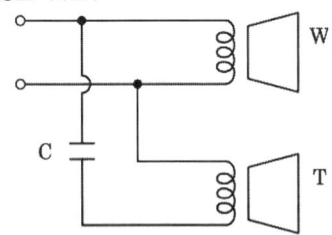

① 콘덴서는 저음만 T로 들어가도록 해준다.
② T의 구경은 W의 구경보다 보통 작게 한다.
③ 두 스피커의 위상은 같이 해주어야 한다.
④ 콘덴서 용량은 보통 2~6[μF] 정도이다.

52. 다음 회로에서 출력전압은 얼마인가?

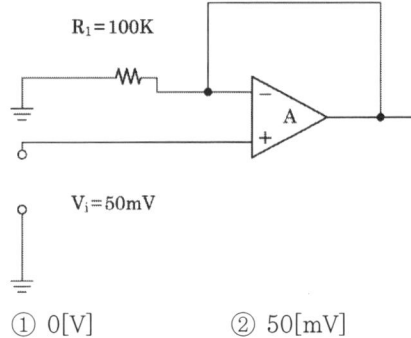

① 0[V]   ② 50[mV]
③ -50[mV]   ④ 500[mV]

53. 펄스변조의 종류에 해당되지 않는 것은?
① PAM   ② PWM
③ PSM   ④ PPM

54. 주파수 50[MHz]인 전파의 1/4 파장에 대한 값은?
① 1.5[m]   ② 3[m]
③ 15[m]   ④ 30[m]

55. 다음 중 서보기구에 사용되지 않는 것은?
① 리졸버
② 카보런덤
③ 싱크로
④ 저항식 서보기구

56. 가청증폭기에 부궤환 회로를 인가하는 목적으로 옳지 않은 것은?
① 비직선 일그러짐을 감소하기 위하여
② 주파수 특성을 개선하기 위하여
③ 잡음을 적게 하기 위하여
④ 출력을 크게 하기 위하여

57. 수직해상도 350, 수평해상도 340인 경우 해상비는 약 얼마인가?

① 0.86 ② 0.89
③ 0.94 ④ 0.97

58. 잡음 전압이 10[μV]이고 신호 전압이 10[V]일 때, S/N은 몇 [dB]인가?
① 40[dB] ② 60[dB]
③ 80[dB] ④ 120[dB]

59. 다음 중 초음파 세척은 초음파의 무슨 작용을 이용한 것인가?
① 진동 ② 반사
③ 굴절 ④ 간섭

60. 자동제어의 요소 분류 중 사람의 두뇌에 해당되는 부분은?
① 제어요소 ② 조작부
③ 조절부 ④ 검출부

전자기기 기능사 (2015년 10월 10일 시행)

1. 음성 신호를 펄스 부호 변조 방식(PCM)을 통해 송신측에서 디지털 신호로 변환하는 과정으로 옳은 것은?
   ① 표본화 → 양자화 → 부호화
   ② 부호화 → 양자화 → 표본화
   ③ 양자화 → 부호화 → 표본화
   ④ 양자화 → 표본화 → 부호화

2. 다음 회로의 명칭은 무엇인가?

   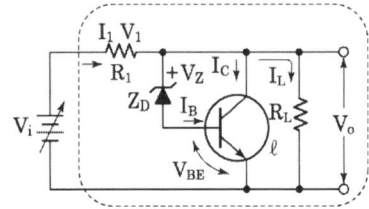

   ① 직렬 제어형 정전압회로
   ② 병렬 제어형 정전압회로
   ③ 직렬형 정전류회로
   ④ 병렬형 정전류회로

3. 다음과 같은 회로의 명칭은?

   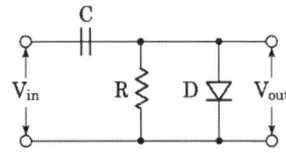

   ① 클램퍼(clamper) 회로
   ② 슬라이서(slicer) 회로
   ③ 클리퍼(clipper) 회로
   ④ 리미터(limiter) 회로

4. 입력상태에 따라 출력 상태를 안정하게 유지하는 멀티바이브레이터는?
   ① 비안정 멀티바이브레이터
   ② 단안정 멀티바이브레이터
   ③ 쌍안정 멀티바이브레이터
   ④ 모든 형식의 멀티바이브레이터

5. JK 플립플롭을 이용하여 10진 카운터를 설계할 때, 최소로 필요한 플립플롭의 수는?
   ① 1개   ② 2개
   ③ 3개   ④ 4개

6. 연산증폭기의 입력 오프셋 전압에 대한 설명으로 가장 적합한 것은?
   ① 차동출력을 0V가 되도록 하기 위하여 입력단자 사이에 걸어주는 전압이다.
   ② 출력전압이 무한대(∞)가 되도록 하기 위하여 입력단자 사이에 걸어주는 전압이다.
   ③ 출력전압과 입력전압이 같게 될 때의 증폭기의 입력 전압이다.
   ④ 두 입력단자가 접지되었을 때 두 출력단자 사이에 나타나는 직류전압의 차이다.

7. 전원회로의 구조가 순서대로 옳게 구성된 것은?
   ① 정류회로 → 변압회로 → 평활회로 → 정전압회로
   ② 변압회로 → 평활회로 → 정류회로 → 정전압회로
   ③ 변압회로 → 정류회로 → 평활회로 → 정전압회로
   ④ 정류회로 → 평활회로 → 변압회로 → 정전압회로

8. 증폭회로에서 되먹임의 특징으로 옳지 않은 것은? (단, 음 되먹임(negative feedback) 증폭회로라 가정한다.)
① 이득의 감소
② 주파수 특성의 개선
③ 잡음 증가
④ 비선형 왜곡의 감소

9. 어떤 도체에 4[A]의 전류를 10분간 흘렸을 때 도체를 통과한 전하량 C는 얼마인가?
① 150 ② 300
③ 1200 ④ 2400

10. 다음 회로의 명칭은 무엇인가?

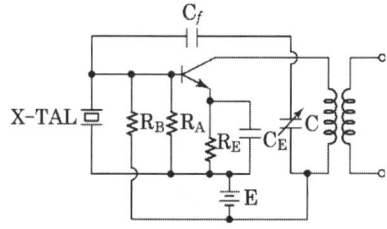

① 피어스 BC형 발진회로
② 피어스 BE형 발진회로
③ 하틀리 발진회로
④ 콜피츠 발진회로

11. 빈-브리지(Wien bridge) 발진회로에 대한 특징으로 틀린 것은?
① 고주파에 대한 임피던스가 매우 낮아 발진 주파수의 파형이 좋다.
② 잡음 및 신호에 대한 왜곡이 작다.
③ 저주파 발진기 등에 많이 사용된다.
④ 사용할 수 있는 주파수 범위가 넓다.

12. 저항기의 색띠가 갈색, 검정, 주황, 은색의 순으로 표시되었을 경우에 저항값은 얼마인가?
① 27~33[kΩ] ② 9~11[kΩ]
③ 0.9~1.1[kΩ] ④ 18~22[kΩ]

13. 다음 중 공통 컬렉터 증폭기에 대한 설명으로 적합하지 않은 것은?
① 전압이득은 대략 1이다.
② 입력저항이 높아 버퍼로 많이 사용된다.
③ 입력과 출력의 위상은 동상이다.
④ 입력은 결합 커패시터를 통하여 이미터에 인가한다.

14. 모놀리식(monolithic) 집적회로(IC)의 특징으로 적합하지 않은 것은?
① 제조 단가가 저렴하다.
② 높은 신뢰도를 가진다.
③ 대량생산이 가능하고 소형화, 경량화 등의 특징을 가진다.
④ 높은 정밀도가 요구되는 아날로그회로에 사용된다.

15. 다음 중 1[μF]를 [F]로 표시하면 얼마인가?
① 10^{-3}[F] ② 10^{-6}[F]
③ 10^{-9}[F] ④ 10^{-12}[F]

16. 실제 펄스 파형에서 이상적인 펄스 파형의 상승하는 부분이 기준 레벨보다 높은 부분을 무엇이라 하는가?
① 새그(sag)
② 링잉(ringing)
③ 오버슈트(overshoot)
④ 지연 시간(delay time)

17. 주기억장치로 사용되는 반도체 기억소자 중에서 읽기, 쓰기를 자유롭게 할 수 있는 것은?
① RAM
② ROM
③ EP-ROM
④ PAL

18. 컴퓨터 내의 입·출력 장치들 중에서 입·출력 성능이 높은 것에서 낮은 순으로 바르게 나열된 것은?
① 인터페이스-채널-DMA
② DMA-채널-인터페이스
③ 채널-DMA-인터페이스
④ 인터페이스-DMA-채널

19. 디코더(decoder)는 일반적으로 어떤 게이트를 사용하여 만들 수 있는가?
① NAND, NOR   ② AND, NOT
③ OR, NOR   ④ NOT, NAND

20. 다음 문자 데이터 코드들이 표현할 수 있는 데이터의 개수가 잘못 연결된 것은? (단, 패리티 비트는 제외한다.)
① 2진화 10진수(BCD) 코드 : 64개
② 아스키(ASCII) 코드 : 128개
③ 확장 2진화 10진(EBCDIC) 코드 : 256개
④ 3-초과(3-Excess) 코드 : 512개

21. 마이크로프로세서의 주소 지정 방식 중 짧은 길이의 오퍼랜드로 긴 주소에 접근할 때 사용되는 방식은?
① 직접 주소지정방식
② 간접 주소지정방식
③ 레지스터 주소지정방식
④ 즉치 주소지정방식

22. 데이터의 크기를 작은 것부터 큰 순서로 바르게 나열한 것은?
① Bit<Word<Byte<Field
② Bit<Byte<Field<Word
③ Bit<Byte<Word<Field
④ Bit<Word<Field<Byte

23. 1024×8bit의 용량을 가진 ROM에서 address bus와 data bus의 필요한 선로 수는?
① address bus=8선, data bus=8선
② address bus=8선, data bus=10선
③ address bus=10선, data bus=8선
④ address bus=1024선, data bus=8선

24. 다음 표준 C언어로 작성한 프로그램의 연산 결과는?

```
#include <stdio.h>
void main( )
{
        printf( "%d" ,10^12);
}
```

① 6   ② 8
③ 24   ④ 14

25. 원시 언어로 작성한 프로그램을 동일한 내용의 목적 프로그램으로 번역하는 프로그램을 무엇이라 하는가?
① 기계어
② 파스칼
③ 컴파일러
④ 소스 프로그램

26. 다음 중 10진수 (-7)의 부호화 절대치법에 의한 이진수 표현으로 옳은 것은?
① 10000111   ② 10000110
③ 10000101   ④ 10000100

27. 컴퓨터의 중앙처리장치와 주기억장치 간에 발생하는 속도차를 보완하기 위해 개발된 것은?
① 입·출력장치   ② 연산장치
③ 보조기억장치   ④ 캐시기억장치

28. 지정 어드레스로 분기하고, 분기한 후에 그 명령으로 되돌아오는 명령은?
① 강제 인터럽트 명령
② 조건부 분기 명령
③ 서브루틴 분기 명령
④ 분기 명령

29. 오실로스코프 프로브(probe) 교정을 위해서 어떠한 파형을 이용하는가?
① 삼각파   ② 정현파
③ 구형파   ④ 스텝파

30. 다음 중 계통적 오차에 속하지 않는 것은?
① 우연 오차   ② 이론적 오차
③ 기기적 오차 ④ 개인적 오차

31. 다음과 같은 회로에서 스위치(SW)를 열었을 때의 전압계의 지시를 V_1, 닫았을 때의 지시를 V_2라 하면 전지의 내부 저항 r_B를 구하는 식은? (단, 전압계의 전류는 무시한다.)

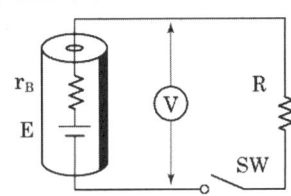

① $r_B = \dfrac{V_1 - V_2}{V_1} R [\Omega]$

② $r_B = \dfrac{V_1}{V_2} R [\Omega]$

③ $r_B = \dfrac{V_2}{V_1} R [\Omega]$

④ $r_B = \dfrac{V_1 - V_2}{V_2} R [\Omega]$

32. 오실로스코프를 이용하여 전자회로에서 전압 및 파형을 측정하였더니 파형의 반주기가 2.5[ms]이었다. 이때 측정된 주파수는?
① 50[Hz]   ② 100[Hz]
③ 150[Hz]   ④ 200[Hz]

33. 디지털 계측 방식 중의 하나인 비교법에 의한 측정에서 시간에 따라 직선적으로 증가하는 전압을 무엇이라고 하는가?
① 램프 전압   ② 기준 전압
③ 정형 전압   ④ 비교 전압

34. 다음은 수신기의 감도측정회로의 구성도이다. 빈칸 A, B에 들어갈 내용으로 옳은 것은?

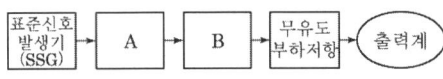

① A : 수신기, B : 감쇠기
② A : 감쇠기, B : 수신기
③ A : 수신기, B : 의사 안테나
④ A : 의사 안테나, B : 수신기

35. 3상 평형회로에서 운전하고 있는 3상 유도전동기에 2전력계법을 이용하여 전력을 측정하였더니 각각 5.96[kW]와 2.36[kW]이었다면 전동기의 역률은 얼마인가? (단, 2전력계법으로 측정하였을 때의 선간전압은 200[V], 선 전류는 30[A]이다.)
① 0.6   ② 0.7
③ 0.8   ④ 0.9

36. 다음 변조파형에 대한 설명으로 옳은 것은? (단, I_c는 반송파 전류, I_m은 변조파 전류이다.)

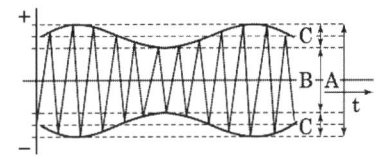

① 변조도(m)은 $m = \dfrac{I_c}{I_m}$ 으로 표시한다.

② 변조도(m)은 $m = \dfrac{A-B}{A+B}$ 으로 표시한다.

③ 주파수 변조(frequency modulation) 파형이다.

④ 변조가 잘 되었는지의 여부는 오실로스코프 화면상의 파형 관측만으로 알아보기가 쉽다.

37. 증폭기에서 증폭도의 크기는 어떤 값으로 환산하여 표시하는가?
① 전압　　　② 전류
③ 데시벨　　④ 절대온도

38. 그림과 같은 가동코일(coil)형 계기에서 미터의 축에 아래위로 인청동으로 된 스프링이 장치되어 있을 때, 스프링의 역할은 무엇인가?

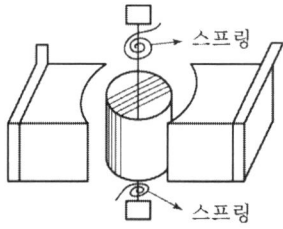

① 구동력　　② 제어력
③ 제동력　　④ 가동력

39. 콜라우슈 브리지의 측정 용도로 적합한 것은?
① 전해액의 저항 측정
② 저저항의 측정
③ 정전용량의 측정
④ 인덕턴스의 측정

40. 정전 전압계의 특징에 대한 설명으로 틀린 것은?
① 정전 전압계 또는 전위계는 전압을 직접 측정하는 계기이다.
② 주로 저압 측정용 전압계로 많이 쓰인다.
③ 정전 전압계의 제동은 공기 제동이나 액체 제동 또는 전자 제동을 사용한다.
④ 대표적인 예로는 아브라함 빌라드형과 캘빈형의 정전 전압계가 있다.

41. 초음파의 진동수가 가장 높은 것은?
① 초음파 가공　　② 소나
③ 초음파 탐상　　④ 에멀션화

42. 다음 중 디지털 3D 그래픽스 처리의 구성이 아닌 것은?
① 기하처리　　② 렌더링
③ 프레임 버퍼　④ 모델링

43. CR 결합 증폭회로에서 대역폭을 2배로 늘리려면 전압증폭 이득을 몇 [dB]로 내려야 하는가?
① $\dfrac{1}{2}$ [dB]　　② -3[dB]
③ -6[dB]　　　④ 4[dB]

44. 도래 전파가 8[mV]이고, 정재파비(SWR)가 3.0이다. 입력 회로에서 반사되는 전압은?
① 2[mV]　　② 4[mV]
③ 6[mV]　　④ 8[mV]

45. 전력증폭기는 스피커를 구동시키는 데 요구되는 충분한 전력을 보내주는 역할을 한다. 전력증폭기의 구성으로 옳지 않은 것은?
① 전압 증폭단　② 전치 구동단
③ 등화 증폭단　④ 출력단

46. 청력을 검사하기 위하여 가청주파수 영역 중 여러 가지 레벨의 순음을 전기적으로 발생하는 음향발생 장치는?
① 심음계　　　② 오디오미터
③ 페이스메이커　④ 망막전도 측정기

47. 표준 12[cm] 오디오 CD 규격의 재생 및 녹음 가능한 최대 시간은?
① 37분   ② 74분
③ 120분 ④ 240분

48. FM 스테레오 수신기에서 19[kHz] 파일럿(pilot) 신호의 목적은 무엇인가?
① 스테레오 신호 복조기에서 좌우신호를 분리시키는 스위칭 신호이다.
② 스테레오 차신호용 서브캐리어(subcarrier)이다.
③ FM 전파 속의 잡음 펄스 성분을 제거한다.
④ 스테레오 신호인 좌우와의 합성신호를 만든다.

49. 궤환 제어계(feed back control)에서 공정제어 제어량에 해당하지 않는 것은?
① 유량   ② 전압
③ 압력   ④ 온도

50. 음색 조절이 가능한 음향장치는?
① 턴테이블
② 보이스 레코더
③ 이퀄라이저
④ 인티앰프

51. 다음과 같은 N/S를 갖는 수신기 중에서 잡음이 가장 큰 수신기는?
① N/S=2[μV]/5[V]
② N/S=1[μV]/1[V]
③ N/S=2[μV]/15[V]
④ N/S=2[μV]/20[V]

52. 선박이 A 무선표지국이 있는 항구에 입항하려고 할 때, 그 전파의 방향, 즉 진북에 대한 α 도의 방향을 추적함으로써, A 무선표지국이 있는 항구에 직선으로 도달하는 것을 무엇이라고 하는가?

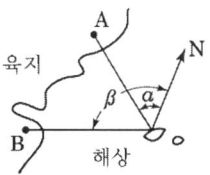

① 로란(Loran)
② 데카(Decca)
③ 호밍(Homing)
④ 센스 결정(Sense determination)

53. 광학 현미경에서 시료 위의 정보를 전하는 매개체로서는 빛을 사용한다. 전자현미경에서는 무엇을 매개체로 하는가?
① 전자선   ② 전자 렌즈
③ 전자총   ④ 정전 렌즈

54. 증폭회로에 1[mW]를 공급하였을 때 출력으로 1[W]가 얻어졌다면, 이때 이득은?
① 40[dB]   ② 30[dB]
③ 20[dB]   ④ 10[dB]

55. 2개의 종류가 다른 금속 또는 합금으로 하나의 폐회로를 만들고 두 접점을 다른 온도로 유지하면 이 회로에 일정 방향의 전류가 흐르는 현상은?
① 제벡 효과   ② 펠티어 효과
③ 스킨 효과   ④ 볼츠만 효과

56. 자동제어의 서보기구가 제어를 수행하는 요소는?
① 온도
② 유량이나 압력
③ 위치나 각도
④ 시간

57. 전달함수 G_1, G_2, H를 갖고 있는 요소를 아래와 같이 접속할 때 등가 전달함수 $\dfrac{y}{x}$ 는?

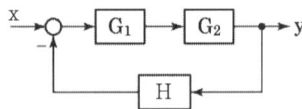

① $\dfrac{G_1 G_2}{1 + G_1 G_2 H}$ ② $\dfrac{H}{1 + G_1 G_2 H}$

③ $\dfrac{1}{1 + G_1 G_2 H}$ ④ $\dfrac{G_1 G_2}{1 - G_1 G_2 H}$

58. 태양전지를 연속적으로 사용하기 위하여 필요한 장치는?
① 변조 장치   ② 정류 장치
③ 축전 장치   ④ 검파 장치

59. HDTV에 관한 설명으로 틀린 것은?
① 가로 : 세로 화면 비율은 16 : 9이다.
② CD급의 하이파이 음질의 방송이 가능하다.
③ 아날로그 TV에서는 셋톱박스가 필요하다.
④ 주사선의 수는 525~625선 정도이다.

60. 자기 녹음기의 교류 바이어스에 사용되는 주파수는 대략 얼마의 범위가 사용되는가?
① 30[kHz]~200[kHz]
② 100[Hz]~2000[Hz]
③ 100[Hz]~200[Hz]
④ 60[Hz]~100[Hz]

전자기기기능사 3주 완성

2016년도 과년도 출제문제

Craftsman Electronic Apparatus

전자기기 기능사 (2016년 1월 24일 시행)

1. 금속표면에 10^8[V/m] 정도의 아주 강한 전기장을 가하면 상온에서도 금속의 표면에서 전자가 방출되는데 이 현상을 무엇이라고 하는가? (단, 진공 상태에서 금속에 열을 가하지 않는다.)
   ① 전계 방출   ② 열전자 방출
   ③ 광전자 방출   ④ 2차 전자 방출

2. 그림과 같은 비안정 멀티바이브레이터의 반복 주기 T는 몇 [ms]인가? (단, $C_1=C_2=0.02$[μF], $RB_1=RB_2=30$[kΩ]이다.)

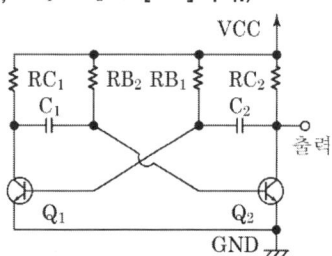

   ① 0.632   ② 0.828
   ③ 1.204   ④ 2.484

3. 어떤 사람의 음성 주파수 폭이 100[Hz]에서 18[kHz]인 음성을 진폭 변조하면 점유 주파수 대역폭은 얼마나 필요한가?
   ① 9[kHz]   ② 18[kHz]
   ③ 27[kHz]   ④ 36[kHz]

4. 그림과 같은 논리회로에 입력되는 값 A, B, C에 따른 출력 Y의 값으로 옳은 것은?

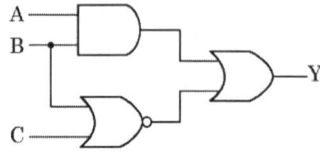

①	입력			출력	②	입력			출력
	A	B	C	Y		A	B	C	Y
	0	0	0	0		0	1	1	1

③	입력			출력	④	입력			출력
	A	B	C	Y		A	B	C	Y
	1	0	0	1		1	1	1	0

5. 다음 중 변압기 결합 증폭회로에 대한 설명으로 적합하지 않은 것은?
   ① 다음 단과의 임피던스 정합을 용이하게 시킬 수 있다.
   ② 직류 바이어스회로를 교류 신호회로와 무관하게 설계할 수 있다.
   ③ 주파수 특성이 RC 결합 증폭회로보다 더 좋다.
   ④ 부피가 크고 값이 비싸다.

6. 구형파의 입력을 가하여 폭이 좁은 트리거 펄스를 얻는 데 사용되는 회로는?
   ① 미분회로   ② 적분회로
   ③ 발진회로   ④ 클리핑회로

7. J-K 플립플롭을 이용하여 D 플립플롭을 만들 때 필요한 논리 게이트(gate)는?
   ① AND   ② NOT
   ③ NAND   ④ NOR

8. 다음 중 정류기의 평활회로 구성으로 가장 적합한 것은?
   ① 저역 통과 여파기
   ② 고역 통과 여파기

③ 대역 통과 여파기
④ 고역 소거 여파기

9. 발진기는 부하의 변동으로 인하여 주파수가 변화되는데 이것을 방지하기 위하여 발진기와 부하 사이에 넣는 회로는?
① 동조증폭기 ② 직류증폭기
③ 결합증폭기 ④ 완충증폭기

10. 주파수 변조 방식의 특징이 아닌 것은?
① 주파수 변별기를 이용하여 복조한다.
② 점유 주파수 대역폭이 좁다.
③ S/N이 개선된다.
④ 페이딩 영향이 적고 신호 방해가 적다.

11. 다음 중 R-S 플립플롭(flip-flop)에서 진리표가 R=1, S=1일 때, 출력은? (단, 클록 펄스는 1이다.)
① 0 ② 1
③ 불변 ④ 불능

12. 다음 회로는 수정발진기의 가장 기본적인 회로이다. 발진회로 A에 들어갈 부품은?

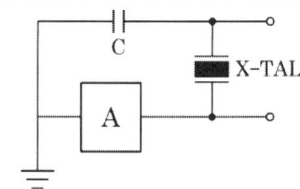

① 저항 ② 코일
③ TR ④ 커패시터

13. 증폭기의 가장 이상적인 잡음 지수는? (단, 증폭기 내에서 잡음발생이 없음을 의미한다.)
① 0 ② 1
③ 100 ④ ∞(무한대)

14. 그림의 회로에서 출력전압 V_o의 크기는? (단, [V]는 실효값이다.)

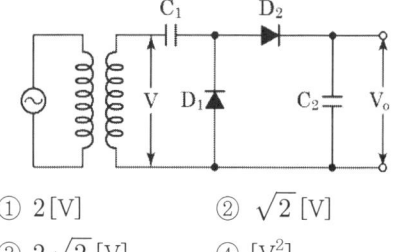

① 2[V] ② $\sqrt{2}$[V]
③ $2\sqrt{2}$[V] ④ $[V^2]$

15. 발진회로 중에서 각 특성을 비교하였을 때 바르게 연결한 것은?
① RC 발진회로는 가격이 저가이다.
② LC 발진회로는 안정성이 양호하다.
③ 수정 발진회로는 Q값이 작다.
④ 세라믹 발진회로는 저주파 측정용 발진기 용도로 쓰인다.

16. 이상적인 펄스 파형에서 최대 진폭 A_{max}의 90[%]되는 부분에서 10[%]가 되는 부분까지 내려가는 데 소요되는 시간은?
① 지연시간 ② 상승시간
③ 하강시간 ④ 오버슈트 시간

17. Von Neumann형 컴퓨터 연산자의 기능이 아닌 것은?
① 제어 기능 ② 기억 기능
③ 전달 기능 ④ 함수 연산 기능

18. 주기억장치에 대한 설명이 아닌 것은?
① 최종 결과 기억
② 데이터 연산
③ 중간 결과 기억
④ 프로그램 기억

과년도 출제문제

19. 반가산기의 합과 자리올림에 대한 논리식으로 옳은 것은? (단, 입력은 A와 B이고, 합은 S, 자리올림은 C이다.)

① $S = \overline{A}B \cdot AB, \ C = A + B$
② $S = \overline{A}B + A\overline{B}, \ C = AB$
③ $S = \overline{A}B + A\overline{B}, \ C = \overline{AB}$
④ $S = \overline{AB} + AB, \ C = \overline{AB}$

20. 마이크로프로세서에서 누산기의 용도는?
① 명령의 해독
② 명령의 저장
③ 연산 결과의 일시 저장
④ 다음 명령의 주소 저장

21. 다음 프로그래밍 언어 중 가장 단순하게 구성되어 처리 속도가 가장 빠른 것은?
① 기계어　　② 베이직
③ 포트란　　④ C

22. 다음 중 가상기억장치를 가장 올바르게 설명한 것은?
① 직접 하드웨어를 확장시켜 기억용량을 증가시킨다.
② 자기테이프장치를 사용하여 주소공간을 확대한다.
③ 보조기억장치를 사용하여 주소공간을 확대한다.
④ 컴퓨터의 보안성을 확보하기 위한 차폐 시스템이다.

23. 연산될 데이터의 값을 직접 오퍼랜드에 나타내는 주소지정방식은?
① 직접 주소지정방식
② 상대 주소지정방식
③ 간접 주소지정방식
④ 레지스터 방식

24. 다음은 중앙처리장치에 있는 레지스터를 설명한 것이다. 명칭에 맞게 기능을 바르게 설명한 것은?
① 명령 레지스터(PC) - 주기억장치의 번지를 기억한다.
② 기억 레지스터(MAR) - 중앙처리장치에서 현재 수행 중인 명령어의 내용을 기억한다.
③ 번지 레지스터(MBR) - 주기억장치에서 연산에 필요한 자료를 호출하여 저장한다.
④ 상태 레지스터 - CPU의 각종 상태를 표시하며 각 비트별로 할당하여 플래그 상태를 나타낸다.

25. 다음 그림과 같은 형식은 어떤 주소 지정 형식인가?

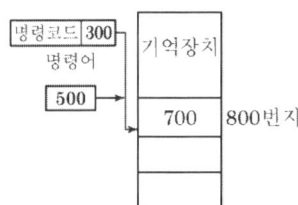

① 직접 데이터 형식
② 상대 주소 형식
③ 간접 주소 형식
④ 직접 주소 형식

26. 다음 중 스택(stack)을 필요로 하는 명령 형식은?
① 0-주소　　② 1-주소
③ 2-주소　　④ 3-주소

27. 다음 중 주기억장치는?
① RAM　　② FDD
③ SSD　　④ HDD

28. 다음의 프로그램 언어 중 인간중심의 고급언어로서 컴파일러 언어만으로 짝지어진 것은?
① 코볼, 베이직
② 포트란, 코볼
③ 베이직, 어셈블리 언어
④ 기계어, 어셈블리 언어

29. 안테나의 급전선 임피던스(Z_r)가 75[Ω]이고, 여기에 특성 임피던스(Z_0)가 50[Ω]인 필터를 연결한다면 반사 계수는?
① 0.1   ② 0.2
③ 0.4   ④ 0.75

30. 금속성의 도전성 피가열 재료에 코일을 감고 교류 전류를 흘리면 코일 주변에 전자기유도에 의해 유도된 2차 전류가 피가열 재료를 흐르는 경우에 발생하는 줄열(Joule's heat)을 이용하는 방식은?
① 유도 가열
② 유전 가열
③ 초음파 가열
④ 적외선 가열

31. 실제 이득을 측정하기 위해서 회로를 구성할 시에 LPT 앞단에 필요한 것은?

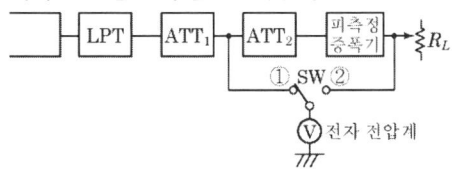

① A/D 변환기
② 저주파 발진기
③ 고역 통과 필터
④ 비교 검출기

32. 다음과 같은 특징을 가지는 측정 계기는?
- 저항, 인덕턴스, 커패시턴스 등을 직렬로 연결시킨 직렬 공진회로의 주파수 특성을 이용
- RLC로 구성된 회로의 공진 주파수를 개략적으로 측정
- 대체로 100[MHz] 이하의 고주파 측정에 사용

① 동축 주파수계   ② 공동 주파수계
③ 계수형 주파수계 ④ 흡수형 주파수계

33. 오실로스코프로 직접 측정할 수 없는 것은?
① 주파수   ② 위상
③ 회전수   ④ 파형

34. 수신기의 내부 잡음 측정에서 잡음이 없는 경우 잡음 지수 F는 얼마인가?
① F=1   ② F>1
③ F<1   ④ F=2

35. 가동 코일형 계기로 교류 전압을 측정하고자 한다. 어떤 장치를 필요로 하는가?
① 증폭기   ② 혼합기
③ 정류기   ④ 발진기

36. 인덕턴스의 측정에 사용되는 브리지의 종류가 아닌 것은?
① 맥스웰 브리지
② 윈 브리지
③ 헤이 브리지
④ 헤비사이드 브리지

37. 주파수 측정 계기로 측정하였을 때 1분 동안에 반복 횟수가 72000회이었다면 주파수는 몇 [Hz]인가?
① 300   ② 600
③ 900   ④ 1200

38. LED의 극성을 측정하기 위하여 LED의 양 리드 단자에 회로시험기의 테스트 봉을 교대로 접속했을 때의 설명으로 옳은 것은?
① 한쪽에서는 LED가 점등되고, 다른 방향에서는 소등되면 정상적인 LED이다.
② 한쪽에서는 LED가 점등되고, 다른 방향에서도 점등되면 정상적인 LED이다.
③ 한쪽에서는 LED가 소등되고, 다른 방향에서도 소등되면 정상적인 LED이다.
④ 회로시험기로는 LED의 극성을 판별할 수 없다.

39. 정현파와 구형파 발진기에서 정현파가 만들어진 상태에서 구형파를 출력하기 위하여 사용되는 회로는?
① 적분회로
② 미분회로
③ 필터(Filter) 회로
④ 슈미트 트리거(Schmitt trigger) 회로

40. 전류계와 전압계를 연결하여 직류 전력을 측정하고자 할 때 측정 계기의 지시 값이 12[V], 2[A]이고 전압계 내부 저항 r_v=48[Ω]일 때, 저항 R의 소비 전력은 몇 [W]인가?

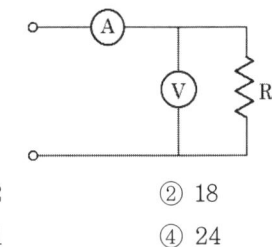

① 12   ② 18
③ 21   ④ 24

41. 태양전지에서 음극(-) 단자와 연결된 부분의 물질은?
① P형 실리콘판   ② 셀렌
③ N형 실리콘판   ④ 붕소

42. 다이오드를 사용한 정류회로에서 과다한 부하 전류에 의하여 다이오드가 파손될 우려가 있을 경우, 이를 방지하기 위한 조치로 옳은 것은?
① 다이오드를 병렬로 추가한다.
② 다이오드를 직렬로 추가한다.
③ 다이오드 양단에 적당한 값의 저항을 추가한다.
④ 다이오드 양단에 적당한 값의 콘덴서를 추가한다.

43. 오디오 시스템의 주 증폭기에 사용되는 회로로 2개의 트랜지스터가 부하에 대하여 직렬로 동작하고, 직류 전원에 대해서는 병렬로 접속되는 회로는?
① DEPP 회로   ② SEPP 회로
③ OTL 회로   ④ Equalizer 회로

44. 캐비테이션에 관한 설명 중 틀린 것은?
① 강력한 초음파를 기체에 방사했을 때 생긴다.
② 진동자의 진동면 부근에 안개 모양의 기포가 생긴다.
③ 공동작용이라고도 하며 독특한 소음을 낸다.
④ 초음파가 더욱 강해지면 분사현상이 공기 중에 분출된다.

45. 다음 그림의 회로에서 C=1[μF], R=1[MΩ]일 때 전달함수 G(s)는?

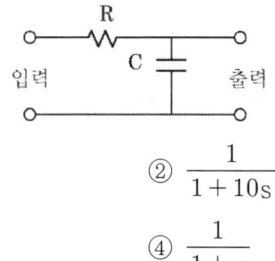

① $\dfrac{1}{s}$ ② $\dfrac{1}{1+10s}$
③ s   ④ $\dfrac{1}{1+s}$

46. 주국과 종국의 전파도래 시간차를 측정하는 방식은?
① 로란(Loran) 방식
② 데카(decca) 방식
③ $\rho-\theta$방식
④ 방사상 방식

47. 소리의 3요소에 포함되지 않는 것은?
① 소리의 세기
② 소리의 고저
③ 소리의 음색
④ 소리의 가락

48. Full-HD 해상도를 나타내는 1080p에서 p의 의미는?
① 프로토타입(prototype)
② 프로그램(program)
③ 프로테크닉(protechnic)
④ 프로그레시브(progressive)

49. 서보 기구에 사용되지 않는 것은?
① 싱크로
② 리졸버
③ 단상전동기
④ 차동변압기

50. 다이내믹 스피커에 들어 있지 않은 부품은?
① 영구자석
② 댐퍼(damper)
③ 가동전극
④ 가동 코일

51. 원래 사운드의 잔향 효과를 나타내기 위해 사용하는 사운드 이펙터(Effector)는?
① 디스토션(distortion)
② 리버브(reverb)
③ 오버드라이브(overdrive)
④ 컴프레서(compressor)

52. 자동차 내비게이션 등에 일반적으로 사용되는 위치인식장치 명칭은?
① GIS
② GNS
③ GAS
④ GPS

53. IPTV를 이용하기 위한 장치 중 반드시 필요한 장치가 아닌 것은?
① TV 수상기
② 컴퓨터
③ 인터넷회선
④ 셋톱박스

54. 다음 회로의 시정수는 몇 s인가?

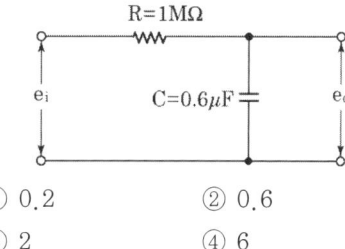

① 0.2
② 0.6
③ 2
④ 6

55. 디지털 비디오에 대한 설명으로 틀린 것은?
① 고해상도 구현이 가능하다.
② 별도의 디코더 없이 재생 가능하다.
③ 복제, 배포가 용이하다.
④ 영상의 추출 편집이 용이하다.

56. 초음파 집진기는 초음파의 어떤 작용을 이용한 것인가?
① 응집 작용
② 분산 작용
③ 확산 작용
④ 에멀션화 작용

57. 영상 편집을 위해 캠코더와 컴퓨터를 연결하기 위한 인터페이스는?
① RS-232C
② RS-485C
③ IEEE 1394
④ IEEE 1284

과년도 출제문제

58. 자기 테이프의 녹음 바이어스(recording bias)에 대한 설명으로 옳은 것은?
① 초단 증폭기의 동작점을 결정하는 바이어스
② 녹음헤드에 전류를 가하여 테이프에 자기 특성점을 결정하는 바이어스
③ 재생헤드에 전압을 가하여 출력 주파수 특성점을 결정하는 바이어스
④ 녹음 입력회로의 특성을 결정하는 바이어스

59. 전자현미경의 배율을 크게 하려면?
① 전자총의 길이를 길게 한다.
② 전자렌즈의 크기를 줄인다.
③ 전자렌즈에 자기장을 강하게 한다.
④ 전자렌즈가 오목렌즈의 역할을 하도록 한다.

60. 주파수 변조를 진폭 변조와 비교 설명한 것으로 틀린 것은?
① 점유주파수 대역폭이 넓다.
② 초단파 내의 통신에 적합하다.
③ S/N비가 좋아진다.
④ 잡음을 제거하기가 어렵다.

전자기기 기능사 (2016년 4월 2일 시행)

1. 연산증폭기의 연산의 정확도를 높이기 위해 요구되는 사항이 아닌 것은?
   ① 좋은 차단특성을 가져야 한다.
   ② 큰 증폭도와 좋은 안정도를 필요로 한다.
   ③ 많은 양의 부귀환을 안정하게 걸 수 있어야 한다.
   ④ 높은 주파수의 발진출력을 지속적으로 내야 한다.

2. 정격 전압에서 100[W]의 전력을 소비하는 전열기에 정격 전압의 60[%] 전압을 가할 때의 소비 전력은 몇 [W]인가?
   ① 36   ② 40
   ③ 50   ④ 60

3. 다음 정전압 안정화회로에서 제너 다이오드 Z_D의 역할은? (단, 입력 전압은 출력 전압보다 높다.)

   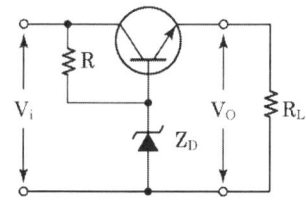

   ① 정류 작용
   ② 기준전압 유지 작용
   ③ 제어 작용
   ④ 검파 작용

4. 단상 전파정류기의 DC 출력전압은 단상 반파정류기 DC 출력 전압의 몇 배인가?
   ① 2   ② 3
   ③ 4   ④ 5

5. 10진수 0~9를 식별해서 나타내고 기억하는 데에는 몇 비트의 기억 용량이 필요한가?
   ① 2비트   ② 3비트
   ③ 4비트   ④ 7비트

6. 다음 중 N형 반도체를 만드는 데 사용되는 불순물의 원소는?
   ① 인듐(In)   ② 비소(As)
   ③ 갈륨(Ga)   ④ 알루미늄(Al)

7. 다음과 같은 회로의 명칭은?

   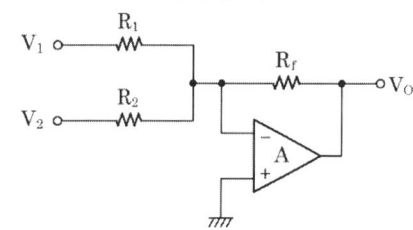

   ① 미분회로
   ② 적분회로
   ③ 가산기형 D/A 변환회로
   ④ 부호 변환회로

8. 적분기회로를 구성하기 위한 회로는?
   ① 저역통과 RC 회로
   ② 고역통과 RC 회로
   ③ 대역통과 RC 회로
   ④ 대역소거 RC 회로

9. 다음 중 광전 변환 소자가 아닌 것은?
   ① 포토 트랜지스터
   ② 태양 전지
   ③ 홀 발전기

④ CCD(Charge Coupled Device) 센서

10. 커패시터 중에서 고주파 회로와 바이패스(Bypass) 용도로 많이 사용되며 비교적 가격이 저렴한 커패시터는?
① 세라믹 커패시터
② 마일러 커패시터
③ 탄탈 커패시터
④ 전해 커패시터

11. 실제적인 R-L-C 병렬 공진회로에서 R이 2[Ω], L은 400[μH], C는 250[pF]일 경우에 공진주파수는 약 몇 [kHz]인가?
① 200　　② 300
③ 450　　④ 500

12. LC 발진기에서 일어나기 쉬운 이상 현상이 아닌 것은?
① 기생 진동(parasitic oscillator)
② 자왜(磁歪) 현상
③ 블로킹(blocking) 현상
④ 인입 현상(pull-in phenomenon)

13. 집적회로(Integrated Circuit)의 장점이 아닌 것은?
① 신뢰성이 높다.
② 대량 생산할 수 있다.
③ 회로를 초소형으로 할 수 있다.
④ 주로 고주파 대전력용으로 사용된다.

14. 3단자 레귤레이터 정전압회로의 특징이 아닌 것은?
① 발진 방지용 커패시터가 필요하다.
② 소비 전류가 적은 전원회로에 사용한다.
③ 많은 전력이 필요한 경우에는 적합하지 않다.
④ 전력소모가 적어 방열 대책이 필요 없는 장점이 있다.

15. B급 푸시풀 증폭기에 대한 설명으로 옳은 것은?
① 효율이 낮은 대신 왜곡이 거의 없다.
② 무선 통신에서 고주파인 반송파 전력 증폭회로에 사용된다.
③ A급 전력 증폭회로에 비해 전력 효율이 좋다.
④ 교차 일그러짐 현상이 없다.

16. 전자기파에 대한 설명 중 틀린 것은?
① 전자기파는 수중의 표면에서 일어나는 현상을 관찰하는 데 이용된다.
② 전자기파란 주기적으로 세기가 변화하는 전자기장이 공간으로 전파해 나가는 것을 말한다.
③ 전자기파는 우주 공간에서 전파의 전달이 불가능하다.
④ 전자기파는 매질이 없어도 진행할 수 있다.

17. 다음 중 제어장치의 역할이 아닌 것은?
① 명령을 해독한다.
② 두 수의 크기를 비교한다.
③ 입·출력을 제어한다.
④ 시스템 전체를 감시 제어한다.

18. 레지스터와 유사하게 동작하는 임시 저장장소로서 다음 실행할 명령어의 주소를 기억하는 기능을 하는 것은?
① 레지스터
② 프로그램 카운터
③ 기억장치
④ 플립플롭

과년도출제문제

19. $(1011010)_2$를 8진수와 16진수로 변환하면?
① $(132)_8$, $(5A)_{16}$ ② $(132)_8$, $(5B)_{16}$
③ $(131)_8$, $(5A)_{16}$ ④ $(131)_8$, $(50)_{16}$

20. 순서도(flowchart)의 특징이 아닌 것은?
① 프로그램 코딩(coding)의 기초 자료가 된다.
② 프로그램 코딩 전 기초 자료가 된다.
③ 오류 수정(debugging)이 용이하다.
④ 사용하는 언어에 따라 기호, 형태도 달라진다.

21. CPU와 입·출력 사이에 클록 신호에 맞추어 송, 수신하는 전송 제어방식을 무엇이라 하는가?
① 직렬 인터페이스(serial interface)
② 병렬 인터페이스(parallel interface)
③ 동기 인터페이스(synchronous interface)
④ 비동기 인터페이스(asynchronous interface)

22. 마이크로프로세서에서 가산기를 주축으로 구성된 장치는?
① 제어장치
② 입·출력장치
③ 산술논리 연산장치
④ 레지스터

23. 2진수 10101에 대한 2의 보수는?
① 11001 ② 01010
③ 01011 ④ 11000

24. 컴퓨터의 주기억장치와 주변장치 사이에서 데이터를 주고받을 때, 둘 사이의 전송속도 차이를 해결하기 위해 전송할 정보를 임시로 저장하는 고속 기억장치는?
① Address ② Buffer
③ Channel ④ Register

25. 비수치적 연산에서 하나의 레지스터에 기억된 데이터를 다른 레지스터로 옮기는 데 사용되는 연산은?
① OR ② AND
③ SHIFT ④ MOVE

26. 주변장치의 입·출력 방법이 아닌 것은?
① 데이지 체인 방법
② 트랩 방법
③ 인터럽트 방법
④ 폴링 방법

27. 데이터베이스를 사용할 때, 데이터베이스에 접근할 수 있는 하부언어로 구조적 질의어라고도 하는 언어는?
① 포트란(FORTRAN)
② C
③ 자바(java)
④ SQL

28. 입·출력장치와 CPU 사이에 존재하는 속도차를 줄이기 위해 사용하는 것은?
① bus ② channel
③ buffer ④ device

29. 직류 출력 전압이 무부하 시 250[V]이고, 전부하 시 출력 전압이 200[V]이었다. 전압 변동률은 몇 [%]인가?
① 10 ② 15
③ 20 ④ 25

30. 수신기에서 잡음 측정을 할 때 300[Hz] 이상을 차단시키는 경우에 사용하는 필터는?
① 랜덤필터 ② 고역필터

③ 중역필터 ④ 저역필터

31. 다음 그림의 변조도 m은?

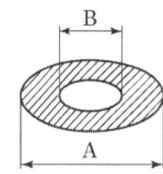

① $m = \dfrac{A-B}{A+B} \times 100$

② $m = \dfrac{A+B}{A-B} \times 100$

③ $m = \dfrac{A-B}{A \times B} \times 100$

④ $m = \dfrac{A+B}{A \times B} \times 100$

32. 영위 측정법의 원리를 이용하여 측정량을 전기적인 양으로 변환하여 브리지 또는 전위차계를 연결시켜 측정하는 계기는?
① 열전형 계기
② 자동평형 계기
③ 가동코일형 검류계기
④ 진동편형 주파수계기

33. 측정자의 눈금 오독, 부주의로 발생하는 오차는?
① 이론 오차
② 우연 오차
③ 계기 오차
④ 개인 오차

34. 소인 발진기의 측정 용도로 가장 적합한 것은?
① 전자회로의 출력 전압
② 전자회로의 전류 특성
③ 전자회로의 주파수 특성
④ 전자회로의 전압 특성

35. 다음 중 가장 높은 주파수를 측정할 수 있는 것은?

① 헤테로다인 주파수계
② 공동 주파수계
③ 흡수형 주파수계
④ 동축 주파수계

36. 고주파 영역에서 전력을 측정하는 방법이 아닌 것은?
① 의사부하법
② C-C형 전력계
③ 볼로미터 전력계
④ 전류력계형 전력계

37. 저항과 전류를 측정하여 전력을 구하는 간접 측정에서 저항계의 계급이 1.0급이다. 전류계의 측정 정도는 얼마가 되는 것이 가장 적당한가?
① 0.5[%]
② 1[%]
③ 2[%]
④ 4[%]

38. 직류 전기에너지를 지속적인 교류 전기에너지로 변환시키는 장치를 무엇이라 하는가?
① 복조기
② 변조기
③ 발진기
④ 증폭기

39. 그림과 같은 맥동 전류를 열전대로 측정하였더니 5[A]를 지시하였다. 이것을 가동코일형 전류계로 측정하면 그 지시값은 몇 [A]인가? (단, 계기는 반파를 이용한 것으로 한다.)

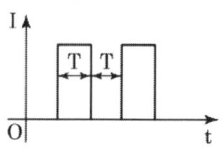

① 35.4
② 3.54
③ 2.54
④ 4.54

40. 아날로그 계측기와 비교 시 디지털 계측기에만 반드시 필요한 것은?

① 비교기
② 증폭기
③ A/D 변환기
④ D/A 변환기

41. 다음 그림은 VHS 방식 카세트테이프의 후면 모양을 나타내었다. 구멍 H의 역할은?

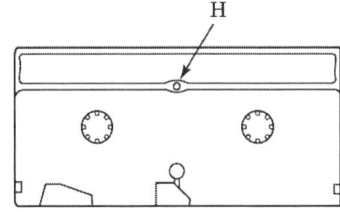

① 오소거 방지
② 종단 검출용 램프 장착
③ 릴 브레이크 해제
④ 테이프 사용시간 구분

42. 대화형 입력장치가 아닌 것은?
① 디지타이저
② 라이터 펜 방식
③ 터치 패널
④ 리피터

43. 제어 대상에 속하는 양, 제어 대상을 제어하는 것을 목적으로 하는 양은 무엇인가?
① 목표값   ② 제어량
③ 외란   ④ 조작량

44. 청력 검사기(Audiometer)에서 신호음으로 사용하는 신호의 파형은?
① 삼각파   ② 톱니파
③ 사인파   ④ 구형파

45. 파장이 1[m]인 전파의 주파수는 몇 [MHz]인가? (단, 빛의 속도는 3×10^8[m/s]이다.)

① 0.3   ② 3
③ 30   ④ 300

46. 출력의 전력이 500[W]인 송신기의 공중선에 5[A]의 전류가 흐를 때 복사 저항은 몇 [Ω]인가?
① 10   ② 20
③ 30   ④ 40

47. 컬러텔레비전 수상기의 구성 요소가 아닌 것은?
① 변조회로   ② 영상회로
③ 음성회로   ④ 편향회로

48. 다음 중 광기전력 효과를 이용한 것은?
① 태양전지   ② 전자냉동
③ 전장발광   ④ 루미네센스

49. 영상의 가장 밝은 부분에서부터 가장 어두운 부분을 단계로 표시하는 것을 무엇이라 하는가?
① 화소   ② 계조
③ 비트맵   ④ 추출

50. 라디오존데(radiosonde)로 측정할 수 없는 것은?
① 온도 측정   ② 습도 측정
③ 기압 측정   ④ 주파수 측정

51. 초음파를 이용한 응용 분야로 틀린 것은?
① 세척기
② 구멍 뚫기 가공
③ GPS
④ 의학적 치료

52. 장, 중파용에 사용되는 공중선으로 적합하지 않은 것은?
① 수직 안테나

② 우산형 안테나
③ T형 안테나
④ 반파장 다이폴 안테나

53. 유도가열(induction heating)의 특징에 대한 설명으로 틀린 것은?
① 내부가열이 가능하며, 표피층만 가열이 가능하다.
② 효율을 높이기 위해서 저주파가 필요하다.
③ 비접촉 가열이 가능하다.
④ 국부 및 균열 가열이 쉽다.

54. VTR에서 테이프의 속도를 일정하게 유지하기 위한 기구는?
① 임피던스 롤러
② 핀치 롤러
③ 캡스턴
④ 텐션 포스트

55. VTR용 Head의 자성재료에 요구되는 특성으로 틀린 것은?
① 실효 투자율이 높을 것
② 가공성이 좋을 것
③ 잡음발생이 적을 것
④ 마모성이 클 것

56. 강한 직류 자장을 자기 테이프에 가하여 녹음에 의한 잔류 자기를 자화시켜 소거하는 방법은?
① 교류 소거법
② 소거 헤드법
③ 직류 소거법
④ 직류 바이어스법

57. 어떤 물질 1[kg]의 온도를 1[℃] 올리는 데 필요한 열량을 무엇이라 하는가?
① 대기압
② 응축
③ 비열
④ 압력

58. 서보 기구에 관한 일반적인 조건으로 옳은 것은?
① 조작력이 강해야 한다.
② 추종속도가 느려야 한다.
③ 서보 모터의 관성은 매우 커야 한다.
④ 유압식의 경우 증폭부에 트랜지스터 증폭부나 자기 증폭기가 사용된다.

59. 뇌파의 신호 형태가 아닌 것은?
① ϕ파
② α파
③ δ파
④ θ파

60. 다음과 같은 전달함수를 합성할 때 G(S)는?

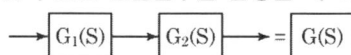

① $G_1(S) \cdot G_2(S)$
② $G_1(S) + G_2(S)$
③ $G_1(S) - G_2(S)$
④ $G_2(S) - G_1(S)$

전자기기 기능사 (2016년 7월 10일 시행)

1. JK 플립플롭을 이용한 동기식 카운터회로에서 어떻게 동작하는가?

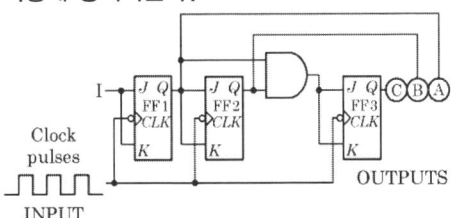

① 10진 증가(down) 카운터
② 3비트 Mod-8 카운터
③ 16진 감소(down) 카운터
④ 10비트 Mod-8 카운터

2. 다음 연산증폭기의 전압증폭도 A_V는?

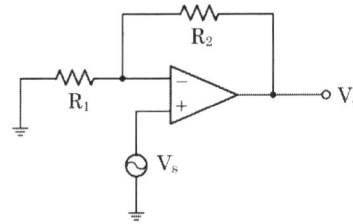

① $\dfrac{R_1 + R_2}{R_1}$ ② $\dfrac{R_1}{R_1 + R_2}$

③ $\dfrac{R_1}{R_2}$ ④ $\dfrac{R_2}{R_1}$

3. 오실로스코프에 연결하여 파형을 측정하였을 때 측정 파형이 다음 그림과 같았다. 최고점 간 (peak to peak) 전압(V_{P-P})은 몇 [V]인가? (단, 프로브는 10 : 1을 사용하였다.)

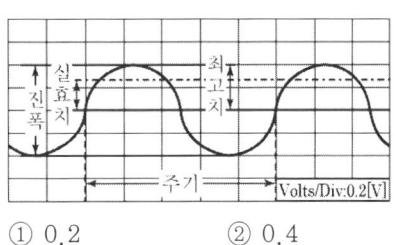

① 0.2 ② 0.4
③ 4 ④ 8

4. 다음 회로에 입력 V_i 파형으로 펄스폭이 Δt [sec]인 구형파를 가할 때 출력 V_o 파형은? (단, 회로의 시정수 RC는 입력파형의 펄스폭보다 훨씬 크다고 가정한다.)

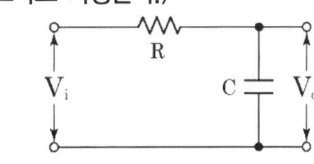

① 정현파 ② 구형파
③ 계단파 ④ 삼각파

5. 주파수 안정도가 가장 높은 발진회로는?
① 수정 발진회로
② 클랩 발진회로
③ 하틀리 발진회로
④ 콜피츠 발진회로

6. 7 세그먼트 표시장치(seven-segment display)의 용도로 적합한 것은?
① 10진수 표시 ② 신호 전송
③ 레벨 이동 ④ 잡음 방지

7. 위상 천이(이상형) 발진회로의 발진주파수는? (단, $R_1 = R_2 = R_3 = R$이고, $C_1 = C_2 = C_3 = C$이다.)

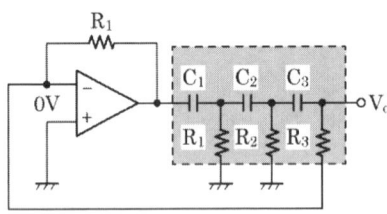

① $f_o = \dfrac{1}{2\pi\sqrt{6}\,RC}$

② $f_o = \dfrac{1}{2\pi\sqrt{6RC}}$

③ $f_o = \dfrac{1}{2\pi LC}$

④ $f_o = \dfrac{\sqrt{6}}{2\pi RC}$

8. LC 발진회로에서 귀환회로에 3소자의 연결 형태에 따라 발진회로를 구분할 수 있다. 다음 발진회로의 발진 조건은? (단, 항상 Z_1, Z_2, Z_3 소자는 부호가 같다고 가정한다.)

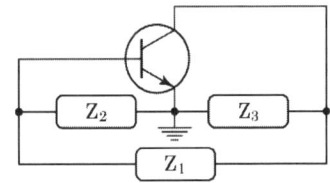

① Z_1 : 용량성, Z_2 : 용량성, Z_3 : 유도성
② Z_1 : 용량성, Z_2 : 유도성, Z_3 : 용량성
③ Z_1 : 유도성, Z_2 : 용량성, Z_3 : 용량성
④ Z_1 : 유도성, Z_2 : 용량성, Z_3 : 유도성

9. 저항 5[Ω], 용량성 리액턴스 4[Ω]이 병렬로 접속된 회로의 임피던스는 약 몇 [Ω]인가?

① 0.32   ② 0.67
③ 1.49   ④ 3.12

10. 다음 회로에 대한 설명으로 틀린 것은?

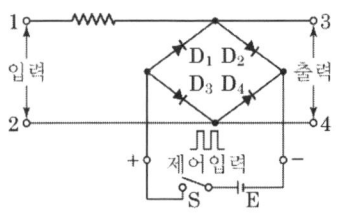

① 회로는 브리지형 게이트회로이다.
② 스위치 S에 무관하게 입력한 전압이 그대로 출력측의 전압으로 나타난다.
③ 스위치 S를 닫으면 $D_1 \sim D_4$가 도통되므로 단자 1~2에 가해지는 전압은 출력단자에 나타나지 않는다.
④ 스위치 S가 개방되면 단자 3~4 사이의 다이오드 임피던스는 높으므로 입력 전압은 출력에 그대로 나타난다.

11. 정현파(사인파) 발진회로가 아닌 것은?
① RC 발진회로
② LC 발진회로
③ 수정 발진회로
④ 블로킹 발진회로

12. 다음 회로의 입력(V_i)에 구형파를 가하면 출력 파형(V_e)은?

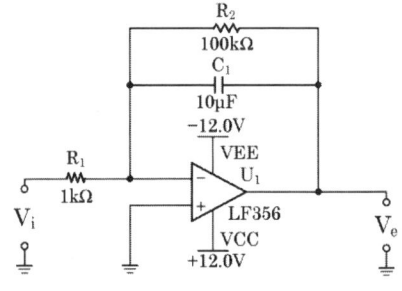

① 정현파   ② 구형파
③ 삼각파   ④ 사다리꼴파

13. 동조회로에서 최대 이득을 얻기 위한 조건으로 옳은 것은? (단, 코일의 결합계수 k, 선택도 Q이다.)

① $k < \dfrac{1}{Q}$ ② $k = \dfrac{1}{Q}$
③ $k > \dfrac{1}{Q}$ ④ $k = Q$

14. 정류기의 평활회로는 어떤 종류의 여파기에 속하는가?
① 대역 통과 여파기
② 고역 통과 여파기
③ 저역 통과 여파기
④ 대역 소거 여파기

15. 빛의 변화로 전류 또는 전압을 얻을 수 없는 것은?
① 광전 다이오드
② 광전 트랜지스터
③ 황화카드뮴(CdS) 셀
④ 태양전지

16. 하나의 집적회로(integrated circuits, IC) 속에 들어 있는 집적 소자의 개수가 10개 이하 범위에 속하는 집적회로는?
① VLSI   ② SSI
③ LSI   ④ MSI

17. 2진수 $(1010)_2$의 1의 보수는?
① 0101   ② 1010
③ 1011   ④ 1101

18. 다음 중 고급 언어로 작성된 프로그램을 한꺼번에 번역하여 목적 프로그램을 생성하는 프로그램은?
① 어셈블리어   ② 컴파일러
③ 인터프리터   ④ 로더

19. 메모리로부터 읽어낸 데이터나 기억장치에 쓸 데이터를 임시 보관하는 레지스터는?
① 인덱스 레지스터
② 메모리 어드레스 레지스터
③ 메모리 버퍼 레지스터
④ 범용 레지스터

20. 컴퓨터에서 2[KB]의 크기를 [byte]단위로 표현하면?
① 512[byte]   ② 1024[byte]
③ 2048[byte]   ④ 4096[byte]

21. 산술 및 논리 연산의 결과를 일시적으로 기억하는 레지스터는?
① 기억 레지스터(storage register)
② 누산기(accumulator)
③ 인덱스 레지스터(index register)
④ 명령 레지스터(instruction register)

22. 주기억장치(RAM)과 중앙처리장치(CPU)의 속도 차이를 해소하기 위한 기억장치의 명칭은?
① 가상 기억장치
② 캐시 기억장치
③ 자기코어 기억장치
④ 하드디스크 기억장치

23. 아래 그림과 같이 두 개의 게이트를 상호 접속할 때 결과로 얻어지는 논리게이트는?

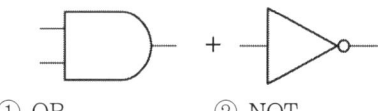

① OR   ② NOT
③ NAND   ④ NOR

24. 중앙처리장치(CPU)의 구성 요소에 해당하지 않는 것은?
① 연산장치   ② 입력장치
③ 제어장치   ④ 레지스터

25. 자료전송에 발생하는 에러(error) 검출을 위하여 추가된 bit는?
   ① 3-초과　　② gray
   ③ parity　　④ error

26. 다음 중 선입선출(FIFO) 동작을 하는 것은?
   ① RAM　　② ROM
   ③ STACK　　④ QUEUE

27. 순서도 사용에 대한 설명 중 틀린 것은?
   ① 프로그램 코딩의 직접적인 기초 자료가 된다.
   ② 오류 발생 시 그 원인을 찾아 수정하기 쉽다.
   ③ 프로그램의 내용과 일 처리 순서를 파악하기 쉽다.
   ④ 프로그램 언어마다 다르게 표현되므로 공통적으로 사용할 수 없다.

28. 주소지정방식 중 명령어의 피연산자 부분에 데이터의 값을 저장하는 주소지정방식은?
   ① 즉시 주소지정방식
   ② 절대 주소지정방식
   ③ 상대 주소지정방식
   ④ 간접 주소지정방식

29. 아날로그 회로시험기와 비교한 디지털 멀티미터의 장점이 아닌 것은?
   ① 입력임피던스가 높아 피측정량에 미치는 영향이 적다.
   ② 측정결과를 읽을 때 개인오차가 없다.
   ③ 대부분의 측정이 수동으로 수행된다.
   ④ 측정 정밀도가 좋다.

30. 고주파 전류를 측정하는 데 사용하는 계기는?
   ① 계기용 변류기　　② 열전형 전류계
   ③ 직류 변류기　　④ 후크 미터

31. 정재파에 의하여 마이크로파의 임피던스를 측정하고자 한다. 싱크로스코프에 의한 정재파형이 그림과 같을 때 전압정재파비는 얼마인가?

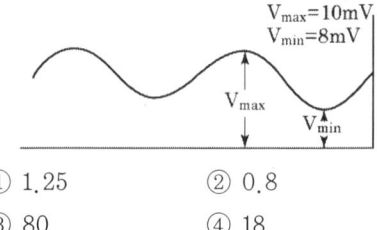

   ① 1.25　　② 0.8
   ③ 80　　④ 18

32. 오실로스코프에서 다음과 같은 파형을 얻었다. 이것은 무엇을 측정한 파형인가? (단, A=3, B=1이다.)

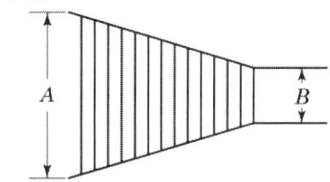

   ① 100% AM 변조파
   ② 100% FM 변조파
   ③ 50% AM 변조파
   ④ 50% FM 변조파

33. 표준 신호 발생기(SSG)가 갖추어야 할 조건 중 옳지 않은 것은?
   ① 불필요한 출력을 내지 않을 것
   ② 발진 주파수가 정확하고, 파형이 양호할 것
   ③ 출력이 가변될 수 있고, 정확한 값을 알 수 있을 것
   ④ 출력 임피던스가 작고, 가변적일 것

34. 테스트 패턴 발생기(test pattern generator)의 용도로 옳은 것은?
   ① 정현파 발생용

② 전자회로 도면 작성용
③ 라디오의 주파수 복조용
④ 텔레비전의 송수신기의 조정용

35. 기전력 100[V], 내부저항 33[Ω]인 전지에 내부저항 300[Ω]인 전압계를 접속할 때, 전압계의 지시값은 약 몇 [V]인가?
① 90   ② 93
③ 96   ④ 100

36. 고주파 전류측정에 적합한 계기는?
① 열전형   ② 가동 코일형
③ 정류형   ④ 가동 철편형

37. 오실로스코프 측정 시 파형이 정지하지 않고 움직일 때 조정해야 하는 것은?
① 수평축 제어   ② 포지션 제어
③ 트리거 제어   ④ 수직축 제어

38. 다음은 검류계의 내부저항 측정 그림이다. 검류계의 내부 저항 R_g의 값을 구하는 계산식으로 옳은 것은?

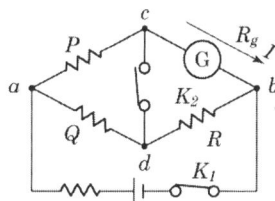

① $R_g = \dfrac{Q}{P}R$ ② $R_g = \dfrac{P}{Q}R$
③ $R_g = \dfrac{P}{R}Q$ ④ $R_g = \dfrac{Q}{R}$

39. 1[MΩ] 이상의 고저항 또는 절연 저항의 측정에서 사용되는 방법으로 틀린 것은?
① 직편법
② 전압계법
③ 충격 검류계법
④ 헤비사이드 브리지법

40. 전류 측정 시 참값이 100[mA]이고, 측정값이 102[mA]일 때 오차율은 몇 [%]인가?
① -2   ② 2
③ -1.96   ④ 1.96

41. 오디오 시스템(Audio System)에서 잡음에 대하여 가장 영향을 많이 받는 부분은?
① 등화 증폭기
② 저주파 증폭기
③ 전력 증폭기
④ 주출력 증폭기

42. 2헤드 방식의 VTR에서 한 장의 재생화면(1 frame)을 완성하려면 헤드 드럼은 몇 회전을 하여야 하는가?
① 0.5   ② 1
③ 30   ④ 60

43. VTR의 재생 화면에 하나 또는 다수의 흰 수평선이 나타나는 드롭 아웃(Drop Out) 현상의 원인은?
① 수평 동기가 정확히 잡히지 않기 때문에
② 영상 신호에 강한 잡음 신호가 혼입되기 때문에
③ 전원전압이 순간적으로 불안정하기 때문에
④ 테이프와 헤드 사이에 먼지 등이 끼기 때문에

44. 라디오 수신기의 중간 주파수가 455[kHz]이고, 상측 헤테로다인 방식이라면 700[kHz] 방송을 수신할 때 국부발진 주파수는 몇 [kHz]인가?
① 455   ② 700

③ 1155　　　④ 1600

45. 전자현미경에서 초점은 무엇으로 조정하는가?
① 투사렌즈의 여자전류
② 대물렌즈의 여자전류
③ 집광렌즈의 여자전류
④ 드림렌즈의 여자전류

46. 셀렌에 빛을 쬐면 기전력이 발생하는 원리를 이용하여 만든 계기는?
① 조도계　　② 체온계
③ 압축계　　④ 풍속계

47. 반도체에 전기장을 가하면 생기는 현상은?
① 열전 효과　　② 전기 발광
③ 광전 효과　　④ 홀 효과

48. FM 검파회로에서 비검파(ratio)회로가 사용되는 주된 이유는?
① 동조가 간단하므로
② 검파 출력 전압이 크므로
③ 출력 임피던스가 낮으므로
④ 진폭제한 작용을 하므로

49. 주파수가 1[MHz]인 전자기파의 파장은 몇 [MHz]인가? (단, $v=3\times10^8$이다.)
① 30　　　　② 100
③ 300　　　④ 450

50. 음압의 단위를 올바르게 표현한 것은?
① [N/C]　　　② [μ bar]
③ [Hz]　　　　④ [Neper]

51. 초음파의 감쇠율에 관한 설명으로 틀린 것은?
① 감쇠율은 물질에 따라 다르다.
② 초음파의 진동수가 클수록 감쇠율이 크다.
③ 초음파의 세기는 진폭의 제곱에 비례한다.
④ 고체가 가장 크고, 액체, 기체의 순서로 작아진다.

52. TV수상기 고스트(ghost)의 경감 대책에 관계가 없는 것은?
① 안테나 높이를 바꾼다.
② 지향성이 예민한 안테나를 사용한다.
③ 안테나와 급전선 거리를 멀리 떼어야 한다.
④ 동축케이블을 사용한다.

53. 태양전지에 축전장치가 필요한 이유는?
① 연속적인 사용을 위해서
② 빛의 반사를 위해서
③ 빛의 굴절을 위해서
④ 위의 3가지 모두를 위해서

54. AN(Arrival Notice) 레인지 비컨(range beacon)에서 등신호 방향과 관계가 없는 각도는?
① 45°　　　② 135°
③ 190°　　　④ 315°

55. 스트레이트 수신기가 슈퍼헤테로다인 수신기에 비해 다른 특징이 아닌 것은?
① 조정이 복잡하다.
② 감도가 나쁘다.
③ 인접 주파수 선택도가 나쁘다.
④ 구성이 간단하다.

56. 녹음기 헤드 사용상의 주의사항으로서 틀린 것은?
① 헤드에 충격을 주지 말 것
② 헤드면을 때때로 알코올을 가제에 적셔 가볍게 닦을 것
③ 자성체를 헤드에 접근시키지 말 것

④ 헤드가 자화되면 강한 자석을 헤드에 접근시켜 소자(消磁)할 것

57. 안테나 전력이 100[W]에서 400[W]로 증가하면 동일 지점의 전계 강도는 몇 배로 변하는가?
① 0.5   ② 0.25
③ 2   ④ 4

58. 다음 중 압력을 변위로 변환할 수 있는 것은?
① 스프링   ② 전자석
③ 전자코일   ④ 유도형 변환기

59. CD 플레이어의 구조에서 광학부의 역할은?
① 모터를 구동하는 부분
② 디스크의 정해진 위치에 레이저를 비추어 그 반사광을 픽업하는 부분
③ 수록된 음악 소스의 연주 시간과 재생되는 부분을 표시하는 부분
④ D/A 컨버터 및 리샘플링 회로에 의해 좌우로 분리된 아날로그 신호를 LPF를 통해서 증폭되어 아날로그 스테이지를 거쳐 프리앰프로 출력하는 부분

60. 프로세스 제어(process control)는 어느 제어에 속하는가?
① 추치 제어   ② 속도 제어
③ 정치 제어   ④ 프로그램 제어

전자기기기능사 3주 완성

해설 및 정답

Craftsman Electronic Apparatus

2011년 2월 13일

01 ㉣
사이리스터(thyristor)란 전류를 제어하는 기능의 SCR과 PNPN 접합 반도체 소자들의 총칭으로 전류방향 특성은 다음과 같다.
① 단방향성 소자 : SCR, SUS, PUT, SCS 등
② 쌍방향성 소자 ; TRIAC, DIAC, SSS, SIDAC, SBS 등
* SCR은 게이트 전류가 흘러 일단 단락상태가 되면 전원을 제거하거나 전원의 극성을 바꾸어 가하지 않는 이상 차단되지 않는다.

02 ㉮
전자결합으로 전자가 빠져나간 빈자리를 정공이라 하며, P형 반도체에서는 다수반송자가 정공, N형 반도체에서는 전자가 다수반송자이다.

03 ㉮
$r_f = 60 \times 3 \times 1 = 180 [\text{Hz}]$
정류방식별 맥동주파수(60[Hz])의 경우)

정류 방식	맥동 주파수
단상 반파 정류회로	60[Hz]
단상 전파 정류회로	120[Hz]
3상 반파 정류회로	180[Hz]
3상 전파 정류회로	360[Hz]

04 ㉯
브리지형 RC 발진회로로서 발진주파수는
$f_o = \dfrac{1}{2\pi\sqrt{R_1 R_2 C_1 C_2}}$ [Hz]이다.

05 ㉮
코일의 Q(선택도)
$Q = \dfrac{\omega L}{R} = \dfrac{1}{\omega CR}$, $Q = \dfrac{1}{R}\sqrt{\dfrac{L}{C}}$

06 ㉮
트랜지스터(BJT)의 동작영역에서 증폭기로 사용하기 위해서는 활성영역에서 동작하여야 하고, 논리회로에 사용하기 위해서는 포화영역과 차단영역을 사용한다.

07 ㉰
$Ct = \left(\dfrac{1 \times 1}{1 + 1}\right) + 1 = \left(\dfrac{1}{2}\right) + 1 = 1.5 [\mu F]$

08 ㉮
수정진동자(크리스탈)의 전기적 등가회로는 R, L, C 직렬 공진회로와 C의 병렬 공진회로로 구성된다.

09 ㉣
연산증폭기(operational amplifier)란, 바이폴러 트랜지스터나 FET를 사용하여 이상적 증폭기를 실현시킬 목적으로 만든 아날로그 IC(Integrated Circuit)로서 원래 아날로그 컴퓨터에서 덧셈, 뺄셈, 곱셈, 나눗셈 등을 수행하는 기본 소자로 높은 이득을 가지는 증폭기를 말하며, 이상적인 연산증폭기의 주파수 대역폭은 1000[kHz]이다.
* 이상적인 연산증폭기의 특징
  ① 이득이 무한대이다.(개루프) $|A_v| = \infty$
  ② 입력 임피던스가 무한대이다.(개루프) $|R_i| = \infty$
  ③ 대역폭이 무한대이다. $BW = \infty$
  ④ 출력 임피던스가 0이다. $R_0 = 0$
  ⑤ 낮은 전력 소비
  ⑥ 온도 및 전원 전압 변동에 따른 무영향(zero drift)
  ⑦ 오프셋(offset)이 0이다.(zero offset)
  ⑧ 동상신호제거비(CMRR)가 무한대이다.
  ⑨ 지연 응답(response delay)이 0이다.
  ⑩ 특성의 변동, 잡음이 없다.

10 ㉮
그림은 가산기회로로서
$V_0 = -\left(\dfrac{R_f}{R_1} V_1 + \dfrac{R_f}{R_2} V_2\right)$
$= -\left(\dfrac{5}{1} \times 2 + \dfrac{5}{2} \times 3\right) = -17.5 [V]$

11 ㉯
$\tau = RC = 10 \times 10^3 \times 0.5 \times 10^{-6} = 5 \times 10^3 = 5 [\text{ms}]$

12 ㉰
수정진동자(크리스탈)는 수정에 기계적인 압력을 가하면 표면에 전하가 나타나 전압이 발생하는 압전기 현상을 이용한 것으로 시계, 송신기, PLL 회로, 컴퓨터 등의 신호발생원으로 사용된다.

과년도 출제문제

13 ㉰
이미터 폴로어 증폭기는 입력과 출력전압의 위상이 동위상이고, 입력 임피던스가 크고, 출력 임피던스가 낮아서 내부저항이 큰 전원과 낮은 값의 부하와의 정합에 적합하여 완충증폭기로 많이 사용된다.

14 ㉯
과부하 시 전류가 제한되는 것은 병렬형 정전압 회로의 특징이다.

15 ㉱
I_c는 반송파 전류의 최대진폭, ω는 각속도로 $\omega = 2\pi f$, θ는 위상각으로 변조할 수 있는 대상이다. 그러므로 I_c는 진폭변조, ω는 주파수변조, θ는 위상변조의 대상이다.

16 ㉮
$$W = \frac{CV^2}{2} = \frac{10 \times 10^{-6} \times (250)^2}{2}$$
$$= \frac{10 \times 10^{-6} \times 62500}{2} = 0.3125 [J]$$

17 ㉰
C언어의 연산자 기호에서 +=는 더한 값 할당, -=는 뺀 값 할당의 할당 연산자이다.

18 ㉱
수치자료의 표현
① 고정 소수점 데이터 형식은 전자계산기 내부에서 정수를 나타내는 데이터 형식으로 2바이트 정수형과 4바이트 정수형이 있다. 부호 비트와 정수 비트로 구성된다. 그리고 정수부가 양수(+)이면 0으로, 음수(-)이면 1로 표시한다.
② 부동 소수점 데이터 형식은 전자계산기 내부에서 실수를 나타내는 데이터 형식으로 4바이트 실수형, 8바이트 실수형이 있다. 부호 비트는 실수가 양수(+)이면 0, 음수(-)이면 1로 표시하고, 지수부는 2진수로, 가수부는 10진 유효숫자를 2진수로 변환하여 표시한다.

부호 비트	지수부	가수부

③ 언팩(존 : ZONE) 형식과 팩 10진 형식이 있다.

19 ㉱
주프로그램에서 서브루틴으로 분기할 때는 나중에 주프로그램으로 되돌아올 복귀 주소(return address)를 저장해 놓아야 하는데, 이때 사용되는 것이 스택(stack)이다.

20 ㉱
번역기의 종류에는 어셈블러, 컴파일러, 인터프리터로 구분한다.
① 어셈블러(Assembler)는 어셈블리 언어로 작성된 원시 프로그램을 기계어로 번역하는 프로그램이다.
② 컴파일러(Compiler)는 전체 프로그램을 한 번에 처리하여 목적 프로그램을 생성하는 번역기로, 기억 장소를 차지하지만 실행속도가 빠르다. 한번 번역해 두면 목적 프로그램이 생성되므로 재차 실행 시에 다시 번역할 필요가 없다. 컴파일러를 사용하는 언어는 ALGOL, PASCAL, FORTRAN, COBOL, C 등이 있다.
③ 인터프리터(Interpreter)는 작성된 원시 프로그램을 한 줄씩 읽어 번역 및 실행하는 작업을 반복하는 프로그램이다. 목적 프로그램이 남지 않으며, 일괄 처리가 아니므로 대화형이라 한다. 실행속도가 느리지만 기억 장소를 적게 차지한다. 인터프리터를 사용하는 언어는 BASIC, LISP, 자바(JAVA), PL/1 등이 있다.

21 ㉰
A+1=1, A+A=A가 된다.

22 ㉮
순서도 작성 방법
① 처리 순서의 방향은 위에서 아래로 내려가면서 작성한다.
② 조건에 따라 분기할 경우에 왼쪽에서 오른쪽으로 작성한다.
③ 화살표(→)를 이용하여 흐름을 표시하고, 기호 안에 처리 내용을 기술한다.

23 ㉮
① 직접, 절대 주소지정방식(direct absolute addressing mode) : 오퍼랜드가 존재하는 기억장치의 주소를 직접 명령 속에 포함시켜 지정하는 방법
② 이미디어트 주소지정방식(immediate addressing mode) : 명령 속의 오퍼랜드 정보를 그대로 오퍼랜드로 사용하는 방법
③ 간접 주소지정방식(indirect addressing mode) : 오퍼랜드가 존재하는 기억장치 주소를 내용으로 가지고 있는 기억장소의 주소를 명령 속에 포함시켜 지정하는 방법
④ 레지스터 주소지정방식(register addressing mode) : 기억장치의 주소 대신 레지스터의 번호를 지정하고, 그 레지스터 내용을 목적으로 하는 오퍼랜드의 주소로 한다.(레지스터 간접 주소지정방식이라고 한다.)
⑤ 상대 주소지정방식(relative addressing mode) : 명령 속의 오퍼랜드 지정 정보를 레지스터 지정부와 전개부로 나누어서 레지스터 지정부로 지정된 레지스터 내용과 전개부를 더해서 오퍼랜드의 어드레스를 구한다.
⑥ 페이지 주소지정방식(page addressing mode) : 기억장치를 일정한 크기의 페이지로 나누어서 명령 속에 페이지 내에서의 주소를 지정하는 방법

24 ㉰
산술논리 연산장치(ALU)는 산술연산, 논리연산을 위하여 가산기, 누산기, 데이터 레지스터, 상태 레지스터 등으로 구성된다.

25 ㉰

과년도 출제문제

$(1B7)_{16} = 1 \times 16^2 + B \times 16^1 + 7 \times 16^0$
$= (1 \times 256) + (11 \times 16) + (7 \times 1)$
$= 256 + 176 + 7 = 439$

26 ㉣
가상기억장치는 보조기억장치의 기억공간을 주기억장치처럼 기억공간을 확장하여 사용하는 기억장치이다.

27 ㉰
데이터의 가산은 직렬가산기보다 병렬가산기의 처리속도가 빠르다.

28 ㉮
플립플롭(flip flop)은 쌍안정 상태의 멀티바이브레이터 소자로서 1과 0을 식별해서 기억할 수 있기 때문에 1비트의 기억용량을 갖는 기억소자라고도 한다.

29 ㉣
잡음지수 측정에는 잡음 발생기 또는 신호 발생기를 사용하여 지시 출력(레벨계, 수신기) 계기를 이용한다.

30 ㉣
자동평형 기록계기는 영위법에 의한 측정과 조작을 자동화한 것으로서 지침을 흔들리게 하는 데에는 서보모터(servo moter : 제어용 토크를 발생 전달시키는 기계)의 강력한 구동력을 이용하여 다이얼에 펜 또는 타점용 판을 붙여 기록하게 된다.

31 ㉮
소인 발진기(Sweep Generator)는 오실로스코프와 조합하여 각종 무선 주파 회로의 주파수 특성을 직시하기 위해 사용하는 것으로, 수신기의 중간주파 특성, FM 수신기의 주파수 변별기 또는 광대역 증폭기 등의 조정에 많이 사용되며, 그림과 같이 소인 발진기는 고주파 발진기, 진폭 제한기, 출력감쇠기 등으로 구성된다.

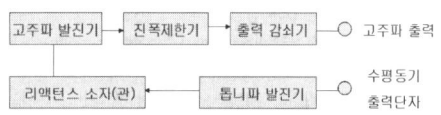

32 ㉰
전압 변동률$(\eta) = \dfrac{V - V_0}{V_0} \times 100$
$= \dfrac{100 - 80}{80} \times 100 ≒ 25[\%]$

33 ㉣
지시계기의 3대 요소
① 구동장치 : 구동 토크를 발생시키는 장치
② 제어장치 : 제어 토크를 발생시키는 장치
③ 제동장치 : 제동 토크를 가해 지침의 진동을 멈추게 하는 장치

34 ㉰
블로미터는 고주파 전압, 전류 및 마이크로파 전력측정에 이용한다.

35 ㉮
오실로스코프의 수직축 단자에 측정하고자 하는 신호를 가하고 수평축 단자에는 파형의 동기(출력 파형의 정지)를 맞추기 위하여 톱니파를 공급한다.

36 ㉮
① 맥스웰 브리지(Maxwell Bridge)는 표준 인덕턴스와 비교하여 미지의 인덕턴스를 측정
② 헤비사이드 브리지(Heaviside Bridge)는 가변상호유도기 M을 표준으로 인덕턴스를 측정
③ 휘트스톤 브리지는 중저항의 측정에 사용
④ 셰링 브리지(Schering Bridge)는 정전용량의 측정에 주로 사용

37 ㉯
어떤 양과 일정한 관계가 있는 독립된 양을 직접 측정한 후에 계산에 의하여 그 양을 알아내는 방법이 간접측정이다.

38 ㉣
① 고주파수용 주파수계에는 헤테로다인 주파수계, 흡수형 주파수계, 딥 미터, 동축 주파수계, 공동 주파수계 등이 있다.
② 진동편형 주파수계, 가동철편형 주파수계, 전류력계형 주파수계는 상용 주파수 측정에 이용된다.

39 ㉮
$\varepsilon = \dfrac{M - T}{T} \times 100 = \dfrac{99 - 100}{100} \times 100 = -1[\%]$

40 ㉮
이산사상의 계수측정회로 계통도에서 A는 변환기를 통하여 입력된 신호의 파형정형회로 부분이고, B는 게이트를 통하여 데이터를 계수하는 계수기 부분이다.

41 ㉣
태양전지의 특징
① 종래에 이용되지 않은 풍부한 에너지원으로 이용된다.
② 장치가 간단하고 보수가 편하다.
③ 빛의 방향에 따라 발생 출력이 변하므로 이것을 고려하여 출력에 여유를 두어야 한다.
④ 연속적으로 사용하기 위해서는 태양광선을 얻을 수 없는 경우에 대비하여 축전장치가 필요하다.
⑤ 대전력용은 부피가 크고 가격이 비싸다.
⑥ 태양전지를 연속적으로 사용하기 위해서는 태양광선

을 얻을 수 없는 경우를 대비하여 축전장치가 필요하다.

42 ㉮
전자렌즈에서 색 수차는 상이 흐려지는 원인이 된다. 색수차의 발생 원인은 전자 빔이 시료를 투과할 때 속도가 다른 여러 전자가 생기거나 전자의 가속전압 및 전자렌즈의 여자 전류의 변동에 의하여 전자속도가 변동하여 발생된다.

43 ㉮
VTR의 심장부는 비디오 헤드(video head)이다. 이 성능의 좋고 나쁨이 곧 VTR의 성능에 연결된다.

44 ㉯
메인앰프의 구비 조건
① 주파수 특성이 모든 주파수에서 평탄할 것
② S/N가 우수할 것
③ 왜율이 적을 것

45 ㉰
방향이나 위치의 추치 제어를 서보 기구(servo-mechanism)라 하며, 조작력이 강하고, 추종속도가 빨라야 하며, 전기식이면 증폭부에 트랜지스터 증폭기나 자기증폭기가 사용되고 유압식의 경우에는 파일럿 밸브나 유압 분사관 등이 사용된다.

46 ㉰
단위 계단파(스텝파) 입력신호를 주었을 때 출력파형이 어떻게 되는가의 과도응답(transient response)을 인디셜 응답이라 한다.

47 ㉱
소거법의 종류
① 직류 소거법 : 강한 직류 자장을 테이프에 가하여 소거하는 방법
② 교류 소거법 : 강한 교류 자장을 테이프에 가하여 소거하는 방법
③ 테이프 소자기 사용법 : 테이프를 릴에 감은 채로 소거하는 방법
④ 소거 헤드법 : 공극의 길이를 녹음 헤드보다도 10배 정도 크게 만들어 자기장의 극성을 여러 번 반전시켜 소거하는 방법

48 ㉱
여러 가지 2차 변환의 보기

압력-변위	다이어프램, 스프링
변위-압력	유압 분사관
변위-임피던스	슬라이드저항, 용량형 변환기, 유도형 변환기
변위-전압	가변저항 분압기, 차동변압기
전압-변위	전자석, 전자코일

49 ㉱
그림은 조작량이 편차, 즉 동작신호에 비례하는 비례동작(P동작) 선도로서, 편차와 조작량이 비례하는 ( )부분을 비례대(proportion band)라 한다.

50 ㉮
공중선 능률 = 복사저항 / (복사저항 + 손실저항)
= 250 / (250 + 50) = 250 / 300 = 0.83

51 ㉰
온·오프 동작은 편차가 양인가 음인가에 따라 조작부를 온(On) 또는 오프(Off)하므로 연속적인 동작이 아니다.

52 ㉱
슈퍼헤테로다인 수신기의 장·단점
① 장점
㉠ 중간 주파수로 변환 증폭하므로 감도와 선택도가 좋다.
㉡ 광대역에 걸쳐 선택도가 떨어지지 않고 충실도가 좋다.
② 단점
㉠ 국부 발진주파수의 고조파와 수신전파 사이의 비트(beat) 방해를 받기 쉽다.
㉡ 영상혼신을 받기 쉬우며, 회로가 복잡하고 조정이 어렵다.

53 ㉰
컬러TV 수상기에서 국부발진기의 세밀조정 불량 시 특정 채널만이 흑백화면으로 나오는 고장이 발생한다.

54 ㉮
콘(cone)형 다이내믹 스피커는 비교적 넓은 주파수대를 재생할 수 있는 특징을 갖는다.

55 ㉮
수신기의 특성
① 감도(senstivity) : 미약한 전파를 수신할 수 있는 능력으로 SN비 30[dB]로 일정한 저주파 출력을 얻는데 필요한 안테나 단자의 입력전압으로 나타낸다.
② 선택도(selectivity) : 희망하는 전파를 어느 정도까지 분리해 낼 수 있는지의 능력으로 근접주파수 선택도와 영상주파수 선택도로 대별하여 나타낸다.
③ 충실도(fidelity) : 송신측에서 변조된 신호를 어느 정도까지 충실히 재현할 수 있는지의 청도(원음에 가까운)를 나타낸다.
④ 안정도(stability) : 주파수와 진폭이 일정한 신호 전파를 수신하면서 장시간에 걸쳐 일정한 출력을 낼 수 있는지의 능력을 나타낸다.

56 ㉱
스페이싱 손실은 테이프가 헤드에 밀착하지 않고 간격이 있

기 때문에 생기는 공간 손실이며, 압착 패드(pressure pad)는 테이프를 헤드면에 밀착시켜서 스페이싱 손실을 줄이기 위한 것이다.

57 ㉰

고주파 유전가열은 유전체에 고주파 전장을 가할 때 생기는 유전손(dielectric loss)에 의하여 유전체를 가열하는 방법이다. 유전가열의 공업제품에 대한 응용으로는 목재의 건조 및 접착, 고무의 가황, 합성수지의 예열 및 성형가공, 합성수지의 접착 및 용접, 종이나 섬유의 건조 등이 있다. 섬유류의 염색에는 초음파의 확산 작용을 이용한다.

① 고주파 유전가열의 특징
  ㉠ 열전도율이 나쁜 물체나 두꺼운 물체 등도 단시간에 골고루 가열된다.
  ㉡ 내부 가열이므로 표면의 손상이 없고 국부적인 가열이 된다.
  ㉢ 전원을 끊으면 가열은 즉시 정지하여 열의 이용이 쉽다.
  ㉣ 설비비가 비싸고 고주파 발생 장치의 효율이 나쁜 (50[%] 정도) 결점이 있다.

② 고주파 유전가열의 장·단점
  ㉠ 장점
    ⓐ 가열이 골고루 된다.
    ⓑ 온도 상승이 빠르다.
    ⓒ 전원을 끊으면 가열이 곧 멈추어 주위의 열에 의하여 가열되지 않는다.
    ⓓ 내부 가열이므로 표면 손상이 되지 않는다.
  ㉡ 단점
    ⓐ 고주파 발진기의 효율이 낮다.
    ⓑ 설비비가 비싸다.
    ⓒ 피열물의 모양에 제한을 받게 된다.
    ⓓ 통신 방해를 준다.

58 ㉰

초음파를 이용한 두께 측정에서 10[mm] 이하의 얇은 판의 두께 측정은 공진법을 사용한다.

59 ㉰

등화증폭기(equalizing amplifier)는 레코드나 녹음기의 녹음특성이 일반적으로 저역에서 저하되므로 이 특성을 보상하기 위하여 사용한다.

60 ㉮

의용전자장치의 종류

① 심전계(electrocardiograph) : 심장의 활동으로 인하여 생기는 기전력에 의하여 생체 내에 흐르는 전류 분포의 변화를 신체 표면의 두 점 사이의 전위차로써 검출하여 증폭한 다음 기록기에 기록하는 장치로서, 심장 질환의 진단에 이용된다.
② 뇌파계(electroencephalograph) : 뇌수의 율동적 활동 전압을 머리 피부에 전극을 붙여서 검출, 증폭 기록하는 장치(뇌파 기록)
③ 근전계(electromyograph) : 근육의 수축에 따라 생기는 근육 활동 전류를 전극에 의해 검출하여 증폭 기록하는 장치
④ 안진계 : 눈의 안구 운동에 따라 생기는 각막, 망막 전위의 변화를 측정, 기록하는 장치
⑤ 망막 전도 측정기 : 동공을 통하여 빛을 망막에 보낼 때 유발되는 전위를 측정, 기록하여 눈의 시세포의 기능 검사 등에 사용하는 장치(망막 전장)
⑥ 심음계(phonocardiograph) : 청진기에 의한 청진술을 전자기술을 이용하여 개량한 것
⑦ 전기 혈압계 : 직접법과 간접법에 의한 혈압계가 있다.
⑧ 맥파계(plethysmograph) : 심장의 박동에 따르는 혈관의 맥동 상태를 측정, 기록한 맥파를 측정하는 장치
⑨ 오디오미터(audiometer) : 귀의 청력을 검사하기 위하여 가청 주파수 영역의 여러 가지 레벨의 순음을 전기적으로 발생하는 음향 발생 장치
⑩ 심장용 세동 제거 장치 : 수술 시나 고전압에 닿았을 경우의 충격에 의한 심장의 세동 상태를 정상 상태로 회복시키는 고압 임펄스 장치
⑪ 심장용 페이스메이커(cardiac pacemaker) : 일시적으로 정지하거나 박동 주기가 고르지 못한 심장을 정상으로 되돌리기 위하여 전기적 펄스를 발생시켜 심장에 가하는 장치
⑫ 저주파 치료기, 고주파 치료기, 전기 메스 등

2011년 4월 17일

01 ㉱

플립플롭(flip flop)은 쌍안정 상태의 멀티바이브레이터 소자로서 1과 0을 식별해서 기억할 수 있기 때문에 1비트의 기억 용량을 갖는 기억소자라고도 한다.

02 ㉱

사이리스터(thyristor)란 전류를 제어하는 기능의 SCR과 PNPN 접합 반도체 소자들의 총칭으로 전류방향 특성은 다음과 같다.
① 단방향성 소자 : SCR, SUS, PUT, SCS 등
② 쌍방향성 소자 ; TRIAC, DIAC, SSS, SIDAC, SBS 등
  ㉠ SCR은 게이트 전류가 흘러 일단 단락상태가 되면 전원을 제거하거나 전원의 극성을 바꾸어 가하지 않는 이상 차단되지 않는다.
  ㉡ 트라이액은 쌍방향성 소자이며, 게이트에 (+) 또는 (−)의 어느 값 이상의 전류를 흘리면 트리거 되며 (ON, OFF)를 지속적으로 시킬 수 있다.) 비교적 약한 전력으로 동작시킬 수 있는 것이 특징이다. 교류의 위상 제어 등에 사용된다.
  ㉢ SSS(Silicon Symmetrical Switch)는 쌍방향성 사이리스터이다.

03 ㉯

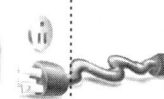

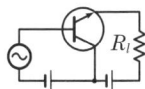

트랜지스터를 활성영역으로 동작시키는 증폭회로에서 베이스와 컬렉터 접합부의 바이어스 전압은 항상 역방향 바이어스를 공급한다.

04 ㉰
① B급 푸시풀 증폭회로 : 전기적 특성이 같은 트랜지스터를 서로 대칭으로 접속하여 교번 동작을 시킨 후 출력을 합하여 큰 출력을 얻게 하는 회로로서 동작점을 차단점(0 바이어스) 부근에 잡아 출력을 크게 할 수 있고, 효율은 78.5[%]로 높다.
② B급 푸시풀 증폭회로의 특징
  ㉠ B급 동작이므로 직류 바이어스 전류가 매우 작아도 된다.
  ㉡ 입력이 없을 때의 컬렉터 손실이 작은 큰 출력을 낼 수 있다.
  ㉢ 짝수 고조파 성분은 서로 상쇄되어 일그러짐이 없는 출력단에 적합하다.
  ㉣ B급 증폭기 특유의 크로스오버(crossover) 일그러짐이 있다.

05 ㉮
연산증폭기(OP-AMP)를 이용한 가산기로서
$$V_0 = -\left(V_1 \frac{R_f}{R_1} + V_2 \frac{R_f}{R_2}\right)$$

06 ㉰
링변조회로는 관측파대를 얻기 위하여 반송파를 제거하고 상측파대와 하측파대만을 얻는 회로로서, 출력의 주파수 성분은 $f_c \pm f_s$ 이다.

07 ㉮
부궤환 증폭회로의 특성
① 증폭기의 이득이 감소한다.
② 비선형 일그러짐이 감소한다. 특히 출력단의 잡음이 감소한다.
③ 주파수 특성이 개선된다.
④ 입력의 임피던스가 증가하고, 출력 임피던스는 감소한다.
⑤ 부하의 변동이나 전원 전압의 변동에도 증폭도가 안정된다.

08 ㉮
피변조파 전력
$$P_m = P_c\left(1 + \frac{m^2}{2}\right)$$
$$= 20 \times \left(1 + \frac{0.7^2}{2}\right)$$
$$= 20 \times 1.245 = 24.9 [kW]$$

$$P_u = P_c\left(\frac{m^2}{4}\right)$$
$$= 20 \times \left(\frac{0.7^2}{4}\right)$$
$$= 20 \times 0.1225 = 2.45 [kW]$$

09 ㉮
$r_f = 60 \times 3 \times 2 = 360 [Hz]$
정류방식별 맥동주파수(60[Hz]의 경우)

정류 방식	맥동 주파수
단상 반파 정류회로	60[Hz]
단상 전파 정류회로	120[Hz]
3상 반파 정류회로	180[Hz]
3상 전파 정류회로	360[Hz]

10 ㉮
① $V_1 = I_1 R_2$ 의 식에 의해
$$I_1 = \frac{V_1}{R_1 + R_2}$$
$$= \frac{100}{1 \times 10^3 + 1 \times 10^3} = \frac{100}{2 \times 10^3} = 50 [mA]$$
$V_1 = 50 \times 10^{-3} \times 1 \times 10^3 = 50 [V]$
② $V_2 = I_2 R_4$ 의 식에 의해
$$I_2 = \frac{V_2}{R_3 + R_4}$$
$$= \frac{50}{200 + 800} = \frac{50}{1 \times 10^3} = 50 [mA]$$
$V_2 = 50 \times 10^{-3} \times 800 = 40 [V]$
∴ 전위차 = $V_1 - V_2 = 50 - 40 = 10 [V]$

11 ㉮
① 수정발진기 : $10^3 \sim 10^8 [Hz]$
② LC 발진기 : $10^0 \sim 10^9 [Hz]$
③ RC 발진기 : $10^{-1} \sim 10^6 [Hz]$

12 ㉱
수정발진기는 LC 발진기에 비하여 주파수 안정도가 매우 우수하다. 그러나 다음과 같은 원인에 의해 발진주파수가 변화하는 경우도 있다.
① 주위 온도의 변화에 의한 수정편의 신축변형
② 부하의 변동
③ 전원 전압의 변동
④ 기계적인 진동
⑤ 수정 공진자나 부품의 온도, 습도 등에 의한 영향
⑥ 양극회로의 조정 불량
* 발진주파수 변동의 원인과 대책
  ① 부하의 변화 : 완충 증폭기를 접속한다.
  ② 주위 온도의 변화 : 항온조에 넣는다.

과년도 출제문제

③ 전원 전압의 변화 : 정전압회로를 쓴다.
④ 습도에 의한 변화 : 방습을 위하여 타회로와 차단

13 ㉣
① 반파 정류회로의 출력파형

② 전파 정류회로의 출력파형

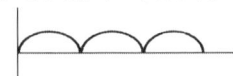

14 ㉣
이상적인 연산증폭기의 특성
① 전압이득 A_v가 무한대이다($A_v = \infty$).
② 입력저항 R_i가 무한대이다($R_i = \infty$).
③ 출력저항 R_o가 0이다($R_o = 0$).
④ 대역폭이 무한대이고($BW = \infty$), 지연응답(response delay)은 0이다.
⑤ 오프셋(offset)이 0이다.
⑥ 특성의 변동, 잡음이 없다.
연산증폭기는 정확도를 높이기 위하여 큰 증폭도와 높은 안정도가 필요하다.

15 ㉣
정현파 발진회로는 LC 발진회로(동조형 반결합, Clapp, Hartley, Colpitts)와 수정 발진회로(Pierce, 수정발진기) 및 RC 발진회로(이상형 병렬, Wein-Bridge)로 구분되고, 멀티 바이브레이터는 구형파 발진회로이다.

16 ㉣
① 이미터 접지방식의 특징
  ㉠ 전류 증폭률(β)이 매우 크고, 전압이득과 출력이득이 다른 접지방식보다 크다.
  ㉡ 입력 임피던스가 수백 [Ω]이고, 출력 임피던스가 수백 [kΩ]이다.
② 컬렉터 접지방식의 특징
  ㉠ 입력 임피던스가 크고, 출력 임피던스가 낮다.
  ㉡ 낮은 입력 임피던스를 갖는 회로와 결합이 적합하다.
  ㉢ 입·출력전압위상이 동위상이고, 이득이 1이하이다.
  ㉣ 입·출력 전류위상이 역위상이고, 이득이 크다.
  ㉤ 100[%] 부궤환 증폭기로서 안정적이고 왜곡이 가장 적다.
③ 베이스 접지방식의 특징
  ㉠ 고주파 특성이 양호하나 증폭도가 낮아, 저주파회로에서는 사용이 곤란하다.
  ㉡ 입력 임피던스가 수십[Ω]이고, 출력 임피던스가 수백[kΩ]이 되어 입력 임피던스가 큰 회로와 정합이 용이하다.

㉢ 전류 증폭도는 1 미만이지만 전압이득이 커서 전력이득이 크다.

17 ㉮
① RAM(Random Access Memory) : 읽기, 쓰기 가능한 기억장치로 전원이 꺼지면 내용이 소멸된다.
② ROM(Read Only Memory) : 이미 저장되어 있는 내용을 읽기만 할 수 있는 기억장치로 전원이 꺼져도 내용은 소멸되지 않는다.

18 ㉯
① 직접, 절대 어드레스 지정 방식(direct absolute addressing mode) : 오퍼랜드가 존재하는 기억장치의 어드레스를 직접 명령 속에 포함시켜 지정하는 방법
② 이미디어트 어드레스 지정 방식(immediate addressing mode) : 명령 속의 오퍼랜드 정보를 그대로 오퍼랜드로 사용하는 방법
③ 간접 어드레스 지정 방식(indirect addressing mode) : 오퍼랜드가 존재하는 기억장치 어드레스를 내용으로 가지고 있는 기억 장소의 어드레스를 명령 속에 포함시켜 지정하는 방법
④ 레지스터 어드레스 지정 방식(register addressing mode) : 기억장치의 어드레스 대신 레지스터의 번호를 지정하고, 그 레지스터 내용을 목적으로 하는 오퍼랜드의 어드레스로 한다.(레지스터 간접 어드레스 지정 방식이라고 한다.)
⑤ 상대 어드레스 지정 방식(relative addressing mode) : 명령 속의 오퍼랜드 지정 정보를 레지스터 지정부와 전개부로 나누어서 레지스터 지정부로 지정된 레지스터 내용과 전개부를 더해서 오퍼랜드의 어드레스를 구한다.
⑥ 페이지 어드레스 지정 방식(page addressing mode) : 기억장치를 일정한 크기의 페이지로 나누어서 명령 속에 페이지 내에서의 어드레스를 지정하는 방법

19 ㉣
① 조합 논리회로 : 출력 신호가 현재의 입력 신호의 조합만으로 결정되는 회로로서, 논리게이트로 구성되며, 조합 논리회로에는 멀티플렉서(multiplexer), 해독기(decoder), 부호기(encoder), 반가산기, 전가산기 등이 속한다.
② 순서 논리회로 : 출력 신호가 현재의 입력 신호와 과거의 입력 신호에 의하여 결정되는 논리회로로서, 플립플롭과 같은 기억소자와 논리 게이트로 구성되며, 레지스터, 플립플롭, 계수기 등은 순서 논리회로에 속한다.

20 ㉣
자기 디스크(magnetic disk)는 시스템 프로그램을 기억시키는 대표적인 보조기억장치로서 여러 장을 하나의 축에 고정시켜 함께 회전하도록 하는 디스크 팩으로 사용하며, 디스크 팩에 있는 데이터를 읽거나 기록하는 헤드는 하나의 축에 고정되어서 같이 움직이는데 이것을 액세스 암이라 한다. 디스크 팩에서 데이터의 처리 순서는 항상 실린더 단위로 이루어지며, 주로 random access를 많이 한다.

21 ㉮
컴퓨터는 입력장치, 주기억장치, 연산장치, 제어장치, 출력장치로 구성되며, 중앙처리장치(CPU)는 주기억장치, 연산장치, 제어장치로 구성된다. 컴퓨터를 크게 2부분으로 구분하면 중앙처리장치(CPU)와 입·출력장치(I/O Device)로 분류한다.

22 ㉮
기계어는 저급 언어에 속하고, 객체지향언어는 고급 언어에 속한다.

23 ㉣
8진수의 각 자리수를 3bit의 2진수로 표현한 후 4bit로 표현하면 16진수가 된다.
그러므로 3   7 .   5   4
          01 1111 . 101 100
           1   F .   B   가 된다.

24 ㉣
논리 데이터는 0과 1로 표현되는 1[bit]의 데이터이다.

25 ㉮
C언어는 컴파일러 언어이다.
① 인터프리터(interpreter)는 작성된 원시 프로그램을 한 줄씩 읽어 번역 및 실행하는 작업을 반복하는 프로그램으로 목적 프로그램이 남지 않으며, 일괄 처리가 아니므로 대화형이라 한다. 실행속도가 느리지만 기억장소를 적게 차지한다.
② 인터프리터를 사용하는 언어는 BASIC, LISP, 자바(JAVA), PL/1 등이 있다.

26 ㉣
컴퓨터 회로에서 버스 라인은 결합선 수의 축소를 위하여 사용한다.

27 ㉯
프로그램 카운터는 레지스터와 유사하게 동작하는 임시기억장치로 다음에 실행할 명령어의 주소를 기억하는 기능을 갖는다.

28 ㉯
직렬가산기에 10과 11의 가산 결과(S)는 캐리(C)가 발생되어 101이 된다.

29 ㉢
자동평형식 기록계기(automatic balancing recorder)는 펜과 기록용지에서 생기는 마찰 오차를 피하기 위하여 고안된 것으로, 영위법에 의한 측정원리를 이용한 것이다. 자동평형 기록계기는 영위법에 의한 측정기로, DC-AC변환기, 증폭회로, 서보 모터 및 지시 기록기구로 구성되어 있다.

30 ㉮
흡수형 주파수계는 직렬공진회로의 주파수 특성을 이용한 것으로 R, L, C 공진회로의 대략이 주파수 측정에 실용되며, 공진회로의 Q가 크지 않을 때에는 공진점을 찾기가 어려워 정밀한 측정이 어렵다.

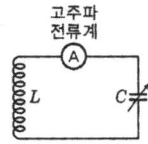 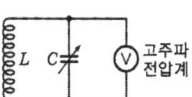

31 ㉯
디지털전압계에서 고주파 신호의 경우 변화가 너무 빨라서 정확한 변환이 불가능할 경우 A/D 변환기와 샘플 홀드회로를 같이 사용한다.

32 ㉮
$f = \dfrac{1}{T}$ 의 식에 의해
$T = 2 \times 1 \times 10^{-3} = 2 \times 10^{-3} [\sec] = 2[ms]$
$f = \dfrac{1}{2 \times 10^{-3}} = 500[Hz]$

33 ㉮
① 고주파용 주파수계에는 헤테로다인 주파수계, 흡수형 주파수계, 딥 미터, 동축 주파수계, 공동 주파수계 등이 있다.
② 진동편형 주파수계, 가동철편형 주파수계, 전류력계형 주파수계는 상용 주파수 측정에 이용된다.

34 ㉯
헤이 브리지는 자기 인덕턴스와 실효 저항의 측정에 사용된다.

35 ㉯
소인 발진기(Sweep Generator)는 오실로스코프와 조합하여 각종 무선주파회로의 주파수특성을 직시하기 위해 사용하는 것으로, 수신기의 중간주파 특성, FM 수신기의 주파수 변별기 또는 광대역 증폭기 등의 조정에 많이 사용되며, 그림과 같이 소인 발진기는 고주파 발진기, 진폭 제한기, 출력 감쇠기 등으로 구성된다.

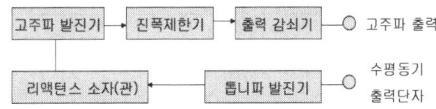

36 ㉣
제어장치의 종류
① 스프링 제어 : 대부분의 지시계기에 사용
② 중력 제어 : 현재는 거의 사용하지 않음
③ 전기력 제어 : 비율계에 사용

④ 자기적 제어 : 가동 자침형 검류계에 사용
⑤ 맴돌이 전류 제어 : 적산전력계에 사용

37 ㉯
휘트스톤 브리지는 평형 조건을 이용하여 $1 \sim 10^4[\Omega]$ 정도의 중저항 측정에 사용된다.

38 ㉮
① Q미터(Q-meter)의 원리는 공진법을 이용한 것으로 Q의 측정 이외에도 인덕턴스, 정전 용량, 코일의 실효 저항과 분포 용량 등의 측정이 가능하다.
② 코일의 Q는 그 코일의 리액턴스와 저항과의 비 $\frac{\omega L}{R}$ 로 정의된다. Q-미터는 코일의 Q를 직독할 수 있게 한 측정기로 발진기, 열전대 전류계, 결합저항, 동조콘덴서와 진공관 전압계 등으로 구성된다.

39 ㉯
왜형률 $x = \frac{\text{고조파의 실효값}}{\text{기본파의 실효값}}$
$= \frac{\sqrt{4^2 + 3^2}}{50} \times 100 = \frac{5}{50} \times 100 = 10 [\%]$

40 ㉱
C-M형 전력계는 동축선로 또는 도파관이 조합된 전력계로 정전력 및 전자력 결합에 의한 전력계로 초단파대 이상의 전력측정에 사용한다.

41 ㉮
주파수 다이버시티는 전파 도중에 일어나는 페이딩을 제거하여 전송 품질의 저하를 방지하기 위하여 사용한다.

42 ㉰
신호의 변환 검출
① 1차 변환기 : 검출기에서의 제어량을 전송하기 쉬운 물리량으로 변환하는 검출기
② 2차 변환기 : 1차 변환기에서 얻은 신호를 다른 물리량으로 바꾸어 조절기에 보내 준다.

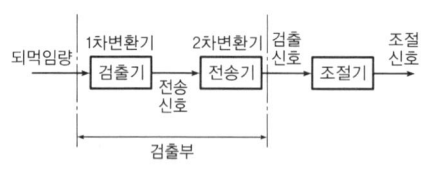

〔검출부의 구성〕

43 ㉮
서보 기구(servomechanism)에 사용되는 기구에는 싱크로(synchro), 리졸버(resolver), 저항식 서보 기구, 차동 변압기 등이 있다.

① 싱크로(synchro) : 전기적으로 변위나 각도를 전달하는 서보 기구
② 리졸버(resolver) : 싱크로와 같이 각도의 전달을 하는 것

44 ㉱
온·오프 동작은 편차가 양인가 음인가에 따라 조작부를 온(On) 또는 오프(Off)하므로 연속적인 동작이 아니다.

45 ㉮
스페이싱 손실은 테이프가 헤드에 밀착하지 않고 간격이 있기 때문에 생기는 공간 손실이며, 테이프 패드는 테이프를 헤드면에 밀착시켜서 이 손실을 줄이기 위한 것이다.

46 ㉯
주파수 변별기는 FM파에서 원래의 신호파를 꺼내기 위하여 사용한다.

47 ㉰
방사성 항법(1)은 지향성 수신 방식으로 공항이나 항구에 송신국을 설치하면, 전파를 모든 방향으로 발사하며, 항공기나 선박에서는 지향성 공중선으로 전파의 도래 방향을 탐지하는 방식이다. 무지향성 비컨(non-directional beacon, NDB), 호밍 비컨(homing beacon) 또는 호머(homer) 등이 있다.

48 ㉱
컬러 킬러(color killer)회로는 흑백 방송 수신 시 반송 색신호를 선택 증폭하는 대역 증폭회로의 동작을 정지시키는 동작을 한다. 따라서 색이 전혀 안나오는 때에는 이 회로를 조사해 보아야 한다. 컬러 TV로 흑백방송을 수상할 때 색신호 회로가 동작하고 있으면 색 노이즈가 화면에 나타나게 되는데 이것을 방지하기 위해 색동기 신호가 없는 방송일 때는 자동적으로 색신호 재생회로를 정지시키는 동작을 하는 회로를 컬러 킬러(색소거 회로)라 한다.

49 ㉮
오디오 시스템에서 입력단의 등화증폭기가 잡음에 대하여 가장 영향을 많이 받는다.

50 ㉱
센서의 명명법은 X형, Y형, Z형으로 구분
① X형 센서 : 계측대상을 표시하는 센서로 변위센서, 속도센서, 열센서, 광센서 등이 있다.
② Y형 센서 : 재료가 서로 다름을 표시하는 센서로 반도체형 가스센서, 세라믹형 압력센서 등이 있다.
③ Z형 센서 : 변환 원리를 기준으로 표시하는 센서로 저항변화형 온도센서, 압전형 온도센서 등이 있다.

51 ㉱
수소가스를 채운 조그마한 기구에 기상관측 장비와 발진기를 실어서 대기 상공에 띄워 무선으로 대기 상공의 기압, 온도, 습도 등의 기상 요소를 측정하는 기기를 라디오존데(radiosonde)

라 한다.

52 ㉯
콘덴서 C가 단락되면 영상증폭회로의 컬렉터 전압이 수상관의 캐소드에 가해져 휘도 바이어스가 깊어져 밝기가 어두워지고 라스터가 나오지 않게 된다.

53 ㉰
초음파의 분산·에멀션화 작용은 포마드, 크림 등의 화장품이나 도료의 제조, 기름의 탈색, 탈취, 폴리에틸렌·합성고무의 중합의 촉진, 향료, 합성수지의 속성 등에 널리 이용된다.

54 ㉮
반도체의 형광물질을 포함한 물체에 전장을 가하면 빛을 방출하는 발광 현상을 전장발광(electro- luminescence : EL)이라 하며, 형광체(ZnS 등)의 미소한 결정을 유전체 속에 넣고 높은 교류전압을 가하면 전압에 따라 결정 내부에 높은 전장이 유기되어서 발광을 한다.

55 ㉰
TV 수신 안테나의 종류
① 반파장 다이폴 안테나(더블릿 안테나)
② 폴디드(folded) 안테나 : 반파장 다이폴 안테나의 양단에 병렬 도체를 접속한 것이다.
③ 야기(Yagi) 안테나
④ 인라인(inline)형 안테나 : 야기 안테나의 변형으로 2개의 폴디드 소자를 병렬 접속하여 광대역 수신이 되도록 한 것이다.
⑤ 코니컬(conical) 안테나

56 ㉯
① 캡스턴(capstan) : 모터에 의해 일정한 속도(테이프의 원주속도와 거의 같음)로 회전하는 회전축
② 핀치 롤러(pinch roller) : 테이프를 캡스턴에 압착하여 테이프가 정속 주행하도록 한다.
③ 테이프 가이드(tape guide)는 테이프의 주행의 안내로 헤드에 대하여 올바른 위치에서 녹음, 재생이 이루어지도록 또 릴에 대해서는 올바른 위치에서 테이프가 감기도록 한다.
④ 압착 패드(pressure pad)는 테이프를 헤드에 대하여 정확히 밀착시켜 레벨 변동이나 고역 저하의 원인이 되는 스페이싱 손실을 줄이기 위해 설치한다.
⑤ 자기 녹음기에서 테이프를 일정한 속도로 움직이게 하는 방법으로는 테이프의 주행속도와 거의 같은 원주 속도를 가진 회전축인 캡스턴(capstan)과 고무바퀴로 된 핀치 롤러(pinch roller)를 압착시키고 그 사이에 테이프를 삽입시켜서 정속 주행하도록 하는 캡스턴 구동법이 실용되고 있다.

57 ㉰
고주파 유도가열은 금속과 같은 도전 물질이 고주파 자장을 가할 때 도체 내에 생기는 맴돌이 전류에 의하여 물질을 가열하는 방법이다.

58 ㉰
캐비테이션(cavitation)
강력한 초음파를 액체 속에 방사했을 때 진동자의 부근에 안개 모양의 기포가 생겨 이들이 진동면에 수직 방향으로 움직여 분사 현상을 이루고 쐐~ 하는 소음을 내는 기포의 생성과 소멸현상을 말한다. 캐비테이션은 액체 중에 있는 금속을 침식하여 수차, 펌프, 배의 스크루 등을 부식 또는 침식하여 수명을 단축시키는 원인이 되며, 초음파 세척, 분산·에멀션화 등에 이용된다.

59 ㉯
자기 헤드는 유도성이므로 주파수에 비례하여 임피던스가 증가한다.

60 ㉰
① 소리의 압력 변화를 음압(sound pressure)이라 하며, 음압의 단위로 기압의 단위와 같은 바(bar)를 사용한다. 그러나 실제의 음향은 매우 작으므로 마이크로바(μ bar)를 사용하여 실효값으로 나타낸다.
② 음압수준(SPL : Sound Pressure Level)은 우리가 들을 수 있는 최소한의 음압(0.0002[μ bar])을 기준으로 하여 소리의 세기가 몇 배인가를 가지고 상대 값으로 나타내며, 단위는 데시벨[dB]을 사용한다.
③ $SPL = 20\log_{10}(\frac{P}{0.0002})[dB]$

2011년 7월 31일

01 ㉯
전압 변동률 $\varepsilon = \frac{V_O - V_L}{V_L} \times 100[\%]$

여기서, V_O : 무부하 시 직류 전압, V_L : 전부하 시 직류 전압

02 ㉯
자장 안에 놓여 있는 도선에 전류가 흐를 때 도선이 받는 힘의 방향, 즉 전자력의 방향은 그림과 같이 왼손 세 손가락을 서로 직각방향으로 펼치고, 가운데 손가락을 전류, 집게 손가락을 자장의 방향으로 하면, 엄지 손가락의 방향은 힘의 방향이 된다. 이것을 플레밍의 왼손법칙(Fleming's left-hand rule)이라 한다.

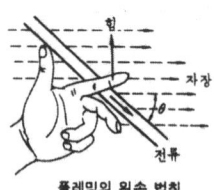
플레밍의 왼손 법칙

03 ㉯
100[%] 변조된 진폭변조(AM)파에서 반송파와 상·하측파대의 전력비는 $1 : \frac{m^2}{4} : \frac{m^2}{4}$ 이므로, 전체전력은 $1 : 0.25 : 0.25$가 되어 무변조파의 1.5배가 된다.

04 ㉰
① 반파 정류회로의 평균값 = $\frac{V_m}{\pi}$
② 전파 정류회로의 평균값 = $\frac{2V_m}{\pi}$

05 ㉮
평활회로는 정류기 출력전압의 맥동을 감소시키는 회로로서, 저역필터를 이용한다.

06 ㉮
RC 결합 저주파 증폭회로에서는 출력회로 내의 병렬 커패시턴스 때문에 고주파에서 이득이 감소한다. RC 결합 증폭회로는 증폭기의 단간을 저항(R)과 콘덴서에 의해서 결합하는 방식으로, 입·출력 간의 임피던스 정합이 어렵고 손실이 많으나 주파수 특성이 평탄하여 저주파 증폭회로에 주로 사용된다.

07 ㉯
$E = I \times nr$
$I = \frac{E}{nr} = \frac{1.5 \times 3}{3 \times 0.1} = \frac{4.5}{0.3} = 15[A]$

08 ㉰
CdS(황하카드뮴 소자)는 빛에 의한 전도성을 이용한 것으로, 입사되는 빛의 양에 따라 저항값이 변화하는 가변저항소자이다.

09 ㉯
잡음지수(noise figure)
증폭기 내부에서 발생하는 잡음이 미치는 영향의 정도를 표시하며, 이상적 잡음 지수 F=1 (무잡음의 상태)이다.
잡음지수(F)
= $\frac{\text{입력에서의 신호 전압과 잡음 전압의 비}}{\text{출력에서의 신호 전압과 잡음 전압의 비}}$

10 ㉯
TR₁은 제어용이고, TR₂는 증폭용 트랜지스터이다. 제너 다이오드 ZD는 기준부용이며, ZD의 양단전압과 TR₂의 바이어스 전압이 비교용이다.

11 ㉰
① 연산증폭기(operational amplifier)란 바이폴러 트랜지스터나 FET를 사용하여 이상적 증폭기를 실현시킬 목적으로 만든 아날로그 IC(Integrated Circuit)로서 원래 아날로그 컴퓨터에서 덧셈, 뺄셈, 곱셈, 나눗셈 등을 수행하는 기본 소자로 높은 이득을 가지는 증폭기이다.
② 연산증폭기의 정확도를 높이기 위한 조건
  ㉠ 큰 증폭도와 좋은 안정도가 필요하다.
  ㉡ 많은 양의 음되먹임을 안정하게 걸 수 있어야 한다.
  ㉢ 좋은 차단 특성을 가져야 한다.

12 ㉰
표피 효과(skin effect)는 도체에 교류전류가 흐를 때 도체 내의 전류밀도의 분포가 불균일해져서 중심부의 전류밀도는 낮으며 전류는 표면에 집중하여 흐르는 현상이다. 표피 효과에 의해 코일이나 도체의 저항을 고주파에서 측정하면 직류에서 측정한 것보다 높은 값을 표시한다.

13 ㉰
$R_t = \left(\frac{120 \times 80}{120 + 80}\right) + 12 = \frac{9600}{200} + 12$
$= 48 + 12 = 60[\Omega]$

14 ㉰
① B급 푸시풀 증폭회로 : 전기적 특성이 같은 트랜지스터를 서로 대칭으로 접속하여 교번 동작을 시킨 후 출력을 합하여 큰 출력을 얻게 하는 회로로서 동작점을 차단(0 바이어스) 부근에 잡아 출력을 크게 할 수 있고, 효율은 78.5[%]로 높다.
② B급 푸시풀 증폭회로의 특징
  ㉠ B급 동작이므로 직류 바이어스 전류가 매우 작아도 된다.
  ㉡ 입력이 없을 때의 컬렉터 손실이 작은 큰 출력을 낼 수 있다.
  ㉢ 짝수 고조파 성분은 서로 상쇄되어 일그러짐이 없는 출력단에 적합하다.
  ㉣ B급 증폭기 특유의 크로스오버(crossover) 일그러짐이 있다.

15 ㉮
트랜지스터(BJT)의 동작영역에서 증폭기로 사용하기 위해서는 활성영역에서 동작하여야 하고, 논리회로에 사용하기 위해서는 포화영역과 차단영역을 사용한다.

16 ㉰
니켈과 망간합금, 니크롬 등의 막대는 자화되면 변형하고 반대로 변형하면 자화의 상태로 변화하는 현상이 있는데 이것을 자기 일그러짐(자왜) 현상이라 한다. 자기 일그러짐 현상을 이용한 자기 일그러짐 발진회로는 강한 진동을 발생시킬 수 있으므로 초음파 발생에 흔히 이용된다.

17 ㉰
① 메모리 주소 레지스터(Memeory Address Register : MAR) : 어드레스를 가진 기억장치를 중앙처리장치가 이용할 때 원하는 정보의 어드레스를 넣어 두는 레지스터이다.
② 메모리 버퍼 레지스터(Memeory Buffer Register : MBR) : 기억장치로부터 불러낸 정보나 또는 저장할 정보를 넣어두는 레지스터이다.

18 ㉯
패리티 비트는 잘못된 정보를 검출만 하고, 해밍코드는 잘못된 정보를 검출하여 교정하는 코드이다.

19 ㉮
주기억장치는 중앙처리장치(CPU)에 연결되어 현재 수행될 프로그램 및 데이터를 기억하는 장치이다. 보조기억장치는 현재 사용하지 않는 프로그램과 데이터를 기억시켜 두었다가 필요할 때 사용할 수 있는 외부기억장치이다.

20 ㉯
순서도는 프로그램의 설계도이므로 확실한 논리를 명확하게 나타내어야 하므로 다음과 같은 사항을 고려한다.
① 처리되는 과정은 모두 표현한다.
② 간단하고 명료하게 표현한다.
③ 전체의 흐름을 명확히 알아볼 수 있도록 작성한다.
④ 과정이 길거나 복잡하면 나누어서 작성하고 연결자로 연결한다.
⑤ 통일된 기호를 사용한다.

21 ㉮
마이크로프로세서를 이용하여 회로를 설계하면 제품의 소형화, 시스템 신뢰성의 향상, 부품의 수량 감소, 소비전력의 감손 등의 장점이 있다.

22 ㉯
① LOAD 명령 : 디스켓에 보관되어 있는 프로그램을 주기억장치로 읽어들이는 명령
② Shift(시프트) : 입력 데이터의 모든 비트를 각각 서로 이웃의 비트자리로 옮기는 명령
③ Store : CPU의 정보를 기억 장치에 기억하는 명령
④ Add : 더하기의 명령

23 ㉯
9의 보수는 10−1−n이 되므로 10진수 234에 대한 9의 보수는 765가 된다.

24 ㉯
① 디코더(Decoder : 복호기)는 n비트의 2진 코드를 최대 2^n개의 서로 다른 정보로 바꾸어 주는 논리 조합회로로 출력은 AND 게이트로 구성된다.
② 인코더(Encoder : 부호기)는 숫자나 문자 등의 10진수 입력을 2진부호로 변환하는 회로로 OR 게이트로 구성된다.
③ 멀티플렉서(Multiplexer)는 N개의 입력 데이터에서 1개의 입력씩만 선택하여 단일 통로로 송신한다.

25 ㉮
① 직접, 절대 어드레스 지정 방식(direct absolute addressing mode) : 오퍼랜드가 존재하는 기억장치의 어드레스를 직접 명령 속에 포함시켜 지정하는 방법
② 이미디어트 어드레스 지정 방식(immediate addressing mode) : 명령 속의 오퍼랜드 정보를 그대로 오퍼랜드로 사용하는 방법
③ 간접 어드레스 지정 방식(indirect addressing mode) : 오퍼랜드가 존재하는 기억장치 어드레스를 내용으로 가지고 있는 기억 장소의 어드레스를 명령 속에 포함시켜 지정하는 방법
④ 레지스터 어드레스 지정 방식(register addressing mode) : 기억장치의 어드레스 대신 레지스터의 번호를 지정하고, 그 레지스터 내용을 목적으로 하는 오퍼랜드의 어드레스로 한다. (레지스터 간접 어드레스 지정 방식이라고 한다.)
⑤ 상대 어드레스 지정 방식(relative addressing mode) : 명령 속의 오퍼랜드 지정 정보를 레지스터 지정부와 전개부로 나누어서 레지스터 지정부로 지정된 레지스터 내용과 전개부를 더해서 오퍼랜드의 어드레스를 구한다.
⑥ 페이지 어드레스 지정 방식(page addressing mode) : 기억장치를 일정한 크기의 페이지로 나누어서 명령 속에 페이지 내에서의 어드레스를 지정하는 방법

26 ㉰
D(Delay) 플립플롭은 RS 플립플롭에서 2개의 입력 R, S가 동시에 1인 경우에도 불확정 상태가 출력되지 않도록 하기 위하여 인버터(NOT 게이트) 하나를 입력 양단에 부가하여 정보를 일시 유지하는 래치(latch) 회로나 시프트 레지스터(shift registor) 등에 사용된다.

27 ㉯
언어 번역 프로그램(language translator) : 언어 처리 프로그램이라고도 하며 프로그래밍 언어를 기계어로 번역해 주는 프로그램이다.
① 어셈블러(assembler)에 의해서 번역되는 프로그래밍 언어로 어셈블리 언어(assembly language)가 있다.
② 컴파일러(Compiler)에 의해 번역되는 프로그램 언어로 포트란(FORTRAN), 코볼(COBOL), 파스칼(PASCAL), 씨(C) 등이 있다.
③ 인터프리터(interpreter) : 작성된 원시 프로그램을 한 줄씩 읽어 번역 및 실행하는 작업을 반복하는 프로그램으로 목적 프로그램이 남지 않으며, 일괄 처리가 아니므로 대화형이라 한다. 실행속도가 느리지만 기억장소를 적게 차

지한다.
④ 인터프리터를 사용하는 언어는 BASIC, LISP, 자바(JAVA), PL/1 등이 있다.

28 ㉰
마이크로프로세서의 구성
① 레지스터부(PC, SP, 범용레지스터 등)
② 연산부(누산기, T레지스터, ALU, F레지스터 등)
③ 제어부(IR, 명령해독기, 타이밍과 제어장치 등)

29 ㉮
아날로그의 입력전압을 디지털로 표시하는 것이 디지털 전압계이므로 A/D 변환기의 원리와 같다.

30 ㉱
감도는 수신기의 규정 출력에 있어서의 S/N비를 최대 허용값으로 억재하였을 때의 수신기의 입력전압으로 표시하며 감도 측정회로는 그림과 같이 구성한다.

31 ㉮
오차의 종류
① 개인오차 : 측정자의 잘못된 습성 등에 의한 오차
② 우연오차 : 측정 조건의 변동, 측정자의 주의력 동요 등 우연한 원인에 의한 오차
③ 계통오차 : 측정기의 눈금 부정확, 측정기의 부품 마멸 등에 의한 오차(기계적 오차)

32 ㉱
① 고주파수용 주파수계에는 헤테로다인 주파수계, 흡수형 주파수계, 딥 미터, 동축 주파수계, 공동 주파수계 등이 있다.
② 진동편형 주파수계, 가동철편형 주파수계, 전류력계형 주파수계는 상용 주파수 측정에 이용된다.

33 ㉯
위상차(θ) = $\sin^{-1}\dfrac{B}{A}$ = $\sin^{-1}\dfrac{1}{1.414}$
        = $\sin^{-1} 0.707 = 45°$

34 ㉱
제동장치의 종류
① 공기 제동 : 지시계기에 제일 많이 쓰이는 방법
② 액체 제동 : 기록계기나 정전형 계기에 사용
③ 맴돌이 제동 : 적산전력계나 가동코일형 계기에 사용

35 ㉰
표준신호발생기의 조건
① 주파수가 정확하고 가변 범위가 넓을 것
② 변조도가 자유롭게 조절될 수 있을 것
③ 출력이 가변될 수 있고, 그의 정확한 값을 알 수 있을 것
④ 출력 임피던스가 일정할 것
⑤ 불필요한 출력을 내지 않을 것
⑥ 누설 전류가 적고, 장기 사용에 견딜 것
⑦ 변조 특성이 좋으며, 지시 변조도가 정확할 것

36 ㉱
배율기를 구하는 식 $R_m = r_V(m-1)\,[\Omega]$
여기서, r_V : 내부저항[Ω], R_m : 배율기저항[Ω], m : 배율
$R_m = 10 \times 10^3 (5-1) = 40[\mathrm{k}\Omega]$

37 ㉱
가청 주파수의 측정 방법에는 주파수 브리지, 헤테로다인 파장계, 오실로스코프를 이용하며, 주파수 브리지의 사용방법에는 공진브리지, 캠벨브리지, 빈브리지를 사용한다.

38 ㉯
$T_D = KEI\cos\theta$ 이므로 전류에 비례한다.

39 ㉮
Wein Bridge는 피측정 용량에 전력 손실이 있는 경우의 정전용량 측정에 쓰인다.

40 ㉮
회로 시험기(multi tester)를 이용한 LED의 측정은 다이오드의 측정 방법과 같으므로 순방향 측정 시는 점등(ON)되고, 역방향 측정 시는 소등(OFF) 된다.

41 ㉯
서모스탯(thermostat)은 온도를 일정하게 유지하는 장치이다.

42 ㉮

여러 가지 2차 변환의 보기

압력-변위	다이어프램, 스프링
변위-압력	유압 분사판
변위-임피던스	슬라이드 저항, 용량형 변환기, 유도형 변환기
변위-전압	가변저항 분압기, 차동변압기
전압-변위	전자석, 전자코일

43 ㉮
동작신호에 따라 제어대상을 제어하기 위한 조작량을 만들어 내는 장치를 제어요소라 한다.

44 ㉱
펠티에 효과(Peltier effect)란 2개의 다른 물질의 접합부에 전류가 흐르면 전류의 방향에 따라 열을 흡수하거나 발산하

는 현상으로, 반도체인 BiTe계 합금의 PN 접합이 전자냉동으로 많이 이용된다.

45 ㉯

① 우퍼(Woofer) : 400[Hz] 이하의 저음역만을 담당-보통 8인치(20[cm]) 이상
② 스쿼커(squawker) : 400~1[kHz]의 중음역만을 담당
③ 트위터(tweeter) : 수[kHz] 이상의 고음역만을 재생

46 ㉮

고주파 유도가열은 금속과 같은 도전 물질이 고주파 자장을 가할 때 도체 내에 생기는 맴돌이 전류에 의하여 물질을 가열하는 방법이다. 고주파 유도가열 장치에서 용해로 진공로, 가공장치, 표면 경화장치 및 땜장치 등이 있다.
* 고주파 유도 가열의 장점
  ① 가열속도가 빠르며, 발열을 필요한 부분에 집중시킬 수 있다.
  ② 금속의 표면 가열이 쉽게 이루어진다.
  ③ 가열을 정밀하게 조절할 수 있다.
  ④ 가열 준비 작업이 불필요하며, 작업환경을 깨끗하게 유지할 수 있다.
  ⑤ 제품의 질을 높일 수 있다.

47 ㉴

① 비례동작(proportional action) : P동작
② 미분동작(derivative action) : D동작
③ 적분동작(integral action) : I동작
④ 비례적분 미분동작 : PID동작

48 ㉰

동축케이블(coaxil cable)의 특징
① 불평형 선로로서 저주파(가청주파수 20~20000[Hz])에서는 누화 특성이 불량하나, 주파수가 증가할수록 누화가 감소한다.
② 정전계, 전자계에 영향을 받지 않고 고주파에서 인접된 다른 동축케이블 간에 누화가 적다.
③ 내전압 특성이 우수하고 도체저항이 적어 고주파 전송로로서 적합하다.
④ 감쇠 특성이 주파수의 평방근에 비례하므로 전송손실이 극히 적다.
⑤ 광대역, 장거리 전송로로 사용된다.

49 ㉰

비디오 헤드의 자성 재료에 요구되는 특성
① 실효 투자율이 높을 것
② 항자력(H_C)이 작을 것
③ 내마모성이 좋을 것
④ 가공성이 좋을 것
⑤ 잡음의 발생이 적을 것

50 ㉴

컬러 킬러(color killer) 회로는 흑백 방송 수신시 반송 색신호를 선택 증폭하는 대역 증폭회로의 동작을 정지시키는 동작을 한다. 따라서 색이 전혀 안 나오는 때에는 이 회로를 조사해 보아야 한다.

51 ㉮

자기녹음기에서 녹음할 때에는 고역을, 재생 때에 저역을 각각의 증폭기로 보정하여 전체를 평탄한 특성으로 만들고 있다. 이것을 주파수보상 또는 등화(equalize)라 하며 이 회로를 등화증폭기(EQ amplifier)라 한다.

52 ㉮

측심기는 초음파가 배와 바다 밑 사이를 왕복하는 시간을 측정하여 물의 깊이를 다음 식으로 계산한다.

$$h = \frac{vt}{2} \ [m]$$

여기서, h : 물의 깊이[m]
v : 물속에서의 초음파 속도[m/sec]
t : 초음파가 발사된 후 다시 돌아올 때까지의 시간 [sec]

53 ㉰

이득 $A = 10\log\dfrac{출력전력}{입력전력}$
$= 10\log\dfrac{1}{1\times10^{-3}} = 10\log10^3 = 30\text{[dB]}$

54 ㉯

슈퍼헤테로다인 수신기에서 주파수 변환회로의 이상적인 변환 이득은 클수록 좋다.

55 ㉰

방사성 항법(지향성 수신 방식)
① 공항이나 항구에 송신국을 설치하면, 전파를 모든 방향으로 발사하며, 항공기나 선박에서는 지향성 공중선으로 전파의 도래 방향을 탐지하는 방식이다.
② 무지향성 비컨(Non-Directional Beacon : NDB), 호밍 비컨(homing beacon) 또는 호머(homer) 등이 있다.

56 ㉰

자동제어의 되먹임 제어에서는 제어량을 검출하고 기준 입력 신호와 비교시키는 부분이 반드시 필요하다.

57 ㉮

카세트테이프를 카세트 데크(deck)에 밀어 넣으면 릴 브레이크가 해제(H부분)되어 테이프가 플레이 될 수 있도록 하고, 평상시에는 릴 브레이크가 동작되어 릴이 이동되지 않도록 하는 역할을 한다.

58 ㉣
① 캡스턴(capstan) : 모터에 의해 일정한 속도(테이프의 원주속도와 거의 같음)로 회전하는 회전축
② 핀치 롤러(pinch roller) : 테이프를 캡스턴에 압착하여 테이프가 정속 주행하도록 한다.
③ 테이프 가이드(tape guide) : 테이프의 주행의 안내로 헤드에 대하여 올바른 위치에서 녹음, 재생이 이루어지도록 또 릴에 대해서는 올바른 위치에서 테이프가 감기도록 한다.
④ 압착 패드(pressure pad) : 테이프를 헤드에 대하여 정확히 밀착시켜 레벨 변동이나 고역 저하의 원인이 되는 스페이싱 손실을 줄이기 위해 설치한다.
⑤ 자기 녹음기에서 테이프를 일정한 속도로 움직이게 하는 방법으로는 테이프의 주행속도와 거의 같은 원주 속도를 가진 회전축인 캡스턴(capstan)과 고무바퀴로 된 핀치 롤러(pinch roller)를 압착시키고 그 사이에 테이프를 삽입시켜서 정속 주행하도록 하는 캡스턴 구동법이 실용되고 있다.

59 ㉣
납땜이 잘되지 않는 알루미늄의 납땜에는 초음파 진동에 의한 마찰열을 이용한다.

60 ㉯
리본형 마이크로폰은 임피던스가 낮고 감도가 높으며, 양방향(쌍지향성) 지향 특성을 가진다.

2011년 10월 9일

01 ㉯
단상 반파정류회로의 최대 효율은 40.6[%]이고, 단상 전파정류회로의 정류효율은 반파정류회로의 2배이며 이론적으로 81.2[%]이다.

02 ㉰
수정발진기의 LC 발진기에 비하여 주파수 안정도가 매우 우수하다. 그러나 다음과 같은 원인에 의해 발진 주파수가 변화하는 경우도 있다.
① 주위 온도의 변화에 의한 수정편의 신축변형
② 부하의 변동
③ 전원 전압의 변동
④ 기계적인 진동
⑤ 수정 공진자나 부품의 온도, 습도 등에 의한 영향
⑥ 양극회로의 조정 불량
⑦ 발진 주파수 변동의 원인과 대책
　㉠ 부하의 변화 : 완충증폭기를 접속한다.
　㉡ 주위 온도의 변화 : 항온조에 넣는다.
　㉢ 전원 전압의 변화 : 정전압 회로를 쓴다.
　㉣ 습도에 의한 변화 : 방습을 위하여 타 회로와 차단

03 ㉣
저항체로서 필요한 조건
① 고유저항이 클 것
② 저항의 온도계수가 작을 것
③ 구리에 대한 열기전력이 작을 것

04 ㉣
증폭기에 부궤환(음되먹임 : negative feed back)을 걸어주면 증폭이득은 감소하여 출력은 낮아지나 비직선 일그러짐이 감소하여 주파수 특성이 평탄하게 개선된다. 또 잡음을 줄일 수 있으며 증폭기 전체의 동작이 안정되는 등의 이점이 있게 된다.

05 ㉰
이상적인 연산증폭기의 특성
① 전압이득 A_v 가 무한대이다($A_v = \infty$).
② 입력저항 R_i 가 무한대이다($R_i = \infty$).
③ 출력저항 R_o 가 0이다($R_o = 0$).
④ 대역폭이 무한대이고($BW = \infty$), 지연응답(response delay)은 0이다.
⑤ 오프셋(offset)이 0이다.
⑥ 특성의 변동, 잡음이 없다.
연산증폭기는 정확도를 높이기 위하여 큰 증폭도와 높은 안정도가 필요하다.

06 ㉮
출력측에 궤환저항이 있으면서 전압궤환이 없으면 전류궤환, 입력측에 궤환저항이 있으면서 병렬궤환이 없으면 직렬궤환이므로 입력측에 궤환저항이 없고, 출력측에 궤환저항이 있으므로 직렬전압궤환회로이다.

07 ㉮
$I = \dfrac{Q}{t} = \dfrac{36000}{60 \times 60} = \dfrac{36000}{3600} = 10[A]$

08 ㉮
$T = \dfrac{L}{R} = \dfrac{50 \times 10^{-3}}{5} = 10[ms]$

09 ㉣
$V_i = \dfrac{R_1}{R_1 + R_2}V$

$\dfrac{V_o}{V_i} = \dfrac{V_o}{\dfrac{R_1}{R_1+R_2}V_o} = \dfrac{R_1+R_2}{R_1} = 1 + \dfrac{R_2}{R_1}$

$V_o = \left(1 + \dfrac{R_2}{R_1}\right)V_o$

10 ㉰
① 슬루율(slew-rate) : 출력전압의 단위시간당 변화량의 최

대치
② 입력옵셋전압 : 출력전압을 0으로 하기 위해 두 입력단자 사이에 인가해야 할 전압
③ 개방전압이득 : 외부의 궤환회로가 없을 때 연산증폭기의 이득
④ 동상제거비(CMRR) : 두 입력 단자에 동일한 신호를 동시에 인가 시 입력신호에 대한 출력신호의 비

11 ㉯

$Z = \sqrt{R^2 + (X_C - X_L)^2}$
$= \sqrt{4^2 + (8-5)^2} = \sqrt{16+9} = \sqrt{25} = 5\,[\Omega]$
$\therefore I = \dfrac{V}{Z} = \dfrac{100}{5} = 20\,[A]$

12 ㉯

그림의 반파정류회로에서 r은 과전압에서 D(다이오드)의 보호를 위한 것이고, C_1, R, C_2는 π형 필터회로로 리플의 감소를 목적으로 사용한다.

13 ㉯

① 산탄 잡음(shot noise) : 진공관의 음극에서 양극으로 이동하는 전자의 흐름에 약간의 맥동이 있어 일어나는 잡음으로, 이 잡음은 전 주파수대에 걸쳐 일정하게 일어나므로, 이용하는 주파수대가 넓을수록 커지게 된다.
② 플리커 잡음(flicker noise) : 진공관에서 음극 표면의 상태가 고르지 못하여 전자의 방사가 시간적으로 일정하지 않으므로 발생하는 잡음으로 가청 주파수대에서만 일어난다.
③ 트랜지스터 잡음 : 진공관보다는 대체로 크나, 주파수가 높아지면 감소한다.
④ 열 잡음 : 증폭회로를 구성하는 저항이나 도체 중에서 자유전자가 그 온도에 상당한 열운동을 하는 원인에 의해 발생하는 잡음

14 ㉮

① P형 반도체는 순수한 4가 원소에 3가 원소(최외각전자가 3개, 붕소, 갈륨, 인듐 등)를 첨가해서 만든 반도체
② N형 반도체는 순수한 4가 원소에 5가 원소(최외각전자가 5개, 안티몬, 비소, 인 등)를 첨가해서 만든 반도체
③ P형 반도체를 만드는 불순물(억셉터, acceptor)로는 In, Ga, B 등이 있으며 N형 반도체를 만드는 불순물(도너, donor)에는 안티몬(Sb), 비소(As), 인(P) 등이 있다.

15 ㉯

① 이미터 접지방식의 특징
㉠ 전류 증폭률(β)이 매우 크고, 전압이득과 출력이득이 다른 접지방식보다 크다.
㉡ 입력 임피던스가 수백[Ω]이고, 출력 임피던스가 수백[kΩ]이다.
② 컬렉터 접지방식의 특징
㉠ 입력 임피던스가 크고, 출력 임피던스가 낮다.
㉡ 낮은 입력 임피던스를 갖는 회로와 결합이 적합하다.
㉢ 입·출력전압위상이 동위상이고, 이득이 1 이하이다.
㉣ 입·출력 전류위상이 역위상이고, 이득이 크다.
㉤ 100[%] 부궤환 증폭기로서 안정적이고 왜곡이 가장 적다.
③ 베이스 접지방식의 특징
㉠ 고주파 특성이 양호하나 증폭도가 낮아, 저주파 회로에서는 사용이 곤란하다.
㉡ 입력 임피던스가 수십[Ω]이고, 출력 임피던스가 수백[kΩ]이 되어 입력 임피던스가 큰 회로와 정합이 용이하다.
㉢ 전류증폭도는 1 미만이지만 전압이득이 커서 전력이득이 크다.

16 ㉯

100[%] 이상의 변조를 과변조라 하며, 과변조가 되면 피변조파의 일부가 결여되므로 검파에서 얻어지는 신호는 원래의 신호와는 다른 일그러짐이 발생한다. 또 측파대가 넓어지므로 다른 통신에 의한 혼신도 증가한다.

17 ㉯

LOAD는 기억장치 내의 데이터를 불러들이는 기능이고, STORE는 기억장치에 데이터를 저장하는 명령이므로 전달기능에 속한다.

18 ㉮

A7B8+1C3D=C3F5
16진수는 0~F까지의 숫자로 구성된다.

19 ㉯

① 연관기억장치(Associative Memory) : 메모리에 저장된 데이터를 번지에 의해 찾는 것이 아니라, 그 내용에 의해 액세스하는 기억장치로 탐색시간이 짧을 경우에 사용한다.
② 가상기억장치(Virtual Memory) : 보조기억장치의 기억공간을 주기억장치처럼 기억공간을 확장하여 사용하는 기억장치이다.

20 ㉮

주프로그램에서 서브루틴으로 분기할 때는 나중에 주프로그램으로 되돌아올 복귀 주소(return address)를 저장해 놓아야 하는데, 이때 사용되는 것이 스택(stack)이다.
① 스택은 일반적으로 주기억장치의 일부를 스택영역으로 할당하여 사용한다.
② 스택에서는 서브루틴이나 인터럽트 서비스 루틴 사용 시 복귀 주소가 저장되며, 프로그램에 의해 임시 기억장소로 사용되기도 한다.
③ 스택은 후입선출(LIFO, last-in first-out) 구조로 되어 있다.
④ 현재의 스택 톱(stack top)은 CPU 내의 스택포인터(SP : stack pointer)에 의해 지시된다.

⑤ SP가 지정하는 번지에 데이터가 써 넣어지면(push down) SP의 값은 1 감소하고, 데이터가 읽혀지면(pop up) SP값이 1 증가한다.

21 ㉯
두 수 a=200, b=400이고 tot=a+b이므로 tot=200+400이 되어 출력문은 "두 수의 합=600"이 된다.

22 ㉮
논리적 연산에서 단항연산은 MOVE, SHIFT, ROTATE, COMPLEMENT 연산 등이 있고, 이항연산에는 사칙연산, OR(논리합 : 문자 또는 비트의 삽입), AND(논리곱 : 불필요한 비트 또는 문자의 삭제) 등이 해당된다.

23 ㉱
누산기는 연산장치의 구성에서 중심이 되는 레지스터로서 사칙연산, 논리연산 등의 결과를 일시적으로 저장하는 역할을 담당한다.

24 ㉰
크로스 컴파일러(Cross Compiler) : 원시 프로그램을 다른 컴퓨터의 기계어로 번역하는 프로그램

25 ㉮
$\overline{A}BCD+\overline{A}B\overline{C}D+\overline{A}BC\overline{D}+\overline{A}BCD=\overline{A}B$
$AB\overline{CD}+AB\overline{C}D+A\overline{B}CD+\overline{A}B\overline{C}D+AB\overline{C}D$
$+ABCD+A\overline{B}CD+A\overline{B}C\overline{D}=D$
그러므로, $\overline{A}B+D$가 된다.

26 ㉰
마이크로프로세서의 CPU 모듈의 동작 순서는 명령어 인출 → 명령어 해석 → 데이터 인출 → 데이터 처리의 과정으로 이루어진다.

27 ㉯
부동 소수점 데이터 형식은 전자계산기 내부에서 실수를 나타내는 데이터 형식으로 4바이트 실수형, 8바이트 실수형이 있다. 부호 비트는 실수가 양수(+)이면 0, 음수(-)이면 1로 표시하고, 지수부는 2진수로, 가수부는 10진 유효숫자를 2진수로 변환하여 표시한다.

| 부호 비트 | 지수부 | 가수부 |

28 ㉯
채널(Channel)이란 주기억장치와 입·출력장치 간의 속도 차이를 줄일 목적으로 사용하는 것으로, CPU로부터 입·출력장치의 제어를 위임받아 한 번에 여러 데이터 블록을 입·출력할 수 있는 시스템 하드웨어로 채널의 종류는 크게 두 가지이다.
① 셀렉터 채널(Selector) : 고속

② 멀티플렉서 채널(Multiplexer Channel) : 바이트 멀티플렉서(저속), 블록 멀티플렉서 채널(고속)

29 ㉴
$P=VI\cos Q$의 식에 의해
$\cos Q=\dfrac{P}{VI}=\dfrac{400}{100\times 5}=\dfrac{400}{500}=0.8$

30 ㉱
스미스 차트는 1939년 필립 스미스가 전송선로의 편리한 계산을 위해 고안한 것으로, 복소 임피던스를 시각화한 원형의 도표이다.

31 ㉰
캠벨 브리지는 주파수 측정에 사용되며, 가변상호 인덕턴스와 가변 콘덴서로 구성된다. 평형되었을 때 콘덴서의 전류를 I라 하면 $-j\omega MI=j\dfrac{1}{\omega C}I$에서 $f=\dfrac{1}{2\pi\sqrt{MC}}$로 되어 주파수를 구할 수 있다.

32 ㉱

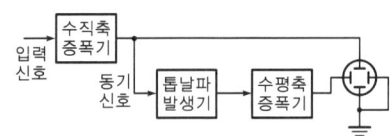

33 ㉯
① 직류전류, 직류전압, 교류전압, 저항
② 인덕턴스 및 커패시턴스와 dB은 지정된 교류전원(보통 10[V] 범위)을 가하여 측정할 수 있다.

34 ㉮
① 직류전력 : $P=VI$[W]
② 단상 유효 전력 : $P=VI\cos\phi$ [W]
③ 단상 무효 전력 : $Q=VI\sin\phi$ [var]
④ 피상 전력 : $K=VI$[VA]

35 ㉱
자동평형 기록계는 영위법에 의한 측정과 조작을 자동화한 것으로서 지침을 흔들리게 하는 데에는 서보모터(servomotor : 제어용 토크를 발생 전달시키는 기계)의 강력한 구동력을 이용하여 다이얼에 펜 또는 타점용 판을 붙여 기록하게 되어 있다.

36 ㉱
아날로그 신호를 디지털 신호로 바꾸어서 나타내는 것을 아날로그-디지털 변환(analog to digital conversion) 또는 A-D 변환기라 하고, 디지털 신호를 아날로그 신호로 바꾸는 것을 디지털-아날로그 변환(digital to analog conversion) 또는 D-A 변환이라 한다.

37 ㉯

소인 발진기(Sweep Generator)는 오실로스코프와 조합하여 각종 무선 주파회로의 주파수특성을 직시하기 위해 사용하는 것으로, 수신기의 중간주파 특성, FM 수신기의 주파수 변별기 또는 광대역증폭기 등의 조정에 많이 사용되며, 그림과 같이 소인 발진기는 고주파 발진기, 진폭 제한기, 출력 감쇠기 등으로 구성된다.

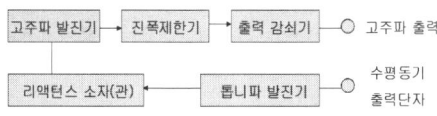

38 ㉮

$$a_e = \frac{T-M}{M} = \frac{100-80}{80} \times 100 = 25[\%]$$

39 ㉱

헤테로다인 주파수계의 교정용 발진기에는 그림과 같이 수정 발진기가 사용된다.

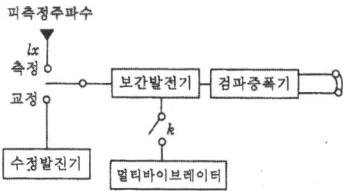

40 ㉰

일그러짐률 = $\frac{고조파전압}{기본파전압} \times 100[\%] = \frac{E_h}{E_f} \times 100[\%]$

41 ㉮

강력한 초음파를 액체 속에 방사하였을 때 진동자의 부근에 안개 모양의 기포가 생겨 이들이 진동면으로 수직 방향으로 움직여 분사 현상을 이루고 "싸아"하는 잡음을 낸다. 이러한 현상을 캐비테이션(cavitation)이라 하며, 액체의 종류, 액체의 압력, 온도에 따라 변화하고 수면에서도 소리의 세기가 약 $0.3[\text{W/cm}^2]$ 이상일 때 일어난다.

42 ㉰

동축 케이블(coaxil cable)의 특징
① 불평형 선로로서 저주파(가청주파수 20~20000[Hz])에서는 누화 특성이 불량하나, 주파수가 증가할수록 누화가 감소한다.
② 정전계, 전자계에 영향을 받지 않고 고주파에서 인접된 다른 동축케이블 간에 누화가 적다.
③ 내전압 특성이 우수하고 도체저항이 적어 고주파 전송로로서 적합하다.
④ 감쇠 특성이 주파수의 평방근에 비례하므로 전송손실이 극히 적다.
⑤ 광대역, 장거리 전송로로 사용된다.

43 ㉱

태양전지의 특징
① 종래에 이용되지 않은 풍부한 에너지원으로 이용된다.
② 장치가 간단하고 보수가 편하다.
③ 빛의 방향에 따라 발생 출력이 변하므로 이것을 고려하여 출력에 여유를 두어야 한다.
④ 연속적으로 사용하기 위해서는 태양광선을 얻을 수 없는 경우에 대비하여 축전장치가 필요하다.
⑤ 대전력용은 부피가 크고 가격이 비싸다.

44 ㉯

국부발진주파수 = 수신주파수 + 중간주파수이므로
$f_o = f_c + f_i = 792 + 450 = 1242[\text{kHz}]$

45 ㉮

레이더에 사용되는 초단파 발진관은 자장 내에서의 전자 운동을 이용하여 초단파 발진을 일으키는 자전관(magnetron)을 사용한다.

46 ㉰

① 싱크로(synchro) : 전기적으로 변위나 각도를 전달하는 서보기구
② 리졸버(resolver) : 싱크로와 같이 각도의 전달을 하는 것
③ 저항식 서보기구
④ 차동 변압기

47 ㉱

자동제어의 종류
① 정치제어 : 목표값이 일정한 경우의 제어
② 추치제어 : 목표값이 시간에 따라 변화하고 출력이 이것을 추종할 경우의 제어
③ 프로그램 제어 : 목표값이 변화하나 그 변화가 알려진 값이며, 미리 마련된 순서에 따라 변화할 경우의 제어

48 ㉱

고주파 유전가열의 응용
① 목재 공업에의 응용 : 목재의 건조, 성형, 접착 등
② 고주파 머신 : 비닐이나 플라스틱 시트의 접착
③ 고주파 용접 : 비닐 가방이나 비닐 시계줄의 제조
④ 고주파 의료기기
　㉠ 고주파 나이프 : 환부의 수술
　㉡ 고주파 치료기 : 환부의 치료(주파수 40.68[MHz] ±0.05[%] 사용)
　㉢ 음식물의 조리 : 고주파 레인지(HF range)
　㉣ 고무 타이어의 수리, 재생이나 섬유공업 등에도 이용된다.

49 ㉯

$l = \frac{ct}{2} = \frac{3 \times 10^8 \times 0.002}{2} = 300000[\text{m}] = 300[\text{km}]$

50 ㉮
의용전자장치의 종류
① 심전계(electrocardiograph) : 심장의 활동으로 인하여 생기는 기전력에 의하여 생체 내에 흐르는 전류 분포의 변화를 신체 표면의 두 점 사이의 전위차로써 검출하여 증폭한 다음 기록기에 기록하는 장치로서, 심장 질환의 진단에 이용된다.
② 뇌파계(electroencephalograph) : 뇌수의 율동적 활동 전압을 머리 피부에 전극을 붙여서 검출, 증폭 기록하는 장치(뇌파 기록)
③ 근전계(electromyograph) : 근육의 수축에 따라 생기는 근육 활동 전류를 전극에 의해 검출하여 증폭 기록하는 장치
④ 안진계 : 눈의 안구 운동에 따라 생기는 각막, 망막 전위의 변화를 측정, 기록하는 장치
⑤ 망막 전도 측정기 : 동공을 통하여 빛을 망막에 보낼 때 유발되는 전위를 측정, 기록하여 눈의 시세포의 기능 검사 등에 사용하는 장치(망막 전장)
⑥ 심음계(phonocardiograph) : 청진기에 의한 청진술을 전자기술을 이용해 개량한 것
⑦ 전기 혈압계 : 직접법과 간접법에 의한 혈압계가 있다.
⑧ 맥파계(plethysmograph) : 심장의 박동에 따르는 혈관의 맥동 상태를 측정, 기록한 맥파를 측정하는 장치
⑨ 오디오미터(audiometer) : 귀의 청력을 검사하기 위하여 가청 주파수 영역의 여러 가지 레벨의 순음을 전기적으로 발생하는 음향 발생 장치
⑩ 심장용 세동 제거 장치 : 수술 시나 고전압에 닿았을 경우의 충격에 의한 심장의 세동 상태를 정상으로 회복시키는 고압 임펄스 장치
⑪ 심장용 페이스메이커(cardiac pacemaker) : 일시적으로 정지하거나 박동 주기가 고르지 못한 심장을 정상으로 되돌리기 위하여 전기적 펄스를 발생시켜 심장에 가하는 장치
⑫ 저주파 치료기, 고주파 치료기, 전기 메스 등

51 ㉰
여러 가지 2차 변환의 보기

압력-변위	다이어프램, 스프링
변위-압력	유압 분사관
변위-임피던스	슬라이드 저항, 용량성 변환기, 유도형 변환기
변위-전압	가변저항 분압기, 차동변압기
전압-변위	전자석, 전자코일

52 ㉰
컬러 킬러(color killer)회로는 흑백 방송 수신 시 반송 색신호를 선택 증폭하는 대역 증폭회로의 동작을 정지시키는 동작을 한다. 따라서 색이 전혀 안 나오는 때에는 이 회로를 조사해 보아야 한다. 컬러 TV로 흑백방송을 수신할 때 색신호 회로가 동작하고 있으면 색 노이즈가 화면에 나타나게 되는데 이것을 방지하기 위해 색동기 신호가 없는 방송일 때는 자동적으로 색신호 재생회로를 정지시키는 동작을 하는 회로를 컬러 킬러(색소거회로)라 한다.

53 ㉮
① 무지향성 비컨(Non-Directional Beacon : NDB)
② 계기 착륙 방식(ILS : Instrument Landing System)
③ VOR(VHF Omni-directional Range) : 전방향식 AN 레인지 비컨
④ 정밀 접근 레이더(PAR : Precision Approach Radar)

54 ㉱
$$\frac{C}{R} = \frac{G}{1 + G(H_1 + H_2)}$$

55 ㉮
재생헤드는 녹음헤드와 같은 구조로 초투자율이 높고, 코어 손실이 적은 코어에 코일을 감아서 만들며, 재생헤드에서 얻어지는 기전력 $e = N \frac{\Delta \phi}{\Delta t}$ [V]이다.

56 ㉰
전자현미경에서는 정보를 전달하는 매개체로서 전자빔을 사용하고 또한 상을 확대시키는 데에는 전자렌즈를 사용하는 것이다.

57 ㉰
VTR 사용 전 미리 전원을 인가하여 헤드 드럼의 표면온도를 가열하여 상태 습도를 낮추도록 한다.

58 ㉱
여러 가지 2차 변환의 보기

압력-변위	다이어프램, 스프링
변위-압력	유압 분사관
변위-임피던스	슬라이드 저항, 용량성 변환기, 유도형 변환기
변위-전압	가변저항 분압기, 차동변압기
전압-변위	전자석, 전자코일

59 ㉮
자동음량조절(Automatic Volume Control : AVC)회로는 수신 전계강도의 변화 등으로 인한 페이딩(fading) 현상에 의해 수신 음량이 변동되는 것을 방지하기 위해 사용하며, 증폭기에 부궤환(음되먹임 : negative feed back)을 걸어주면 증폭이득은 감소하여 출력은 낮아지나 비직선 일그러짐이 감소하여 주파수 특성이 평탄하게 개선된다. 또 잡음을 줄일 수 있으며 증폭기 전체의 동작이 안정되는 등의 이점이 있게 된다.

60 ㉰
헤드 애지머스란 재생헤드 갭의 기울기를 말하며, 갭의 위치가 정상보다 비스듬히 놓여 있으면 고역음이 감쇠된다.

2012년 2월 12일

01 ㉯
옴의 법칙(Ohm's law)은 도체에 흐르는 전류(I)는 전압(V)에 비례하고 저항(R)에 반비례한다.
$$V = IR, \quad I = \frac{V}{R}, \quad R = \frac{V}{I}$$

02 ㉮
$$W = \frac{CV^2}{2} = \frac{2 \times 10^{-6} \times 60^2}{2} = 3.6 \times 10^{-3}[\text{J}]$$

03 ㉯
$$Q = It, \quad I = \frac{Q}{t} = \frac{600}{10 \times 60} = \frac{600}{600} = 1[\text{A}]$$

04 ㉮
플립플롭(flip flop)은 쌍안정 상태의 멀티바이브레이터 소자로서 1과 0을 식별해서 기억할 수 있기 때문에 1비트의 기억 용량을 갖는 기억소자라고도 한다.

05 ㉯
전기도금은 전기분해를 이용한 것이다.

06 ㉮
직류 신호를 차단하고 교류 신호를 잘 통과시키는 소자가 커패시터(콘덴서)이고, 교류 신호를 차단하고 직류 신호를 잘 통과시키는 소자가 코일이다.

07 ㉯
이상적인 연산증폭기의 특징
① 이득이 무한대이다. (개루프) $|A_v| = \infty$
② 입력 임피던스가 무한대이다. (개루프) $|A_v| = \infty$
③ 대역폭이 무한대이다. $BW = \infty$
④ 출력 임피던스가 0이다. $R_0 = 0$
⑤ 낮은 전력 소비
⑥ 온도 및 전원 전압 변동에 따른 무영향(zero drift)
⑦ 오프셋(offset)이 0이다. (zero offset)
⑧ 동상신호제거비(CMRR)가 무한대이다.
⑨ 지연 응답(response delay)이 0이다.
⑩ 특성의 변동, 잡음이 없다.

08 ㉯
소인 발진기(Sweep Generator)는 오실로스코프와 조합하여 각종 무선 주파회로의 주파수특성을 직시하기 위해 사용하는 것으로, 수신기의 중간주파 특성, FM 수신기의 주파수 변별기 또는 광대역 증폭기 등의 조정에 많이 사용되며, 그림과 같이 소인 발진기는 고주파 발진기, 진폭 제한기, 출력 감쇠기 등으로 구성된다.

09 ㉱
연산증폭기의 입력은 차동증폭으로 이루어지므로, 두 입력의 차가 출력에 나타난다. 그러므로 두 입력이 같으면 출력은 0이 된다.

10 ㉱
비검파(ratio detection) 회로는 검파 감도가 약간 낮으나 회로 자체가 진폭제한기(limiter, 리미터)의 역할도 겸할 수 있어 일반적인 FM 수신기에 많이 사용된다.

11 ㉱
차동증폭기(differential amplifier)는 2개의 입력 단자에 가해진 2개의 신호차를 증폭하여 출력으로 하는 회로로 실제의 차동증폭기는 이상적인 상태에서 완전히 드리프트가 없도록 설계되어야 한다.
① 동위상 신호 제거비(CMRR : Common Mode Rejection Ratio) : 동위상 신호 제거비가 클수록 우수한 차동 특성을 나타낸다.
$$CMRR = \frac{차동\ 이득}{동위상\ 이득}$$
② 차동증폭회로의 특징
  ㉠ 직류 증폭이 가능하며 직선성이 좋다.
  ㉡ 온도에 대해서 안정하다.
  ㉢ 전원 전압의 변동에도 안정하다.

12 ㉯
$\tau = RC[\text{sec}]$의 식에 의해
$$\tau = RC = 30 \times 10^3 \times 1 \times 10^{-6} = 30[\text{ms}]$$

13 ㉯
$r_f = 60 \times 3 \times 2 = 360[\text{Hz}]$
정류방식별 맥동주파수(60[Hz]의 경우)

과년도출제문제

정류 방식	맥동 주파수
단상 반파 정류회로	60[Hz]
단상 전파 정류회로	120[Hz]
3상 반파 정류회로	180[Hz]
3상 전파 정류회로	360[Hz]

14 ㉯
RC 적분회로로서 시정수(τ)는 $\tau = RC$[sec]

15 ㉮
입력전압의 변동이 있어도 출력전압을 일정하게 유지하도록 하기 위한 회로가 정전압(안정화)회로이다.

16 ㉯
① RC 결합 저주파증폭회로에서는 출력회로 내의 병렬 커패시턴스 때문에 고주파에서 이득이 감소한다.
② RC 결합 증폭회로는 증폭기의 단 간을 저항(R)과 콘덴서에 의해서 결합하는 방식으로, 입·출력 간의 임피던스 정합이 어렵고 손실이 많으나 주파수 특성이 평탄하여 저주파 증폭회로에 주로 사용된다.

17 ㉰
서브루틴(subroutine)은 어떤 프로그램이 실행될 때 부르거나 반복해서 사용되도록 만들어진 일련의 코드들을 지칭하는 용어로, 이를 이용하면 프로그램을 더 짧으면서도 읽고 쓰기 쉽게 만들 수 있으며, 하나의 루틴이 다수의 프로그램에서 사용될 수 있어서 재작성하지 않도록 해준다. 프로그램 로직의 주요 부분에서는 필요할 경우 공통 루틴으로 분기할 수 있으며, 해당 루틴의 작업이 완료되면 분기된 명령어의 다음 명령어로 복귀한다.

18 ㉰
그림과 같이 D-Flip Flop의 입력 단자에 출력단의 $\overline{Q}$ 를 외부 결선하면 토글(toggle)작용이 일어난다.

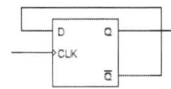

19 ㉰
누산기(Accumulator)는 산술연산 또는 논리연산의 결과를 일시적으로 기억하는 레지스터의 일종이다.

20 ㉯
자료의 구성 단위
① 비트 : 2진수 한 자리를 이용하여 0 또는 1로 표현되며, 표현의 최소 단위이다.
② 바이트 : 8개의 비트로 구성되는 단위로 바이트로 표현할 수 있는 정보는 256개이다. 문자 표현의 기본 단위이며 기억용량의 크기를 재는 단위이다.

③ 워드 : 여러 개의 바이트로 구성되는 단위이다.
④ 필드 : 자료처리의 최소단위이다.
⑤ 코드 : 하나 이상의 필드로 구성되며, 프로그램 처리의 기본 단위이다.
⑥ 파일 : 연관성 있는 레코드들의 모임으로 프로그램 구성의 기본 단위이다.
⑦ 데이터베이스 : 서로 관련된 파일들의 집합이다.
⑧ 정보의 단위 비교 : 비트<바이트<워드<필드<레코드<파일<데이터베이스

21 ㉯
구조화 프로그램은 순차구조, 선택구조, 반복구조의 기본구조를 갖는다.
① 순차구조는 직선형의 구조로 제어의 흐름이 위에서 아래로, 왼쪽에서 오른쪽의 순서로 처리되는 구조이다.
② 선택구조는 주어진 조건에 따라 참(True)과 거짓(False)에 따라 처리 내용을 선택 결정하는 구조이다.
③ 반복구조는 조건에 따라 결과가 만족할 때까지 또는 만족하는 동안 반복하는 구조이다.

22 ㉮
① MOVE : 하나의 입력 자료를 갖는 단일 연산으로 전자계산기 내부에서 하나의 레지스터에 기억된 데이터를 다른 레지스터로 옮기는 데 이용
② Complement
* 단일 연산으로 입력 자료 1의 연산 결과는 보수가 된다.
* 음(-)수의 표현에 있어 1의 보수 또는 2의 보수를 구하는 데 이용
③ AND : 필요 없는 부분을 지워버리고 나머지 비트만을 가지고 처리하기 위하여 사용
④ OR : AND 회로와는 거의 반대의 연산을 실행하는 것으로서, 2개 이상의 데이터를 합치는 데 이용
⑤ Shift(시프트) : 입력 데이터의 모든 비트를 각각서로 이웃의 비트자리로 옮기는 데 사용
⑥ Rotate(로테이트) : shift와 유사한 연산으로서, shift 연산에서는 연산 후에 밀려나오는 비트를 버리거나 올림수 레지스터에 기억시키지만, Rotate의 경우에는 밀려나온 비트가 다시 반대편 끝으로 들어가게 된다.

23 ㉱
① 중앙처리장치는 비교, 판단, 연산을 담당하는 논리연산장치(arithmetic logic unit)와 명령어의 해석과 실행을 담당하는 제어장치(control unit)로 구성된다. 논리연산장치(ALU)는 각종 덧셈을 수행하고 결과를 수행하는 가산기(adder)와 산술과 논리연산의 결과를 일시적으로 기억하는 레지스터인 누산기(accumulator), 중앙처리장치에 있는 일종의 임시 기억장치인 레지스터(register) 등으로 구성되어 있다.
② 제어장치는 프로그램의 수행 순서를 제어하는 프로그램계수기(program counter), 현재 수행 중인 명령어의 내용을 임시 기억하는 명령 레지스터(instruction register), 명령 레지스터에 수록된 명령을 해독하여 수행될 장치

에 제어신호를 보내는 명령해독기(instruction decoder)로 이루어져 있다.

24 ㉮

① 버스는 컴퓨터에서 데이터를 전송하는 통로로 내부 버스와 외부버스로 구분한다.
  ㉠ 내부 버스 : CPU 내부에서 레지스터 간의 데이터 전송에 사용되는 통로이다.
  ㉡ 외부 버스 : CPU와 주변장치 간의 데이터 전송에 사용되는 통로로, 제어 버스, 주소 버스, 데이터 버스로 구분한다.
② 채널(Channel)이란 주기억장치와 입·출력장치 간의 속도 차이를 줄일 목적으로 사용하는 것으로, CPU로부터 입·출력장치의 제어를 위임받아 한 번에 여러 데이터 블록을 입·출력할 수 있는 시스템 하드웨어이다.

25 ㉯

① 디코더(Decoder : 복호기)는 n비트의 2진 코드를 최대 2^n개의 서로 다른 정보로 바꾸어 주는 논리 조합
② 인코더(Encoder : 부호기)는 숫자나 문자 등의 10진수 입력을 2진 부호로 변환하는 회로로 OR 게이트로 구성된다.

26 ㉮

RAM(Random Access Memory) : 저장한 번지의 내용을 인출하거나 새로운 데이터를 기록할 수 있으나, 전원이 꺼지면 내용이 소멸된다.
① 스태틱(Static)형(SRAM) : 단위 기억 소자가 플립플롭으로 구성되어, 속도가 빠르다.
② 다이내믹(Dynamic)형(DRAM) : 단위 기억 비트당 가격이 저렴하고 집적도가 높다.

27 ㉰

컴퓨터의 입력과정을 통하여 들어오는 것은 데이터(Data : 자료)라 한다.
① 플립플롭(flip flop)은 쌍안정 상태의 멀티바이브레터 소자로서 1과 0을 식별해서 기억할 수 있기 때문에 1비트의 기억 용량을 갖는 기억소자라고도 한다.
② 하드웨어(hardware)는 컴퓨터 시스템을 구성하고 데이터 처리를 행하는 물리적인 기기
③ 프로그램(program)은 컴퓨터에 처리시키는 작업의 순서를 명령어로 작성하는 것

28 ㉮

1의 보수는 부정을 취하는 것이고, 2의 보수는 1의 보수에 1을 더한다. 그러므로 11001의 1의 보수는 00110이 되고, 2의 보수는 00111이 된다.

29 ㉮

다이오드는 순방향으로 접속되어야 전류가 흐르므로 "㉮"와 같이 정류형 계기의 다이오드가 접속되어야 한다.

30 ㉯

$$VSWR = \frac{2-1}{2+1} = \frac{1}{3}$$

31 ㉯

① 영위법은 피측정량을 표준량과 평형을 이루도록 하여 표준량의 값으로부터 알아내는 방식으로 감도가 높고 정밀 측정이 가능하다.
② 직접 측정 : 피측정량을 이것과 같은 종류의 기준량과 직접 비교하는 것
③ 간접 측정 : 어떤 양과 일정한 관계가 있는 독립된 양을 직접 측정한 다음, 계산에 의하여 그 양을 알아내는 것
④ 편위법 : 피측정량을 지침의 지시 눈금으로 나타내는 방식

32 ㉮

① 볼로미터 전력계는 저항소자(서미스터)의 변화분을 측정하여 도파관 속을 전파하는 마이크로파의 전력을 측정하는 계기이다.
② 볼로미터 전력계는 직류에서 마이크로파(1~30[Hz])까지의 전력을 정밀하게 측정할 수 있는 계기이다.

33 ㉯

① 구동장치 : 가동 부분에 측정하려는 전기량에 비례하는 구동 토크(torque)를 발생시키는 장치
② 제어장치 : 가동부분의 변위나 회전에 맞서 원래의 영 위치에 되돌려 보내려는 제어 토크를 발생하는 장치
③ 제동장치 : 가동부분에 적당한 제동력(제동 토크)을 가하여 지침을 빨리 정지시키는 장치

34 ㉯

수신기의 입력에서 본 신호대 잡음비를 S_i/N_i라 하고, 출력에서의 신호대 잡음비를 S_o/N_o라 하면 잡음지수(F)는 $F = \dfrac{\dfrac{S_i}{N_i}}{\dfrac{S_o}{N_o}} = \dfrac{S_i}{N_i} \cdot \dfrac{N_o}{S_o}$로 나타내며, $F=1$일 경우가 내부 잡음이 없는 경우이다.

35 ㉯

가동 접속 시 합성 인덕턴스
$L_S = L_1 + L_2 + 2M[H]$이므로 $24 = 4 + 10 + 2M$
$M = \dfrac{10}{2} = 5[[mH]$ (M : 상호 인덕턴스)

36 ㉯

오실로스코프로는 전압, 전류, 파형, 위상 및 주파수, 변조도, 시간간격, 펄스의 상승시간 등의 제 현상을 측정할 수 있으며, 입력신호에서 DC 성분을 차단하여 직류에 포함된 리플(ripple)만을 측정하고자 할 때 AC 결합 MODE로 측정하여야 한다. 입력신호에서 AC와 DC 성분을 통과하여 측정하고자

할 때는 DC 결합 MODE로 측정하여야 한다.

37 ㉣

고주파수의 측정 : 흡수형 주파수계, 딥 미터(dip meter), 동축 주파수계, 공동 주파수계가 사용된다.
* 흡수형 주파수계
① 직렬 공진회로의 주파수 특성을 이용한 것으로 R, L, C 공진회로의 대략의 주파수 측정에 실용된다.
② 공진회로의 Q가 크지 않을 때에는 공진점을 찾기가 어려우므로 정밀한 측정이 어렵다.
③ 대체로 100[MHz] 이하의 고주파 측정에 사용된다.

38 ㉢

① D/A 변환기 : 디지털 신호를 아날로그 신호로 변환하는 장치
② A/D 변환기 : 아날로그 신호를 디지털 신호로 변환하는 장치

39 ㉣

$A_v = 100$, $G = 20 \log_{10} 100 = 40[dB]$

40 ㉠

저주파 발진기(Audio oscillator)의 종류
① 비트 발진기 : 고주파인 1000[kHz]의 고정 주파수 발진기와, 100~120[kHz] 정도의 가변 주파수 발진기를 조합시켜, 두 주파수의 차이에 해당하는 0~20[kHz] 정도의 가청 주파수를 여파 증폭하여 사용한다.
② RC 발진기 : 저항 R, 콘덴서 C와 증폭단으로 구성되어 주파수 안정도가 아주 좋으며, 특히 낮은 주파수에서도 출력 파형이 좋고 취급이 간편하여 저주파 발진기로 가장 널리 쓰인다.
③ 음차 발진기 : 음차의 진동수로 그 주파수가 결정되며, 주파수 안정도와 파형이 좋기 때문에 저주파대의 기본 발진기로 사용된다.

41 ㉣

고압 발생회로는 수평편향 출력의 출력변성기 권선에 흐르는 톱니파 전류의 권선기간에 발생하는 고압펄스를 승압하여 수상관에 필요한 양극 직류전압을 만든다.

42 ㉠

로딩 기구(loading mechanism)
① 로딩 기구란 비디오카세트에서 테이프를 끌어내어 헤드 드럼에 세트하는 기구이다.
② VHS 방식의 로딩 기구에는 병렬(parallel) 로딩 기구가 채용되며, β-max 방식에는 U로딩 기구가 채용되고 있다.

43 ㉣

국부발진주파수= 수신주파수+중간주파수
영상주파수= 수신주파수+2×중간주파수 또는 영상주파수

= 국부발진주파수+중간주파수이다.

44 ㉢

EQ amp(등화증폭기)의 재생 특성은 재생증폭기에서 고음역의 이득을 단계적으로 낮추어 전체의 특성이 평탄해지도록 한다.

45 ㉠

① 캡스턴(capstan) : 모터에 의해 일정한 속도(테이프의 원주속도와 거의 같음)로 회전하는 회전축
② 핀치 롤러(pinch roller) : 테이프를 캡스턴에 압착하여 테이프가 정속 주행하도록 한다.
③ 테이프 가이드(tape guide) : 테이프의 주행의 안내로 헤드에 대하여 올바른 위치에서 녹음, 재생이 이루어지도록 또 릴에 대해서는 올바른 위치에서 테이프가 감기도록 한다.
④ 압착 패드(pressure pad) : 테이프를 헤드에 대하여 정확히 밀착시켜 레벨 변동이나 고역 저하의 원인이 되는 스페이싱 손실을 줄이기 위해 설치한다. 자기 녹음기에서 테이프를 일정한 속도로 움직이게 하는 방법으로는 테이프의 주행속도와 거의 같은 원주속도를 가진 회전축인 캡스턴(capstan)과 고무바퀴로 된 핀치 롤러(pinch roller)를 압착시키고 그 사이에 테이프를 삽입시켜서 정속 주행하도록 하는 캡스턴 구동법이 실용되고 있다.

46 ㉠

① 펠티어 효과(Peltier effect)란 2개의 다른 물질의 접합부에 전류가 흐르면 열을 흡수하거나 발산하는 현상으로 이 효과는 금속과 금속을 접합했을 경우보다 반도체와 금속의 접합 또는 반도체의 PN 접합을 이용했을 경우가 크며, 반도체인 BiTe계 합금의 PN 접합이 전자냉동으로 많이 이용되고 있다.
② 물체가 빛의 조사(照射)를 받으면 빛에너지를 흡수하여 전기적 변화를 일으키는 광전 효과(photoelectric effect)에는 전자를 방출하는 광전자 방출 효과와 기전력을 발생하는 광기전력 효과 및 저항값의 변화가 생기는 광도전 효과가 있다.
③ 홀 효과(Hall effect)는 도체의 전류에 수직으로 자기장을 걸면 양쪽에서 수직으로 전압이 발생하는 것을 말하며, 자기장이나 전류의 세기를 측정하는 데 응용된다.
④ 광도전 효과는 반도체에 빛을 조사하면 반도체 내의 캐리어(전자와 정공) 밀도가 증가하여 도전율이 증가하는 현상이다.

47 ㉡

레이더에 사용되는 초단파 발진관은 자장 내에서의 전자운동을 이용하여 초단파 발진을 일으키는 자전관(magnetron)을 사용한다.

48 ㉢

방향이나 위치의 추치 제어를 서보 기구(servo-mechanism)

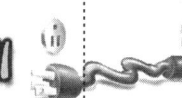

라 하며, 서보 기구에 사용되는 기구에는 싱크로(synchro), 리졸버(resolver), 저항식 서보 기구, 차동 변압기 등이 있다.
* 서보 기구의 일반적인 조건
  ① 조작량이 커야 한다.
  ② 추종 속도가 빨라야 한다.
  ③ 서보 모터의 관성이 작아야 한다.
  ④ 전기식이면 증폭부에 트랜지스터 증폭기나 자기증폭기가 사용되고 유압식의 경우에는 파일럿 밸브나 유압 분사관 등이 사용된다.

49 ㉯

외란이란 제어량의 변화를 일으킬 수 있는 신호 중에서 기준 입력신호 이외의 것을 말한다.

50 ㉰

2개의 다른 물질의 접합부에 전류가 흐르면 전류의 방향에 따라 열을 흡수하거나 발산하는 현상을 펠티어 효과(Peltier effect)라 하는데, 이 효과는 금속의 경우보다 반도체의 PN 접합을 이용할 때가 크다. 전자냉동기에 이용된다.
* 전자냉동의 장점
  ① 회전 부분이 없으므로 소음이 없고, 배관도 필요 없다.
  ② 전류 방향만을 바꿈으로써 냉각에도 쓸 수 있고 가열에도 쓸 수 있다.
  ③ 온도의 조절이 쉽다.
  ④ 성능이 고르고 수명이 길며 사용기간 중에 변화가 거의 없다.
  ⑤ 크기가 작고 가벼워 취급이 간단하다.

51 ㉯

변조회로는 송신기에서 음성신호를 반송파에 합성하는 과정이다.

52 ㉯

광학 현미경과 전자 현미경(electronic microscope)이 기본적으로 다른 점은 광학 현미경에서는 시료 위의 정보를 전하는 매개체로서 빛을 사용하여 상을 확대하는 데 광학 렌즈를 사용하지만, 전자 현미경에서는 정보를 전달하는 매개체로서 전자 빔을 사용하고 또한 상을 확대시키는 데에는 전자렌즈를 사용하는 것이다.

53 ㉰

① 소리의 압력 변화를 음압(sound pressure)이라 하며, 음압의 단위로 기압의 단위와 같은 바(bar)를 사용한다. 그러나 실제의 음향은 매우 작으므로 마이크로바(μ bar)를 사용하여 실효값으로 나타낸다.
② 음압수준(SPL : Sound Pressure Level)은 우리가 들을 수 있는 최소한의 음압(0.0002[μ bar])을 기준으로 하여 소리의 세기가 몇 배인가를 가지고 상대값으로 나타내며, 단위는 데시벨[dB]을 사용한다.
③ SPL = $20\log_{10}\left(\dfrac{P}{0.0002}\right)$[dB]

54 ㉯

수신기의 특성
① 감도(sensitivity) : 미약한 전파를 수신할 수 있는 능력으로 SN비 30[dB]로 일정한 저주파 출력을 얻는 데 필요한 안테나 단자의 입력전압으로 나타낸다.
② 선택도(selectivity) : 희망하는 전파를 어느 정도까지 분리해 낼 수 있는지의 능력으로 근접주파수 선택도와 영상주파수 선택도로 대별하여 나타낸다.
③ 충실도(fidelity) : 송신측에서 변조된 신호를 어느 정도까지 충실히 재현할 수 있는지의 정도(원음에 가까운)를 나타낸다.
④ 안정도(stability) : 주파수와 진폭이 일정한 신호 전파를 수신하면서 장시간에 걸쳐 일정한 출력을 낼 수 있는지의 능력을 나타낸다.

55 ㉯

① 튜너(tuner)회로 : 채널을 선택하고 고주파 증폭을 하며 주파수 변환을 하여 중간 주파수를 얻는다.
② 음성신호회로 : 주파수 변조된 음성신호는 영상검파기 또는 제1영상 증폭기에서 4.5[MHz]의 비트로 얻어지는데, 이 신호를 증폭하고 FM 검파하여 저주파 증폭에 한다.
③ 동기분리회로
  ㉠ 진폭분리회로 : 영상신호 진폭의 약 25[%]되는 동기신호를 그 진폭의 차를 이용하여 영상신호로부터 분리하여 수평과 수직의 동기신호를 얻는 회로
  ㉡ 주파수분리회로 : 진폭분리에서의 동기 신호 중에서 적분회로에 의해 수직동기신호 60[Hz]를, 미분회로에 의해 수평동기신호 15750[Hz]를 분리한다.

56 ㉯

유전가열의 공업제품에 대한 응용으로는 목재의 건조 및 접착, 고무의 가황, 합성수지의 예열 및 성형가공, 합성수지의 접착 및 용접, 종이나 섬유의 건조 등이 있다. 섬유류의 염색에는 초음파의 확산 작용을 이용한다.

57 ㉮

애지머스(azimuth)란 갭의 각도를 말하는데, 2개의 비디오 헤드의 갭의 기울기를 각각 벗어나게 하여 인접 트랙(track)으로부터의 크로스 토크(cross talk)를 제거하는 것이 애지머스 기록 방식이다.

58 ㉯

① TACAN(tactical air navigation)은 DME(거리 측정기)와 VOR을 사용하는 것으로 항공기상의 질문기와 지상의 응답기에 의해 지상국으로부터의 방위와 거리를 측정하는 시스템으로 962~1213[MHz]의 UHF 전파를 사용한다.
② 자동방향탐지기(ADF, automatic direction finder)는 항공기의 기수 방향에 대한 전파의 도래 방향을 자동적으로 측정한다.
③ 로란(loran)은 두 국 A, B로부터 동기하여 발사된 펄스 신

호를 어떤 지점에서 수신하여 두 국의 전파의 도래 시간 차를 측정한다.

59 ㉣
$$h = \frac{vt}{2} = \frac{3 \times 1,530}{2} = 2295 \,[\mathrm{m}]$$

60 ㉯
조절계는 전기식과 공기식이 있으나 전기식 조절계는 간단한 온·오프(on-off) 동작의 것이 많이 사용된다. 온·오프 동작이란 편차가 양인가 음인가에 따라 조작부를 온(on) 또는 오프(off)하는 동작으로 조작부가 밸브인 경우에는 완전 개방과 완전 폐쇄가 각각 온과 오프에 해당한다.

2012년 4월 8일

01 ㉮
정류된 직류전압에 포함되는 교류성분을 리플전압이라 하며
$$\gamma = \frac{\Delta V}{V_d} \times 100 \,[\%]$$
여기서, ΔV : 리플전압, V : 직류전압
$$\therefore \gamma = \frac{3}{300} \times 100 = 1 \,[\%]$$

02 ㉮
$$V_o = -V_i \frac{R_f}{R_1} \,[\mathrm{V}]$$
$$V_i = -\frac{V_o}{\frac{R_f}{R_1}} = -\frac{40}{\frac{16 \times 10^3}{2 \times 10^3}} = -\frac{40}{8} = -5 \,[\mathrm{V}]$$

03 ㉰
운동하는 전자에 자장을 가하면 운동방향을 변화시킬 수 있는데 전자의 운동방향이 자장의 방향과 직각이면 전자는 원운동을 하고, 자장의 방향과 직각이 아니면 전자는 나선운동을 하며, 자장의 방향과 같으면 자장에 의한 영향을 받지 않는다.

04 ㉣
이상적인 연산증폭기의 특징
① 이득이 무한대이다.(개루프) $|A_v| = \infty$
② 입력 임피던스가 무한대이다.(개루프) $|A_v| = \infty$
③ 대역폭이 무한대이다. $BW = \infty$
④ 출력 임피던스가 0이다. $R_0 = 0$
⑤ 낮은 전력 소비
⑥ 온도 및 전원 전압 변동에 따른 무영향(zero drift)
⑦ 오프셋(offset)이 0이다.(zero offset)
⑧ 동상신호제거비(CMRR)가 무한대이다.
⑨ 지연 응답(response delay)이 0이다.
⑩ 특성의 변동, 잡음이 없다.

05 ㉯
4번 해설 참조

06 ㉯
구형파 펄스의 충격계수(duty factor)
$$D = \frac{W(펄스의 폭)}{T(주기)}$$

07 ㉣
정류회로의 종류는 반파, 전파, 브리지, 배전압 등으로 구분하고, 정전압회로는 직류전압을 안정화하는 회로이다.

08 ㉰
입력에는 저항을, 귀환에는 콘덴서를 사용하는 회로가 적분회로이다. 입력에는 콘덴서를, 귀환에는 저항을 사용하는 회로가 미분회로이다.
$$V_o = -RC \frac{dv}{dt}$$

09 ㉮
① 이미터 접지 시의 전류증폭률(β)
$$\beta = \frac{\Delta I_C}{\Delta I_B}, \quad \beta = \frac{\alpha}{1-\alpha}$$
② 베이스 접지 시의 전류증폭률(α)
$$\alpha = \frac{\Delta I_C}{\Delta I_E}, \quad \alpha = \frac{\beta}{1+\beta}$$

10 ㉮
이미터 폴로어의 특징
① 컬렉터 접지방식으로 전압증폭이 필요 없고 큰 전류이득이 필요한 회로에 사용된다.
② 입력 임피던스가 매우 높고 출력 임피던스는 매우 낮으므로 저항 변환을 위한 버퍼단(buffer stage)으로 사용된다.
③ 전압이득은 1 또는 1 이하이다.

11 ㉯
직류 안정화 전원회로의 기본 구성 요소는 기준부, 비교부, 검출부, 증폭부, 제어부이다.

12 ㉯
부귀환 증폭회로의 특성
① 증폭기의 이득이 감소한다.
② 비선형 일그러짐이 감소한다. 특히 출력단의 잡음이 감소한다.
③ 주파수 특성이 개선된다.
④ 입력의 임피던스가 증가하고, 출력 임피던스는 감소한다.
⑤ 부하의 변동이나 전원 전압의 변동에도 증폭도가 안정된다.

13 ㉣
수정발진기는 압전 현상을 이용한 것으로 직렬 공진 주파수(f_0)와 병렬 공진 주파수(f_∞) 사이에는 주파수 범위가 대단히 좁으며 이 사이의 유도성을 이용하여 안정된 발진을 한다. ($f_0 \leq f \leq f_\infty$)

14 ㉮

	베이스 접지	이미터 접지	컬렉터 접지
출력저항	크다(수십[kΩ] 이상)	중간(수[kΩ]~수십[kΩ])	작다(수[Ω]~수십[Ω])
입·출력 위상	동상	위상반전	동상
전압증폭도	높다	높다	낮다(<1)
전류증폭도	≒1	높다	높다
용도	전압증폭용	전압증폭용	임피던스 변환용

15 ㉢
비검파회로에서는 진폭제한(리미터)의 목적으로 부하 양단에 대용량의 콘덴서를 접속한다.

16 ㉢
금속에 열을 가하면 금속 내부의 자유전자가 방출되는 현상이 전자 방출이다. 2차 전자는 금속표면에 고속도의 전자가 충돌하여 그 전자의 운동에너지를 받아 2차적으로 전자가 방출되는 현상이다. 냉음극(cold cathode) 방출이란 금속 표면에 10^8[V/m] 정도의 매우 강한 전장을 가하면 상온에서도 전자가 방출되는 현상으로 전장 방출이라고도 한다.

17 ㉮
① 캐시 메모리(Cache Memory) : 주기억장치(RAM)와 중앙처리장치(CPU) 사이에 위치하여 데이터를 임시로 저장해 두는 장소, 상대적으로 느린 주기억장치의 접근시간과 빠른 CPU와의 속도 차를 줄이기 위하여 주기억장치의 정보를 일시적으로 저장
② 연관기억장치(Associative Memory) : 기억장치에서 자료를 찾을 때 주소에 의해 접근하지 않고, 기억된 내용의 일부를 이용하여 Access할 수 있는 기억장치
③ 가상 메모리(Virtual Memory) : 보조기억장치(하드디스크)를 마치 주기억장치인 것처럼 사용하여 실제 주기억장치의 적은 용량을 확대하여 사용하는 방법

18 ㉢
절차지향언어는 컴퓨터에서 연산, 대입, 판단, 입·출력, 실행 순서 등의 기본적인 처리를 쉽게 기술할 수 있고, 그런 실행 순서(절차)를 지정해서 프로그램을 작성하기 위한 프로그래밍 언어로 베이직(BASIC), COBOL, FORTRAN, C언어, PL/1 등 절차를 명확한 계산법으로써 용이하게 표현하는 문제 지향 언어, 원칙으로 쓰여질 순서에 구문 요소가 실행되는 프로그램 언어이다. 일반용 고수준 프로그래밍 언어의 대부분은 절차 중심 언어이다. 자바(JAVA)는 객체지향언어에 속한다.

19 ㉡
컴퓨터 내부에서 문자 데이터 표현
문자 데이터에는 숫자, 영문자, 특수문자 등이 있고 문자데이터를 표현하는 방식에는 여러 가지가 있는데 일반적으로 2진화 10진 코드(BCD : Binary Coded Decimal), ASCII 코드, EBCDIC 코드 등이 있으며, ASCII 코드(American Standard Code for Information Interchange Code)는 문자를 표시하기 위한 7비트 코드로서 영어 대문자, 소문자로 구별할 수 있으며, 가장 왼쪽의 한 비트는 코드의 오류 검출용 패리티 비트를 부가하여 8비트로 표시하고 데이터 통신에서 표준코드로 사용하며 개인용 컴퓨터에 사용한다. $2^7=128$개의 문자까지 표시가 가능하다.

20 ㉢
Linkage Editor(연결 편집기, Linker)는 목적 프로그램을 실행 가능한 로드 모듈(Load Module)로 변환하는 프로그램이다.

21 ㉣
$$(28C)_{16} = 2 \times 16^2 + 8 \times 16^1 + C \times 16^0$$
$$= 512 + 128 + 12 = (652)_{10}$$

22 ㉡
① 직접, 절대 어드레스 지정 방식(direct absolute addressing mode) : 오퍼랜드가 존재하는 기억장치의 어드레스를 직접 명령 속에 포함시켜 지정하는 방법
② 이미디어트 어드레스 지정 방식(immediate addressing mode) : 명령 속의 오퍼랜드 정보를 그대로 오퍼랜드로 사용하는 방법
③ 간접 어드레스 지정 방식(indirect addressing mode) : 오퍼랜드가 존재하는 기억장치 어드레스를 내용으로 가지고 있는 기억 장소의 어드레스를 명령 속에 포함시켜 지정하는 방법
④ 레지스터 어드레스 지정 방식(register addressing mode) : 기억장치의 어드레스 대신 레지스터의 번호를 지정하고, 그 레지스터 내용을 목적으로 하는 오퍼랜드의 어드레스로 한다.(레지스터 간접 어드레스 지정 방식이라고 한다.)
⑤ 상대 어드레스 지정 방식(relative addressing mode) : 명령 속의 오퍼랜드 지정 정보를 레지스터 지정부와 전개부로 나누어서 레지스터 지정부로 지정된 레지스터 내용과 전개부를 더해서 오퍼랜드의 어드레스를 구한다.
⑥ 페이지 어드레스 지정 방식(page addressing mode) : 기억장치를 일정한 크기의 페이지로 나누어서 명령 속에 페이지 내에서의 어드레스를 지정하는 방법

23 ㉢
콘솔장치는 전자계산기를 제어하기 위한 입·출력장치로서, 키보드(Keyboard)와 CRT로 구성되어 있으며, 작동의 개시, 정지, 작업 관리 등에 직접 관여한다.

과년도 출제문제

24 ㉮
비수치적 연산(논리적 연산)에는 문장의 표현, 문헌의 정보 검색, 고급 프로그램 언어 번역 등 문자처리에서 주로 사용되는 것으로 MOVE, AND, OR 회로, 보수기, 시프트, 로테이트 등이 있으며, 논리연산 명령어에서 OR(논리합), AND(논리곱), XOR(배타적 논리회로)은 누산기의 값이 변한다.

25 ㉱
DRAM은 메모리 셀이 한 개의 콘덴서로 구성되어 충전된 전하의 누설에 의해 주기적으로 리프레시(Refresh)해 주어야 기억이 유지된다.

26 ㉱
① 2진화 10진수(BCD : Binary Coded Decimal) : 10진수 1자리의 수를 2진수로 변환하여 4비트로 표시하는 것으로, 각 비트는 고유한 값 8, 4, 2, 1의 고정값을 갖는다. 그래서 8421코드라고도 한다.
② 그레이 코드(Gray Code) : 1비트의 변화를 주어 아날로그 데이터를 디지털 데이터로 변환하는 데 사용하는 코드로, 연산에는 부적합한 코드로 A/D 변환기, 입·출력장치의 인터페이스 코드로 널리 사용된다.
③ ASCII 코드(American Standard Code for Information Interchange Code) : 문자를 표시하기 위한 7비트 코드로서 영어 대문자, 소문자로 구별할 수 있으며, 가장 왼쪽의 한 비트는 코드의 오류 검출용 패리티 비트를 부가하여 8비트로 표시하고 데이터 통신에서 표준코드로 사용하며 개인용 컴퓨터에 사용한다. $2^7=128$개의 문자까지 표시가 가능하다.
④ 3초과 코드(Excess-3 Code) : BCD 코드에 3(11(2))을 더하여 만든 코드로, 자기보수 코드(self complement code)라고도 한다. 3초과 코드는 비트마다 일정한 값을 갖지 않으며, 연산 동작이 쉽게 이루어지는 특징이 있는 코드이다.

27 ㉮
기계어는 0과 1로 이루어지므로, 프로그램의 유지보수가 어렵다. 저급 언어는 기계어를 말하며, 기계어는 변환과정 없이 계산기가 직접 처리할 수 있으므로 처리속도가 빠르다.
① 2진수를 사용하여 명령어와 데이터를 표현한다.
② 호환성이 없고, 기계마다 언어가 다르다.
③ 프로그램의 실행속도가 빠르다.
④ 프로그램의 유지보수와 배우기가 어렵다.

28 ㉯
오퍼랜드(operand)는 적재될 데이터가 저장된 기억장치 주소 혹은 연산에 사용될 데이터 비트이다. 즉, 오퍼랜드(operand)는 자료, 자료의 주소, 주소를 구하는 데 필요한 정보, 명령의 순서를 지정한다.

29 ㉰

$a_e = \dfrac{T-M}{M} \times 100[\%]$에서

$M = \dfrac{T}{\left(1+\dfrac{a_e}{100}\right)} = \dfrac{250}{\left(1+\dfrac{0.2}{100}\right)} = 249.5[\text{V}]$

30 ㉱
유도형 계기는 회전 자기장 또는 이동 자기장 내에 금속편을 놓으면 맴돌이 전류가 생겨서 금속편을 이동시키는 토크가 발생하는 원리를 이용한 계기이다.
＊ 유도형 계기의 특징
① 교번자속과 맴돌이 전류의 상호작용을 이용
② 교류전용으로 사용한다.
③ 외부자장의 영향이 적으며 구동토크가 크다.
④ 조정이 용이하다.
⑤ 간이용 적산전력계로 많이 사용된다.

31 ㉰
표준신호발생기의 조건
① 주파수가 정확하고 가변범위가 넓을 것
② 변조도가 자유롭게 조절될 수 있을 것
③ 출력이 가변될 수 있고, 그의 정확한 값을 알 수 있을 것
④ 출력 임피던스가 일정할 것
⑤ 불필요한 출력을 내지 않을 것
⑥ 누설 전류가 적고, 장기 사용에 견딜 것
⑦ 변조 특성이 좋으며, 지시 변조도가 정확할 것

32 ㉮
켈빈 더블 브리지(Kelvin's double bridge)는 단자의 접촉저항, 리드선 저항의 영향을 무시할 수 있으므로 $1[\Omega]$ 이하 $10^{-5}[\Omega]$ 정도의 저저항의 정밀측정에 사용된다.

33 ㉱
오실로스코프에서 초점(focus)은 양극전압을 조정하고, 휘도 조정은 제어그리드 전압을 조정하며, 위치조정은 수평, 수직 편향판 전압을 조정한다.

34 ㉯
유도형 계기는 회전 자기장 또는 이동 자기장 내에 금속편을 놓으면 맴돌이 전류가 생겨서 금속편을 이동시키는 토크가 발생하는 원리를 이용한 계기이다.

35 ㉮
전압계의 내부저항을 크게 함으로써 외부저항에 의한 영향과 미소전력에 의한 전압 강하를 줄일 수 있어 오차를 줄인다.

36 ㉱

왜형률$(x) = \dfrac{\text{고조파의 실효값}}{\text{기본파의 실효값}}$

$= \dfrac{\sqrt{4^2+3^2}}{50} \times 100 = \dfrac{5}{50} \times 100 = 10[\%]$

37 ㉯

배율 $M = \dfrac{V}{V_1} = 1 + \dfrac{R}{R_m}$ 에서 $M = \left(1 + \dfrac{80 \times 10^3}{20 \times 10^3}\right) = 5$

∴ 지시값 $V = M \times 50 = 250[\text{V}]$

38 ㉮

자동평형식 기록계기(automatic balancing recoder)는 펜과 기록용지에서 생기는 마찰 오차를 피하기 위하여 고안된 것으로, 영위법에 의한 측정원리를 이용한 것이다. 자동평형 기록계기는 영위법에 의한 측정기로, DC-AC 변환기, 증폭회로, 서보 모터 및 지시 기록기구로 구성되어 있다.

39 ㉯

① 고주파수용 주파수계에는 헤테로다인 주파수계, 흡수형 주파수계, 딥 미터, 동축 주파수계, 공동 주파수계 등이 있다.
② 진동편형 주파수계, 가동철편형 주파수계, 전류력계형 주파수계는 상용 주파수 측정에 이용된다.

40 ㉰

① D/A 변환기 : 디지털 신호를 아날로그 신호로 변환하는 장치
② A/D 변환기 : 아날로그 신호를 디지털 신호로 변환하는 장치

41 ㉮

중간 주파 증폭기는 주파수 변환회로에서 얻어진 중간 주파수를 증폭하여 감도와 선택도를 좋게 하고 안정된 증폭으로 이득을 높이기 위해 사용한다.

42 ㉱

영상주파수(f_2) = 수신주파수(f_s) + 2 × 중간주파수(f_i)
= 710 + 2 × 455 = 1620

43 ㉮

태양전지(solar cell)는 반도체의 PN 접합에 빛이 입사할 때 기전력이 발생하는 광기전력 효과를 이용한 것이다.

44 ㉮

데카는 쌍곡선 항법으로 주국과 종국의 전파 도래 위상차를 이용하여 거리차를 알아내는 측정방식이다.

45 ㉰

주파수 특성의 표현법
① 주파수응답 특성은 대부분의 경우에 그림표로 나타내는데, 전달함수의 복소수값을 극좌표 형식으로 복소평면에 궤적으로 나타내는 방법, 가로축을 주파수로 하여 크기와 위상응답을 각각 나타내는 방법 등 크게 두 가지 방법을 사용한다. 이 가운데 앞의 방법에 의한 그림표는 나이퀴스트 선도라고 하며, 뒤의 방법에 의한 그림표는 보드 선도라고 부른다.

② 나이퀴스트 선도(Nyquist diagram)는 주파수응답의 크기와 위상을 극좌표로 하여 복소평면 위에 함께 나타내기 때문에 극좌표 선도(Polar plot)라고도 부른다. 이 선도는 주로 시스템의 안정도 판별에 쓰인다.
③ 보드 선도(Bode diagram)는 주파수응답을 크기응답과 위상응답으로 분리하여 각각 그림표로써 나타낸다. 두 개의 응답그림표에서 가로축은 모두 주파수에 대한 대수눈금을 쓰며, 세로축은 크기응답에서는 크기를 데시벨 [dB]로 나타내는 대수눈금을, 위상응답에서는 위상각을 각도단위로 나타내는 선형 눈금을 쓴다.

46 ㉰

고주파 유전가열은 유전체에 고주파 전장을 가할 때 생기는 유전손(dielectric loss)에 의하여 유전체를 가열하는 방법이다. 유전가열의 공업 제품에 대한 응용으로는 목재의 건조 및 접착, 고무의 가황, 합성수지의 예열 및 성형가공, 합성수지의 접착 및 용접, 종이나 섬유의 건조 등이 있다. 섬유류의 염색에는 초음파의 확산 작용을 이용한다.
① 고주파 유전가열의 특징
  ㉠ 열전도율이 나쁜 물체나 두꺼운 물체 등도 단시간에 골고루 가열된다.
  ㉡ 내부 가열이므로 표면의 손상이 없고 국부적인 가열이 된다.
  ㉢ 전원을 끊으면 가열은 즉시 정지하여 열의 이용이 쉽다.
  ㉣ 설비비가 비싸고 고주파 발생장치의 효율이 나쁜 (50[%] 정도) 결점이 있다.
② 고주파 유전가열의 장·단점
  ㉮ 장점
    ㉠ 가열이 골고루 된다.
    ㉡ 온도 상승이 빠르다.
    ㉢ 전원을 끊으면 가열이 곧 멈추어 주위의 열에 의하여 가열되지 않는다.
    ㉣ 내부 가열이므로 표면 손상이 되지 않는다.
  ㉯ 단점
    ㉠ 고주파 발진기의 효율이 낮다.
    ㉡ 설비비가 비싸다.
    ㉢ 피열물의 모양에 제한을 받게 된다.
    ㉣ 통신 방해를 준다.

47 ㉯

영상증폭회로의 주파수 특성은 일반적으로 높은 주파수에서 그 이득이 저하되어 해상도를 나쁘게 하므로, 이득이 저하하기 시작하는 고역 부근에서 공진하는 피킹 코일을 넣어 고역 주파수 특성을 보상한다.

48 ㉰

여러 가지 2차 변환의 보기

과년도출제문제

압력-변위	다이어프램, 스프링
변위-압력	유압 분사관
변위-임피던스	슬라이드 저항, 용량성 변환기, 유도형 변환기
변위-전압	가변저항 분압기, 차동변압기
전압-변위	전자석, 전자코일

49 ④

왜형률$(x) = \dfrac{\text{고조파의 실효값}}{\text{기본파의 실효값}}$

$= \dfrac{\sqrt{4^2}}{20} \times 100 = \dfrac{4}{20} \times 100 = 20[\%]$

50 ④

로딩 기구(loading mechanism)
① 로딩 기구란 비디오 카세트에서 테이프를 끌어내어 헤드드럼에 세트하는 기구이다.
② VHS 방식의 로딩 기구에는 패럴렐(parallel)로딩 기구가 채용되며, $\beta-\max$ 방식에는 U로딩 기구가 채용되고 있다.

51 ⑤

태양전지의 특징
① 종래에 이용되지 않은 풍부한 에너지원으로 이용된다.
② 장치가 간단하고 보수가 편하다.
③ 빛의 방향에 따라 발생 출력이 변하므로 이것을 고려하여 출력에 여유를 두어야 한다.
④ 연속적으로 사용하기 위해서는 태양광선을 얻을 수 없는 경우에 대비하여 축전장치가 필요하다.
⑤ 대전력용은 부피가 크고 가격이 비싸다.

52 ④

전기식이면 증폭부에 트랜지스터증폭기나 자기증폭기가 사용되고 유압식의 경우에는 파일럿 밸브나 유압 분사관 등이 사용된다.

53 ②

응집작용이란 초음파가 공기나 물 같은 유체 속을 전파하면 매질 중에 섞여 있는 매우 작은 입자가 진동을 일으키며, 입자의 크기와 무게가 다르면 진동 진폭도 서로 달라지므로 입자는 서로 충돌을 일으키게 되고, 입자끼리 서로 붙게 되어 모여서 커지는 현상으로 응집 작용을 이용하는 것은 공기 중의 먼지, 매연, 시멘트의 침전, 소금의 제조 공정에서 마그네시아의 침전, 에멀션의 분리, 기름이나 타르의 탈수, 공장에서 나온 폐수의 처리 등에 이용된다.

54 ⑤

초음파 탐상기는 비파괴 검사에 많이 사용되며, 초음파 펄스를 기계 부품과 같은 물체에 발사하여 반사파를 관측함으로써 물체 내부의 흠이나 균열 또는 불순물 등의 위치와 크기를 알아내는 데에 쓰인다.

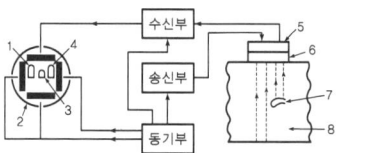

[초음파 탐상기의 구성]

55 ②

PI 동작은 비례적분 동작으로 편차의 시간적인 가산에 비례하는 조절계의 동작으로 비례동작에서 생기는 잔류 편차가 없어진다.

56 ④

복사저항 $P = I^2 R$

$R = \dfrac{P}{I^2} = \dfrac{500}{5^2} = 20[\Omega]$

57 ③

계기착륙방식(ILS, instrument landing system)
현재 국제적인 표준시설로서 로컬 라이저, 글라이드 패드, 마커 비컨의 1조인 지상 무선 설비와 지상의 계기착륙방식 수신기로 이루어진다.
① 로컬라이저(localizer) : 항공기의 진입에 있어 조종사에게 활주로의 정확한 연장선을 알리는 것
② 글라이드 패드(gilde pad) : 항공기가 강하할 때 수직면 내에서 올바른 코스를 지시하는 것으로, 로컬라이저와 마찬가지로 90[Hz] 및 150[Hz]로 변조된 두 전파에 의하여 표시된다.
③ 팬 마커(fan marker) : 착륙 자세에 들어간 항공기에 활주로까지의 대략의 거리를 알려 주는 것으로, 부채꼴 모양의 지향성 전파에 의하여 표시된다.

58 ③

직류전동기의 제어방법에는 전압 제어, 계자 제어, 저항 제어법이 사용되며, 주파수 제어법은 교류전동기의 속도 제어방법에 속한다.

59 ④

테이프 속도의 변동에 의해서 생기는 재생신호 주파수의 동요를 와우 플로터(wow and flutter)라 하며, 와우 플로터는 녹음 또는 재생을 거친 경우에 나타나는 것으로 재생음이 떨리거나 탁해지는 원인이 된다.

60 ⑤

테스트 패턴은 해상도, 편향 일그러짐, 과도 특성, 명암, 종횡비, 초점 등 화상의 여러 가지 성질을 판정하는 데 적합하도록 특별한 선이나 원을 조합한 도형인데, 상하의 가장자리에 접하는 동심원, 가로와 세로의 쐐기형 직선군, 5단계의 농도를 가진 무늬모양 등으로 되어 있다. 또 5단계의 진하고 여린 모양은 콘트라스트(contrast)의 농도를 조사하기 위한 것

이다.

2012년 7월 22일

01 ㉯

	베이스 접지	이미터 접지	컬렉터 접지
입력 임피던스	작다 (수[Ω]~수십[Ω])	중간 (수[Ω]~수십[kΩ])	크다 (수십[kΩ] 이상)
출력 임피던스	크다 (수십kΩ 이상)	중간 (수[kΩ]~수십[kΩ])	작다 (수[Ω]~수십[Ω])

02 ㉱
이상적인 연산증폭기의 특징
① 이득이 무한대이다. (개루프) $|A_v|=\infty$
② 입력 임피던스가 무한대이다. (개루프) $|R_i|=\infty$
③ 대역폭이 무한대이다. $BW=\infty$
④ 출력 임피던스가 0이다. $R_0=0$
⑤ 낮은 전력 소비
⑥ 온도 및 전원 전압 변동에 따른 무영향(zero drift)
⑦ 오프셋(offset)이 0이다. (zero offset)
⑧ 동상신호제거비(CMRR)가 무한대이다.
⑨ 지연 응답(response delay)이 0이다.
⑩ 특성의 변동, 잡음이 없다.

03 ㉱
① 순시값 : 순간 순간 변하는 교류의 임의의 시간에 있어서 값
② 최댓값 : 순시값 중에서 가장 큰 값
③ 실효값 : 교류의 크기를 교류와 동일한 일을 하는 직류의 크기로 바꿔 나타낸 값
④ 평균값 : 교류 순시값의 1주기 동안의 평균을 취하여 교류의 크기를 나타낸 값
⑤ 직류전류의 값으로 교류전류의 값을 나타낸 값 교류의 전류나 전압은 그 세기가 일정하지 않고 시간에 따라 주기적으로 변화한다. 따라서 동일한 저항으로 교류전류 및 직류전류를 따로 흐르게 하여 저항 속에서 소비되는 전력이 같을 때의 직류전류의 세기로 교류전류의 세기를 나타낸다. 교류전압에 대해서도 이와 같이 실효값을 정의하고 있다. 실효값은 주기적으로 변동하는 전압 또는 전류의 순시값의 제곱을 1주기로 한 평균값의 제곱근과 같다. 사인파교류의 전압과 전류의 실효값은 최댓값의 $\frac{1}{\sqrt{2}}$ 과 같다. 또한 사인파 교류의 전압과 전류는 실효값으로 나타내는 것이 보통이다. 예를 들면 가정에서 사용하는 교류 220[V] 전압의 실효값은 220[V]이며 최댓값은 약 140[V] 이다.

04 ㉯
$$A_{vf}=20\log_{10}\frac{V_o}{V_i}$$
$$=20\log_{10}\frac{50}{5}=20\log_{10}10=20[dB]$$

05 ㉰
다이오드에 걸리는 최대 역전압[PIV]은 $\sqrt{2}\,V_i$ 이므로 $V_o=10\sqrt{2}$ [V]이다.

06 ㉯
초크 코일은 입력 교류 성분에 대하여 높은 임피던스를 가지므로 부하를 통한 전류의 흐름을 방지하고 전류의 급작스런 변화를 완만하게 하므로 전압 변동이 적게 된다. 일반적으로 입력 콘덴서 여파기는 입력 초크 여파기보다 큰 출력전압과 낮은 맥동률을 가지게 된다. 콘덴서 입력형 필터 회로의 경우 리플전압은 부하저항 및 콘덴서 용량에 반비례한다.

07 ㉰
반파 정류회로는 1개, 전파 정류회로는 2개, 브리지 정류회로는 4개, 배전압 전파 정류회로는 2개의 다이오드가 사용된다.

08 ㉯
$G=20\log_{10}\frac{5}{500\times10^{-3}}=20\log_{10}10=20[dB]$이므로 10배의 증폭도이다.

09 ㉮
발진기의 발진주파수를 높이기 위하여 사용되는 회로가 주파수체배기이고, 발진주파수를 낮추기 위하여 사용되는 회로가 분주기이다.

10 ㉱
$Q=\frac{X_L}{R}$ 이므로 $R=\frac{X_L}{Q}=\frac{2\pi fl}{Q}$ 이다.
$R=\frac{2\times3.14\times455\times10^3\times1\times10^{-3}}{50}=143[k\Omega]$

11 ㉮
홀 효과(Hall effect)는 도체의 전류에 수직으로 자기장을 걸면 양쪽에서 수직으로 전압이 발생하는 것을 말하며, 자기장이나 전류의 세기를 측정하는 데 응용된다.

12 ㉮
동일한 내압의 직류전압을 인가하면 용량이 가장 낮은 콘덴서가 가장 먼저 파괴된다. $W=\frac{CV^2}{2}$ 의 식에 의해 용량이 작은 콘덴서의 전력이 작으므로 가장 먼저 파괴된다.

13 ㉱

비검파(ratio detection)회로는 검파 감도가 약간 낮으나 회로 자체가 진폭제한기(limiter, 리미터)의 역할도 겸할 수 있어 일반적인 FM 수신기에 많이 사용된다.

14 ㉰

C급 증폭기는 효율이 가장 좋기 때문에 송신기의 전력증폭기로 사용된다.

15 ㉮

100[%] 이상의 변조를 과변조라 한다. 과변조가 되면 피변조파의 일부가 결여되므로 검파에서 얻어지는 신호는 원래의 신호와는 다른 일그러짐이 많은 것이 된다. 또 측파대가 넓어지므로 다른 통신에 의한 혼신도 증가한다.

16 ㉲

주파수 f_o[Hz]의 전류를 f_1[Hz]로 진폭했을 경우 피변조 주파수에는 f_o, (f_o+f_1) 및 (f_o-f_1)[Hz]의 세 주파수가 포함된다. 이때 (f_o+f_1)을 상측파대, (f_o-f_1)을 하측파대라 하며, 양쪽을 일괄하여 측파대 또는 점유 주파수대라고 한다. 그러므로 점유 주파수대는 18[kHz]를 기준으로 ±이므로 36[kHz]가 된다.

17 ㉲

명령 레지스터(instruction register)는 현재 실행 중에 있는 명령을 임시 보존하는 레지스터로 명령부와 어드레스부로 구성된다.

18 ㉲

마이크로프로세서의 프로그램 제어 명령은 상태 조건을 검사하는 명령과 프로그램 제어 명령으로 순서 제어 명령어에는 점프 명령, 콜 명령, 리턴 명령이 있다.

19 ㉯

주프로그램에서 서브루틴으로 분기할 때는 나중에 주프로그램으로 되돌아올 복귀 주소(return address)를 저장해 놓아야 하는데, 이때 사용되는 것이 스택(stack)이다.
① 스택은 일반적으로 주기억장치의 일부를 스택영역으로 할당하여 사용한다.
② 스택에서는 서브루틴이나 인터럽트 서비스 루틴 사용 시 복귀 주소가 저장되며, 프로그램에 의해 임시 기억장소로 사용되기도 한다.
③ 스택은 후입선출(LIFO, last-in first-out) 구조로 되어 있다.
④ 현재의 스택 톱(stack top)은 CPU 내의 스택 포인터(SP : stack pointer)에 의해 지시된다.
⑤ SP가 지정하는 번지에 데이터가 써 넣어지면(push down) SP의 값은 1 감소하고, 데이터가 읽혀지면(pop up) SP값이 1 증가한다.

20 ㉮

정수, 실수 및 문자를 기본 자료형 데이터라 하며, 각각의 자료형을 위한 변수를 선언하기 위해서 사용하는 예약어는 정수 : int, 실수 : float, 문자 : char가 있다.

21 ㉲

① 2진화 10진수(BCD : Binary Coded Decimal) : 10진수 1자리의 수를 2진수로 변환하여 4비트로 표시하는 것으로, 각 비트는 고유한 값 8, 4, 2, 1의 고정 값을 갖는다. 그래서 8421코드라고도 한다.
② 그레이 코드(Gray Code) : 1비트의 변화를 주어 아날로그 데이터를 디지털 데이터로 변환하는 데 사용하는 코드로, 연산에는 부적합한 코드로 A/D 변환기, 입·출력장치의 인터페이스 코드로 널리 사용된다.
③ ASCII 코드(American Standard Code for Information Interchange Code) : 문자를 표시하기 위한 7비트 코드로서 영어 대문자, 소문자로 구별할 수 있으며, 가장 왼쪽의 한 비트는 코드의 오류 검출용 패리티 비트를 부가하여 8비트로 표시하고 데이터 통신에서 표준코드로 사용하며 개인용 컴퓨터에 사용한다. 2^7=128개의 문자까지 표시가 가능하다.
④ EBCDIC 코드(Extended Binary Code Decimal Interchange Code : 확장형 2진화 10진 코드) : 문자를 표시하기 위한 8비트 코드로서 영어 대문자, 소문자로 구별할 수 있으며, 중대형 IBM 컴퓨터에 사용하고, 2^8=256개의 문자까지 표현이 가능하다.

22 ㉰

버스(BUS)는 동일한 기능을 수행하는 많은 신호선들의 집단으로 마이크로프로세서가 주변 소자들과 데이터 교환을 위한 통로로 사용되며, 주소 버스, 데이터 버스, 제어 버스로 구분한다.
① 주소 버스(Address Bus)는 마이크로프로세서가 외부의 메모리나 입·출력장치의 번지를 지정할 때 사용하는 단방향 버스이다.
② 데이터 버스(Data Bus)는 마이크로프로세서에서 메모리나 출력장치로 데이터를 출력하거나 반대로 메모리나 출력장치로부터 데이터를 입력할 때의 전송로로 사용되는 양방향 버스이다.
③ 제어 버스(Control Bus)는 마이크로프로세서가 현재 수행 중인 작업의 종류나 상태를 메모리나 입·출력장치에게 전달하는 출력신호와 외부에서 마이크로프로세서로 어떤 동작의 요구를 위한 입력신호 등으로 구성되는 단방향 버스이다.

23 ㉯

① MOVE : 하나의 입력 자료를 갖는 단일 연산으로 전자계산기 내부에서 하나의 레지스터에 기억된 데이터를 다른 레지스터로 옮기는 데 이용
② Complement
 * 단일 연산으로 입력 자료 1의 연산 결과는 보수가 된다.
 * 음(-)수의 표현에 있어 1의 보수 또는 2의 보수를 구하는 데 이용
③ AND : 필요 없는 부분을 지워버리고 나머지 비트만을 가

④ OR : AND 회로와는 거의 반대의 연산을 실행하는 것으로서, 2개 이상의 데이터를 합치는 데 이용
　⑤ Shift(시프트) : 입력 데이터의 모든 비트를 각각 서로 이웃의 비트자리로 옮기는 데 사용
　⑥ Rotate(로테이트) : shift와 유사한 연산으로서, shift 연산에서는 연산 후에 밀려나오는 비트를 버리거나 올림수 레지스터에 기억시키지만, Rotate의 경우에는 밀려나온 비트가 다시 반대편 끝으로 들어가게 된다.

24 ④
　① SRAM(static RAM) : 메모리 셀이 1개의 플립플롭으로 구성되므로 전원이 공급되고 있는 한 기억내용은 소멸되지 않는다.
　② DRAM(dynamic RAM) : 메모리 셀이 1개의 콘덴서로 구성되므로 충전된 전하의 누설에 의해 주기적인 리프레시(refresh)가 없으면 기억 내용이 소멸된다.
　③ 마스크 ROM(mask-programmed ROM) : 제조시에 바로 내용이 기입되어 생산되며, 사용자가 내용을 기입하거나 변경시킬 수 없다.
　④ PROM(Programmable ROM) : 사용자가 특수 장치를 이용하여 내용을 단 1회만 기입할 수 있으나, 기억 내용은 변경이 불가능하다.
　⑤ EPROM(erasable PROM) : 사용자가 내용을 반복해서 기입하거나 소거할 수 있으며, 자외선을 비추어 기억 내용을 소거할 수 있는 UV EPROM(ultraviolet EPROM)과 전기 신호에 의해 소거할 수 있는 EEPROM(electrical EPROM)이 있다.
　⑥ 플래시 메모리는 소비전력이 작고 전원이 꺼져도 저장된 데이터가 지워지지 않는 특성을 가진 반도체를 말하며, 지속적으로 전원이 공급되는 비휘발성 메모리로, 데이터를 자유롭게 입력할 수 있는 장점도 있다.

25 ㉮
　논리적 시프트 연산(logical shift) 연산
　레지스터 내의 데이터들을 왼쪽 혹은 오른쪽으로 한 칸씩 이동시키는 것을 말한다.
　① 좌측 시프트 연산 : 비트들이 좌측으로 한 칸씩 이동하면서, 맨 왼쪽 비트는 버려지고 맨 우측 비트는 0으로 채워진다.
　② 우측 시프트 연산 : 비트들이 우측으로 한 칸씩 이동하면서, 맨 오른쪽 비트는 버려지고 맨 좌측 비트는 0으로 채워진다.
　③ 좌측 시프트 연산을 하면 2를 곱한 결과가 나오고, 우측 시프트 연산을 하면 2로 나눈 결과값이 나온다.

26 ㉰
　기계어는 0과 1로 이루어지므로, 프로그램의 유지보수가 어렵다. 저급 언어는 기계어를 말하며, 기계어는 변환과정 없이 계산기가 직접 처리할 수 있으므로 처리속도가 빠르다.
　① 2진수를 사용하여 명령어와 데이터를 표현한다.
　② 호환성이 없고, 기계마다 언어가 다르다.
　③ 프로그램의 실행속도가 빠르다.
　④ 프로그램의 유지보수와 배우기가 어렵다.

27 ㉮
　순서도(flow chart)란 컴퓨터로 처리하고자 하는 문제를 분석하고 그 처리 순서를 단계화하여, 상호간의 관계를 알기 쉽게 약속된 기호와 도형을 사용해서 나타내는 것을 말하며, 순서도 작성법은 프로그램 언어가 달라도 표현 방법은 동일하므로, 모든 프로그램에서 공통적으로 사용하며 순서도는 프로그램의 설계도이므로 확실한 논리를 명확하게 나타내어야 하므로 다음과 같은 사항을 고려하여야 한다.
　① 처리되는 과정은 모두 표현한다.
　② 간단하고 명료하게 표현한다.
　③ 전체의 흐름을 명확히 알아볼 수 있도록 작성한다.
　④ 과정이 길거나 복잡하면 나누어서 작성하고 연결자로 연결한다.
　⑤ 통일된 기호를 사용한다.

28 ④
　① 직접, 절대 어드레스 지정 방식(direct absolute addressing mode) : 오퍼랜드가 존재하는 기억장치의 어드레스를 직접 명령 속에 포함시켜 지정하는 방법
　② 이미디어트 어드레스 지정 방식(immediate addressing mode) : 명령 속의 오퍼랜드 정보를 그대로 오퍼랜드로 사용하는 방법
　③ 간접 어드레스 지정 방식(indirect addressing mode) : 오퍼랜드가 존재하는 기억장치 어드레스를 내용으로 가지고 있는 기억 장소의 어드레스를 명령 속에 포함시켜 지정하는 방법
　④ 레지스터 어드레스 지정 방식(register addressing mode) : 기억장치의 어드레스 대신 레지스터의 번호를 지정하고, 그 레지스터 내용을 목적으로 하는 오퍼랜드의 어드레스로 한다.(레지스터 간접 어드레스 지정 방식이라고 한다.)
　⑤ 상대 어드레스 지정 방식(relative addressing mode) : 명령 속의 오퍼랜드 지정 정보를 레지스터 지정부와 전개부로 나누어서 레지스터 지정부로 지정된 레지스터 내용과 전개부를 더해서 오퍼랜드의 어드레스를 구한다.
　⑥ 페이지 어드레스 지정 방식(page addressing mode) : 기억장치를 일정한 크기의 페이지로 나누어서 명령 속에 페이지 내에서의 어드레스를 지정하는 방법

29 ㉮
　계수형 주파수계(frequency counter)는 적당한 회로와 계수 방전관, 정전형 계수관, 방전식 숫자 표시관, 네온관 등의 펄스 수를 지시하는 전자관이나 반도체 소자들을 조합하여 1초 사이의 파의 수를 세어서 주파수를 지시하도록 되어 있는 계기이다.

30 ㉮
　전류의 측정을 확대하기 위한 분류기로서

$$I_a = \frac{R_s}{R_s + r_a} I$$

$$I = \frac{R_s + r_a}{R_s} I_a = \left(1 + \frac{r_a}{R_s}\right) I_a$$

$$\therefore \frac{I}{I_a} = 1 + \frac{r_s}{R_s} = n$$

$$R_s = \frac{r_a}{n-1} [\Omega]$$

여기서, r_a : 내부 저항[Ω]
R_s : 분류기 저항[Ω]
n : 배율
I : 측정하는 전류[A]
I_a : 전류계에 흐르는 전류[A]

31 ㉯
저주파 발진기(Audio oscillator)의 종류
① 비트 발진기 : 고주파인 1000[kHz]의 고정 주파수 발진기와, 100~120[kHz] 정도의 가변 주파수 발진기를 조합시켜, 두 주파수의 차이에 해당하는 0~20[kHz] 정도의 가청 주파수를 여파 증폭하여 사용한다.
② RC 발진기 : 저항 R, 콘덴서 C와 증폭단으로 구성되어 주파수 안정도가 아주 좋으며, 특히 낮은 주파수에서도 출력 파형이 좋고 취급이 간편하여 저주파 발진기로 가장 널리 쓰인다.
③ 음차 발진기 : 음차의 진동수로 그 주파수가 결정되며, 주파수 안정도와 파형이 좋기 때문에 저주파대의 기본 발진기로 사용된다.

32 ㉮
① 홀 효과(Hall effect)란 자장(H) 안에 도체를 직각으로 놓고 이것에 전류(I)를 흐르게 하면, 플레밍의 왼손법칙에 의한 전자력으로 도체의 위와 아랫면 사이에 전위(V)가 나타나는 현상.
② 톰슨 효과(Thomson effect) : 도체 막대의 양 끝을 서로 다른 온도로 유지하면서 전류를 통할 때 줄열 이외에 발열이나 흡열이 일어나는 현상.
③ 피에조 효과(Piezo effect) : 압전소자의 특수한 결정에 외부적인 힘을 가하여 변형을 주면 그 표면에 전압이 발생하고, 반대로 결정에 전압을 걸면 변위나 힘이 발생하는 현상
④ 펠티에 효과(Peltier effect) : 2개의 다른 물질의 접합부에 전류가 흐르면 전류의 방향에 따라 열을 흡수하거나 발산하는 현상

33 ㉰
정전형 계기(electrostatic type meter)는 대전된 전극 사이에 작용하는 정전 인력 또는 반발력을 이용한 계기이다.

34 ㉯
$$m = \frac{A-B}{A+B} \times 100 [\%] = \frac{3-1}{3+1} \times 100 = 50 [\%]$$

그러므로 50[%]의 진폭변조(AM)파이다.

35 ㉮
자동평형 기록계기는 영위법에 의한 측정과 조작을 자동화한 것으로서 지침을 흔들게 하는 데에는 서보모터(servomotor : 제어용 토크를 발생 전달시키는 기계)의 강력한 구동력을 이용하여 다이얼에 펜 또는 타점용 핀을 붙여 기록하게 되어 있다.

36 ㉯
고주파 전력측정법
① 표준부하법 : 표준부하로서 램프를 사용하여 광도차로 전력을 측정
② C-C형 전력계 : 열전대와 콘덴서 및 직류전력계로 구성되며 단파대 정도의 고주파 전력을 측정
③ C-M형 전력계 : 동축선로 또는 도파관이 조합된 전력계로 정전력 및 전자력 결합에 의한 전력계로 초단파대 이상의 전력을 측정
※ 3전력계법은 3상 교류전력 측정에 이용된다.

37 ㉮
흡수형 주파수계의 특징
① 직렬 공진회로의 주파수 특성을 이용한 것으로 R, L, C 공진회로의 대략의 주파수 측정에 실용된다.
② 공진회로의 Q가 크지 않을 때에는 공진점을 찾기가 어려우므로 정밀한 측정이 어렵다.
③ 대체로 100[MHz] 이하의 고주파 측정에 사용된다.
④ $f = \frac{1}{2\pi \sqrt{LC}}$ [Hz]

38 ㉮
잡음 지수(noise figure) : 증폭기 내부에서 발생하는 잡음이 미치는 영향의 정도를 표시하며, 이상적 잡음 지수 F=1 (무잡음의 상태)이다.
잡음지수(F)
$= \dfrac{\text{입력에서의 신호 전압과 잡음 전압의 비}}{\text{출력에서의 신호 전압과 잡음 전압의 비}}$

39 ㉯
헤테로다인 주파수계의 교정용 발진기에는 그림과 같이 수정 발진기가 사용된다.

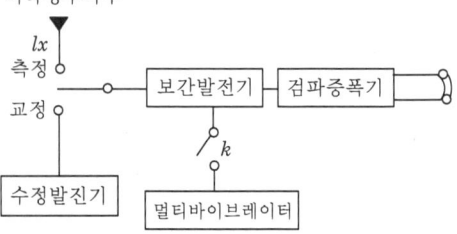

40 ㉰
지시계기의 구비 조건
① 정밀도가 높고 오차가 작을 것
② 응답도(responsibility)가 좋을 것
③ 튼튼하고 취급이 편리할 것
④ 눈금이 균등하든가 대수 눈금이어야 할 것

41 ㉮
주파수 변별기는 FM파에서 원래의 신호파를 꺼내기 위하여 사용한다.

42 ㉯
① 소리의 압력 변화를 음압(sound pressure)이라 하며, 음압의 단위로 기압의 단위와 같은 바(bar)를 사용한다. 그러나 실제의 음향은 매우 작으므로 마이크로바(μbar)를 사용하여 실효값으로 나타낸다.
② 음압수준(SPL : Sound Pressure Level)은 우리가 들을 수 있는 최소한의 음압($0.0002[\mu$bar$]$)을 기준으로 하여 소리의 세기가 몇 배인가를 가지고 상대값으로 나타내며, 단위는 데시벨[dB]을 사용한다.
③ $SPL = 20\log_{10}\left(\dfrac{P}{0.0002}\right)[\text{dB}]$

43 ㉰
비디오테이프의 요구 특성
① 잔류 자속이 클 것
② 항자력(H_c)이 클 것
③ SN비가 좋을 것

44 ㉰
가드 핸드리스(guard handless) 기록에 있어서 컬러신호의 크로스토크 성분을 제거하는 방식으로 개발되었다.
① PS(Phase Shift) 방식 : VHS 방식 비디오에 채용
② PI(Phase Invert) 방식 : $\beta-$max 방식 비디오에 채용

45 ㉱
지상제어진입장치(GCA : ground controlled approach)에서 공항에 수색 레이더(surveillance radar element, SRE)와 정측 레이더(precision approach radar, PAR)의 두 레이더가 설치된다. SER는 공항을 중심으로 하여 30마일 정도의 범위 내에 들어오는 항공기의 거리와 방위를 PPI 방식으로 CRT면상에 나타낸다.
공항 관제관은 이것을 관찰하면서 VHF 전화로 조종사에게 지시를 하여 항공기를 진입 코스에 유도한 다음 10마일 이내의 거리에서 PAR에 인도한다.

46 ㉰
지향성 수신 방식의 방사상 항법으로 그림에서와 같이 하나의 목표에 직선으로 도달하는 것을 호밍이라 한다.

47 ㉱
자기 헤드는 유도성이므로 주파수에 비례하여 임피던스가 증가한다.

48 ㉮
FET(전계 효과 트랜지스터)는 입력 임피던스가 매우 커서 동조회로와의 단간결합이 용이하게 되기 때문이다.

49 ㉰
2개의 다른 물질의 접합부에 전류가 흐르면 전류의 방향에 따라 열을 흡수하거나 발산하는 현상을 펠티어 효과(Peltier effect)라 하는데, 이 효과는 금속의 경우보다 반도체의 PN 접합을 이용할 때가 크다. 전자냉동기에 이용된다.
* 전자냉동의 장점
① 회전 부분이 없으므로 소음이 없고, 배관도 필요 없다.
② 전류 방향만을 바꿈으로써 냉각에도 쓸 수 있고 가열에도 쓸 수 있다.
③ 온도의 조절이 쉽다.
④ 성능이 고르고 수명이 길며 사용기간 중에 변화가 거의 없다.
⑤ 크기가 작고, 가벼워 취급이 간단하다.

50 ㉮
비월주사(interlaced scanning)란 최초의 주사를 한 줄 걸러서 홀수번만을 행하고, 다음 두 번째의 주사를 짝수번으로 하는 주사 방식으로 현재의 TV주사에 실용되는 방식이다. 비월 주사를 하게 되면 매초의 송상 수는 그대로 30이나 주사의 되풀이는 매초 60이 되어 화면의 플리커(flicker), 즉 깜박거림이 적게 되는 이점이 있다.

51 ㉱
VTR의 테이프와 헤드 사이에 먼지 등이 끼면 재생화면에 하나 또는 다수의 흰 수평선이 나타나는 현상을 드롭 아웃(Drop out)이라 한다.

52 ㉮
① 고주파 유전가열은 유전체에 고주파 전장을 가할 때 생기는 유전손(dielectric loss)에 의하여 유전체를 가열하는 방법이다.
② 고주파 유도가열은 금속과 같은 도전 물질이 고주파 자장을 가할 때 도체 내에 생기는 맴돌이 전류에 의하여 물질을 가열하는 방법이다.

53 ㉮
온·오프 동작이란 편차가 양인가 음인가에 따라 조작부를 온(on) 또는 오프(off)하는 동작으로 조작부가 밸브인 경우에는 완전 개방과 완전 폐쇄가 각각 온과 오프에 해당한다.

54 ㉮
컬러텔레비전 수상기회로의 구성에서 튜너, 자동이득조절기는 영상수신계 회로에 속한다.

과년도 출제문제

55 라
① 돌비 시스템(dolby system)이란 테이프에 나타나는 잡음을 줄이기 위하여 영국의 돌비 연구소가 개발한 방식으로, 잡음 성분이 많은 고음역(高音域)의 약한 신호를 강하게 녹음한 후, 신호를 강하게 한 만큼 되돌려 재생하는 것으로 신호대 잡음의 비율, 즉 S/N비를 10데시벨(dB) 정도 개선할 수 있다.
② 마스크(mask) 효과란 어떤 음을 듣고 있을 때, 다른 음이 어느 정도 크게 들리면 원음의 감도가 줄어들거나 들리지 않는 현상이다.(마스킹이란 마스크의 북한어이다.)

56 다
정치 제어란 목표값이 일정한 경우의 제어
* 정치 제어의 구분
 ① 공정 제어(process control) : 온도, 압력, 유량, 액위, 혼합비 등을 제어량으로 하는 자동 제어
 ② 자동조정 : 전압, 전류, 속도, 토크 등의 기계적 또는 전기적 양을 제어하는 정치 제어
 ③ 서보 기구(servo mechanism) : 방향이나 위치의 추치 제어

57 라
수신기의 특성
① 감도(sensitivity) : 미약한 전파를 수신할 수 있는 능력으로 SN비 30[dB]로 일정한 저주파 출력을 얻는 데 필요한 안테나 단자의 입력전압으로 나타낸다.
② 선택도(selectivity) : 희망하는 전파를 어느 정도까지 분리해 낼 수 있는지의 능력으로 근접주파수 선택도와 영상주파수 선택도로 대별하여 나타낸다.
③ 충실도(fidelity) : 송신측에서 변조된 신호를 어느 정도까지 충실히 재현할 수 있는지의 청도(원음에 가까움)를 나타낸다.
④ 안정도(stability) : 주파수와 진폭이 일정한 신호 전파를 수신하면서 장시간에 걸쳐 일정한 출력을 낼 수 있는지의 능력을 나타낸다.

58 나
수신기의 입력에서 본 신호대 잡음비를 S_i/N_i라 하고, 출력에서의 신호대 잡음비를 S_o/N_o라 하면 잡음 지수(F)는 $F = \dfrac{\dfrac{S_i}{N_i}}{\dfrac{S_o}{N_o}} = \dfrac{S_i}{N_i} \cdot \dfrac{N_o}{S_o}$ 로 나타내며,

$40[\text{dB}] = 20\log_{10}\dfrac{S_i}{N_i}$ 이므로 $\dfrac{S_i}{N_i} = 100$이 되어 잡음전압은 $\dfrac{1}{100}$이 된다.

59 가
초음파의 속도는 액체나 기체 중에서 $C = \sqrt{\dfrac{K}{d}}$ [m/s]로 표시된다.

60 나
태양전지(solar cell)는 반도체의 PN 접합에 빛이 입사할 때 기전력이 발생하는 광기전력 효과를 이용한 것이다.

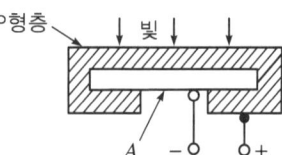

태양전지의 구성에서
양극(+) : P형 실리콘 층, 음극(-) : N형 실리콘 층

2012년 10월 20일

01 가
정류회로의 종류는 반파, 전파, 브리지, 배전압 정류회로 등으로 구분하고, 정전압회로는 직류전압을 안정화하는 회로이다.

02 다
① 클리핑회로(clipping circuit)는 입력전압이 어느 기준 레벨 이하일 때 일정한 출력을 유지시키는 회로이다.
② 리미터는 입력이 어떤 레벨 이상이 될 때 깎아내어 일정 레벨이 되게 하는 회로이다.
③ 슬라이서는 두 기준 레벨 사이의 파형 부분만 꺼내는 회로이다.
④ 클램핑회로(clamping circuit)는 입력 파형에 (+) 또는 (-)의 전압을 가하여 일정 레벨로 파형을 고정시키는 회로이다.

03 라
① 진성 반도체(intrinsic semiconductor) : 불순물이 전혀 섞이지 않은 반도체
② 불순물 반도체(extrinsic semiconductor)
 ㉠ N형 반도체 : 과잉 전자(excess electron)에 의해서 전기 전도가 이루어지는 불순물 반도체
 ㉡ 도너(donor) : N형 반도체를 만들기 위한 불순물 원소(Sb, As, P, Pb)
 ㉢ P형 반도체 : 정공에 의해서 전기 전도가 이루어지는 불순물 반도체
 ㉣ 억셉터(acceptor) : P형 반도체를 만들기 위한 불순물 원소(Ga, In, B, Al)

04 라
입력에는 콘덴서를, 귀환에는 저항을 사용하는 회로가 미분

회로이고, 입력에 저항을, 귀환에는 콘덴서를 사용하는 회로가 적분회로이다.

05 ㉯

잡음 지수(noise figure) : 증폭기 내부에서 발생하는 잡음이 미치는 영향의 정도를 표시하며, 이상적 잡음 지수 F=1 (무잡음의 상태)이다.

잡음지수(F)
= $\dfrac{\text{입력에서의 신호 전압과 잡음 전압의 비}}{\text{출력에서의 신호 전압과 잡음 전압의 비}}$

① 산탄 잡음(shot noise) : 진공관의 음극에서 양극으로 이동하는 전자의 흐름에 약간의 맥동이 있어 일으키는 잡음으로, 이 잡음은 전 주파수대에 걸쳐 일정하게 일어나므로, 이용하는 주파수대가 넓을수록 커지게 된다.
② 플리커 잡음(flicker noise) : 진공관에서 음극 표면의 상태가 고르지 못하여 전자의 방사가 시간적으로 일정하지 않으므로 발생하는 잡음으로 가청 주파수대에서만 일어난다.
③ 트랜지스터 잡음 : 진공관보다는 대체로 크나, 주파수가 높아지면 감소한다.
④ 열 잡음 : 증폭회로를 구성하는 저항이나 도체 중에서 자유전자가 그 온도에 상당한 열운동을 하는 원인에 의해 발생하는 잡음

06 ㉯

사이리스터(thyristor)란 전류를 제어하는 기능의 SCR과 PNPN 접합 반도체 소자들의 총칭으로 전류방향 특성은 다음과 같다.
① 단방향성 소자 : SCR, SUS, PUT, SCS 등
② 쌍방향성 소자 ; TRIAC, DIAC, SSS, SIDAC, SBS 등

07 ㉮

합성 임피던스
$$\dfrac{1}{Z} = \sqrt{\left(\dfrac{1}{R}\right)^2 + \left(\dfrac{1}{X_L}\right)^2} = \sqrt{\left(\dfrac{1}{4}\right)^2 + \left(\dfrac{1}{3}\right)^2}$$
$$= \sqrt{\dfrac{1}{16} + \dfrac{1}{9}} = \sqrt{\dfrac{25}{144}} = \dfrac{5}{12}$$
$$\therefore Z = \dfrac{12}{5} = 2.4[\Omega]$$

08 ㉯

정류 방식별 맥동주파수(60[Hz]의 경우)

정류 방식	맥동 주파수
단상 반파 정류회로	60[Hz]
단상 전파 정류회로	120[Hz]
3상 반파 정류회로	180[Hz]
3상 전파 정류회로	360[Hz]

09 ㉯

그림은 직렬 제어형 정전압회로로서 제너 다이오드는 기준전압으로 출력전압과 비교를 위한 역할을 담당한다.

10 ㉰

트랜지스터의 전기적 특성을 나타내는 기호 중 출력단 전류증폭률(h_{ie})은 온도변화에 따른 파라미터 변동이 가장 적다.
$$h_{ie} = \dfrac{\Delta V_{BE}}{\Delta I_B} \ (V_{CE}\text{는 일정})$$

11 ㉰

FET를 사용한 이상 발진기에서 발진을 지속하기 위한 FET의 증폭도는 29 이상이어야 한다.

12 ㉮

트랜지스터(BJT)의 동작영역에서 증폭기로 사용하기 위해서는 활성영역에서 동작하여야 하고, 논리회로에 사용하기 위해서는 포화영역과 차단영역을 사용한다.

13 ㉴

$$A_{vf} = -V_S \dfrac{Z_f}{Z} = -V_S \dfrac{500 \times 10^3}{50 \times 10^3} = -V_s 10$$
$$\therefore A_{vf} = -10$$

14 ㉯

100[V], 500[W] 전열기의 저항 $R = \dfrac{V^2}{P} = \dfrac{100^2}{500} = 20[\Omega]$

90[V]에 사용할 때의 전력 $P = \dfrac{V^2}{R} = \dfrac{90^2}{20} = 405[W]$

15 ㉮

직류 안정화 회로에서 제너 다이오드는 기준전압용으로 출력전압과 비교를 위한 역할을 담당하고 출력석은 가변저항의 역할을 담당한다.

16 ㉴

전압 폴로어(voltage follower) 회로로서
$A_v(V_s - V_o) = V_o$
$V_o = \dfrac{A_v}{1 + A_v} \times V_s$ 에서
$A_v = \infty$ 이므로 $V_o = V_s$
$\therefore A_{vf} = \dfrac{V_o}{V_s} = 1$

17 ㉴

자기보수 코드(self complement code)는 2진수의 반전에 의해서 보수를 얻는 코드로 2421, 51111, 3초과 코드 등이 있다.

18 ㉰

자바(Java) : 네트워크상에서 쓸 수 있도록 미국 선 마이크로 시스템(Sun Microsystems)사에서 개발한 객체 지향 프로그

래밍 언어

19 ㉯
① 캐시메모리(Cache Memory) : 주기억장치(RAM)와 중앙처리장치(CPU) 사이에 위치하여 데이터를 임시로 저장해 두는 장소, 상대적으로 느린 주기억장치의 접근시간과 빠른 CPU와의 속도 차를 줄이기 위하여 주기억장치의 정보를 일시적으로 저장
② 연관기억장치(Associative Memory) : 기억장치에서 자료를 찾을 때 주소에 의해 접근하지 않고, 기억된 내용의 일부를 이용하여 Access할 수 있는 기억장치
③ 가상 메모리(Virtual Memory) : 보조기억장치(하드디스크)를 마치 주기억장치인 것처럼 사용하여 실제 주기억장치의 적은 용량을 확대하여 사용하는 방법

20 ㉰
8진수의 각 자리수를 3bit의 2진수로 표현한 후 4bit로 표현하면 16진수가 된다.
① 각 자리수의 8진수를 2진수로 변환한다.

2	3	7	4
010	011	111	100

② 2진수를 4비트의 BCD(8421)코드로 묶어 16진수로 변환한다.

0100	1111	1100
4	F	C

즉, BCD $(2374)_8$은 16진수로 $(4FC)_{16}$가 된다.

21 ㉮
8비트 27의 이진법 표기는 $(00011011)_2$이 되고, 제일 왼쪽 끝의 비트에 부호(1)를 할당하여 -27을 표기하면 $(10011011)_2$가 된다.

22 ㉰
① 명령어 형식 : Operand부분의 address의 길이에 따라 구분
② 0-주소 형식(0-address instruction) : 인스트럭션에 나타난 연산자의 수행에 있어서 피연산자들의 출처와 연산의 결과를 기억시킬 장소가 고정되어 있거나 특수한 그 주소들을 항상 알 수 있으면 인스트럭션 내에서는 피연산자의 주소를 지정할 필요가 없으며 연산자만을 나타내 주면 되는 형식으로 스택에서 사용
③ 1-주소 형식(1-address instruction) : AC에 기억되어 있는 자료를 모든 인스트럭션에서 사용하며, 연산 결과를 항상 AC에 기억하도록 하면 연산 결과의 주소를 지정해 줄 필요가 없으므로 인스트럭션에서는 하나의 입력 자료의 주소만을 지정해주면 되는 형식으로 누산기에서 사용
④ 2-주소 형식(2-address instruction) : 두 개의 주소 중에 한 곳에 연산 결과를 기록하므로, 연산 결과를 기억시킬 곳의 주소를 인스트럭션 내에 표시할 필요가 없는 형식으로 계산 결과를 시험하고자 할 때 CPU 내에서 직접 시험이 가능하여 시간을 절약할 수 있어 범용 레지스터에 사용
⑤ 3-주소 형식(3-address instruction) : 여러 개의 범용 레지스터를 가진 컴퓨터에서 사용할 수 있는 형식으로 연산 후 입력 자료를 보존
  ㉠ 수행 시간이 길어서 특수한 목적 이외에는 사용하지 않는다.
  ㉡ 연산 수행 후 피연산자가 변하지 않고 보존되는 장점이 있다.

23 ㉮
① MOVE : 하나의 입력 자료를 갖는 단일 연산으로 전자계산기 내부에서 하나의 레지스터에 기억된 데이터를 다른 레지스터로 옮기는 데 이용
② Complement
  * 단일 연산으로 입력 자료 1의 연산 결과는 보수가 된다.
  * 음(-)수의 표현에 있어 1의 보수 또는 2의 보수를 구하는 데 이용
③ AND : 필요 없는 부분을 지워버리고 나머지 비트만을 가지고 처리하기 위하여 사용
④ OR : AND 회로와는 거의 반대의 연산을 실행하는 것으로서, 2개 이상의 데이터를 합치는 데 이용
⑤ Shift(시프트) : 입력 데이터의 모든 비트를 각각서로 이웃의 비트자리로 옮기는 데 사용
⑥ Rotate(로테이트) : shift와 유사한 연산으로서, shift 연산에서는 연산 후에 밀려나오는 비트를 버리거나 올림수 레지스터에 기억시키지만, Rotate의 경우에는 밀려나온 비트가 다시 반대편 끝으로 들어가게 된다.

24 ㉯
전자계산기는 입·출력장치와 중앙처리장치로 구분하며, 중앙처리장치는 제어장치, 연산장치, 주기억장치로 구성된다.
① 입력장치 : 프로그램이나 데이터를 외부장치로부터 전자계산기(컴퓨터)로 읽어들여 주기억장치에 기억시키는 장치이다.
② 출력장치 : 컴퓨터에 의해 처리된 정보의 결과를 사용자가 이해할 수 있는 형태로 변환하여 외부로 출력하는 기능을 갖는 장치를 말한다.
③ 제어장치 : 주기억장치에 기억되어 있는 프로그램을 하나씩 꺼내어 명령을 해독하고 그에 따라 필요한 장치에 신호를 보내어 동작시켜 그 결과를 검사, 제어하는 역할로서 연산장치, 입력장치, 출력장치를 동작하게 한다.
④ 연산장치 : 주기억장치로부터 보내져 온 데이터에 대하여 대소의 판별, 산술연산 및 비교, 논리적 판단을 실시한 장치로서 연산의 결과는 주기억장치에 기억된다.
⑤ 주기억장치 : 수행되고 있는 프로그램과 수행에 필요한 데이터를 기억하는 장치이다.

25 ㉮
① 중앙처리장치는 비교, 판단, 연산을 담당하는 논리연산장치(arithmetic logic unit)와 명령어의 해석과 실행을 담당하는 제어장치(control unit)로 구성된다. 논

리연산장치(ALU)는 각종 덧셈을 수행하고 결과를 수행하는 가산기(adder)와 산술과 논리연산의 결과를 일시적으로 기억하는 레지스터인 누산기(accumulator), 중앙처리장치에 있는 일종의 임시 기억장치인 레지스터(register) 등으로 구성되어 있다.

② 제어장치는 프로그램의 수행 순서를 제어하는 프로그램 계수기(program counter), 현재 수행 중인 명령어의 내용을 임시 기억하는 명령 레지스터(instruction register), 명령 레지스터에 수록된 명령을 해독하여 수행될 장치에 제어신호를 보내는 명령해독기(instruction decoder)로 이루어져 있다.

26 ㉣

순서도(flow chart)란 컴퓨터로 처리하고자 하는 문제를 분석하고 그 처리 순서를 단계화하여, 상호간의 관계를 알기 쉽게 약속된 기호와 도형을 사용해서 나타내는 것을 말하며, 순서도 작성법은 프로그램 언어가 달라도 표현 방법은 동일하므로, 모든 프로그램에서 공통적으로 사용하며 순서도는 프로그램의 설계도이므로 확실한 논리를 명확하게 나타내어야 하므로 다음과 같은 사항을 고려하여야 한다.
① 처리되는 과정은 모두 표현하다.
② 간단하고 명료하게 표현한다.
③ 전체의 흐름을 명확히 알아볼 수 있도록 작성한다.
④ 과정이 길거나 복잡하면 나누어서 작성하고 연결자로 연결한다.
⑤ 통일된 기호를 사용한다.

27 ㉣

Fan Out이란 게이트의 출력단자에 연결하여 구동시킬 수 있는 회로의 수를 말한다. CMOS는 50개 이상, TTL은 15개 정도이다.

28 ㉮

① 누산기(Accumulator) : 연산장치를 구성하는 중심이 되는 레지스터로서 사칙연산, 논리연산 등의 결과를 기억한다.
② 가산기(Adder) : 누산기와 데이터 레지스터의 두 수를 가산하는 기능을 하며, 그 결과는 누산기에 저장된다.
③ 데이터 레지스터(Data Register) : 실행 대상(Operand)이 2개 필요한 경우에 주기억장치로부터 읽어 들인 데이터를 임시 보관하고 있다가 필요할 때에 제공하는 역할을 한다.
④ 상태 레지스터(Status Register) : 연산의 결과가 양수나 0 또는 음수인지, 자리 올림(carry)이나 오버플로(overflow)가 발생했는지 등의 연산에 관계되는 상태와 외부로부터의 인터럽트(interrupt) 신호의 유무를 나타낸다.

29 ㉰

① 맥스웰 브리지(Maxwel Bridge)는 표준 인덕턴스와 비교하여 미지의 인덕턴스를 측정
② 헤비사이드 브리지(Heaviside Bridge)는 가변 상호유도기 M을 표준으로 인덕턴스를 측정
③ 휘트스톤 브리지는 회로 내부 검류계 전류가 0이 되도록 평형시키는 영위법을 이용해서 미지 저항을 구하는 방법으로 주로 중저항의 측정에 사용
④ 셰링 브리지(Schering Bridge)는 정전용량의 측정에 주로 사용

30 ㉰

흡수형 주파수계의 특징
① 직렬 공진회로의 주파수 특성을 이용한 것으로 R, L, C공진회로의 대략의 주파수 측정에 실용된다.
② 공진회로의 Q가 크지 않을 때에는 공진점을 찾기가 어려우므로 정밀한 측정이 어렵다.
③ 대체로 100[MHz] 이하의 고주파 측정에 사용된다.
④ $f = \dfrac{1}{2\pi\sqrt{LC}}$ [Hz]

31 ㉮

오실로스코프로는 전압, 전류, 파형, 위상 및 주파수, 변조도, 시간간격, 펄스의 상승시간 등의 제 현상을 측정할 수 있으며, 증폭기의 주파수 특성을 오실로스코프로 측정하고자 할 때 입력 신호 구형파의 파형을 인가하는 것이 이상적이다.

32 ㉰

수신기에 관한 측정 중 주파수 특성 및 파형의 일그러짐률 종합 주파수 특성 측정은 충실도의 측정에 관계된다.

33 ㉯

서미스터는 온도에 따라서 저항값이 변화하는 소자로서 온도가 올라가면 저항이 감소하고, 온도가 내려가면 저항이 증가하는 특성을 가지며, 전자온도계, 화재경보기, 전자회로의 온도보상 등에 사용된다.

34 ㉯

35 ㉮

아날로그 신호를 디지털 신호로 변환하는 과정은 표본화(sampling) → 양자화(quantization) → 부호화(encoding)의 과정으로 이루어진다.
① 표본화(sampling) : 아날로그 신호를 일정한 간격으로 샘플링(표본화)하는 것
② 양자화(quantization) : 간단한 수치로 고치는 것
③ 부호화(encoding) : 양자화 값을 2진 디지털 부호로 바꾸는 것

36 ㉯

반사계수(Γ) $= \dfrac{Z_r - Z_o}{Z_r + Z_o} = \dfrac{75 - 300}{75 + 300} = \dfrac{-225}{375} = -0.6$

37 ㉣

유도형 계기는 회전 자기장 또는 이동 자기장 내에 금속편을 놓으면 맴돌이 전류가 생겨서 금속편을 이동시키는 토크가 발생하는 원리를 이용한 계기이다.

* 유도형 계기의 특징
  ① 교번자속과 맴돌이 전류의 상호작용을 이용
  ② 교류 전용으로 사용한다.
  ③ 외부자장의 영향이 적으며 구동토크가 크다.
  ④ 조정이 용이하다.
  ⑤ 간이용 적산전력계로 많이 사용된다.

38 ㉣

임의의 파형 신호에 대하여 이것을 구성하는 여러 가지 주파수의 정현파로 분해하여 그 성분을 분석하는 장치를 스펙트럼 분석기라 하며 점유 주파수 대역폭, 스퓨리어스 강도, 불요 발사, 변조 지수, 주파수 변조 신호의 편차 등의 측정에 사용된다.

39 ㉮

① 영위법은 피측정량을 표준량과 평형을 이루도록 하여 표준량의 값으로부터 알아내는 방식으로 감도가 높고 정밀 측정이 가능하다.
② 직접 측정 : 피측정량을 이것과 같은 종류의 기준량과 직접 비교하는 것
③ 편위법 : 피측정량을 지침의 지시 눈금으로 나타내는 방식

40 ㉣

AC/DC 전력 측정용 디지털 멀티미터 계측기로는 직류전류, 직류전압, 교류전압, 저항을 측정할 수 있으며, 주기와 주파수의 측정에는 오실로스코프를 이용하여 측정한다.

41 ㉢

보기의 텔레비전 수상기의 신호 처리 과정은 ④ 안테나로 전파를 받는다. → ① 튜너에서 원하는 채널을 선택한다. → ③ 영상신호와 음성신호를 분리한다. → ② 영상신호와 동기신호를 분리한다. 의 순서로 진행된다.

42 ㉮

일반적인 프로세스 제어계의 주요 구성부

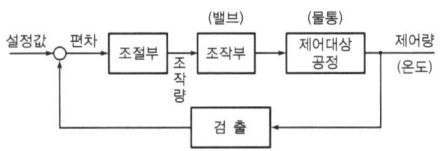

① 제어요소 : 동작 신호를 조작량으로 변환하는 요소이며 조절부와 조작부로 되어 있다.
② 검출부 : 제어량을 검출하고 기준 입력 신호와 비교시키는 부분으로 사람에 비유하면 감각기관에 해당한다.
③ 조절부 : 기준 입력과 검출부 출력과의 차가 되는 신호(동작 신호)를 받아서 제어계가 정하여진 행동을 하는 데 필요한 신호를 만들어 조작부에 보내는 부분으로 사람에 비유하면 두뇌에 해당되며, 제어장치의 중심을 이룬다.
④ 조작부 : 조절부로부터 받은 신호를 조작량으로 바꾸어 제어대상에 보내 주는 부분으로 사람에 비유하면 손, 발에

해당한다.
* 서보 모터는 서보기구의 주요 구성부이다.

43 ㉣

영상주파수(f_2) = 수신주파수(f_s) + 2×중간주파수(f_i)
            = 900 + 2×455 = 1810

44 ㉮

콘덴서 C는 저음 성분을 차단하여 고음 성분만 트위터에 가해지도록 하기 위한 것이며, 트위터의 구경은 우퍼의 구경보다 작은 것이 사용된다.

45 ㉯

프리엠퍼시스(pre-emphasis)는 FM의 송신측에서 S/N비 개선을 위해 고음역 부분의 이득을 단계적으로 증가시켜 송신하기 위한 회로이며, 디엠퍼시스(de-emphasis)는 수신기에서 강조된 고역이득을 낮추기 위한 회로이다.

46 ㉣

스피커를 동작 기구에 따라 분류하면 전자형, 동전형, 압전형, 정전형 등이 있으며, 이 중에서 전자형과 압전형은 주파수 특성이 평탄하지 않고 기복이 대단히 심하므로, 음질이 나빠서 현재에는 거의 사용되지 않는다. 현재에는 전류와 자계에서 생기는 힘의 원리를 이용하여 주파수 특성이 평탄하고 음질이 좋은 동전형 스피커(dynamic-loudspeaker)를 주로 사용하고 있다.

47 ㉣

색의 종류를 나타내는 색상, 선명도를 나타내는 채도, 명암의 정도를 나타내는 명도(휘도)를 색의 3요소라 한다. 색광에는 파랑이라든지 빨강 등 색채의 종류를 나타내는 색상(hue)과 색깔이 없는 것에서부터 진한 색까지의 정도, 즉 선명도를 나타내는 채도(saturation), 또 명암의 정도를 나타내는 휘도(luminosity : 색깔로는 명도) 등 세 가지 속성이 있고, 특히 색상과 채도를 합쳐서 색도(chromaticity)라고도 부른다.

48 ㉣

2개의 다른 물질의 접합부에 전류가 흐르면 전류의 방향에 따라 열을 흡수하거나 발산하는 현상을 펠티에 효과(Pelter effect)라 하는데, 이 효과는 금속의 경우보다 반도체의 PN 접합을 이용할 때가 크다. 전자냉동기로 이용된다.
* 전자냉동의 장점
  ① 회전 부분이 없으므로 소음이 없고, 배관도 필요 없다.
  ② 전류 방향만을 바꿈으로써 냉각에도 쓸 수 있고 가열에도 쓸 수 있다.
  ③ 온도의 조절이 쉽다.
  ④ 성능이 고르고 수명이 길며 사용기간 중에 변화가 거의 없다.
  ⑤ 크기가 작고 가벼워 취급이 간단하다.

49 ㉣

초음파의 세기는 단위 면적을 지나는 파워이며 진폭의 제곱에 비례하고, 매질 속을 지나감에 따라 감쇠한다(진동수가 클수록 감쇠율이 크다).

50 ㉯

협대역 방식이란 반송 색신호의 주파수 대역을 3.58[MHz]를 중심으로 하여 상하 0.5[MHz]로 한정시켜 색채를 재생함으로써 수상기 구성을 간단하게 하는 것으로, 구성도의 ㅁ에는 3.58[MHz]의 색동기 신호를 선택 증폭하는 버스트 증폭회로가 접속된다.

51 ㉰

바이어스법에는 직류 바이어스법과 교류 바이어스법의 두 가지가 있는데, 직류 바이어스법은 직류자화로 인한 잡음이 많고 감도가 나쁘기 때문에 거의 사용되지 않고 현재에는 녹음 전류에 일정한 주파수(30~200[kHz])의 고주파 전류를 중첩시켜 바이어스 자장(bias magnetic field)을 가하는 교류 바이어스법이 가장 많이 사용된다.

52 ㉮

디지털 텔레비전
① 방송국에서 전송되어 수신되는 텔레비전 신호는 아날로그 형태로서 종전의 신호 형태와 동일하나, 수상기에서 튜너와 IF단 처리 후의 기저 대역 신호를 아날로그 형태에서 디지털 형태로 변환하여 디지털로 처리하는 텔레비전 수상기로서 영상과 음성의 조작성 향상, 신뢰성 향상이라는 이점이 있다.
② 디지털 텔레비전 수상기의 기본 구성과 동작은 기존의 텔레비전과 그 처리 원리가 같으며, 단지 조작성의 간편함과 디지털 처리에 따른 다기능을 구현할 수 있다는 것이 특징으로 튜너 및 PLL 회로, 영상/음성 IF 처리 회로 영상/음성 절환 스위치, A/D 변환기, 디지털 영상 처리 회로부, 편향 처리 회로부, RGB 매트릭스와 D/A 변환기, 음성 처리 회로부, 마이컴, 클록 발생기 등으로 구성된다. 편향 처리 회로부는 A/D 변환기에 입력되는 디지털 영상 데이터를 수평 동기신호와 수직 동기신호로 분리하여 수평 및 수직 출력단에 출력시키는 기능을 담당한다.

53 ㉮

추치 제어(variable value control)란 목표값이 변화하는 경우 그것에 제어량을 추종시키기 위한 제어를 말하며 추종 제어, 비율 제어, 프로그램 제어의 3가지 형식이 있다.

54 ㉯

방향이나 위치의 추치 제어를 서보 기구(servo-mechanism)라 하며, 조작력이 강하고, 추종속도가 빨라야 하며, 전기식이면 증폭부에 트랜지스터 증폭기나 자기증폭기가 사용되고 유압식의 경우에는 파일럿 밸브나 유압 분사관 등이 사용된다.

55 ㉱

자기녹음기에서 녹음할 때에는 고역을, 재생 때에는 저역을 각각의 증폭기로 보정하여 전체를 평탄한 특성으로 만들고 있다. 이것을 주파수 보상 또는 등화(equalize)라 하며 이 회로를 등화증폭기(EQ amplifier)라 한다.

56 ㉮

제어계 전체 또는 요소의 출력 신호와 입력 신호의 비를 제어계나 요소의 전달함수(transfer function)라 한다.

57 ㉱

애지머스(azimuth)란 갭의 각도를 말하는데, 2개의 비디오 헤드의 갭의 기울기를 각각 벗어나게 하여 인접 트랙(track)으로부터의 크로스 토크(cross talk)를 제거하는 것이 애지머스 기록 방식이다.

58 ㉯

계기착륙방식(ILS : Instrument Landing System) : 현재 국제적인 표준 시설로서 로컬라이저, 글라이드 패드, 마커 비컨의 1조인 지상 무선 설비와 지상의 계기착륙방식 수신기로 이루어진다.
① 로컬라이(localizer) : 항공기의 진입에 있어 조종사에게 활주로의 정확한 연장선을 알리는 것
② 글라이드 패드(gilde pad) : 항공기가 강하할 때 수직면 내에서 올바른 코스를 지시하는 것으로, 로컬라이저와 마찬가지로 90[Hz] 및 150[Hz]로 변조된 두 전파에 의하여 표시된다.
③ 팬 마커(fan marker) : 착륙 자세에 들어간 항공기에 활주로까지의 대략의 거리를 알려 주는 것으로, 부채꼴 모양의 지향성 전파에 의하여 표시된다.

59 ㉮

고주파 유전가열의 원리는 유전체를 두 전극판 사이에 끼우고 고주파 전압을 가하면, 고주파 전장이 형성되어 유전체 물질의 분자의 상호 작용으로 유전손(dielectric loss)이 생겨서 유전체는 가열된다.

60 ㉰

송신국에서 모든 방향으로 방사되는 전파를 무지향성 비컨(non-directional beacon, NDB) 또는 무지향성 무선 표식이라고 하며 저항성 수신식으로, 현재 가장 널리 사용되는 무선항행보조방식이다.

2013년 1월 27일

01 ㉣

JK-FF
① J=K=0일 때 클록 펄스가 1이면 출력은 불변이며, J=1, K=0일 때 CP=1이면 출력은 0이 된다.
② J=K=1일 때 CP=1이면 출력은 현 상태에서 반전되어 나온다.
③ J=K=1을 계속 유지하고 CP가 계속 들어오면 출력은 0과 1을 반복하게 된다.

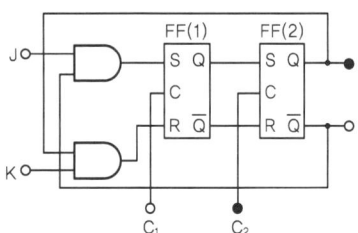

[JK-FF 진리표]

J_n	K_n	Q_{n+1}
0	0	Q_n
1	0	0
0	1	1
1	1	$\overline{Q_n}$

02 ㉯

$$A_V = 20\log_{10}\frac{V_o}{V_i} = 20\log_{10}10000 = 80[dB]$$

03 ㉮

① 입력에는 저항을, 귀환에는 콘덴서를 사용하는 회로가 적분회로이고, 입력에는 콘덴서를, 귀환에는 저항을 사용하는 회로가 미분회로이다.
② 미분회로는 직사각형파로부터 폭이 좁은 트리거(trigger) 펄스를 얻는 데 쓰이며, 미분회로에 삼각파를 공급하면 구형파가 출력되고, 구형파를 공급하면 삼각파가 나타난다.

04 ㉣

① P형 반도체는 순수한 4가 원소에 3가 원소(최외각전자가 3개, 붕소, 갈륨, 인듐 등)를 첨가해서 만든 반도체
② N형 반도체는 순수한 4가 원소에 5가 원소(최외각전자가 5개, 안티몬, 비소, 인 등)를 첨가해서 만든 반도체
③ P형 반도체를 만드는 불순물(억셉터, acceptor)로는 In, Ga, B 등이 있으며 N형 반도체를 만드는 불순물(도너, donor)에는 안티몬(Sb), 비소(As), 인(P) 등이 있다.

05 ㉰

증폭기에 부귀환(음되먹임 : negative feed back)을 걸어주면 증폭이득은 감소하여 출력은 낮아지나 비직선 일그러짐이 감소하여 주파수 특성이 평탄하게 개선된다. 또 잡음을 줄일 수 있으며 증폭기 전체의 동작이 안정되는 등의 이점이 있게 된다.
* 부귀환 증폭기의 특성
 ① 증폭기의 이득이 감소한다.
 ② 비선형 일그러짐이 감소한다. 특히 출력단의 잡음이 감소한다.
 ③ 주파수 특성이 개선된다.
 ④ 입력의 임피던스가 증가하고, 출력 임피던스는 감소한다.
 ⑤ 부하의 변동이나 전원 전압의 변동에도 증폭도가 안정된다.

06 ㉰

푸시풀(push-pull) 전력증폭기에서 출력 파형의 찌그러짐은 짝수(우수) 고조파 성분이 서로 상쇄되어 일그러짐이 없는 출력단에 적합하다.

07 ㉰

① 이미터 접지방식의 특징
 ㉠ 전류 증폭률(β)이 매우 크고, 전압이득과 출력이득이 다른 접지방식보다 크다.
 ㉡ 입력 임피던스가 수백[Ω]이고, 출력 임피던스가 수백[kΩ]이다.
② 컬렉터 접지방식의 특징
 ㉠ 입력 임피던스가 크고, 출력 임피던스가 낮다.
 ㉡ 낮은 입력 임피던스를 갖는 회로와 결합이 적합하다.
 ㉢ 입·출력전압위상이 동위상이고, 이득이 1 이하이다.
 ㉣ 입·출력 전류위상이 역위상이고, 이득이 크다.
 ㉤ 100[%] 부귀환 증폭기로서 안정적이고 왜곡이 가장 적다.
③ 베이스 접지방식의 특징
 ㉠ 고주파 특성이 양호하나 증폭도가 낮아, 저주파 회로에서는 사용이 곤란하다.
 ㉡ 입력 임피던스가 수십[Ω]이고, 출력 임피던스가 수백[kΩ]이 되어 입력 임피던스가 큰 회로와 정합이 용이

ⓒ 전류 증폭도는 1 미만이지만 전압이득이 커서 전력이득이 크다.

08 ㉯
CdS(황화카드뮴 소자)는 빛에 의한 전도성을 이용한 것으로, 입사되는 빛의 양에 따라 저항값이 변화하는 가변저항소자이다.

09 ㉮
Duty cycle(듀티 사이클)은 펄스 주기(T)에 대한 펄스폭(PW)의 비율을 나타내는 수치로 PW/T로 나타내며 단위는 %이다.
$$\text{Duty Cycle} = \frac{2 \times 10^{-6}}{20 \times 10^{-6}} = 0.1$$

10 ㉯
단일 접합 트랜지스터(uni-junction transistor, UJT)
① N형의 실리콘 막대 양단에 단자 B_1, B_2를 만들고 중간 부분에 P층을 형성하여 이 부분을 E(이미터)로 하고 B_1, B_2를 베이스로 한 것으로 더블 베이스 다이오드라고도 한다.
② 부성 저항 특성에 의한 발진 작용으로 사이리스터의 트리거 펄스 발생회로 등에 사용된다.

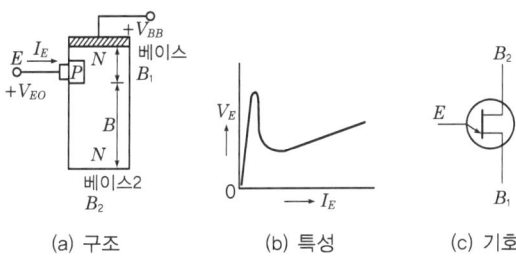

(a) 구조　　(b) 특성　　(c) 기호

[UJT의 구조와 특성]

11 ㉯
트랜지스터(BJT)의 동작영역에서 증폭기로 사용하기 위해서는 활성영역에서 동작하여야 하고, 논리회로에 사용하기 위해서는 포화영역과 차단영역을 사용한다.

12 ㉰
정현파 발진회로는 LC 발진회로(동조형 반결합, Clapp, Hartley, Colpitts)와 수정 발진회로(Pierce, 수정발진기) 및 RC 발진회로(이상형 병렬, Wien-Bridge)로 구분되고, 멀티바이브레이터는 구형파 발진회로이다.

13 ㉰
$\alpha = h_{fb}$, $\beta = h_{fe}$
① 이미터 접지 시의 전류 증폭률 $\beta = \dfrac{\Delta I_c}{\Delta I_b} = \dfrac{\alpha}{1-\alpha}$

② 베이스 접지 시의 전류 증폭률 $\alpha = \dfrac{\Delta I_c}{\Delta I_e} = \dfrac{\beta}{1+\beta}$

$\beta = \dfrac{\alpha}{1-\alpha} = \dfrac{0.98}{1-0.98} = 49$

β 차단주파수(f_β)는
$$f_\beta = \frac{f_\alpha}{\beta} = \frac{1 \times 10^6}{49} ≒ 204 \times 10^3 = 204 [\text{kHz}]$$

14 ㉯
① 입력에는 저항을, 귀환에는 콘덴서를 사용하는 회로가 적분회로이고, 입력에는 콘덴서를, 귀환에는 저항을 사용하는 회로가 미분회로이다.
② 미분회로는 직사각형파로부터 폭이 좁은 트리거(trigger) 펄스를 얻는 데 쓰이며, 미분회로에 삼각파를 공급하면 구형파가 출력되고, 구형파를 공급하면 삼각파가 나타난다.

15 ㉱
$rf = 60 \times 3 \times 1 = 180 [\text{Hz}]$
정류 방식별 맥동주파수(60[Hz]의 경우)

정류 방식	맥동 주파수
단상 반파 정류회로	60[Hz]
단상 전파 정류회로	120[Hz]
3상 반파 정류회로	180[Hz]
3상 전파 정류회로	360[Hz]

16 ㉮
쌍안정 멀티바이브레이터(Bistable Multivibrator)
① 안정 상태를 유지하며 외부의 트리거 펄스 입력이 두 개 공급될 때마다 하나의 구형파를 출력하는 회로로 일반적으로 플립플롭(Flip Flop) 회로라 한다.
② 플립플롭(flip flop)은 쌍안정 상태의 멀티바이브레이터 소자로서 1과 0을 식별해서 기억할 수 있기 때문에 1비트의 기억용량을 갖는 기억소자라고도 한다.

17 ㉱
① SRAM(static RAM) : 메모리 셀이 1개의 플립플롭으로 구성되므로 전원이 공급되고 있는 한 기억내용은 소멸되지 않는다.
② DRAM(dynamic RAM) : 메모리 셀이 1개의 콘덴서로 구성되므로 충전된 전하의 누설에 의해 주기적인 리프레시(refresh)가 없으면 기억 내용이 소멸된다.
③ 마스크 ROM(mask-programmed ROM) : 제조시에 바로 내용이 기입되어 생산되며, 사용자가 내용을 기입하거나 변경시킬 수 없다.
④ PROM(Programmable ROM) : 사용자가 특수 장치를 이용하여 내용을 단 1회만 기입할 수 있으나, 기억 내용의 변경이 불가능하다.
⑤ EPROM(erasable PROM) : 사용자가 내용을 반복해서 기입하거나 소거할 수 있으며, 자외선을 비추어 기억 내용을 소거할 수 있는 UV EPROM(ultraviolet EPROM)과 전기 신호에 의해 소거할 수 있는 EEPROM(electrical EPROM)

이 있다.
⑥ 플래시 메모리는 소비전력이 작고 전원이 꺼져도 저장된 데이터가 지워지지 않는 특성을 가진 반도체를 말하며, 지속적으로 전원이 공급되는 비휘발성 메모리로, 데이터를 자유롭게 입력할 수 있는 장점도 있다.

18 ㈑
산술논리 연산장치(ALU)는 CPU가 처리해야 할 데이터 계산, 편집 및 비교 등을 실제적으로 수행하는 장치로 가산기를 주축으로 구성되어 있다.

19 ㈐
① BCD 코드는 10진수를 0~9까지 2진화한 코드로, 실제표기는 2진수이지만 10진수처럼 사용한다.
② 즉 1010~1111까지 (1010, 1011, 1100, 1101, 1110, 1111) 6개는 사용하지 않는다.
③ 2진화 10진 코드(binary coded decimal)는 10진수와의 변환이 간편하도록 만든 수의 표현 방법으로 BCD코드라 한다.

20 ㈎
마이크로프로세서의 구성
① 레지스터부(PC, SP, 범용레지스터 등)
② 연산부(누산기, T레지스터, ALU, F레지스터 등)
③ 제어부(IR, 명령해독기, 타이밍과 제어장치 등)

21 ㈐
부동 소수점 데이터 형식은 전자계산기 내부에서 실수를 나타내는 데이터 형식으로 4바이트 실수형, 8바이트 실수형이 있다.

| 부호 비트 | 지수부 | 가수부 |

부호 비트는 실수가 양수(+)이면 0, 음수(-)이면 1로 표시하고, 지수부는 2진수로, 가수부는 10진 유효숫자를 2진수로 변환하여 표시한다.

22 ㈒
① AND : 필요 없는 부분을 지워버리고 나머지 비트만을 가지고 처리하기 위하여 사용
② OR : AND 회로와는 거의 반대의 연산을 실행하는 것으로서, 2개 이상의 데이터를 합치는 데 이용
③ EX-OR(exclusive OR) 게이트는 두 입력이 다를 경우 출력이 1로 세트되므로 논리 비교 동작에 이용될 수 있다.

23 ㈒
서브루틴(subroutine)은 어떤 프로그램이 실행될 때 부르거나 반복해서 사용되도록 만들어진 일련의 코드들을 지칭하는 용어로, 이를 이용하면 프로그램을 더 짧으면서도 읽고 쓰기 쉽게 만들 수 있으며, 하나의 루틴이 다수의 프로그램에서 사용될 수 있어서 재작성하지 않도록 해준다. 프로그램 로직의 주요 부분에서는 필요할 경우 공통 루틴으로 분기할 수 있으며, 해당 루틴의 작업이 완료되면 분기된 명령어의 다음 명령어로 복귀한다.

24 ㈎
순서도(flow chart)란 컴퓨터로 처리하고자 하는 문제를 분석하고 그 처리 순서를 단계화하여, 상호간의 관계를 알기 쉽게 약속된 기호와 도형을 사용해서 나타내는 것을 말하며, 순서도 작성법은 프로그램 언어가 달라도 표현 방법은 동일하므로, 모든 프로그램에서 공통적으로 사용하며 순서도는 프로그램의 설계도이므로 확실한 논리를 명확하게 나타내어야 한다.
① 특정한 문제에서 독립하여 일반성을 갖는다.
② 오류 발생 시 디버깅(debugging)이 용이하다.
③ 프로그램의 코딩(coding)이 용이하다.
④ 프로그램을 작성하지 않은 사람도 이해하기 쉽다.
⑤ 업무의 전체적인 개요를 쉽게 파악할 수 있다.

25 ㈎
중앙처리장치와 주기억장치 사이의 속도 차이를 해결하기 위하여 개발된 고속의 버퍼 기억장치를 캐시기억장치라 한다.

26 ㈐
어셈블리어(Assembly Language)는 사람이 기억하고 이해하기 쉬운 연상코드(문자, 숫자, 특수 문자 등으로 기호화 : 니모닉)를 사용함으로써 프로그램의 작성이 기계어보다 용이하고, 프로그램의 수정이 편리하다는 장점이 있으나, 어셈블러(assembler)에 의한 번역 과정이
필요하므로 처리 속도가 느리고 컴퓨터마다 어셈블러가 다르므로 호환성이 적다.
* 어셈블리어의 특징
① 기계어에 비해 프로그램 작성이나 수정이 용이하다.
② 호환성이 없으므로 전문가 외에는 사용하기 어렵다.
③ 컴퓨터 동작 원리에 대한 전문 지식이 필요하다.
④ 기계어보다 사용하기 편리하다.

27 ㈒
$2^{16} = 65536[\text{byte}] = 64[\text{Kbyte}]$

28 ㈎
패리티 비트는 잘못된 정보를 검출만 하고, 해밍코드는 잘못된 정보를 검출하여 교정하는 코드이다.

29 ㈐
① 헤테로다인(heterodyme) 주파수계 : $f_x - f_i = 0$으로 될 때 수화기의 소리가 들리지 않게 되는 $(f_x = f_i)$ 것을 이용한다.

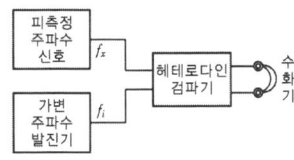

② 흡수형 주파수계
  ㉠ 직렬 공진회로의 주파수 특성을 이용한 것으로 R, L, C 공진회로의 대략의 주파수 측정에 실용된다.
  ㉡ 공진회로의 Q가 크지 않을 때에는 공진점을 찾기가 어려우므로 정밀한 측정이 어렵다.
  ㉢ 대체로 100[MHz] 이하의 고주파 측정에 사용된다.

30 ㉣
아날로그(analog) 신호를 디지털(digital) 신호로 바꾸어서 나타내는 것을 A/D 변환이라 하고, 디지털 신호를 아날로그 신호로 바꾸는 것을 D/A 변환이라 한다.

31 ㉡
측정기의 지시로 알아낼 수 있는 최소의 측정량을 감도(sensitivity)라 하고, 측정값을 얼마만큼 미세하게 식별할 수 있는가의 양을 정도라 한다.

32 ㉢
감도는 수신기의 규정 출력에 있어서의 S/N비를 최대 허용값으로 억제하였을 때의 수신기의 입력전압으로 표시하며 감도 측정회로는 그림과 같이 구성한다.

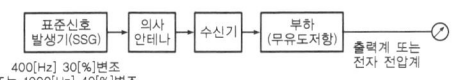

33 ㉢
오실로스코프의 구성
① 수직축 증폭기 : 관측하려는 신호 전압을 증폭하여 그 출력을 수직 편향판에 가한다.
② 수평축 증폭기 : 톱날파 발생기에서 발생한 톱날파 전압을 증폭하여 그 출력을 수평 편향판에 가한다.

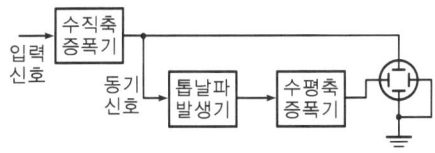

[오실로스코프의 기본 구성]

34 ㉣
$A_v = 20\log\dfrac{측정전압}{기준전압}[\text{dB}] = 20\log\dfrac{10}{1} = 20[\text{dB}]$

35 ㉮
유도형 계기는 구조가 간단하고 튼튼하여 오래 사용할 수 있으므로 적산전력계(watthour meter)로 널리 사용된다.
① 동작 원리 : 교번 자속과 이에 의한 맴돌이 전류의 상호 작용
② 주용도 : 전력계, 전압계, 전류계, 회전계
③ 특성 : 교류형, 구동토크가 큼, 상용 주파수에 사용
④ 측정범위 : 전류는 $10^{-1} \sim 10^2$ [A], 전압은 $1 \sim 10^3$ [V]

36 ㉮
① Q미터(Q-meter)의 원리는 공진법을 이용한 것으로 Q의 측정 이외에도 인덕턴스, 정전 용량, 코일의 실효 저항과 분포 용량 등의 측정이 가능하다.
② 코일의 Q는 그 코일의 리액턴스와 저항과의 비 $\dfrac{\omega L}{R}$로 정의된다. Q미터는 코일의 Q를 직독할 수 있게 한 측정기로 발진기, 열전대 전류계, 결합저항, 동조콘덴서와 진공관 전압계 등으로 구성된다.

37 ㉣
일반적으로, 잡음은 저항값으로 환산되는 것이 보통이고(이 것을 잡음 저항값이라 한다), 그 등가저항의 절대 온도를 T[°K], 증폭기의 유효 주파수 대역을 B[Hz], 전력 이득을 G라 하면, 잡음지수는 다음과 같이 나타낼 수 있다.

$F \propto = \dfrac{1}{GTB}$

수신기의 입력에서 본 신호대 잡음비를 S_i/N_i라 하고, 수신기의 출력에서의 신호대 잡음비를 S_o/N_o라 하면, 잡음지수 F는 다음과 같이 나타낸다.

$F = \dfrac{S_o}{N_i} / \dfrac{S_o}{N_o} = \dfrac{S_i}{N_i} \times \dfrac{N_o}{S_o}$

38 ㉡
$A_v = 20\log\dfrac{측정전압}{기준전압}[\text{dB}]$
$\quad = 20\log\dfrac{100\times 10^{-6}}{1\times 10^{-6}} = 40[\text{dB}]$

39 ㉮
자동평형 기록계기는 영위법에 의한 측정과 조작을 자동화한 것으로서 지침을 흔들리게 하는 데에는 서보모터(servo motor : 제어용 토크를 발생 전달시키는 기계)의 강력한 구동력을 이용하여 다이얼에 펜 또는 타점용 판을 붙여 기록하게 되어 있다.

40 ㉢
① 표준부하법 : 표준부하로서 램프를 사용하여 광도차로 전력측정을 하거나 냉각수 속에 탄소저항을 넣어 온도차로 전력측정을 한다.
② C-C형 : 열전대와 콘덴서 및 직류전류계로 단파대 정도의 고주파전력을 측정한다.
③ C-M형 : 동축급전선과 같은 불평형 급전선에 사용되는 초단파용 고주파 전력측정기이다.

④ 볼로미터 전력계 : 온도에 의하여 저항값이 변하는 소자를 볼로미터 소자라 하는데, 그림과 같은 서미스터와 배러터가 있다. 배러터는 가는 백금선을 사용하여 온도의 상승에 의하여 저항값이 크게 되며, 반도체 소자인 서미스터는 이와 반대의 특성을 가진다.

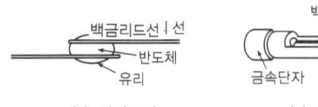

(a) 서미스터   (b) 배러터

41 ㉰
비디오 헤드의 자성 재료에 요구되는 특성
① 실효 투자율이 높을 것
② 항자력(H_C)이 작을 것
③ 내마모성이 좋을 것
④ 가공성이 좋을 것
⑤ 잡음의 발생이 적을 것

42 ㉱
전압의 자동조정을 위한 회로 구성에서 전압의 기준으로는 전지나 정전압 방전관 및 정전압 다이오드가 사용된다. 최근의 전자기기에서는 동작의 안전화와 신뢰성 등으로 정전압 다이오드(제너 다이오드)가 주로 실용되고 있다.

43 ㉰
3차원 그래픽스의 가장 큰 목적은 실감 효과로 실세계에 존재하지 않는 물체를 입체적으로 표현 가능
* 3차원 그래픽 생성 과정
① 물체의 기하학적인 형상을 모델링(Modeling)
② 3차원 물체를 2차원 평면에 투영(Projection)
③ 생성된 3차원 물체의 색상과 명암을 그리기(Rendering)

44 ㉯
오디오미터(audiometer)
귀의 청력을 검사하기 위하여 가청 주파수 영역의 여러 가지 레벨의 순음을 전기적으로 발생하는 음향 발생 장치로 신호음으로 사인파를 사용한다.

45 ㉱
일그러짐률은 출력 중에 기본파에 대 고조파 성분이 포함되는 양의율(일그러짐) K는
$$K = \frac{\text{고조파의 실효값}}{\text{기본파의 실효값}}, \quad k = \frac{\sqrt{V_2^2 + V_3^2 + \cdots + V_n^2}}{V_1}$$

46 ㉱
① 스켈치(squelch)회로 : 입력 신호가 없을 때의 잡음을 제거하기 위하여 저주파 증폭부의 동작을 자동적으로 정지시키는 회로
② 진폭 제한기(limiter) : FM파(방송파)가 진폭 변화를 받아 약간의 진폭 변조된 AM파 성분(잡음 성분)을 제거하여 진폭을 일정하게 하는 회로

47 ㉯
① 자기(테이프)녹음 : 소리의 진동을 전기적 신호로 바꾸어 테이프에 자기적인 변화로 기록하는 방법
② 자기 녹음기는 자기 헤드(magnetic head), 테이프(tape) 전송기구, 증폭기(amplifier) 등으로 구성된다.
③ 녹음 바이어스(bias)
㉠ 직류 바이어스법 : 초기 자화 곡선의 직선부를 사용하는 방법으로 직류자화로 인한 잡음이 많고, 직선 부분을 길게 잡을 수 없어 감도가 나쁘다.
㉡ 교류 바이어스법 : 녹음 전류에 일정한 주파수(30~200[kHz])의 고주파 전류를 중첩시켜서 바이어스 자장(bias magnetic field)을 가하는 방법
④ 캡스턴과 핀치 롤러
㉠ 캡스턴(capstan) : 모터에 의해 일정한 속도(테이프의 원주 속도와 거의 같음)로 회전하는 회전축
㉡ 핀치 롤러(pinch roller) : 테이프를 캡스턴에 압착하여 테이프가 정속 주행하도록 한다.

48 ㉯
① 계조 : 그림이나 사진 따위에서, 농도가 가장 옅은 부분에서 가장 짙은 부분까지 변해 가는 농도의 단계
② 화소(pixel) : 색 또는 휘도를 독립적으로 할당할 수 있는 화면상의 가장 작은 단위
③ 비트맵(bit map) : 화면의 모든 점을 기억하는 프레임 버퍼를 지니고, 한 점마다 비트의 온·오프를 제어할 수 있는 디스플레이 표시 제어 방식

49 ㉯
① 초단파 안테나에는 헬리컬 안테나(Helical antenna), 야기 안테나(Yagi antenna) 등이 있다.
② 코니컬(conical) 안테나 : 야기-우다 안테나의 일종으로 TV 수신용에서 고역 채널을 높이는 특성을 갖는다.
③ 단파 안테나에는 반파장 다이폴 안테나(Dipole antenna), 롬빅 안테나(Rhombic antenna) 등이 있다.
④ 장·중파(30[kHz]~3[MHz])는 파장이 길어 $\frac{\lambda}{2}$ 또는 $\frac{\lambda}{4}$ 를 택하기 어려워 $\frac{\lambda}{4}$ 이하의 안테나를 사용하며, 접지 안테나, 루프 안테나 등이 사용된다.

* TV 수신 안테나의 종류
① 반파장 다이폴 안테나(더블릿 안테나)
② 폴디드(folded) 안테나 : 반파장 다이폴 안테나의 양단에 병렬 도체를 접속한 것이다.
③ 야기(Yagi) 안테나
④ 인라인(inline)형 안테나 : 야기 안테나의 변형으로 2개의 폴디드 소자를 병렬 접속하여 광대역 수신이 되도록 한 것이다.
⑤ 코니컬(conical) 안테나

50 ㉮

초음파 가공기
① 발진기 : 몇십~몇백[W]의 고주파 출력이 필요하므로 전자회로를 이용한다.
② 진동자 : 주로 자기 왜형을 이용한다.
③ 공구의 진폭을 20~30[μ]으로 할 필요가 있으므로 금속 혼(기계적 변성기)을 진동자의 끝에 붙여서 진폭을 증대시킨다.
④ 혼 : 연강, 스테인리스강 또는 황동으로 만들며, 진동자와 혼 사이는 납땜한다.

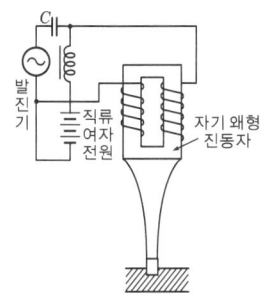

[초음파 가공기의 구성]

51 ㉱

녹음 바이어스(bias)가 적정하지 않으면 녹음 파형은 일그러지고 녹음 감도도 나빠진다.

52 ㉮

웨이브 트랩(wave trap)은 직렬 또는 병렬 공진회로로 구성되는데, 수신기의 안테나 회로에서는 불필요한 혼신 전파의 세력을 크게 감쇠시키는 효과를 갖는다.

53 ㉰

자동 이득 제어(AGC) 회로
입력신호의 변동이나 채널전환 등으로 수상화면의 상태가 변동하는 것을 방지하기 위하여 자동적으로 이득을 제어하는 회로
* AGC 회로의 종류
① 평균값형 AGC : 영상검파기의 출력을 평활하여 평균한 직류전압을 AGC 전압으로 이용하는 방식으로 회로가 간단하게 되나, 화면의 명암에 따라 AGC 전압이 변하는 결점이 있다.
② 파고값형 : AGC 동기신호 부분을 AGC 전압으로 이용하는 방식으로 화면의 명암에 관계없이 AGC 전압이 얻어지나, 동기신호보다 큰 잡음이 들어오면 동작 시간이 길게 지속되어 정상 동작을 못하는 결점이 있다.
③ 키드(Keyed) AGC : 수평동기 신호 동안에만 영상신호 중에 포함된 수평 동기신호를 빼내어서 그의 진폭에 비례하는 AGC 전압을 얻는 방식으로 잡음의 영향도 적고 응답성이 좋아서 가장 많이 사용되고 있다.

54 ㉮

여러 가지 2차 변환의 보기

압력-변위	다이어프램, 스프링
변위-압력	유압 분사관
변위-임피던스	슬라이드 저항, 용량성 변환기, 유도형 변환기
변위-전압	가변저항 분압기, 차동변압기
전압-변위	전자석, 전자코일

55 ㉰

국부발진주파수(f_o) = 수신주파수(f_s) + 중간주파수(f_i)이므로 700 + 455 = 1,155[kHz]

56 ㉱

자동제어(automatic control) : 제어하려는 양을 목표값에 일치시키기 위하여, 편차가 있으면 그것을 검출하여 수정하는 동작을 자동적으로 하는 것
① 제어대상(controlled system) : 자동제어의 대상이 되는 장치나 물체
② 제어량(controlled variable) : 제어대상에 속하는 양으로서, 측정되어 제어될 수 있는 것
③ 목표값(command) : 제어계에서 제어량이 목표값에 이를 수 있도록 외부에서 주어지는 값을 말하며, 목표값이 일정할 때에는 설정값(set point)이라고도 한다.
④ 제어장치(automatic controller) : 제어대상을 목표값에 일치되게 동작하는 부분
⑤ 조작량(manipulated variable) : 제어량을 조정하기 위하여 제어대상에 주어지는 양

57 ㉮

다이오드를 사용한 정류회로에서 과대한 부하 전류에 의하여 다이오드가 파손될 우려가 있을 경우에는 다이오드를 병렬로 추가하면 부하전류의 경로가 나누어지므로 다이오드의 파손을 방지할 수 있다.

58 ㉰

스페이싱 손실은 테이프가 헤드에 밀착하지 않고 간격이 있기 때문에 생기는 공간손실이며, 압착 패드(pressure pad)는 테이프를 헤드면에 밀착시켜서 스페이싱 손실을 줄이기 위한 것이다.

59 ㉮

서보 기구의 일반적인 조건
① 조작량이 커야 한다.
② 추종 속도가 빨라야 한다.
③ 서보 모터의 관성이 작아야 한다.
④ 전기식이면 증폭부에 트랜지스터 증폭기나 자기증폭기가 사용되고 유압식의 경우에는 파일럿 밸브나 유압 분사관 등이 사용된다.

60 ④

AN레인지 비컨(AN range beacon)은 무지향성 비컨과 마찬가지로 공항이나 항공상의 요소에 설치하여 항공로를 형성하는 데 사용되는 것으로 지향성 무선 표식이라고도 한다.

2013년 4월 14일

01 ④

컨덕턴스 : 저항의 역수로서 전류의 흐르는 정도를 나타내는 것이다.

$G = \dfrac{1}{R}[\mho]$

여기서, 기호는 G, 단위는 모(℧ : mho), S(siemens), Ω^{-1}

02 ④

비안정 멀티바이브레이터(astable multivibrator)
① 멀티바이브레이터는 2단 비동조 증폭회로에 100[%] 정궤환을 걸어준 구형파 발진기이다.
② 단안정 멀티바이브레이터(monostable multivibrator) : 하나의 안정 상태와 하나의 준안정 상태를 가지며, 외부로부터 부(−)의 트리거 펄스를 가하면 안정 상태에서 준안정 상태로 되었다가 어느 일정 시간 경과 후 다시 안정 상태로 돌아오는 동작을 한다.
③ 쌍안정 멀티바이브레이터(bistable multivibrator) : 입력 트리거 펄스 2개마다 1개의 출력 펄스를 얻어낼 수 있으므로, 분주회로나 계산기, 계수 기억회로, 2진 계수회로 등에 사용된다.

03 ㉮

① 집적회로(IC)를 만들기 위한 조건
  ㉠ L 및 C가 거의 필요 없고, 저항값이 작은 회로
  ㉡ 전력 출력이 작아도 되는 회로
  ㉢ 신뢰성이 중요시되어 소형 경량을 필요로 하는 회로
② 집적회로(IC)의 장점
  ㉠ 대량생산이 가능하여, 저렴하다.
  ㉡ 크기가 작다.
  ㉢ 신뢰도가 높다.
  ㉣ 향상된 성능을 가질 수 있다.
  ㉤ 접합된 장치를 만들 수 있다.

04 ④

펄스 파형의 성질(응답 특성)

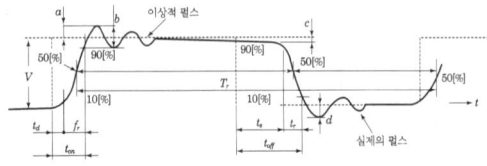

[펄스 파형]

① 상승 시간(t_r, rise time) : 진폭 전압(V)의 10[%]에서 90[%]까지 상승하는 데 걸리는 시간
② 지연 시간(t_d, delay time) : 상승 시각으로부터 진폭의 10[%]까지 이르는 실제의 펄스 시간
③ 하강 시간(t_r, fall time) : 펄스가 이상적 펄스의 진폭 전압(V)의 90[%]에서 10[%]까지 내려가는 데 걸리는 시간
④ 축적 시간(t_s, storage time) : 하강 시간에서 실제의 펄스가 전압(V)의 90[%]가 되기까지의 시간
⑤ 펄스 폭(τ_w, pulse width) : 펄스의 파형이 상승 및 하강의 진폭 전압(V)의 50[%]가 되는 구간의 시간
⑥ 오버슈트(overshoot) : 상승 파형에서 이상적 펄스파의 진폭 전압(V)보다 높은 부분의 높이 a를 말하며, 이 양은 $\left(\dfrac{a}{V}\right) \times 100[\%]$로 나타낸다.
⑦ 언더슈트(undershoot) : 하강 파형에서 이상적 펄스파의 기준 레벨보다 아랫부분의 높이 d를 말하며 이 양은 $\left(\dfrac{d}{V}\right) \times 100[\%]$로 나타낸다.
⑧ 턴온 시간(t_{on}, turn-on time) : 이상적 펄스의 상승 시각에서 전압(V)의 90[%]까지 상승하는 시간
턴온 시간(t_{on}) = 지연 시간(t_d) + 상승 시간(t_r)
⑨ 턴오프 시간(t_{off}, turn-off time) : 이상적 펄스의 하강 시각에서 전압(V)의 10[%]까지 하강하는 시간
턴오프 시간(t_{off}) = 축적 시간(t_s) + 하강 시간(t_f)
⑩ 새그(S, sag) : 내려가는 부분의 정도로서 낮은 주파수 성분이나 직류분이 잘 통하지 않기 때문에 생기는 것이다.
새그 $S = \dfrac{c}{V} \times 100[\%]$
⑪ 링잉(b, ringing) : 펄스의 상승부분에서 진동의 정도를 말하며, 높은 주파수 성분에 공진하기 때문에 생기는 것이다.

05 ㉱

$M = \sqrt{L_1 L_2}$ (결합계수 k=1이므로)

06 ㉱

R-L 직렬회로의 시정수 $\tau = \dfrac{L}{R}[\sec]$

07 ④

$A_V = 20 \log_{10} \dfrac{V_o}{V_i}[dB]$의 식에 의해 40[dB]=100이므로 1[V]가 된다.

08 ④

적분기(Integrator) 시간에 비례하는 전압(또는 전류) 파형, 즉 톱니파 신호를 발생하거나 신호를 지연시키는 회로에 쓰인다.

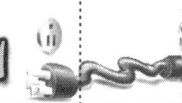

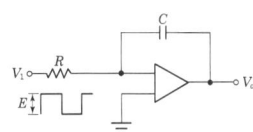
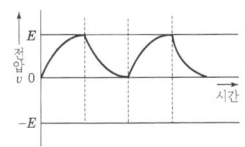

[적분회로와 출력파형]

09 ㉯

맥동률(γ) : 정류된 직류에 포함된 교류성분의 정도

$\gamma = \dfrac{\text{출력파형에 포함된 교류성분의 실효치}}{\text{출력파형의 직류값(평균값)}} \times 100[\%]$

$= \dfrac{\Delta V}{V_d} \times 100[\%]$ (V_d : 직류전압, ΔV : 교류 성분)

$2 = \dfrac{x}{300} \times 100$ 이므로 $x = \dfrac{2 \times 300}{100} = 6[\text{V}]$

10 ㉱

4번 해설 참조

11 ㉱

클리핑 회로

입력 파형 중에서 어떤 일정 진폭 이상 또는 이하를 잘라낸 출력 파형을 얻는 회로를 클리퍼(clipper)라 하고, 이 작용을 클리핑이라 한다.

12 ㉯

B급 푸시풀 증폭회로의 특징

① B급 동작이므로 직류 바이어스 전류가 매우 작아도 된다.
② 입력이 없을 때의 컬렉터 손실이 작으며 큰 출력을 낼 수 있다.
③ 짝수(우수차) 고조파 성분은 서로 상쇄되어 일그러짐이 없는 출력단에 적합하다.
④ B급 증폭기의 특징인 크로스오버 왜곡이 있다.

13 ㉯

$X_L = \omega L = 2\pi f L = 2 \times 3.14 \times 60 \times 100 \times 10^{-3}$
$= 37.68[\Omega]$

$X_C = \dfrac{1}{2\pi f_C} = \dfrac{1}{\omega C} = \dfrac{1}{2 \times 3.14 \times 60 \times 100 \times 10^{-6}}$
$= 26.53[\Omega]$

$\therefore X_L > X_C$ 이므로 유도성이다.

14 ㉯

$V_B \cong \dfrac{R_2}{R_1 + R_2} V_{CC} = \dfrac{2 \times 10^3}{8 \times 10^3 + 2 \times 10^3} \times 20$
$= 4[\text{V}]$

$V_E = V_B - V_{BE} = 4 - 0.6 = 3.4[\text{V}]$

$I_C \cong I_E$ 이므로

$I_C = I_E = \dfrac{V_E}{R_E} = \dfrac{3.4}{1 \times 10^3} = 3.4[\text{mA}]$

$V_C = V_{CC} - I_C R_C = 20 - 3.4 \times 10^{-3} \times 2.7 \times 10^3$
$= 9.18[\text{V}]$

$\therefore V_o = V_{CC} - V_C = 20 - 9.18 = 10.82[\text{V}]$

15 ㉮

① 리니어 방식의 장점
  ㉠ 배터리에 가까운 양질의 DC전원을 얻을 수 있다.
  ㉡ 부품수가 적고 간단하다.
  ㉢ 증폭기(오디오증폭) 등 소신호를 다루거나 정교한 회로의 전원에 많이 사용
② 리니어 방식의 단점
  ㉠ 발열이 심하다.
  ㉡ 효율이 낮다.
  ㉢ 덩치가 크고 무겁다.
③ 스위칭방식(SMPS)의 장점
  ㉠ 효율이 높다.
  ㉡ 소형경량이다.
  ㉢ 입력전압 범위가 넓다(AC 85[V]~240[V]).
  ㉣ 잡음에 크게 영향을 받지 않고 큰 전력을 다루는 회로의 전원으로 많이 사용
④ 스위칭방식(SMPS)의 단점
  ㉠ 노이즈가 심하다.
  ㉡ 부품수가 많고 회로가 복잡하다.
  ㉢ 기술적으로 어렵다.

16 ㉮

구형파(직사각형파)로부터 폭이 좁은 트리거(trigger) 펄스를 얻는 데 쓰인다.

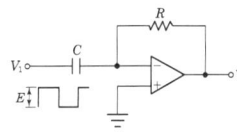
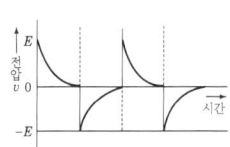

[미분회로와 출력 파형]

17 ㉮

① 정수부분은 16으로 나눈다.

```
16 ) 756     --- 4
   )  47     --- F(15)
        2
```

② 소수 부분의 소수점의 자리를 16으로 곱하면 된다.

```
      0.8
   ×   16
   12. 8
```

$\therefore (756.5)_{10} = (2\text{F}4.8)_{16}$ 이 된다.

18 ㉣

전자계산기는 입·출력장치와 중앙처리장치로 구분하며, 중앙처리장치는 제어장치, 연산장치, 주기억장치로 구성된다.
① 입력장치 : 프로그램이나 데이터를 외부장치로부터 전자계산기(컴퓨터)로 읽어들여 주기억장치에 기억시키는 장치이다.
② 출력장치 : 컴퓨터에 의해 처리된 정보의 결과를 사용자가 이해할 수 있는 형태로 변환하여 외부로 출력하는 기능을 갖는 장치를 말한다.
③ 제어장치 : 주기억장치에 기억되어 있는 프로그램을 하나씩 꺼내어 명령을 해독하고 그에 따라 필요한 장치에 신호를 보내어 동작시켜 그 결과를 검사, 제어하는 역할로서 연산장치, 입력장치, 출력장치를 동작하게 한다.
④ 연산장치 : 주기억장치로부터 보내져 온 데이터에 대하여 대소의 판별, 산술연산 및 비교, 논리적 판단을 실시한 장치로서 연산의 결과는 주기억장치에 기억된다.
⑤ 주기억장치 : 수행되고 있는 프로그램과 수행에 필요한 데이터를 기억하는 장치이다.

19 ㉯

4비트(bit)는 $2^4 = 16$이므로 나타낼 수 있는 최대 경우의 수는 16가지이다.

20 ㉮

$(A+B)(A+C) = AA + AC + AB + BC$
$\qquad\qquad\qquad = A(1+C+B) + BC = A + BC$

21 ㉰

① 프로그램(program)은 어떤 일을 수행하기 위하여 기본적인 동작으로 세분하여 이들의 순서를 정해 놓는 것을 말하는데, 컴퓨터가 어떤 일을 수행하도록 지시하기 위한 명령들을 말하며, 이는 데이터와는 별도로 작성되고, 미리 작성된 프로그램을 컴퓨터에 입력시켜 그 프로그램에 데이터가 입력되고 처리되도록 한다.
② 프로그래밍(programming)은 프로그램을 작성하기 위한 일련의 작업을 말한다.
③ 컴퓨터를 이용하여 특정한 작업을 수행하는 각종 프로그램을 작성하기 위한 프로그램을 프로그래밍 언어라 하며, 컴퓨터 중심의 저급 언어와 인간 중심의 고급 언어로 구분한다.

22 ㉰

2-주소 형식(2-address instruction)은 두 개의 주소 중에 한 곳에 연산결과를 기록하므로, 연산결과를 기억시킬 곳의 주소를 인스트럭션 내에 표시할 필요가 없는 형식으로 계산결과를 시험하고자 할 때 CPU 내에서 직접 시험이 가능하여 시간을 절약할 수 있다.

| OP코드 | 주소1 | 주소2 |

23 ㉯

프로그램 카운터(program counter : PC)는 CPU가 다음에 처리해야 할 명령이나 데이터의 메모리상의 번지를 지시한다.

24 ㉯

ASCII 코드(American Standard Code for Information Interchange Code) : 문자를 표시하기 위한 7비트 코드로서 영어 대문자, 소문자로 구별할 수 있으며, 가장 왼쪽의 한 비트는 코드의 오류 검출용 패리티 비트를 부가하여 8비트로 표시하고 데이터 통신에서 표준코드로 사용하며 개인용 컴퓨터에 사용한다.
$2^7 = 128$개의 문자까지 표시가 가능하다.

D	C	B	A	8	4	2	1
패리티비트(1비트)	존 비트(3비트)			숫자 비트(4비트)			

25 ㉰

① 내포(암시) 주소지정방식(implied addressing mode)은 오퍼랜드를 사용하지 않는 방식으로 명령어 자체 내에 오퍼랜드가 포함되어 있는 방식이다.
② 레지스터 간접 주소지정방식(register indirect addressing mode)은 오퍼랜드로 레지스터를 지정하고 다시 그 레지스터값이 실제 데이터가 기억된 기억 장소의 주소를 지정한다.
③ 레지스터 주소지정방식(register addressing mode)은 오퍼랜드가 CPU 내에 있는 레지스터가 되는 주소지정방식이다.
④ 즉각 주소지정방식(immediate addressing mode)은 명령문 속에 데이터가 존재하는 주소지정방식이다.
⑤ 직접 주소지정방식(direct addressing mode)은 명령어의 오퍼랜드에 실제 데이터가 들어 있는 주소를 직접 갖고 있는 방식이다.
⑥ 페이지 주소지정방식(page addressing mode)은 전체 메모리 용량을 일정한 단위, 즉 페이지별로 구분하는 것으로 기억장치를 일정 크기에 페이지로 나누어서 명령 속에 페이지 내에서의 주소를 지정하는 방식이다.
⑦ 상대 주소지정방식(relative addressing mode)은 상태 레지스터 등의 내용을 점검하여 조건에 따라 프로그램의 처리를 변경하고자 하는 명령에만 사용되는 주소지정방식이다.
⑧ 인덱스 주소지정방식(indexed addressing mode)은 인덱스 레지스터에 데이터가 스토어되어 있는 어드레스를 로드해 놓고 각 명령에서 이 어드레스 방식을 사용하면 인덱스 레지스터에 로드되어 있는 어드레스가 대상이 되는 주소지정방식이다.
⑨ 간접 주소지정방식(indirect addressing mode)은 오퍼랜드가 존재하는 기억장치 주소를 내용으로 가지고 있는 기억 장소의 주소를 명령 속에 포함시켜 지정하는 주소지정방식이다.

26 ④

① 누산기(Accumulator) : 연산장치를 구성하는 중심이 되는 레지스터로서 사칙연산, 논리연산 등의 결과를 기억한다.
② 가산기(Adder) : 누산기와 데이터 레지스터의 두 수를 가산하는 기능을 하며, 그 결과는 누산기에 저장된다.
③ 데이터 레지스터(Data Register) : 실행 대상(Operand)이 2개 필요한 경우에 주기억장치로부터 읽어들인 데이터를 임시 보관하고 있다가 필요할 때에 제공하는 역할을 한다.
④ 상태 레지스터(Status Register) : 연산의 결과가 양수나 0 또는 음수인지, 자리올림(carry)이나 오버플로(overflow)가 발생했는지 등의 연산에 관계되는 상태와 외부로부터의 인터럽트(interrupt) 신호의 유무를 나타낸다.

27 ④

운영체제는 컴퓨터가 응용 프로그램을 불러들여 처리할 수 있도록 해 주는 프로그램의 집합체로서 운영체제의 종류에는 MS-DOS, Windows, OS/2, 유닉스, 리눅스, 맥OS 등이 있다.

28 ③

C언어의 변수명 규칙
① 변수명으로 사용할 수 있는 문자는 알파벳, 숫자, _ 세 가지이다.
② 변수명의 첫 글자는 숫자가 될 수 없다(알파벳 또는 _로 시작).
③ 변수명은 최대 32자까지이다.
④ 예약어를 변수명으로 사용할 수 없다.
⑤ 알파벳 대문자와 소문자는 서로 다른 것으로 구분된다.

29 ④

반사계수(Γ) = $\dfrac{Z_r - Z_o}{Z_r + Z_o}$ = $\dfrac{75-50}{75+50}$ = $\dfrac{25}{125}$ = 0.2

30 ④

① 회로 시험기(multi-circuit tester)는 정격 전류가 작은 (수십[μA]~1[mA]) 가동 코일형 전류계에 여러 개의 분류기와 배율기를 전환 스위치로 전환하여 측정 범위를 연속적으로 확대해 나갈 수 있게 구성한 것으로 교류 측정이 되도록 정류기와 저항을 측정할 수 있는 직독 저항계를 위한 내부 전지 등이 추가되어 있다.
② 측정 내용 : 직류전류, 직류전압, 교류전압, 저항, 인덕턴스 및 커패시턴스와 dB은 지정된 교류전원(보통 10[V] 범위)을 가하여 측정할 수 있다.

31 ㉮

① 아날로그(analog) 신호를 디지털(digital) 신호로 바꾸어서 나타내는 것을 A/D 변환이라 하고, 디지털 신호를 아날로그 신호로 바꾸는 것을 D/A변환이라 한다.
② 아날로그 신호를 디지털 신호로 변환하는 과정은 표본화(sampling) → 양자화(quantization) → 부호화(encoding)

의 과정으로 이루어진다.
㉠ 표본화(sampling) : 아날로그 신호를 일정한 간격으로 샘플링(표본화)하는 것
㉡ 양자화(quantization) : 간단한 수치로 고치는 것
㉢ 부호화(encoding) : 양자화 값을 2진 디지털 부호로 바꾸는 것

32 ㉰

자동평형식 기록계기(automatic balancing recorder)는 펜과 기록용지에서 생기는 마찰 오차를 피하기 위하여 고안된 것으로, 영위법에 의한 측정원리를 이용한 것으로, 자동평형 기록계기는 영위법에 의한 측정회로, DC-AC변환기, 증폭회로, 서보 모터 및 지시 기록기구로 구성되어 있다.

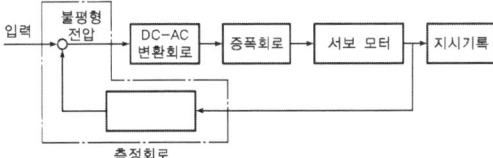

33 ㉰

오실로스코프(oscilloscope)
반복되는 전기적인 현상이나 파형 등을 브라운관으로 직시할 수 있도록 한 장치로서, 저주파로부터 수백[MHz]까지의 전자 현상의 관측이나 전기적 양의 측정, 통신기기의 조정, 주파수의 비교, 변조도의 측정 등에 사용된다.

34 ④

오차율 $\alpha = \dfrac{\varepsilon}{T} \times 100\,[\%] = \dfrac{M-T}{T} \times 100\,[\%]$(백분율 오차)

오차 $\varepsilon = M - T$

$\alpha = \dfrac{1.212 - 1.2}{1.2} \times 100 = \dfrac{0.012}{1.2} \times 100 = 1\,[\%]$

35 ㉰

C-M형 전력계
동축 급전선과 같은 불평형 급전선에 사용되는 초단파용 고주파 전력측정기이다.

36 ④

직류 전위차계는 측정할 미지의 직류 전압을 표준 전지의 기전력과 비교하는 영위법을 이용하는 것으로 측정의 확도가 높고, 또한 평형 상태에서 표준 전지나 피측정 전원의 전류가 흐르지 않는 이점이 있다.

37 ㉮

① 표준신호발생기(SSG, standard signal generator)는 고주파 발진기, 변조용 저주파 발진기, 피변조 증폭기와 감쇠기, 출력 지시계로 구성되며, 내부에서 400[Hz], 1000[Hz] 등의 가변주파 발진기를 내장하여 진폭 변조를 할 수 있게 되어 있다.

② 표준신호발생기의 조건
   ㉠ 주파수가 정확하고 가변 범위가 넓을 것
   ㉡ 변조도가 자유롭게 조절될 수 있을 것
   ㉢ 출력이 가변될 수 있고, 그의 정확한 값을 알 수 있을 것
   ㉣ 출력 임피던스가 일정할 것
   ㉤ 불필요한 출력을 내지 않을 것
   ㉥ 누설 전류가 적고, 장기 사용에 견딜 것
   ㉦ 변조 특성이 좋으며, 지시 변조도가 정확할 것

38 ㉰
스퓨리어스 발사(Spurious Emission)
① 필요대역폭 외에 있는 하나의 주파수 또는 주파수들의 방사 및 사용하는 정보의 전송에 영향을 주지 않고 감소시킬 수 있는 레벨
② 스퓨리어스 발사는 조화 발사(고조파/저조파 발사), 기생 발사, 상호변조의 산물 및 주파수 변환산물을 포함하지만 대역 외의 발사는 포함하지 않는다.
③ 송신기의 스퓨리어스 발사를 측정하는 방법에는 전력측정법, 브라운관법이 있으며, 전구부하측정법은 AM전력측정 시 사용되는 방법이다.

39 ㉮
헤테로다인(heterodyne) 주파수계

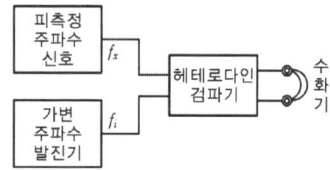

$f_x - f_i = 0$으로 될 때 수화기의 소리가 들리지 않게 되는 ($f_x = f_i$) 것을 이용한다.

40 ㉰
① 콜라우슈 브리지 : 전해액의 저항 측정
② 맥스웰 브리지(Maxwell Bridge) : 미지 인덕턴스 측정용
③ 셰링 브리지(Schering Bridge) : 정전용량의 측정
④ 켈빈 더블 브리지(Kelvin's double bridge) : 1[Ω] 이하 10^{-2}[Ω] 정도의 저저항의 정밀측정

41 ㉯
고주파 유도가열에서 전류의 침투 깊이 S의 값은 주파수가 낮은 경우 맴돌이 전류 밀도는 원통의 축을 포함하는 도체 단면 전체에 걸쳐 거의 같지만, 주파수가 높아지면 표피(skin effect)의 영향으로 맴돌이 전류 밀도는 중심부, 즉 원의 축의 위치에서 가장 작고 표면에 가까워질수록 커진다.

42 ㉮
고스트(ghost) 장해
직접파에 의한 영상과 반사파에 의한 영상이 시간적으로 벗어나서, 상이 2중, 3중으로 되는 현상

43 ㉮
$$S/N = 20\log \frac{1}{100} = -40[\text{dB}]$$

44 ㉱
$$S/N = 20\log \frac{신호전압}{잡음전압}$$
$$= 20\log \frac{10}{10 \times 10^{-6}} = 120[\text{dB}]$$

45 ㉮
전자 현미경의 분해능에 영향을 주는 수차
① 구면 수차(spherical aberration) : 렌즈의 축에 가까운 곳과 먼 곳에서의 굴절률이 다르기 때문에 빛이 한 점에 모이지 않고 퍼진다.
② 색 수차(chromatic aberration) : 전자빔이 시료를 투과할 때 속도가 다른 여러 전자가 생겨서 상이 흐려지는 현상
③ 축 비대칭 수차 : 전자장의 분포가 축에 대하여 비대칭으로 되는 데 기인한 수차

46 ㉮
동축 케이블(coaxial cable)
① 일반적으로 불평형형이 많다.
② 특성 임피던스 : 보통 50[Ω], 75[Ω]이 많다.
③ 심선이 외부 망선에 의해 쉴드(shield)되기 때문에 외부 잡음의 영향을 거의 받지 않으나, 전송 손실이 큰 결점이 있다.

47 ㉱
서보 모터의 일반적인 조건
① 조작량이 커야 한다.
② 추종 속도가 빨라야 한다.
③ 서보 모터의 관성이 작아야 한다.
④ 전기식이면 증폭부에 트랜지스터 증폭기나 자기증폭기가 사용되고 유압식의 경우에는 파일럿 밸브나 유압 분사관 등이 사용된다.

48 ㉯
프리엠퍼시스(pre-emphasis)는 FM의 송신측에서 S/N비 개선을 위해 고음역 부분의 이득을 단계적으로 증가시켜 송신하기 위한 회로이며, 디엠퍼시스(de-emphasis)는 수신기에서 강조된 고역이득을 낮추기 위한 회로이다.

49 ㉰
VTR의 β-max 방식과 VHS 방식은 모두 1/2인치 테이프를 이용하는 처리방식과 원리가 유사하나 서로 호환이 되지 않고 현재 VHS 방식이 많이 사용된다.

50 ㉰
재생증폭기의 구성
① 전치 증폭기(preamplifier) : 마이크로폰이나 테이프 헤드

등으로부터 나오는 작은 신호 전압을 증폭하고, 음량과 음질 조정을 하여 주 증폭기에 전달한다.
② 주 증폭기(main amplifier) : 전치 증폭기로부터 받은 신호를 전력 증폭하여 스피커에 출력 전력을 공급한다.
③ 등화 증폭기(equalizing amplifier) : 녹음기의 녹음 특성이 일반적으로 저역에서 저하되는 경향이 있으므로 이 특성을 보상한다.

51 ㉯
자동 주파수 제어(automatic frequeney control, AFC)회로
주파수 변환을 위한 국부발진기의 주파수 변동을 제거하기 위하여 주파수를 자동적으로 검출하고 제어하는 회로

52 ㉯
항법장치
① 자동방향탐지기(ADF, automatic direction finder) : 항공기의 기수 방향에 대한 전파의 도래 방향을 자동적으로 측정한다.
② VOR(VHF omni-directional range) : 전방향식 AN 레인지 비컨이라고도 하며 사용 주파수가 108~118[MHz]의 초단파이므로 NDB보다 정밀도가 높고 공전의 방해를 덜 받는다.
③ TACAN : 항공기상의 질문기와 지상의 응답기에 의해 지상국으로부터의 방위와 거리를 측정하는 시스템이다.
④ 로란(loran) : 두 국 A, B로부터 동기하여 발사된 펄스 신호를 어떤 지점에서 수신하여 두 국의 전파의 도래 시간 차를 측정한다.

53 ㉰
재생증폭기의 구성
① 전치증폭기(preamplifier) : 마이크로폰이나 테이프 헤드 등으로부터 나오는 작은 신호 전압을 증폭하고, 음량과 음질 조정을 하여 주증폭기에 전달한다.
② 주증폭기(main amplifier) : 전치증폭기로부터 받은 신호를 전력 증폭하여 스피커에 출력 전력을 공급한다.
③ 등화증폭기(equalizing amplifier) : 녹음기의 녹음 특성이 일반적으로 저역에서 저하되는 경향이 있으므로 이 특성을 보상한다.

54 ㉰
초음파 발생 장치
① 수정 진동자 : 압전 효과의 응용으로 초음파를 발생시킬 수는 있으나 가격이 비싸고 가공이 어려우며, 전기 기계 변환효율이 좋지 않으므로 거의 사용되지 않는다.
② 전기 왜형 진동자 : 진동자의 두께, 모양, 크기에 따라 진동형태가 달라진다.
 ㉠ 최근에는 사용 온도한계가 높고, 온도 특성이 좋은 지르콘티탄산납(PZT)진동자가 널리 사용된다.
 ㉡ 전기 왜형 진동자의 사용 주파수는 200[kHz]~2[MHz]이다.
③ 자기 왜형 진동자 : 강자성체를 자화하면 자장의 방향으로 길이가 변화하는 자기 왜형 현상(또는 줄 효과(Joule effect))을 이용한 것으로 니켈 진동자와 페라이트 진동자 등이 있다.
 ㉠ 니켈 진동자 : 맴돌이 전류에 의한 손실이 크지만, 기계적으로 견고하므로 주로 50[Hz] 이하의 초음파 가공기에 사용된다.
 ㉡ 페라이트 진동자 : 기계적 강도는 약하나 효율이 높으므로 초음파 세척기 등에 사용되고 있다.(사용 주파수는 100[kHz] 이하)

55 ㉯
① 소거헤드(erasing head) : 녹음헤드와 같은 구조로 포화 자장을 얻기 위해 페라이트 코어(ferrite core) 등을 사용하며, 공극의 길이는 녹음헤드보다 10배 정도 크게 만든다.
② 녹음 과정 : 녹음 헤드의 공극 부분에서 자기 테이프(magnetic tape)가 자화되고 테이프가 통과한 뒤에는 자기적으로 방향성을 가진 잔류자기의 상태로 되어 기록된다.
③ 재생(reproducing) : 녹음된 자기 테이프로부터 음성신호를 얻는 과정

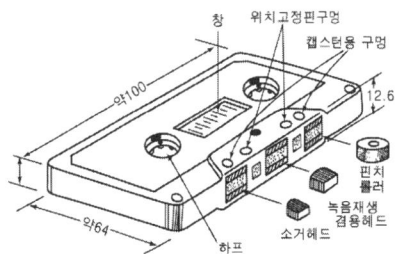

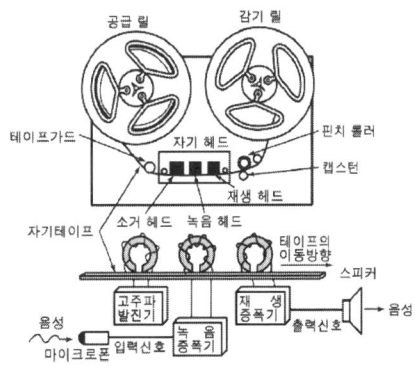

56 ㉰
물의 깊이는 $h = \dfrac{vt}{2}$ [m]이므로
$h = \dfrac{1,527 \times 4}{2} = 3054$ [m]

57 ㉱

과년도출제문제

DEPP와 SEPP회로
① DEPP(double ended Push-Pull) : 2개의 트랜지스터가 부하에 대하여 직렬로 동작하고, 직류 전원에 대해서는 병렬로 접속된다.
② SEPP(single ended push-pull) : 2개의 트랜지스터가 부하에 대해서는 병렬, 전원에 대해서는 직렬로 접속된다.
③ SEPP 회로는 DEPP 회로에 비하여 부하의 값을 작게 할 수 있으므로, 출력 변성기를 사용하지 않는 OTL 회로를 구성시킬 수 있다.
④ B급 푸시풀 전력 증폭회로의 원리에서 그림 (a)와 같이 2개의 트랜지스터가 부하에 대하여 직렬로 동작하고 직류 전원에 대해서는 병렬로 접속되어 있는 회로를 DEPP(double ended push-pull) 회로라 하며, 그림 (b)와 같이 2개의 트랜지스터가 부하에 대해서는 병렬, 전원에 대해서는 직렬로 접속되는 회로를 SEPP(single ended push-pull)회로라 한다.

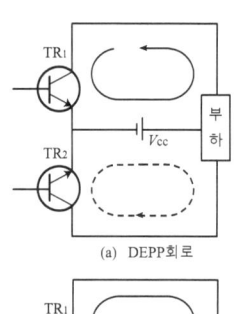
(a) DEPP회로

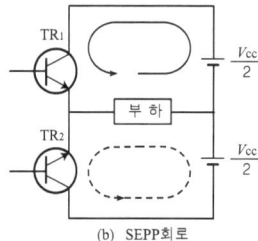
(b) SEPP회로

58 ㉣
납땜이 잘 되지 않는 알루미늄 납땜에는 초음파 진동의 성질을 이용한다.

59 ㉣
① 제어대상(controlled system) : 자동제어의 대상이 되는 장치나 물체
② 제어량(controlled variable) : 제어대상에 속하는 양으로서, 측정되어 제어될 수 있는 것
③ 목표값(command) : 제어계에서 제어량이 목표값에 이를 수 있도록 외부에서 주어지는 값을 말하며, 목표값이 일정할 때에는 설정값(set point)이라고도 한다.
④ 제어장치(automatic controller) : 제어대상을 목표값에 일치되게 동작하는 부분
⑤ 조작량(manipulated variable) : 제어량을 조정하기 위하여 제어대상에 주어지는 양

60 ㉮
반도체에는 전압과 전류 사이의 관계, 즉 전압-전류 특성이 비직선적인 것이 많다. 그러므로 전압에 따라 저항이 변하게 된다. 이 같은 성질을 가진 반도체 저항 소자를 바리스터(varistor 또는 variable resistor의 약어)라고 하며, 전원 전압의 변동에 대한 안정화와 온도 변화에 대한 보상용으로 사용한다.

2013년 7월 21일

01 ㉰
OR(논리합)는 입력 중 어느 하나라도 "1"이 입력되면 출력이 "1"이 되는 논리회로

02 ㉮
AND(논리곱)는 입력이 동시에 "1"이 입력될 때에만 출력이 "1"이 되는 논리회로이므로 "㉮"의 출력파형이 나타난다.

03 ㉯
① 쌍안정 멀티바이브레이터(bistable multivibrator)
  ㉠ 처음 어느 한쪽의 트랜지스터가 ON이면 다른 쪽의 트랜지스터는 OFF의 안정 상태로 되었다가, 트리거 펄스를 가하면 다른 안정 상태로 반전되는 동작을 한다.
  ㉡ 입력 트리거 펄스 2개마다 1개의 출력 펄스를 얻어낼 수 있으므로, 분주회로나 계산기, 계수 기억회로, 2진 계수회로 등에 사용된다.
  ㉢ 가속(speed-up) 콘덴서는 2개이고, 2개의 DC 결합으로 되어 있다.
② 플립플롭(Flip-Flop) : 레지스터를 구성하는 기본소자가 플립플롭(F/F)으로, 0과 1의 안정된 논리 상태를 갖는 쌍안정 멀티바이브레이터를 플립플롭(F/F)이라 하는 것으로, 외부 트리거 신호에 의해 어떤 상태가 되어 있을 때, 다음 트리거 신호가 공급될 때까지 현재의 상태를 안정하게 유지한다. 이러한 성질이 2진수 한 자리를 기억할 수 있는 기억소자(memory)로 사용된다.

04 ㉰
중첩의 원리에서 전압원으로 해석할 때 전류원은 개방하고 전류원으로 해석할 때 전압원은 단락시킨다.
① 전압원만 있을 때 전류원은 개방
   $3[V] = I_1 \times (2+1)$, $I_1 = 1[A]$
② 전류원만 있을 때 전압원은 단락
   $I_2 = 1/3 \times 6[A] = 2[A]$
그러므로 $I_1 + I_2 = 2 + 1[A] = 3[A]$ -- 전류원과 전압원에 의하여 흐르는 전류의 방향이 같으므로 합성전류가 된다.
∴ $V = IR = 3 \times 2 = 6[V]$

05 ㉯

JK 플립플롭(MS-JK 플립플롭) : RS 플립플롭에서 R=S=1의 상태에서는 동작이 불확실한 상태가 되므로, RS 플립플롭에서 Q를 R로, Q를 S로 되먹임하여 불확실한 상태가 나타나지 않도록 한 회로가 JK 플립플롭이다.

* 마스터/슬레이브 F/F(Master-slave Flip-flop)은 두 개의 F/F을 종속 접속하고, 클록 펄스가 서로 역으로 공급되도록 하여 클록 펄스가 상승 에지일 때 입력 신호의 내용을 입력측의 MS-F/F에 일단 기억시키고, 클록 펄스가 하강 에지일 때는 MS-F/F에 기억시켜 둔 내용을 출력측의 SL-F/F에 나타나도록 한다. 이처럼 Master-slave F/F은 어느 하나가 동작하면 하나는 동작하지 않게 되므로, 내용이 절반의 시간만큼 지연 시간을 가지게 된다.

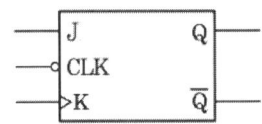

[JK F/F의 기호]

J	K	Q_{n+1}
0	0	Q_n (불변)
0	1	0
1	0	1
1	1	$\overline{Q_n}$ (토글)

[JK F/F의 진리치표]

06 ㉯
① 저항 : 전기회로에 전류가 흐를 때 전류의 흐름을 방해하는 작용을 말한다.
기호는 R, 단위는 옴(ohm, [Ω])
② 전압 : 회로 내에 전류가 흐르기 위해서 필요한 전기적인 압력

07 ㉣
과변조(over modulation)란 진폭 변조에서 변조율 m이 100%를 넘었을 때의 상태로 피변조파의 포락선이 신호파에 대해서 크게 변형하기 때문에 복조하여 재현한 신호파가 크게 일그러지므로 실용에 적합하지 않게 된다.

08 ㉯
가산기(Adder)는 두 개 이상의 입력을 이용하여 이들의 합을 출력하는 회로이다. 본 회로에서 R>R₁의 조건이 되므로 출력이 작아지고, - 입력으로 입력되므로 반전 가산 감쇠회로이다.

09 ㉣
트라이액(TRAIC)은 2개의 SCR을 역병렬로 접속한 형태의 3단자 교류 스위치로서 양방향 전력제어에 다이액과 함께 사용한다. SCR은 단방향 제어를 하는 데 반하여, 트라이액은 양방향 제어를 하는 소자로 전력제어와 모터제어 등에 사용

10 ㉣
트랜지스터(transistor)는 전류나 전압 흐름을 조절하고, 전자 신호를 위한 스위치나 게이트로서의 역할을 한다. 트랜지스터는 각각 전류를 운반할 능력을 가지고 있는 세 개의 반도체 물질 계층으로 구성된다. 트랜지스터의의 중요한 특성 중 h_{fe}는 교류전류증폭률이고, 전류와 온도의 영향은 온도가 감소하면 전류이득이 감소한다.

11 ㉯
① 렌츠의 법칙(Lenz's law) : 유도기전력과 유도전류의 방향은 자속의 증감을 방해하는 방향이다.
② 플레밍의 오른손법칙(Fleming's right hand rule) : 자기장 안에서 도체가 운동하여 자속을 끊었을 때 기전력의 방향을 아는 데 편리한 법칙으로, 오른손의 세 손가락을 서로 직각이 되도록 펼치고, 집게손가락은 자속의 방향, 엄지손가락은 도체의 운동 방향이 되도록 하면 가운뎃손가락의 방향이 도체에 생기는 유도기전력의 방향이다.
③ 패러데이의 법칙(Faraday's law) : 코일을 지나는 자속이 시간에 따라 변화하면 코일에 기전력이 유도되는 현상으로 전자유도에 의하여 회로에 유기되는 기전력은 이 회로와 쇄교하는 자속의 증감에 비례한다.

12 ㉯
이상적인 연산증폭기의 특성
① 전압이득 A_v 가 무한대이다($A_v = \infty$).
② 입력저항 R_i 가 무한대이다($R_i = \infty$).
③ 출력저항 R_o 가 0이다($R_o = 0$).
④ 대역폭이 무한대이고($BW = \infty$), 지연응답(response delay)은 0이다.
⑤ 오프셋(offset)이 0이다.
⑥ 특성의 변동, 잡음이 없다.
연산증폭기는 정확도를 높이기 위하여 큰 증폭도와 높은 안정도가 필요하다.

13 ㉮
① 되먹임(궤환) 증폭도

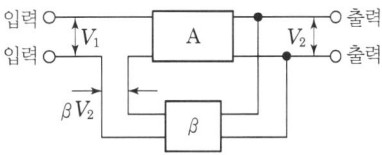

여기서, A : 되먹임이 없을 때의 증폭도, β : 되먹임(궤환) 계수
② β가 양수이면 A_f >A로 정궤환(동위상), 음수이면 A_f <A가 되어 부궤환(역위상)
③ $|1-A\beta|$ >1일 때 A_f <A : 부궤환(역위상)
$|1-A\beta|$ <1일 때 A_f >A : 정궤환(동위상)
$|A\beta|$ =1일 때 A_f =∞ : 발진한다.

과년도 출제문제

④ 증폭도와 내부 잡음, 파형 일그러짐이 감소한다.
⑤ 주파수 특성이 개선되며, 대역폭이 넓어진다.
⑥ 회로 동작이 안정되며, 임피던스가 변화한다.

14 ㉮
클램핑 회로
① 입력 신호의 + 또는 −의 피크를 어느 기준 레벨로 바꾸어 고정시키는 회로를 클램핑회로, 또는 클램퍼(clamper)라 한다. 이 회로가 직류분을 재생하는 목적에 쓰일 때에는 직류분 재생회로라고도 한다.
② 2[V]의 전압이 다이오드(D)가 순방향이므로 출력에는 2[V]가 항상 출력되고, 입력 파형은 콘덴서를 통하여 직류분 위에 실리는 출력 파형이 나타나고, 직류분은 콘덴서에 의해 입력에 영향을 미치지 않는다.

15 ㉰
① 펄스 진폭 변조(PAM : Pulse Amplifier Modulation) : 신호 레벨(높낮이)에 따라 펄스의 진폭을 변화시킨다.
② 펄스 폭 변조(PWM : Pulse Width Modulation) : 신호 레벨(높낮이)에 따라 펄스의 폭을 변화시킨다.
③ 펄스 위상 변조(PPM : Pulse Phase Modulation) : 신호 레벨(높낮이)에 따라 펄스의 위상을 변화시키는 방법으로, 신호 레벨이 크면 펄스의 주기가 짧아지고 주파수가 높아진다.
④ 펄스 부호 변조(PCM : Pulse Coded Modulation) : 신호 레벨(높낮이)에 따라 펄스열의 유·무를 변화시키는 방법으로, 각 샘플별로 신호 레벨을 일정 비트를 갖는 2진 부호로 바꾸어 부호화한다.

16 ㉱
$$A_v = 20\log_{10}\frac{V_o}{V_i} = 20\log_{10}20 = 26[dB]$$

17 ㉯
순서도의 종류
① 시스템 순서도(system flowchart) : 주로 시스템 분석가가 시스템 설계나 분석을 할 때에 작성되며, 자료의 흐름을 중심으로 시스템 전체의 작업 내용을 총괄적으로 나타낸 순서도로서, 각 부분별 처리는 처리 단계와 순서 및 입·출력 매체의 종류 등만을 표시한다.
② 프로그램 순서도 : 시스템 전체의 작업 중에서 전산 처리를 하는 부분을 중심으로 자료 처리에 필요한 모든 조작의 순서를 나타낸 순서도
  ㉠ 개략 순서도(general flowchart) : 프로그램 전체의 내용을 개괄적으로 표시하는 순서도로서, 전체적인 처리 방법과 순서를 큰 부분으로 나누어, 하나의 순서도로 일괄하여 나타내는 것이 좋다.
  ㉡ 상세 순서도(detail flowchart) : 개략 순서도의 처리 단계마다 전자계산기가 수행할 수 있도록 모든 조작과 자료의 이동 순서를 하나도 빠짐없이 표시하고, 코딩하면 바로 프로그램이 작성될 수 있을 정도로 가장 세밀하게 그려진 순서도이다.

18 ㉮
① 객체지향언어의 특징
  ㉠ 절차적인 언어와는 반대적인 개념의 언어. 객체지향의 언어가 도입되기 전의 대부분의 언어는 프로그램의 프로세스 흐름을 표현하는 데 비중을 둔 반면에 객체지향언어들은 데이터나 정보의 표현에 비중을 둔 언어이다.
  ㉡ 객체지향언어가 가지는 장점
    ⓐ 개발 생산성 향상은 소스 재사용률이 높인다.
    ⓑ 일상생활에서 보통 사람들이 대하고 생각하는 방식을 그대로 프로그램 언어로 표현하기가 쉽다.
    ⓒ 유지보수의 편리성은 기존의 기능을 수정하거나 새로운 기능을 추가하기가 편리하다. 기존 기능을 수정 시 함수를 새롭게 바꾸더라도 캡슐화와 그 함수의 세부정보가 은폐되어 있어 주변에 미치는 영향을 최소화할 수 있다. 새로운 객체의 종류를 추가 시에는 속성 상속을 통하여 기존의 기능을 활용하고 존재하지 않은 새로운 속성만 추가하면 되므로 매우 경제적이라 할 수 있다.
    ⓓ 점진적 프로그램 개발의 용이성
    ⓔ 요구사항 변화에 대해 안정적으로 대응할 수 있는 언어
  ㉢ 객체지향언어가 가지는 단점
    ⓐ 객체지향프로그램은 객체라는 단위를 컴퓨터의 기억장치에 어떤 형태로든 표현해야 하고, 객체 간의 정보 교환이 모두 메시지 교환을 통해 일어나므로 기존 절차적인 언어보다는 수행 시간이 길어져 시스템에 부하가 생기게 된다.
  ㉣ 객체지향언어의 구성
    ⓐ 객체, 클래스, 캡슐화, 정보 은폐, 메시지 전달, 복합 객체, 상속, 추상화, 다중성
② 객체지향언어 종류
  ㉠ 객체지향언어의 구성을 포함하고 있다면 모두 객체지향언어라고 할 수 있다.
  ㉡ 가장 대표적인 객체지향언어는 JAVA, C++, 닷넷, C# 등

19 ㉮
메모리 버퍼(MBR)의 내용을 불러와 누산기(AC)와 더한 것을 누산기(AC)에 적재(LOAD)하는 명령어 실행주기이다.

20 ㉮
2의 보수
2의 보수는 주어진 2진수를 모두 부정을 취하여 1의 보수로 바꾼다. 1의 보수에 1을 더하면 2의 보수가 된다. 즉 2의 보수는 1의 보수보다 1이 크다.

21 ㉰
BCD 코드의 각 자리수를 10진수로 변환하면 된다.

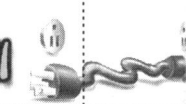

0001	1001	0111
1	9	7

22 ④

고정 소수점 데이터 형식
① 전자계산기 내부에서 정수를 나타내는 데이터 형식으로 2바이트 정수형과 4바이트 정수형이 있다.
② 부호 비트와 정수 비트로 구성된다. 그리고 정수부가 양수(+)이면 0으로, 음수(-)이면 1로 표시한다.

23 ②

카르노 맵에 의한 논리식의 간략화
① 주어진 논리식을 간략화하기 위해서는 불 대수의 간략화를 이용하지만 변수가 많은 항을 간략화하는 방법으로는 카르노 맵을 이용하는 것이 효율적이다.
② 카르노 맵은 사각형의 맵 안에 주어진 항의 수를 1로 표시하고, 인접한 칸의 1을 묶어 간략화하는 방법을 말하며, 간략화하는 방법은 다음과 같다.
㉠ 카르노 맵 안에 주어진 논리식의 항을 1로 표시한다.
㉡ 인접한 칸의 1을 2^n(1, 2, 4, 8)개로 묶는다.
㉢ 완전 중복되지 않는 범위에서 1의 수를 중복하여 묶는다.
㉣ 인접되지 않는 1은 더 이상 간략화할 수 없다.

CD\AB	00	01	11	10
00	1	1	1	1
01	0	1	1	0
11	0	1	1	0
10	0	1	1	0

D

CD\AB	00	01	11	10
00	1	1	1	1
01	0	1	1	0
11	0	1	1	0
10	0	1	1	0

$\overline{AB}$

그러므로 $Y = \overline{AB} + D$가 된다.

24 ②

C언어
① 1974년 개발된 언어로 UNIX 시스템을 구축하기 위한 시스템 프로그래밍 언어로서 수식이나 제어 및 데이터 구조를 가장 간편하게 제공하고 있다. C언어는 원래 시스템 프로그램으로 개발되었으나 기종에 관계없이 수치 해석, 텍스트 처리, 데이터베이스 처리를 위한 프로그램에도 많이 활용되고 있으며, UNIX 운영체제를 위해 개발한 시스템 프로그램 언어로 저급 언어와 고급 언어의 특징을 모두 갖춘 언어이다.
② C언어의 관계 연산자

종류	연산자(기호)	연산자의 의미	관계식
관계 연산자	>	~보다 크다.	a>b
	>=	~보다 크거나 같다.	a>=b
	<	~보다 작다.	a<b
	<=	~보다 작거나 같다.	a<=b
	==	같다.	a==b
	!=	다르다.	a!=b

25 ④

버스의 종류
CPU와 기억장치, 입·출력 인터페이스 간에 제어신호나 데이터를 주고받는 전송로를 말하며, 버스는 주소버스(address bus), 제어 버스(control bus), 데이터 버스(data bus)의 세 종류로 이루어진다.
① 주소 버스(address bus) : CPU가 메모리 중의 기억 장소를 지정하는 신호의 전송통로로서, 주소 버스 수에 따라 시스템의 전체 메모리 공간이 결정된다. 주소 버스는 CPU에서 메모리나 입·출력장치 쪽의 단일 방향으로 정보를 보내는 단방향 버스로 주소 버스에서 발생하는 각 주소는 하나의 메모리 위치나 입·출력장치 하나하나와 일대일 대응한다.
② 데이터 버스(data bus) : 입·출력시키는 데이터 및 기억장치에 써넣고 읽어내는 데이터의 전송 통로로서, 데이터 버스 수는 CPU가 동시에 처리할 수 있는 데이터의 양을 나타내며, CPU가 몇 비트인가를 결정하는 기준이 된다. 데이터 버스는 CPU로 들어오는 데이터나 CPU에서 나가는 데이터가 양방향으로 전송되는 양방향 버스이다.
③ 제어 버스(control bus) : 중앙처리장치와의 데이터 교환을 제어하는 신호의 전송통로로서, CPU가 현재 무엇을 원하는지를 메모리나 입·출력장치에 알려주거나, 역으로 CPU가 어떤 동작을 하도록 주변장치가 요청할 때 사용하는 신호이다. 제어 버스는 단일 방향으로 동작하는 단방향 버스이다.

26 ④

채널(channel)이란 주기억장치와 입·출력장치 간의 속도 차이를 줄일 목적으로 사용하는 것으로, CPU로부터 입·출력장치의 제어를 위임받아 한 번에 여러 데이터 블록을 입·출력할 수 있는 시스템 하드웨어로 채널의 종류는 크게 두 가지이다.
① 셀렉터 채널(Selector Channel) : 고속
② 멀티플렉서 채널(Multiplexor Channel) : 바이트 멀티플렉서(저속), 블록 멀티플렉서 채널(고속)

215

과년도출제문제

27 ㉱
가상기억장치(virtual memory)는 제한된 주기억장치의 용량을 초과하여 사용하기 위하여 보조기억장치의 기억공간을 사용자의 주기억장치가 확장된 것과 같이 사용하는 방법이다.

28 ㉯
버퍼(Buffer)는 속도 차이가 있는 하드웨어 장치들, 또는 우선순위가 다른 프로그램의 프로세스들에 의해 공유되는 데이터 저장소를 말한다.

29 ㉱
소인 발진기(Sweep Generator)는 오실로스코프와 조합하여 각종 무선 주파회로의 주파수 특성을 직시하기 위해 사용하는 것으로, 수신기의 중간주파 특성, FM수신기의 주파수 변별기 또는 광대역 증폭기 등의 조정에 많이 사용되며, 그림과 같이 소인 발진기는 고주파 발진기, 진폭 제한기, 출력 감쇠기 등으로 구성된다.

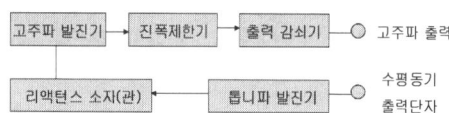

30 ㉯
아날로그(analog) 신호를 디지털(digital) 신호로 바꾸어서 나타내는 것을 A/D 변환이라 하고, 디지털 신호를 아날로그 신호로 바꾸는 것을 D/A 변환이라 한다.

31 ㉮
① 콜라우슈 브리지 : 전해액의 저항 측정
② 맥스웰 브리지(Maxwell Bridge) : 미지 인덕턴스 측정용
③ 세링 브리지(Schering Bridge) : 정전용량의 측정
④ 켈빈 더블 브리지(Kelvin's double bridge) : 1[Ω] 이하 10^{-2}[Ω] 정도의 저저항의 정밀측정

32 ㉰
측정값을 M, 참값을 T라 하면 측정오차(ε) = $M - T$

33 ㉯
제동장치는 가동부분에 적당한 제동력(제동 토크)을 가하여 지침을 빨리 정지시키는 장치
* 제동장치의 종류
 ① 공기제동(지시 계기에 제일 많이 쓰이는 방법)
 ② 액체제동(기록 계기나 정전형 계기에 사용)
 ③ 맴돌이 전류제동(적산 전력계나 가동 코일형 계기에 사용)

34 ㉱
최대값=파형의 수직 칸 수×VOLTS/DIV×프로브의 배율
　　　=4×4[mV]×10=160[mV]

35 ㉯
증폭기의 왜율(일그러짐률)의 측정에는 필터에 의한 방법, 공진브리지에 의한 방법, 왜율계를 이용한 방법 등이 사용된다.

36 ㉰
전류의 측정을 위한 전류계는 부하와 직렬연결하고, 전압의 측정을 위한 전압계는 부하와 병렬 연결한다.

37 ㉰
계수형 주파수계에서 주파수
$$f = \frac{\text{펄스 수}}{\text{시간}} = \frac{1,000}{0.02} = 50,000[Hz] = 50[kHz]$$

38 ㉱
① Q미터(Q-meter)의 원리는 공진법을 이용한 것으로 Q의 측정 이외에도 인덕턴스, 정전용량, 코일의 실효 저항과 분포 용량 등의 측정이 가능하다.
② 코일의 Q는 그 코일의 리액턴스와 저항과의 비 $\frac{\omega L}{R} z$로 정의된다. Q미터는 코일의 Q를 직독할 수 있게 한 측정기로 발진기, 열전대 전류계, 결합저항, 동조콘덴서와 진공관 전압계 등으로 구성된다.

39 ㉱
표준신호발생기(standard signal generator, SSG)는 고주파발진기, 변조용 저주파발진기, 피변조증폭기와 감쇠기, 출력 지시계로 구성되며, 내부에서 400[Hz], 1000[Hz] 등의 가변주파발진기를 내장하여 진폭 변조를 할 수 있게 되어 있다.
* 표준신호 발생기의 조건
 ① 주파수가 정확하고 가변 범위가 넓을 것
 ② 변조도가 자유롭게 조절될 수 있을 것
 ③ 출력이 가변될 수 있고, 그의 정확한 값을 알 수 있을 것
 ④ 출력 임피던스가 일정할 것
 ⑤ 불필요한 출력을 내지 않을 것
 ⑥ 누설 전류가 적고, 장기 사용에 견딜 것
 ⑦ 변조 특성이 좋으며, 지시 변조도가 정확할 것

40 ㉮
고주파수 측정
① 흡수형 주파수계
　㉠ 직렬 공진회로의 주파수 특성을 이용한 것으로 R, L, C 공진회로의 대략의 주파수 측정에 실용된다.
　㉡ 공진회로의 Q가 크지 않을 때에는 공진점을 찾기가 어려우므로 정밀한 측정이 어렵다.
　㉢ 대체로 100[MHz] 이하의 고주파 측정에 사용된다.
② 딥 미터(dip meter)
　㉠ 공진회로의 공진 주파수를 측정하는데 사용하는 것으로 흡수형 주파수계와 비슷하게 동작한다.
　㉡ 송신기의 송신주파수, 수신기의 중간주파수 및 안테나의 동조 주파수를 측정하는 데 사용된다.
　㉢ 주파수 측정 범위는 300[MHz] 정도까지이며, 측정 오

차는 1~2[%]이다.
③ 동축 주파수계 : 동축선(coaxial line)의 공진 특성을 이용한 것으로, 2500[MHz] 정도까지의 초고주파 주파수를 측정하는 데 사용된다.
④ 공동 주파수계 : 마이크로파의 주파수를 비교적 정확하게 측정할 수 있다.

41 ㉮
① 자동조정 : 전압, 전류, 속도, 토크 등의 기계적 또는 전기적 양을 제어하는 정치제어
② 제어량(controlled variable) : 제어 대상에 속하는 양으로서, 측정되어 제어될 수 있는 것

42 ㉣
① 줄 효과(Joule effect) : 일의 생산이나 열의 전달이 없는 기체가 팽창할 때 온도가 변화하는 현상
② 톰슨 효과(Thomson effect) : 도체 막대의 양 끝을 서로 다른 온도로 유지하면서 전류를 통할 때 줄열 이외에 발열이나 흡열이 일어나는 현상
③ 피에조 효과(Piezo effect) : 압전소자의 특수한 결정에 외부적인 힘을 가하여 변형을 주면 그 표면에 전압이 발생하고, 반대로 결정에 전압을 걸면 변위나 힘이 발생하는 현상
④ 펠티어 효과(Peltier effect) : 2개의 다른 물질의 접합부에 전류가 흐르면 전류의 방향에 따라 열을 흡수하거나 발산하는 현상

43 ㉰
① VOR(VHF omni-directional range)은 전방향식 AN 레인지 비컨이라고도 하며 NDB나 AN 레인지 비컨과 마찬가지로 공항이나 항공로상의 요소에 설치되는데, 사용 주파수가 108~118[MHz]의 초단파이기 때문에 중파를 사용하는 NDB나 AN 레인지 비컨보다 정밀도가 높고 공전의 방해를 덜 받는 등의 장점이 있다.
② 계기착륙방식(ILS, instrument landing system) : 현재 국제적인 표준 시설로서 로컬 라이저, 글라이드 패드, 마커 비컨의 1조인 지상 무선 설비와 지상의 계기착륙 방식 수신기로 이루어진다.
③ 쌍곡선 항법 : 쌍곡선은 두 점으로부터의 거리의 차가 일정한 점의 궤적으로 이때 두 점은 쌍곡선의 초점이 된다. 쌍곡선 항법은 이와 같은 사실을 이용하는 전파 항법으로 로란 A(loran A)와 로란 C 및 데카(decca) 등이 운영되고 있다.
④ DME(Distance measuring equipment) : 전파(電波)가 일정 속도로 전파(傳播)하는 특성을 이용하여 거리를 측정하는 장치

44 ㉣
아날로그(analog) 신호를 디지털(digital) 신호로 바꾸어서 나타내는 것을 A/D 변환이라 하고, 디지털 신호를 아날로그 신호로 바꾸는 것을 D/A 변환이라 한다.

45 ㉣
고주파 유전가열의 응용
① 목재 공업에의 응용 : 목재의 건조, 성형, 접착 등
② 고주파 머신 : 비닐이나 플라스틱 시트의 접착
③ 고주파 용접 : 비닐 가방이나 비닐 시계줄의 제조
④ 고주파 의료기기
　㉠ 고주파 나이프 : 환부의 수술
　㉡ 고주파 치료기 : 환부의 치료(주파수 40.68[MHz] ±0.05[%] 사용)
　㉢ 음식물의 조리 : 고주파 레인지(HF range)
　㉣ 고무 타이어의 수리, 재생이나 섬유공업 등에도 이용된다.

46 ㉯
초음파 가공기의 혼(Horn)은 공구를 붙여서 사용하는 부분으로 공구의 진폭을 크게 한다.

47 ㉯
주파수 다이버시티는 전파 도중에 일어나는 페이딩을 제거하여 전송 품질의 저하를 방지하기 위하여 사용하며, 페이딩(fading)이란 통로를 달리하는 전파 사이의 간섭 또는 전파 통로 상태의 변동 등에 의해서 수신 전장의 세기가 시간적으로 변동하는 현상을 말한다.

48 ㉮
고스트(ghost)는 직접파에 의한 영상과 반사파에 의한 영상이 시간적으로 벗어나서 상이 2중, 3중으로 되는 현상

49 ㉣
녹음기에 쓰이는 자기헤드는 기능상 녹음, 재생, 소거의 헤드가 필요하다.
① 녹음헤드 : 좁은 공극(air gap)을 가진 특수 퍼멀로이(permalloy)나 페라이트(ferrite) 등의 자성 합금으로 된 코어에 구리선을 감은 일종의 전자석이다.
② 재생헤드 : 녹음헤드와 같은 구조로 초투자율이 높고, 코어 손실이 적은 코어에 코일을 감아서 만든다.
③ 소거헤드(erasing head) : 녹음헤드와 같은 구조로 포화 자장을 얻기 위해 페라이트 코어(ferrite core) 등을 사용하며, 공극의 길이는 녹음헤드보다 10배 정도 크게 만든다.

50 ㉯
전자현미경은 전자총에 의하여 전자군을 만들어 이것을 시료(test piece)에 주고, 시료에서 정보를 받은 전자군은 전자렌즈로 되어 있는 확대계에서 확대되어 투영면 위에 상이 나타나게 되어 있다.

대 상	광학현미경	전자현미경
조명원	광선	전자선
매질	공기	진공
콘트라스트가 생기는 원인	굴절 또는 흡수	산란 또는 흡수
배율	렌즈 교환	투사 렌즈의 여자전류 변화
초점	대물렌즈와 시료의 거리조절	대물렌즈의 여자전류를 조절
렌즈	회전대칭 유리렌즈	회전대칭 전자렌즈
상 관찰 수단	육안 또는 사진	형광막상의 상 또는 사진
재물대	재물 유리	박막

51 ㉣

자동제어(automatic control)
제어하려는 양을 목표값에 일치시키기 위하여, 편차가 있으면 그것을 검출하여 수정하는 동작을 자동적으로 하는 것
① 제어대상(controlled system) : 자동제어의 대상이 되는 장치나 물체
② 제어량(controlled variable) : 제어대상에 속하는 양으로서, 측정되어 제어될 수 있는 것
③ 목표값(command) : 제어계에서 제어량이 목표값에 이를 수 있도록 외부에서 주어지는 값을 말하며, 목표값이 일정할 때에는 설정값(set point)이라고도 한다.
④ 제어장치(automatic controller) : 제어대상을 목표값에 일치되게 동작하는 부분
⑤ 조작량(manipulated variable) : 제어량을 조정하기 위하여 제어대상에 주어지는 양

52 ㉮

수소가스를 채운 조그마한 기구에 기상관측 장비와 발진기를 실어서 대기 상공에 띄워 무선으로 대기 상공의 기압, 온도, 습도 등의 기상 요소를 측정하는 기기를 라디오존데(radiosonde)라 한다.

53 ㉮

① 전치 증폭기(preamplifier) : 마이크로폰이나 테이프 헤드 등으로부터 나오는 작은 신호 전압을 증폭하고, 음량과 음질 조정을 하여 주증폭기에 전달한다.
② 주 증폭기(main amplifier) : 전치증폭기로부터 받은 신호를 전력 증폭하여 스피커에 출력 전력을 공급한다.
③ 등화 증폭기(equalizing amplifier) : 녹음기의 녹음 특성이 일반적으로 저역에서 저하되는 경향이 있으므로 이 특성을 보상한다.

54 ㉰

여러 가지 2차 변환의 보기

압력-변위	다이어프램, 스프링
변위-압력	유압 분사관
변위-임피던스	슬라이드 저항, 용량성 변환기, 유도형 변환기
변위-전압	가변저항 분압기, 차동변압기
전압-변위	전자석, 전자코일

55 ㉯

컬러 킬러(color killer)회로는 흑백 방송 수신 시 반송 색신호를 선택 증폭하는 대역증폭회로의 동작을 정지시키는 동작을 한다. 따라서 색이 전혀 안 나오는 때에는 이 회로를 조사해 보아야 한다.

56 ㉯

태양전지(solar cell)는 반도체의 PN 접합에 빛이 입사할 때 기전력이 발생하는 광기전력 효과를 이용한 것이다.
* 태양전지의 특징
 ① 종래에 이용되지 않은 풍부한 에너지원으로 이용된다.
 ② 장치가 간단하고 보수가 편하다.
 ③ 빛의 방향에 따라 발생 출력이 변하므로 이것을 고려하여 출력에 여유를 두어야 한다.
 ④ 연속적으로 사용하기 위해서는 태양 광선을 얻을 수 없는 경우에 대비하여 축전장치가 필요하다.
 ⑤ 대전력용은 부피가 크고 가격이 비싸다.

57 ㉰

캡스턴
핀치 롤러와의 압착 회전으로 테이프를 정속 주행시킨다.

58 ㉯

RC 적분회로의 시정수(τ)는
$\tau = RC = 1 \times 10^6 \times 0.5 \times 10^{-6} = 0.5 [\text{sec}]$

59 ㉯

오디오미터(audiometer)
귀의 청력을 검사하기 위하여 가청 주파수 영역의 여러 가지 레벨의 순음을 전기적으로 발생하는 음향발생장치로 신호음으로 사인파를 사용한다.

60 ㉯

증폭기를 통과하여 나온 출력 파형이 입력 파형과 닮은꼴이 될 때에는 증폭기의 직선성(linearily)이 좋고 출력은 입력에 비례한다. 그러나 만일 증폭기의 직선성이 좋지 않을 때에는 출력 파형은 일그러져 입력파형과 다르게 되는데 이러한 경우를 비직선 일그러짐(nonlinear distortion) 또는 진폭 일그러짐(amplitude distortion)이라 한다.

2013년 10월 12일

01 ②

베이스와 이미터 사이에 수정 진동자를 접속하고 있으므로 피어스(pierce) B-E형 발진회로이다.

02 ④

게이트의 역방향 바이어스 전압을 증가시켜 가면 공간 전하층의 폭이 넓어져 끝내는 채널(channel)이 완전히 막혀 버리는 상태에 이르게 된다. 이때를 채널이 pinch-off되었다고 하며, 이때의 게이트 전압을 pinch-off전압이라고 한다. 핀치 오프 전압(pinch-off voltage, V_p) : V_{GS}를 작게 하여 $I_D = 0$이 되는 때의 게이트 소스 간 전압

03 ②

비동기형(asynchronous type) 계수기는 플립플롭이 종속 연결되어 있어서 각각의 플립플롭이 동작할 때 첫 번째 플립플롭에만 입력 클록을 가하고 그 다음 플립플롭부터는 바로 앞단 플립플롭의 출력에서 보내오는 클록 펄스만으로 동작하는 계수기로 클록 주파수가 높고, 직렬로 연결된 플립플롭의 수가 많을수록 오동작의 가능성이 크다.

04 ④

증폭기의 바이어스가 적당하지 않으면 V-I 특성 곡선상의 동작점이 변하므로 출력 파형이 입력 파형에 비례하지 않아 일그러짐이 커지고 손실이 증가하며 이득도 떨어지게 된다.

05 ②

열전자 방출 : 금속을 가열할 때 전자가 전위장벽을 넘어 공간으로 탈출하는 현상
* 열전자 방출 재료의 조건
  ① 일함수가 작을 것
  ② 융점이 높을 것
  ③ 진공 속에서 증발이 안 될 것
  ④ 방출 효율 I_w가 좋을 것
  ⑤ 가공 공작이 쉬울 것

06 ③

BJT(Bipolar Junction Transistor)는 전자와 정공이 함께 전류를 제어하나 유니폴러는 바이폴러와 달리 다수캐리어 하나에 의해서만 전류가 흘러 BJT와 다르게 n채널형 p채널형으로 불린다. BJT는 베이스에 흐르는 전류로 컬렉터 이미터 간 전압을 제어하고 FET는 게이트에 걸리는 전압으로 드레인→소스로 흐르는 전류를 제어한다. 전계 효과 트랜지스터 (FET : Field Effect Transistor)는 다수 반송자에 의해 전류가 흐르고 5극 진공관과 비슷한 특성을 가지며 입력 임피던스가 매우 높은 특징이 있다.
FET는 게이트와 소스 사이에 역방향 바이어스(VGS)를 가하여 드레인 전류를 제어하는 전압 제어형 트랜지스터이다.

07 ③

전압 폴로워(Voltage follower) 회로
$A_V(V_i - V_o) = V_o$, $V_o = \dfrac{A_V}{1+A_V} \cdot V_i$에서 $A_V = \infty$
이므로 $V_o = V_i$

08 ①

과부하 시 전류가 제한되는 것은 병렬형 정전압회로의 특징이다.
* 직렬 제어형 정전압회로의 특징
  ① 제어용 트랜지스터가 부하와 직렬로 접속된다.
  ② 경부하 시 효율이 병렬 제어형보다 크고, 출력전압의 안정 범위가 넓다.

09 ②

제너 다이오드는 역방향 전류가 비교적 크고 제너 파괴전압이 일정한 다이오드로서 전압안정회로에 주로 사용된다.

10 ③

Y 결선 $V_l = \sqrt{3} \cdot V_P$, $I_l = I_P$
$V_l = \sqrt{3}$
$V_P = \sqrt{3} \times 100 ≒ 173[V]$

11 ④

IC(집적회로)의 적합한 회로로서는, 코일과 콘덴서가 거의 필요 없고, 저항의 값이 비교적 작으며, 전력 출력이 작아도 되는 회로, 신뢰성이 특히 중요시되며, 소형 경량을 요망하는 회로 등이다.

12 ①

이상형 RC 발진회로는 RC를 3단계형으로 조합시켜 컬렉터쪽과 베이스 쪽의 총 위상편차가 180°가 되게 구성하는데 발진 주파수는 다음과 같다.
$f_o = \dfrac{1}{2\pi\sqrt{6}\,CR}$ [Hz]

13 ④

플립플롭회로는 쌍안정 멀티바이브레이터회로로 입력 트리거(trigger) 펄스 2개마다 1개의 출력 펄스를 얻어낼 수 있으므로 전자계산기, 계수기 등의 디지털(digital) 기기들의 기억소자로 이용된다.

14 ③

$H = 0.24I^2Rt$
$= 0.24 \times 10^2 \times 100 \times 1 \times 60$
$= 144,000[cal] = 144[kcal]$

15 ③

브리지(bridge) 정류회로에서 각 다이오드의 최대 역전압비는 작으므로 고압 정류회로에 적합하다.

과년도 출제문제

16 ①
CR 발진기는 LC 동조회로를 사용하지 않으며, 발진 주파수는 CR의 시정수에 의해 정해지고 발진 주파수는 저주파대로서 발진 파형이 깨끗하다.
* RC 발진기의 종류
  ① 이상형 발진기 : RC의 이상(phase shifter) 특성을 이용.
  ② 빈 브리지(Wien bridge) 발진기

17 ②
① 2진수를 3비트의 BCD(8421)코드로 묶어 8진수로 변환한다.

011	010	111	100
3	2	7	4

즉 2진수 $(11010.11110)_2$은 8진수로 $(32.74)_8$가 된다.
② 2진수를 4비트의 BCD(8421)코드로 묶어 16진수로 변환한다.

0001	1010	1111
1	A	F

즉 2진수 $(11010.11110)_2$은 16진수로 $(1A.F)_{16}$가 된다.

18 ②
INC, DEC 명령
레지스터나 메모리의 내용을 +/-1하기 위한 명령은 INC(increment, 증가), DEC(decrement, 감소) 명령이다.

19 ①
정수, 실수 및 문자를 기본 자료형 데이터라 하며, 정수형 자료에는 char, short, int, long, long long이 있다.

20 ②
제어장치
① 주기억장치에 기억되어 있는 프로그램을 하나씩 꺼내어 명령을 해독하고 그에 따라 필요한 장치에 신호를 보내어 동작시켜 그 결과를 검사, 제어하는 역할로서 연산장치, 입력장치, 출력장치를 동작하게 한다.
② 제어장치는 프로그램의 수행 순서를 제어하는 프로그램 계수기(program counter), 현재 수행 중인 명령어의 내용을 임시 기억하는 명령 레지스터(instruction register), 명령 레지스터에 수록된 명령을 해독하여 수행될 장치에 제어신호를 보내는 명령 해독기(instruction decoder)로 이루어져 있다.

21 ④
전자계산기는 입·출력장치와 중앙처리장치로 구분하며, 중앙처리장치는 제어장치, 연산장치, 주기억장치로 구성된다.
① 입력장치 : 프로그램이나 데이터를 외부장치로부터 전자계산기(컴퓨터)로 읽어들여 주기억장치에 기억시키는 장치이다.
② 출력장치 : 컴퓨터에 의해 처리된 정보의 결과를 사용자가 이해할 수 있는 형태로 변환하여 외부로 출력하는 기능을 갖는 장치를 말한다.
③ 제어장치 : 주기억장치에 기억되어 있는 프로그램을 하나씩 꺼내어 명령을 해독하고 그에 따라 필요한 장치에 신호를 보내어 동작시켜 그 결과를 검사, 제어하는 역할로서 연산장치, 입력장치, 출력장치를 동작하게 한다.
④ 연산장치 : 주기억장치로부터 보내져 온 데이터에 대하여 대소의 판별, 산술연산 및 비교, 논리적 판단을 실시한 장치로서 연산의 결과는 주기억장치에 기억된다.
⑤ 주기억장치 : 수행되고 있는 프로그램과 수행에 필요한 데이터를 기억하는 장치이다.

22 ④
논리적 시프트 연산(logical shift) 연산
레지스터 내의 데이터들을 왼쪽 혹은 오른쪽으로 한 칸씩 이동시키는 것을 말한다.
① 좌측 시프트 연산 : 비트들이 좌측으로 한 칸씩 이동하면서, 맨 왼쪽 비트는 버려지고 맨 우측 비트는 0으로 채워진다.
그러므로 101010을 한 비트 좌측 시프트하면 1010100이 되므로 84가 된다.
② 우측 시프트 연산 : 비트들이 우측으로 한 칸씩 이동하면서, 맨 오른쪽 비트는 버려지고 맨 좌측 비트는 0으로 채워진다. 그러므로 101010을 한 비트 우측 시프트하면 10101이 되므로 21이 된다.

23 ①
①의 경우 $x + x \cdot y = x$가 된다.

24 ④
누산기(Accumulator)
연산장치를 구성하는 중심이 되는 레지스터로서 사칙연산, 논리연산 등의 결과를 기억한다.

25 ③
전자계산기는 입·출력장치와 중앙처리장치로 구분하며, 중앙처리장치는 제어장치, 연산장치, 주기억장치로 구성된다.
① 입력장치 : 프로그램이나 데이터를 외부장치로부터 전자계산기(컴퓨터)로 읽어들여 주기억장치에 기억시키는 장치이다.
  ㉠ 그래픽 입력장치는 컴퓨터를 이용한 문자, 그림 등의 그래픽 데이터를 컴퓨터가 처리할 수 있는 신호로 변환하여 중앙처리장치(CPU)나 주기억장치로 입력하는 기능을 하는 장치를 말하며, 키보드(Keyboard), 마우스(Mouse), 디지타이저(Digitizer), 이미지 스캐너(Image Scanner), 라이트 펜(Light Pen) 등이 있다.
② 출력장치 : 컴퓨터에 의해 처리된 정보의 결과를 사용자가 이해할 수 있는 형태로 변환하여 외부로 출력하는 기능을 갖는 장치를 말한다.
  ㉠ 출력장치는 사용자의 요구에 따라 컴퓨터에서 처리된 그래픽 데이터 및 텍스트 데이터를 물리적 형태로 출력하는 장치를 말하며, 모니터, 프린터(Printer), 플로

터(Plotter), 포토플로터(Photo Plotter) 등이 있다.

26 ③

① 누산기(Accumulator) : 연산장치를 구성하는 중심이 되는 레지스터로서 사칙연산, 논리연산 등의 결과를 기억한다.
② 가산기(Adder) : 누산기와 데이터 레지스터의 두 수를 가산하는 기능을 하며, 그 결과는 누산기에 저장된다.
③ 데이터 레지스터(Data Register) : 실행 대상(Operand)이 2개 필요한 경우에 주기억장치로부터 읽어들인 데이터를 임시 보관하고 있다가 필요할 때에 제공하는 역할을 한다.
④ 상태 레지스터(Status Register) : 연산의 결과가 양수나 0 또는 음수인지, 자리올림(carry)이나 오버플로(overflow)가 발생했는지 등의 연산에 관계되는 상태와 외부로부터의 인터럽트(interrupt) 신호의 유무를 나타낸다.

27 ④

순서도(flow chart)란 컴퓨터로 처리하고자 하는 문제를 분석하고 그 처리 순서를 단계화하여, 상호간의 관계를 알기 쉽게 약속된 기호와 도형을 사용해서 나타내는 것을 말하며, 순서도 작성법은 프로그램 언어가 달라도 표현 방법은 동일하므로, 모든 프로그램에서 공통적으로 사용하며 순서도는 프로그램의 설계도이므로 확실한 논리를 명확하게 나타내어야 하므로 다음과 같은 사항을 고려하여야 한다.
① 처리되는 과정은 모두 표현하다.
② 간단하고 명료하게 표현한다.
③ 전체의 흐름을 명확히 알아볼 수 있도록 작성한다.
④ 과정이 길거나 복잡하면 나누어서 작성하고 연결자로 연결한다.
⑤ 통일된 기호를 사용한다.
⑥ 순서도를 사용함으로써 얻을 수 있는 효과
　㉠ 특정한 문제에서 독립하여 일반성을 갖는다.
　㉡ 오류 발생 시 디버깅(Debugging)이 용이하다.
　㉢ 프로그램의 코딩(coding)이 용이하다.
　㉣ 프로그램을 작성하지 않은 사람도 이해하기 쉽다.
　㉤ 업무의 전체적인 개요를 쉽게 파악할 수 있다.

28 ③

ROM(Read Only Memory)
읽어내기 전용으로, 사용자가 기억된 내용을 바꾸어 넣을 수 없는 기억소자로서 전원을 차단하여도 기억 내용을 보존한다.
① Mask ROM : 제조과정에서 프로그램 등을 기억시킨 것으로 전용 자동제어에 사용한다.
② PROM : 사용자가 프로그램 등을 1회에 한하여 써넣을 수 있는 기억소자이다.
③ EPROM : 사용자가 프로그램 등을 여러 번 지우고 써넣을 수 있는 기억소자로서, 자외선이나 특정전압 전류로써 내용을 지우고 다시 기록할 수 있다.
④ EEPROM(Electrical Erasable Programmable ROM) : 기록 내용을 전기신호에 의하여 삭제할 수 있으며, 롬 라이터로 새로운 내용을 써넣을 수도 있는 기억소자이다.

29 ②

휘트스톤 브리지(Wheatstone bridge)는 $1 \sim 10^4[\Omega]$ 정도의 중저항을 측정하는 데 사용되며, 미지의 정밀한 저항값을 알고자 계측기를 사용한다.

30 ②

① 분류기(shunt) : 직류 전류계의 측정 범위를 확대시키기 위하여 전류계에 병렬로 접속하는 저항기
② 배율기(multiplier) : 전압계의 측정 범위를 확대하기 위해서 계기의 권선과 직렬로 접속하는 고저항의 저항기
③ 분압기 : 정전 전압계의 전압 측정 범위를 확대하기 위한 것
④ 계기용 변류기(CT) : 교류 전류의 측정범위 확대에 사용하는 변성기로서 2차 표준은 5[A]이다.

31 ③

열전대의 열선은 과부하에 약하기 때문에 측정범위 확대로서 고주파 변류기를 사용한다.
"대전류를 측정할 경우에는 열전쌍의 허용 전류가 커지므로 열선이 굵어지고, 필연적으로 (표피오차)가 커져서 차단 주파수가 낮아진다. 그러므로 높은 주파수의 대전류는 철심을 사용한 (고주파 변류기)를 사용한다."

32 ②

① 저저항의 측정 : 전압 강하법, 전위차계법, 휘트스톤 브리지(Wheatstone Bridge)법, 켈빈 더블 브리지(Kelvin Double Bridge)법을 사용한다.
② 중저항의 측정 : 전압 강하법, 휘트스톤 브리지법 등을 사용한다.

33 ①

보정 $a = T - M$
보정률 $a_e = \dfrac{T-M}{M} \times 100[\%]$
$= \dfrac{25.00 - 24.85}{24.85} \times 100 = 0.6[\%]$

34 ④

기록계기(recording instrument)
전압, 전류 및 주파수 등이 시간적으로 변화하는 상황을 기록용지에 자동적으로 측정, 기록하는 계기
① 직동식 기록계기 : 펜(pen)식이라고도 하며 기록지와 펜 사이의 마찰이 커서 감도가 낮다.
② 타점식 기록계기(intermittent recorder)
③ 자동평형식 기록계기(automatic balancing recorder)
④ X-Y 기록계기

35 ③

3상 전력의 측정에는 1전력계법, 2전력계법, 3전력계법 등이 사용된다.

36 ④
안테나의 실효 저항 측정법에는 저항 삽입법, 작도법(Pauli의 방법), 치환법, 미터법이 사용된다.

37 ④
$G = 20\log v_t \frac{1[\text{mV}]}{1[\mu\text{V}]} = 20\log 10^2 = 60[\text{dB}]$
1000배의 출력이 60[dB]이므로 1000[μV]가 된다.

38 ③
오실로스코프의 수직축 단자에 측정하고자 하는 신호를 가하고 수평축 단자에는 파형의 동기(출력 파형의 정지)를 맞추기 위하여 톱니파를 공급한다.

39 ②
흡수형 주파수계는 고주파수의 측정에 사용된다.
① 직렬 공진회로의 주파수 특성을 이용한 것으로 R, L, C 공진회로의 대략의 주파수 측정에 실용된다.
② 공진회로의 Q가 크지 않을 때에는 공진점을 찾기가 어려우므로 정밀한 측정이 어렵다.
③ 대체로 100[MHz] 이하의 고주파 측정에 사용된다.

40 ①
펄스부호변조(PCM) 방식은 아날로그 형태의 정보(신호)를 디지털 형태의 정보(신호)로 변경하는 방식으로, 변조회로의 기본 구성은 표본화, 양자화, 부호화의 부분으로 구성된다.
① 표본화 : 음성신호와 같은 연속 파형을 일정한 간격으로 나누어 이 값만 취하고 나머지는 삭제하는 것
② 양자화 : 표본화한 값을 갖는 PAM 신호를 디지털 신호로 변화하기 위하여 PAM파를 각각의 대표값으로 표현하는 것
③ 부호화 : 양자화된 샘플을 양자화 레벨의 수 n에 따라 2^n비트로 부호화

41 ③
① 제어량은 온도, 압력, 속도, 전압, 주파수 등으로 분류하며, 온도, 압력, 유량, 습도, 액위, 혼합비 등을 제어량으로 하는 자동제어를 공정 제어(process control)라 하고, 전압, 전류, 속도 등을 제어량으로 하는 자동제어를 자동조정이라 한다.
② 방향이나 위치의 추치 제어를 서보 기구(servo mechanism)라 하며, 조작력이 강하고, 추종속도가 빨라야 하며, 전기식이면 증폭부에 트랜지스터 증폭기나 자기증폭기가 사용되고 유압식의 경우에는 파일럿 밸브나 유압 분사관 등이 사용된다.

42 ②
제어량은 온도, 압력, 속도, 전압, 주파수 등으로 분류하며, 온도, 압력, 유량, 습도, 액위, 혼합비 등을 제어량으로 하는 자동제어를 공정제어(process control)라 하고, 전압, 전류, 속도 등을 제어량으로 하는 자동제어를 자동조정이라 한다.

43 ③
① 반도체의 형광물질을 포함한 물체에 전장을 가하면 빛을 방출하는 발광 현상을 전장발광(electro-luminescence : EL)이라 하며, 형광체(ZnS 등)의 미소한 결정을 유전체 속에 넣고 높은 교류전압을 가하면 전압에 따라 결정 내부에 높은 전장이 유기되어서 발광을 한다.
② 전장 발광판은 발광 재료에 따라 발광색이 다르며 같은 재료이더라도 주파수에 따라서 발광되는 빛깔이 다르다.
③ EL현상의 종류
　㉠ 고유형 EL(intrinsic EL)
　㉡ 주입형 EL(carrier injection EL)
　㉢ 전장 발광판(EL램프)

44 ③
태양전지(solar cell)는 반도체의 PN 접합에 빛이 입사할 때 기전력이 발생하는 광기전력 효과를 이용한 것이다.

45 ③
전기 왜형 진동자 : 진동자의 두께, 모양, 크기에 따라 진동 형태가 달라진다.
① 최근에는 사용 온도 한계가 높고, 온도 특성이 좋은 지르콘티탄산납(PZT) 진동자가 널리 사용된다.
② 전기 왜형 진동자의 사용 주파수는 200[kHz]~2[MHz]이다.

46 ①
선택 가열 시 낮은 주파수(1[MHz])에서는 외부가열에 의하여 물>지방>식염수의 순으로 가열되고, 높은 주파수(20[MHz])에서는 내부가열에 의해 식염수>지방>물의 순으로 온도가 높다.

47 ②
자동제어(automatic control)
제어하려는 양을 목표값에 일치시키기 위하여, 편차가 있으면 그것을 검출하여 수정하는 동작을 자동적으로 하는 것으로 자동 온수기에서 제어 대상 - 물, 제어량 - 온도, 목표값 - 설정값이 된다.
① 제어대상(controlled system) : 자동제어의 대상이 되는 장치나 물체
② 제어량(controlled variable) : 제어대상에 속하는 양으로서, 측정되어 제어될 수 있는 것
③ 목표값(command) : 제어계에서 제어량이 목표값에 이를 수 있도록 외부에서 주어지는 값을 말하며, 목표값이 일정할 때에는 설정값(set point)이라고도 한다.
④ 제어장치(automatic controller) : 제어대상을 목표값에 일치되게 동작하는 부분
⑤ 조작량(manipulated variable) : 제어량을 조정하기 위하여 제어대상에 주어지는 양

48 ④
컬러 킬러(color killer)회로는 흑백 방송 수신 시 반송 색신

호를 선택 증폭하는 대역 증폭회로의 동작을 정지시키는 동작을 한다. 따라서 색이 전혀 안 나오는 때에는 이 회로를 조사해 보아야 한다. 컬러 TV로 흑백방송을 수신할 때 색신호 회로가 동작하고 있으면 색 노이즈가 화면에 나타나게 되는데 이것을 방지하기 위해 색동기 신호가 없는 방송일 때는 자동적으로 색신호 재생회로를 정지시키는 동작을 하는 회로를 컬러 킬러회로(색소거회로)라 한다.

49 ④

$$d = \frac{ct}{2} = \frac{3 \times 10^8 \times 2.8 \times 10^{-6}}{2} = 420 [m]$$

50 ④

그림은 조작량이 편차, 즉 동작신호에 비례하는 비례동작(P동작) 선도로서, 편차와 조작량이 비례하는 (   )부분을 비례대(proportion band)라 한다.

51 ②

ㄱ, ㄹ 사이에 전압을 가하여 도체 1, 2를 통하여 전류가 흐르면 ㄴ, ㄷ 접합점에서는 전류에 비례하는 열의 흡수 및 발산이 생기는데 ㄴ점에서 열을 흡수한다면 ㄷ점에서는 열을 발산한다.

52 ④

수신기의 특성
① 감도(sensitivity) : 미약한 전파를 수신할 수 있는 능력으로 SN비 30[dB]로 일정한 저주파 출력을 얻는 데 필요한 안테나 단자의 입력전압으로 나타낸다.
② 선택도(selectivity) : 희망하는 전파를 어느 정도까지 분리해 낼 수 있는지의 능력으로 근접주파수 선택도와 영상주파수 선택도로 대별하여 나타낸다.
③ 충실도(fidelity) : 송신측에서 변조된 신호를 어느 정도까지 충실히 재현할 수 있는지의 청도(원음에 가까움)를 나타낸다.
④ 안정도(stability) : 주파수와 진폭이 일정한 신호 전파를 수신하면서 장시간에 걸쳐 일정한 출력을 낼 수 있는지의 능력을 나타낸다.

53 ②

병렬접속의 합성 임피던스는 R/n이므로 1/2배가 된다.

54 ①

FM 수신기의 저주파 출력단에는 반송파 입력이 약하거나 없을 때는 일반적으로 큰 잡음이 생긴다. 스켈치(squelch)회로는 이 잡음을 방지하기 위하여 수신 입력전압이 어느 정도 이하일 때 저주파 증폭기가 동작하지 않도록 하는 회로이다.

55 ①

자기녹음기에서 녹음할 때에는 고역을, 재생 때에는 저역을 각각의 증폭기로 보정하여 전체를 평탄한 특성으로 만들고 있다. 이것을 주파수보상 또는 등화(equalize)라 하며 이 회로를 등화증폭기(EQ amplifier)라 한다.

56 ④

TV 수신 안테나의 종류
① 반파장 다이폴 안테나(더블릿 안테나)
② 폴디드(folded) 안테나 : 반파장 다이폴 안테나의 양단에 병렬 도체를 접속한 것이다.
③ 야기(Yagi) 안테나
④ 인라인(inline)형 안테나 : 야기 안테나의 변형으로 2개의 폴디드 소자를 병렬 접속하여 광대역 수신이 되도록 한 것이다.
⑤ 코니컬(conical) 안테나

57 ④

증폭기에 부궤환(음되먹임, negative feed back)을 걸어주면 증폭 이득은 감소하여 출력은 낮아지나 비직선 일그러짐이 감소하여 주파수 특성이 평탄하게 개선된다. 또 잡음을 줄일 수 있으며 증폭기 전체의 동작이 안정되는 등의 이점이 있게 된다.

58 ③

X-ray가 피사체를 통과하면서 발생하는 난반사를 제거해 깨끗하고 선명한 영상을 얻을 수 있게 하는 X-ray DR (Digital Radiography) 장비의 핵심 부품이 GRID(그리드)이며, 그리드(grid)는 X선 촬영 시 피사체의 외부에 발생하는 산란선을 제거하고 콘트라스트가 높은 X선 사진을 얻기 위해 납박판을 분리기와 함께 교대로 조밀하게 늘어놓은 것이다.

59 ①

$$P = VI[W], \quad I = \frac{V}{R} \text{ 이므로 } P = \frac{V^2}{R}[W]$$

60 ①

광학 현미경과 전자 현미경(electronic microscope)이 기본적으로 다른 점은 광학 현미경에서는 시료 위의 정보를 전하는 매개체로서 빛을 사용하여 상을 확대하는 데 광학 렌즈를 사용하지만, 전자 현미경에서는 정보를 전달하는 매개체로서 전자 빔을 사용하고 또한 상을 확대시키는 데에는 전자렌즈를 사용하는 것이다.

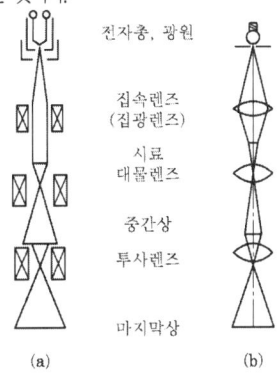

[2단 확대 전자 현미경과 광학현미경과의 관계]

2014년 1월 26일

01 ②
부궤환 증폭회로의 특성
㉠ 증폭기의 이득이 감소한다.
㉡ 비선형 일그러짐이 감소한다. 특히 출력단의 잡음이 감소한다.
㉢ 주파수 특성이 개선된다.
㉣ 입력의 임피던스가 증가하고, 출력 임피던스는 감소한다.
㉤ 부하의 변동이나 전원 전압의 변동에도 증폭도가 안정된다.

02 ④
표본화 정리
원 신호의 상한 주파수가 f_0일 때 표본화 주파수를 $2f_0$ 이상으로 하면 완전한 재생이 이루어진다. 그러므로 표본화 주파수의 최저값은 $2f_0 = 2 \times 8[kHz] = 16[kHz]$이다.
$T = \dfrac{1}{f} = \dfrac{1}{16000} = 62.5[\mu s]$

03 ③
C급 증폭기는 효율이 가장 좋기 때문에 송신기의 전력증폭기로 사용된다.

04 ①
코일의 Q(선택도)
$Q = \dfrac{\omega L}{R} = \dfrac{1}{\omega CR}$, $Q = \dfrac{1}{R}\sqrt{\dfrac{L}{C}}$

05 ②
입력 오프셋(offset) 전압은 차동 출력을 0[V]로 만들기 위해 두 입력 단자 사이에 요구되는 차동 직류전압이므로 $e_1 = e_2$의 상태가 되어야 $e_0 = 0$이 된다.

06 ③
㉮ 연산증폭기(operational amplifier)란 바이폴러 트랜지스터나 FET를 사용하여 이상적 증폭기를 실현시킬 목적으로 만든 아날로그 IC(Integrated Circuit)로서 원래 아날로그 컴퓨터에서 덧셈, 뺄셈, 곱셈, 나눗셈 등을 수행하는 기본 소자로 높은 이득을 가지는 증폭기이다.
㉯ 연산증폭기의 정확도를 높이기 위한 조건

㉠ 큰 증폭도와 좋은 안정도가 필요하다.
㉡ 많은 양의 음되먹임을 안정하게 걸 수 있어야 한다.
㉢ 좋은 차단 특성을 가져야 한다.

07 ④
B급 푸시풀 증폭회로의 특징
㉠ B급 동작이므로 직류 바이어스 전류가 매우 작아도 된다.
㉡ 입력이 없을 때의 컬렉터 손실이 작으며 큰 출력을 낼 수 있다.
㉢ 짝수(우수차) 고조파 성분은 서로 상쇄되어 일그러짐이 없는 출력단에 적합하다.
㉣ B급 증폭기의 특징인 크로스오버 왜곡이 있다.

08 ③
신호파의 진폭과 반송파의 진폭의 비를 변조도(m)라 하며, m=1일 때 100[%] 변조, m>1이면 과변조 상태이다. 100[%] 이상의 변조를 과변조라 하며, 과변조가 되면 피변조파의 일부가 결여되므로 검파에서 얻어지는 신호는 원래의 신호와는 다른 일그러짐이 발생한다. 또 측파대가 넓어지므로 다른 통신에 의한 혼신도 증가한다.

09 ④
키르히호프의 법칙(Kirchhoff's law)은 복잡한 회로의 전압, 전류를 구하는 데 편리한 법칙으로 전류에 관한 제1법칙과, 전압에 관한 제2법칙이 있다.
㉠ 제1법칙(전류 평형의 법칙) : 회로망 중의 접속점에 흘러 들어가고 나가는 전류의 대수합은 0이다.
$I_1 - I_2 + I_3 - I_4 - I_5 = 0$, $\Sigma I = 0$
㉡ 제2법칙(전압 평형의 법칙) : 회로망의 임의의 한 폐회로에서 기전력의 대수합은 그 회로의 전압 강하의 대수합과 같다.
$V_1 + V_2 + V_3 + \cdots + V_n = R_1 I + R_2 I + \cdots + R_n I$
$\Sigma V = \Sigma RI$

10 ①
단상 전파 정류회로의 정류 효율은 반파 정류회로의 2배이며, 맥동률이 매우 작게 되므로 평활회로의 L 및 C는 작아도 된다.

11 ④
수정발진기는 압전 효과(piezo effect)를 이용한 것으로서 수정 진동자에 왜력(歪力)을 가하면 수축하고, 왜력을 풀면 원형으로 복구되는 관성이 있기 때문에 다시 팽창한 다음 또 다시 수축하는 자유진동을 일으킨다. 이 왜력 대신에 전기적으로 전압을 가해도 전왜(電歪)가 생겨 진동하는데, 이때의 전압은 수정 자체의 고유진동수에 가까운 주파수로 변화하는 교번 전압을 가해도 진동력은 지속된다.

12 ③

전류계를 이용한 전류의 측정 시 측정할 곳에 직렬로 전류계가 연결되어야 하며, 전류계 자체의 내부저항으로 인하여 전압강하가 생기면 전류를 측정할 수 없으므로 전압강하를 막기 위하여 내부저항값을 될 수 있는 대로 작게 해야 한다.

13 ④

첨두 역전압은 $V_0 = 2\sqrt{2}\, V_i$이므로
$V_0 = 2 \times \sqrt{2} \times 12 = 2.828 \times 12 ≒ 34[V]$

14 ③

㉮ 이미터 접지방식의 특징
  ㉠ 전류 증폭률(β)이 매우 크고, 전압이득과 출력이득이 다른 접지방식보다 크다.
  ㉡ 입력 임피던스가 수백[Ω]이고, 출력 임피던스가 수백[kΩ]이다.
㉯ 컬렉터 접지방식의 특징
  ㉠ 입력 임피던스가 크고, 출력 임피던스가 낮다.
  ㉡ 낮은 입력 임피던스를 갖는 회로와 결합이 적합하다.
  ㉢ 입·출력전압위상이 동위상이고, 이득이 1 이하이다.
  ㉣ 입·출력 전류위상이 역위상이고, 이득이 크다.
  ㉤ 100[%] 부궤환 증폭기로서 안정적이고 왜곡이 가장 적다.
㉰ 베이스 접지방식의 특징
  ㉠ 고주파 특성이 양호하나 증폭도가 낮아, 저주파 회로에서는 사용이 곤란하다.
  ㉡ 입력 임피던스가 수십[Ω]이고, 출력 임피던스가 수백[kΩ]이 되어 입력 임피던스가 큰 회로와 정합이 용이하다.
  ㉢ 전류 증폭도는 1 미만이지만 전압이득이 커서 전력이득이 크다.

15 ③

최댓값= 실효값$\times \sqrt{2}$ [V]$= 200 \times \sqrt{2} = 282$[V]

16 ④

㉮ 진성 반도체(intrinsic semiconductor) : 불순물이 전혀 섞이지 않은 반도체
㉯ 불순물 반도체(extrinsic semiconductor)
  ㉠ N형 반도체 : 과잉전자(excess electron)에 의해서 전기 전도가 이루어지는 불순물 반도체
  ㉡ 도너(donor) : N형 반도체를 만들기 위한 불순물 원소(Sb, As, P, Pb)
  ㉢ P형 반도체 : 정공에 의해서 전기 전도가 이루어지는 불순물 반도체
  ㉣ 억셉터(acceptor) : P형 반도체를 만들기 위한 불순물 원소(Ga, In, B, Al)

17 ①

$X = \overline{A} \cdot B$의 논리식이므로 (1010)·(1011)=1010이 된다.

18 ④

loop 명령은 반복을 위한 명령으로 반복구간으로 설정된 프로그램을 정해진 횟수만큼 반복 실행시키는 분기명령어이다.

19 ④

㉠ 메모리 어드레스 레지스터(memory address register : MAR) : 어드레스를 가진 기억장치를 중앙처리장치가 이용할 때 원하는 정보의 어드레스를 넣어 두는 레지스터이다.
㉡ 메모리 버퍼 레지스터(memory buffer register : MBR) : 기억장치로부터 불러낸 정보나 또는 저장할 정보를 넣어 두는 레지스터이다.
㉢ 버퍼 레지스터(buffer register) : 서로 다른 입·출력 속도로 자료를 받거나 전송하는 중앙처리장치(CPU) 또는 주변장치의 임시 저장용 레지스터이다.

20 ③

DMA(Direct Memory Access)에 의한 입·출력 방식은 마이크로 혹은 미니컴퓨터에서 볼 수 있는 가장 진보된 입·출력 방식으로서 입·출력 장치의 속도가 빠른 디스크, 드럼, 자기 테이프 등과 입·출력을 할 때에 사용되는 방식이다.
＊DMA 방식의 장점
  ㉠ 프로그램 제어 방식에 비하여 고속의 데이터 전송이 가능하다.
  ㉡ 주변기기와 기억장치 사이에 데이터 전송으로부터 프로세서의 손이 비기 때문에 다른 일을 할 수 있다.

21 ④

플립플롭은 두 가지 상태 사이를 번갈아 하는 전자회로를 말한다. 플립플롭에 전류가 부가되면, 현재의 반대 상태로 변하며(0에서 1로, 또는 1에서 0으로), 그 상태를 계속 유지하므로 한 비트의 정보를 저장할 수 있는 능력을 가지고 있다. 여러 개의 트랜지스터로 만들어지며 SRAM이나 하드웨어 레지스터 등을 구성하는 데 사용된다. 플립플롭에는 RS 플립플롭, D 플립플롭, JK 플립플롭, T 플립플롭 등 여러 가지 종류가 있다.
㉠ RS 플립플롭은 S(set)와 R(reset) 2개의 입력과 Q, $\overline{Q}$ 2개의 출력을 가지고 있으며, R, S 입력의 조합으로 출력의 상태를 변화시킬 수 있으나 S=R=1의 경우는 불확정(부정) 상태가 되는 플립플롭이다.

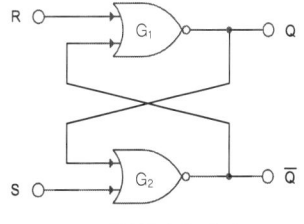

[RS 플립플롭의 회로]

R	S	Q_{n+1}
0	0	Q_n
0	1	1
1	0	0
1	1	부정

[RS F/F의 진리치표]

ⓛ D(Dealy) 플립플롭은 RS-FF에서 2개의 입력 R, S가 동시에 1인 경우에도 불확정 출력상태가 되지 않도록 하기 위하여 인버터(inverter : NOT 게이트) 하나를 입력 양단에 부가한 것으로 정보를 일시 유지하는 래치(latch) 회로나 시프트레지스터(shift register) 등에 쓰인다.

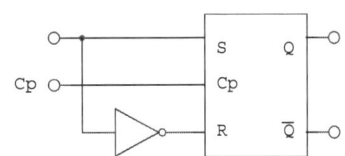

ⓒ T 플립플롭(F/F) : JK F/F의 입력 J와 K를 서로 묶어서 하나의 입력으로 하여 클록신호가 1일 때 출력이 반전상태(토글)가 되도록 한 것이다.

T	Q_{n+1}
0	Q_n
1	$\overline{Q_n}$

ⓔ JK 플립플롭 : RS 플립플롭에서 R=S=1의 상태에서는 동작이 불확실한 상태가 되므로, RS 플립플롭에서 Q를 R로, $\overline{Q}$를 S로 되먹임하여 불확실한 상태가 나타나지 않도록 한 회로이다.

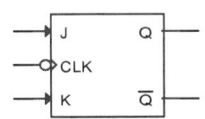

[JK F/F의 기호]

J	K	Q_{n+1}
0	0	Q_n (불변)
0	1	0
1	0	1
1	1	$\overline{Q_n}$ (toggle)

[JK F/F의 진리표]

22 ③

㉠ scanf는 주어진 문자열 스트림 소스에서 지정된 형식으로 데이터를 읽어내는 기능의 함수이다.
ⓛ printf는 표준 출력(stdout)에 일련의 데이터들을 형식 문자열(format)에 지정되어 있는 형태로 출력한다.

23 ①

기계어는 0과 1로 이루어지므로, 프로그램의 유지보수가 어렵다. 저급 언어는 기계어를 말하며, 기계어는 변환과정 없이 계산기가 직접 처리할 수 있으므로 처리속도가 빠르다.
㉠ 2진수를 사용하여 명령어와 데이터를 표현한다.
ⓛ 호환성이 없고, 기계마다 언어가 다르다.
ⓒ 프로그램의 실행속도가 빠르다.
ⓔ 프로그램의 유지보수와 배우기가 어렵다.

24 ③

중앙처리장치와 주기억장치 사이의 속도 차이를 해결하기 위하여 개발된 고속의 버퍼 기억장치를 캐시 기억장치라 한다.
㉠ 캐시 기억장치(cache memory) : 프로그램 실행 속도를 중앙처리장치의 속도에 가깝도록 하기 위하여 개발된 고속버퍼 기억장치로서, 주기억장치보다 속도가 빠르고, 중앙처리장치 내에 위치하고 있으므로 레지스터 기능과 유사하다.
ⓛ 가상 기억장치(virtual memory) : 제한된 주기억장치의 용량을 초과하여 사용하기 위하여 보조기억장치의 기억공간을 사용자의 주기억장치가 확장된 것과 같이 사용하는 방법이다.
ⓒ 연관 기억장치(associative memory) : 검색된 자료의 내용 일부를 이용하여 자료에 직접 접근할 수 있는 기억장치이다.

25 ④

입·출력장치는 CPU, 주기억장치와 시스템 버스를 통해 서로 접속된다. 그러나 이들 입·출력장치들은 고속으로 동작하는 CPU나 주기억장치에 비해서는 동작 속도가 아주 느리기 때문에 시스템 버스에 직접 접속된 형태로 CPU가 이들의 입출력 동작을 직접 제어하는 것은 비효율적이다. 따라서 주변장치들은 입·출력 인터페이스(I/O Interface)를 거쳐서 시스템 버스에 연결된다. 여기서 시스템 버스란 CPU, 주기억장치, 주변장치 제어기 등을 서로 연결해 주는 전기적 연결선들을 말한다.
㉠ 입력장치(Input Unit) : 프로그램이나 데이터를 외부장치로부터 전자계산기(컴퓨터)로 읽어들여 주기억장치에 기억시키는 장치이다.(키보드, 마우스, 스캐너, 카드 리더, OCR, OMR, MICR, 천공카드, 종이테이프, 자기테이프, 자기디스크, 광학문자 판독기 등)
ⓛ 출력장치(Output Unit) : 컴퓨터에 의해 처리된 정보의 결과를 사용자가 이해할 수 있는 형태로 변환하여 외부로 출력하는 기능을 갖는 장치를 말한다.(모니터, 프린터, 플로터, 카드천공기, 테이프천공기, 마이크로필름 출력장치 등)

26 ②

㉠ 디코더(Decoder : 복호기)는 n비트의 2진 코드를 최대 2^n개의 서로 다른 정보로 바꾸어 주는 논리 조합회로로 출력은 AND 게이트로 구성된다.
ⓛ 인코더(Encoder : 부호기)는 숫자나 문자 등의 10진수 입

력을 2진 부호로 변환하는 회로로 OR 게이트로 구성된다.

27 ①
C언어는 1974년 개발된 언어로 UNIX 시스템을 구축하기 위한 시스템 프로그래밍 언어로서 수식이나 제어 및 데이터 구조를 가장 간편하게 제공하고 있으며 C언어는 원래 시스템 프로그램으로 개발되었으나 기종에 관계없이 수치 해석, 텍스트 처리, 데이터베이스 처리를 위한 프로그램에도 많이 활용되고 있으며, UNIX 운영체제를 위해 개발한 시스템 프로그램 언어로 저급 언어와 고급 언어의 특징을 모두 갖춘 언어이다.

28 ④
$X(\overline{X}+Y) = X\overline{X}+XY = XY$

29 ④
자동평형식 기록계기(automatic balancing recorder)는 펜과 기록용지에서 생기는 마찰 오차를 피하기 위하여 영위법에 의한 측정원리를 이용한 것으로, 자동평형 기록계기는 영위법에 의한 측정회로, DC-AC 변환기, 증폭회로, 서보 모터 및 지시 기록기구로 구성되어 있다.

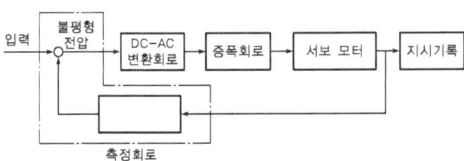

30 ①
㉠ Q미터(Q-meter)의 원리는 공진법을 이용한 것으로 Q의 측정 이외에도 인덕턴스, 정전 용량, 코일의 실효 저항과 분포 용량 등의 측정이 가능하다.
㉡ 코일의 Q는 그 코일의 리액턴스와 저항과의 비 $\dfrac{\omega L}{R}$로 정의된다. Q미터는 코일의 Q를 직독할 수 있게 한 측정기로 발진기, 열전대 전류계, 결합저항, 동조콘덴서와 진공관 전압계 등으로 구성된다.

31 ②
서미스터는 온도에 따라서 저항값이 변화하는 소자로서 온도가 올라가면 저항이 감소하고, 온도가 내려가면 저항이 증가하는 특성을 가지며, 전자온도계, 화재경보기, 전자회로의 온도보상 등에 사용된다.

32 ④
헤테로다인 주파수계의 교정용 발진기에는 그림과 같이 수정 발진기가 사용된다.

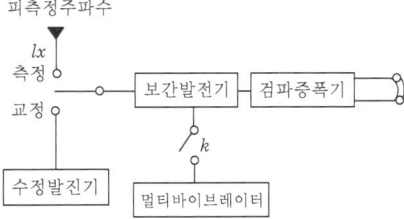

33 ③
볼로미터 전력계
온도에 의하여 저항값이 변하는 소자를 볼로미터 소자라 하는데, 그림과 같은 서미스터와 배러터가 있다. 배러터는 가는 백금선을 사용하여 온도의 상승에 의하여 저항값이 크게 되며, 반도체 소자인 서미스터는 이와 반대의 특성을 가진다.

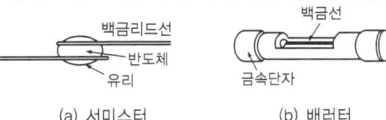

(a) 서미스터　　　　(b) 배러터

34 ①
아날로그(analog) 신호를 디지털(digital) 신호로 바꾸어서 나타내는 것을 A/D 변환이라 하고, 디지털 신호를 아날로그 신호로 바꾸는 것을 D/A 변환이라 한다.

35 ③
㉠ 구동장치 : 가동 부분에 측정하려는 전기량에 비례하는 구동 토크(torque)를 발생시키는 장치
㉡ 제어장치 : 가동 부분의 변위나 회전에 맞서 원래의 영 위치에 되돌려 보내려는 제어 토크를 발생하는 장치
㉢ 제동장치 : 가동 부분에 적당한 제동력(제동 토크)을 가하여 지침을 빨리 정지시키는 장치

36 ④
오차 백분율 $= \dfrac{M-T}{T} \times 100$
$= \dfrac{51.4-50}{50} \times 100$
$= \dfrac{1.4}{51.4} \times 100 = 2.8[\%]$

37 ①
직류 전위차계는 측정할 미지의 직류 전압을 표준 전지의 기전력과 비교하는 영위법을 이용하는 것으로 측정의 확도가 높고, 또한 평형 상태에서 표준 전지나 피측정 전원의 전류가 흐르지 않는 이점이 있다.

38 ③
㉠ 랜덤 잡음(Random Noise)은 일정 시간 동안 파형의 진폭과 위상에 규칙성이 없는 불규칙성 잡음(random Noise)

이다.
ⓒ 필터 : 증폭된 신호에는 원하는 계측량과 원하지 않는 성분인 노이즈가 섞여 있으므로 이들 중에서 원하는 성분을 추출해내야 한다.
ⓒ 고역통과필터(HPF) : 고주파 신호만을 통과시킨다.

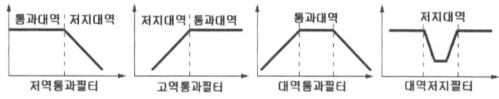

39 ②
가동 접속 시 합성 인덕턴스
$L_S = L_1 + L_2 + 2M$[H]이므로
$24 = 4 + 10 + 2M$
$M = \frac{10}{2} = 5$[mH] (M : 상호 인덕턴스)

40 ④
오실로스코프(oscilloscope)
반복되는 전기적인 현상이나 파형 등을 브라운관으로 직시할 수 있도록 한 장치로서, 저주파로부터 수백[MHz]까지의 전자현상의 관측이나 전기적 양의 측정, 통신기기의 조정, 주파수의 비교, 변조도의 측정 등에 사용된다.

41 ③
PI동작은 비례적분동작으로 편차의 시간적인 가산에 비례하는 조절계의 동작으로 비례동작에서 생기는 잔류 편차가 없어진다.

42 ②
자동제어의 종류
㉠ 정치 제어 : 목표값이 일정한 경우의 제어
㉡ 추치 제어 : 목표값이 시간에 따라 변화하고 출력이 이것을 추종할 경우의 제어
㉢ 프로그램 제어 : 목표값이 변화하나 그 변화가 알려진 값이며, 미리 마련된 순서에 따라 변화할 경우의 제어

43 ④
초음파의 성질
㉠ 초음파는 특성 임피던스가 다른 물질의 경계면에서 반사 및 굴절을 일으킨다.
㉡ 초음파의 세기는 단위 면적을 지나는 파워이며 진폭의 제곱에 비례하고, 매질 속을 지나감에 따라 감쇠한다(진동수가 클수록 감쇠율이 크다).
㉢ 지향성은 초음파를 발생시키는 진동자의 구조와 파장에 관계되는데 파장이 짧을수록, 즉 진동수가 클수록 지향성이 커진다.
㉣ 캐비테이션(cavitation) : 강력한 초음파를 액체 속에 방사했을 때 진동자의 부근에 안개 모양의 기포가 생겨 이들이 진동면에 수직 방향으로 움직여 분사 현상을 이루고 씨앗 하는 소음을 내는 기포의 생성과 소멸현상을 말

한다.

44 ①
초음파 가공에서 연마가루는 가공하려는 물질에 따라 카보런덤(탄화실리콘, caborundum), 알런덤(산화알루미늄, alundum), 보론카바이드(탄화붕소, boroncarbide), 다이아몬드 등의 고운 가루를 사용한다.

45 ④
컬러 킬러(color killer) 회로는 흑백 방송 수신 시 반송 색신호를 선택 증폭하는 대역 증폭회로의 동작을 정지시키는 동작을 한다. 따라서 색이 전혀 안 나올 때에는 이 회로를 조사해 보아야 한다.

46 ②
스피커의 전력감도(S_P)는 $S_P = 20\log_{10}\frac{P}{\sqrt{W}}$ [dB]에 의해
$S_P = 20\log_{10}\frac{4}{\sqrt{1}} = 20\log_{10}4 ≒ 12$ [dB]

47 ①
㉠ 돌비 시스템(dolby system)이란 테이프에 나타나는 잡음을 줄이기 위하여 영국의 돌비 연구소가 개발한 방식으로, 잡음 성분이 많은 고음역(高音域)의 약한 신호를 강하게 녹음한 후, 신호를 강하게 한 만큼 되돌려 재생하는 것으로 신호대 잡음의 비율, 즉 S/N비를 10데시벨(dB) 정도 개선할 수 있다.
㉡ 마스크(mask) 효과란 어떤 음을 듣고 있을 때, 다른 음이 어느 정도 크게 들리면 원음의 감도가 줄어들거나 들리지 않는 현상이다.(마스킹이란 마스크의 북한어이다.)

48 ②
㉠ 제벡 효과(Seebeck effect)란 2종의 금속 또는 반도체를 폐로가 되도록 접속하고 접속한 두 점 사이에 온도차를 주면 기전력이 발생되는 현상
㉡ 펠티어 효과(Peltier effect)란 2개의 다른 물질의 접합부에 전류가 흐르면 열을 흡수하거나 발산하는 현상으로 이 효과는 금속과 금속을 접합했을 경우보다 반도체와 금속의 접합 또는 반도체의 PN 접합을 이용했을 경우가 크며, 반도체인 BiTe계 합금의 PN 접합이 전자냉동으로 많이 이용되고 있다. 전자냉동은 성능이 고르고 수명이 길며 사용기간 중에 변화가 거의 없는 장점이 있고, 대용량에 효율을 문제로 하는 곳에서는 단점이 많으므로 열용량이 작은 국부적인 부분의 냉각 또는 항온조에 적합하다.
㉢ 톰슨 효과(Thomson effect) : 도체 막대의 양 끝을 서로 다른 온도로 유지하면서 전류를 통할 때 줄열 이외에 발열이나 흡열이 일어나는 현상

49 ③
㉠ 우퍼(Woofer) : 400[Hz] 이하의 저음역만을 담당 – 보통 8인치(20[cm]) 이상

ⓒ 스쿼커(squawker) : 400~1[kHz]의 중음역 담당
ⓒ 트위터(tweeter) : 수[kHz] 이상의 고음역만을 재생

50 ①
TV의 3요소
ⓐ 화소(회소, picture element) : 화면을 구성하는 최소한의 미소한 면적(점)
ⓑ 주사(scanning) : 화면 구성을 위해 화소를 분해 또는 조립하는 것
ⓒ 동기(synchronization) : 송신측의 분해주사와 수신측의 조립주사를 일치시키는 것

51 ①
①에는 국부발진회로, ②에는 혼합(주파수 변환)회로, ③에는 중간주파 증폭회로가 접속된다.

52 ③
태양전지를 연속적으로 사용하기 위해서는 태양광선을 얻을 수 없는 경우를 대비하여 축전장치가 필요하다.

53 ④
센서의 명명법은 X형, Y형, Z형으로 구분
ⓐ X형 센서 : 계측대상을 표시하는 센서로 변위 센서, 속도 센서, 열 센서, 광 센서 등이 있다.
ⓑ Y형 센서 : 재료가 서로 다름을 표시하는 센서로 반도체형 가스 센서, 세라믹형 압력 센서 등이 있다.
ⓒ Z형 센서 : 변환 원리를 기준으로 표시하는 센서로 저항변화형 온도센서, 압전형 온도센서 등이 있다.

54 ②
콘덴서 C가 단락되면 영상증폭회로의 컬렉터 전압이 수상관의 캐소드에 가해져 휘도 바이어스가 깊어져 밝기가 어두워지고 래스터가 나오지 않게 된다.

55 ④
초음파의 분산·에멀션화 작용은 포마드, 크림 등의 화장품이나 도료의 제조, 기름의 탈색, 탈취, 폴리에틸렌·합성고무의 중합의 촉진, 향료, 합성수지의 속성 등에 널리 이용된다.

56 ②
스페이싱 손실은 테이프가 헤드에 밀착하지 않고 간격이 있기 때문에 생기는 공간손실이며, 압착 패드(pressure pad)는 테이프를 헤드면에 밀착시켜서 스페이싱 손실을 줄이기 위한 것이다.

57 ③
물의 깊이는 $h = \dfrac{vt}{2}$ [m]이므로
$h = \dfrac{1,500 \times 0.8}{2} = 600$ [m]

58 ④
화면의 가장 밝은 부분과 가장 어두운 부분에 대한 밝기의 비를 콘트라스트(contrast)라 한다.

59 ③
전자현미경은 전자층에 의하여 전자군을 만들어 이것을 시료(test piece)에 주고, 시료에서 정보를 받은 전자군은 전자렌즈로 되어 있는 확대계에서 확대되어 투영면 위에 상이 나타나게 되어 있다.

60 ④
계기착륙방식(ILS : Instrument Landing System)
현재 국제적인 표준 시설로서 로컬라이저, 글라이드 패드, 마커 비컨의 1조인 지상 무선 설비와 지상의 계기착륙방식 수신기로 이루어진다.
ⓐ 로컬라이저(localizer) : 항공기의 진입에 있어 조종사에게 활주로의 정확한 연장선을 알리는 것
ⓑ 글라이드 패드(gilde pad) : 항공기가 강하할 때 수직면 내에서 올바른 코스를 지시하는 것으로, 로컬라이저와 마찬가지로 90[Hz] 및 150[Hz]로 변조된 두 전파에 의하여 표시된다.
ⓒ 팬 마커(fan marker) : 착륙 자세에 들어간 항공기에 활주로까지의 대략의 거리를 알려 주는 것으로, 부채꼴 모양의 지향성 전파에 의하여 표시된다.

2014년 4월 6일

01 ③
전압 이득은 $V_o = -V_i \dfrac{R_f}{R_i}$, $V_o = -V_i$
입력신호 파형에 대한 출력신호의 위상관계는 역위상이 되므로 부호변환기이다.

02 ③
피변조파 전력
$P_m = P_c\left(1 + \dfrac{m^2}{2}\right) = 100 \times \left(1 + \dfrac{0.6^2}{2}\right)$
$= 100 \times 1.18 = 118$[W]

03 ④
ⓐ 능동소자(부품)는 다이오드(Diode), 트랜지스터, 전계 효과 트랜지스터(FET), 단접합 트랜지스터(UJT) IC, 연산증폭기 등을 말하며, 능동소자는 증폭, 발진, 신호 변환 등의 기능을 갖는다.
ⓑ 수동소자는 전기 신호의 중계, 제어 등을 행하는 기구 부품(electro mechanical component)으로 저항, 커넥터, 소켓, 스위치 등이 수동소자에 속한다.

과년도 출제문제

04 ②
쌍안정 멀티바이브레이터의 결합 저항과 병렬로 연결되는 스피드업(speed up) 콘덴서는 스위칭 속도를 높이는 동작을 한다.

05 ④
사이리스터(thyristor)란 전류를 제어하는 기능의 SCR과 PNPN 접합 반도체 소자들의 총칭으로 전류방향 특성은 다음과 같다.
㉮ 단방향성 소자 : SCR, SUS, PUT, SCS 등
㉯ 쌍방향성 소자 ; TRIAC, DIAC, SSS, SIDAC, SBS 등
  ㉠ SCR은 게이트 전류가 흘러 일단 단락상태가 되면 전원을 제거하거나 전원의 극성을 바꾸어 가하지 않는 이상 차단되지 않는다.
  ㉡ 트라이액은 쌍방향성 소자이며, 게이트에 (+) 또는 (-)의 어느 값 이상의 전류를 흘리면 트리거 되며 (ON, OFF)를 지속적으로 시킬 수 있다.) 비교적 약한 전력으로 동작시킬 수 있는 것이 특징이다. 교류의 위상 제어 등에 사용된다.
  ㉢ SSS(Silicon Symmetrical Switch)는 쌍방향성 사이리스터이다.

06 ③
㉠ 이미터 접지 시의 전류증폭률(β)
$$\beta = \frac{\Delta I_C}{\Delta I_B}, \quad \beta = \frac{\alpha}{1-\alpha}$$
㉡ 베이스 접지 시의 전류증폭률(α)
$$\alpha = \frac{\Delta I_C}{\Delta I_E}, \quad \alpha = \frac{\beta}{1+\beta}$$
㉢ 안정 계수 : $S = \frac{\Delta I_c}{\Delta I_{co}} = (1+\beta)$

* 안정 계수(S) : 바이어스 회로의 안정화 정도로 S가 작을수록 안정도가 좋다.
∴ $S = 1 + \beta = 50 + 1 = 51$

07 ③
D(Delay) F/F은 RS F/F에서 2개의 입력 R, S가 동시에 1인 경우에도 불확정 출력상태가 되지 않도록 하기 위하여 NOT 게이트 하나를 입력 양단에 부가한 것으로 정보를 일시 유지하는 래치(latch)회로나 시프트 레지스터(shift register) 등에 쓰인다.

08 ①
RC 적분회로의 시정수(τ)는 $\tau = RC$로 응답의 상승 속도를 표시한다.

09 ①
㉠ 입력 오프셋(offset) 전압 : 차동 출력을 0[V]로 만들기 위해 두 입력 단자 사이에 요구되는 차동 직류전압
㉡ 출력 오프셋 전압 : 연산증폭기에서 두 입력 단자가 접지 되었을 때 두 출력 단자 사이에 나타나는 직류전압의 차

10 ①
㉠ 평균값 = 최댓값 × $\frac{2}{\pi}$
㉡ 최댓값 = 실효값 × $\sqrt{2}$

11 ②
옴의 법칙(Ohm's law)은 도체에 흐르는 전류(I)는 전압(V)에 비례하고 저항(R)에 반비례한다.
$$V = IR, \quad I = \frac{V}{R}, \quad R = \frac{V}{I}$$

12 ④
BJT(Bipolar Junction Transistor)는 전자와 정공이 함께 전류를 제어하나 유니폴라는 바이폴라와 달리 다수캐리어 하나에 의해서만 전류가 흘러 BJT와 다르게 n채널형 p채널형으로 불린다. BJT는 베이스에 흐르는 전류로 컬렉터 이미터 간 전압을 제어하고 FET는 게이트에 걸리는 전압으로 드레인→소스로 흐르는 전류를 제어한다. 전계 효과 트랜지스터(FET : Field Effect Tran-sistor)는 다수 반송자에 의해 전류가 흐르고 5극 진공관과 비슷한 특성을 가지며 입력 임피던스가 매우 높은 특징이 있다. FET는 게이트와 소스 사이에 역방향 바이어스(VGS)를 가하여 드레인 전류를 제어하는 전압 제어형 트랜지스터이다.

13 ①
수정진동자의 전기적 등가회로는 그림과 같이 R, L, C 직렬 공진회로와 C의 병렬 공진회로로 구성된다.

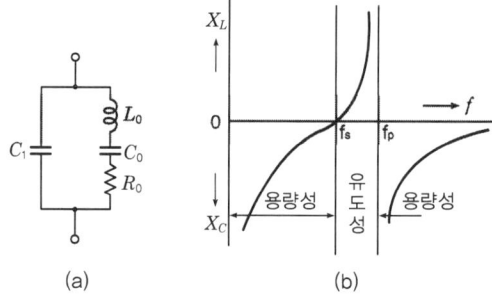

수정진동자의 등가회로는 그림 (a)와 같으며 리액턴스의 주파수에 따른 특성은 그림 (b)와 같이 되는데, 여기서 f_s는 진동자의 직렬 공진주파수로 이들 사이의 간격은 매우 좁다. 안정된 발진을 위해서는 진동자를 유도성으로 동작시켜야 하는데, 유도성의 범위는 f_s와 f_p 사이의 주파수 범위이며 $f_s < f < f_p$로 된다.

14 ②
이상적인 연산증폭기의 특성
㉠ 전압이득 A_v가 무한대이다($A_v = \infty$).
㉡ 입력저항 R_i가 무한대이다($R_i = \infty$).
㉢ 출력저항 R_o가 0이다($R_o = 0$).
㉣ 대역폭이 무한대이고(BW = ∞), 지연응답(response delay)

은 0이다.
ⓤ 오프셋(offset)이 0이다.
ⓥ 특성의 변동, 잡음이 없다.
연산증폭기는 정확도를 높이기 위하여 큰 증폭도와 높은 안정도가 필요하다.

15 ②
㉮ B급 푸시풀 증폭회로는 전기적 특성이 같은 트랜지스터를 서로 대칭으로 접속하여 교번 동작을 시킨 후 출력을 합하여 큰 출력을 얻게 하는 회로로서 동작점을 차단(0 바이어스) 부근에 잡아 출력을 크게 할 수 있고, 효율은 78.5[%]로 높다.
㉯ B급 푸시풀 증폭회로의 특징
 ㉠ B급 동작이므로 직류 바이어스 전류가 매우 작아도 된다.
 ㉡ 입력이 없을 때의 컬렉터 손실이 작은 큰 출력을 낼 수 있다.
 ㉢ 짝수 고조파 성분은 서로 상쇄되어 일그러짐이 없는 출력단에 적합하다.
 ㉣ B급 증폭기 특유의 크로스오버(crossover) 일그러짐이 있다.

16 ④
멀티바이브레이터는 트랜지스터(또는 진공관) 2단의 RC 결합증폭기의 출력을 입력으로 정궤환(양되먹임)시켜 2개의 트랜지스터는 교대로 ON-OFF 상태를 반복 유지하는 펄스 발생회로이다. 발진주파수는 회로의 시정수로 결정되며 고차의 고조파가 함유된 파형을 얻고 결합회로의 구성에 따라 비안정, 단안정, 쌍안정 멀티바이브레이터로 구분한다.
 ㉠ 비안정 멀티바이브레이터(astable multivibrator)는 2단 비동조 증폭회로에 100[%] 정궤환을 걸어준 구형파 발진기이다.
 ㉡ 단안정 멀티바이브레이터(monostable multivibrator) : 하나의 안정 상태와 하나의 준안정 상태를 가지며, 외부로부터 부(-)의 트리거 펄스를 가하면 안정 상태에서 준안정 상태로 되었다가 어느 일정 시간 경과 후 다시 안정 상태로 돌아오는 동작을 한다.
 ㉢ 쌍안정 멀티바이브레이터(bistable multivibrator) : 입력 트리거 펄스 2개마다 1개의 출력 펄스를 얻어낼 수 있으므로, 분주회로나 계산기, 계수 기억회로, 2진 계수회로 등에 사용된다.

17 ②
0.375×2=0.75   0
                ↓
0.75×2=1.5   1
                ↓
0.5×2=1.0   1
$(0.375)_{10} = (0.011)_2$가 된다.

18 ④
카르노 맵에 의한 논리식의 간략화

㉮ 주어진 논리식을 간략화하기 위해서는 불 대수의 간략화를 이용하지만 변수가 많은 항을 간략화하는 방법으로는 카르노 맵을 이용하는 것이 효율적이다.
㉯ 카르노 맵은 사각형의 맵 안에 주어진 항의 수를 1로 표시하고, 인접한 칸의 1을 묶어 간략화하는 방법을 말하며, 간략화하는 방법은 다음과 같다.
 ㉠ 카르노 맵 안에 주어진 논리식의 항을 1로 표시한다.
 ㉡ 인접한 칸의 1을 2^n(1, 2, 4, 8)개로 묶는다.
 ㉢ 완전 중복되지 않는 범위에서 1의 수를 중복하여 묶는다.
 ㉣ 인접되지 않는 1은 더 이상 간략화할 수 없다.

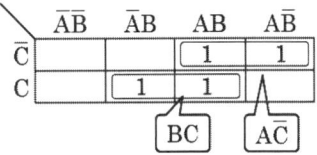

$F = \overline{A}BC + A\overline{B}\overline{C} + ABC + AB\overline{C}$
  $= BC + A\overline{C}$ 가 된다.

19 ④
논리 데이터는 0과 1로 표현되는 1bit의 데이터이다.

20 ①
순서도는 프로그램의 설계도이며 확실한 논리를 명확하게 나타내어야 하므로 다음과 같은 사항을 고려한다.
 ㉠ 처리되는 과정은 모두 표현한다.
 ㉡ 간단하고 명료하게 표현한다.
 ㉢ 전체의 흐름을 명확히 알아볼 수 있도록 작성한다.
 ㉣ 과정이 길거나 복잡하면 나누어서 작성하고 연결자로 연결한다.
 ㉤ 통일된 기호를 사용한다.

21 ③
컴퓨터는 입력장치, 주기억장치, 연산장치, 제어장치, 출력장치로 구성되며, 중앙처리장치(CPU)는 주기억장치, 연산장치, 제어장치로 구성된다. 컴퓨터를 크게 2부분으로 구분하면 중앙처리장치(CPU)와 입·출력장치(I/O Device)로 분류한다.
 ㉠ 중앙처리장치는 비교, 판단, 연산을 담당하는 논리연산장치(arithmetic logic unit)와 명령어의 해석과 실행을 담당하는 제어장치(control unit)로 구성된다. 논리연산장치(ALU)는 각종 덧셈을 수행하고 결과를 수행하는 가산기(adder)와 산술과 논리연산의 결과를 일시적으로 기억하는 레지스터인 누산기(accumulator), 중앙처리장치에 있는 일종의 임시 기억장치인 레지스터(register) 등으로 구성되어 있다.
 ㉡ 제어장치는 프로그램의 수행 순서를 제어하는 프로그램 계수기(program counter), 현재 수행 중인 명령어의 내용을 임시 기억하는 명령 레지스터(instruction register), 명령 레지스터에 수록된 명령을 해독하여 수행될 장치에 제어신호를 보내는 명령해독기(instruction decoder)로 이루어져 있다.

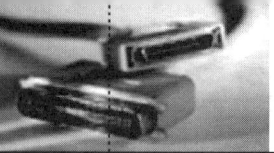

22 ③
$1K\text{byte} = 2^{10} = 1024\text{byte}$

23 ④
마이크로프로세서는 MPU(microprocessing unit)라고도 불리며, 데이터 처리를 위하여 연산 능력과 제어 능력을 가지도록 하나의 칩 안에 연산장치와 제어장치를 집적한 중앙처리장치(CPU)만을 의미하는 것은 마이크로프로세서이다.

24 ①
순서도는 컴퓨터로 처리하고자 하는 문제를 분석하고 그 처리 순서를 단계화하여 상호간의 관계에 관련된 처리방법, 작업의 흐름, 순서 등을 정해진 기호를 사용하여 그림으로 나타내는 방법을 말한다.
㉠ 특정한 문제에서 독립하여 일반성을 갖는다.
㉡ 오류 발생 시 디버깅(debugging)이 용이하다.
㉢ 프로그램의 코딩(coding)이 용이하다.
㉣ 프로그램을 작성하지 않은 사람도 이해하기 쉽다.
㉤ 업무의 전체적인 개요를 쉽게 파악할 수 있다.

25 ②
㉠ 누산기(Accumulator) : 연산장치를 구성하는 중심이 되는 레지스터로서 사칙연산, 논리연산 등의 결과를 기억한다.
㉡ 가산기(Adder) : 누산기와 데이터 레지스터의 두 수를 가산하는 기능을 하며, 그 결과는 누산기에 저장된다.
㉢ 데이터 레지스터(Data Register) : 실행 대상 Operand가 2개 필요한 경우에 주기억장치로부터 읽어 들인 데이터를 임시 보관하고 있다가 필요할 때에 제공하는 역할을 한다.
㉣ 상태 레지스터(Status Register) : 연산의 결과가 양수나 0 또는 음수인지, 자리올림(carry)이나 오버플로(overflow)가 발생했는지 등의 연산에 관계되는 상태와 외부로부터의 인터럽트(interrupt) 신호의 유무를 나타낸다.

26 ③
스택은 주기억장치의 일부분으로 서브루틴의 호출 시 프로그램 카운터의 내용은 STACK(스택)에 푸시(PUSH)하게 되며, 제일 나중에 들어온 원소가 제일 먼저 삭제되는 특성을 가지므로 후입선출(last-in first-out) 리스트라 한다.

27 ④
마이크로프로세서의 기계어 명령 형식은 오퍼레이션 코드(OP CODE)와 오퍼랜드(OPERAND)로 구성된다.

28 ③
AND(논리곱)을 나타내는 스위치 회로로, 불 대수로 표현하면 F=A·B로 표현한다.

29 ①
가동코일형 계기로 교류전압을 측정하려면 정류기를 접속하여 교류전압을 직류전압으로 변환하여야 한다.

30 ②
오차율 $\alpha = \dfrac{\varepsilon}{T} \times 100[\%] = \dfrac{M-T}{T} \times 100[\%]$ (백분율 오차)
$\therefore \alpha = \dfrac{102-100}{100} \times 100 = 2[\%]$

31 ④
소인 발진기(Sweep Generator)는 오실로스코프와 조합하여 각종 무선 주파회로의 주파수 특성을 직시하기 위해 사용하는 것으로, 수신기의 중간주파 특성, FM 수신기의 주파수 변별기 또는 광대역 증폭기 등의 조정에 많이 사용되며, 그림과 같이 소인 발진기는 고주파 발진기, 진폭 제한기, 출력 감쇠기 등으로 구성된다.

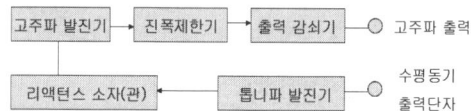

32 ①
분주회로는 입력 신호를 카운터 회로를 이용하여 원하는 신호인 더 느린 클록 신호로 바꾸어 주는 회로이므로 디지털 주파수계에서 입력 주파수가 너무 높아서 계수가 어려울 경우 입력회로와 게이트 사이에 분주회로를 삽입하여 계수가 가능하도록 한다.

33 ①
$f = \dfrac{1}{T}$ 의 식에 의해
$T = 2 \times 1 \times 10^{-3} = 2 \times 10^{-3}[\sec] = 2[\text{ms}]$
$\therefore f = \dfrac{1}{2 \times 10^{-3}} = 500[\text{Hz}]$

34 ③
가동철편형 계기는 원리상 교류와 직류 양용이지만 철편의 자기 이력 현상이 있어 감도가 나쁘기 때문에 주로 배전반용의 교류전류계, 전압계로 사용되고, 가동철편형 계기는 직류에도 동작하나 주파수 및 철편의 히스테리시스 현상에 의한 오차가 크고 가동코일형 직류계기에 비하여 소비전력이 크기 때문에 직류용으로는 적합하지 않다.

35 ④
저항체로서 필요한 조건
① 고유저항이 클 것
② 저항의 온도계수가 작을 것
③ 구리에 대한 열기전력이 작을 것

36 ②
$\rho = \dfrac{S-1}{S+1} = \dfrac{2-1}{2+1} = \dfrac{1}{3}$

37 ④
㉠ 이미터 접지 시의 전류증폭률(β)
$$\beta = \frac{\Delta I_C}{\Delta I_B}, \quad \beta = \frac{\alpha}{1-\alpha}$$
㉡ 베이스 접지 시의 전류증폭률(α)
$$\alpha = \frac{\Delta I_C}{\Delta I_E}, \quad \alpha = \frac{\beta}{1+\beta}$$
$$\therefore \alpha = \frac{49}{1+49} = 0.98$$

38 ②
㉠ 구동장치 : 가동 부분에 측정하려는 전기량에 비례하는 구동 토크(torque)를 발생시키는 장치
㉡ 제어장치 : 가동부분의 변위나 회전에 맞서 원래의 영 위치에 되돌려 보내려는 제어 토크를 발생하는 장치
㉢ 제동장치 : 가동부분에 적당한 제동력(제동 토크)을 가하여 지침을 빨리 정지시키는 장치

39 ③
지침형 주파수계의 동작 원리에 따라 진동편형, 가동철편형, 전류력계형으로 구분한다.

40 ③
$L_1 + L_2 + 2M = 36$ 에 의해
$-2M = L_1 + L_2 - 36$
$\quad\quad\quad = 10 + 20 - 36 = -6$
$\therefore M = \frac{-6}{-2} = 3[\text{mH}]$

41 ①
고주파 유전가열의 응용
㉮ 목재공업에의 응용 : 목재의 건조, 성형, 접착 등
㉯ 고주파 머신 : 비닐이나 플라스틱 시트의 접착
㉰ 고주파 용접 : 비닐 가방이나 비닐 시계줄의 제조
㉱ 고주파 의료기기
  ㉠ 고주파 나이프 : 환부의 수술
  ㉡ 고주파 치료기 : 환부의 치료(주파수 40.68[MHz]± 0.05[%] 사용)
  ㉢ 음식물 조리 : 고주파 레인지(HF range)
  ㉣ 고무타이어의 수리, 재생이나 섬유공업 등에도 이용된다.

42 ④
서미스터(thermistor, thermally sensitive resistor) 온도 변화에 따라 저항값이 변화되도록 설계한 열 저항이며, 니켈(Ni), 코발트(Co), 망간(Mn), 구리(Cu), 티탄 등의 산화물을 적당한 저항률과 온도계수를 갖도록 혼합하여 소결한 반도체로서, 온도측정, 온도제어, 온도보상장치 등에 이용된다.

43 ④
녹음기에서 녹음 바이어스(bias)는 일그러짐을 없애기 위하여 사용한다.
㉠ 직류 바이어스법 : 초기 자화 곡선의 직선부를 사용하는 방법으로 직류자화로 인한 잡음이 많고, 직선 부분을 길게 잡을 수 없어 감도가 나쁘다.
㉡ 교류 바이어스법 : 녹음 전류에 일정한 주파수(30~200[kHz])의 고주파 전류를 중첩시켜서 바이어스 자장(bias magnetic field)을 가하는 방법

44 ①
물의 깊이는 $h = \frac{vt}{2}[\text{m}]$이므로
$$h = \frac{1{,}500 \times 1.5}{2} = 1125[\text{m}]$$

45 ③
㉠ 소리의 압력 변화를 음압(sound pressure)이라 하며, 음압의 단위로 기압의 단위와 같은 바(bar)를 사용한다. 그러나 실제의 음향은 매우 작으므로 마이크로바(μbar)를 사용하여 실효값으로 나타낸다.
㉡ 음압수준(SPL : Sound Pressure Level)은 우리가 들을 수 있는 최소한의 음압(0.0002[μbar])을 기준으로 하여 소리의 세기가 몇 배인가를 가지고 상대값으로 나타내며, 단위는 데시벨[dB]을 사용한다.
㉢ $\text{SPL} = 20\log_{10}\left(\frac{P}{0.0002}\right)[\text{dB}]$

46 ③
FM 수신기의 계통도에서 A에는 중간 주파 증폭기, B에는 진폭 제한기가 접속된다.

47 ④
비월 주사(interlaced scanning)란 최초의 주사를 한 줄 걸러서 홀수번만을 행하고, 다음 두 번째의 주사를 짝수번으로 하는 주사 방식으로 현재의 TV 주사에 실용되는 방식이다. 비월 주사를 하게 되면 매초의 송상수는 그대로 30이나 주사의 되풀이는 매초 60이 되어 화면의 플리커(flicker), 즉 깜박거림이 적게 되는 이점이 있다.

48 ④
디지털 영상 인식(Digital Image Understanding)은 인식하려는 객체나 형상에서 주요 속성을 추출하여 식별할 수 있는 클래스나 카테고리로 분류하는 기술로 디지털 영상 인식을 수행하려면 디지털 영상 입력, 전처리, 영상 분할, 특징 추출, 인식의 처리 단계 과정을 거쳐야 한다.

49 ①
계기착륙방식(ILS : Instrument Landing System) 현재 국제적인 표준 시설로서 로컬라이저, 글라이드 패드, 마커 비컨의 1조인 지상 무선 설비와 지상의 계기착륙방식 수신기로 이루어진다.
① 로컬라이(localizer) : 항공기의 진입에 있어 조종사에게 활주로의 정확한 연장선을 알리는 것

② 글라이드 패드(gilde pad) : 항공기가 강하할 때 수직면 내에서 올바른 코스를 지시하는 것으로, 로컬라이저와 마찬가지로 90[Hz] 및 150[Hz]로 변조된 두 전파에 의하여 표시된다.

③ 팬 마커(fan marker) : 착륙 자세에 들어간 항공기에 활주로까지의 대략의 거리를 알려 주는 것으로, 부채꼴 모양의 지향성 전파에 의하여 표시된다.

50 ③
방사성 항법(지향성 수신 방식)
㉠ 공항이나 항구에 송신국을 설치하면, 전파를 모든 방향으로 발사하며, 항공기나 선박에서는 지향성 공중선으로 전파의 도래 방향을 탐지하는 방식이다.
㉡ 무지향성 비컨(Non-Directional Beacon : NDB), 호밍 비컨(homing beacon) 또는 호머(homer) 등이 있다.

51 ①
수소 가스를 채운 조그마한 기구에 기상관측 장비와 발진기를 실어서 대기 상공에 띄워 무선으로 대기 상공의 기압, 온도, 습도 등의 기상 요소를 측정하는 기기를 라디오존데(radiosonde)라 한다.

52 ②
서모스탯(thermostat)은 실내나 용기 안의 온도를 일정하게 유지하는 자동온도조절장치이다.

53 ②
재생증폭기의 구성
㉠ 전치증폭기(preamplifier) : 마이크로폰이나 테이프 헤드 등으로부터 나오는 작은 신호 전압을 증폭하고, 음량과 음질 조정을 하여 주증폭기에 전달한다.
㉡ 주증폭기(main amplifier) : 전치증폭기로부터 받은 신호를 전력 증폭하여 스피커에 출력 전력을 공급한다.
㉢ 등화증폭기(equalizing amplifier) : 녹음기의 녹음 특성이 일반적으로 저역에서 저하되는 경향이 있으므로 이 특성을 보상한다.

54 ④
㉠ 비례동작(proportional action) : P동작
㉡ 미분동작(derivative action) : D동작
㉢ 적분동작(integral action) : I동작
㉣ 비례적분 미분동작(PID동작) : 제어 변수와 기준 입력 사이의 편차에 근거하여 계통의 출력이 기준 전압을 유지하도록 하는 피드백 제어
㉤ 온-오프 동작 : 편차가 양인가 음인가에 따라 조작부를 온(on) 또는 오프(off)하는 동작

55 ②
수신기의 종합 특성
㉠ 선택도 : 희망하는 전파를 어느 정도까지 분리해낼 수 있는지의 능력
㉡ 충실도 : 변조 신호를 어느 정도까지 충실하게 재현할 수 있는지의 정도
㉢ 감도 : 미약한 전파를 어느 정도까지 수신할 수 있는지의 능력
㉣ 안정도 : 장시간에 걸쳐 일정한 출력을 낼 수 있는지의 능력

56 ④
오디오미터(audiometer)는 귀의 청력을 검사하기 위하여 가청 주파수 영역의 여러 가지 레벨의 순음을 전기적으로 발생하는 음향발생장치로 신호음으로 사인파를 사용한다.

57 ①
캐비테이션(cavitation)
강력한 초음파를 액체 속에 방사했을 때 진동자의 부근에 안개 모양의 기포가 생겨 이들이 진동면에 수직 방향으로 움직여 분사 현상을 이루고 쐐야 하는 소음을 내는 기포의 생성과 소멸현상을 말한다. 캐비테이션은 액체 중에 있는 금속을 침식하여 수차, 펌프, 배의 스크루 등을 부식 또는 침식하여 수명을 단축시키는 원인이 되며, 초음파 세척, 분산·에멀션화 등에 이용된다.

58 ③
초음파 발생장치
㉮ 수정 진동자 : 압전 효과의 응용으로 초음파를 발생시킬 수는 있으나 가격이 비싸고 가공이 어려우며, 전기 기계 변환효율이 좋지 않으므로 거의 사용되지 않는다.
㉯ 전기 왜형 진동자 : 진동자의 두께, 모양, 크기에 따라 진동형태가 달라진다.
  ㉠ 최근에는 사용 온도한계가 높고, 온도 특성이 좋은 지르콘티탄산납(PZT) 진동자가 널리 사용된다.
  ㉡ 전기 왜형 진동자의 사용 주파수는 200[kHz]~2[MHz]이다.
㉰ 자기 왜형 진동자 : 강자성체를 자화하면 자장의 방향으로 길이가 변화하는 자기 왜형 현상(또는 줄 효과(Joule effect))을 이용한 것으로 니켈 진동자와 페라이트 진동자 등이 있다.
  ㉠ 니켈 진동자 : 맴돌이 전류에 의한 손실이 크지만, 기계적으로 견고하므로 주로 50[Hz] 이하의 초음파 가공기에 사용된다.
  ㉡ 페라이트 진동자 : 기계적 강도는 약하나 효율이 높으므로 초음파 세척기 등에 사용되고 있다.(사용 주파수는 100[kHz] 이하)

59 ②
정전압회로에서 V_i이 커지면 D 양단의 전위차는 거의 변동이 없다.

60 ③
녹음 헤드의 구조는 좁은 공극(air gap)을 가진 특수 퍼멀로이(permalloy)나 페라이트(ferrite) 등의 자성 합금으로 된

코어에 구리선을 감은 일종의 전자석이며, 녹음 헤드의 공극 부분에서 자기 테이프(magnetic tape)가 자화되고 테이프가 통과한 뒤에는 자기적으로 방향성을 가진 잔류자기의 상태로 되어 기록된다.

2014년 7월 20일

01 ②
저항률을 ρ, 도전율을 σ, 도체의 길이를 $l[m]$, 도체의 단면적을 $A[m^2]$라 할 때 저항은 $R = \rho \dfrac{l}{A}[\Omega]$이다.

02 ②
㉠ 상측파대 주파수 $f_H = f_c + f_s$[Hz], 즉
$f_c + f_s = 720 + 3 = 723$[kHz]
㉡ 하측파대 주파수 $f_L = f_c - f_s$[Hz], 즉
$f_c - f_s = 720 - 3 = 717$[kHz]
∴ 점유 주파수대 $f_H - f_L = 723 - 717 = 6$[kHz]

03 ②
$m_f = \dfrac{\Delta f_c}{\Delta f_s}$, $m_f = \dfrac{15 \times 10^3}{3 \times 10^3} = 5$

04 ①
결합계수 $k = \dfrac{M}{\sqrt{L_1 \cdot L_2}}$ 으로서 결합계수는 $0 < k \leq 1$의 범위에 있는 값이다.

05 ④
입력에는 저항을, 귀환에는 콘덴서를 사용하는 회로가 적분회로이고, 입력에는 콘덴서를, 귀환에는 저항을 사용하는 회로가 미분회로이다.

06 ①
$G = 20 \log_{10} \dfrac{100}{10} = 20$[dB]

07 ④
슈미트 트리거 회로는 정현파 입력을 받아 구형파(방형파) 출력 파형을 만드는 회로이다.

08 ④
이상형 RC 발진회로는 RC를 3단계로 정궤환하는 원리를 이용하므로 RC 한 단이 120도의 위상차를 갖게 되어 총 360도의 위상차를 갖게 된다. 즉, 컬렉터와 베이스의 위상차는 $120° \times 3 = 360°$ (동위상)가 된다.

09 ④
㉠ RC 결합 저주파 증폭회로에서는 출력회로 내의 병렬 커패시턴스 때문에 고주파가 이득이 감소한다.
㉡ RC 결합 증폭회로는 증폭기의 단 간을 저항(R)과 콘덴서에 의해서 결합하는 방식으로, 입·출력 간의 임피던스 정합이 어렵고 손실이 많으나 주파수 특성이 평탄하여 저주파 증폭회로에 주로 사용된다.

10 ③
PN 접합 역방향 바이어스 : pn 접합에 외부에서 전압을 인가했을 경우를 역방향 바이어스(reverse bias)라 하며, (+)단자는 n형 쪽에, (-)단자는 p형 쪽에 연결하면 n형의 전자는 (+) 단자로 끌리게 되며, p형의 정공은 (-)단자로 끌려서 다수 캐리어가 접합면으로부터 멀어지게 되면 p형 쪽에는 고정된 도너 이온이 노출되어 (-)전하밀도의 영역이 커지게 되고, 반대로 n형 쪽에는 억셉터 이온이 노출되어 (+)전하밀도의 영역이 커지게 되어 공간전하영역을 더욱 넓게 하여 전위장벽의 크기가 아주 높게 된다. 이 결과 다수 캐리어의 흐름은 중단되고 소수 캐리어가 역바이어스에 의해서 접합을 통과하게 되어 미소한 전류를 흐르게 한다.

11 ③
안정계수 $S = \dfrac{\Delta I_C}{\Delta I_{CO}} = (1 + \beta)$
S가 작을수록 안정도가 좋다.
∴ $S = \dfrac{\Delta I_C}{\Delta I_{CO}} = \dfrac{0.71 \times 10^{-3}}{(112 \times 10^{-6}) - (12 \times 10^{-6})} = 7.1$

12 ①
㉠ 펄스 진폭 변조(PAM : Pulse Amplifier Modulation) : 신호 레벨(높낮이)에 따라 펄스의 진폭을 변화시킨다.
㉡ 펄스 폭 변조(PWM : Pulse Width Modulation) : 신호 레벨(높낮이)에 따라 펄스의 폭을 변화시킨다.
㉢ 펄스 위상 변조(PPM : Pulse Phase Modulation) : 신호 레벨(높낮이)에 따라 펄스의 위상을 변화시키는 방법으로, 신호 레벨이 크면 펄스의 주기가 짧아지고 주파수가 높아진다.
㉣ 펄스 부호 변조(PCM : Pulse Coded Modulation) : 신호 레벨(높낮이)에 따라 펄스 열의 유·무를 변화시키는 방법으로, 각 샘플별로 신호 레벨을 일정 비트를 갖는 2진 부호로 바꾸어 부호화한다.

13 ②
㉮ B급 푸시풀 증폭회로는 전기적 특성이 같은 트랜지스터를 서로 대칭으로 접속하여 교번 동작을 시킨 후 출력을 합하여 큰 출력을 얻게 하는 회로로서 동작점을 차단점(0 바이어스) 부근에 잡아 출력을 크게 할 수 있고, 효율은 78.5[%]로 높다.
㉯ B급 푸시풀 증폭회로의 특징
 ㉠ B급 동작이므로 직류 바이어스 전류가 매우 작아도 된다.

ㄴ 입력이 없을 때의 컬렉터 손실이 작은 큰 출력을 낼 수 있다.
ㄷ 짝수 고조파 성분은 서로 상쇄되어 일그러짐이 없는 출력단에 적합하다.
ㄹ B급 증폭기 특유의 크로스오버(crossover) 일그러짐이 있다.

14 ③
제너 다이오드(zener diode)
전압을 일정하게 유지하기 위한 전압 제어 소자로 정전압 다이오드로도 불리우며, 정전압회로에 사용된다.

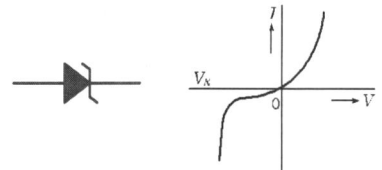

(a) 제너 다이오드의 기호 (b) 제너 다이오드의 특성

15 ③

구분	실효치	평균치
정현파	$\dfrac{I_m}{\sqrt{2}}$	$\dfrac{2I_m}{\pi}$
반파정류	$\dfrac{I_m}{2}$	$\dfrac{I_m}{\pi}$
전파정류	$\dfrac{I_m}{\sqrt{2}}$	$\dfrac{2I_m}{\pi}$

16 ③
ㄱ n형 반도체 : 순수한 진성반도체인 게르마늄(Ge)이나 실리콘(Si)에 5가의 불순물 원자인 비소(As), 안티몬(Sb), 인(P) 등을 넣으면 공유결합을 하고 한 개의 과잉전자를 발생시킨다. 이 과잉전자를 제공한 불순물을 도너(donor)라 한다.
ㄴ p형 반도체 : 순수한 진성반도체인 게르마늄(Ge)이나 실리콘(Si)에 3가의 불순물 원자인 알루미늄(Al), 붕소(B), 인듐(In), 갈륨(Ga) 등을 넣으면 공유결합을 하고, 하나의 전자가 부족하게 되어 정공이 발생한다. 이 정공을 제공한 불순물을 억셉터(acceptor)라 한다.

17 ③
롤아웃(roll-out)이란 다중 프로그램 구조를 갖는 컴퓨터 시스템에서 우선 순위가 높은 작업(job)이 들어오면, 우선 순위가 낮은 작업은 주기억장치로부터 외부의 보조기억장치로 전송되는 대신에 보조기억장치에서 주기억장치로 우선 순위가 높은 프로그램이 전송되어 실행될 때 우선 순위가 낮은 작업이 주기억장치에서 외부의 보조기억장치로 전송되는 것을 롤아웃이라고 한다.

18 ③
bps는 초당 전송되는 비트 수를 나타내며 baud는 초당 전송되는 단위 신호의 수를 나타낸다.

19 ①
ㄱ 내포(암시) 주소지정방식(implied addressing mode)은 오퍼랜드를 사용하지 않는 방식으로 명령어 자체 내에 오퍼랜드가 포함되어 있는 방식이다.
ㄴ 레지스터 간접 주소지정방식(register indirect addressing mode)은 오퍼랜드로 레지스터를 지정하고 다시 그 레지스터값이 실제 데이터가 기억된 기억 장소의 주소를 지정한다.
ㄷ 레지스터 주소지정방식(register addressing mode)은 오퍼랜드가 CPU 내에 있는 레지스터가 되는 주소지정방식이다.
ㄹ 즉각 주소지정방식(immediate addressing mode)은 명령문 속에 데이터가 존재하는 주소지정방식이다.
ㅁ 직접 주소지정방식(direct addressing mode)은 명령어의 오퍼랜드에 실제 데이터가 들어 있는 주소를 직접 갖고 있는 방식이다.
ㅂ 페이지 주소지정방식(page addressing mode)은 전체 메모리 용량을 일정한 단위, 즉 페이지별로 구분하는 것으로 기억장치를 일정 크기에 페이지로 나누어서 명령 속에 페이지 내에서의 주소를 지정하는 방식이다.
ㅅ 상대 주소지정방식(relative addressing mode)은 상태 레지스터 등의 내용을 점검하여 조건에 따라 프로그램의 처리를 변경하고자 하는 명령에만 사용되는 주소지정방식이다.
ㅇ 인덱스 주소지정방식(indexed addressing mode)은 인덱스 레지스터에 데이터가 스토어되어 있는 어드레스를 로드해 놓고 각 명령에서 이 어드레스 방식을 사용하면 인덱스 레지스터에 로드되어 있는 어드레스가 대상이 되는 주소지정방식이다.
ㅈ 간접 주소지정방식(indirect addressing mode)은 오퍼랜드가 존재하는 기억장치 주소를 내용으로 가지고 있는 기억 장소의 주소를 명령 속에 포함시켜 지정하는 주소지정방식이다.

20 ④
컴퓨터회로에서 버스 라인은 결합선 수의 축소를 위하여 사용한다.

21 ④
누산기(Accumulator) : 연산장치를 구성하는 중심이 되는 레지스터로서 사칙연산, 논리연산 등의 결과를 기억한다.

22 ①
ㄱ BCD 코드는 10진수를 0~9까지 2진화한 코드로, 실제 표기는 2진수이지만 10진수처럼 사용한다.
ㄴ 즉, 1010~1111까지 (1010, 1011, 1100, 1101, 1110, 1111) 6개는 사용하지 않는다.
ㄷ 2진화 10진 코드(binary coded decimal)는 10진수와의 변환이 간편하도록 만든 수의 표현 방법으로 BCD 코

드라 한다.

23 ②

그레이 코드(Gray Code)는 1비트의 변화를 주어 아날로그 데이터를 디지털 데이터로 변환하는 데 사용하는 코드로, 연산에는 부적합한 코드로 A/D 변환기, 입·출력장치의 인터페이스 코드로 널리 사용된다.

24 ①

DMA(Direct Memory Access)에 의한 입·출력 방식은 마이크로 혹은 미니컴퓨터에서 볼 수 있는 가장 진보된 입·출력 방식으로서 입·출력장치의 속도가 빠른 디스크, 드럼, 자기테이프 등과 입·출력을 할 때에 사용되는 방식이다.
* DMA 방식의 장점
  ⊙ 프로그램 제어 방식에 비하여 고속의 데이터 전송이 가능하다.
  ⊙ 주변기기와 기억장치 사이에 데이터 전송으로부터 프로세서의 손이 비기 때문에 다른 일을 할 수 있다.

25 ③

기억장치에서는 성능을 평가할 때 용량과 접근속도에 가장 큰 비중을 둔다.

26 ②

마이크로프로세서의 기계어 명령 형식은 오퍼레이션 코드(OP CODE)와 오퍼랜드(OPERAND)로 구성된다.

27 ③

논리적 연산에서 단항연산은 MOVE, SHIFT, ROTATE, COMPLEMENT 연산 등이 있고, 이항 연산에는 사칙연산, OR(논리합 : 문자 또는 비트의 삽입), AND(논리곱 : 불필요한 비트 또는 문자의 삭제) 등이 해당된다.

28 ④

$Z = \overline{(A \cdot B)} \cdot C = (A \cdot B) + \overline{C}$의 식이므로 ①, ②, ③의 경우는 결과가 "1"이 되고, ④의 경우만 "0"이 된다.

29 ③

수신기의 특성
① 감도(sensitivity) : 미약한 전파를 수신할 수 있는 능력으로 SN비 30[dB]로 일정한 저주파 출력을 얻는 데 필요한 안테나 단자의 입력전압으로 나타낸다.
② 선택도(selectivity) : 희망하는 전파를 어느 정도까지 분리해 낼 수 있는지의 능력으로 근접주파수 선택도와 영상주파수 선택도로 대별하여 나타낸다.
③ 충실도(fidelity) : 송신측에서 변조된 신호를 어느 정도까지 충실히 재현할 수 있는지의 청도(원음에 가까움)를 나타낸다.
④ 안정도(stability) : 주파수와 진폭이 일정한 신호 전파를 수신하면서 장시간에 걸쳐 일정한 출력을 낼 수 있는지의 능력을 나타낸다.

30 ①

고주파 전력측정법
⊙ 표준부하법 : 표준부하로서 램프를 사용하여 광도차로 전력 측정을 하거나 냉각수 속에 탄소저항을 넣어 온도차로 전력 측정을 한다.
⊙ CC형 전력계 : 열전대와 콘덴서 및 직류전류계로 구성되며 단파대 정도의 고주파 전력을 측정한다.
⊙ C-M형 : 동축급전선과 같은 불평형 급전선에 사용되는 초단파용 고주파 전력측정기이다.
⊙ 볼로미터 전력계 : 온도에 의하여 저항값이 변하는 소자를 볼로미터 소자라 하는데, 그림과 같은 서미스터와 배러터가 있다. 배러터는 가는 백금선을 사용하여 온도의 상승에 의하여 저항값이 크게 되며, 반도체 소자인 서미스터는 이와 반대의 특성을 가진다.

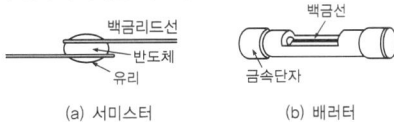

(a) 서미스터   (b) 배러터

31 ③

전압변동률

$\varepsilon = \dfrac{V_o - V}{V} \times 100[\%] = \dfrac{100-80}{80} \times 100 = 25[\%]$

여기서, V_o : 무부하 시 직류 전압, V : 전부하 시 직류 전압

32 ①

⊙ 분류기(shunt) : 직류 전류계의 측정 범위를 확대시키기 위하여 전류계에 병렬로 접속하는 저항기
⊙ 배율기(multiplier) : 전압계의 측정 범위를 확대하기 위해서 계기의 권선과 직렬로 접속하는 고저항의 저항기
⊙ 분압기 : 정전 전압계의 전압 측정 범위를 확대하기 위한 것
⊙ 계기용 변류기(CT) : 교류 전류의 측정범위 확대에 사용하는 변성기로서 2차 표준은 5[A]이다.

33 ③

흡수형 주파수계의 특징
⊙ 직렬 공진회로의 주파수 특성을 이용한 것으로 R, L, C 공진회로의 대략의 주파수 측정에 실용된다.
⊙ 공진회로의 Q가 크지 않을 때에는 공진점을 찾기가 어려우므로 정밀한 측정이 어렵다.
⊙ 대체로 100[MHz] 이하의 고주파 측정에 사용된다.
⊙ $f = \dfrac{1}{2\pi\sqrt{LC}}$ [Hz]

34 ④

동축 주파수계는 동축선(coaxial line)의 공진 특성을 이용한 것으로, 2500[MHz] 정도까지의 초고주파 주파수를 측정하는 데 사용된다.

35 ②

자동평형식 기록계기(automatic balancing recorder)는 펜과 기록용지에서 생기는 마찰 오차를 피하기 위하여 고안된 것으로, 영위법에 의한 측정원리를 이용한 것이다.
* 펜식 기록계기의 특징
  ㉠ 구조가 간단하고 값이 저렴하다.
  ㉡ 전력소모가 크다.
  ㉢ 기록지와 펜 사이의 마찰 때문에 구동 토크는 지시계기의 10배 정도 커야 한다.
  ㉣ 감도가 낮아서 지시계기 1.5급에 해당한다.

36 ②
$$P = I^2 R$$
$$I = \sqrt{\frac{P}{R}} = \sqrt{\frac{1}{2 \times 10^3}}$$
$$= \sqrt{0.0005} ≒ 0.0224[A] ≒ 22.4[mA]$$

37 ②
㉮ 표준신호발생기(SSG, standard signal generator)는 고주파 발진기, 변조용 저주파 발진기, 피변조 증폭기와 감쇠기, 출력 지시계로 구성되며, 내부에서 400[Hz], 1000[Hz] 등의 가변 주파 발진기를 내장하여 진폭 변조를 할 수 있게 되어 있다.
㉯ 표준신호발생기의 조건
  ㉠ 주파수가 정확하고 가변 범위가 넓을 것
  ㉡ 변조도가 자유롭게 조절될 수 있을 것
  ㉢ 출력이 가변될 수 있고, 그의 정확한 값을 알 수 있을 것
  ㉣ 출력 임피던스가 일정할 것
  ㉤ 불필요한 출력을 내지 않을 것
  ㉥ 누설 전류가 적고, 장기 사용에 견딜 것
  ㉦ 변조 특성이 좋으며, 지시 변조도가 정확할 것

38 ④
㉮ 아날로그(analog) 신호를 디지털(digital) 신호로 바꾸어서 나타내는 것을 A/D 변환이라 하고, 디지털 신호를 아날로그 신호로 바꾸는 것을 D/A 변환이라 한다.
㉯ 아날로그 신호를 디지털 신호로 변환하는 과정은 표본화(sampling) → 양자화(quantization) → 부호화(encoding)의 과정으로 이루어진다.
  ㉠ 표본화(sampling) : 아날로그 신호를 일정한 간격으로 샘플링(표본화)하는 것
  ㉡ 양자화(quantization) : 간단한 수치로 고치는 것
  ㉢ 부호화(encoding) : 양자화 값을 2진 디지털 부호로 바꾸는 것

39 ④
오실로스코프(oscilloscope)
반복되는 전기적인 현상이나 파형 등을 브라운관으로 직시할 수 있도록 한 장치로서, 저주파로부터 수백[MHz]까지의 전자현상의 관측이나 전기적 양의 측정, 통신기기의 조정, 주파수의 비교, 변조도의 측정 등에 사용된다.

40 ①
정전용량의 측정에는 셰링브리지(Schering Bridge)를 주로 사용한다.

41 ④
고주파 유전 가열은 유전체에 고주파 전장을 가할 때 생기는 유전손(dielectric loss)에 의하여 유전체를 가열하는 방법이다.
* 고주파 유전 가열의 장·단점
  ㉮ 장점
    ㉠ 가열이 골고루 된다.
    ㉡ 온도상승이 빠르다.
    ㉢ 전원을 끊으면 가열이 곧 멈추어 주위의 열에 의하여 가열되지 않는다.
    ㉣ 내부 가열이므로 표면 손상이 되지 않는다.
  ㉯ 단점
    ㉠ 고주파 발진기의 효율이 낮다.
    ㉡ 설비비가 비싸다.
    ㉢ 피열물의 모양에 제한을 받게 된다.
    ㉣ 통신 방해를 준다.

42 ①
계기착륙방식(ILS : Instrument Landing System) : 현재 국제적인 표준 시설로서 로컬라이저, 글라이드 패드, 마커 비컨의 1조인 지상 무선 설비와 자상의 계기착륙방식 수신기로 이루어진다.
  ㉠ 로컬라이저(localizer) : 항공기의 진입에 있어 조종사에게 활주로의 정확한 연장선을 알리는 것
  ㉡ 글라이드 패드(gilde pad) : 항공기가 강하할 때 수직면 내에서 올바른 코스를 지시하는 것으로, 로컬라이저와 마찬가지로 90[Hz] 및 150[Hz]로 변조된 두 전파에 의하여 표시된다.
  ㉢ 팬 마커(fan marker) : 착륙 자세에 들어간 항공기에 활주로까지의 대략의 거리를 알려 주는 것으로, 부채꼴 모양의 지향성 전파에 의하여 표시된다.

43 ②
권선비 $n = \dfrac{n_1}{n_2} = \sqrt{\dfrac{Z_p}{Z_S}} = n^2 \cdot Z_S$

44 ③
전자 현미경(electronic microscope)의 구성
㉮ 현미경의 본체
  ㉠ 전자총
  ㉡ 전자 렌즈
  ㉢ 시료실 : 시료를 전자 현미경 안에 넣는 부분
  ㉣ 카메라실 : 마지막 상을 보거나 기록하는 부분
㉯ 배기장치 : 현미경 내부를 10^{-4}[mmHg] 정도의 진공으로 하기 위한 장치
㉰ 전원부 : 전자빔 발생 전원과 전자 렌즈 여자용 전원이 있다.

45 ③
전파 항법의 종류
㉮ 방사성 항법[1] (지향성 수신 방식)
  ㉠ 공항이나 항구에 송신국을 설치하면, 전파를 모든 방향으로 발사하며, 항공기나 선박에서는 지향성 공중선으로 전파의 도래 방향을 탐지하는 방식이다.
  ㉡ 무지향성 비컨(non-directional beacon, NDB), 호밍 비컨(homing beacon) 또는 호머(homer) 등이 있다.
㉯ 방사상 항법[2] (지향성 송신 방식)
  ㉠ 지상국에서 전파를 발사할 때 방위를 표시하는 신호를 포함시켜 지향적으로 발사하고, 항공기나 선박은 지향성 안테나를 사용하지 않고 그대로 수신하여 지상국의 방위를 알아낼 수 있다.
  ㉡ 회전 비컨, AN레인지 비컨(AN range beacon), VOR(VHF omni-directional range) 등이 있다.
㉰ $\rho-\theta$ 항법
  ㉠ 항공기가 자기의 위치와 특정 지상국 사이의 거리를 알아내기 위한 방법으로 거리와 방위각을 계속 측정하면서 항행을 하면 임의의 항로를 선택할 수 있는데 이러한 항법을 $\rho-\theta$ 항법 또는 극좌표 항법이라고 한다.
  ㉡ TACAN(tactical air navigation)은 DME(거리 측정기)와 VOR을 사용하는 방법으로 962~1213[MHz]의 UHF 전파를 사용한다.
㉱ 쌍곡선 항법
  ㉠ 쌍곡선은 두 점으로부터의 거리의 차가 일정한 점의 궤적으로 이때 두 점은 쌍곡선의 초점이 된다. 쌍곡선 항법은 이와 같은 사실을 이용하는 전파 항법이다.
  ㉡ 로란 A(loran A)와 로란 C 및 데카(decca) 등이 운영되고 있다.

46 ②
초음파의 성질
㉠ 초음파는 특성 임피던스가 다른 물질의 경계면에서 반사 및 굴절을 일으킨다.
㉡ 초음파는 기체나 액체 또는 고체의 매질을 통하여 사방으로 전파되어 나간다. 기체나 액체 중에서는 이러한 종파뿐만 아니라 파동의 전파 방향에 수직인 방향으로 입자가 진동하는 횡파도 존재한다.
㉢ 초음파의 세기는 단위 면적을 지나는 파워이며 진폭의 제곱에 비례하고, 매질 속을 지나감에 따라 감쇠한다(진동수가 클수록 감쇠율이 크다).
㉣ 지향성은 초음파를 발생시키는 진동자의 구조와 파장에 관계되는데 파장이 짧을수록, 즉 진동수가 클수록 지향성이 커진다.
㉤ 캐비테이션(cavitation) : 강력한 초음파를 액체 속에 방사했을 때 진동자의 부근에 안개 모양의 기포가 생겨 이들이 진동면에 수직 방향으로 움직여 분사 현상을 이루고 쌔야 하는 소음을 내는 기포의 생성과 소멸현상을 말한다.

47 ③
자기 녹음기에서 바이어스 전류를 적당한 세기의 값으로 선택하지 못하면 파형이 일그러지거나 감도가 떨어진다.
* 녹음 바이어스(bias)
  ㉠ 직류 바이어스법 : 초기 자화 곡선의 직선부를 사용하는 방법으로 직류자화로 인한 잡음이 많고, 직선 부분을 길게 잡을 수 없어 감도가 나쁘다.
  ㉡ 교류 바이어스법 : 녹음 전류에 일정한 주파수(30~200[kHz])의 고주파 전류를 중첩시켜서 바이어스 자장(bias magnetic field)을 가하는 방법

48 ④
태양전지를 연속적으로 사용하기 위해서는 태양광선을 얻을 수 없는 경우를 대비하여 축전장치가 필요하다.

49 ③
여러 가지 2차 변환의 보기

압력-변위	다이어프램, 스프링
변위-압력	유압 분사관
변위-임피던스	슬라이드 저항, 용량성 변환기, 유도형 변환기
변위-전압	가변저항 분압기, 차동변압기
전압-변위	전자석, 전자코일

50 ③
① 제벡 효과(Seebeck effect)란 2종의 금속 또는 반도체를 폐로가 되도록 접속하고 접속한 두 점 사이에 온도차를 주면 기전력이 발생되는 현상
② 펠티에 효과(Peltier effect)란 2개의 다른 물질의 접합부에 전류가 흐르면 열을 흡수하거나 발산하는 현상으로 이 효과는 금속과 금속을 접합했을 경우보다 반도체와 금속의 접합 또는 반도체의 PN 접합을 이용했을 경우가 크며, 반도체인 BiTe계 합금의 PN 접합이 전자 냉동으로 많이 이용되고 있다.
③ 톰슨 효과(Thomson effect) : 도체 막대의 양 끝을 서로 다른 온도로 유지하면서 전류를 통할 때 줄열 이외에 발열이나 흡열이 일어나는 현상

51 ④
VOR(VHF omni-directional range)
전방향식 AN 레인지 비컨이라고도 하며 사용 주파수가 108~118[MHz]의 초단파이므로 NDB보다 정밀도가 높고 공전의 방해를 덜 받는다.

52 ②
초음파 탐상기는 비파괴 검사에 많이 사용되며 초음파 펄스를 기계부품과 같은 물체에 발사하여 반사파를 관측함으로써 물체 내부의 흠이나 균열 또는 불순물 등의 위치와 크기를 알아내는 데에 쓰인다. 캐비테이션 현상은 초음파 세척, 분산·에멀션화 등에 이용된다.
* 응집 작용을 이용한 장치
  ㉠ 공기 중의 먼지, 매연, 시멘트의 침전
  ㉡ 소금의 제조 공정에서 마그네시아의 침전

ⓒ 에멀션의 분리
ⓓ 기름이나 타르의 탈수
ⓔ 공장에서 나온 폐수의 처리

초음파의 분산 · 에멀화 작용은 포마드, 크림 등의 화장품이나 도료의 제조, 기름의 탈색, 탈취, 폴리에틸렌, 합성고무의 중합의 촉진, 향료, 합성수지의 속성 등에 널리 이용된다.

53 ②

중간 주파 증폭기는 정해진 주파수를 증폭하므로 보통은 임계결합으로 한다. 소결합하면 감도가 떨어지고 밀결합하면 쌍봉 특성이 되어 선택 특성이 나빠진다.

54 ④

DAT(Digital Audio Tape)
디지털 오디오 테이프는 오디오를 전문가 수준의 품질을 유지하면서 디지털 형태로 기록하기 위한 표준매체 및 기술로 DAT 표준은 네 개의 샘플링 모드, 즉 12비트는 32[kHz], 16비트는 32[kHz], 44.1[kHz], 48[kHz]의 주파수를 허용하지만 일부 레코더는 표준 사양 이외에도 24비트에서 96[kHz](HHS)의 기록을 허용하기도 한다.

55 ①

여러 가지 2차 변환의 보기

압력-변위	다이어프램, 스프링
변위-압력	유압 분사관
변위-임피던스	슬라이드 저항, 용량성 변환기, 유도형 변환기
변위-전압	가변저항 분압기, 차동변압기
전압-변위	전자석, 전자코일

56 ①

측심기는 초음파가 배와 바다 밑 사이를 왕복하는 시간을 측정하여 물의 깊이를 다음 식으로 계산한다.

$h = \dfrac{vt}{2}$ [m]

여기서, h : 물의 깊이[m]
v : 물속에서의 초음파 속도[m/sec]
t : 초음파가 발진된 후 다시 돌아올 때까지의 시간 [sec]이다.

57 ③

DVD(digital versatile disc)는 약 135분 동안 실행 가능한 영상과 음성을 디지털화하여 저장하는 지름 12[cm] 크기의 광디스크, 콤팩트 디스크(CD)와 같은 지름의 디스크에 텔레비전 방송 수준의 화질로 영화를 담을 수 있으며, DVD 1매의 기록용량은 일반 CD의 6~8배 정도이고, 광원으로는 CD용의 반도체 레이저(파장 780[nm] 정도)보다도 파장이 짧은 적색 반도체 레이저(파장 635~650[nm])를 사용하여 레이저를 집광하는 대물렌즈의 개구수를 높이는 등 용량을 증가시키고 영상 데이터는 국제표준방식인 MPEG 2로 압축한다.

58 ③

컬러 TV 수상기에서 국부발진기의 세밀 조정이 불량하면 특정 채널이 흑백으로 나온다.

59 ④

펠티어 효과(Peltier effect)란 2개의 다른 물질의 접합부에 전류가 흐르면 열을 흡수하거나 발산하는 현상으로 이 효과는 금속과 금속을 접합했을 경우보다 반도체와 금속의 접합 또는 반도체의 PN 접합을 이용했을 경우가 크며, 반도체인 BiTe계 합금의 PN 접합이 전자냉동으로 많이 이용되고 있다. 전자냉동은 성능이 고르고 수명이 길며 사용기간 중에 변화가 거의 없는 장점이 있고, 대용량에 효율을 문제로 하는 곳에서는 단점이 많으므로 열용량이 작은 국부적인 부분의 냉각 또는 항온조에 적합하다.

60 ④

자기 테이프에 기록된 신호의 파장 λ는 자기 테이프의 주행속도 V에 비례하고, 신호의 주파수 f에 반비례한다.

$$\text{기록파장} = \dfrac{\text{자기테이프의 주행속도[cm/sec]}}{\text{신호의 주파수[Hz]}}$$

$\lambda = \dfrac{V}{f}$ [cm]

2014년 10월 11일

01 ④

P형 반도체와 N형 반도체를 접합시켜 만든 PN 접합 다이오드(PN junction diode)의 기본 동작은 정류작용이다.

02 ②

㉠ 이미터 접지 시의 전류증폭률(β)

$\beta = \dfrac{\Delta I_C}{\Delta I_B}$, $\beta = \dfrac{\alpha}{1-\alpha}$

㉡ 베이스 접지 시의 전류증폭률(α)

$\alpha = \dfrac{\Delta I_C}{\Delta I_E}$, $\alpha = \dfrac{\beta}{1+\beta}$

㉢ 안정 계수 : $S = \dfrac{\Delta I_c}{\Delta I_{co}} = (1+\beta)$

* 안정 계수(S) : 바이어스 회로의 안정화 정도로 S가 작을수록 안정도가 좋다.
∴ $S = 1 + \beta = 50 + 1 = 51$

03 ③

미분기(differentiator)의 출력전압

$V_0 = -RC\dfrac{dV_i}{dt}$

04 ②

R_f에 흐르는 전류는 각 R에 흐르는 전류의 합이 되므로

$$i = \frac{e_1}{R_1} + \frac{e_2}{R_2} + \frac{e_3}{R_3}$$

따라서 출력은

$$e_o = -R_f i = -\left(\frac{R_f}{R_1}e_1 + \frac{R_f}{R_2}e_2 + \frac{R_f}{R_3}e_3\right)$$

$$e_o = -\left(\frac{1M\Omega}{100k\Omega}0.5 + \frac{1M\Omega}{500k\Omega}1.5 + \frac{1M\Omega}{1M\Omega}2\right)$$

$$= -(5+3+2) = -10[V]$$

05 ①

$$Z = \sqrt{R^2 + X_L^2} = \sqrt{4^2 + 3^2} = \sqrt{25} = 5[\Omega]$$

$$\therefore I = \frac{V}{Z} = \frac{100}{5} = 20[A]$$

06 ①

$$r = \frac{\Delta V}{V_d} \times 100 = \frac{3}{300} \times 100 = 1[\%]$$

07 ②

$$P_o = \frac{1}{2}V_cI_c, \quad P_{dc} = V_cI_c$$

$$\therefore \eta = \frac{\frac{V_cI_c}{2}}{V_cI_c} \times 100 = 50[\%]$$

08 ④

T 플립플롭(F/F)
JK F/F의 입력 J와 K를 서로 묶어서 하나의 입력으로 하여 클록신호가 1일 때 출력이 반전상태(토글)가 되도록 한 것이다.

T	Q_{n+1}
0	Q_n
1	$\overline{Q_n}$

09 ④

100[%] 이상의 변조를 과변조라 한다. 과변조가 되면 피변조파의 일부가 결여되므로 검파에서 얻어지는 신호는 원래의 신호와는 다른 일그러짐이 많은 것이 된다. 또 측파대가 넓어지므로 다른 통신에 의한 혼신도 증가한다.

10 ③

㉠ n형 반도체 : 순수한 진성반도체인 게르마늄(Ge)이나 실리콘(Si)에 5가의 불순물 원자인 비소(As), 안티몬(Sb), 인(P) 등을 넣으면 공유결합을 하고 한 개의 과잉전자를 발생시킨다. 이 과잉전자를 제공한 불순물을 도너(donor)라 한다.

㉡ p형 반도체 : 순수한 진성반도체인 게르마늄(Ge)이나 실리콘(Si)에 3가의 불순물 원자인 알루미늄(Al), 붕소(B), 인듐(In), 갈륨(Ga) 등을 넣으면 공유결합을 하고, 하나의 전자가 부족하게 되어 정공이 발생한다. 이 정공을 제공한 불순물을 억셉터(acceptor)라 한다.

11 ①

이상적인 연산증폭기의 특성
㉠ 전압이득 A_v가 무한대이다($A_v = \infty$).
㉡ 입력저항 R_i가 무한대이다($R_i = \infty$).
㉢ 출력저항 R_o가 0이다($R_o = 0$).
㉣ 대역폭이 무한대이고($BW = \infty$), 지연응답(response delay)은 0이다.
㉤ 오프셋(offset)이 0이다.
㉥ 특성의 변동, 잡음이 없다.
연산증폭기는 정확도를 높이기 위하여 큰 증폭도와 높은 안정도가 필요하다.

12 ③

트랜지스터의 동작 영역
㉠ 포화 영역 : 베이스 전류를 크게 해도 그 이상 컬렉터 전류가 증가하지 않는 영역이다.
㉡ 활성 영역 : 베이스 전류의 변화에 따라 컬렉터 전류가 변화하는 영역이다.
㉢ 차단 영역 : 베이스 전류가 없기(또는 극소량) 때문에 전류가 흐르지 않는 영역이다.
트랜지스터(BJT)의 동작 영역에서 증폭기로 사용하기 위해서는 활성 영역에서 동작하여야 하고, 논리회로에 사용하기 위해서는 포화 영역과 차단 영역을 사용한다.

13 ①

JK 플립플롭
RS 플립플롭에서 R=S=1의 상태에서는 동작이 불확실한 상태가 되므로, RS 플립플롭에서 Q를 R로, $\overline{Q}$를 S로 되먹임하여 불확실한 상태가 나타나지 않도록 한 회로이다.

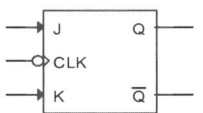

[JK F/F의 기호]

J	K	Q_{n+1}
0	0	Q_n (불변)
0	1	0
1	0	1
1	1	$\overline{Q_n}$ (toggle)

[JK F/F의 진리표]

14 ②

②항은 병렬형 정전압 회로의 특징이다.

15 ④

$y = -x \dfrac{R_f}{R_i}$ 의 식에 의해 $y = -x$ 가 되므로 부호변환기이다.

16 ③

$v' = L\dfrac{\Delta I}{\Delta t} = 0.2 \times \dfrac{10}{0.5} = 4[\text{V}]$

17 ②

각 비트를 4비트로 변환하면 된다.

16진수	D	2	7
2진수	1 1 0 1	0 0 1 0	0 1 1 1

18 ③

DMA(Direct Memory Access)에 의한 입·출력 방식은 마이크로 혹은 미니컴퓨터에서 볼 수 있는 가장 진보된 입·출력 방식으로서 입·출력장치의 속도가 빠른 디스크, 드럼, 자기테이프 등과 입·출력을 할 때에 사용되는 방식이다.

* DMA 방식의 장점
  ㉠ 프로그램 제어 방식에 비하여 고속의 데이터 전송이 가능하다.
  ㉡ 주변기기와 기억장치 사이에 데이터 전송으로부터 프로세서의 손이 비기 때문에 다른 일을 할 수 있다.

19 ④

연산장치(ALU, Arithmetic and Logic Unit)는 프로그램상의 명령문에 대한 모든 연산을 수행하는 장치로서, 누산기, 데이터 레지스터 가산기, 상태 레지스터 등으로 구성된다.

20 ④

RAM(Random Access Memory)
저장한 번지의 내용을 인출하거나 새로운 데이터를 써넣을 수 있으나, 전원이 꺼지면 내용이 소멸된다.
  ㉠ 스태틱(Static)형(SRAM) : 단위 기억 소자가 플립플롭으로 구성되어, 속도가 빠르다.
  ㉡ 다이내믹(Dynamic)형(DRAM) : 단위 기억 비트당 가격이 저렴하고 집적도가 높다.

21 ②

자료의 구조
  ㉠ 비트(bit) : binary digit의 약어로 정보를 나타내는 최소의 단위이다.
  ㉡ 바이트(byte) : 하나의 문자나 일정한 크기의 수를 기억하는 단위로서 8개의 비트를 연결한 모임을 말한다.
  ㉢ 워드(word) : 몇 개의 바이트의 모임으로, 하나의 기억 장소에 기억되는 데이터의 범위를 의미한다.
  ㉣ 항목(field 또는 item) : 정보의 전달을 위한 최소한의 문자의 집단을 말한다.
  ㉤ 레코드(record) : 한 단위로 취급되는 서로 관련 있는 항목들의 집단을 말한다.
  ㉥ 파일(file) : 어떤 한 작업에 관련된 레코드들의 집합을 의미한다.
  ㉦ 데이터베이스(data base) : 상호 관련된 파일들의 집합을 말한다.

22 ④

프로그래밍 언어
  ㉮ 저급 언어(low level language) : 전자계산기가 처리하기에 편리한 언어
    ㉠ 기계어(machine language) : 2진수 0 과 1 의 조합으로 구성된 언어로 형식은 명령 코드부와 어드레스부로 구분되는데, 전자계산기의 기종에 따라 다르므로 사용하기에 불편하고 프로그램 작성과 수정이 어렵다.
    ㉡ 어셈블리 언어(Assembly language) : 기계어의 단점을 보완하여 기계어를 1:1로 대응시켜 기호화한 언어로서, 기호 언어(Symbolic language)라고도 한다.
  ㉯ 고급 언어(high level language) : 전자계산기보다는 사람 중심으로 만들어진 컴파일러(compiler) 언어로서, 기종에 관계없이 사용할 수 있는 문제 지향의 공통 언어
    ㉠ 컴파일러 언어는 10진수의 숫자, 영문자 및 특수 문자들로 구성된 자연어와 유사한 형태의 언어로서, 각종의 컴파일러에 의해 기계어로 번역된다.
    ㉡ 고급 수준의 언어로는 BASIC, FORTRAN, COBOL, ALGOL, PL/1, C, ADA, LISP 등이 있다.

23 ④

BCD(binary coded decimal) 코드
  ㉠ 10진수와의 변환을 간편하게 하기 위해 전자계산기에서 사용하는 2진수의 10진법 표현 방식이다.
  ㉡ BCD 코드의 각 자리는 왼쪽부터 8, 4, 2, 1의 무게(weight)를 가지므로 8421부호라고도 한다.
  ㉢ 10진수와의 변환이 매우 간단한 장점이 있으나, 산술 연산이 복잡하게 된다.

24 ②

흐름도의 작성에 사용되는 기호

기호	의미	기호	의미
□	처리 기호	○	터미널
◇	판단 기호	⬡	준비

25 ④

$Y = \overline{A} \cdot B + A = A + B$

26 ①

컴퓨터를 구성하는 기본 소자의 발전 과정

세대구분	제1세대	제2세대	제3세대	제4세대
회로 구성 소자	진공관 및 릴레이	트랜지스터, 다이오드	집적 회로	LSI, VLSI

27 ①
매크로(macro) 명령을 프로그램 중에서 많이 이용되는 타입의 정해진 일련의 처리를 하나의 명령으로 행할 수 있도록 하는 기본 명령의 집단의 것이다.

28 ②
2진수의 뺄셈은 부호와 절대값으로 표현된 수에서만 필요하며, 1의 보수, 2의 보수에 의한 수의 뺄셈은 감수의 보수를 취하여 가산한다.

29 ③
$$\theta = \sin^{-1}\frac{B}{A} = \sin^{-1}\frac{13}{15} = 60°$$

30 ④
시간에 따라서 직선적으로 증가하는 전압을 램프 전압이라 한다.

31 ①
동축형 주파수계는 동축선(coaxial line)의 공진 특성을 이용한 것으로 2500[MHz] 정도까지의 초고주파 측정에 사용된다.

32 ①
흡수형 주파수계
㉠ 직렬 공진회로의 주파수 특성을 이용한 것으로 R, L, C 공진회로의 대략의 주파수 측정에 실용된다.
㉡ 공진회로의 Q가 크지 않을 때에는 공진점을 찾기가 어려우므로 정밀한 측정이 어렵다.
㉢ 대체로 100[MHz] 이하의 고주파 측정에 사용된다.

33 ②
정전용량의 측정에는 셰링 브리지(Schering Bridge)를 주로 사용한다.

34 ②
중저항의 측정방법에는 전압계와 전류계에 의한 전압강하법과 휘트스톤 브리지법이 가장 널리 사용된다.

35 ④
오실로스코프(oscilloscope)는 반복되는 전기적인 현상이나 파형 등을 브라운관으로 직시할 수 있도록 한 장치로서, 저주파로부터 수백[MHz]까지의 전자 현상의 관측이나 전기적 양의 측정, 통신기기의 조정, 주파수의 비교, 변조도의 측정 등에 사용된다.

36 ①
자동 평형식 기록계기(automatic balancing recorder)는 펜과 기록용지에서 생기는 마찰 오차를 피하기 위하여 고안된 것으로, 영위법에 의한 측정원리를 이용한 것이다.

37 ③
$$R = (M-1)r = (6-1) \times 4 \times 10^3 = 20000[\Omega]$$

38 ③
표준 신호 발생기의 조건
㉠ 주파수가 정확하고 가변 범위가 넓을 것
㉡ 변조도가 자유롭게 조절될 수 있을 것
㉢ 출력이 가변될 수 있고, 그의 정확한 값을 알 수 있을 것
㉣ 출력 임피던스가 일정할 것
㉤ 불필요한 출력을 내지 않을 것
㉥ 누설 전류가 적고, 장기 사용에 견딜 것
㉦ 변조 특성이 좋으며, 지시 변조도가 정확할 것

39 ④
상호 인덕턴스의 측정에는 맥스웰 브리지법과 캠벨(Campbell)법을 사용한다.

40 ③
$$P = VI - r_a I^2 = (100 \times 4) - (0.5 \times 4^2) = 392[W]$$

41 ①
자기 왜형 진동자
강자성체를 자화하면 자장의 방향으로 길이가 변화하는 자기 왜형 현상(또는 줄 효과(Joule effect))을 이용한 것으로 니켈 진동자와 페라이트 진동자 등이 있다.
㉠ 니켈 진동자 : 맴돌이 전류에 의한 손실이 크지만, 기계적으로 견고하므로 주로 50[Hz] 이하의 초음파 가공기에 사용된다.
㉡ 페라이트 진동자 : 기계적 강도는 약하나 효율이 높으므로 초음파 세척기 등에 사용되고 있다(사용 주파수는 100[kHz] 이하).

42 ②
공정 제어(process control)
온도, 압력, 유량, 액위, 혼합비 등을 제어량으로 하는 자동 제어

43 ②
마이크로폰의 종류
㉠ 카본형(탄소립형)
㉡ 크리스탈형(결정형)
㉢ 가동코일형(전자기유도형)
㉣ 리본형(진동박형)

44 ④

㉠ 온-오프 동작 : 편차가 양인가 음인가에 따라 조작부를 온(on) 또는 오프(off)하는 동작이므로 불연속 동작이다.
㉡ 비례동작(proportional action, P 동작) : 조작량이 편차, 즉 동작 신호에 비례하는 동작
㉢ 비례적분동작(integral action, I 동작) : 조작량이 편차의 적분, 즉 편차의 시간적인 가산에 비례하는 조절계의 동작 －비례 동작에서 생기는 전류 편차가 없어진다.
㉣ 비례적분미분동작(PID 동작) : 비례적분동작에 미분 동작을 합한 것

45 ③
태양전지를 연속적으로 사용하기 위해서는 태양광선을 얻을 수 없는 경우를 대비하여 축전장치가 필요하다.

46 ②
고주파 유전가열의 응용
㉠ 목재 공업에의 응용 : 목재의 건조, 성형, 접착 등
㉡ 고주파 머신 : 비닐이나 플라스틱 시트의 접착
㉢ 고주파 용접 : 비닐 가방이나 비닐 시계줄의 제조
㉣ 고주파 의료기기
㉤ 고주파 나이프 : 환부의 수술
㉥ 고주파 치료기 : 환부의 치료(주파수 40.68[MHz]± 0.05[%] 사용)
㉦ 음식물 조리 : 고주파 레인지(HF range)
㉧ 고무타이어의 수리, 재생이나 섬유공업 등에도 이용된다.

47 ①
전장발광장치(electroluminescence, EL)는 형광체(ZnS 등)의 미소한 결정을 유전체 속에 넣고 높은 교류전압을 가하면 전압에 따라 결정 내부에 높은 전장이 유기되어서 발광을 한다.

48 ①
초음파의 응집 작용을 이용한 장치
㉠ 공기 중의 먼지, 매연, 시멘트의 침전
㉡ 소금의 제조 공정에서 마그네시아의 침전
㉢ 에멀션의 분리
㉣ 기름이나 타르의 탈수
㉤ 공장에서 나온 폐수의 처리

49 ①
㉠ 물결 현상[Ringing] : 텔레비전 영상의 예리한 모서리 근방에서 그림자 상처럼 진동성 무늬가 보이는 현상. 전기회로에서 과도현상에 의해 파형의 상승 부분에서 진동이 생길 때 일어난다.
㉡ 색 동기회로(color synchronizing circuit) : 컬러 버스트 신호와 내부에서 발진된 3.58[MHz]의 신호가 위상 검파기 등에서 비교, 제어되어 각각 필요한 위상을 가진 크로미넌스(chrominance : 임의의 색과 그 색과 같은 휘도를 가진 기준색과의 측색적인 차) 부반송파를 만들어 낸다.

50 ②
FM 통신 방식의 특징
㉠ S/N비가 좋다.
㉡ 송신기의 효율을 높일 수 있고 일그러짐이 적다.
㉢ 수신기의 출력 준위의 변동이 적다.
㉣ 혼신 방해를 적게 할 수 있다.
㉤ 주파수 대역을 넓게 잡을 필요가 있다.

51 ③
색의 3요소
색상, 채도(포화도), 휘도(명도)
㉠ 색상(hue) : 색채의 종류
㉡ 채도(saturation) : 색의 선명도
㉢ 휘도(luminosity) : 명암의 정도

52 ①
국부 발진 주파수(f_0)는 수신 주파수(f_s)보다 중간 주파수(IF)만큼 높게 발진되어야 한다.
∴ $f_0 = f_s + \text{IF} = 790 + 450 = 1240[\text{kHz}]$

53 ②
캐비테이션(cavitation)
강력한 초음파를 액체 속에 방사했을 때 진동자의 부근에 안개 모양의 기포가 생겨 이들이 진동면에 수직 방향으로 움직여 분사 현상을 이루고 쐬야 하는 소음을 내는 기포의 생성과 소멸현상을 말한다. 캐비테이션은 액체 중에 있는 금속을 침식하여 수차, 펌프, 배의 스크루 등을 부식 또는 침식하여 수명을 단축시키는 원인이 되며, 초음파 세척, 분산·에멀션화 등에 이용된다.

54 ②
스크래치 필터(scratch filter)는 픽업 카트리지(pick up cartridge)의 바늘이 레코드 음구의 벽을 긁기 때문에 생기는 스크래치 잡음이나 AM 방송 수신 시의 비트음을 제거하기 위해 설치된다.

55 ④
물속에 초음파를 발사하고 그 반사파를 측정하여 거리와 방향을 알아내는 장치를 소나(sonar, sound navigation and ranging)라고 한다. 이것은 원래 군용으로 잠수함을 탐지하기 위해서 연구된 것이지만, 근래에는 항해의 안전을 위한 수중레이다, 어업용의 어군 탐지기 등에 이용되고 있다. 또한 수심의 측정에도 이 장치가 이용되고 있다. 댐의 수위, 저장 중인 석유량의 원격 감시나 댐, 하천에서 흘러내린 모래에 의한 매몰 상태의 관찰에도 사용된다.

56 ③

57 ③
재생증폭기의 구성
㉠ 전치증폭기(preamplifier) : 마이크로폰이나 테이프 헤드 등으로부터 나오는 작은 신호 전압을 증폭하고, 음량과 음

질 조정을 하여 주 증폭기에 전달한다.
ⓒ 주증폭기(main amplifier) : 전치증폭기로부터 받은 신호를 전력 증폭하여 스피커에 출력 전력을 공급한다.
ⓒ 등화증폭기(equalizing amplifier) : 녹음기의 녹음 특성이 일반적으로 저역에서 저하되는 경향이 있으므로 이 특성을 보상한다.

58 ④

$$\frac{C}{R} = \frac{G}{1 + G(H_1 + H_2)}$$

59 ①

수신안테나의 성능 파라미터에는 지향성(D), 이득(G), 대역폭 등이 있다.

60 ④

수신기의 특성
㉠ 감도(sensitivity) : 미약한 전파를 수신할 수 있는 능력으로 SN비 30[dB]로 일정한 저주파 출력을 얻는 데 필요한 안테나 단자의 입력전압으로 나타낸다.
㉡ 선택도(selectivity) : 희망하는 전파를 어느 정도까지 분리해 낼 수 있는지의 능력으로 근접주파수 선택도와 영상주파수 선택도로 대별하여 나타낸다.
㉢ 충실도(fidelity) : 송신측에서 변조된 신호를 어느 정도까지 충실히 재현할 수 있는지의 청도(원음에 가까움)를 나타낸다.
㉣ 안정도(stability) : 주파수와 진폭이 일정한 신호 전파를 수신하면서 장시간에 걸쳐 일정한 출력을 낼 수 있는지의 능력을 나타낸다.

과년도출제문제

해설 및 정답

2015년 1월 25일

01 ③

다이오드-트랜지스터 논리회로(DTL) : 다이오드와 트랜지스터를 조합한 논리회로
㉠ 잡음여유도가 크다.
㉡ 동작이 안정하고 사용하기가 편리하다.
㉢ 회로의 수와 소비전력이 적다.
㉣ 온도의 영향을 많이 받는다.
㉤ 응답속도가 느리고 팬 아웃이 비교적 크다.

02 ②

플레밍의 왼손법칙은 자장 속에 놓인 도선에 전류를 흘릴 때 도선이 받는 힘의 방향은 왼손의 세 손가락을 서로 직각으로 펼치고 검지를 자력선의 방향, 장지를 전류방향으로 하면 엄지손가락 방향으로 힘을 받는다. ⊗표는 전류가 지면으로 들어가는 방향이므로 C의 방향이 힘을 받는 방향이다.

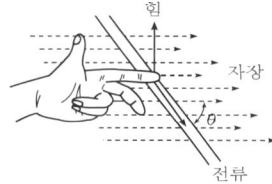

[플레밍의 왼손법칙]

03 ③

전류증폭률 $\beta = \dfrac{I_C}{I_B} = \dfrac{1 \times 10^{-3}}{10 \times 10^{-6}} = 100$

04 ②

$W = \dfrac{1}{2}CV^2 = \dfrac{1}{2} \times 5 \times 10^{-6} \times 1000^2 = 2.5\,[\mathrm{J}]$

05 ④

펄스증폭회로에서 고역보상이 지나치면 오버슈트가 발생한다.

06 ④

이상적인 연산증폭기의 특성
㉠ 전압이득 A_v가 무한대이다($A_v = \infty$).
㉡ 입력저항 R_i가 무한대이다($R_i = \infty$).
㉢ 출력저항 R_o가 0이다($R_o = 0$).
㉣ 대역폭이 무한대이고($\mathrm{BW} = \infty$), 지연응답(response delay)은 0이다.
㉤ 오프셋(offset)이 0이다.
㉥ 특성의 변동, 잡음이 없다.
연산증폭기는 정확도를 높이기 위하여 큰 증폭도와 높은 안정도가 필요하다.

07 ③

① 직렬 접속 시는 용량이 작아진다.
$C = \dfrac{Q}{V} = \dfrac{1}{\dfrac{1}{C_1} + \dfrac{1}{C_2} + \dfrac{1}{C_3}}\,[\mathrm{F}]$

② 병렬 접속 시는 접속하는 전체 용량의 합과 같다. 합성 정전용량 C는
$C = \dfrac{Q}{V} = C_1 + C_2 + C_3\,[\mathrm{F}]$
∴ $C_t = 9 + 9 + 9 = 27\,[\mu\mathrm{F}]$이 된다.

08 ③

A급 증폭기는 동작점을 V-I 특성의 직선 부분에 잡은 것으로, 입력 신호의 전주기에 걸쳐 출력 전류가 흐르므로 일그러짐이 매우 적어 저주파 증폭기에 사용한다. 그러므로 B-E : 순방향 Bias, B-C : 역방향 Bias의 상태가 되어야 한다.

09 ②

$W = \dfrac{LI^2}{2}\,[\mathrm{J}]$에 의해 $W = \dfrac{10 \times 1^2}{2} = 5\,[\mathrm{J}]$

10 ②

㉠ 연산증폭기(operational amplifier)란 바이폴러 트랜지스터나 FET를 사용하여 이상적 증폭기를 실현시킬 목적으로 만든 아날로그 IC(Integrated Circuit)로서 원래 아날로그 컴퓨터에서 덧셈, 뺄셈, 곱셈, 나눗셈 등을 수행하는 기본 소자로 높은 이득을 가지는 증폭기이다.
② 연산증폭기의 정확도를 높이기 위한 조건
㉠ 큰 증폭도와 좋은 안정도가 필요하다.
㉡ 많은 양의 음되먹임을 안정하게 걸 수 있어야 한다.
㉢ 좋은 차단 특성을 가져야 한다.

11 ③

① 산탄 잡음(shot noise) : 진공관의 음극에서 양극으로 이동하는 전자의 흐름에 약간의 맥동이 있어 일으키는 잡음

으로, 이 잡음은 전 주파수대에 걸쳐 일정하게 일어나므로, 이용하는 주파수대가 넓을수록 커지게 된다.
② 플리커 잡음(flicker noise) : 진공관에서 음극 표면의 상태가 고르지 못하여 전자의 방사가 시간적으로 일정하지 않으므로 발생하는 잡음으로 가청 주파수대에서만 일어난다.
③ 트랜지스터 잡음 : 진공관보다는 대체로 크나, 주파수가 높아지면 감소한다.
④ 열 잡음 : 증폭회로를 구성하는 저항이나 도체 중에서 자유전자가 그 온도에 상당한 열운동을 하는 원인에 의해 발생하는 잡음

12 ④
P형 반도체를 만드는 불순물(억셉터, acceptor)로는 인듐(In), 갈륨(Ga), 붕소(B) 등이 있으며, N형 반도체를 만드는 불순물(도너, donor)에는 안티몬(Sb), 비소(As), 인(P) 등이 있다.

13 ①
㉠ 진폭 변조(Amplitude Modulation : AM) : 반송파(정현파)의 진폭을 신호파에 따라서 변화시키는 변조방법
㉡ 주파수 변조(Frequency Modulation : FM) : 신호파에 따라서 반송파의 진폭은 일정한 상태에서 주파수만을 변조시키는 방법

14 ②
직렬공진 시 공진 조건은 $X_L = X_C$일 때이다. 즉,
$\omega L = \dfrac{1}{\omega C}$, $\omega L - \dfrac{1}{\omega C} = 0$, $\omega^2 LC = 1$일 때이다.

15 ①
정전압회로에서 정전압의 기준값 설정용도로 사용하는 것이 제너 다이오드이다.
* 제너 다이오드(zener diode) : 전압을 일정하게 유지하기 위한 전압 제어소자로 정전압 다이오드로도 불리며, 정전압회로에 사용된다.

16 ④
$A_v = -\dfrac{R_f}{R_i} = -\dfrac{500 \times 10^3}{50 \times 10^3} = -10$

17 ①
㉠ ROM(Read Only Memory) : 비소멸성의 기억소자로 이미 저장되어 있는 내용을 인출할 수는 있으나, 새로운 데이터를 저장할 수 없는 반도체 기억소자
㉡ RAM(Random Access Memory) : 저장한 번지의 내용을 인출하거나 새로운 데이터를 저장할 수 있으나, 전원이 꺼지면 내용이 소멸된다.

18 ①
마이크로프로세서를 이용하여 회로를 설계하면 제품의 소형화, 시스템 신뢰성의 향상, 부품의 수량 감소, 소비전력의 감소 등의 장점이 있다.

19 ②
주기억장치에서 중앙처리장치(레지스터)로 연산자를 전달하는 것을 로드(Load)라 하고, 중앙처리장치(레지스터)에서 주기억장치로 연산자를 전달하는 것을 스토어(Store)라 한다.

20 ①
주프로그램에서 서브루틴으로 분기할 때는 나중에 주프로그램으로 되돌아올 복귀 주소(return address)를 저장해 놓아야 하는데, 이때 사용되는 것이 스택(stack)이다.
㉠ 스택은 일반적으로 주기억장치의 일부를 스택영역으로 할당하여 사용한다.
㉡ 스택에서는 서브루틴이나 인터럽트 서비스 루틴 사용 시 복귀 주소가 저장되며, 프로그램에 의해 임시 기억장소로 사용되기도 한다.
㉢ 스택은 후입선출(LIFO, last-in first-out) 구조로 되어 있다.
㉣ 현재의 스택 톱(stack top)은 CPU 내의 스택 포인터(SP : stack pointer)에 의해 지시된다.
㉤ SP가 지정하는 번지에 데이터가 써 넣어지면(push down) SP의 값은 1 감소하고, 데이터가 읽혀지면(pop up) SP값이 1 증가한다.

21 ③
두 수 a=200, b=400이고 tot=a+b이므로 tot=200+400이 되어 출력문은 "두 수의 합=600"이 된다.

22 ④
레지스터의 일종으로 연산에 사용될 데이터나 연산의 중간결과를 저장하는 데 사용되는 레지스터가 누산기(Accumulator)이다.

23 ①
플립플롭(flip-flop, 쌍안정 멀티바이브레이터)은 2개의 펄스가 들어올 때 1개의 펄스를 얻어내는 회로로서 전자계산기, 계수기 등의 디지털 기기들의 소자로 이용된다.

24 ②
자료의 구조
㉠ 비트(bit) : binary digit의 약어로 정보를 나타내는 최소의 단위이다.
㉡ 바이트(byte) : 하나의 문자나 일정한 크기의 수를 기억하는 단위로서 8개의 비트를 연결한 모임을 말한다.
㉢ 워드(word) : 몇 개의 바이트의 모임으로, 하나의 기억 장소에 기억되는 데이터의 범위를 의미한다.
㉣ 항목(field 또는 item) : 정보의 전달을 위한 최소한의 문자의 집단을 말한다.
㉤ 레코드(record) : 한 단위로 취급되는 서로 관련 있는 항목들의 집단을 말한다.

과년도 출제문제

ⓑ 파일(file) : 어떤 한 작업에 관련된 레코드들의 집합을 의미한다.
ⓢ 데이터베이스(data base) : 상호 관련된 파일들의 집합을 말한다.

25 ③
㉠ 직접 주소지정방식 : 명령문의 일부에 데이터가 저장된 메모리의 번지를 직접 포함하는 방식
㉡ 간접 주소지정방식 : 직접 변의 값을 대입하는 것이 아니라 변수가 데이터로서 놓여 있는 번지를 레지스터를 이용하여 지정하는 방법
㉢ 내재 주소지정방식 : 오퍼랜드 자체가 연산 대상이 되는 것으로 명령어에 데이터가 포함되어 있다.
㉣ 레지스터지정방식 : 데이터는 명령어에 표시된 레지스터 속에 포함되는 방식
㉤ 상대 주소지정방식 : 데이터가 존재하는 메모리의 실제번지가 명령어의 일부분인 8비트, 16비트의 범위값에 명령어 내에서 지정된 기준 레지스터에 색인 레지스터의 내용을 더한 값이다.
㉥ 레지스터 간접지정방식 : 데이터가 존재하는 메모리의 실제번지가 명령어에 표시된 기준 레지스터나 색인 레지스터에 저장되는 방식
㉦ 기준 색인 지정방식 : 데이터가 존재하는 메모리의 실제번지는 기준 레지스터의 내용과 색인 레지스터의 내용이 합산되어 결정된다.
㉧ 상대적 기준 색인 지정방식 : 데이터가 존재하는 메모리의 실제번지가 명령어의 일부분인 8비트, 16비트의 범위값과 기준 레지스터 내용과의 합산으로 결정된다.

26 ④
제어장치와 연산장치, 주기억장치를 총괄하여 중앙처리장치(CPU)라고 하며, 인간의 두뇌에 해당하는 역할을 수행하는 장치로 각종 프로그램을 해독한 내용에 따라 명령(연산)을 수행하고 컴퓨터 내의 각 장치들을 삭제, 지시, 감독하는 기능을 수행한다.

27 ①
ASCII 코드는 존 비트와 디짓 비트로 구성되는 7비트 ASCII 코드(128개의 코드)와 8비트 ASCII 코드(7비트 ASCII 코드에 패리티 비트 추가)로 구분하나 일반적으로 8비트의 ASCII 코드가 사용되며 소형 컴퓨터와 데이터 통신용으로 폭 넓게 사용되는 코드가 7비트의 ASCII 코드이다.

28 ①
11001을 1의 보수로 변환(반전)을 하고 변환된 1의 보수에 1을 더하면 2의 보수가 된다. 그러므로 11001의 1의 보수는 00110이 되고, 00110에 1을 더하면 00111이 된다.

29 ①
오차의 종류
㉠ 과오 : 측정자의 부주의로 인하여 발생하는 오차

㉡ 계통오차 : 일정한 원인에 의하여 발생하는 오차
㉢ 우연오차 : 측정 조건의 변동이나 측정자의 주의력 동요 등에 의한 오차

30 ①
볼로미터 전력계는 저항소자(서미스터)의 변화분을 측정하여 도파관 속을 전파하는 마이크로파대의 전력을 측정하는 계기이다.

31 ①
$\tau = \dfrac{L}{R}$

32 ③
전력증폭기에서 저항의 측정은 부하 저항과의 정합을 이루기 위하여 한다.

33 ③
위상차(θ) $= \sin^{-1}\dfrac{B}{A} = \sin^{-1}\dfrac{1}{2}$
$= \sin^{-1} 0.5 = 30°$

34 ②
지시계기의 3대 요소
㉠ 구동장치 : 구동 토크를 발생시키는 장치
㉡ 제어장치 : 제어 토크를 발생시키는 장치
㉢ 제동장치 : 제동 토크를 가해 지침의 진동을 멈추게 하는 장치

35 ④
샘플 홀드회로는 디지털 측정 시 고주파 신호를 변환할 때 A/D 변환기와 함께 사용하는 회로이다.

36 ②
자동평형식 기록계기(automatic balancing recorder)는 펜과 기록용지에서 생기는 마찰 오차를 피하기 위하여 고안된 것으로, 영위법에 의한 측정원리를 이용한 것이다.
* 펜식 기록계기의 특징
㉠ 구조가 간단하고 값이 저렴하다.
㉡ 전력소모가 크다.
㉢ 기록지와 펜 사이의 마찰 때문에 구동 토크는 지시계기의 10배 정도 커야 한다.
㉣ 감도가 낮아서 지시계기 1.5급에 해당한다.

37 ②
지시계기의 구비 조건
① 정밀도가 높고 오차가 작을 것
② 응답도(responsibility)가 좋을 것
③ 튼튼하고 취급이 편리할 것
④ 눈금이 균등하든가 대수 눈금일 것
⑤ 정확도가 높고, 외부의 영향을 받지 않을 것

⑥ 지시가 측정값의 변화에 신속히 응답할 것

38 ④

소인 발진기(Sweep Generator)는 오실로스코프와 조합하여 각종 무선주파회로의 주파수특성을 직시하기 위해 사용하는 것으로, 수신기의 중간주파 특성, FM 수신기의 주파수 변별기 또는 광대역 증폭기 등의 조정에 많이 사용되며, 그림과 같이 소인 발진기는 고주파 발진기, 진폭 제한기, 출력 감쇠기 등으로 구성된다.

39 ④

가청 주파수의 측정 방법에는 주파수 브리지, 헤테로다인 파장계, 오실로스코프를 이용하며, 주파수 브리지의 사용방법에는 공진 브리지, 캠벨 브리지, 빈 브리지를 사용한다.

40 ④

일그러짐률 = $\dfrac{\text{고조파전압}}{\text{기본파전압}} = \dfrac{80}{40} = 2$

∴ $G = 20\log_{10} 2 = 6 [dB]$

41 ④

서보 기구(servo mechanism)에 사용되는 기구에는 싱크로(synchro), 리졸버(resolver), 저항식 서보 기구, 차동 변압기 등이 있다.
㉠ 싱크로(synchro) : 전기적으로 변위나 각도를 전달하는 서보기구
㉡ 리졸버(resolver) : 싱크로와 같이 각도의 전달을 하는 것
㉢ 저항식 서보 기구
㉣ 차동변압기

42 ①

주파수 다이버시티는 전파 도중에 일어나는 페이딩을 제거하여 전송 품질의 저하를 방지하기 위하여 사용하며, 페이딩(fading)이란 통로를 달리하는 전파 사이의 간섭 또는 전파 통로 상태의 변동 등에 의해서 수신 전장의 세기가 시간적으로 변동하는 현상을 말한다.

43 ①

VTR의 심장부는 비디오 헤드(video head)이다. 이 성능의 좋고 나쁨이 곧 VTR의 성능에 연결된다.

44 ③

가드 핸드리스(guard handless) 기록에 있어서 컬러신호의 크로스토크 성분을 제거하는 방식으로 개발되었다.
㉠ PS(Phase Shift) 방식 : VHS 방식 비디오에 채용
㉡ PI(Phase Invert) 방식 : β-max 방식 비디오에 채용

45 ④
의용전자장치의 종류
㉠ 심전계(electrocardiograph) : 심장의 활동으로 인하여 생기는 기전력에 의하여 생체 내에 흐르는 전류 분포의 변화를 신체 표면의 두 점 사이의 전위차로써 검출하여 증폭한 다음 기록기에 기록하는 장치로서, 심장 질환의 진단에 이용된다.
㉡ 뇌파계(electroencephalograph) : 뇌수의 율동적 활동 전압을 머리 피부에 전극을 붙여서 검출, 증폭 기록하는 장치(뇌파 기록)
㉢ 근전계(electromyograph) : 근육의 수축에 따라 생기는 근육 활동 전류를 전극에 의해 검출하여 증폭 기록하는 장치
㉣ 안진계 : 눈의 안구 운동에 따라 생기는 각막, 망막 전위의 변화를 측정, 기록하는 장치
㉤ 망막 전도 측정기 : 동공을 통하여 빛을 망막에 보낼 때 유발되는 전위를 측정, 기록하여 눈의 시세포의 기능 검사 등에 사용하는 장치(망막 전장)
㉥ 심음계(phonocardiograph) : 청진기에 의한 청진술을 전자기술을 이용하여 개량한 것
㉦ 전기 혈압계 : 직접법과 간접법에 의한 혈압계가 있다.
㉧ 맥파계(plethysmograph) : 심장의 박동에 따르는 혈관의 맥동 상태를 측정, 기록한 맥파를 측정하는 장치
㉨ 오디오미터(audiometer) : 귀의 청력을 검사하기 위하여 가청 주파수 영역의 여러 가지 레벨의 순음을 전기적으로 발생하는 음향 발생 장치
㉩ 심장용 세동 제거 장치 : 수술 시나 고전압에 닿았을 경우의 충격에 의한 심장의 세동 상태를 정상 상태로 회복시키는 고압 임펄스 장치
㉪ 심장용 페이스메이커(cardiac pacemaker) : 일시적으로 정지하거나 박동 주기가 고르지 못한 심장을 정상으로 되돌리기 위하여 전기적 펄스를 발생시켜 심장에 가하는 장치
㉫ 저주파 치료기, 고주파 치료기, 전기 메스 등

46 ③
태양전지(solar cell)는 반도체의 PN 접합에 빛이 입사할 때 기전력이 발생하는 광기전력 효과를 이용한 것이다.
* 태양전지의 특징
  ㉠ 종래에 이용되지 않은 풍부한 에너지원으로 이용된다.
  ㉡ 장치가 간단하고 보수가 편하다.
  ㉢ 빛의 방향에 따라 발생 출력이 변하므로 이것을 고려하여 출력에 여유를 두어야 한다.
  ㉣ 연속적으로 사용하기 위해서는 태양광선을 얻을 수 없는 경우에 대비하여 축전장치가 필요하다.
  ㉤ 대전력용은 부피가 크고 가격이 비싸다.

47 ①
무선 방위 측정기를 갖지 않은 소형 선박이 방송 수신기 정도의 수신기로 방위를 측정할 수 있도록 한 비컨 비컨국은 진북(眞北)에서 개시 부호 A신호를 발신하고, 회전하면서 일정한 각도마다 단점 부호를 발신한다. 선박은 이것을 수신하여

비컨국으로부터의 각도를 알 수 있다. 또, 비컨국 2국을 수신하면 선박의 위치를 정할 수도 있다.

48 ④

지상제어진입장치(GCA : ground controlled approach)에서 공항에 수색 레이더(surveillance radar element, SRE)와 정측 레이더(precision approach radar, PAR)의 두 레이더가 설치된다. SER는 공항을 중심으로 하여 30마일 정도의 범위 내에 들어오는 항공기의 거리와 방위를 PPI 방식으로 CRT면상에 나타낸다. 공항 관제관은 이것을 관찰하면서 VHF 전화로 조종사에게 지시를 하여 항공기를 진입 코스에 유도한 다음 10마일 이내의 거리에서 PAR에 인도한다.

49 ②

스피커의 전력감도(S_P)는
$$S_P = 20\log_{10}\frac{P}{\sqrt{W}}\,[\text{dB}]$$에 의해
$$S_P = 20\log_{10}\frac{4}{\sqrt{1}} = 20\log_{10}4 ≒ 12\,[\text{dB}]$$

50 ①

㉠ 캡스턴(capstan) : 모터에 의해 일정한 속도(테이프의 원주속도와 거의 같음)로 회전하는 회전축
㉡ 핀치 롤러(pinch roller) : 테이프를 캡스턴에 압착하여 테이프가 정속 주행하도록 한다.
㉢ 테이프 가이드(tape guide) : 테이프의 주행의 안내로 헤드에 대하여 올바른 위치에서 녹음, 재생이 이루어지도록 또 릴에 대해서는 올바른 위치에서 테이프가 감기도록 한다.
㉣ 압착 패드(pressure pad) : 테이프를 헤드에 대하여 정확히 밀착시켜 레벨 변동이나 고역 저하의 원인이 되는 스페이싱 손실을 줄이기 위해 설치한다.
㉤ 자기 녹음기에서 테이프를 일정한 속도로 움직이게 하는 방법으로는 테이프의 주행속도와 거의 같은 원주 속도를 가진 회전축인 캡스턴(capstan)과 고무바퀴로 된 핀치 롤러(pinch roller)를 압착시키고 그 사이에 테이프를 삽입시켜서 정속 주행하도록 하는 캡스턴 구동법이 실용되고 있다.

51 ③

$mf = \dfrac{\Delta f_c}{\Delta f_s}$ 이므로 $\Delta f_c = mf \cdot \Delta f_s$ 이다.
그러므로 $6 \times 3 \times 10^3 = 18 \times 10^3 = 18\,[\text{kHz}]$

52 ②

$G = \dfrac{e_o}{e_i} = \dfrac{R_2}{R_1 + R_2}$

53 ②

광학 현미경과 전자 현미경(electronic microscope)이 기본적으로 다른 점은 광학 현미경에서는 시료 위의 정보를 전하는 매개체로서 빛을 사용하여 상을 확대하는 데 광학 렌즈를 사용하지만, 전자 현미경에서는 정보를 전달하는 매개체로서 전자 빔을 사용하고 또한 상을 확대시키는 데에는 전자 렌즈를 사용하는 것이다.

54 ②

$N_s = \dfrac{120f}{P} = \dfrac{120 \times 60}{4} = \dfrac{7200}{4} = 1800\,[\text{rpm}]$

55 ①

표본화 정리
원 신호의 상한 주파수가 f_0일 때 표본화 주파수로 $2f_0$ 이상으로 하면 완전한 재생이 이루어진다. 그러므로 표본화 주파수의 최저값은 $2f_0 = 2 \times 8\,[\text{kHz}] = 16\,[\text{kHz}]$ 이다.
$$\therefore T = \frac{1}{f} = \frac{1}{16000} = 62.5\,[\mu s]$$

56 ④

해상비(resolution ratio) = $\dfrac{\text{수평해상도}}{\text{수직해상도}} = \dfrac{340}{350} ≒ 0.97$

57 ③

물속에 초음파를 발사하고 그 반사파를 측정하여 거리와 방향을 알아내는 장치를 소나(sonar, sound navigation and ranging)라고 한다. 이것은 원래 군용으로 잠수함을 탐지하기 위해서 연구된 것이지만, 근래에는 항해의 안전을 위한 수중레이더, 어업용의 어군 탐지기 등에 이용되고 있다. 또한 수심의 측정에도 이 장치가 이용되고 있다. 댐의 수위, 저장 중인 석유량의 원격 감시나 댐, 하천에서 흘러내린 모래에 의한 매몰 상태의 관찰에도 사용된다.

58 ②

중간 주파 증폭기는 주파수 변환 회로에서 얻어진 중간 주파수를 증폭하여 감도와 선택도를 좋게 하고 안정된 증폭으로 이득을 높이기 위해 사용한다.

59 ③

고주파 유전가열의 응용
㉮ 목재 공업에의 응용 : 목재의 건조, 성형, 접착 등
㉯ 고주파 머신 : 비닐이나 플라스틱 시트의 접착
㉰ 고주파 용접 : 비닐 가방이나 비닐 시계줄의 제조
㉱ 고주파 의료기기
  ㉠ 고주파 나이프 : 환부의 수술
  ㉡ 고주파 치료기 : 환부의 치료(주파수 40.68[MHz] ±0.05[%] 사용)
  ㉢ 음식물 조리 : 고주파 레인지(HF range)
  ㉣ 고무타이어의 수리, 재생이나 섬유공업 등에도 이용된다.

60 ④

FED(Field Emission Display, 전계 방출 디스플레이)는 금속 또는 반도체로 만들어진 극미세 구조의 전계 이미터에 전

기장을 인가하여 진공 속으로 방출되는 전자를 형광체에 충돌시켜 화상을 표시하는 디스플레이 소자로서, 원리적으로 브라운관의 우수한 표시 특성을 그대로 가지면서 경량 박형화가 가능하기 때문에 Thin CRT라고 불리기도 한다. FED는 원리적으로 고휘도, 저소비 전력, 빠른 응답속도, 광시야각, 고해상도, 우수한 컬러 표시, 넓은 사용온도 범위 등 CRT 및 평판 디스플레이의 장점을 모두 갖추고 있는 이상적인 디스플레이 소자이다.

2015년 4월 4일

01 ②
㉠ 산탄 잡음(shot noise) : 진공관의 음극에서 양극으로 이동하는 전자의 흐름에 약간의 맥동이 있어 일으키는 잡음으로, 이 잡음은 전 주파수대에 걸쳐 일정하게 일어나므로, 이용하는 주파수대가 넓을수록 커지게 된다.
㉡ 플리커 잡음(flicker noise) : 진공관에서 음극 표면의 상태가 고르지 못하여 전자의 방사가 시간적으로 일정하지 않으므로 발생하는 잡음으로 가청 주파수대에서만 일어난다.
㉢ 트랜지스터 잡음 : 진공관보다는 대체로 크나, 주파수가 높아지면 감소한다.
㉣ 열 잡음 : 증폭회로를 구성하는 저항이나 도체 중에서 자유전자가 그 온도에 상당한 열운동을 하는 원인에 의해 발생하는 잡음

02 ④
정류 방식별 맥동주파수(60[Hz]의 경우)

정류 방식	맥동 주파수
단상 반파 정류회로	60[Hz]
단상 전파 정류회로	120[Hz]
3상 반파 정류회로	180[Hz]
3상 전파 정류회로	360[Hz]

03 ①
그림의 회로에서 입력단자가 도통되기 위해서는 $V_S > V_A$의 상태가 되어야 하고, 출력단자가 도통되기 위해서는 $V_S < V_B$의 상태가 되어야 한다.

04 ③
플립플롭은 두 가지 상태 사이를 번갈아 하는 전자회로를 말한다. 플립플롭에 전류가 부가되면, 현재의 반대 상태로 변하며(0에서 1로, 또는 1에서 0으로), 그 상태를 계속 유지하므로 한 비트의 정보를 저장할 수 있는 능력을 가지고 있다. 여러 개의 트랜지스터로 만들어지며 SRAM이나 하드웨어 레지스터 등을 구성하는 데 사용된다. 플립플롭에는 RS 플립플롭, D 플립플롭, JK 플립플롭, T 플립플롭 등 여러 가지 종류가 있다.

㉠ RS 플립플롭은 S(set)와 R(reset) 2개의 입력과 Q, $\overline{Q}$ 2개의 출력을 가지고 있으며, R, S 입력의 조합으로 출력의 상태를 변화시킬 수 있으나 S=R=1의 경우는 불확정(부정) 상태가 되는 플립플롭이다.

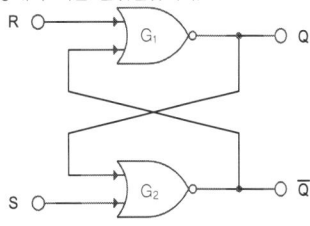

[RS 플립플롭의 회로]

R	S	Q_{n+1}
0	0	Q_n
0	1	1
1	0	0
1	1	부정

[RS F/F의 진리치표]

㉡ D(Dealy) 플립플롭은 RS-FF에서 2개의 입력 R, S가 동시에 1인 경우에도 불확정 출력상태가 되지 않도록 하기 위하여 인버터(inverter : NOT 게이트) 하나를 입력 양단에 부가한 것으로 정보를 일시 유지하는 래치(latch) 회로나 시프트레지스터(shift register) 등에 쓰인다.

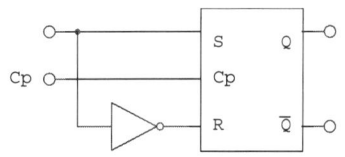

㉢ T 플립플롭(F/F) : JK F/F의 입력 J와 K를 서로 묶어서 하나의 입력으로 하여 클록신호가 1일 때 출력이 반전상태(토글)가 되도록 한 것이다.

T	Q_{n+1}
0	Q_n
1	$\overline{Q_n}$

㉣ JK 플립플롭 : RS 플립플롭에서 R=S=1의 상태에서는 동작이 불확실한 상태가 되므로, RS 플립플롭에서 Q를 R로, $\overline{Q}$를 S로 되먹임하여 불확실한 상태가 나타나지 않도록 한 회로이다.

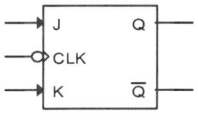

[JK F/F의 기호]

J	K	Q_{n+1}
0	0	Q_n(불변)
0	1	0
1	0	1
1	1	$\overline{Q_n}$(toggle)

[JK F/F의 진리표]

05 ①
트랜지스터의 동작 영역
㉠ 포화 영역 : 베이스 전류를 크게 해도 그 이상 컬렉터 전류가 증가하지 않는 영역이다.
㉡ 활성 영역 : 베이스 전류의 변화에 따라 컬렉터 전류가 변화하는 영역이다.
㉢ 차단 영역 : 베이스 전류가 없기(또는 극소량) 때문에 전류가 흐르지 않는 영역이다.
트랜지스터(BJT)의 동작 영역에서 증폭기로 사용하기 위해서는 활성 영역에서 동작하여야 하고, 논리회로에 사용하기 위해서는 포화 영역과 차단 영역을 사용한다.

06 ②
수정발진기는 압전 효과(piezo effect)를 이용한 것으로서 수정 진동자에 왜력(歪力)을 가하면 수축하고, 왜력을 풀면 원형으로 복구되는 관성이 있기 때문에 다시 팽창한 다음 또 다시 수축하는 자유진동을 일으킨다. 이 왜력 대신에 전기적으로 전압을 가해도 전왜(電歪)가 생겨 진동하는데, 이때의 전압은 수정 자체의 고유진동수에 가까운 주파수로 변화하는 교번 전압을 가해도 진동력은 지속된다.
* 수정진동자(발진기)의 특징
 ㉠ 수정진동자의 Q(Quality factor)가 높기 때문에 주파수 안정도가 높다.
 ㉡ 수정편에 항온조 등을 이용하므로 주위 온도의 영향이 적다.
 ㉢ 초단파 이상의 발진은 곤란하다.

07 ②
78MXX는 (+)전원용이고, 79MXX는 (−)전원용이다. 일반적으로 발진 방지용 커패시터가 필요하며, 방열이 필요하다. 78MXX의 입력전압은 안정된 출력전압을 얻기 위하여 XX보다 높은 전압을 인가해야 한다.

08 ①
펄스의 시간적 관계의 기본 조작

기본 조작 \ 변환 대상	진폭	시간
선택 (selection)	입력파 중에 어느 특정 부분만을 빼내는 조작을 말한다. 여기에는 클리핑 회로, 슬라이스 회로 등이 있다.	입력파 중에 어느 특정의 시간 부분만을 빼내는 조작을 말한다. 여기에는 게이트 회로가 있다.
비교 (comparison)	입력파의 진폭을 기준 레벨과 비교하여 같은 레벨이 되는 시각에 펄스를 발생시키는 조작을 말한다.	소정의 시각에 있어서 입력파의 진폭을 지시하는 조작을 말한다. 여기에는 시간 선택 회로를 그대로 또는 다소 변형하여 사용한다.
변이 (shifting)	입력파의 파형을 그대로 두고 진폭축상의 기준 레벨을 바꾸는 조작을 말한다. 여기에는 클램핑 회로가 있다.	입력파를 시간적으로 지연시키는 조작을 말한다. 여기에는 지연 회로, 단안정 멀티바이브레이터, 분주 회로 등이 있다.

09 ③
UJT를 이용한 기본 발진회로일 때 발진주기(τ)는
$\tau = 2.3RC \cdot \log\left(\dfrac{1}{1-\eta}\right)$의 식에 의해 구한다.

10 ④
그림은 전압 이득 A_{v1}과 A_{v2}를 가지는 2단 증폭기로서 전압 되먹임의 구성이다. 둘째 단의 출력은 되먹임 회로 저항 R_1과 R_2를 통해 입력으로 가해진다. 즉 출력 전압을 V_o라 할 때 되먹임 전압 V_f는 $V_f = \dfrac{R_1}{R_1+R_2}V_o$, 되먹임 계수 β는 $\beta = \dfrac{V_f}{V_o} = \dfrac{R_1}{R_1+R_2}$로 되고,
되먹임이 있을 때의 전압증폭도 A_f는 $A_f ≒ \dfrac{1}{\beta} = \dfrac{R_1+R_2}{R_1}$로 된다.

11 ①
㉠ 직렬 접속 시는 용량이 작아진다.
$C = \dfrac{C_1 \times C_2}{C_1 + C_2}$
㉡ 병렬 접속 시는 접속하는 전체 용량의 합과 같다.
$C = C_1 + C_2$
㉢ 직·병렬 접속 시의 합성 용량
$Ct = \left(\dfrac{4\times4}{4+4}\right) + \left(\dfrac{4\times4}{4+4}\right) = \dfrac{16}{8} + \dfrac{16}{8} = 2+2 = 4\,[\mu F]$

12 ③
전압 변동률
$\varepsilon = \dfrac{V_o - V}{V} \times 100[\%] = \dfrac{12-10}{10} \times 100 = 20[\%]$
여기서 V_o : 무부하 시 직류 전압, V : 전부하 시 직류 전압

13 ②

$$A_v = \frac{V_o}{V_i} = \frac{5}{500 \times 10^{-3}} = 10$$

14 ②

UJT를 이용한 톱니파 발진회로로서 R_T와 C_T에 의한 적분 파형이 LTL 상태에서는 충전을 하고 HTL 상태에서는 콘덴서가 방전을 하게 된다. 이때 V_{b1}에는 톱니파 펄스가 발생하게 된다.

15 ④

$$I = \frac{V}{R} = \frac{100}{20} = 5[A]$$

16 ①

㉠ n형 반도체 : 순수한 진성반도체인 게르마늄(Ge)이나 실리콘(Si)에 5가의 불순물 원자인 비소(As), 안티몬(Sb), 인(P) 등을 넣으면 공유결합을 하고 한 개의 과잉 전자를 발생시킨다. 이 과잉전자를 제공한 불순물을 도너(donor)라 한다.

㉡ p형 반도체 : 순수한 진성반도체인 게르마늄(Ge)이나 실리콘(Si)에 3가의 불순물 원자인 알루미늄(Al), 붕소(B), 인듐(In), 갈륨(Ga) 등을 넣으면 공유결합을 하고, 하나의 전자가 부족하게 되어 정공이 발생한다. 이 정공을 제공한 불순물을 억셉터(acceptor)라 한다.

17 ③

컴퓨터의 동작은 메모리에서 명령을 읽어오는 페치 사이클(Fetch Cycle)과 그 명령을 수행하는 엑스큐트 사이클(Execute cycle)의 반복으로 수행되며, CPU가 명령을 수행하기 위하여 주기억장치에서 명령을 꺼내기 위하여 계산에 의한 주소를 갖는 경우의 유효주소를 계산한다. 즉 어드레스를 지정하게 된다.

18 ①

쌍대성의 원리(duality principle)
불 대수의 모든 항등 법칙에 대하여 다음 2개의 식이 쌍으로 존재한다. X+0=X, X·1=X 이러한 쌍을 쌍대(dual)라 하며, 불식으로 표현된 함수들 사이에 항등성이 유지되면, 이들의 쌍대(dual)도 항등성을 유지한다. 불 대수의 쌍대는 ·과 +를 교환하고, 0과 1을 교환하여 구할 수 있다.

19 ②

기억된 프로그램의 명령을 하나씩 읽고, 해독하여 각 장치에 필요한 지시를 하는 것은 제어기능이다.

20 ④

㉠ 누산기(Accumulator) : 연산장치를 구성하는 중심이 되는 레지스터로서 사칙연산, 논리연산 등의 결과를 기억한다.
㉡ 가산기(Adder) : 누산기와 데이터 레지스터의 두 수를 가산하는 기능을 하며, 그 결과는 누산기에 저장된다.
㉢ 데이터 레지스터(Data Register) : 실행 대상(Operand)이 2개 필요한 경우에 주기억장치로부터 읽어 들인 데이터를 임시 보관하고 있다가 필요할 때에 제공하는 역할을 한다.
㉣ 상태 레지스터(Status Register) : 연산의 결과가 양수나 0 또는 음수인지, 자리 올림(carry)이나 오버플로(overflow)가 발생했는지 등의 연산에 관계되는 상태와 외부로부터의 인터럽트(interrupt) 신호의 유무를 나타낸다.

21 ④

버스(BUS)는 동일한 기능을 수행하는 많은 신호선들의 집단으로 마이크로프로세서가 주변 소자들과 데이터 교환을 위한 통로로 사용되며, 주소 버스, 데이터 버스, 제어 버스로 구분한다.
㉠ 주소 버스(Address Bus)는 마이크로프로세서가 외부의 메모리나 입·출력장치의 번지를 지정할 때 사용하는 단방향 버스이다.
㉡ 데이터 버스(Data Bus)는 마이크로프로세서에서 메모리나 출력장치로 데이터를 출력하거나 반대로 메모리나 출력장치로부터 데이터를 입력할 때의 전송로로 사용되는 양방향 버스이다.
㉢ 제어 버스(Control Bus)는 마이크로프로세서가 현재 수행 중인 작업의 종류나 상태를 메모리나 입·출력장치에게 전달하는 출력신호와 외부에서 마이크로프로세서로 어떤 동작의 요구를 위한 입력신호 등으로 구성되는 단방향 버스이다.

22 ②

데이터의 구성 단위 – 논리적 단위
㉠ 비트(bit) : bit는 binary digit의 약자로 데이터 구성의 최소 단위이며, 0과 1로 이루어짐
㉡ 필드(field) : 여러 개의 바이트나 워드가 모여 이루어지며, 파일 구성의 최소 단위로 항목 또는 아이템
㉢ 레코드(record) : 프로그램 내의 자료 처리 기본 단위(논리적 레코드)

23 ③

$(5C)_{16} = 5 \times 16^1 + 12 \times 16^0 = 80 + 12 = 92$

24 ④

1100   0110   0101   1110
↓   ↓   ↓   ↓
C   6   5   E

25 ①

A+A=A, A·A=A, A·1=A

26 ③

27 ②

전자계산기(컴퓨터)의 특징
㉠ 자동성(주어진 프로그램의 조건에 따라 자동적으로 데이터 처리)
㉡ 기억성(메모리에 대량의 데이터 기억)
㉢ 신속성(데이터의 처리가 빠르다.)
㉣ 범용성(다른 컴퓨터와 쉽게 호환(인터페이스)된다.)
㉤ 정확성(데이터의 처리가 정확하여 신뢰도가 높다.)
㉥ 동시성(동시에 다수의 사용자가 사용 가능하다.)

28 ④
입력 데이터가 모두 같을 경우에는 결과가 0이 되고, 서로 다를 경우에는 결과가 1이 되는 논리회로가 배타적 논리합(exclusive-OR)이며, 논리식은 $Y = A \oplus B = \overline{A}B + A\overline{B}$이다.

A	B	Y
0	0	0
0	1	1
1	0	1
1	1	0

[EX-OR 게이트의 진리치표]

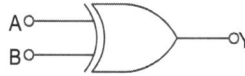

29 ①
㉠ Q미터(Q-meter)의 원리는 공진법을 이용한 것으로 Q의 측정 이외에도 인덕턴스, 정전 용량, 코일의 실효 저항과 분포 용량 등의 측정이 가능하다.
㉡ 코일의 Q는 그 코일의 리액턴스와 저항과의 비 $\frac{\omega L}{R}$로 정의된다. Q미터는 코일의 Q를 직독할 수 있게 한 측정기로 발진기, 열전대 전류계, 결합저항, 동조콘덴서와 진공관 전압계 등으로 구성된다.

30 ④
교류 전력측정에서 상용주파수(60[Hz])의 교류 전력측정에는 주로 전류력계형 전력계를 사용하고, 배전반용에는 유도형도 쓰인다.
* 전류력계형 계기의 특징
  ㉠ 주파수의 영향이 크다.
  ㉡ 전력측정에 많이 사용된다.
  ㉢ 직류와 교류 동일 균등눈금을 사용한다.
  ㉣ 전류 상호간에 작용하는 전자력을 이용한다.
  ㉤ 영구 자석 대신 고정코일을 사용하므로 외부자장의 영향을 받기 쉽다.

31 ②
오실로스코프의 수직축 단자에 측정하고자 하는 신호를 가하고 수평축 단자에는 파형의 동기(출력 파형의 정지)를 맞추기 위하여 톱니파를 공급한다.

32 ①
지시계기의 구비 조건
㉠ 정밀도가 높고 오차가 작을 것
㉡ 응답도(responsibility)가 좋을 것
㉢ 튼튼하고 취급이 편리할 것
㉣ 눈금이 균등하든가 대수 눈금이어야 할 것

33 ①
정전형 계기(electrostatic type meter)는 대전된 전극 사이에 작용하는 정전 인력 또는 반발력을 이용한 계기이다.

34 ③
고주파의 측정에는 흡수형 주파수계, 헤테로다인 주파수계, 딥 미터(dip meter), 동축 주파수계, 공동 주파수계가 사용된다.

35 ④
제어장치의 종류
㉠ 스프링 제어 : 대부분의 지시계기에 사용
㉡ 중력 제어 : 현재는 거의 사용하지 않음
㉢ 전기력 제어 : 비율계에 사용
㉣ 자기적 제어 : 가동 자침형 검류계에 사용
㉤ 맴돌이 전류 제어 : 적산전력계에 사용

36 ④
㉠ 맥스웰 브리지(Maxwel Bridge)는 표준 인덕턴스와 비교하여 미지의 인덕턴스를 측정
㉡ 헤비사이드 브리지(Heaviside Bridge)는 가변 상호유도기 M을 표준으로 인덕턴스를 측정
㉢ 휘트스톤 브리지는 회로 내부 검류계 전류가 0이 되도록 평형시키는 영위법을 이용해서 미지 저항을 구하는 방법으로 주로 중저항의 측정에 사용
㉣ 셰링 브리지(Schering Bridge)는 정전용량의 측정에 주로 사용

37 ②
감쇠이득(G)=G_1+G_2=10+10=20[dB]=100배 감쇠되어 출력된다.
$A_v = \frac{v_i}{v_o}$ 의 식에 의해 $V_o = \frac{1000}{100} = 10$

38 ③
$a_e = \frac{T-M}{M} \times 100[\%]$ 에서
$M = \frac{T}{\left(1+\frac{a_e}{100}\right)} = \frac{250}{\left(1+\frac{0.2}{100}\right)} = 249.5[V]$

39 ②
샘플 홀드회로는 디지털 측정 시 고주파 신호를 변환할 때 A/D 변환기와 함께 사용하는 회로이다.

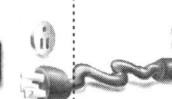

40 ③
후크미터(클램프 미터)는 회로의 전류를 알기 위해 전선을 절단하지 않고 회로 전류를 바로 알 수 있는 기기이다.

41 ②
콘(cone)형 다이내믹 스피커는 비교적 넓은 주파수대를 재생할 수 있는 특징을 갖는다.

42 ②
수신기의 입력에서 본 신호대 잡음비(SNR)를 S_i/N_i라 하고, 출력에서의 신호대 잡음비를 S_o/N_o라 하면 잡음지수(F)는 $F = \dfrac{\dfrac{S_i}{N_i}}{\dfrac{S_o}{N_o}} = \dfrac{S_i}{N_i} \cdot \dfrac{N_o}{S_o}$로 나타내며, F = 1 일 경우가 내부 잡음이 없는 경우이다.

43 ④
강력한 초음파를 액체 속에 방사하였을 때 진동자의 부근에 안개 모양의 기포가 생겨 이들이 진동면으로 수직 방향으로 움직여 분사 현상을 이루고 "싸아"하는 잡음을 낸다. 이러한 현상을 캐비테이션(cavitation)이라 하며, 액체의 종류, 액체의 압력, 온도에 따라 변화하고 수면에서도 소리의 세기가 약 0.3[W/cm²] 이상일 때 일어난다.

44 ②
$\dfrac{v_o}{v_i} = \dfrac{Ri}{Ri + L\dfrac{di}{dt}}$의 관계에서 $\dfrac{d}{dt}$를 연산자(operator) s로 표시하고, v_o를 $\dot{V}_o$, v_i를 $\dot{V}_i$로 하면
$\dfrac{\dot{V}_o}{\dot{V}_i} = \dfrac{\dot{R}I}{\dot{R}I + S\dot{L}I} = \dfrac{1}{1 + S\dfrac{L}{R}} = \dfrac{1}{1 + ST}$

45 ②
한 장의 영상을 M×N 화소수로 분해하고, 각 화소에 대해서 b비트의 양자화 부호가 주어졌을 때, 필요한 데이터량은 M×N×b비트로 된다. 즉, 영상의 크기는 가로의 픽셀 수×세로의 픽셀 수×픽셀의 표현 비트 수로 구할 수 있다. 그러므로 800×600×16 = 7,680,000비트이다.

46 ①
전자 편향형 브라운 관의 전자빔 진행 방향을 수정하여 래스터의 위치를 조절하기 위한 링모양의 자석이 센터링 마그네트이다.

47 ④
LCD 모니터는 패널, AD 보드, 인버터, 백라이트, 메인케이블, 어댑터로 구성된다.
* 주요고장 및 대처

㉠ 패널 : TAP 드라이브 냉납 및 불량 발생. TAP는 전달받은 영상을 TAP가 할당받은 부분만 뿌려줌. TAP는 연성 PCB 필름 재질→손가락 1~2마디 굵기로 줄이 감 : 리솔딩이나 다른 고무 등으로 다시 압착해 봄

㉡ AD 보드 : AD 보드와 패널의 케이블 접촉 불량, AD 보드의 타이밍 IC 불량, AD 보드의 롬 불량 및 롬 데이터 불량, 모니터 전원이 안 켜질 경우 의심. AD 보드의 영상 칩 불량 시 화면 깨짐 및 줄이 가는 경우가 있다. → 증상 : 화면 노이즈 깨짐 현상 및 화면 꺼짐 현상

㉢ 백 라이트 : 화면이 좀 어둡게 보일 때 → 백 라이트 교체

㉣ 인버터 : 전원을 공급하는 장치로 주로 화면 무증상일 때, 전원은 켜져 있는데 화면이 안나올 경우→LCD에서 불량이 많고, 저렴함

48 ③
㉠ 고주파 유전 가열은 유전체에 고주파 전장을 가할 때 생기는 유전손(dielectric loss)에 의하여 유전체를 가열하는 방법이다.
㉡ 고주파 유도 가열은 금속과 같은 도전 물질이 고주파 자장을 가할 때 도체 내에 생기는 맴돌이 전류에 의하여 물질을 가열하는 방법이다.

49 ③
제어용 증폭기의 종류
㉠ 전기식 : 트랜지스터나 진공관을 사용하여 증폭하는 방식
㉡ 유압식 : 입력신호에 따라서 압력 기름의 통과량을 변화시켜서 출력신호를 증폭하는 방식
㉢ 공기식 : 노즐 플래퍼(nozzle flapper)로 변위를 공기압으로 바꾸고, 공기압을 파일럿 밸브로 증폭하여, 그 압력을 진동판으로 받아서 변위를 변화시키는 방법

50 ①
㉠ 오디오미터(audiometer) : 귀의 청력을 검사하기 위하여 가청 주파수 영역의 여러 가지 레벨의 순음을 전기적으로 발생하는 음향 발생 장치
㉡ 심장용 페이스메이커(cardiac pacemaker) : 일시적으로 정지하거나 박동 주기가 고르지 못한 심장을 정상으로 되돌리기 위하여 전기적 펄스를 발생시켜 심장에 가하는 장치
㉢ 심장계(Phono cardiograph) : 청진기에 의한 청진술을 전자기술을 이용하여 개량한 것
㉣ 망막 전도 측정기 : 동공을 통하여 빛을 망막에 보낼 때 유발되는 전위를 측정, 기록하여 눈의 시세포의 기능 검사 등에 사용하는 장치(망막 전장)

51 ①
전파
인공적인 유도 없이 공간을 전파하는 3,000[GHz] 이하의 주파수의 전자기파(ITU) [2700~3400[MHz] 대역의 레이더 운용분야]
㉠ 장거리 대공감시 레이더

ⓒ 공항감시 레이더(ASR)와 같은 중거리 대공감시 레이더
ⓒ AWACS와 같은 원거리용 항공탑재 펄스 도플러 레이더
ⓔ 군용 3D 레이더 및 고도측정 레이더
ⓜ 정확한 강우량 추정을 요구하는 기상레이더(NEXRADAR)

52 ④
ⓗ 캡스턴(capstan) : 모터에 의해 일정한 속도(테이프의 원주속도와 거의 같음)로 회전하는 회전축
ⓛ 핀치롤러(pinch roller) : 테이프를 캡스턴에 압착하여 테이프가 정속 주행하도록 한다.
ⓒ 테이프 가이드(tape guide)는 테이프의 주행의 안내로 헤드에 대하여 올바른 위치에서 녹음, 재생이 이루어지도록 한다. 또한 릴에 대해서는 올바른 위치에서 테이프가 감기도록 한다.
ⓔ 압착 패드(pressure pad)는 테이프를 헤드에 대하여 정확히 밀착시켜 레벨 변동이나 고역 저하의 원인이 되는 스페이싱 손실을 줄이기 위해 설치한다.
ⓜ 자기 녹음기에서 테이프를 일정한 속도로 움직이게 하는 방법으로는 테이프의 주행속도와 거의 같은 원주속도를 가진 회전축인 캡스턴(capstan)과 고무바퀴로 된 핀치롤러(pinch roller)를 압착시키고 그 사이에 테이프를 삽입시켜서 정속 주행하도록 하는 캡스턴 구동법이 실용되고 있다.

53 ④
추치제어(variable value control)란 목표값이 변화하는 경우 그것에 제어량을 추종시키기 위한 제어를 말하며 추종제어, 비율제어, 프로그램제어의 3가지 형식이 있다.

54 ①
$G_1 = (x - Hy) = y$
$y = \dfrac{G_1}{1 + G_1 H}$ 에서 직렬 되먹임계이므로 $H = 1$
$\therefore \dfrac{y}{x} = \dfrac{G_1}{1 + G_1}$, $y = \dfrac{G}{1 + G} x$

55 ①
전계강도$(E) = \dfrac{7\sqrt{P}}{d}[\text{V/m}]$
100[W]에서의 전계강도를 E_1 이라 하면
$E_1 = 7\sqrt{100} = 70[\text{V/m}]$
200[W]에서의 전계강도를 E_2 라 하면
$E_2 = 7\sqrt{200} = 99[\text{V/m}]$
즉, 전계강도는 1.4배가 된다.

56 ④
ⓗ 물체가 빛의 조사(照射)를 받으면 빛에너지를 흡수하여 전기적 변화를 일으키는 광전 효과(photoelectric effect)에는 전자를 방출하는 광전자 방출 효과와 기전력을 발생하는 광기전력 효과 및 저항값의 변화가 생기는 광도전 효과가 있다.
ⓛ 광도전 효과는 반도체에 빛을 조사하면 반도체 내의 캐리어(전자와 정공) 밀도가 증가하여 도전율이 증가하는 현상이다.

57 ③
등선속도(CLV : constant linear velocity)는 광디스크의 회전 제어 방식 중 하나로 디스크의 선속도가 일정하게 되도록 스핀들 모터의 회전 속도를 제어한다. 즉, 각속도가 일정하면 디스크 안쪽의 선속도는 느리고 바깥쪽은 빠른데, 이것을 일정하게 하기 위해 디스크 회전 속도를 헤드의 위치에 따라 변경시키는 방법이다.

58 ③
유기발광 다이오드(OLED) : 전류를 흘려 주면 스스로 빛을 내는 유기화합물을 이용한 디스플레이
* 장점
ⓗ 낮은 전압에서 구동 가능
ⓛ 얇은 박형으로 만들 수 있음
ⓒ 넓은 시야각과 빠른 응답속도 → 일반 LCD와 달리 바로 옆에서 보아도 화질이 변하지 않으며 화면에 잔상이 남지 않는다.
ⓔ LCD에서 문제로 지적되는 결점을 해결할 수 있는 차세대 디스플레이 후보
ⓜ OLED 디스플레이는 다른 디스플레이에 비해 중형 이하에서는 TFT LCD와 동등하거나 그 이상의 화질 가능
ⓑ 제조공정이 단순하여 향후 가격 경쟁에서 유리

59 ②
$P = VI[\text{W}]$, $I = \dfrac{V}{R}$ 이므로 $P = \dfrac{V^2}{R} = \dfrac{10^2}{8} = 12.5[\text{W}]$

60 ②
적외선 센서
외부 물질로부터 방사된 적외선이 센서 내의 자발 분극을 갖는 물질의 분극을 변화시켜 외부 자유 전하를 발생시킴으로써 물질을 감지한다. 응답 속도와 감도가 비교적 크므로 일반적으로 널리 이용된다.

2015년 7월 19일

01 ④
옴의 법칙(Ohm's law)은 도체에 흐르는 전류(I)는 전압(V)에 비례하고 저항(R)에 반비례한다.

02 ①
$f_L = \dfrac{1}{2\pi CR}$

03 ③

정현파 발진회로는 LC 발진회로(동조형 반결합, Clapp, Hartley, Colpitts)와 수정 발진회로(Pierce, 수정발진기) 및 RC 발진회로(이상형 병렬, Wien-Bridge)로 구분되고, 멀티바이브레이터는 구형파 발진회로이다.

04 ④

링(ring) 변조회로는 4개의 다이오드를 브리지형으로 접속하고, 입력 변압기의 1차측에 변조신호를 가하여 두 변압기의 중성점 사이에 반송파를 가하여 2중으로 평형을 시키는 평형 변조기의 일종이다. 반송파(f_c)는 다이오드를 개폐시키는 작용을 하며 반송파만을 가했을 때는 출력 전압은 나타나지 않고, 변조신호(f_m)와 반송파(f_c)를 동시에 가하면 변조신호에 의해서 진폭이 변조된 출력 전압이 나타나고, 주파수는 상측파대와 하측파대($f_c \pm f_m$)가 나타나므로 여파기를 사용하여 한쪽의 측파대만 분리하면 단측파대(SSB)가 얻어진다.

05 ②

평활회로는 정류회로를 거친 교류 전압을 직류에 가깝게 되도록 하며, 평활회로는 LC, RC 여파기(filter) 등이 사용된다. 평활회로의 리플률을 줄이기 위하여 R과 C를 크게 한다.

06 ②

사이리스터(Thyristor)란 제어단자(G)로부터 음극(K)에 전류를 흘리는 것으로, 양극(A)과 음극(K) 사이를 도통(導通)시킬 수 있는 3단자의 반도체 소자이다. 실리콘제어정류기(Silicon Controlled Rectifier, SCR)라고도 불린다. PNPN의 4중 구조를 하고 있다. P형 반도체로부터 게이트 단자를 꺼내고 있는 것을 P게이트, N형 반도체로부터 게이트 단자를 꺼내고 있는 것을 N게이트라고 부른다.

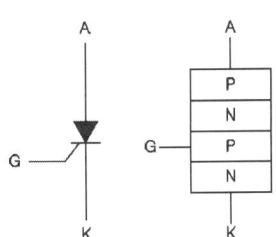

[SCR의 회로기호와 구조]

07 ④

클램핑 회로(clamping circuit) : 입력 신호의 (+) 또는 (-)의 피크(peak)를 어느 기준 레벨로 바꾸어 고정시키는 회로로서, 직류분 재생회로 등에 쓰인다.

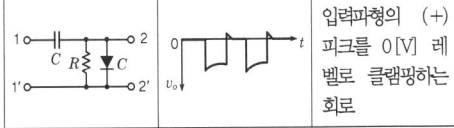

08 ③

슈미트 트리거 회로는 정현파 입력을 받아 구형파(방형파) 출력 파형을 만드는 회로이다.

09 ①

㉠ 베이스 접지 시의 전류증폭률(α)
$$\alpha = \frac{\Delta I_C}{\Delta I_E}, \quad \alpha = \frac{\beta}{1+\beta}$$
㉡ 이미터 접지 시의 전류증폭률(β)
$$\beta = \frac{\Delta I_C}{\Delta I_B}, \quad \beta = \frac{\alpha}{1-\alpha}$$
$$\therefore \beta = \frac{0.89}{1-0.89} \fallingdotseq 8.1$$

10 ②

BJT(Bipolar Junction Transistor)는 전자와 정공이 함께 전류를 제어하나 유니폴러는 바이폴러와 달리 다수 캐리어 하나에 의해서만 전류가 흘러 BJT와 다르게 n채널형 p채널형으로 불린다. BJT는 베이스에 흐르는 전류로 컬렉터 이미터 간 전압을 제어하고 FET는 게이터에 걸리는 전압으로 드레인→소스로 흐르는 전류를 제어한다. 전계 효과 트랜지스터(FET : Field Effect Transistor)는 다수 반송자에 의해 전류가 흐르고 5극 진공관과 비슷한 특성을 가지며 입력 임피던스가 매우 높은 특징이 있다.

11 ③

전지의 내부저항과 부하저항이 같아야($r=R$) 최대 전력이 공급되므로, $R_S = R_L$이 되어야 한다. 그러므로 $R_L = 75[\Omega]$이 된다.

12 ①

㉠ 비안정 멀티바이브레이터(astable multivibrator) : 2단 비동조 증폭회로에 100[%] 정궤환을 걸어준 구형파 발진기이다.
㉡ 단안정 멀티바이브레이터(monostable multivibrator) : 하나의 안정 상태와 하나의 준안정 상태를 가지며, 외부로부터 부(-)의 트리거 펄스를 가하면 안정 상태에서 준안정 상태로 되었다가 어느 일정 시간 경과 후 다시 안정 상태로 돌아오는 동작을 한다.
㉢ 쌍안정 멀티바이브레이터(bistable multivibrator) : 입력 트리거 펄스 2개마다 1개의 출력 펄스를 얻어낼 수 있으므로, 분주회로나 계산기, 계수 기억회로, 2진 계수회로 등에 사용된다.

13 ①

연산 증폭회로는 가산기(adder), 적분기(integrator), 미분기(differentiator) 등에 응용된다.

14 ④

전압제어 발진기(VCO, Voltage Controlled Oscillator)

는 입력 제어 전압에 대체로 선형적 비례하며 가변 주파수를 발생시키는 발진기로 제어전압을 변화시켜 출력 발진 주파수를 제어한다.

15 ④
다단 직렬증폭기의 종합이득(G_o) = $G_1 + G_2 + \cdots + G_n$ [dB]이므로 $G = 30 + 50 = 80$ [dB]이 된다. 그러므로 10000의 이득이 된다.

16 ②
클램핑 회로(clamping circuit) : 입력 신호의 (+) 또는 (-)의 피크(peak)를 어느 기준 레벨로 바꾸어 고정시키는 회로로서, 직류분 재생회로 등에 쓰인다.

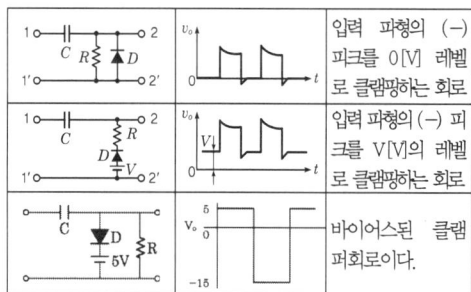

17 ②
$F = A + \overline{A} \cdot B = (A + \overline{A}) \cdot (A + B) = A + B$

18 ③
㉠ Solid State Drive : 반도체 기억 소자인 낸드 플래시 메모리로 구성된 저장장치. HDD가 자기디스크와 구동장치로 구성되어 있는 것과 달리 SSD는 구동장치가 없어 소음이 없고, 데이터 처리 속도가 빠르다. HDD를 대신해서 노트북 컴퓨터나 차세대 모바일 제품의 대용량 기억장치로 사용되고 있다.
㉡ MicroSD : 마이크로SD는 이동식 플래시 메모리 카드를 위한 포맷이다. 샌디스크 트랜스플래시에서 나온 것이며 휴대용 기술에 주로 쓰이지만, 휴대용 GPS 장치, MP3 플레이어, 게임기, 확장형 USB 플래시 메모리 드라이브에도 사용할 수 있다.
㉢ Compact Flash(CF 카드) : 36.4(L)×42.8(W)×3.3(H) mm PC 카드용 메모리 생산업체인 미국의 '샌디스크'가 개발한 메모리. NEC, 캐논, 엡손 등 일본업체를 포함한 12개사의 동참을 얻어 표준화를 추진했다.

19 ①
연산장치(ALU, Arithmetic and Logic Unit)는 프로그램상의 명령문에 대한 모든 연산을 수행하는 장치로서, 누산기, 데이터 레지스터, 가산기, 상태 레지스터 등으로 구성된다.

20 ③
스택(stack) : 기억장치에 데이터를 일시적으로 겹쳐 쌓아 두었다가 필요 시에 꺼내서 사용할 수 있게 주기억장치나 레지스터의 일부를 할당하여 사용하는 임시기억장치로, 데이터는 위(top)라고 불리는 한쪽 끝에서만 새로운 항목이 삽입(push)될 수 있고 삭제(pop)되는 후입선출(LIFO : Last In First Out)의 자료구조이다.

21 ③
㉠ 디코더(Decoder : 복호기)는 n비트의 2진 코드를 최대 2^n개의 서로 다른 정보로 바꾸어 주는 논리 조합회로로 출력은 AND 게이트로 구성된다.
㉡ 인코더(Encoder : 부호기)는 숫자나 문자 등의 10진수 입력을 2진부호로 변환하는 회로로 OR 게이트로 구성된다.
㉢ 멀티플렉서(multiplexer)는 2^n개의 입력 중에 선택 입력 n개를 이용하여 하나의 정보를 출력하는 조합회로이다. 즉, 여러 개의 입력선 중에서 하나의 입력선을 선택하여, 입력선의 데이터를 출력하는 조합 논리회로이다.

22 ③
그레이 코드(Gray Code)
1비트의 변화를 주어 아날로그 데이터를 디지털 데이터로 변환하는 데 사용하는 코드로, 연산에는 부적합한 코드로 A/D 변환기, 입·출력장치의 인터페이스 코드로 널리 사용된다. 첫 번째 자릿수는 그냥 밑으로 내려주고 두 번째 자릿수부터 왼쪽 옆의 자릿수를 더하여 내려주면 코드 변환이 이루어진다.

```
    +    +    +    +
   ⌒   ⌒   ⌒   ⌒
 1   0    1    1    1
 ↓   ↓   ↓   ↓   ↓
 1   1    1    0    0
```

23 ②
어셈블리어의 특징
㉠ 기계어에 비해 프로그램 작성이나 수정이 용이하다.
㉡ 호환성이 없으므로 전문가 외에는 사용하기 어렵다.
㉢ 컴퓨터 동작 원리에 대한 전문 지식이 필요하다.
㉣ 기계어보다 사용하기 편리하다.

24 ④
$(1B7)_{16} = 1 \times 16^2 + 11 \times 16^1 + 7 \times 16^0$
$= 256 + 176 + 7 = (439)_{10}$

25 ②
버스(BUS)는 동일한 기능을 수행하는 많은 신호선들의 집단으로 마이크로프로세서가 주변 소자들과 데이터 교환을 위한 통로로 사용되며, 주소 버스, 데이터 버스, 제어 버스로 구분한다.
㉠ 주소 버스(Address Bus)는 마이크로프로세서가 외부의 메모리나 입·출력장치의 번지를 지정할 때 사용하는 단

방향 버스이다.
ⓒ 데이터 버스(Data Bus)는 마이크로프로세서에서 메모리나 출력장치로 데이터를 출력하거나 반대로 메모리나 출력장치로부터 데이터를 입력할 때의 전송로로 사용되는 양방향 버스이다.
ⓒ 제어 버스(Control Bus)는 마이크로프로세서가 현재 수행 중인 작업의 종류나 상태를 메모리나 입·출력장치에게 전달하는 출력신호와 외부에서 마이크로프로세서로 어떤 동작의 요구를 위한 입력신호 등으로 구성되는 단방향 버스이다.

26 ④
복수 배열 독립 디스크(Redundant Array of Independent Disks 또는 Redundant Array of Inexpensive Disks)는 여러 개의 하드 디스크에 일부 중복된 데이터를 나눠서 저장하는 기술이다. 데이터를 나누는 다양한 방법이 존재하며, 이 방법들을 레벨이라 하는데, 레벨에 따라 저장장치의 신뢰성을 높이거나 전체적인 성능을 향상시키는 등의 다양한 목적을 만족시킬 수 있다.

27 ④
㉠ 캐시 메모리(Cache Memory) : 주기억장치(RAM)와 중앙처리장치(CPU) 사이에 위치하여 데이터를 임시로 저장해 두는 장소. 상대적으로 느린 주기억장치의 접근시간과 빠른 CPU와의 속도 차를 줄이기 위하여 주기억장치의 정보를 일시적으로 저장
㉡ 연관기억장치(Associative Memory) : 기억장치에서 자료를 찾을 때 주소에 의해 접근하지 않고, 기억된 내용의 일부를 이용하여 Access할 수 있는 기억장치
㉢ 가상 메모리(Virtual Memory) : 보조기억장치(하드디스크)를 마치 주기억장치인 것처럼 사용하여 실제 주기억장치의 적은 용량을 확대하여 사용하는 방법

28 ①
C언어
① 1974년 개발된 언어로 UNIX 시스템을 구축하기 위한 시스템 프로그래밍 언어로서 수식이나 제어 및 데이터 구조를 가장 간편하게 제공하고 있다. C언어는 원래 시스템 프로그램으로 개발되었으나 기종에 관계없이 수치 해석, 텍스트 처리, 데이터베이스 처리를 위한 프로그램에도 많이 활용되고 있으며, UNIX 운영체제를 위해 개발한 시스템 프로그램 언어로 저급언어와 고급언어의 특징을 모두 갖춘 언어이다.
② C언어의 관계 연산자

종류	연산자 (기호)	연산자의 의미	관계식
관계 연산자	>	~보다 크다.	a>b
	>=	~보다 크거나 같다.	a>=b
	<	~보다 작다.	a<b
	<=	~보다 작거나 같다.	a<=b
	==	같다.	a==b
	!=	다르다.	a!=b

29 ④
유도형 계기는 회전 자기장 또는 이동 자기장 내에 금속편을 놓으면 맴돌이 전류가 생겨서 금속편을 이동시키는 토크가 발생하는 원리를 이용한 계기이다.

30 ②
슈퍼헤테로다인 수신기에 고주파 증폭회로를 부가하면 신호 대 잡음비가 크게 개선되며 감도와 선택도가 좋아지고, 영상신호 방해를 경감시킬 수 있다.

31 ②
LCD(액정 화면, Liquid Crystal Display)는 2개의 유리판 사이에 액정을 주입해 배열한 후 전기적인 압력을 가해 각 액정 분자의 배열을 변화시켜 이때 일어나는 광학적 굴절변화를 이용, 문자·영상을 나타내는 표시 장치. 1.5~2[V]의 전원에서 작동하고 소비전력이 적어 시계, 계산기, 노트북 컴퓨터 등에 많이 쓰인다.

32 ①

33 ③
㉠ 자동평형식 기록계기(automatic balancing recorder)는 펜과 기록용지에서 생기는 마찰 오차를 피하기 위하여 영위법에 의한 측정원리를 이용한 것으로, 자동평형 기록계기는 영위법에 의한 측정회로, DC-AC 변환기, 증폭회로, 서보 모터 및 지시 기록기구로 구성되어 있다.
㉡ 자기변조기(magnetic modulator)는 저주파신호를 보다 높은 주파수로 변화시키는 자기장치. 자기변조기의 동작원리는 두 전기회로 사이의 강자성 결합에 기초하고 있다. 자기변조기의 출구전압은 입구신호에 의해서 진폭, 위상 혹은 주파수에 따라 변조된 주기적으로 변화되는 전압과 진폭, 길이, 주파수 또는 위상에 따라 변조된 임펄스 전압으로 나타난다.

34 ③
㉠ 회로 시험기(multi-circuit tester)는 정격 전류가 작은(수십[μA]~1[mA]) 가동 코일형 전류계에 여러 개의 분류기와 배율기를 전환 스위치로 전환하여 측정 범위를 연속적으로 확대해 나갈 수 있게 구성한 것으로 교류 측정이 되도록 정류기와 저항을 측정할 수 있는 직독 저항계를 위한 내부 전지 등이 추가되어 있다.
㉡ 측정 내용 : 직류전류, 직류전압, 교류전압, 저항, 인턱턴스 및 커패시턴스와 dB는 지정된 교류전원(보통 10[V] 범위)을 가하여 측정할 수 있으며, 직류전압의 측정 시에는 극성을 구분하여 측정해야 한다.

35 ①
주파수비는 $f_r : f_x = 2 : 1$이므로
$f_x = \frac{1}{2} \cdot f_r = \frac{1}{2} \times 100 = 50[Hz]$

36 ③

캠벨 브리지는 주파수 측정에 사용되며, 가변상호 인덕턴스와 가변 콘덴서로 구성된다. 평형되었을 때 콘덴서의 전류를 I라 하면 $-j\omega MI = j\frac{1}{\omega C}I$에서 $f = \frac{1}{2\pi\sqrt{MC}}$로 되어 주파수를 구할 수 있다.

37 ①
트리거 펄스(trigger pulse)를 발생시키는 톱니파 발생기 회로가 들어간다.

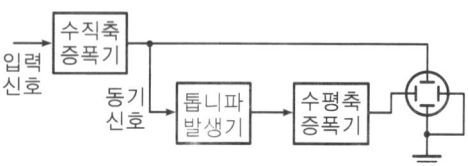

[오실로스코프의 기본 구성]

38 ②

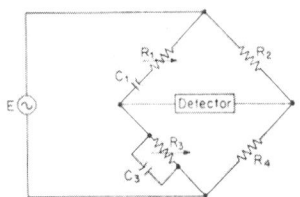

변 1은 RC 직렬 결합이고, 변 3은 RC 병렬 결합이다.
변 1의 임피던스 $Z_1 = R_1 - j/\omega C_1$
변 3의 어드미턴스 $Y_3 = 1/R_3 + j\omega C_3$
따라서 평형조건에 의해
$$R_2 = \left(R_1 - \frac{j}{\omega C_1}\right)R_4\left(\frac{1}{R_3} + j\omega C_3\right)$$
이를 전개하면,
$$R_2 = \frac{R_1 R_4}{R_3} + j\omega C_3 R_1 R_4 - j\frac{R_4}{\omega C_1 R_3} + \frac{R_4 C_3}{C_1}$$
$$R_2 = \frac{R_1 R_4}{R_3} + \frac{R_4 + C_3}{C_1}$$
실수부는 $\frac{R_2}{R_4} = \frac{R_1}{R_3} + \frac{C_3}{C_1}$

39 ④
고주파의 측정에는 흡수형 주파수계, 헤테로다인 주파수계, 딥 미터(dip meter), 동축 주파수계, 공동 주파수계가 사용된다.

40 ④
계기용 변압기
교류전압의 확대를 위한 장치이다.

41 ①

의용전자장치의 종류
- ㉠ 심전계(electrocardiograph) : 심장의 활동으로 인하여 생기는 기전력에 의하여 생체 내에 흐르는 전류 분포의 변화를 신체 표면의 두 점 사이의 전위차로써 검출하여 증폭한 다음 기록기에 기록하는 장치로서, 심장 질환의 진단에 이용된다.
- ㉡ 뇌파계(electroencephalograph) : 뇌수의 율동적 활동 전압을 머리 피부에 전극을 붙여서 검출, 증폭 기록하는 장치(뇌파 기록)
- ㉢ 근전계(electromyograph) : 근육의 수축에 따라 생기는 근육 활동 전류를 전극에 의해 검출하여 증폭 기록하는 장치
- ㉣ 안진계 : 눈의 안구 운동에 따라 생기는 각막, 망막 전위의 변화를 측정, 기록하는 장치
- ㉤ 망막 전도 측정기 : 동공을 통하여 빛을 망막에 보낼 때 유발되는 전위를 측정, 기록하여 눈의 시세포의 기능 검사 등에 사용하는 장치(망막 전장)
- ㉥ 심음계(phonocardiograph) : 청진기에 의한 청진술을 전자기술을 이용하여 개량한 것
- ㉦ 전기 혈압계 : 직접법과 간접법에 의한 혈압계가 있다.
- ㉧ 맥파계(plethysmograph) : 심장의 박동에 따르는 혈관의 맥동 상태를 측정, 기록한 맥파를 측정하는 장치
- ㉨ 오디오미터(audiometer) : 귀의 청력을 검사하기 위하여 가청 주파수 영역의 여러 가지 레벨의 순음을 전기적으로 발생하는 음향 발생 장치
- ㉩ 심장용 세동 제거 장치 : 수술 시나 고전압에 닿았을 경우의 충격에 의한 심장의 세동 상태를 정상 상태로 회복시키는 고압 임펄스 장치
- ㉪ 심장용 페이스메이커(cardiac pacemaker) : 일시적으로 정지하거나 박동 주기가 고르지 못한 심장을 정상으로 되돌리기 위하여 전기적 펄스를 발생시켜 심장에 가하는 장치
- ㉫ 저주파 치료기, 고주파 치료기, 전기 메스 등

42 ③
- ㉠ 전장 발광 현상은 형광체를 포함한 반도체에 전기장을 가하면 빛이 방출되는 현상이다.
- ㉡ 톰슨 효과(Thomson effect) : 도체 막대의 양 끝을 서로 다른 온도로 유지하면서 전류를 통할 때 줄열 이외에 발열이나 흡열이 일어나는 현상

43 ②

44 ②
온·오프 동작은 편차가 양인가 음인가에 따라 조작부를 온(On) 또는 오프(Off)하므로 연속적인 동작이 아니다.

45 ④
야기 안테나의 구조에서 도선의 길이가 제일 짧은 소자의 도파기는 방송국의 방향으로 설치되어 도래 전파를 흡수하고, 도선의 길이가 제일 긴 소자인 반사기는 투사기를 지나온 전파를 반사시켜 수신 감도를 상승시키는 역할을 한다.

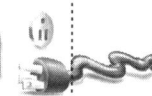

46 ④

표피 효과(skin effect)는 도체에 교류전류가 흐를 때 도체 내의 전류밀도의 분포가 불균일해져서 중심부의 전류밀도는 낮으며 전류는 표면에 집중하여 흐르는 현상이다. 표피 효과에 의해 코일이나 도체의 저항을 고주파에서 측정하면 직류에서 측정한 것보다 높은 값을 표시한다.

47 ②

㉠ 캡스턴(capstan) : 모터에 의해 일정한 속도(테이프의 원주속도와 거의 같음)로 회전하는 회전축
㉡ 핀치 롤러(pinch roller) : 테이프를 캡스턴에 압착하여 테이프가 정속 주행하도록 한다.
㉢ 테이프 가이드(tape guide) : 테이프의 주행의 안내로 헤드에 대하여 올바른 위치에서 녹음, 재생이 이루어지도록 또 릴에 대해서는 올바른 위치에서 테이프가 감기도록 한다.
㉣ 압착 패드(pressure pad) : 테이프를 헤드에 대하여 정확히 밀착시켜 레벨 변동이나 고역 저하의 원인이 되는 스페이싱 손실을 줄이기 위해 설치한다.
㉤ 자기 녹음기에서 테이프를 일정한 속도로 움직이게 하는 방법으로는 테이프의 주행속도와 거의 같은 원주 속도를 가진 회전축인 캡스턴(capstan)과 고무바퀴로 된 핀치 롤러(pinch roller)를 압착시키고 그 사이에 테이프를 삽입시켜서 정속 주행하도록 하는 캡스턴 구동법이 실용되고 있다.

48 ①

고스트(ghost) 장해
직접파에 의한 영상과 반사파에 의한 영상이 시간적으로 벗어나서, 상이 2중, 3중으로 되는 현상

49 ①

제어계 전체 또는 요소의 출력 신호와 입력 신호의 비를 제어계나 요소의 전달함수(transfer function)라 한다.

50 ①

전자 현미경의 분해능에 영향을 주는 수차
㉠ 구면 수차(spherical aberration) : 렌즈의 축에 가까운 곳과 먼 곳에서의 굴절률이 다르기 때문에 빛이 한 점에 모이지 않고 퍼진다.
㉡ 색 수차(chromatic aberration) : 전자빔이 시료를 투과할 때 속도가 다른 여러 전자가 생겨서 상이 흐려지는 현상
㉢ 축 비대칭 수차 : 전자장의 분포가 축에 대하여 비대칭으로 되는 데 기인한 수차

51 ①

콘덴서 C는 저음 성분을 차단하여 고음 성분만 트위터에 가해지도록 하기 위한 것이며, 트위터의 구경은 우퍼의 구경보다 작은 것이 사용된다.

52 ②

연산증폭기를 이용한 전압 폴로워(Voltage follower) 회로로 입력 임피던스가 매우 크고 출력 임피던스는 매우 작은 이상적인 완충증폭기로서 부궤환에 의한 이득이 1이므로 출력은 "1"이 된다.

$A_V(V_s - V_o) = V_o$, $V_o = \dfrac{A_V}{1+A_V} \cdot V_s$ 에서 $A_V = \infty$

이므로 $V_o = V_s$

$\therefore A_{Vf} = \dfrac{V_o}{V_s} = 1$

그러므로 출력은 입력과 같은 50[mV]이다.

53 ③

펄스변조의 종류
㉠ 펄스진폭변조(PAM : Pulse Amplitude Modulation)
㉡ 펄스폭변조(PWM : Pulse Width Modulation)
㉢ 펄스부호변조(PCM : Pulse Coded Modulation)
㉣ 펄스위상변조(PPM : Pulse Phase Modulation)

54 ①

$\lambda = \dfrac{c}{f} = \dfrac{3 \times 10^8}{50 \times 10^6} = 6[\text{m}]$

$\therefore \dfrac{\lambda}{4} = \dfrac{6}{4} = 1.5[\text{m}]$

55 ②

서보기구(servomechanism)에 사용되는 기구에는 싱크로(synchro), 리졸버(resolver), 저항식 서보기구, 차동변압기 등이 있다.

56 ④

증폭기에 부궤환(음되먹임 : negative feed back)을 걸어주면 증폭이득은 감소하여 출력은 낮으나 비직선 일그러짐이 감소하여 주파수 특성이 평탄하게 개선된다. 또 잡음을 줄일 수 있으며 증폭기 전체의 동작이 안정되는 등의 이점이 있게 된다.

57 ④

해상비(resolution ratio) $= \dfrac{\text{수평해상도}}{\text{수직해상도}} = \dfrac{340}{350} ≒ 0.97$

58 ④

$S/N = 20 \log \dfrac{\text{신호전압}}{\text{잡음전압}}$

$= 20 \log \dfrac{10}{10 \times 10^{-6}} = 120[\text{dB}]$

59 ①

초음파 발생 장치
㉮ 수정 진동자 : 압전 효과의 응용으로 초음파를 발생시킬

수는 있으나 가격이 비싸고 가공이 어려우며, 전기 기계 변환 효율이 좋지 않으므로 거의 사용되지 않는다.
㈏ 전기 왜형 진동자 : 진동자의 두께, 모양, 크기에 따라 진동형태가 달라진다.
　㉠ 최근에는 사용 온도 한계가 높고, 온도 특성이 좋은 지르콘티탄산납(PZT) 진동자가 널리 사용된다.
　㉡ 전기 왜형 진동자의 사용 주파수는 200[kHz]~2[MHz]이다.
㈐ 자기 왜형 진동자 : 강자성체를 자화하면 자장의 방향으로 길이가 변화하는 자기 왜형 현상(또는 줄 효과(Joule effect))을 이용한 것으로 니켈 진동자와 페라이트 진동자 등이 있다.
　㉠ 니켈 진동자 : 맴돌이 전류에 의한 손실이 크지만, 기계적으로 견고하므로 주로 50[Hz] 이하의 초음파 가공기에 사용된다.
　㉡ 페라이트 진동자 : 기계적 강도는 약하나 효율이 높으므로 초음파 세척기 등에 사용되고 있다.(사용 주파수는 100[kHz] 이하)

60 ③
일반적인 프로세스 제어계의 주요 구성부

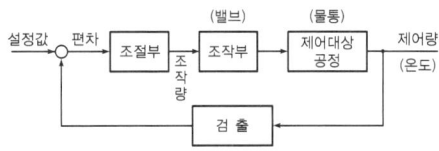

㉠ 제어요소 : 동작 신호를 조작량으로 변환하는 요소이며 조절부와 조작부로 되어 있다.
㉡ 검출부 : 제어량을 검출하고 기준 입력 신호와 비교시키는 부분으로 사람에 비유하면 감각기관에 해당한다.
㉢ 조절부 : 기준 입력과 검출부 출력과의 차가 되는 신호(동작 신호)를 받아서 제어계가 정하여진 행동을 하는 데 필요한 신호를 만들어 조작부에 보내는 부분으로 사람에 비유하면 두뇌에 해당되며, 제어 장치의 중심을 이룬다.
㉣ 조작부 : 조절부로부터 받은 신호를 조작량으로 바꾸어 제어대상에 보내 주는 부분으로 사람에 비유하면 손, 발에 해당한다.

2015년 10월 10일

01 ①
펄스 부호 변조(PCM : Pulse Coded Modulation)
신호 레벨(높낮이)에 따라 펄스 열의 유·무를 변화시키는 방법으로, 각 샘플별로 신호 레벨을 일정 비트를 갖는 2진 부호로 바꾸어 부호화한다.

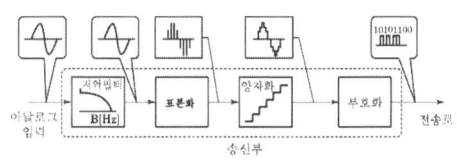

[펄스부호변조(PCM) 방식]

㉠ 표본화 : 음성신호와 같은 연속 파형을 일정한 간격으로 나누어 이 값만 취하고 나머지는 삭제하는 것
㉡ 양자화 : 표본화한 값을 갖는 PAM 신호를 디지털 신호로 변환하기 위하여 PAM파를 각각의 대표값으로 표현하는 것
㉢ 부호화 : 양자화된 샘플을 양자화 레벨의 수 n에 따라 2^n 비트로 부호화

02 ②
㈎ 병렬 제어형 정전압회로
　㉠ 제어용 트랜지스터(가변 임피던스)와 부하저항 R_L이 병렬로 접속된다.
　㉡ R_1이 R_L과 직렬 접속되므로 전력 소비가 크고 효율이 나쁘다.
㈏ 직렬 제어형 정전압회로
　㉠ 제어용 트랜지스터가 부하와 직렬로 접속된다.
　㉡ 경부하 시 효율이 병렬 제어형보다 크고, 출력전압의 안정 범위가 넓다.

03 ①
클램핑 회로
입력 신호의 (+) 또는 (-)의 피크를 어느 기준 레벨로 바꾸어 고정시키는 회로를 클램핑 회로, 또는 클램퍼(Clamper)라 한다. 이 회로가 직류분을 재생하는 목적에 쓰일 때에는 직류분 재생회로라고도 한다.

04 ③
멀티바이브레이터는 트랜지스터(또는 진공관) 2단의 RC 결합 증폭기의 출력을 입력으로 정궤환(양되먹임)시켜 2개의 트랜지스터는 교대로 ON-OFF 상태를 반복 유지하는 펄스 발생회로이다. 발진주파수는 회로의 시정수로 결정되며 고차의 고조파가 함유된 파형을 얻고 결합회로의 구성에 따라 비안정, 단안정, 쌍안정 멀티바이브레이터로 구분한다.
㉠ 비안정 멀티바이브레이터(astable multivibrator) : 2단 비동조 증폭회로에 100[%] 정궤환을 걸어준 구형파 발진기이다.
㉡ 단안정 멀티바이브레이터(monostable multivibrator) : 하나의 안정 상태와 하나의 준안정 상태를 가지며, 외부로부터 부(-)의 트리거 펄스를 가하면 안정 상태에서 준안정 상태로 되었다가 어느 일정 시간 경과 후 다시 안정 상태로 돌아오는 동작을 한다.
㉢ 쌍안정 멀티바이브레이터(bistable multivibrator) : 입력 트리거 펄스 2개마다 1개의 출력 펄스를 얻어낼 수 있으므로, 분주회로나 계산기, 계수 기억회로, 2진 계수회로 등

에 사용된다.

05 ④

N≤2^n에서 10≤2^4, 즉 4단의 F/F이 필요하다.

06 ①

㉠ 입력 오프셋(offset) 전압 : 차동 출력을 0[V]로 만들기 위해 두 입력 단자 사이에 요구되는 차동 직류전압
㉡ 출력 오프셋 전압 : 연산증폭기에서 두 입력 단자가 접지되었을 때 두 출력 단자 사이에 나타나는 직류전압의 차

07 ③

전원회로의 구조 순서 : 변압회로 → 정류회로 → 평활회로 → 정전압회로

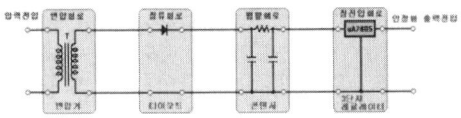

08 ③

부궤환 증폭회로의 특성
㉠ 증폭기의 이득이 감소한다.
㉡ 비선형 일그러짐이 감소한다. 특히 출력단의 잡음이 감소한다.
㉢ 주파수 특성이 개선된다.
㉣ 입력의 임피던스가 증가하고, 출력 임피던스는 감소한다.
㉤ 부하에 변동이나 전원 전압의 변동에도 증폭도가 안정된다.

09 ④

$Q = It = 4 \times 10 \times 60 = 2400[C]$

10 ②

㉠ 피어스 BE형 발진(Pierce BE type oscillation)회로 : 수정 진동자가 이미터와 베이스 사이에 있으며 하틀리 발진회로와 비슷하다.
㉡ 피어스 BC형 발진회로 : 수정 진동자가 켈렉터와 베이스 사이에 있는 것으로 콜피츠 발진회로와 비슷하다.

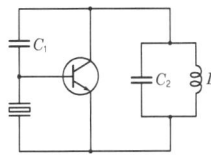
[피어스 BE형 발진회로]

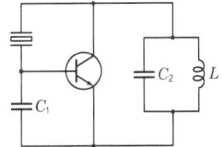
[피어스 BC형 발진회로]

11 ①

빈 브리지형 RC 발진회로에서 증폭회로의 전압증폭도는 $\frac{V_2}{V_1} = 1 + \frac{R_1}{R_2} + \frac{C_2}{C_1}$로서 이 값보다 클 때 발진하는데,

$R_1 = R_2$이고 $C_1 = C_2$이면 $\frac{V_2}{V_1}$는 3이다. 또, 이때의 발진 주파수는 $f_o = \frac{1}{2\pi\sqrt{R_1 R_2 C_1 C_2}}$에서 $R_1 = R_2$, $C_1 = C_2$이면 $f_o = \frac{1}{2\pi RC}$이 된다. 서미스터 r_1과 전구 r_2는 부궤환 회로 구성으로 발진이 더욱 안정되도록 하는 동작을 한다.

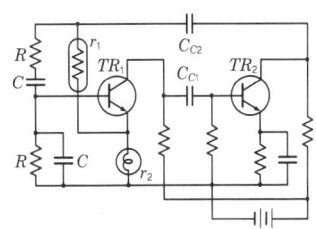

12 ②

4색 띠에 의한 저항 판독 방법에 따라

제1색 띠	제2색 띠	제3색 띠 (승수)	제4색 띠 (오차)
갈색	검정	주황	은색
1	0	10^3	±10[%]
		10[Ω]	±10[%]

10[kΩ] ±10[%]이므로 9~11[kΩ]의 저항값을 갖는다.

13 ④

㉮ 이미터 접지방식의 특징
  ㉠ 전류 증폭률(β)이 매우 크고, 전압이득과 출력이득이 다른 접지방식보다 크다.
  ㉡ 입력 임피던스가 수백[Ω]이고, 출력 임피던스가 수백[kΩ]이다.
㉯ 컬렉터 접지방식의 특징
  ㉠ 입력 임피던스가 크고, 출력 임피던스가 낮다.
  ㉡ 낮은 입력 임피던스를 갖는 회로와 결합이 적합하다.
  ㉢ 입·출력 전압위상이 동위상이고, 이득이 1 이하이다.
  ㉣ 입·출력 전류위상이 역위상이고, 이득이 크다.
  ㉤ 100[%] 부궤환 증폭기로서 안정적이고 왜곡이 가장 적다.
㉰ 베이스 접지방식의 특징
  ㉠ 고주파 특성이 양호하나 증폭도가 낮아, 저주파 회로에서는 사용이 곤란하다.
  ㉡ 입력 임피던스가 수십[Ω]이고, 출력 임피던스가 수백[kΩ]이 되어 입력 임피던스가 큰 회로와 정합이 용이하다.
  ㉢ 전류증폭도는 1 미만이지만 전압이득이 커서 전력이득이 크다.

14 ④

실리콘 단결정 기판 속에 여러 개의 능동 및 수동 소자를 만

들고, 이들을 금속막으로 결선하여 구성시킨 것으로 모놀리식(monolithic) IC라고도 한다.

15 ②
단위 환산에 의해 1[μF]=10^{-6}[F]

16 ③
펄스 파형의 성질(응답 특성)

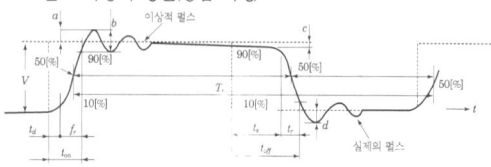

[펄스 파형]

- ㉠ 상승 시간(t_r, rise time) : 진폭 전압(V)의 10[%]에서 90[%]까지 상승하는 데 걸리는 시간
- ㉡ 지연 시간(t_d, delay time) : 상승 시각으로부터 진폭의 10[%]까지 이르는 실제의 펄스 시간
- ㉢ 하강 시간(t_r, fall time) : 펄스가 이상적 펄스의 진폭 전압(V)의 90[%]에서 10[%]까지 내려가는 데 걸리는 시간
- ㉣ 축적 시간(t_s, storage time) : 하강 시간에서 실제의 펄스가 전압(V)의 90[%]가 되기까지의 시간
- ㉤ 펄스 폭(τ_w, pulse width) : 펄스의 파형이 상승 및 하강의 진폭 전압의 50[%]가 되는 구간의 시간
- ㉥ 오버슈트(overshoot) : 상승 파형에서 이상적 펄스파의 진폭 전압(V)보다 높은 부분의 높이 a를 말하며, 이 양은 $\left(\dfrac{a}{V}\right) \times 100[\%]$ 로 나타낸다.
- ㉦ 언더슈트(undershoot) : 하강 파형에서 이상적 펄스파의 기준 레벨보다 아랫부분의 높이 d를 말하며, 이 양은 $\left(\dfrac{d}{V}\right) \times 100[\%]$ 로 나타낸다.
- ㉧ 턴온 시간(t_{on}, turn-on time) : 이상적 펄스의 상승 시각에서 전압(V)의 90[%]까지 상승하는 시간
  턴온 시간(t_{on}) = 지연 시간(t_d) + 상승 시간(t_r)
- ㉨ 턴오프 시간(t_{off}, turn-off time) : 이상적 펄스의 하강 시각에서 전압(V)의 10[%]까지 하강하는 시간
  턴오프 시간(t_{off}) = 축적 시간(t_s) + 하강 시간(t_f)
- ㉩ 새그(S, sag) : 내려가는 부분의 정도로서 낮은 주파수 성분이나 직류분이 잘 통하지 않기 때문에 생기는 것이다.
  새그 $S = \dfrac{c}{V} \times 100[\%]$
- ㉪ 링잉(b, ringing) : 펄스의 상승부분에서 진동의 정도를 말하며, 높은 주파수 성분에 공진하기 때문에 생기는 것이다.

17 ①
RAM(Random Access Memory)
저장한 번지의 내용을 인출하거나 새로운 데이터를 써넣을 수 있으나, 전원이 꺼지면 내용이 소멸된다.

- ㉠ 스태틱(Static)형(SRAM) : 단위 기억 소자가 플립플롭으로 구성되어, 속도가 빠르다.
- ㉡ 다이내믹(Dynamic)형(DRAM) : 단위 기억 비트당 가격이 저렴하고 집적도가 높다.

18 ③
㉮ 채널(Channel)이란 주기억장치와 입·출력장치 간의 데이터 처리의 고속성을 위해 사용하는 것으로, CPU로부터 입·출력장치의 제어를 위임받아 한 번에 여러 데이터 블록을 입·출력할 수 있는 시스템 하드웨어로 채널의 종류는 크게 두 가지이다.
  - ㉠ 셀렉터 채널(Selector) : 고속
  - ㉡ 멀티플렉서 채널(Multiplexor Channel) : 바이트 멀티플렉서(저속), 블록 멀티플렉서 채널(고속)
㉯ DMA(Direct Memory Access)에 의한 입·출력 방식은 마이크로 혹은 미니컴퓨터에서 볼 수 있는 가장 진보된 입·출력 방식으로서 입·출력장치의 속도가 빠른 디스크, 드럼, 자기 테이프 등과 입·출력을 할 때에 사용되는 방식이다.
  * DMA 방식의 장점
  - ㉠ 프로그램 제어 방식에 비하여 고속의 데이터 전송이 가능하다.
  - ㉡ 주변기기와 기억장치 사이에 데이터 전송으로부터 프로세서의 손이 비기 때문에 다른 일을 할 수 있다.
㉰ 인터페이스(interface)는 서로 다른 두 시스템, 장치, 소프트웨어 따위를 서로 이어 주는 부분 또는 그런 접속장치. 사용자인 인간과 컴퓨터를 연결하여 주는 장치, 키보드나 디스플레이 따위를 이른다.

19 ②
- ㉠ 디코더(Decoder : 복호기)는 n 비트의 2진 코드를 최대 2^n 개의 서로 다른 정보로 바꾸어 주는 논리 조합회로로 출력은 AND 게이트로 구성된다.
- ㉡ 인코더(Encoder : 부호기)는 숫자나 문자 등의 10진수 입력을 2진부호로 변환하는 회로로 OR 게이트로 구성된다.
- ㉢ 멀티플렉서(multiplexer)는 2^n 개의 입력 중에 선택 입력 n개를 이용하여 하나의 정보를 출력하는 조합회로이다. 즉, 여러 개의 입력선 중에서 하나의 입력선을 선택하여, 입력선의 데이터를 출력하는 조합 논리회로이다.

20 ④
- ㉠ 2진화 10진수(BCD : Binary Coded Decimal) : 10진수 1자리의 수를 2진수로 변환하여 4비트로 표시하는 것으로, 각 비트는 고유한 값 8, 4, 2, 1의 고정값을 갖는다. 그래서 8421 코드라고도 한다.
- ㉡ 그레이 코드(Gray Code) : 1비트의 변화를 주어 아날로그 데이터를 디지털 데이터로 변환하는 데 사용하는 코드로, 연산에는 부적합한 코드로 A/D 변환기, 입·출력장치의 인터페이스 코드로 널리 사용된다.
- ㉢ ASCII 코드(American Standard Code for Information Interchange Code) : 문자를 표시하기 위한 7비트 코드로서 영어 대문자, 소문자로 구별할 수 있으며, 가장 왼쪽

의 한 비트는 코드의 오류 검출용 패리티 비트를 부가하여 8비트로 표시하고 데이터 통신에서 표준코드로 사용하며 개인용 컴퓨터에 사용한다. 27=128개의 문자까지 표시가 가능하다.
② 3 초과 코드(Excess-3 Code) : BCD 코드에 3(11(2))을 더하여 만든 코드로, 자기보수 코드(self complement code)라고도 한다. 3초과 코드는 비트마다 일정한 값을 갖지 않으며, 연산 동작이 쉽게 이루어지는 특징이 있는 코드이다.

21 ②
㉠ 내포(암시) 주소지정방식(implied addressing mode)은 오퍼랜드를 사용하지 않는 방식으로 명령어 자체 내에 오퍼랜드가 포함되어 있는 방식이다.
㉡ 레지스터 간접 주소지정방식(register indirect addressing mode)은 오퍼랜드로 레지스터를 지정하고 다시 그 레지스터값이 실제 데이터가 기억된 기억 장소의 주소를 지정한다.
㉢ 레지스터 주소지정방식(register addressing mode)은 오퍼랜드가 CPU 내에 있는 레지스터가 되는 주소지정방식이다.
㉣ 즉각 주소지정방식(immediate addressing mode)은 명령문 속에 데이터가 존재하는 주소지정방식이다.
㉤ 직접 주소지정방식(direct addressing mode)은 명령어의 오퍼랜드에 실제 데이터가 들어 있는 주소를 직접 갖고 있는 방식이다.
㉥ 페이지 주소지정방식(page addressing mode)은 전체 메모리 용량을 일정한 단위, 즉 페이지별로 구분하는 것으로 기억장치를 일정 크기에 페이지로 나누어서 명령 속에 페이지 내에서의 주소를 지정하는 방식이다.
㉦ 상대 주소지정방식(relative addressing mode)은 상태 레지스터 등의 내용을 점검하여 조건에 따라 프로그램의 처리를 변경하고자 하는 명령에만 사용되는 주소지정방식이다.
㉧ 인덱스 주소지정방식(indexed addressing mode)은 인덱스 레지스터에 데이터가 스토어되어 있는 어드레스를 로드해 놓고 각 명령에서 이 어드레스 방식을 사용하면 인덱스 레지스터에 로드되어 있는 어드레스가 대상이 되는 주소지정방식이다.
㉨ 간접 주소지정방식(indirect addressing mode)은 오퍼랜드가 존재하는 기억장치 주소를 내용으로 가지고 있는 기억 장소의 주소를 명령 속에 포함시켜 지정하는 주소지정방식이다.

22 ③
㉮ 자료의 구조
㉠ 비트(bit) : binary digit의 약어로 정보를 나타내는 최소의 단위이다.
㉡ 바이트(byte) : 하나의 문자나 일정한 크기의 수를 기억하는 단위로서 8개의 비트를 연결한 모임을 말한다.
㉢ 워드(word) : 몇 개의 바이트의 모임으로, 하나의 기억 장소에 기억되는 데이터의 범위를 의미한다.
㉣ 항목(field 또는 item) : 정보의 전달을 위한 최소한의 문자의 집단을 말한다.
㉤ 레코드(record) : 한 단위로 취급되는 서로 관련 있는 항목들의 집단을 말한다.
㉥ 파일(file) : 어떤 한 작업에 관련된 레코드들의 집합을 의미한다.
㉦ 데이터베이스(data base) : 상호 관련된 파일들의 집합을 말한다.
㉯ 정보의 단위 비교 : 비트<바이트<워드<필드<레코드<파일<데이터베이스

23 ③
전체 메모리의 용량=총 주소선의 수×데이터 선의 수에 의해 총 주소선의 수=2^{10}=1024이므로 10선이 되고, data bit는 8bit이므로 8선이 된다.

24 ①
#include 〈stdio.h〉
㉮ 필요한 명령어나 함수들을 그때 그때 정의(definition)할 수도 있으나, 자주 쓰는 명령어나 함수들을 미리 정의해 둔 'library(이하 라이브러리)'들은 '헤더(header) 파일'이라는, '.h' 확장자를 가지는 파일에 선언(declaration)되어 있다. 결국 #include라는 명령어는 헤더에 선언되어 있는 함수들을 사용하겠다는 뜻으로 include를 선언한 헤더에 표현되어 있는 함수들을 사용(call)하게 되면, 해당 헤더 파일을 통해 라이브러리 파일에 접근해 정의된 기능들을 수행하는 것이다. 따라서 stdio.h란 stdio라는 이름을 가진 헤더 파일이고, void main( )은 반환값이 없는 함수 중 하나이다.
㉯ printf(기본(표준) 출력 함수)
㉠ 문자열을 출력한다.
㉡ " " 안에 있는 문자를 그대로 출력해 준다.
㉢ " "를 출력하고 싶을 때는 앞에 \를 붙인다.
㉣ 서식문자를 사용하여 다양한 출력을 할 수 있다.
㉤ %d : 10진 정수로 출력한다.
∴ 위의 프로그램을 번역하여 실행하면 결과는 6이 나온다.

25 ③
번역기의 종류는 어셈블러, 컴파일러, 인터프리터로 구분한다.
㉠ 어셈블러(assembler)는 어셈블리 언어로 작성된 원시 프로그램을 기계어로 번역하는 프로그램이다.
㉡ 컴파일러(compiler)는 전체 프로그램을 한 번에 처리하여 목적 프로그램을 생성하는 번역기로, 기억 장소를 차지하지만 실행 속도가 빠르다. 한번 번역해 두면 목적 프로그램이 생성되므로 재차 실행 시에 다시 번역할 필요가 없다. 컴파일러를 사용하는 언어에는 ALGOL, PASCAL, FORTRAN, COBOL, C 등이 있다.
㉢ 인터프리터(interpreter)는 작성된 원시 프로그램을 한 줄씩 읽어 번역 및 실행하는 작업을 반복하는 프로그램이다. 목적 프로그램이 남지 않으며, 일괄 처리가 아니므로 대화형이라 한다. 실행 속도가 느리지만 기억 장소를 적게 차지한다. 인터프리터를 사용하는 언어에는 BASIC,

LISP, 자바(JAVA), PL/1 등이 있다.

26 ①

```
부호            7
 ↓             ↓
 1           0000111
```

27 ④

중앙처리장치와 주기억장치 사이의 속도 차이를 해결하기 위하여 개발된 고속의 버퍼 기억장치를 캐시기억장치라 한다.
㉠ 캐시 기억장치(cache memory) : 프로그램 실행속도를 중앙처리장치의 속도에 가깝도록 하기 위하여 개발된 고속 버퍼 기억장치로서, 주기억장치보다 속도가 빠르고, 중앙처리장치 내에 위치하고 있으므로 레지스터 기능과 유사하다.
㉡ 가상 기억장치(virtual memory) : 제한된 주기억장치의 용량을 초과하여 사용하기 위하여 보조기억장치의 기억공간을 사용자의 주기억장치가 확장된 것과 같이 사용하는 방법이다.
㉢ 연관 기억장치(associative memory) : 검색된 자료의 내용 일부를 이용하여 자료에 직접 접근할 수 있는 기억장치이다.

28 ③

서브루틴(subroutine)은 어떤 프로그램이 실행될 때 부르거나 반복해서 사용되도록 만들어진 일련의 코드들을 지칭하는 용어로, 이를 이용하면 프로그램을 더 짧으면서도 읽고 쓰기 쉽게 만들 수 있으며, 하나의 루틴이 다수의 프로그램에서 사용될 수 있어서 재작성하지 않도록 해준다. 프로그램 로직의 주요 부분에서는 필요할 경우 공통 루틴으로 분기할 수 있으며, 해당 루틴의 작업이 완료되면 분기된 명령어의 다음 명령어로 복귀한다.

29 ③

오실로스코프 프로브(probe) 교정을 위해서는 구형파를 이용한다.

30 ①

오차의 종류
㉠ 과오 : 측정자의 부주의로 인하여 발생하는 오차
㉡ 계통 오차 : 일정한 원인에 의하여 발생하는 오차
㉢ 우연 오차 : 측정 조건의 변동이나 측정자의 주의력 동요 등에 의한 오차

31 ④

전지의 내부 저항 측정(전압계법)
$I = \dfrac{V_2}{R}$ [A]와 $r = \dfrac{V_1 - V_2}{I}$ [Ω]
$\therefore r = \dfrac{V_1 - V_2}{V_2} R$ [Ω]

32 ④

반주기가 2.5[ms]이므로 1주기는 5[ms]이다.
$f = \dfrac{1}{T} = \dfrac{1}{5 \times 10^{-3}} = 200$ [Hz]

33 ①

시간에 따라서 직선적으로 증가하는 전압을 램프 전압이라 한다.

34 ④

감도는 수신기의 규정 출력에 있어서의 S/N비를 최대 허용값으로 억제하였을 때의 수신기의 입력전압으로 표시하며 감도 측정회로는 그림과 같이 구성한다.

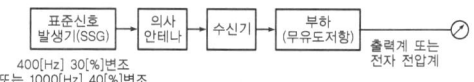

400[Hz] 30[%]변조
또는 1000[Hz] 40[%]변조

35 ③

3상 전력= $\sqrt{3}$ ×(선간 전압)×(선전류)×(역률)[W]
$P = W_1 + W_2 = \sqrt{3} VI\cos\phi$ [W]의 식에 의해
P=5.96+2.36=8.32[W]
$\cos\phi = \dfrac{P}{3VI} = \dfrac{8.32 \times 10^3}{\sqrt{3} \times 200 \times 30} = \dfrac{8.32 \times 10^3}{1.732 \times 6000}$
$= \dfrac{8.32 \times 10^3}{10392} = 0.8$

36 ②

진폭변조(AM) 파형으로 변조도 M은 $M = \dfrac{A-B}{A+B} \times 100$ [%]

37 ③

데시벨(decibel, dB)은 소리의 어떤 기준 전력에 대한 전력비의 상용로그값을 벨(bel)로서, 그것을 다시 10분의 1배(=데시[d])한 변환이다. 벨의 10분의 일이란 의미에서 데시벨[dB]이며, 벨이 상용에서는 너무 큰 값이기에 그대로 쓰기는 힘들기 때문에 통상적으로는 데시벨을 이용한다. 소리의 강함(음압레벨, SPL)·전력 등의 비교나 감쇠량 등을 에너지 비로 나타낼 때에도 사용된다. 증폭기의 입력 및 출력 전압비(이득, gain)를 나타내는 단위로도 사용하며, 다음 환산식에 적용하여 구한다.

$G = 20\log_{10} \dfrac{y}{x}$ [dB]

여기서, G : 데시벨로 환산한 입력/출력비
x : 입력
y : 출력

38 ②

지시계기의 3대 요소
㉮ 구동장치 : 가동 부분에 측정하려는 전기량에 비례하는 구동 토크(torque)를 발생시키는 장치

ⓒ 제어장치 : 가동부분의 변위나 회전에 맞서 원래의 영위치에 되돌려 보내려는 제어 토크를 발생하는 장치
  ㉠ 중력 제어 : 지구의 중력을 이용한 것
  ㉡ 스프링 제어 : 스프링의 장력을 이용한 것
  ㉢ 전자 제어 : 1개의 회전축에 2개의 가동 코일을 교차로 장치하여 구동 토크가 상반되도록 한 것
  ㉣ 맴돌이전류 제어 : 영구 자석 안에 금속 원판을 삽입하여 원판이 회전하면서 전자력을 끊어 맴돌이 전류를 발생시키도록 한 것
ⓓ 제동장치 : 가동부분에 적당한 제동력(제동 토크)을 가하여 지침을 빨리 정지시키는 장치

39 ①
㉠ 콜라우슈 브리지 : 전해액의 저항 측정
㉡ 맥스웰 브리지(Maxwell Bridge) : 미지 인덕턴스 측정용
㉢ 셰링 브리지(Schering Bridge) : 정전용량의 측정
㉣ 켈빈 더블 브리지(Kelvin's double bridge) : 1[Ω] 이하 10^{-2}[Ω] 정도의 저저항의 정밀측정

40 ②
정전 전압계는 높은 전압의 측정에 사용한다.

41 ③
초음파의 세기는 단위면적을 지나는 파워(power)로서, 진폭의 제곱에 비례하며, 매질 속을 지나감에 따라 감쇠한다. 이때, 감쇠율은 물질에 따라 다르며, 일반적으로 기체가 가장 크고 액체, 고체의 순서로 작아진다. 또 초음파의 진동수가 클수록 감쇠율이 크다.
㉠ 초음파 가공 : 16~30[kHz]
㉡ 소나 : 15~100[kHz]
㉢ 초음파 탐상 : 5~15[MHz]
㉣ 에멀션화 : 20[kHz]

42 ③
3차원 컴퓨터 그래픽스의 제작 과정은 기본적으로 세 단계로 나뉜다.
㉠ 3차원 모델링 : 컴퓨터에서 물체의 형태를 구성하는 과정
㉡ 레이아웃과 애니메이션 : 물체를 작업 공간에 배치하고 그것의 움직임을 설정하는 과정
㉢ 3차원 렌더링 : 만들어진 장면을 컴퓨터가 조명의 배치와 면의 특성, 기타 다른 설정들을 바탕으로 계산하여 그림을 생성하는 과정

43 ③
대역폭을 2배로 하려면 증폭기의 1/2로 내려야 하므로
$A_v = 20\log\frac{1}{2} = 20(\log 1 - \log 2)$
$\quad = 20(0-0.3) = -6$[dB]

44 ②
정재파비(SWR) $= \dfrac{입사파 + 반사파}{입사파 - 반사파}$ 이므로
$SWR = \dfrac{(8\times 10^{-3})+(4\times 10^{-3})}{(8\times 10^{-3})-(4\times 10^{-3})}$
$\quad\quad = \dfrac{12\times 10^{-3}}{4\times 10^{-3}} = 3$

45 ③
재생증폭기의 구성
㉠ 전치증폭기(preamplifier) : 마이크로폰이나 테이프 헤드 등으로부터 나오는 작은 신호 전압을 증폭하고, 음량과 음질 조정을 하여 주 증폭기에 전달한다.
㉡ 주 증폭기(main amplifier) : 전치증폭기로부터 받은 신호를 전력 증폭하여 스피커에 출력 전력을 공급한다.
㉢ 등화증폭기(equalizing amplifier) : 녹음기의 녹음 특성이 일반적으로 저역에서 저하되는 경향이 있으므로 이 특성을 보상한다.

46 ②
오디오미터(audiometer)는 귀의 청력을 검사하기 위하여 가청 주파수 영역의 여러 가지 레벨의 순음을 전기적으로 발생하는 음향발생장치로 신호음으로 사인파를 사용한다.

47 ②
㉠ 1976년 필립스(Philips)와 소니(Sony)가 공동으로 개발하여 처음으로 발표하고 진화를 거듭해 1982년에 지금의 오디오 CD 규격인 CD-DA 규격, 즉 레드북(Red book)이 탄생하였다. 레드북이란 명칭은 CD-DA 표준규격서의 표지가 빨간색이라서 레드북으로 불린다. 지금은 CD의 종류가 여러 가지이다 보니 이 규격을 다른 CD 종류와 구분하기 위해 CD-DA(Compact Disk-Digital Audio)라고 부르며 Red Book이라고도 한다.
㉡ CD-DA는 지름이 12[cm]인 디스크에 44.1[kHz], 16비트, 비압축 PCM 방식, 스테레오 방식으로 디지털 데이터로 1초에 150[KB](150[KB/초])로 음성(오디오)이 녹화되며 녹화 최장 길이는 74분이고 데이터용량으로는 650[MB]이다. 74분은 베토벤교향곡 제9교향곡의 연주 중 그 당시 가장 긴 연주곡의 길이였다고 한다. 한 개의 CD에 트랙은 최대 99개까지 가능하며 트랙을 모아 세션이라고 하며 이 세션은 하나만 존재할 수 있다.

48 ①
19[kHz]의 파일럿 신호는 AM 스테레오 방송의 수신을 위하여 보내지는 제어용의 주파수 신호로서, 수신기에서는 이 신호에 의해서 스테레오 신호 복조기를 동작시켜 좌, 우의 신호를 분리한다.

49 ②
온도, 압력, 유량, 습도, 액위, 혼합비 등을 제어량으로 하는 자동제어를 공정제어(process control)라 한다.

50 ③

EQ amp(등화증폭기)의 재생 특성은 재생 증폭기에서 고음역의 이득을 단계적으로 낮추어 전체의 특성이 평탄해지도록 한다.

51 ②

잡음 지수(noise figure)
증폭기 내부에서 발생하는 잡음이 미치는 영향의 정도를 표시하며, 이상적 잡음 지수 F=1 (무잡음의 상태)이다.

잡음지수(F)
$= \dfrac{\text{입력에서의 신호 전압과 잡음 전압의 비}}{\text{출력에서의 신호 전압과 잡음 전압의 비}}$ 의 식에 의해

① $F = \dfrac{2 \times 10^{-6}}{5} = 0.4 \times 10^{-6}$

② $F = \dfrac{1 \times 10^{-6}}{1} = 1 \times 10^{-6}$

③ $F = \dfrac{2 \times 10^{-6}}{15} ≒ 0.13 \times 10^{-6}$

④ $F = \dfrac{2 \times 10^{-6}}{20} = 0.1 \times 10^{-6}$ 와 같이 계산되므로 "②"가 가장 크다.

52 ③

지향성 수신 방식의 방사상 항법으로 그림에서와 같이 하나의 목표에 직선으로 도달하는 것을 호밍이라 한다.

53 ①

광학 현미경과 전자 현미경(electronic microscope)이 기본적으로 다른 점은 광학 현미경에서는 시료 위의 정보를 전하는 매개체로서 빛을 사용하여 상을 확대하는 데 광학 렌즈를 사용하지만, 전자 현미경에서는 정보를 전달하는 매개체로서 전자 빔을 사용하고 또한 상을 확대시키는 데에는 전자 렌즈를 사용하는 것이다.

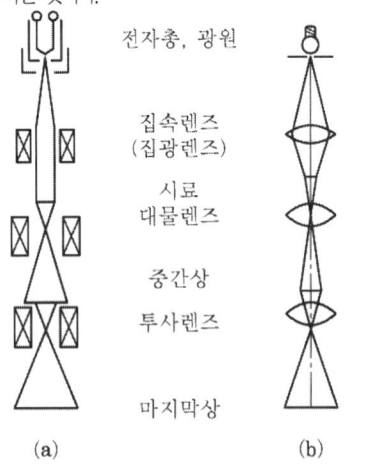

[2단 확대 전자 현미경과 광학현미경과의 관계]

54 ②

이득 $A = 10\log \dfrac{\text{출력전력}}{\text{입력전력}}$
$= 10\log \dfrac{1}{1 \times 10^{-3}} = 10\log 10^3 = 30 [dB]$

55 ①

㉠ 펠티어 효과 : 2개의 다른 물질의 접합부에 전류가 흐르면 전류의 방향에 따라 열을 흡수하거나 발산하는 현상으로 금속의 경우보다 반도체의 PN 접합을 이용할 때가 크며, 전자 냉동기에 이용된다.

㉡ 제벡 효과 : 2개의 종류가 다른 금속 또는 합금으로 하나의 폐회로를 만들고 두 접점을 다른 온도로 유지하면 이 회로에 일정 방향의 전류가 흐르는 열 기전력 현상이다.

56 ③

방향이나 위치의 추치 제어를 서보기구(servo-mechanism)라 하며, 조작력이 강하고, 추종속도가 빨라야 하며, 전기식이면 증폭부에 트랜지스터 증폭기나 자기증폭기가 사용되고 유압식의 경우에는 파일럿 밸브나 유압 분사관 등이 사용된다.

57 ①

G_1, G_2가 캐스케이드 접속되고, H를 입력 측에 되먹임하고 있으므로

$Y = \dfrac{G_1 G_2}{1 + G_1 G_2 H}$ 에서 $\dfrac{Y}{X} = \dfrac{G_1 G_2}{1 + G_1 G_2 H}$

58 ③

태양전지의 특징
㉠ 종래에 이용되지 않은 풍부한 에너지원으로 이용된다.
㉡ 장치가 간단하고 보수가 편하다.
㉢ 빛의 방향에 따라 발생 출력이 변하므로 이것을 고려하여 출력에 여유를 두어야 한다.
㉣ 연속적으로 사용하기 위해서는 태양광선을 얻을 수 없는 경우에 대비하여 축전 장치가 필요하다.
㉤ 대전력용은 부피가 크고 가격이 비싸다.

59 ④

HDTV(high definition television)는 고선명(품위·화질) TV를 말하며, 기존의 TV보다 화질과 음색이 뛰어나며 화면이 큰 차세대 TV이다. HDTV는 현행 TV의 주사선수 525~625개보다 2배 정도 많은 1025~1250개 이상의 주사선으로 화면이 사진처럼 선명하며, 화면의 가로 세로 비율도 기존 컬러 TV가 16[mm] 영화 화면과 같은 4 : 3인데 비해 HDTV는 35[mm] 영화 같은 16 : 9로 옆으로 길쭉해 시각이 화면과 넓고 크기도 32인치 이상으로 영화와 같은 현장감을 준다.

60 ①

바이어스법에는 직류 바이어스법과 교류 바이어스법의 두 가

지가 있는데, 직류 바이어스법은 직류자화로 인한 잡음이 많고 감도가 나쁘기 때문에 거의 사용되지 않고 현재에는 녹음 전류에 일정한 주파수(30~200[kHz])의 고주파 전류를 중첩시켜 바이어스 자장(bias magnetic field)을 가하는 교류 바이어스법이 가장 많이 사용된다.

2016년 1월 24일

01 ①
① 열전자 방출 : 금속을 가열할 때 전자가 전위장벽을 넘어 공간으로 탈출하는 현상
② 광전자 방출 : 도체에 빛을 비추면 그 표면에서 전자를 방출하는 현상(광전 효과)
③ 2차 전자 방출 : 전자가 금속판면에 부딪칠 때에 금속 표면의 전자가 튀어나오는 현상
④ 고전장 방출 : 금속 표면에 $10^8[V/m]$ 정도의 강한 전장을 가하면 상온에서도 금속의 표면에서 전자가 방출되는 현상(냉음극 방출)

02 ②
그림과 같은 비안정 멀티바이브레이터는 2개의 트랜지스터를 교대로 ON, OFF시켜 각각의 컬렉터로부터 위상이 반전된 구형파의 펄스를 얻어낼 수 있다.
$T = T_1 + T_2 = 0.693(RB_1 \cdot C_1 + RB_2 \cdot C_2)$
$= 0.69(30 \times 10^3 \cdot 0.02 \times 10^{-6} + 30 \times 10^3 \cdot 0.02 \times 10^{-6})$
$= 0.69(0.6 \times 10^{-3} + 0.6 \times 10^{-3})$
$= 0.69 \times 1.2 \times 10^{-3}$
$= 0.83 \times 10^{-3}[s]$
$= 0.83[ms]$

03 ④
반송파를 중심으로 ±18[kHz]의 측파대가 생기므로 대역폭은 36[kHz]이다.

04 ③
$Y = AB + \overline{(B+C)}$의 논리식으로 ①의 경우에는 출력이 1이 되어야 하고, ②의 경우에는 출력이 0이 되어야 하고, ③의 경우에는 출력이 1이 되고, ④의 경우에는 출력이 1이 되어야 한다.

05 ③
소신호 증폭회로
① RC 결합증폭회로 : 증폭기와 증폭기를 저항(R)과 콘덴서(C)로 결합하는 방식. 입·출력 간 임피던스 정합이 어렵고 손실이 많으나 주파수 특성이 평탄하여 저주파 증폭회로에 주로 사용된다.
② 변압기(트랜스) 결합증폭회로 : 증폭기의 단 간을 변압기를 사용하여 직류적으로 격리하고 교류적으로 결합한다.
㉠ 증폭기의 단 간을 변압기(트랜스)를 사용하여 직류적으로 격리하고 교류적으로 결합시킨다.
㉡ 임피던스 정합(1차측은 높은 값, 2차측은 낮은 값)이 쉬워서 이득이 크다.
③ 직결합 증폭회로 증폭기와 증폭기를 직접 연결하는 방식. 실리콘 TR의 개발로 회로를 간단하게 구성할 수 있으나 전원 이용률이 나쁘다.

06 ①
- 적분기(Integrator)는 시간에 비례하는 전압(또는 전류) 파형, 즉 톱니파 신호를 발생하거나 신호를 지연시키는 회로에 쓰인다.

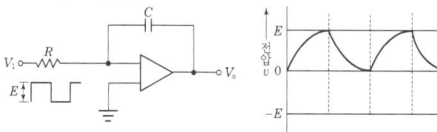

적분회로와 출력파형

- 미분기는 구형파(직사각형파)로부터 폭이 좁은 트리거(trigger) 펄스를 얻는 데 쓰인다.

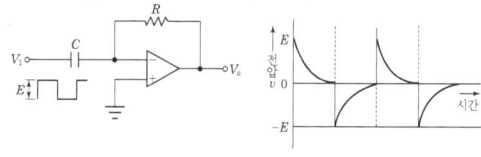

미분회로와 출력파형

07 ②
D(Dealy) 플립플롭은 RS-FF에서 2개의 입력 R, S가 동시에 1인 경우에도 불확정 출력상태가 되지 않도록 하기 위하여 인버터(inverter : NOT 게이트) 하나를 입력 양단에 부가한 것으로 정보를 일시 유지하는 래치(latch) 회로나 시프트 레지스터(shift register) 등에 쓰인다.

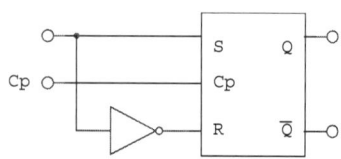

08 ①
평활회로(smoothing circuit)는 정류기 출력 전압의 맥동(ripple)을 감쇠시키는 회로로서, 저역 통과 여파기(low-pass filter)를 사용한다.

09 ④
발진 주파수 변동의 원인과 대책
① 부하의 변화 : 완충증폭기를 접속한다.
② 주위 온도의 변화 : 항온조에 넣는다.
③ 전원 전압의 변화 : 정전압회로를 쓴다.

10 ②
① 진폭 변조(Amplitude Modulation : AM) : 반송파(정현파)의 진폭을 신호파에 따라서 변화시키는 변조방법. 진폭변조는 회로가 간단하고, 비용이 적게 드는 반면에 전력효율이 안 좋고, 잡음에 약한 단점이 있다.
② 주파수 변조(Frequency Modulation : FM) : 신호파에 따라서 반송파의 진폭을 일정한 상태에서 주파수만을 변조시키는 방법. 주파수 변조는 진폭에 영향을 받지 않아, 페이딩에 민감하지 않은 반면에 대역폭이 넓어지고, sidelobe가 많이 생긴다.
③ 위상 변조(Phase Modulation) : 반송파의 각속도를 신호파에 따라서 변화시키는 변조방법
④ 펄스 변조 : 펄스파가 신호파에 의해 변화되는 변조방법. 주파수 변조(FM)는 진폭 변조(AM)에 비하여 점유주파수대역이 넓게 취해지므로 초단파(VHF)대 이상의 통신에 실용되며 진폭제한을 할 수 있어 S/N비가 좋은 특징이 있다. AM이 주파수는 고정되고 진폭이 변화하는 반면에, FM은 주파수가 변하는 대신 진폭은 항상 같은 값으로 유지된다. 신호파형의 전압이 높을수록 주파수가 높아져서 파장이 조밀해지고, 그 반대로 전압이 낮을 때는 주파수가 낮아져서 파장이 넓어지게 된다.

11 ④
RS 플립플롭은 S(set)와 R(reset) 2개의 입력과 Q, $\overline{Q}$ 2개의 출력을 가지고 있으며, R, S 입력의 조합으로 출력의 상태를 변화시킬 수 있으나 S=R=1의 경우는 불확정(부정) 상태가 되는 플립플롭이다.

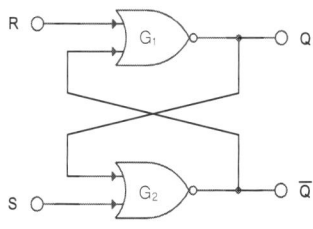

[RS 플립플롭의 회로]

R	S	Q_{n+1}
0	0	Q_n
0	1	1
1	0	0
1	1	부정

[RS F/F의 진리치표]

12 ④
수정진동자를 이용한 발진회로의 구성을 위해서는 양단에 커패시터를 접지로 연결한다.

13 ②
잡음 지수(noise figure)는 증폭기 내부에서 발생하는 잡음이 미치는 영향의 정도를 표시하며, 이상적 잡음 지수 F=1(무잡음의 상태)이다.

$$잡음지수(F) = \frac{입력에서의\ 신호\ 전압과\ 잡음전압의\ 비}{출력에서의\ 신호\ 전압과\ 잡음전압의\ 비}$$

14 ③
배전압 정류회로는 변압기를 사용하지 않고 정류 다이오드와 전해 콘덴서를 통해 입력 교류 전압의 2배의 직류 전압을 얻는 회로를 말한다. 배전압 정류회로로 출력전압(V_0)은 입력 전압의 두 배가 출력되므로, $V_0 = 2\sqrt{2}[V]$가 된다.
반파 배전압은 입력 교류 전원의 + 반주기에는 D_1이 도통되어 콘덴서(C_1)에 교류 입력의 최댓값까지 충전되며, 또한 D_2를 통하여 콘덴서(C_2)에도 교류 입력의 최댓값까지 충전된다. 다음의 반주기 동안은 C_1과 D_2를 통하여(이때 D_1은 역방향이 되어 차단상태가 된다.) 콘덴서 C_2에 C_1의 충전전압과 입력 교류 전압의 합인 2배의 전압이 충전되므로 출력에는 2배의 전압이 얻어지게 된다.

15 ①
CR 발진기는 LC 동조회로를 사용하지 않으며, 발진 주파수는 CR의 시정수에 의해 정해지고 발진주파수는 저주파대로서 발진 파형이 깨끗하다. 정현파 발진회로는 LC 발진회로(동조형 반결합, Clapp, Hartley, Colpitts)와 수정 발진회로(Pierce, 수정발진기) 및 RC 발진회로(이상형 병렬, Wien-Bridge)로 구분한다.

16 ③

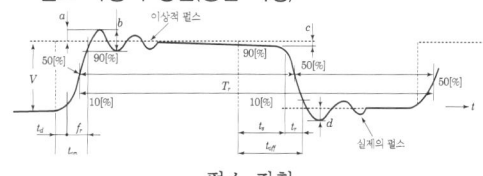

펄스 파형

펄스 파형의 성질(응답 특성)
① 상승 시간(t_r, rise time) : 진폭 전압(V)의 10[%]에서 90[%]까지 상승하는 데 걸리는 시간
② 지연 시간(t_d, delay time) : 상승 시각으로부터 진폭의 10[%]까지 이르는 실제의 펄스 시간
③ 하강 시간(t_r, fall time) : 펄스가 이상적 펄스의 진폭 전압(V)의 90[%]에서 10[%]까지 내려가는 데 걸리는 시간
④ 축적 시간(t_s, storage time) : 하강 시간에서 실제의 펄스가 전압(V)의 90[%]가 되기까지의 시간
⑤ 펄스 폭(τ_w, pulse width) : 펄스의 파형이 상승 및 하강의 진폭 전압(V)의 50[%]가 되는 구간의 시간

⑥ 오버슈트(overshoot) : 상승 파형에서 이상적 펄스파의 진폭 전압(V)보다 높은 부분의 높이 a를 말하며, 이 양은 $\left(\dfrac{a}{V}\right)\times 100[\%]$로 나타낸다.

⑦ 언더슈트(undershoot) : 하강 파형에서 이상적 펄스파의 기준 레벨보다 아래 부분의 높이 d를 말하며 이 양은 $\left(\dfrac{d}{V}\right)\times 100[\%]$로 나타낸다.

⑧ 턴온 시간(t_{on}, turn-on time) : 이상적 펄스의 상승 시각에서 전압(V)의 90[%]까지 상승하는 시간
턴온 시간(t_{on}) = 지연 시간(t_d) + 상승 시간(t_r)

⑨ 턴오프 시간(t_{off}, turn-off time) : 이상적 펄스의 하강 시각에서 전압(V)의 10[%]까지 하강하는 시간
턴오프 시간(t_{off}) = 축적 시간(t_s) + 하강 시간(t_f)

⑩ 새그(S, sag) : 내려가는 부분의 정도로서 낮은 주파수 성분이나 직류분이 잘 통하지 않기 때문에 생기는 것이다.
새그 $S = \dfrac{c}{V}\times 100[\%]$

⑪ 링깅(b, ringing) : 펄스의 상승 부분에서 진동의 정도를 말하며, 높은 주파수 성분에 공진하기 때문에 생기는 것이다.

17 ②
연산자(OP-Code) 기능(폰 노이만(Von Neumann)형 컴퓨터)
- 함수 연산 기능 : ROL, ROR
- 제어 기능 : JMP, SMA
- 입·출력 기능 : INP, OUT
- 전달 기능 : MOVE, LOAD, STORE
  ㉠ LOAD : 메모리의 내용을 레지스터에 전달
  ㉡ STORE : 레지스터의 내용을 메모리에 전달

18 ②
제어장치와 연산장치, 주기억장치를 총괄하여 중앙처리장치(CPU)라고 하며, 인간의 두뇌에 해당하는 역할을 수행하는 장치로 각종 프로그램을 해독한 내용에 따라 명령(연산)을 수행하고 컴퓨터 내의 각 장치들을 삭제, 지시, 감독하는 기능을 수행한다.

19 ②
반가산기는 2개의 2진수 A와 B를 더한 합(Sum)과 자리올림수(Carry)를 얻는 1자리의 덧셈을 하는 논리회로로서 배타적 논리회로(Exclusive-OR)와 AND 게이트로 구성하며, 반가산기의 $S = A \oplus B = \overline{A}B + A\overline{B}$, $C = AB$이다.

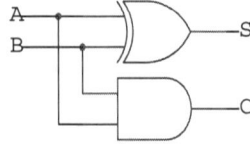

반가산기의 구성

A	B	S	C
0	0	0	0
0	1	1	0
1	0	1	0
1	1	0	1

반가산기의 진리치표

20 ③
누산기(Accumulator)
연산장치를 구성하는 중심이 되는 레지스터로서 사칙연산, 논리연산 등의 결과를 기억한다.

21 ①
기계어(Machine Language)는 컴퓨터가 직접 이해할 수 있는 2진 코드인 0과 1로 이루어지고 기종마다 다르고, 프로그램의 작성 및 수정, 해독이 매우 어려워 거의 사용되지 않으며, 프로그램의 유지보수가 어려우나 컴퓨터에서의 수행 속도는 가장 빠른 장점을 갖고 있다. 저급언어는 기계어를 말하며, 기계어는 변환과정 없이 계산기가 직접 처리할 수 있으므로 처리속도가 빠르다.
① 2진수를 사용하여 명령어와 데이터를 표현한다.
② 호환성이 없고, 기계마다 언어가 다르다.
③ 프로그램의 실행속도가 빠르다.
④ 프로그램의 유지보수와 배우기가 어렵다.

22 ③
가상 메모리(Virtual Memory)
보조기억장치(하드디스크)를 마치 주기억장치인 것처럼 사용하여 실제 주기억장치의 적은 용량을 확대하여 사용하는 방법

23 ①
① 직접 절대 주소지정방식(direct absolute addressing mode) : 오퍼랜드가 존재하는 기억장치의 주소를 직접 명령 속에 포함시켜 지정하는 방법
② 이미디어트 주소지정방식(immediate addressing mode) : 명령 속의 오퍼랜드 정보를 그대로 오퍼랜드로 사용하는 방법
③ 간접 주소지정방식(indirect addressing mode) : 오퍼랜드가 존재하는 기억장치 주소를 내용으로 가지고 있는 기억 장소의 주소를 명령 속에 포함시켜 지정하는 방법
④ 레지스터 주소지정방식(register addressing mode) : 기억장치의 주소 대신 레지스터의 번호를 지정하고, 그 레지스터 내용을 목적으로 하는 오퍼랜드의 주소로 한다. (레지스터 간접 주소지정방식이라고 한다.)
⑤ 상대 주소지정방식(relative addressing mode) : 명령 속의 오퍼랜드 지정 정보를 레지스터 지정부와 전개부로 나누어서 레지스터 지정부로 지정된 레지스터 내용과 전개부를 더해서 오퍼랜드의 주소를 구한다.
⑥ 페이지 주소지정방식(page addressing mode) : 기억장치

를 일정한 크기의 페이지로 나누어서 명령 속에 페이지 내에서의 주소를 지정하는 방법

24 ④
① 누산기(Accumulator) : 연산장치를 구성하는 중심이 되는 레지스터로서 사칙연산, 논리연산 등의 결과를 기억한다.
② 데이터 레지스터(Data Register) : 실행 대상(Operand)이 2개 필요한 경우에 주기억장치로부터 읽어들인 데이터를 임시 보관하고 있다가 필요할 때에 제공하는 역할을 한다.
③ 가산기(Adder) : 누산기와 데이터 레지스터의 두 수를 가산하는 기능을 하며, 그 결과는 누산기에 저장된다.
④ 상태 레지스터(Status Register) : 연산의 결과가 양수나 0 또는 음수인지, 자리올림(carry)이나 오버플로(overflow)가 발생했는지 등의 연산에 관계되는 상태와 외부로부터의 인터럽트(interrupt) 신호의 유무를 나타낸다.
⑤ 어드레스 레지스터(Address register) : 기억장치 내에 있는 데이터의 어드레스나 기억된 데이터를 읽을 때, 읽고자 하는 자료의 어드레스를 임시로 기억한다.
⑥ 기억 레지스터(Storage register) : 명령 레지스터나 명령 계수기가 지정하는 주기억 장치의 내용을 임시로 보관하는 역할을 한다.
⑦ 명령 레지스터(Instruction register) : 현재 실행 중에 있는 명령 코드를 보존하는 레지스터로서 명령부와 어드레스부로 구성된다.
⑧ 명령 해독기(Command decoder) : 명령부에 들어 있는 코드를 해독한 다음, 그것을 연산부로 보내어 실행하도록 한다.
⑨ 명령 계수기(Instruction counter) : 명령의 수행 시마다 어드레스를 하나씩 증가시켜 순차적으로 수행할 명령의 어드레스를 레지스터에 제공하는 기능을 갖는다.

25 ②
① 직접 주소지정방식 : 명령문의 일부에 데이터가 저장된 메모리의 번지를 직접 포함하는 방식
② 간접 주소지정방식 : 직접 변의 값을 대입하는 것이 아니라 변수가 데이터로서 놓여 있는 번지를 레지스터를 이용하여 지정하는 방법
③ 내재 주소지정방식 : 오퍼랜드 자체가 연산 대상이 되는 것으로 명령어에 데이터가 포함되어 있다.
④ 레지스터 지정방식 : 데이터는 명령어에 표시된 레지스터 속에 포함되는 방식
⑤ 상대 주소지정방식 : 데이터가 존재하는 메모리의 실제번지가 명령어의 일부인 8비트, 16비트의 범위값에 명령어 내에서 지정된 기준 레지스터에 색인 레지스터의 내용을 더한 값이다.
⑥ 레지스터 간접 지정방식 : 데이터가 존재하는 메모리의 실제번지가 명령어에 표시된 기준 레지스터나 색인 레지스터에 저장되는 방식
⑦ 기준 색인 지정방식 : 데이터가 존재하는 메모리의 실제번지는 기준 레지스터의 내용과 색인 레지스터의 내용이 합산되어 결정된다.
⑧ 상대적 기준 색인 지정방식 : 데이터가 존재하는 메모리의 실제번지가 명령어의 일부분인 8비트, 16비트의 범위값과 기준 레지스터 내용과의 합산으로 결정된다.

26 ①
명령어 형식
Operand 부분의 address의 길이에 따라 구분
① 0-주소 형식(0-address instruction) : 인스트럭션에 나타난 연산자의 수행에 있어서 피연산자들의 출처와 연산의 결과를 기억시킬 장소가 고정되어 있거나 특수한 그 주소들을 항상 알 수 있으면 인스트럭션 내에서는 피연산자의 주소를 지정할 필요가 없으며 연산자만을 나타내주면 되는 형식으로 스택에서 사용
② 1-주소 형식(1-address instruction) : AC에 기억되어 있는 자료를 모든 인스트럭션에서 사용하며, 연산 결과를 항상 AC에 기억하도록 하면 연산 결과의 주소를 지정해 줄 필요가 없으므로 인스트럭션에서는 하나의 입력 자료의 주소만을 지정해주면 되는 형식으로 누산기에서 사용
③ 2-주소 형식(2-address instruction) : 두 개의 주소 중에 한 곳에 연산 결과를 기록하므로, 연산 결과를 기억시킬 곳의 주소를 인스트럭션 내에 표시할 필요가 없는 형식으로 계산 결과를 시험하고자 할 때 CPU 내에서 직접 시험이 가능하여 시간을 절약할 수 있어 범용 레지스터에 사용
④ 3-주소 형식(3-address instruction) : 여러 개의 범용 레지스터를 가진 컴퓨터에서 사용할 수 있는 형식으로 연산 후 입력 자료를 보존
　㉠ 수행 시간이 길어서 특수한 목적 이외에는 사용하지 않는다.
　㉡ 연산 수행 후 피연산자가 변하지 않고 보존되는 장점이 있다.

27 ①
주기억장치란 컴퓨터 내부에 위치한 기억장치로서 프로그램이나 데이터를 기억하는 장치이다. 주기억장치는 램(RAM, Random Access Memory)과 롬(ROM, Read Only Memory)으로 나눈다. 램이란 활성 메모리란 뜻으로 사용자가 메모리에 쓰기와 읽기를 자유롭게 할 수 있지만, 전원이 끊어지면 저장된 내용도 함께 사라지게 된다.
램은 크게 SRAM(Static RAM)과 DRAM(Dynamic RAM)으로 나누어진다. SRAM은 속도는 빠르지만 가격이 비싸므로 보다 빠른 데이터 처리가 필요한 캐시 메모리(Cache Memory) 등에 사용된다. DRAM은 SRAM에 비해 속도는 느리지만 가격이 싸므로 많은 부분에서 사용한다.

28 ②
언어 번역 프로그램(language translator) : 언어 처리 프로그램이라고도 하며 프로그래밍 언어를 기계어로 번역해 주는 프로그램이다.
① 어셈블러(assembler)에 의해서 번역되는 프로그래밍 언어로 어셈블리 언어(assembly language)가 있다.
② 컴파일러(Compiler)에 의해 번역되는 프로그램 언어로 포트란(FORTRAN), 코볼(COBOL), 파스칼(PASCAL), 시(C)

등이 있다.
③ 인터프리터(interpreter) : 작성된 원시 프로그램을 한 줄씩 읽어 번역 및 실행하는 작업을 반복하는 프로그램으로 목적 프로그램이 남지 않으며, 일괄 처리가 아니므로 대화형이라 한다. 실행속도가 느리지만 기억장소를 적게 차지한다.
④ 인터프리터를 사용하는 언어에는 BASIC, LISP, 자바(JAVA), PL/1 등이 있다.

29 ②
$$m = \frac{Z_r - Z_0}{Z_r + Z_0} = \frac{75 - 50}{75 + 50} = 0.2$$

30 ①
① 고주파 유전 가열은 유전체에 고주파 전장을 가할 때 생기는 유전손(dielectric loss)에 의하여 유전체를 가열하는 방법이다.
② 고주파 유도 가열은 금속과 같은 도전 물질이 고주파 자장을 가할 때 도체 내에 생기는 맴돌이 전류에 의하여 물질을 가열하는 방법이다.

31 ②
증폭기의 이득 측정을 위한 구성도는 다음과 같다.

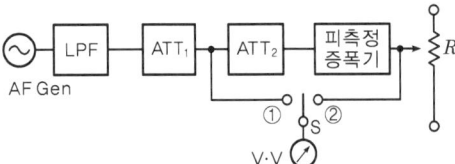

32 ④
흡수형 주파수계
㉠ 직렬 공진회로의 주파수 특성을 이용한 것으로 R, L, C 공진회로의 대략의 주파수 측정에 실용된다.
㉡ 공진회로의 Q가 크지 않을 때에는 공진점을 찾기가 어려우므로 정밀한 측정이 어렵다.
㉢ 대체로 100[MHz] 이하의 고주파 측정에 사용된다.

33 ③
오실로스코프로는 전압, 전류, 파형, 위상 및 주파수, 변조도, 시간간격, 펄스의 상승시간 등의 제 현상을 측정할 수 있으며, 입력신호에서 DC 성분을 차단하여 직류에 포함된 리플(ripple)만을 측정하고자 할 때 AC 결합 MODE로 측정하여야 한다. 입력신호에서 AC와 DC 성분을 통과하여 측정하고자 할 때는 DC 결합 MODE로 측정하여야 한다.

34 ①
잡음 지수(noise figure)
증폭기 내부에서 발생하는 잡음이 미치는 영향의 정도를 표시하며, 이상적 잡음 지수 F=1 (무잡음의 상태)이다.

잡음지수$(F) = \frac{\text{입력에서의 신호 전압과 잡음 전압의 비}}{\text{출력에서의 신호 전압과 잡음 전압의 비}}$

35 ③
정류형 계기는 가동코일형 계기의 정류기를 접속한 것으로 상용 주파수에서 수 100[Hz]까지 그대로 오차없이 측정할 수 있으며 눈금은 사인파 교류의 실효값으로 매겨져 있다.

36 ②
상호 인덕턴스의 측정에는 맥스웰 브리지법과 캠벨(Campbell)법을 사용한다.

37 ④
계수형 주파수계에서 주파수
$$f = \frac{\text{펄스 수}}{\text{시간}} = \frac{72,000}{60} = 1,200 [\text{Hz}]$$

38 ①
LED의 극성을 측정하기 위하여 LED의 양 리드 단자에 회로시험기의 테스트 봉을 교대로 접속했을 때 한쪽에서는 LED가 점등되고, 다른 방향에서는 소등되면 정상적인 LED이다. 즉, 회로시험기의 선택스위치를 저항측정의 낮은 레인지로 옮긴 뒤에 LED의 긴 다리에 흑색 리드봉, 짧은 다리에 적색 리드봉을 접속하면 점등이 되고 반대로 긴 다리에 적색, 짧은 다리에 흑색 리드봉을 접속하면 소등상태가 되면 정상의 상태이다.

39 ④
슈미트 트리거 회로는 정현파 입력을 받아 구형파(방형파) 출력 파형을 만드는 회로이다.

40 ③
$$P = VI - \frac{V^2}{r_v} = 12 \times 2 - \frac{12^2}{48} = 24 - 3 = 21 [\text{W}]$$

41 ③
태양전지(solar cell)는 반도체의 PN 접합에 빛이 입사할 때 기전력이 발생하는 광기전력 효과를 이용한 것이다.

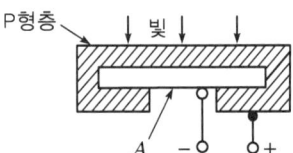

태양전지의 구성에서
┌ 양극(+) : P형 실리콘층
└ 음극(-) : N형 실리콘층

42 ①
다이오드를 사용한 정류회로에서 과다한 부하전류에 의하여 다이오드가 파손될 우려가 있을 경우에 다이오드를 병렬로 추가하여 전류의 흐름을 분할하여 부하전류에 의한 다이오드의 파손을 방지한다.

43 ①
B급 푸시풀 전력 증폭회로의 원리에서 그림 (a)와 같이 2개의 트랜지스터가 부하에 대하여 직렬로 동작하고 직류전원에 대해서는 병렬로 접속되어 있는 회로를 DEPP(double ended push-pull) 회로라 하며, 그림 (b)와 같이 2개의 트랜지스터가 부하에 대해서는 병렬, 전원에 대해서는 직렬로 접속되는 회로를 SEPP(single ended push-pull) 회로라 한다.

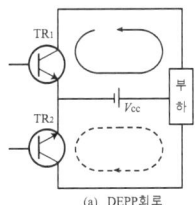
(a) DEPP회로
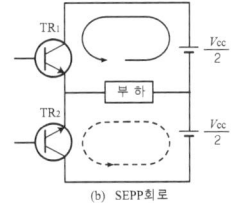
(b) SEPP회로

44 ①
캐비테이션(cavitation)
강력한 초음파를 액체 속에 방사했을 때 진동자의 부근에 안개모양의 기포가 생겨 이들이 진동면에 수직 방향으로 움직여 분사 현상을 이루고 "싸야" 하는 소음을 내는 기포의 생성과 소멸현상을 말한다.

45 ④
RC 적분회로의 전달함수 $G(s) = \dfrac{1}{1+s}$

46 ①
전파 항법의 종류
1) 방사성 항법[1] (지향성 수신 방식)
   ㉠ 공항이나 항구에 송신국을 설치하면 전파를 모든 방향으로 발사하며, 항공기나 선박에서는 지향성 공중선으로 전파의 도래 방향을 탐지하는 방식이다.
   ㉡ 무지향성 비컨(non-directional beacon, NDB), 호밍 비컨(homing beacon) 또는 호머(homer) 등이 있다.
2) 방사상 항법[2] (지향성 송신 방식)
   ㉠ 지상국에서 전파를 발사할 때 방위를 표시하는 신호를 포함시켜 지향적으로 발사하고, 항공기나 선박은 지향성 안테나를 사용하지 않고 그대로 수신하여 지상국의 방위를 알아낼 수 있다.
   ㉡ 회전 비컨, AN 레인지 비컨(AN range beacon), VOR (VHF omni-directional range) 등이 있다.
3) $\rho-\theta$ 항법
   ㉠ 항공기가 자기의 위치와 특정 지상국 사이의 거리를 알아내기 위한 방법으로 거리와 방위각을 계속 측정하면서 항행을 하면 임의의 항로를 선택할 수 있는데 이러한 항법을 $\rho-\theta$ 항법 또는 극좌표 항법이라고 한다.
   ㉡ TACAN(tactical air navigation)은 DME(거리 측정기)와 VOR을 사용하는 방법으로 962~1213[MHz]의 UHF 전파를 사용한다.
4) 쌍곡선 항법
   ㉠ 쌍곡선은 두 점으로부터의 거리의 차가 일정한 점의 궤적으로 이때 두 점은 쌍곡선의 초점이 된다. 쌍곡선 항법은 이와 같은 사실을 이용하는 전파 항법이다.
   ㉡ 로란 A(loran A)와 로란 C 및 데카(decca) 등이 운영되고 있다.

47 ④
소리는 물체의 진동이나 공기의 흐름에 의하여 발생하는 파동의 하나이다.
① 소리의 3요소
   ㉠ 소리의 크기 : [단위 : dB(데시벨)] 진폭으로 소리의 세기를 확인하며, 소리가 클수록 진폭이 크다.
   ㉡ 소리의 높낮이 : [단위 : Hz(헤르츠)] 진동수로 소리의 높낮이를 확인하며, 소리가 높을수록 진동수가 많다.
   ㉢ 소리의 맵시 ; 파동의 모양인 파형으로 소리의 맵시를 확인하며, 파형이 다르면 서로 다른 소리이다.
② 소리 파일의 기본 요소
   ㉠ 주기 : 같은 파형이 한 번 나타나는 데 걸리는 시간
   ㉡ 주파수 : 1초당 주기 수를 의미, 단위 시간당 사이클의 수(herz : [Hz])
      주파수[Hz]＝1/주기(주기와 주파수는 반비례)
   ㉢ 진폭 : 파형의 최고점 또는 최저점과 중앙선과의 파장의 높이

48 ④
프로그레시브(Progressive) 주사 방식
현재 우리나라에서 사용하고 있는 TV는 인터레이스(Interlace) 주사방식이라고 하여 브라운관상의 전자빔이 처음 프레임은 1, 3, 5번째와 같이 홀수 차의 주사선이 그려지고 다음 프레임은 2, 4, 6차와 같은 짝수 차의 주사선이 그려지는 방식으로 TV의 화면에 상이 나타나게 된다. 이같은 인터레이스 방식은 60분의 1초마다 반복하여 홀수 차와 짝수 차의 주사선이 그려지게 되기 때문에 실제적으로는 30분의 1초마다 완전한 상이 그려지는 방식이다. 이렇게 화면의 반쪽씩 나누어 주사선을 그려도 눈의 잔상 효과 때문에 완전한 화상으로 보이게 된다. 인터레이스 주사 방식은 비월주사 방식이라 하며, TV 발달 초기에 많은 정보량을 한꺼번에 보낼 수 없었기 때문에 이같은 방식이 사용되게 되었다. 이에 반해 프로그레시브 출력 방식은 순차 주사 방식이라고 하며, 매 60분의 1초마다 홀수 차와 짝수 차를 가리지 않고 한꺼번에 주사선을 그려 완전한 화상을 만드는 방식으로 인터레이스 방식보다 정보량이 2배 많아지게 되므로 화면이 좀 더 세밀하고 화면의 깜박거림이 적은 장점이 있다.

49 ③
서보 기구(servomechanism)에 사용되는 기구에는 싱크로(synchro), 리졸버(resolver), 저항식 서보 기구, 차동변압기 등이 있다.

과년도 출제문제

50 ③

다이내믹 스피커는 영구 자석의 자기장 내에 있는 코일에 음성 신호 전류를 흘리면 그 전류의 세기에 따라 기계적인 힘이 코일에 작용하여 운동을 일으키는 원리를 이용한 것이다.
① 댐퍼(Damper) : 콘이 보이스 코일과 붙어 있는 부분을 지지하고 콘 스피커의 스티프니스(Stiffness)의 대부분을 차지하는 부품이다. 보이스 코일이 자기 회로부의 갭(Gap) 사이에서 정확하게 동작할 수 있도록 하는 중심 유지 기능을 한다.
② 영구자석 : 마그넷(Magnet)은 자기 회로부의 핵심 부품으로서 영구 자석을 써서 보이스 코일이 플레밍의 왼손법칙에 따라 상하의 움직임을 유도해내는 역할을 한다.
③ 가동 코일(보이스 코일, Voice Coil) : 앰프 출력단에서 나오는 전기 신호를 전달받아 이 전기 입력 에너지량에 반작용하여 실질적인 진동력을 발생시킨다.

51 ②

이펙터(Effector)는 전기 신호화한 음을 가공하여 원음과는 다른 음으로 변화시키는 일반적인 기기이다.
① 리버브(reverb)의 원리는 어떤 한정된 공간에서 발생한 소리는 벽 같은 주위의 장애물에 부딪혀 반사를 되풀이하면 그 반사음의 밀도는 점점 증가되면서 시간이 지남에 따라 원래의 소리가 변화되어 차차 작아지게 되는 소리의 여운을 리버브레이션(Reverbration)이라 한다.
② 오버드라이브 : 오버드라이브는 기존의 시그널을 증폭한 뒤에 그것을 좁은 공간을 통과하게 만드는 것이다.
③ 디스토션 : 증폭한 시그널의 윗부분과 아랫부분을 아예 잘라버려 소리가 나게 하는 것이다.
④ 컴프레서(Compressor) : 음원의 다이내믹 레인지를 압축시키는 시그널 프로세서로, 입력 레벨의 변화에 비해 출력 레벨의 변화를 적게 만드는 장치이다.

52 ④

GPS(Global positioning system)는 세계 어느 곳에서든지 인공위성과 단말기를 이용하여 현재 자신의 위치를 정확히 알 수 있는 시스템이다.

53 ②

IPTV(Internet Protocol Television)는 초고속인터넷망을 통해 영화, 드라마 등 시청자가 원하는 콘텐츠를 양방향으로 제공하는 방송·통신 융합서비스로 가장 큰 특징은 시청자가 편리한 시간에 원하는 프로그램을 선택해 볼 수 있으며, TV 수상기에 셋톱박스를 설치하면 다양한 콘텐츠와 부가서비스를 제공받을 수 있고 인터넷 검색도 할 수 있다.

54 ②

RC 적분회로의 시정수(τ)는
$\tau = RC = 1 \times 10^6 \times 0.6 \times 10^{-6} = 0.6 [\sec]$

55 ②

디지털 비디오(DV, Digital Video)는 디지털을 사용하여 처리하는 영상 녹화 시스템의 하나로, 영상 신호로서의 아날로그 영상와 상반된다. 애플 컴퓨터사가 개발한 FireWire는 IEEE 1394로 표준화된 것으로 DV를 전송하기 위해 사용된 직렬 데이터 버스 규격이다.

56 ①

공기 중에 떠 있는 먼지나 가루를 제거 또는 수집하는 초음파 집진기는, 초음파가 공기나 물 같은 유체 속을 전파하면 매질 중에 섞여 있는 매우 작은 입자가 진동을 일으키고, 입자끼리 붙게 되어 입자가 커지게 되는 응집작용을 이용한 것이다.

57 ③

IEEE 1394(Firewire)는 AV 기기와 컴퓨터를 연결하는 고속 직렬 버스 규격이다. 애플이 개발 제창한 FireWire 규격을 표준화한 것이다.

58 ①

녹음 바이어스(bias)
① 직류 바이어스법 : 초기 자화 곡선의 직선부를 사용하는 방법으로 직류자화로 인한 잡음이 많고, 직선 부분을 길게 잡을 수 없어 감도가 나쁘다.
② 교류 바이어스법 : 녹음 전류에 일정한 주파수(30~200[kHz])의 고주파 전류를 중첩시켜서 바이어스 자장(bias magnetic field)을 가하는 방법
③ 녹음 바이어스가 적정하지 않으면 녹음 파형은 일그러지고 녹음 감도도 나빠진다.

59 ③

전자렌즈(magnetic lens)는 자장을 이용한 것으로, 자장을 강하게 하면 초점의 거리가 짧아져 배율이 크게 된다.

60 ④

① 진폭 변조(Amplitude Modulation : AM)란 신호파의 크기에 비례하여 반송파의 진폭을 변화시킴으로써 정보가 반송파에 합성되는 방식을 말한다. 진폭 변조는 회로가 간단하고, 비용이 적게 드는 반면에 전력 효율이 안 좋고, 잡음에 약한 단점이 있다.
② 주파수 변조(Frequency Modulation : FM)는 신호파의 크기 변화를 반송파의 주파수 변화에 담아서 보내는 방법으로, AM이 주파수는 고정되고 진폭이 변화하는 반면에, FM은 주파수가 변하는 대신 진폭은 항상 같은 값으로 유지된다. 신호파형의 전압이 높을수록 주파수가 높아져서 파장이 조밀해지고, 그 반대로 전압이 낮을 때는 주파수가 낮아져서 파장이 넓어지게 된다. 주파수 변조는 진폭에 영향을 받지 않아, 페이딩에 민감하지 않은 반면에 대역폭이 넓어지고, sidelobe가 많이 생긴다.

2016년 4월 2일

01 ④
① 연산증폭기(operational amplifier)란 바이폴러 트랜지스터나 FET를 사용하여 이상적 증폭기를 실현시킬 목적으로 만든 아날로그 IC(Integrated Circuit)로서 원래 아날로그 컴퓨터에서 덧셈, 뺄셈, 곱셈, 나눗셈 등을 수행하는 기본 소자로 높은 이득을 가지는 증폭기이다.
② 연산증폭기의 정확도를 높이기 위한 조건
㉠ 큰 증폭도와 좋은 안정도가 필요하다.
㉡ 많은 양의 음되먹임을 안정하게 걸 수 있어야 한다.
㉢ 좋은 차단 특성을 가져야 한다.

02 ①

03 ②
그림은 직렬 제어형 정전압회로서 제너 다이오드는 기준전압용으로 출력 전압과의 비교를 위한 역할을 담당한다.

04 ①
단상 반파정류회로의 최대 효율은 40.6[%]이고, 단상 전파정류회로의 정류효율은 반파정류회로의 2배이며, 이론적으로 81.2[%]이다.

05 ③
$N=2^n-1=2^4-1=15$, 즉 4단의 F/F이 필요하다.

06 ②
① P형 반도체를 만드는 불순물(억셉터, acceptor)로는 In, Ga, B 등이 있으며, N형 반도체를 만드는 불순물(도너, donor)에는 안티몬(Sb), 비소(As), 인(P) 등이 있다.
② N형 반도체는 4개의 전자를 갖는 진성 반도체에 원자가 5가인 불순물 원자(비소[As], 인[P], 안티몬[Sb])를 혼입하면 공유 결합을 이루고 1개의 전자가 남는다. 이를 과잉전자 또는 도너(donor)라 한다.

07 ③
가산기(Adder)는 두 개 이상의 입력을 이용하여 이들의 합을 출력하는 회로이다. 본 회로에서 – 입력으로 입력되므로 반전기형 D/A 변환 가산회로이다.

08 ①

09 ③
홀 효과(Hall effect)는 도체의 전류에 수직으로 자기장을 걸면 양쪽에서 수직으로 전압이 발생하는 것을 말하며, 자기장이나 전류의 세기를 측정하는 데 응용된다.

10 ①
① 전해 커패시터(Electrolytic capacitor)는 유전체로 얇은 산화막을 사용하고, 전극으로 알루미늄을 사용한다. 전해 커패시터는 유전체를 매우 얇게 만들 수 있기 때문에 부피의 비율(capacitance to volume ratio)이 커서 체적에 비해 큰 용량을 얻을 수 있다. 전해 커패시터는 +전극과 –전극이 구분되어 있는 것이 특징이다. 전해 커패시터는 낮은 주파수 특성을 가지고 있기 때문에 정류회로에서의 평활회로, 저주파 바이패스용으로 많이 사용된다.
② 탄탈 커패시터(Tantalum capacitor)는 전극의 재료가 탄탈륨으로 되어 있으며, 탄탈 커패시터 역시 +와 –를 구분하게 되어 있다. 탄탈 커패시터는 온도 특성과 주파수 특성이 전해 커패시터보다 우수하고, 전해 커패시터보다 가격이 높은 반면 spike 형상의 전류가 나타나지 않는다. 온도에 의한 용량변화가 엄격하거나 어느 정도 주파수가 높고 신호 파형을 중요시하는 회로에 주로 쓰인다.
③ 세라믹 커패시터는 전극 간의 유전체로 티탄산바륨(Titanium-Barium)과 같은 유전율이 큰 재료가 사용되고 있다. 이 커패시터는 인덕턴스(코일의 성질)가 적어 고주파 특성이 양호하다는 특성을 가지고 있어, 고주파의 바이패스(고주파 성분 또는 잡음을 어스로 통과시킨다)에 사용된다. 모양은 원반형으로 되어 있으며, 용량은 비교적 작고 전해 커패시터나 탄탈 커패시터와 같이 전극의 극성은 없다.
④ 마일러 커패시터는 얇은 폴리에스테르(polyester) 필름을 양측에서 금속으로 산입하여, 원통형으로 감은 것이다. 낮은 가격으로, 사용하기는 쉽지만 높은 정밀도를 기대할 수는 없다. 오차는 대략 ±5[%]에서 ±20[%] 정도이다.

11 ④

12 ②
니켈과 망간합금, 니크롬 등의 막대는 자화되면 변형하고 반대로 변형하면 자화의 상태로 변화하는 현상이 있는데 이것을 자기 일그러짐(자왜) 현상이라 한다. 자기 일그러짐 현상을 이용한 자기 일그러짐 발진회로는 강한 진동을 발생시킬 수 있으므로 초음파 발생에 흔히 이용된다.

13 ④
① 집적회로(IC)를 만들기 위한 조건
㉠ L 및 C가 거의 필요 없고, 저항값이 작은 회로
㉡ 전력 출력이 작아도 되는 회로
㉢ 신뢰성이 중요시되어 소형 경량을 필요로 하는 회로
② 집적회로(IC)의 장점
㉠ 대량생산이 가능하여, 저렴하다.
㉡ 크기가 작다.
㉢ 신뢰도가 높다.
㉣ 향상된 성능을 가질 수 있다.
㉤ 접합된 장치를 만들 수 있다.

14 ④
3단자 레귤레이터 정전압회로의 특징
① 시리즈에 접속한 트랜지스터가 발열한다.
② 입력 전압은 출력 전압보다 항상 높아야 하고, 그 전압차는 리니어 레귤레이터의 종류에 따라 다르며 1~3[V] 정

도 필요하다.
③ 제어 트랜지스터가 출력 전류에 비례하는 전력을 소비하기 때문에 출력 전류가 큰 용도에는 사용할 수 없다.

15 ③
① B급 푸시풀 증폭회로 : 전기적 특성이 같은 트랜지스터를 서로 대칭으로 접속하여 교번 동작을 시킨 후 출력을 합하여 큰 출력을 얻게 하는 회로로서 동작점을 차단점(0 바이어스) 부근에 잡아 출력을 크게 할 수 있고, 효율은 78.5[%]로 높다.
② B급 푸시풀 증폭회로의 특징
  ㉠ B급 동작이므로 직류 바이어스 전류가 매우 작아도 된다.
  ㉡ 입력이 없을 때의 컬렉터 손실이 작은 큰 출력을 낼 수 있다.
  ㉢ 짝수 고조파 성분은 서로 상쇄되어 일그러짐이 없는 출력단에 적합하다.
  ㉣ B급 증폭기 특유의 크로스오버(crossover) 일그러짐이 있다.

16 ③
① 전자기파(電磁氣波) 또는 전자기복사(電磁氣輻射, Electromagnetic radiation, EMR)는 특정 전자기적인 과정에 의해 복사되는 에너지이다. 가시광선도 전자기파에 속하며 전파, 적외선, 자외선, X선 같은 전자기파들은 우리 눈에 보이지 않는다.
② 전자파의 성질
  ㉠ 반사(Reflection) : 전자기파는 금속을 만나면 완전반사(total reflection)를 한다.
  ㉡ 산란(Scattering) : 전자기파가 진행하다가 만난 물체 표면에서 구조 특성에 따라 사방으로 전자기파가 흩어지는 현상을 의미한다.
  ㉢ 회절(Diffraction) : 전자기파가 진행 중에 장애물을 만났을 때 옆으로 돌아서 진행하는 현상이다.
  ㉣ 굴절(Refraction) : 전자기파가 물리적 성분이 다른 재질에 입사했을 때 그 재질 차이에 의해 진행방향이 옆으로 변화하는 것을 의미한다.

17 ②
제어장치
① 주기억장치에 기억되어 있는 프로그램을 하나씩 꺼내어 명령을 해독하고 그에 따라 필요한 장치에 신호를 보내어 동작시켜 그 결과를 검사, 제어하는 역할로서 연산장치, 입력장치, 출력장치를 동작하게 한다.
② 제어장치는 프로그램의 수행 순서를 제어하는 프로그램 계수기(program counter), 현재 수행 중인 명령어의 내용을 임시 기억하는 명령 레지스터(instruction register), 명령 레지스터에 수록된 명령을 해독하여 수행될 장치에 제어 신호를 보내는 명령 해독기(instruction decoder)로 이루어져 있다.

18 ②
프로그램 카운터(program counter : PC)는 CPU가 다음에 처리해야 할 명령이나 데이터의 메모리상의 번지를 지시한다.

19 ①
2진수의 각 자리수를 3bit로 표현하면 8진수, 4bit로 표현하면 16진수가 된다.
① 2진수를 3비트의 BCD(8421)코드로 묶어 8진수로 변환한다.

1	011	010
1	3	2

② 2진수를 4비트의 BCD(8421)코드로 묶어 16진수로 변환한다.

101	1010
5	A

즉, $(1011010)_2$은 8진수로 $(132)_8$이 되고 16진수로 $(5A)_{16}$가 된다.

20 ④
순서도는 처리방법, 작업의 흐름, 순서 등을 정해진 기호를 사용하여 그림으로 나타내는 방법을 말한다.
① 특정한 문제에서 독립하여 일반성을 갖는다.
② 오류 발생 시 디버깅(debugging)이 용이하다.
③ 프로그램의 코딩(coding)이 용이하다.
④ 프로그램을 작성하지 않은 사람도 이해하기 쉽다.
⑤ 업무의 전체적인 개요를 쉽게 파악할 수 있다.

21 ③
동기 인터페이스(synchronous interface)는 중앙처리장치(CPU)와 입·출력장치 간에 데이터 전송을 할 때 클록 신호에 맞춰서 전송을 하는 방식. 데이터 전송의 시점을 미리 알고 있고 CPU와 입·출력 기기 간의 속도가 거의 같을 때 사용된다.

22 ③
산술논리 연산장치(ALU)는 CPU가 처리해야 할 데이터 계산, 편집 및 비교 등을 실제적으로 수행하는 장치로 가산기를 주축으로 구성되어 있다.

23 ③
1의 보수는 부정을 취하는 것이고, 2의 보수는 1의 보수에 1을 더한다. 그러므로 10101의 1의 보수는 01010이 되고, 2의 보수는 01011이 된다.

24 ②
버퍼(Buffer)는 속도 차이가 있는 하드웨어 장치들, 또는 우선순위가 다른 프로그램의 프로세스들에 의해 공유되는 데이터 저장소를 말한다.

25 ④
① MOVE : 하나의 입력 자료를 갖는 단일 연산으로 전자계산

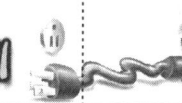

기 내부에서 하나의 레지스터에 기억된 데이터를 다른 레지스터로 옮기는 데 이용
② Complement
　㉠ 단일 연산으로 입력 자료 1의 연산 결과는 보수가 된다.
　㉡ 음(-)수의 표현에 있어 1의 보수 또는 2의 보수를 구하는 데 이용
③ AND : 필요 없는 부분을 지워버리고 나머지 비트만을 가지고 처리하기 위하여 사용
④ OR : AND 회로와는 거의 반대의 연산을 실행하는 것으로서, 2개 이상의 데이터를 합치는 데 이용
⑤ Shift(시프트) : 입력 데이터의 모든 비트를 각각 서로 이웃의 비트자리로 옮기는 데 사용
⑥ Rotate(로테이트) : shift와 유사한 연산으로서, shift 연산에서는 연산 후에 밀려나오는 비트를 버리거나 올림수 레지스터에 기억시키지만, Rotate의 경우에는 밀려나온 비트가 다시 반대편 끝으로 들어가게 된다.

26 ②

① 데이지 체인 방법 : 연속적으로 연결되어 있는 하드웨어장치들의 구성을 지칭한다. 예를 들어 SCSI 인터페이스는 최대 7개의 장치까지 데이지 체인 형식을 지원한다. 데이지 체인은 예를 들어 어떤 장치 A가 B라는 장치에 연결되어 있고, 그 B라는 장치는 다시 C라는 장치에 연속하여 연결되어 있는 방식의 버스 결선방식을 말한다. 이때 가장 마지막에 있는 장치는 대개 저항장치 또는 단말장치에 접속된다. 모든 장치들은 동일한 신호를 수신할 수도 있지만, 단순한 버스와는 현저히 다르게 체인 내에 속한 각 장치가 하나 이상의 신호를 다른 장치에 전달하기 전에 내용을 수정하는 경우도 있다.
② 인터럽트 구동 입·출력(interrupt-driven I/O) 방식 : 주변장치가 프로세서의 도움이 필요한지를 프로세서가 주변장치를 점검하는 방법으로 하지 않고 주변장치가 프로세서에게 신호를 주는 방식이다.
③ 폴링(polling) 방식
　㉠ 프로그램된 입·출력(programmed I/O)이라고도 한다.
　㉡ 프로세서와 통신하는 가장 단순한 방법으로 프로세서에 비하여 상대적으로 훨씬 느린 입·출력장치의 입·출력 동작이 완료됐는지 확인하기 위하여 폴링(상태비트(status bit)를 주기적으로 검사하는 과정)을 해야 한다.
　㉢ 프로세서가 입·출력 동작을 초기화하고 지령하고 종결한다.
　㉣ 모든 데이터 전달 연산은 프로세서에 의한 입·출력 명령어의 수행을 요구한다.
　㉤ 입·출력장치는 메모리를 직접 접근할 수 없으며, 따라서 입·출력장치에서 메모리까지의 데이터 전달에는 여러 개의 프로세서 명령어가 필요하다.
　㉥ 입·출력 연산이 끝날 때까지 프로세서가 기다려야 하기 때문에 매우 느리지만, 거의 하드웨어 가격이 없으므로 대부분의 컴퓨터에서는 아직 선택 사양으로 포함

되어 있다.
　㉦ 프로세서가 입·출력장치보다 훨씬 빠르기 때문에 많은 프로세서의 시간을 낭비하게 된다.
　㉧ 작고, 저속 시스템에서 유용하다.

27 ④

SQL(structured query language)은 사용자와 관계형 데이터베이스를 연결시켜 주는 표준검색 언어로 데이터베이스에서 쓰이는 언어 중에서 가장 널리 알려지고 많이 사용되고 있으며, SELECT FROM WHERE 구조로 특징지을 수 있는 관계 사상을 기초로 한 대표적 언어이다.

28 ②

채널(channel)이란 주기억장치와 입·출력장치 간의 속도 차이를 줄일 목적으로 사용하는 것으로, CPU로부터 입·출력장치의 제어를 위임받아 한 번에 여러 데이터 블록을 입·출력할 수 있는 시스템 하드웨어로 채널의 종류는 크게 두 가지이다.
① 셀렉터 채널(Selector) – 고속
② 멀티플렉서 채널(Multiplexor Channel) : 바이트 멀티플렉서 채널(저속), 블록 멀티플렉서 채널(고속)

29 ④

전압변동률 $\varepsilon = \dfrac{V_o - V}{V} \times 100[\%]$

여기서, V_o : 무부하 시 직류 전압
　　　　V : 전부하 시 직류 전압

$\therefore r = \dfrac{\Delta V}{V_d} \times 100 = \dfrac{50}{200} \times 100 = 25[\%]$

30 ④

감도 측정회로와 같이 구성하여 힘 잡음측정의 경우에는 LM(레벨미터)의 앞에 300[Hz] 이상을 차단시키는 저역 필터를, 랜덤 잡음 측정의 경우에는 300[Hz] 이하를 차단시키는 고역 필터를 놓고 측정한다.
① 필터-증폭된 신호에는 원하는 계측량과 원하지 않는 성분인 노이즈가 섞여 있으므로 이들 중에서 원하는 성분을 추출해내야 한다.
② 고역통과필터(HPF) : 고주파 신호만을 통과시킨다.

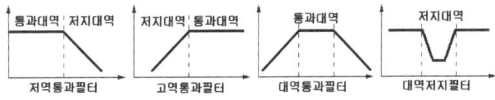

31 ①

$m = \dfrac{A - B}{A + B} \times 100[\%]$

32 ②

영위법은 피측정량을 표준량과 평형을 이루도록 하여 표준량의 값으로부터 알아내는 방식으로 감도가 높고 정밀측정이

가능한 측정법이며, 자동평형 기록계기는 영위법에 의한 측정기로, DC-AC 변환기, 증폭회로, 서보 모터 및 지시 기록 기구로 구성되어 있다.

33 ④
오차의 종류
① 개인 오차 : 측정자의 잘못된 습성 등에 의한 오차
② 우연 오차 : 측정 조건의 변동, 측정자의 주의력 동요 등 우연한 원인에 의한 오차
③ 계통 오차 : 측정기의 눈금 부정확, 측정기의 부품 마멸 등에 의한 오차(기계적 오차)

34 ③
소인 발진기(Sweep Generator)는 오실로스코프와 조합하여 각종 무선 주파회로의 주파수특성을 직시하기 위해 사용하는 것으로, 수신기의 중간주파 특성, FM 수신기의 주파수 변별기 또는 광대역 증폭기 등의 조정에 많이 사용되며, 그림과 같이 소인 발진기는 고주파 발진기, 진폭 제한기, 출력 감쇠기 등으로 구성된다.

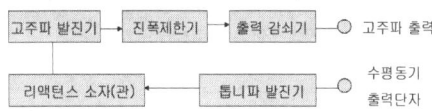

35 ②
㉠ 공동 주파수계(cavity frequency meter) : 마이크로파의 주파수를 측정하는 계기로 마이크로파에서는 공동 내에 전자파를 공진시키면 Q를 높게 할 수 있으므로 손쉽고 비교적 정확한 주파수를 측정할 수 있다.
㉡ 동축형 주파수계는 동축선(coaxial line)의 공진 특성을 이용한 것으로 2500[MHz] 정도까지의 초고주파 측정에 사용된다.
㉢ 헤테로다인 주파수계(heterodyne frequency meter)는 기지의 조정 가능 주파수를 미지의 주파수와 헤테로다인 하여 제로 비트 상태로 될 때까지 기지의 주파수를 조정함으로써 미지의 주파수를 측정한다.
㉣ 흡수형 주파수계(absorption type frequency meter)는 LC회로의 공진현상을 이용하여 무선 주파수를 측정하는 장치로 공진회로의 코일을 피측정회로에 소결합하고, 가변 콘덴서를 조정하여 동조시켜 그때의 콘덴서의 다이얼 눈금에서 주파수를 구할 수 있다. 장파, 중파, 단파, 초단파의 측정에 사용하고 있다.

36 ④
고주파 영역에서 전력을 측정하는 방법
① 표준부하법 : 표준부하로서 램프를 사용하여 광조차로 전력측정을 하거나 냉각수 속에 탄소저항을 넣어 온도차로 전력측정을 한다.
② C - C형 : 열전대와 콘덴서 및 직류전류계로 단파대 정도의 고주파전력을 측정한다.
③ C - M형 : 동축급전선과 같은 불평형 급전선에 사용되는 초단파용 고주파 전력측정기이다.
④ 볼로미터 전력계 : 온도에 의하여 저항값이 변하는 소자를 볼로미터 소자라 하는데, 그림과 같은 서미스터와 배러터가 있다. 배러터는 가는 백금선을 사용하여 온도의 상승에 의하여 저항값이 크게 되며, 반도체 소자인 서미스터는 이와 반대의 특성을 가진다.

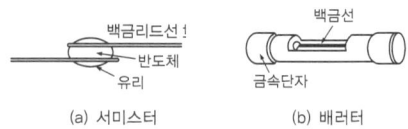

(a) 서미스터 　　　　 (b) 배러터

37 ①
1.0급은 오차범위가 1.0[%]의 계기등급을 의미한다.

38 ③
발진기(oscillator)는 전자관 또는 반도체 등을 이용하여 전기적 진동을 발생시키는 장치로서 직류 에너지를 교류 에너지로 바꾸어 전기 진동을 발생시키는 장치이다.

39 ②
열전형 계기의 지시값=가동코일형 계기의 지시값$\times \sqrt{2}$

$\therefore I = \dfrac{5}{\sqrt{2}} = 3.54[A]$

40 ③
아날로그(analog) 신호를 디지털(digital) 신호로 바꾸어서 나타내는 것을 A/D 변환이라 하고, 디지털 신호를 아날로그 신호로 바꾸는 것을 D/A 변환이라 한다.

41 ③
카세트테이프를 카세트 데크(deck)에 밀어 넣으면 릴 브레이크가 해제(H부분)되어 테이프가 플레이될 수 있도록 하고 평상시에는 릴 브레이크가 동작되어 릴이 이동되지 않도록 하는 역할을 한다.

42 ④
① 입력장치에는 키보드와 마우스가 많이 사용되며, 스캐너, 광학 마크 판독기, 광학 문자 판독기, 자기 잉크 문자 판독기, 바코드 판독기, 조이 스틱, 디지타이저, 터치스크린, 디지털 카메라 등이 있다.
② 출력장치에는 프린터와 모니터가 있으며, 프린터로는 도트 매트릭스 프린터, 잉크 제트 프린터, 레이저 프린터가 있다. 또, 모니터에는 음극선관와 모니터와 액정 화면 모니터, 플라스마 디스플레이, 터치스크린, 프로젝터 등이 있다.

43 ②
자동제어(automatic control)는 제어하려는 양을 목표값에 일치시키기 위하여, 편차가 있으면 그것을 검출하여 수정하는 동작을 자동적으로 하는 것으로 자동 온수기에서 제어 대

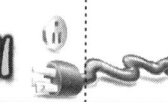

상 – 물, 제어량 – 온도, 목표값 – 설정값이 된다.
① 제어 대상(controlled system) : 자동제어의 대상이 되는 장치나 물체
② 제어량(controlled variable) : 제어 대상에 속하는 양으로서, 측정되어 제어될 수 있는 것
③ 목표값(command) : 제어계에서 제어량이 목표값에 이를 수 있도록 외부에서 주어지는 값을 말하며, 목표값이 일정할 때에는 설정값(set point)이라고도 한다.
④ 제어장치(automatic controller) : 제어 대상을 목표값에 일치되게 동작하는 부분
⑤ 조작량(manipulated variable) : 제어량을 조정하기 위하여 제어 대상에 주어지는 양

44 ③
오디오미터(audiometer)는 귀의 청력을 검사하기 위하여 가청 주파수 영역의 여러 가지 레벨의 순음을 전기적으로 발생하는 음향발생장치로 신호음으로 사인파를 사용한다.

45 ④
$$f = \frac{C}{\lambda} = \frac{3 \times 10^8}{1} = 300 [\text{MHz}]$$

46 ②
$$P = I^2 R, \quad R = \frac{P}{I^2} = \frac{500}{5^2} = 20 [\Omega]$$

47 ①
변조(modulation)는 반송파에 원하는 정보를 실어 보내는 송신 과정으로 원하는 정보에 따라 반송파(carrier) 신호의 진폭, 주파수, 위상 정보를 변경하여 변조된 신호를 얻는다.

48 ①
태양전지는 반도체의 접합부에 빛을 쬐면 기전력이 발생하는 광기전력 효과를 이용하며, 조도계, 노출계, 인공위성의 전원, 초단파의 무인 중계국 등에 사용된다.

49 ②
① 계조(gradation, gray scale) : 명도(Brightness)차 또는 채도(saturation)차를 이용하여 색을 점점 연하게 하는 것
② 화소(pixel) : 화소는 화상을 형성하는 최소의 단위로, 화상은 명암이 있는 색의 점(點) 배열에 의해 형성되어 있다. 화소의 수가 많을수록 해상도가 높은 영상을 얻을 수가 있다.
③ 비트맵(bit-map) : 그래픽 이미지 파일과 같은 화상을 구성하는 각각의 픽셀(또는 비트)에 대해 색상 값을 정의하는 방법

50 ④
라디오존데는 기상관측장비와 발진기를 실은 기구를 대기 상공에 띄워 무선으로 기상 요소를 측정하는 기기이다.

51 ③
GPS(Global positioning system)는 세계 어느 곳에서든지 인공위성과 단말기를 이용하여 현재 자신의 위치를 정확히 알 수 있는 시스템이다.

52 ④
반파장 다이폴 안테나는 단파용 안테나(공중선)이다.

53 ②
고주파 유도 가열(HF induction heating)은 금속과 같은 도전 물질에 고주파 자장을 가할 때 도체에서 생기는 맴돌이 전류(eddy current)에 의하여 물질을 가열하는 방법이다.

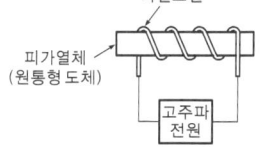

① 고주파 유도 가열의 원리 : 피가열체(도체)에 감긴 코일에 고주파 전류를 흘리면 전자유도 작용에 의해 맴돌이 전류가 흐르고, 이 전류에 의해 도체는 가열된다.
  ㉠ 도체가 가열되는 때 전력 손실이 생기는데, 이것을 전류손이라 한다.
  ㉡ 표피 효과(skin effect) 현상에 의해 맴돌이 전류밀도는 중심부, 즉 원의 축 위치에서 가장 작고 표면에 가까워질수록 커진다.
② 고주파 유도 가열의 장점
  ㉠ 가열속도가 빠르며, 발열을 필요한 부분에 집중시킬 수 있다.
  ㉡ 금속의 표면 가열이 쉽게 이루어진다.
  ㉢ 가열을 정밀하게 조절할 수 있다.
  ㉣ 가열 준비 작업이 불필요하며, 작업 환경을 깨끗하게 유지할 수 있다.
  ㉤ 제품의 질을 높일 수 있다.
③ 고주파 유도 가열 장치 : 용해로, 진공로, 가공 장치, 표면 경화 장치 및 땜 장치 등

54 ③
캡스턴
핀치 롤러와의 압착 회전으로 테이프를 정속 주행시킨다.

55 ④
비디오 헤드의 자성 재료에 요구되는 특성
① 실효 투자율이 높을 것
② 항자력(H_C)이 작을 것
③ 내마모성이 좋을 것
④ 가공성이 좋을 것
⑤ 잡음의 발생이 적을 것

56 ③
바이어스법에는 직류 바이어스법과 교류 바이어스법의 두 가지가 있는데, 직류 바이어스법은 직류자화로 인한 잡음이 많

고 감도가 나쁘기 때문에 거의 사용되지 않고 현재에는 녹음 전류에 일정한 주파수(30~200[kHz])의 고주파 전류를 중첩시켜 바이어스 자장(bias magnetic field)을 가하는 교류 바이어스법이 가장 많이 사용된다.

57 ③
① 비열은 어떤 물질 1[kg]의 온도를 1[℃] 높이는 데 필요한 열량이다.
② 대기압(大氣壓)은 공기의 무게 때문에 생기는 지구 대기의 압력이다.
③ 응축(condensation)은 증기로부터 액체나 고체가 형성되어 이보다 낮은 온도의 표면에 부착되는 현상이다.
④ 압력은 일정한 넓이에 수직으로 작용하는 힘의 크기로 압력의 크기 작용하는 힘이 클수록, 접촉 면적이 좁을수록 압력이 커진다.

58 ①
방향이나 위치의 추치 제어를 서보 기구(servomechanism)라 하며, 서보 기구에 사용되는 기구는 싱크로(synchro), 리졸버(resolver) 저항식 서보 기구, 차동 변압기 등이 있다.
① 서보 기구의 일반적인 조건
 ㉠ 조작량이 커야 한다.
 ㉡ 추종 속도가 빨라야 한다.
 ㉢ 서보 모터의 관성이 작아야 한다.
 ㉣ 전기식이면 증폭부에 트랜지스터 증폭기나 자기증폭기가 사용되고 유압식의 경우에는 파일럿 밸브나 유압 분사관 등이 사용된다.

59 ①
뇌파(EEG : ElectroEncephalogram)는 뇌의 전기적인 활동을 머리 표면에 부착한 전극에 의해 비침습적으로 측정한 전기신호이며, 델타(δ)파는 주로 정상인의 깊은 수면 상태나 신생아의 경우 두드러지게 나타나고, 세타(θ)파는 정서안정 또는 수면으로 이어지는 과정에서 주로 나타나는 파로 성인보다는 어린이에게 더 많이 나타난다.
알파(α)파는 긴장이완과 같은 편안한 상태에서 주로 나타나며, 안정되고 편안한 상태일수록 진폭이 증가하고, 감마(γ)파는 베타(β)파보다 더 빠르게 진동하는 형태로 정서적으로 더욱 초조한 상태이거나 추리, 판단 등의 상태에서 나타난다.
일반적으로 뇌파는 진동하는 주파수의 범위에 따라 델타(δ)파(0.2~3.99[Hz]), 세타(θ)파(4~7.99[Hz]), 알파(α)파(8~12.99[Hz]), 베타(β)파(13~29.99[Hz]), 감마(γ)파(30~50[Hz])로 구분한다.

60 ①
캐스케이드(cascade) 접속의 경우로 $G(S) = G_1(S) \cdot G_2(S)$ 이다.

2016년 7월 10일

01 ②
동기식 카운터(synchronous counter)는 하나의 공통된 클록 펄스에 의해 플립플롭이 트리거되어 모든 플립플롭의 상태가 동시에 변화하는 카운터로서 그림의 회로는 3비트 카운터로서 C는 A, B의 출력이 모두 High일 때 J, K가 1의 상태가 되어 출력이 토글되므로 8진 카운터회로이다.

02 ①
비반전증폭기로서
$$V_i = \frac{R_1}{R_1+R_2}V$$
$$\frac{V_o}{V_i} = \frac{V_o}{\frac{R_1}{R_1+R_2}V_o} = \frac{R_1+R_2}{R_1} = 1+\frac{R_2}{R_1}$$
$$V_o = \left(1+\frac{R_2}{R_1}\right)V_o$$

03 ④
최대값 = 파형의 수직 칸 수×VOLTS/DIV×프로브의 배율
V = 4×0.2×10 = 8[V]

04 ④
① 입력에는 저항을, 귀환에는 콘덴서를 사용하는 회로가 적분회로이고, 입력에는 콘덴서를, 귀환에는 저항을 사용하는 회로가 미분회로이다.
② 미분회로는 직사각형파로부터 폭이 좁은 트리거(trigger) 펄스를 얻는 데 쓰이며, 미분회로에 삼각파를 공급하면 구형파가 출력되고, 구형파를 공급하면 삼각파가 나타난다.
③ 적분회로(Integrator)는 시간에 비례하는 전압(또는 전류) 파형, 즉 톱니파 신호를 발생하거나 신호를 지연시키는 회로에 쓰이고 적분회로는 구형파를 공급하면 삼각파를 얻을 수 있다.

05 ①
수정발진기는 압전 현상을 이용한 것으로 직렬 공진 주파수(f_0)와 병렬 공진 주파수(f_∞) 사이에는 주파수 범위가 대단히 좁으며 이 사이의 유도성($f_0 \leq f \leq f_\infty$)을 이용하여 안정된 발진을 한다. 수정발진기의 LC 발진기에 비하여 주파수 안정도가 매우 우수하다. 그러나 다음과 같은 원인에 의해 발진 주파수가 변화하는 경우도 있다.
① 주위 온도의 변화에 의한 수정편의 신축변형
② 부하의 변동
③ 전원 전압의 변동
④ 기계적인 진동
⑤ 수정 공진자나 부품의 온도, 습도 등에 의한 영향
⑥ 양극회로의 조정 불량

⑦ 발진 주파수 변동의 원인과 대책
  ㉠ 부하의 변화 : 완충 증폭기를 접속한다.
  ㉡ 주위 온도의 변화 : 항온조에 넣는다.
  ㉢ 전원 전압의 변화 : 정전압 회로를 쓴다.
  ㉣ 습도에 의한 변화 : 방습을 위하여 타 회로와 차단

06 ①
7 세그먼트 디스플레이어(FND)는 아라비아 숫자를 나타내는 부품으로 FND의 용도는 계수기, 계측기 등 다양한 분야에 사용되고 있다.

07 ①
이상형 RC 발진회로는 RC를 3단계형으로 조합시켜 컬렉터 쪽과 베이스 쪽의 총 위상편차가 180°가 되게 구성하는데 발진 주파수는 다음과 같다.
$$f_o = \frac{1}{2\pi\sqrt{6}\,CR}\,[\text{Hz}]$$

08 ③
콜피츠 발진회로는 베이스와 이미터 사이 및 컬렉터 이미터 사이는 용량성, 베이스와 컬렉터 사이는 유도성으로 회로가 구성되어야 한다.

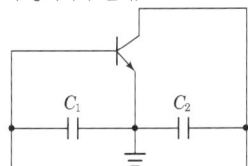
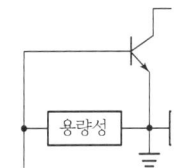

콜피츠 발진회로

09 ④
합성 임피던스
$$Z = \frac{R \times X_L}{\sqrt{R^2 + X_L^2}} = \frac{5 \times 4}{\sqrt{25+16}}$$
$$= \frac{20}{\sqrt{41}} = \frac{20}{6.4} = 3.12\,[\Omega]$$

10 ②
링(ring) 변조회로는 4개의 다이오드를 브리지형으로 접속하고, 입력 변압기의 1차측에 변조 신호를 가하여 두 변압기의 중성점 사이에 반송파를 가하여 2중으로 평형을 시키는 평형 변조기의 일종이다. 반송파(f_c)는 다이오드를 개폐시키는 작용을 하며 반송파만을 가했을 때는 출력 전압은 나타나지 않고, 변조신호(f_m)와 반송파(f_c)를 동시에 가하면 변조신호에 의해서 진폭이 변조된 출력 전압이 나타나고, 주파수는 상측파대와 하측파대($f_c \pm f_m$)가 나타나므로 여파기를 사용하여 한쪽의 측파대만 분리하면 단측파대(SSB)가 얻어진다.

11 ④
정현파 발진회로는 LC 발진회로(동조형 반결합, Clapp, Hartley, Colpitts)와 수정 발진회로(Pierce, 수정발진기) 및 RC 발진회로(이상형 병렬, Wien-Bridge)로 구분한다.

12 ③
낮은 주파수 및 오프셋 전류보상을 갖는 적분회로서 톱니파 또는 삼각파를 만드는 경우에 사용된다.

13 ②
$k = \frac{1}{Q}$ 일 때 임계 결합으로 최대 이득의 단봉 특성이다.

14 ③
평활회로(smoothing circuit)는 정류기 출력 전압의 맥동(ripple)을 감쇠시키는 회로로서, 저역통과 여파기(low-pass filter)를 사용한다. 정류회로를 거친 직류전압은 교류성분을 포함하고 있어 직류전원을 사용하는 전자회로에 사용할 수가 없어서, 맥류에서 교류 성분과 불요파를 제거하고 직류와 가깝게 만들어 내는 평활회로를 사용한다. 평활회로는 콘덴서로 구성하는 용량성 평활회로, 인덕터로 구성하는 유도성 평활회로, 콘덴서와 인덕터 등을 결합한 LC 평활회로로 구별하며, 기본적으로 저역 통과 필터의 원리를 이용한다.

15 ③
CdS(황화카드뮴 소자)는 빛에 의한 전도성을 이용한 것으로, 입사되는 빛의 양에 따라 저항값이 변화하는 가변저항소자이다.

16 ②
집적도에 의한 IC의 분류
㉠ SSI(Small Scale Integration) : 반도체를 100개 정도의 집적도를 갖도록 한 소규모 집적회로
㉡ MSI(Medium Scale Integration) : 반도체를 300~500개 정도의 집적도를 갖도록 한 중규모 집적회로
㉢ LSI(Large Scale Integration) : 반도체를 1000개 이상의 집적도를 갖도록 한 대규모 집적회로
㉣ VLSI(Very Large Scale Integration) : 반도체를 수십~수백만 개의 집적도를 갖도록 한 초대규모 집적회로

17 ①
보수(Complement) 연산이므로 입력 데이터의 부정을 취하면 되므로, 1010의 1의 보수는 0101이 된다.

18 ②
번역기의 종류는 어셈블러, 컴파일러, 인터프리터로 구분한다.
㉠ 어셈블러(assembler)는 어셈블리 언어로 작성된 원시 프로그램을 기계어로 번역하는 프로그램이다.
㉡ 컴파일러(compiler)는 전체 프로그램을 한 번에 처리하여 목적 프로그램을 생성하는 번역기로, 기억 장소를 차지하지만 실행 속도가 빠르다. 한번 번역해 두면 목적 프로그램이 생성되므로 재차 실행 시에 다시 번역할 필요가 없다. 컴파일러를 사용하는 언어에는 ALGOL, COBOL, PASCAL, FORTRAN, C 등이 있다.

ⓒ 인터프리터(interpreter)는 작성된 원시 프로그램을 한 줄씩 읽어 번역 및 실행하는 작업을 반복하는 프로그램이다. 목적 프로그램이 남지 않으며, 일괄 처리가 아니므로 대화형이라 한다. 실행 속도가 느리지만 기억 장소를 적게 차지한다. 인터프리터를 사용하는 언어에는 LISP, BASIC, 자바(JAVA), PL/1 등이 있다.

19 ③

① 메모리 주소 레지스터(Memeory Address Register : MAR) : 어드레스를 가진 기억장치를 중앙처리장치가 이용할 때 원하는 정보의 어드레스를 넣어 두는 레지스터이다.
② 메모리 버퍼 레지스터(Memeory Buffer Register : MBR) : 기억장치로부터 불러낸 정보나 또는 저장할 정보를 넣어 두는 레지스터이다.

20 ③

2[Kbyte]=1024×2=2048[byte]

21 ②

레지스터의 일종으로 연산에 사용될 데이터나 연산의 중간 결과를 저장하는 데 사용되는 레지스터가 누산기(Accumulator)이다.

22 ②

중앙처리장치와 주기억장치 사이의 속도 차이를 해결하기 위하여 개발된 고속의 버퍼 기억장치를 캐시기억장치라 한다.
① 캐시 기억장치(cache memory) : 프로그램 실행 속도를 중앙처리장치의 속도에 가깝도록 하기 위하여 개발된 고속버퍼 기억장치로서, 주기억장치보다 속도가 빠르고, 중앙처리장치 내에 위치하고 있으므로 레지스터 기능과 유사하다.
② 가상 기억장치(virtual memory) : 제한된 주기억장치의 용량을 초과하여 사용하기 위하여 보조기억장치의 기억공간을 사용자의 주기억장치가 확장된 것과 같이 사용하는 방법이다.
③ 연관 기억장치(associative memory) : 검색된 자료의 내용 일부를 이용하여 자료에 직접 접근할 수 있는 기억장치이다.

23 ③

AND 게이트의 출력에 NOT 게이트가 결합된 NAND 게이트이다.

24 ②

전자계산기는 입·출력장치와 중앙처리장치로 구분하며, 중앙처리장치는 제어장치, 연산장치, 주기억장치로 구성된다.
① 입력장치 : 프로그램이나 데이터를 외부장치로부터 전자계산기(컴퓨터)로 읽어들여 주기억장치에 기억시키는 장치이다.
② 출력장치 : 컴퓨터에 의해 처리된 정보의 결과를 사용자가 이해할 수 있는 형태로 변환하여 외부로 출력하는 기능을 갖는 장치를 말한다.
③ 제어장치 : 주기억장치에 기억되어 있는 프로그램을 하나씩 꺼내어 명령을 해독하고 그에 따라 필요한 장치에 신호를 보내어 동작시켜 그 결과를 검사, 제어하는 역할로서 연산장치, 입력장치, 출력장치를 동작하게 한다.
④ 연산장치 : 주기억장치로부터 보내져 온 데이터에 대하여 대소의 판별, 산술연산 및 비교, 논리적 판단을 실시한 장치로서 연산의 결과는 주기억장치에 기억된다.
⑤ 주기억장치 : 수행되고 있는 프로그램과 수행에 필요한 데이터를 기억하는 장치이다.

25 ③

패리티 비트는 잘못된 정보를 검출만 하고, 해밍코드는 잘못된 정보를 검출하여 교정하는 코드이다.

26 ④

① 스택(stack) : 기억장치에 데이터를 일시적으로 겹쳐 쌓아 두었다가 필요 시에 꺼내서 사용할 수 있게 주기억장치나 레지스터의 일부를 할당하여 사용하는 임시기억장치로, 데이터는 위(top)라고 불리는 한쪽 끝에서만 새로운 항목이 삽입(push)될 수 있고 삭제(pop)되는 후입선출(LIFO : Last-In First-Out)의 자료구조이다.
② 큐(queue)는 뒷부분(rear)에 해당되는 한쪽 끝에서는 항목이 삽입되고 다른 한쪽 끝(front)에서는 삭제가 가능토록 제한된 구조로, 먼저 입력된 데이터가 먼저 삭제되는 선입선출(FIFO : First-In First-Out)의 자료구조이다.

27 ④

순서도는 처리방법, 작업의 흐름, 순서 등을 정해진 기호를 사용하여 그림으로 나타내는 방법을 말한다.
① 특정한 문제에서 독립하여 일반성을 갖는다.
② 오류 발생 시 디버깅(debugging)이 용이하다.
③ 프로그램의 코딩(coding)이 용이하다.
④ 프로그램을 작성하지 않은 사람도 이해하기 쉽다.
⑤ 업무의 전체적인 개요를 쉽게 파악할 수 있다.

28 ①

① 내포(암시) 주소지정방식(implied addressing mode)은 오퍼랜드를 사용하지 않는 방식으로 명령어 자체 내에 오퍼랜드가 포함되어 있는 방식이다.
② 레지스터 간접 주소지정방식(register indirect addressing mode)은 오퍼랜드로 레지스터를 지정하고 다시 그 레지스터 값이 실제 데이터가 기억된 기억 장소의 주소를 지정한다.
③ 레지스터 주소지정방식(register addressing mode)은 오퍼랜드가 CPU 내에 있는 레지스터가 되는 주소지정방식이다.
④ 즉각 주소지정방식(immediate addressing mode)은 명령문 속에 데이터가 존재하는 주소지정방식이다.
⑤ 직접 주소지정방식(direct addressing mode)은 명령어의 오퍼랜드에 실제 데이터가 들어 있는 주소를 직접 갖고 있는 방식이다.

⑥ 페이지 주소지정방식(page addressing mode)은 전체 메모리 용량을 일정한 단위, 즉 페이지별로 구분하는 것으로 기억장치를 일정 크기의 페이지로 나누어서 명령 속에 페이지 내에서의 주소를 지정하는 방식이다.
⑦ 상대 주소지정방식(relative addressing mode)은 상태 레지스터 등의 내용을 점검하여 조건에 따라 프로그램의 처리를 변경하고자 하는 명령에만 사용되는 주소지정방식이다.
⑧ 인덱스 주소지정방식(indexed addressing mode)은 인덱스 레지스터에 데이터가 스토어되어 있는 어드레스를 로드해 놓고 각 명령에서 이 주소지정방식을 사용하면 인덱스 레지스터에 로드되어 있는 어드레스가 대상이 되는 주소지정방식이다.
⑨ 간접 주소지정방식(indirect addressing mode)은 오퍼랜드가 존재하는 기억장치 주소를 내용으로 가지고 있는 기억 장소의 주소를 명령 속에 포함시켜 지정하는 주소지정방식이다.

29 ③
멀티미터는 휴대(hand-held)장치로 측정 대상의 기본적인 결점을 찾기 위한 (멀티테스터, 볼트/옴 미터 혹은 VOM)는 여러 가지의 측정 기능을 결합한 전자계측기이다. 전형적인 멀티미터는 전압, 전류, 전기저항을 측정하는 능력은 기본적으로 가지는 기능이며, 장치에 따라 기타 측정 기능이 추가되기도 한다. 실무 작업에서 유용하고 매우 높은 정확도로 측정할 수 있으며, 개인적인 오차가 적고 입력 임피던스가 높아 피측정량에 미치는 영향이 적어 넓은 범위에 있어 전기적인 문제들을 점검하기 위하여 사용된다.

30 ②
고주파 전류는 주로 열전형 전류계로 측정하는데, 측정할 수 있는 주파수의 범위는 휴대용이 5[MHz] 정도이고, 기기 장치용은 100[MHz] 정도까지이다.

31 ①
전압 정재파비 VSWR은
VSWR $= \dfrac{V_{max}}{V_{min}} = \dfrac{10}{8} = 1.25$

32 ③
진폭변조 [AM] 파형으로 변조도 M은
$M = \dfrac{A-B}{A+B} \times 100 = \dfrac{3-1}{3+1} \times 100 = 50[\%]$

33 ④
① 표준 신호 발진기(SSG, standard signal generator)는 고주파 발진기, 변조용 저주파 발진기, 피변조 증폭기와 감쇠기, 출력 지시계로 구성되며, 내부에서 400[Hz], 1000[Hz] 등의 가변주파 발진기를 내장하여 진폭 변조를 할 수 있게 되어 있다.
② 표준 신호 발생기의 조건

㉠ 주파수가 정확하고 가변 범위가 넓을 것
㉡ 변조도가 자유롭게 조절될 수 있을 것
㉢ 출력이 가변될 수 있고, 그의 정확한 값을 알 수 있을 것

34 ④
테스트 패턴은 해상도, 편향 일그러짐, 과도 특성, 명암, 종횡비, 초점 등 화상의 여러 가지 성질을 판정하는 데 적합하도록 특별한 선이나 원을 조합한 도형인데, 상하의 가장자리에 접하는 동심원, 가로와 세로의 쐐기형 직선군, 5단계의 농도를 가진 무늬모양 등으로 되어 있다. 또 5단계의 진하고 여린 모양은 콘트라스트(contrast)의 농도를 조사하기 위한 것이다.

35 ①
$V = \left(1 + \dfrac{R}{r_m}\right)V_m$ 의 식에 의해
$V_m = \dfrac{V}{1 + \dfrac{R}{r_m}} = \dfrac{100}{1 + \dfrac{33}{300}} = \dfrac{100}{1.11} ≒ 90[V]$

36 ①
고주파 전류는 주로 열전형 전류계로 측정하는데, 측정할 수 있는 주파수의 범위는 휴대용이 5[MHz] 정도이고, 기기 장치용은 100[MHz] 정도까지이다.

37 ③
오실로스코프의 수직축 단자에 측정하고자 하는 신호를 가하고 수평축 단자에는 파형의 동기(출력 파형의 정지)를 맞추기 위하여 톱니파를 공급한다.

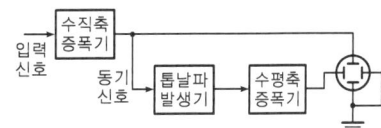

38 ②
$P \cdot K_2 = R_g \cdot Q$ 의 조건에 의해서
$R_g = \dfrac{P}{Q} R$

39 ④
고저항의 측정
① 측정할 저항체에 고전압을 걸어서 측정한다.
② 직접 편위법과 전압계법 및 콘덴서의 충·방전을 이용하는 방법 등이 있다.

40 ②
백분율 오차 $= \dfrac{M-T}{T} \times 100[\%]$

$$\alpha = \frac{M-T}{T} \times 100 = \frac{102-100}{100} \times 100 = 2[\%]$$

41 ①

오디오 시스템에서 입력단의 등화 증폭기가 잡음에 대하여 가장 영향을 많이 받는다.
① 재생 증폭기의 구성
  ㉠ 전치 증폭기(preamplifier) : 마이크로폰이나 테이프 헤드 등으로부터 나오는 작은 신호 전압을 증폭하고, 음량과 음질 조정을 하여 주 증폭기에 전달한다.
  ㉡ 주 증폭기(main amplifier) : 전치 증폭기로부터 받은 신호를 전력 증폭하여 스피커에 출력 전력을 공급한다.
  ㉢ 등화 증폭기(equalizing amplifier) : 녹음기의 녹음 특성이 일반적으로 저역에서 저하되는 경향이 있으므로 이 특성을 보상한다.

42 ②

2헤드 방식의 VTR에서 헤드 드럼이 1회전하면 한 장의 재생 화면(1frame)이 완성된다.

43 ④

VTR의 테이프와 헤드 사이에 먼지 등이 끼면 재생화면에 하나 또는 다수의 흰 수평선이 나타나는 현상을 드롭 아웃(Drop out)이라 한다.

44 ③

국부발진주파수=수신주파수+중간주파수이므로
$f_o = f_e + f_i = 700 + 455 = 1155[\text{kHz}]$

45 ②

전자현미경은 전자총에 의하여 전자군을 만들어 이것을 시료 (test piece)에 주고, 시료에서 정보를 받은 전자군은 전자 렌즈로 되어 있는 확대계에서 확대되어 투영면 위에 상이 나타나게 되어 있다.

대 상	광학현미경	전자현미경
조명원	광선	전자선
매질	공기	진공
콘트라스트가 생기는 원인	굴절 또는 흡수	산란 또는 흡수
배율	렌즈 교환	투사 렌즈의 여자전류 변화
초점	대물렌즈와 시료의 거리조절	대물렌즈의 여자전류를 조절
렌즈	회전대칭 유리렌즈	회전대칭 전자렌즈
상 관찰 수단	육안 또는 사진	형광막상의 상 또는 사진
재물대	재물 유리	박막

46 ①

조도계와 노출계, 태양전지 등은 반도체의 접합부에 빛을 쬐면 기전력이 발생하는 광기전력 효과를 이용한 기기이다.

47 ②

전기 발광(Electroluminescence)은 반도체 따위의 물질에 전기장을 가하면 발광하는 현상이다.

48 ④

비검파(ratio detecton)회로는 검파 감도가 약간 낮으나 회로 자체가 진폭제한기(limiter, 리미터)의 역할도 겸할 수 있어 일반적인 FM 수신기에 많이 사용된다.

49 ③

$$f = \frac{C}{\lambda} = \frac{3 \times 10^8}{1} = 300[\text{MHz}]$$

50 ②

① 소리의 압력 변화를 음압(sound pressure)이라 하며, 음압의 단위로 기압의 단위와 같은 바(bar)를 사용한다. 그러나 실제의 음향은 매우 작으므로 마이크로바(μbar)를 사용하여 실효값으로 나타낸다.
② 음압수준(SPL, sound pressure level)은 우리가 들을 수 있는 최소한의 음압(0.0002[μbar])을 기준으로 하여 소리의 세기가 몇 배인가를 가지고 상대값으로 나타내며, 단위는 데시벨(dB)을 사용한다.
③ $SPL = 20\log_{10}\left(\frac{P}{0.0002}\right)$

51 ④

초음파의 세기는 단위면적을 지나는 파워(power)로서, 진폭의 제곱에 비례하며, 매질 속을 지나감에 따라 감쇠한다. 이때 감쇠율은 물질에 따라 다르며, 일반적으로 기체가 가장 크고 액체, 고체의 순서로 작아진다. 또, 초음파의 진동수가 클수록 감쇠율이 크다.

52 ③

고스트(ghost)는 직접파에 의한 영상과 반사파에 의한 영상이 시간적으로 벗어나서, 상이 2중, 3중으로 되는 현상

53 ①

태양전지(solar cell)는 반도체의 PN접합에 빛이 입사할 때 기전력이 발생하는 광기전력 효과를 이용한 것이다.
※ 태양전지의 특징
  ① 종래에 이용되지 않은 풍부한 에너지원으로 이용된다.
  ② 장치가 간단하고 보수가 편하다.
  ③ 빛의 방향에 따라 발생 출력이 변하므로 이것을 고려하여 출력에 여유를 두어야 한다.
  ④ 연속적으로 사용하기 위해서는 태양광선을 얻을 수 없는 경우에 대비하여 축전장치가 필요하다.
  ⑤ 대전력용은 부피가 크고 가격이 비싸다.

54 ③

AN 레인지 비컨은 무지향성 비컨과 마찬가지로 공항이나 항공로상의 요소에 설치하여 항공로를 형성하는 데 사용되는 것으로 지향성 무선 표시라고도 한다. AN 레인지 비컨에서 등신호 방향의 각도는 45°, 135°, 225°, 315°이다.

55 ①

① 스트레이트 수신기 : 수신된 동조 주파수를 직접 검파하는 방식의 수신기
② 슈퍼헤테로다인 수신기 : 수신전파의 주파수(f_s)를 이와 다른 주파수(f_i, 중간주파수)로 변환시키고, 이를 증폭하여 검파하는 방식의 수신기
③ 슈퍼헤테로다인 수신기의 장점
　㉠ 중간 주파수로 변환 증폭하므로 감도와 선택도가 좋다.
　㉡ 광대역에 걸쳐 선택도가 떨어지지 않고 충실도가 좋다.
④ 슈퍼헤테로다인 수신기의 단점
　㉠ 국부 발진주파수의 고조파와 수신전파 사이의 비트(beat) 방해를 받기 쉽다.
　㉡ 영상혼신을 받기 쉬우며, 회로가 복잡하고 조정이 어렵다.

56 ④

소거(erase)란 테이프에 잔류자기의 형태로 녹음된 신호를 자기적으로 소멸시키는 작용을 말하며, 녹음 바이어스방식에 따라 직류 소거법과 교류 소거법으로 나눈다. 직류 소거법은 강한 직류자장을 테이프에 가하여 녹음에 의한 잔류자기를 모두 포화점까지 자화시켜 소거하는 방법으로서 전자석(소거 헤드) 또는 영구자석이 사용된다. 교류 소거법은 강한 교류자장을 테이프에 가하여 소거하는 방법으로 교류 바이어스법을 채용하는 녹음기에 사용되며 소거 헤드에 흘리는 전류는 보통 녹음 바이어스와 같은 주파수이다.

57 ③

전계강도(E) = $\dfrac{7\sqrt{P}}{d}$ [V/m]

① 100[W]에서의 전계강도를 E_1이라 하면
　$E_1 = 7\sqrt{100} = 70$ [V/m]
② 400[W]에서의 전계강도를 E_2라 하면
　$E_2 = 7\sqrt{400} = 140$ [V/m]
즉, 전계강도는 2배가 된다.

58 ①

여러 가지 2차 변환의 보기

압력-변위	다이어프램, 스프링
변위-압력	유압 분사관
변위-임피던스	슬라이드 저항, 용량형 변환기, 유도형 변환기
변위-전압	가변저항 분압기, 차동변압기
전압-변위	전자석, 전자코일

59 ②

CD(compact disk) 플레이어의 회로 구성
픽업의 정밀한 광학계와 IC화된 전용의 LSI가 신호처리계 및 기타의 회로에 사용되며, 서보 및 시스템 제어에는 마이크로프로세서를 이용하고 있다. 음반에는 소리의 신호가 PCM에 의한 디지털 신호로 기록되어 있으며, 재생에는 광학계의 레이저 광선을 이용한 픽업을 사용한다.

60 ③

정치 제어란 목표값이 일정한 경우의 제어
① 정치 제어의 구분
　㉠ 공정 제어(process control) : 온도, 압력, 유량, 액위, 혼합비 등을 제어량으로 하는 자동 제어
　㉡ 자동조정 : 전압, 전류, 속도, 토크 등의 기계적 또는 전기적 양을 제어하는 정치 제어
　㉢ 서보 기구(servomechanism) : 방향이나 위치의 추치 제어

전자기기기능사 3주 완성

CBT 대비 모의고사

Craftsman Electronic Apparatus

CBT 대비 모의고사

1회

1. 임피던스 10[Ω]인 회로의 저항과 리액턴스 양단 전압이 각각 80[V], 60[V]이었다면 리액턴스는 몇 [Ω]인가?
① 2　　② 4
③ 6　　④ 8

2. 그림의 회로는 어떤 회로인가?

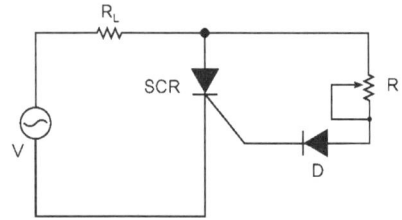

① 위상제어 반파정류회로
② 위상제어 전파정류회로
③ 위상제어 배전압정류회로
④ 위상제어 3배압정류회로

3. 어느 도체의 단면을 3분 동안에 720[C]의 전기량이 지나 갔다면 전류의 크기는 몇 [A]인가?
① 4　　② 12
③ 24　　④ 40

4. 그림의 회로에서 출력전압 V_o의 크기는? (단, V는 실효값이다.)

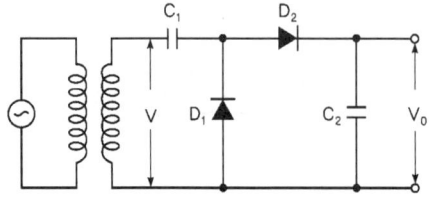

① $2V$　　② $\sqrt{2}\,V$
③ $2\sqrt{2}\,V$　　④ V^2

5. 포토 커플러(photo coupler)의 특성에 대한 설명으로 옳은 것은?
① 입·출력 간은 전기적으로 절연되어 있다.
② 출력신호에서 입력신호로 영향이 있다.
③ 논리소자와의 접속이 곤란하다.
④ 응답속도가 비교적 느리다.

6. 8100[kHz] 반송파를 5[kHz]의 주파수로 진폭 변조하였을 때 그 주파수 대역은 몇 [kHz]대인가?
① 5　　② 10
③ 8100±5　　④ 8100±10

7. 컴퓨터에서 각 구성 요소 간의 데이터 전송에 사용되는 공통의 전송로를 무엇이라 하는가?
① 버스(bus)
② 포트(port)
③ 채널(channel)
④ 인터페이스(interface)

8. 저항 4[Ω], 유도리액턴스 3[Ω]을 병렬로 연결하면 합성 임피던스는 몇 [Ω]이 되는가?
① 2.4　　② 5
③ 7.5　　④ 10

9. 그림에서 전류 $I_a=3+j4[A]$, $I_b=-3+j4[A]$, $I_c=6+j8[A]$이면 I_d는 몇 [A]인가?

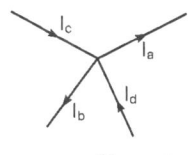

① -6 ② -j6
③ 12+j8 ④ 8+j12

10. RC 회로의 시정수가 2[μs]이었다. 펄스 응답 시 상승시간은 몇 [μs]가 되는가?
① 2.2 ② 4.0
③ 4.4 ④ 5.2

11. 컴퓨터의 기억장치로부터 명령이나 데이터를 읽을 때 제일 먼저 하는 일은?
① 명령 지정
② 명령 출력
③ 어드레스 지정
④ 어드레스 인출

12. 그림에서 시정수가 매우 작을 경우의 출력파형은?

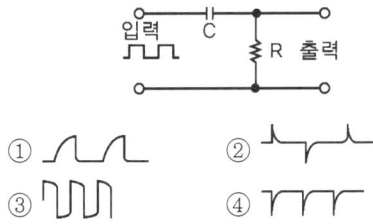

13. 고정 바이어스 회로를 사용한 트랜지스터의 β가 50 정도이다. 안정도 S는 얼마인가?
① 49 ② 50
③ 51 ④ 52

14. 다음의 진리표는 무슨 회로인가?

입력 1	입력 2	출력
1	1	1
1	0	1
0	1	1
0	0	0

① AND 회로 ② OR 회로
③ NOT 회로 ④ NAND 회로

15. 전자유도현상에 의하여 생기는 유도 기전력의 크기를 정의하는 법칙은?
① 렌츠의 법칙
② 패러데이의 법칙
③ 앙페르의 법칙
④ 맥스웰의 법칙

16. 2진수 100100을 2의 보수(2' complement)로 변환한 것은?
① 011100 ② 011011
③ 011010 ④ 010101

17. 연산증폭기의 특징으로 옳지 않은 것은?
① 전압 이득이 크다.
② 입력 임피던스가 높다.
③ 출력 임피던스가 낮다.
④ 단일 주파수만을 통과시킨다.

18. 어떤 정류기의 부하의 양단 평균전압이 3000 [V]이고 맥동률이 1.5[%]라고 한다. 교류분은 몇 [V] 포함하는가?
① 15 ② 30
③ 45 ④ 60

19. 마이크로프로세서에서 누산기의 용도는?
① 명령의 해독
② 명령의 저장
③ 연산결과의 일시 저장
④ 다음 명령의 주소 저장

CBT대비 모의고사

20. 컴퓨터 내부에서 연산의 중간 결과를 일시적으로 기억하거나 데이터의 내용을 이송할 목적으로 사용되는 임시 기억장치는?
① ROM ② I/O
③ BUFFER ④ REGISTER

21. 컴퓨터의 기억장치에서 번지가 지정된 내용은 어느 버스를 통해서 중앙처리장치로 가는가?
① 제어 버스
② 데이터 버스
③ 어드레스 버스
④ 입·출력 포트 버스

22. 증폭기의 출력 파형을 측정한 결과, 기본파 진폭 100[V], 제2고조파 진폭 4[V], 제3고조파 진폭 3[V]를 얻었다. 일그러짐률은 몇 [%]인가?
① 5[%] ② 10[%]
③ 15[%] ④ 20[%]

23. 내부 저항이 19[kΩ], 최대 눈금 15[mA]인 전류계로 300[mA]의 전류를 측정하고자 할 때 분류기 저항은 몇 [kΩ]인가?
① 1 ② 10
③ 19 ④ 20

24. 표준 신호 발생기의 구비 조건이 아닌 것은?
① 출력 레벨이 고정일 것
② 발진 주파수의 확도와 안정도가 양호할 것
③ 넓은 범위에 걸쳐서 발진 주파수가 가변일 것
④ 변조도가 정확히 조정되고 변조 왜곡이 적을 것

25. 주기억장치의 크기가 4K바이트일 때 번지(address)의 내용은?
① 1번지에서 4000번지까지
② 0번지에서 4000번지까지
③ 1번지에서 4095번지까지
④ 0번지에서 4095번지까지

26. 모든 명령어의 길이가 같다고 할 때 수행시간이 가장 긴 주소지정방식은?
① 직접(direct) 주소지정방식
② 간접(indirect) 주소지정방식
③ 상대(relative) 주소지정방식
④ 즉시(immediate) 주소지정방식

27. 오차와 정도에서 측정값을 M, 참값을 T라 하면 오차 ε을 나타내는 관계식이 옳은 것은?
① $\varepsilon = T - M$
② $\varepsilon = M - T$
③ $\varepsilon = M + T$
④ $\varepsilon = M \times T$

28. 계수형 주파수계에서 1[ms]의 게이트 시간 동안에 240개의 펄스가 카운트되었다면, 피측정 주파수는?
① 4.17[Hz] ② 41.7[Hz]
③ 240[kHz] ④ 2.4[kHz]

29. 캐비테이션(공동작용)을 이용한 것은?
① 소나 ② 초음파 세척
③ 초음파 납땜 ④ 고주파 가열

30. 산술과 논리 동작의 결과가 축적되는 레지스터는?
① 누산기
② 인덱스 레지스터
③ 상태 레지스터
④ 범용 레지스터

31. 메모리 내용을 보존하기 위해 일정기간마다 재충전이 필요한 기억소자는?
① 스태틱 RAM
② 다이나믹 RAM
③ 마스크 ROM
④ EPROM

32. 연산장치의 속도가 가장 빠른 마이크로프로세서는?
① 2비트 마이크로프로세서
② 4비트 마이크로프로세서
③ 8비트 마이크로프로세서
④ 16비트 마이크로프로세서

33. 정전용량이나 유전체 손실각의 측정에 사용되는 것은?
① 셰링 브리지(Schering Bridge)
② 맥스웰 브리지(Maxwell Bridge)
③ 헤이 브리지(Hay Bridge)
④ 휘트스톤 브리지(Wheatstone Bridge)

34. 지시계기의 기능상 3대 요소에 해당되지 않는 것은?
① 구동장치　② 제어장치
③ 제동장치　④ 입력장치

35. 중앙처리장치를 크게 두 부분으로 분류하면?
① 연산장치와 기억장치
② 제어장치와 기억장치
③ 연산장치와 논리장치
④ 연산장치와 제어장치

36. 마이크로프로세서의 구성 요소가 아닌 것은?
① 누산기　② 연산장치
③ 입력장치　④ 레지스터

37. 마이크로프로세서의 CPU 모듈 동작 순서를 바르게 나열한 것은?
① 명령어 인출 → 데이터 인출 → 명령어 해석 → 데이터 처리
② 데이터 인출 → 명령어 인출 → 명령어 해석 → 데이터 처리
③ 명령어 인출 → 명령어 해석 → 데이터 인출 → 데이터 처리
④ 데이터 처리 → 데이터 인출 → 명령어 해석 → 명령어 인출

38. 정재파비가 2일 때 반사 계수는?
① 1/2　② 1/3
③ 1/4　④ 1/5

39. 가장 높은 주파수대의 전력을 측정할 수 있는 계기는?
① 의사부하법 전력계
② 2전력계법 전력계
③ 3전력계법 전력계
④ 볼로미터 전력계

40. 어떤 전류의 기본파 진폭이 50[mA], 제2고조파 진폭이 4[mA], 제3고조파 진폭이 3[mA]라면 이 전류의 왜형률은 몇 [%]인가?
① 5　② 10
③ 15　④ 20

41. FM 통신 방식 중 고음부를 강조하여 S/N 비를 개선하는 회로는?
① De-emphasis 회로
② Pre-emphasis 회로
③ Limiter 회로
④ Squelch 회로

42. 라디오존데로써 측정할 수 없는 사항은?

① 기압   ② 온도
③ 풍속   ④ 습도

43. 그림과 같은 적분회로의 시정수는 얼마인가?

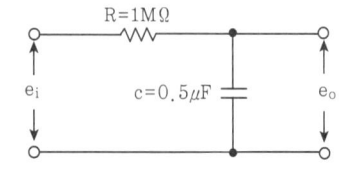

① 0.2[sec]   ② 2[sec]
③ 0.5[sec]   ④ 5[sec]

44. FM 수신기에서 스켈치(squelch) 회로의 사용 목적은?
① 입력 신호가 없을 때 수신기 내부 잡음을 제거한다.
② FM 전파 수신 시 수신기 내부 잡음을 증폭한다.
③ 국부발진 주파수의 변동을 막는다.
④ 안테나로부터 불필요한 복사를 제거한다.

45. 60[Hz] 4극 3상 유도전동기의 동기속도는?
① 1200[rpm]   ② 1800[rpm]
③ 2400[rpm]   ④ 3600[rpm]

46. 프로세스 제어에서 조절계의 제어동작과 관계 없는 것은?
① 온·오프 동작
② 비례 위치 동작
③ 비례 적분 미분 동작
④ 변환 동작

47. 비디오 신호를 기록 재생하기 위한 조건으로 가장 거리가 먼 것은?
① 비디오 헤드의 모양을 보기 좋게 한다.
② 비디오 헤드의 갭을 좁게 한다.
③ 비디오 헤드와 자기테이프의 상대속도를 크게 한다.
④ 비디오 신호를 변조해서 기록한다.

48. 제너 다이오드(zener diode)를 이용한 회로로 가장 적합한 것은?
① 검파 회로
② 저주파 증폭회로
③ 고주파 발진회로
④ 정전압 회로

49. 고주파 가열에 이용되지 않는 손실은?
① 유전체 손실
② 줄열 손실
③ 히스테리시스 손실
④ 맴돌이전류(와전류) 손실

50. 서보 기구에 관한 일반적인 설명 중 옳지 않은 것은?
① 조작력이 강해야 한다.
② 서보 기구에서는 추종속도가 느려야 한다.
③ 유압 서보 모터나 전기적 서보 모터가 사용된다.
④ 전기식이면 증폭부에 전자관증폭기나 자기증폭기가 사용된다.

51. 캐비테이션(cavitation) 작용을 이용한 전자 응용기기는?
① 초음파 용접기
② 초음파 세척기
③ 초음파 의료기
④ 초음파 가공기

52. 전장 발광 장치의 설명으로 옳지 않은 것은?
① 형광체의 미소한 결정을 유전체와 혼합하여 여기에 높은 직류전압을 가하면

지속적으로 발광한다.
② 전극으로부터 전자나 정공이 직접 결정에 유입되지 않는다.
③ 반도체의 성질을 가지고 있는 물질(형광체를 포함)에 전장을 가하면 발광현상이 생긴다.
④ 발광은 결정 내부의 인가 전압에 따라 높은 전장이 유기되어서 생기므로 고유형 EL이라 한다.

53. 전자 냉동기는 어떤 효과를 응용한 것인가?
① 줄 효과(Joule effect)
② 제벡 효과(Seebeck effect)
③ 톰슨 효과(Thomson effect)
④ 펠티에 효과(Peltier effect)

54. 센서의 명명법에서 X형 센서로 표시하지 않는 것은?
① 변위센서
② 속도센서
③ 열센서
④ 반도체형 가스센서

55. 유도가열의 특징으로 거리가 먼 것은?
① 가열속도가 빠르다.
② 가열을 정밀하게 조절할 수 있다.
③ 필요한 부분에 발열을 집중시킬 수 있다.
④ 금속의 표면가열이 매우 어렵게 이루어진다.

56. 슈퍼헤테로다인 수신기에서 중간 주파수가 455[kHz]일 때 710[kHz]의 전파를 수신하고 있다. 이 때 수신될 수 있는 영상 주파수는 몇 [kHz]인가?
① 910　　　　② 1165
③ 1420　　　　④ 1620

57. 다음 블록도는 FM 수신기의 계통도이다. 빈칸 A, B에 해당하는 명칭은?

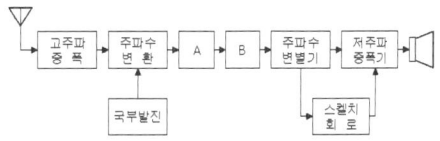

① A=중간 주파증폭기, B=저주파증폭기
② A=고주파증폭기, B=진폭 제한기
③ A=중간 주파증폭기, B=진폭 제한기
④ A=고주파증폭기, B=검파기

58. 안테나 전력이 100[W]에서 400[W]로 증가하면 동일 지점의 전계강도는 몇 배로 변하는가?
① 1/2　　　　② 1/4
③ 2　　　　　④ 4

59. 라디오 수신기의 증폭기에서 중역대 증폭도를 A 라 하면 저역차단 주파수의 증폭도는?
① A의 2배이다.
② A의 $\frac{1}{2}$이다.
③ A의 $\sqrt{2}$ 배이다.
④ A의 $\frac{1}{\sqrt{2}}$이다.

60. 변위-임피던스 변환기가 아닌 것은?
① 슬라이드 저항
② 용량형 변환기
③ 다이어프램
④ 유도형 변환기

CBT 대비 모의고사

2회

1. 회로에서 다음과 같은 조건일 때 동작상태를 가장 잘 나타낸 것은?(단, $R_1 = R_2 = R_3$ 이고 $R < R_f$ 이다.)

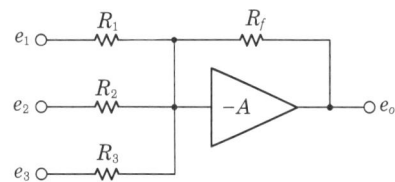

① 반전 가산기
② 반전 감산기
③ 비반전 가산기
④ 비반전 감산기

2. 부궤환을 사용한 증폭기의 특징에 대한 설명으로 옳은 것은?
① 이득이 증가한다.
② 대역폭이 감소한다.
③ 주파수 특성이 개선된다.
④ 발진회로에 주로 사용된다.

3. 어떤 전지의 외부회로 저항은 3[Ω]이고, 흐르는 전류는 5[A]이다. 이 회로에 3[Ω] 대신 8[Ω]의 저항을 접속하면 전류는 2.5[A]로 떨어진다. 전지의 기전력은 몇 [V]인가?
① 15   ② 20
③ 25   ④ 30

4. 디지털 변조 방식이 아닌 것은?
① PCM   ② FSK
③ PSK   ④ ASK

5. 정현파 발진기가 아닌 것은?
① LC반결합발진기
② CR발진기
③ 멀티바이브레이터
④ 수정발진기

6. 왜율이 가장 작은 증폭 방식은?
① A급   ② B급
③ C급   ④ AB급

7. 마이크로프로세서 명령어의 기본 형식으로 맞는 것은?

①	op 코드	오퍼랜드 1	op 코드	오퍼랜드 3
②	op 코드	오퍼랜드 1	오퍼랜드 2	오퍼랜드 3
③	op 코드	오퍼랜드 1	오퍼랜드 2	op 코드
④	오퍼랜드 1	op 코드	오퍼랜드 2	op 코드

8. 수정발진기의 특징에 대한 설명 중 적합하지 않은 것은?
① 수정 진동자의 Q가 매우 높다.
② 압전기 현상을 이용한 발진기이다.
③ 발진주파수는 수정편의 두께에 반비례한다.
④ 발진주파수 변경이 용이하다.

9. 증폭기 중 효율이 가장 좋은 방식은?
① A급   ② B급
③ AB급   ④ C급

10. 연산증폭기에서 차동 출력이 0[V]가 되도록 하기 위하여 입력단자 사이에 걸어주는 것은?
① 입력 오프셋 전류
② 출력 오프셋 전압
③ 입력 오프셋 전압
④ 입력 오프셋 전류 드리프트

11. 단상 전파 정류회로의 이론적 최대 정류효율은 약 몇 [%]인가?
① 40.6[%]   ② 52.8[%]
③ 68.4[%]   ④ 81.2[%]

12. 자기 보수화 코드(Self Complement Code)가 아닌 것은?
① Excess-3 Code
② 2421 Code
③ 51111 Code
④ Gray Code

13. 이미터 폴로어 증폭회로에 대한 설명으로 적합하지 않은 것은?
① 출력 임피던스가 낮다.
② 입력 임피던스는 매우 높다.
③ 입력전압과 출력전압은 동 위상이다.
④ 전압증폭도가 항상 1보다 작으므로 전력증폭이 되지 않는다.

14. 트랜지스터 증폭회로에 대한 설명 중 적합하지 않은 것은?
① 베이스 접지회로의 입력은 이미터가 된다.
② 컬렉터 접지회로의 입력은 베이스가 된다.
③ 전압궤환 바이어스회로는 안정도면에서 고정 바이어스 회로보다 불리하다.
④ 증폭회로의 부하선은 직류 부하선과 교류 부하선이 있다.

15. 트랜지스터가 정상적으로 증폭작용을 하는 영역은?
① 활성영역   ② 포화영역
③ 항복영역   ④ 차단영역

16. 다음 정류기 중에서 맥동률이 가장 큰 방식은?
① 단상 반파 정류기
② 단상 전파 정류기
③ 3상 반파 정류기
④ 3상 전파 정류기

17. 컴퓨터의 용량 1[kbyte]는 몇 [byte]인가?
① 100   ② 512
③ 1000   ④ 1024

18. 단항 연산에 속하지 않는 것은?
① MOVE   ② SHIFT
③ ROTATE   ④ AND

19. 16진수 A9B3-8A1B를 계산한 결과는?
① 75E4   ② 75E5
③ 1F98   ④ 1F99

20. 억셉터(acceptor)에 속하지 않는 것은?
① 붕소(B)   ② 인듐(In)
③ 게르마늄(Ge)   ④ 알루미늄(Al)

21. 주기억장치와 CPU의 처리속도를 맞추기 위해 사용하는 것은?
① 캐시 메모리
② 가상 메모리
③ 호퍼(hopper)
④ 연상 기억장치

22. 데이터 처리를 위하여 연산능력과 제어능력을

가지도록 하나의 칩 안에 연산장치와 제어장치를 집적시킨 것은?
① 컴퓨터 ② 레지스터
③ 누산기 ④ 마이크로프로세서

23. 영위법으로 측정되는 계기가 아닌 것은?
① 켈빈 더블 브리지
② 휘트스톤 브리지
③ 정전형 계기
④ 전위차계

24. 다음 논리회로 중 Fan-out 수가 가장 많은 회로는?
① TTL ② RTL
③ DTL ④ CMOS

25. 오실로스코프로 측정이 불가능한 것은?
① Coil의 Q 측정
② 위상 측정
③ 주파수 측정
④ 전압 측정

26. 지시계기의 3요소가 옳게 짝지어진 것은?
① 구동장치, 유도장치, 제어장치
② 구동장치, 제어장치, 제동장치
③ 유도장치, 제어장치, 제동장치
④ 구동장치, 유도장치, 제동장치

27. 참값 100[V]인 전압을 측정하였더니 측정값이 80[V]이었다. 보정 백분율은?
① 25[%] ② -25[%]
③ 50[%] ④ -50[%]

28. 미국 표준 코드로서 Data 통신에 많이 사용되는 자료의 표현 방식은?
① BCD 코드 ② ASCII 코드
③ EBCDIC 코드 ④ GRAY 코드

29. 사칙 연산 명령을 내리는 장치는?
① 연산장치 ② 입력장치
③ 제어장치 ④ 기억장치

30. 마이크로컴퓨터의 주소가 16비트로 구성되어 있을 때 사용할 수 있는 주기억장치의 최대 용량은?
① 8[K] ② 16[K]
③ 32[K] ④ 64[K]

31. 다음은 기억장치에 대한 설명이다. 잘못된 것은?
① 주기억장치와 보조기억장치로 분류된다.
② 주기억장치에는 디스크와 테이프 등이 사용된다.
③ RAM은 DATA를 읽기도 하고 쓰기도 할 수 있다.
④ 주기억장치와 CPU 사이에서 일종의 버퍼기능을 수행하는 캐시 기억장치가 있다.

32. 소인(Sweep) 발진기의 구성 요소에 포함되는 것은?
① 고주파 발진기
② 음차 발진기
③ 혼합 검파기
④ 의사 공중선

33. 전압이득이 100일 때 이것을 [dB]로 나타내면?
① 2[dB] ② 20[dB]
③ 40[dB] ④ 100[dB]

34. 미국 벨 연구소에서 개발된 고급프로그램언어이며 UNIX 운영체계의 중심 언어는?

① ADA ② FORTRAN
③ C ④ JAVA

자계산기에 넣어서 데이터 처리를 할 수 있다.

35. 7킬로바이트(KB)와 같은 용량은?
① 7000비트 ② 70000비트
③ 7168바이트 ④ 71680바이트

40. 헤테로다인 주파수계에서 싱글 비트(Single Beat)법보다 정확하며 다음 그림으로 나타낼 수 있는 측정법은?

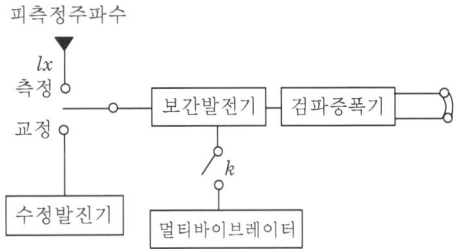

36. 다음의 표는 10진수, 2진수, 8진수의 관계를 나타낸 것이다. 올바르게 표시한 것은?

10진수	2진수	8진수
(ㄱ)	0110	6
10	(ㄴ)	12
13	1101	(ㄷ)

① (ㄱ) : 6, (ㄴ) : 1000, (ㄷ) : 12
② (ㄱ) : 6, (ㄴ) : 1010, (ㄷ) : 15
③ (ㄱ) : 8, (ㄴ) : 0100, (ㄷ) : 5
④ (ㄱ) : 9, (ㄴ) : 1010, (ㄷ) : 12

① 0비트법 ② 더블 비트법
③ 흡수법 ④ 단락법

41. 고주파 유도가열과 관계가 없는 것은?
① 유전체에 고주파 전장을 가한다.
② 금속과 같은 전기도체를 피열물로 사용한다.
③ 맴돌이 전류손과 히스테리시스손에 의하여 발열시킨다.
④ 내부가열과 표면가열 시의 주파수는 서로 다른 것이 좋다.

37. 전류계가 100[A]를 지시할 때 백분 보정률이 +2[%]라면 정확한 값은?
① 98[V] ② 101[V]
③ 102[V] ④ 104[V]

38. Q-미터(Q-meter)는 무엇을 측정하는 것인가?
① 코일의 리액턴스와 저항의 비
② 코일에 유기되는 전계강도
③ 반도체 소자의 정수
④ 공진회로의 주파수

42. 자동조정의 제어량에 해당하지 않는 것은?
① 온도 ② 전압
③ 전류 ④ 속도

43. 화상의 질을 판단하기 위한 시험도형으로 일반적으로 사용되는 것은?
① 고스트 ② 비월주사
③ 순차주사 ④ 테스트 패턴

39. 아날로그 계측에 비하여 디지털 계측이 갖는 장점이 아닌 것은?
① 측정하기 매우 쉽고, 신속히 이루어진다.
② 잡음에 민감하여 측정도를 낮출 수 있다.
③ 측정값을 읽을 때 오차가 발생하지 않는다.
④ 측정에서 얻어진 디지털 정보를 직접 전

44. 무접점 튜너에 많이 사용되는 가변용량 소자는?
① 백워드 다이오드

② 바랙터 다이오드
③ 터널 다이오드
④ 쇼트키 다이오드

45. 녹음 때에는 고역을, 재생 때에는 저역을 각각의 증폭기로 보정하여 전체를 평탄한 특성으로 만드는 것을 무엇이라고 하는가?
① 크리핑
② 클램핑
③ 등화
④ 블랭킹

46. 스피커의 강도 측정에 있어서 표준 마이크로폰이 받는 음압이 4[μbar]이면 스피커의 전력 감도는 약 얼마인가?(단, 스피커의 입력에는 1[W]를 가한 것으로 한다.)
① 9[dB]
② 12[dB]
③ 16[dB]
④ 20[dB]

47. 전자빔이 시료를 투과할 때 속도가 다른 여러 전자가 생겨서 상이 흐려지는 현상은?
① 색 수차
② 구면 수차
③ 라디오존데
④ 축 비대칭 수차

48. SN비가 클수록 잡음은 상대적으로 어떻게 변화하는가?
① 변화없다.
② 크다.
③ 불규칙적이다.
④ 작다.

49. 펄스레이더에서 전파를 발사하여 수신할 때까지 2.8[μs]가 걸렸다면 목표물까지의 거리는?
① 14m
② 28m
③ 280m
④ 420m

50. AN(Arrival Notice) 레인지 비컨(range beacon)에서 등신호 방향과 관계없는 각도는?
① 45°
② 190°
③ 135°
④ 315°

51. 자동제어 조절계의 제어 동작에서 D동작은?
① 온·오프동작
② 비례동작
③ 비례적분동작
④ 미분동작

52. CD에 관한 설명으로 틀린 것은?
① Compact Disc의 줄임말로, 처음 필립스사와 소니사에 의해 개발되었다.
② 피트(음구)의 크기는 소리의 강약에 비례하도록 설계되어 있다.
③ 기계적 접촉이 없이 레이저 빔에 의해 디지털방식으로 소리가 재생된다.
④ 녹음 후 재생 시에는 음성신호로 고치는 펄스신호변조(PCM) 방식을 사용한다.

53. 서보 기구의 구성에 포함되지 않는 것은?
① 단상전동기
② 리졸버
③ 차동변압기
④ 싱크로

54. 자기녹음기에서 테이프를 일정한 속도로 구동시키기 위한 금속 롤러는?
① 핀치 롤러
② 캡스턴 롤러
③ 릴축
④ 아이들러

55. 초음파 가습기의 원리는 초음파의 어떤 작용을 이용한 것인가?
① 소나
② 펠티어 효과
③ 회절작용
④ 캐비테이션

56. 온도의 예정 한도를 검출하는 데 사용되는 것은?
① 레벨미터(level meter)
② 서모스탯(thermostat)
③ 리밋스위치(limit switch)

④ 압력스위치(pressure switch)

57. VHS 방식 VTR의 설명으로 옳은 것은?
① 병렬(parallel) 로딩 기구에 의한 M자형 로딩
② 큰 헤드 드럼에 낮은 테이프 속도
③ 리드 테이프에 의한 종단 검출 방식
④ 1모터에 의한 안정된 구동 방식

58. 중음 재생을 전용으로 하는 스피커는?
① 우퍼(woofer)
② 스쿼커(squawker)
③ 트위터(tweeter)
④ 혼 스피커

59. 오디오의 재생 주파수 대역을 몇 개의 대역으로 나누어 각각의 대역 내의 주파수 특성을 자유자재로 바꿀 수 있는 기능은?
① 믹싱 앰프
② 채널 디바이더
③ 그래픽 이퀄라이저
④ 라우드니스 컨트롤

60. 제어량의 변화를 일으킬 수 있는 신호 중에서 기준 입력신호 이외의 것은?
① 제어동작 신호 ② 외란
③ 주되먹임 신호 ④ 제어 편차

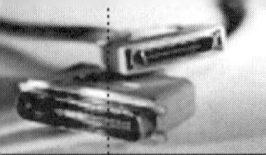

CBT 대비 모의고사

3회

1. 다음 ( ) 안에 들어갈 내용으로 옳은 것은?

> 도체의 저항값은 도체의 길이에 (㉠)하고 단면적에 (㉡)한다.

① ㉠ 비례, ㉡ 비례
② ㉠ 비례, ㉡ 반비례
③ ㉠ 반비례, ㉡ 비례
④ ㉠ 반비례, ㉡ 반비례

2. 저주파 회로에서 직류 신호를 차단하고 교류 신호를 잘 통과시키는 소자로 가장 적합한 것은?
① 커패시터(capacitor)
② 코일(coil)
③ 저항(R)
④ 다이오드(diode)

3. 차동증폭기에서 동위상 제거비(CMRR)가 어떻게 변할 때 우수한 평형 특성을 가지는가?
① 차동 이득과 동위상 이득이 작을수록 좋다.
② 차동 이득과 동위상 이득이 클수록 좋다.
③ 차동 이득이 크고, 동위상 이득이 작을수록 좋다.
④ 차동 이득이 작고, 동위상 이득이 클수록 좋다.

4. 정전용량의 역수는?
① 리액턴스   ② 지멘스
③ 엘라스턴스   ④ 커패시턴스

5. 10진수 0.4375를 2진수로 변환한 것은?
① $(0.0111)_2$ ② $(0.1101)_2$
③ $(0.1110)_2$ ④ $(0.1011)_2$

6. 평활회로에서 초크 입력형과 콘덴서 입력형에 대한 설명으로 옳지 않은 것은?
① 초크 입력형은 콘덴서 입력형보다 직류 출력전압이 높다.
② 초크 입력형은 부하전류의 변화에 따라 전압변동률이 적다.
③ 콘덴서 입력형은 비교적 소전력용이다.
④ 콘덴서 입력형인 경우 리플을 감소시키기 위해서는 부하저항을 크게 하여야 한다.

7. 그림과 같은 회로에서 $V_{CC}=6[V]$, $V_{BE}=0.6[V]$, $R_B=300[k\Omega]$일 때 Ib는 몇 $[\mu A]$인가?

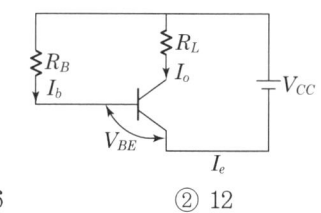

① 6   ② 12
③ 18   ④ 24

8. 그림과 같은 회로의 기능은?

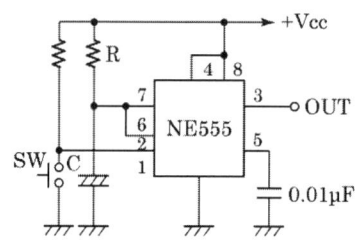

① 비안정 멀티바이브레이터

② 단안정 멀티바이브레이터
③ 쌍안정 멀티바이브레이터
④ 슈미트 트리거 회로

9. 다음 중 정류회로의 종류가 아닌 것은?
① 브리지 정류회로
② 반파 정류회로
③ 전파 정류회로
④ 정전압 정류회로

10. 프로그램에 대한 설명으로 잘못된 것은?
① 컴퓨터가 이해할 수 있는 언어를 프로그래밍 언어라 한다.
② 프로그램을 작성하는 일을 프로그래밍이라 한다.
③ 프로그래밍 언어에는 C, 베이직, 포토샵 등이 있다.
④ 컴퓨터가 행동하도록 단계적으로 지시하는 명령문의 집합체를 프로그램이라 한다.

11. 반송파의 전류가 $I_c = I_c \sin(\omega t + \theta)$ 에서 I_c가 의미하는 변조방식은?
① 주파수 변조
② 위상 변조
③ 펄스 변조
④ 진폭 변조

12. 다음은 C언어에서 쓰이는 연산자 기호이다. 대입의 의미를 갖고 있는 연산자는?
① ==
② &
③ +=
④ ?

13. 스택(stack)과 관계없는 것은?
① PUSH
② LIFO
③ POP
④ FIFO

14. 반송파 전력이 20[kW]일 때 변조율 70[%]로 변조하였을 경우 피변조파 전력(P) 및 상측파 전력(P_u)은 각각 몇 [kW]인가?
① P=24.9, P_u=2.45
② P=15.9, P_u=20.7
③ P=24.0, P_u=24.5
④ P=17.6, P_u=4.91

15. 다음 그림과 같은 연산증폭기 회로는?

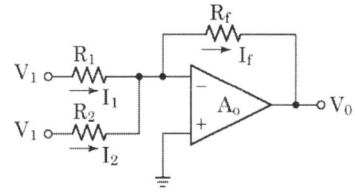

① 가산기
② 감산기
③ 적분기
④ 미분기

16. 발진주파수 범위가 가장 넓은 것은?
① LC 발진기
② RC 발진기
③ 수정발진기
④ 음차발진기

17. 기전력 1.5[V], 내부저항 0.1[Ω]인 전지 3개를 직렬로 연결하고 이를 단락하였을 때 단락전류는 몇 [A]인가?
① 12.5
② 15
③ 17.5
④ 20

18. 다음 그림의 회로에서 합성저항은 몇 [Ω]인가?

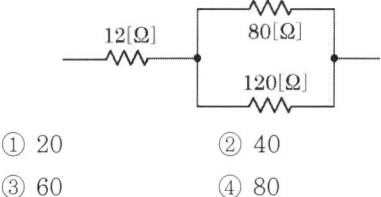

① 20
② 40
③ 60
④ 80

19. 패리티 비트(parity bit)의 사용 목적은?

① 에러(error) 정정
② 에러(error) 검사
③ 데이터 전송
④ 데이터 수신

20. 자기 디스크의 설명으로 옳은 것은?
① sequential access만 가능하다.
② random access만 가능하다.
③ 주로 sequential access를 많이 한다.
④ 주로 random access를 많이 한다.

21. 가상 기억장치(virtual memory)의 개념으로 가장 옳은 것은?
① 기억장치를 분할한다.
② data를 미리 주기억장치에 넣는다.
③ 많은 data를 주기억장치에서 한 번에 가져오는 것을 의미한다.
④ 프로그래머가 필요로 하는 주소공간보다 작은 주기억장치의 컴퓨터가 큰 기억장치를 갖는 효과를 준다.

22. $R = \dfrac{V}{I}$ 의 계산식으로부터 저항 R을 구하는 측정방법은?
① 직접측정 ② 간접측정
③ 편위법   ④ 영위법

23. 다음 그림의 변조도 m은?

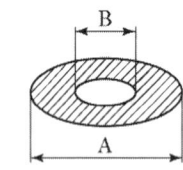

① $m = \dfrac{A - B}{A + B} \times 100$
② $m = \dfrac{A + B}{A - B} \times 100$
③ $m = \dfrac{B + A}{B - A} \times 100$
④ $m = \dfrac{B - A}{B + A} \times 100$

24. 다음 회로는 직렬가산기이다. 입력 A=10, B=11을 입력할 때 합 S의 값은?

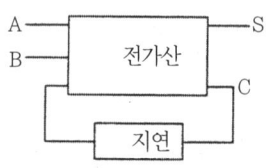

① 100   ② 101
③ 110   ④ 111

25. 순서도 기호 중에서 비교, 판단 등을 나타내는 기호는?

①    ②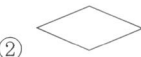

③ 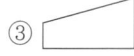   ④

26. 컴퓨터 회로에서 bus line을 사용하는 가장 큰 목적은?
① 정확한 전송
② 속도 향상
③ 레지스터 수의 축소
④ 결합선 수의 축소

27. 다음 그림은 오실로스코프상에 나타난 정현파이다. 주파수는 몇 [Hz]인가?

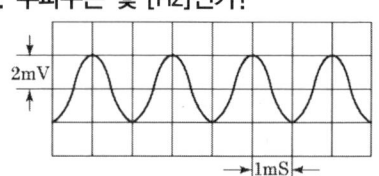

① 500[Hz]   ② 1000[Hz]
③ 5[Hz]   ④ 1[Hz]

28. 10진수 234에 대한 9의 보수로 옳게 변환한 것은?
① 764 ② 765
③ 766 ④ 777

29. 다음 논리식 중 틀린 것은?
① $A + \overline{A} \cdot B = A$
② $(A+B) \cdot (A+C) = A + B \cdot C$
③ $\overline{(A+B)} = \overline{A} \cdot \overline{B}$
④ $\overline{A \cdot B} = \overline{A} + \overline{B}$

30. 흡수형 주파수계의 구성으로 필요하지 않은 것은?
① 발진기
② 검파기
③ 직류전류계
④ 공진회로

31. 어떤 전류의 기본파 진폭이 50[mA], 제2고조파 진폭이 4[mA], 제3고조파 진폭이 3[mA]라면 이 전류의 왜형률은?
① 5[%] ② 10[%]
③ 15[%] ④ 20[%]

32. 헤이 브리지로 측정할 수 있는 것은?
① 절연 저항
② 자기 인덕턴스
③ 상호 인덕턴스
④ 임피던스

33. 소인(sweep) 발진기의 주용도로 옳은 것은?
① 주파수 특성 측정
② 전압 측정
③ 전류 측정
④ 위상 측정

34. 디코더(decoder)는 일반적으로 어떤 게이트를 사용하여 만들 수 있는가?
① NAND, NOR
② AND, NOT
③ OR, NOR
④ NOT, NAND

35. 디지털 전압계의 원리는 어느 것과 가장 유사한가?
① A/D 변환기 ② D/A 변환기
③ 계수기 ④ 분압기

36. 측정자의 눈금오독 또는 부주의로 발생하는 오차는?
① 과실 오차
② 이론적 오차
③ 개인적 오차
④ 우연 오차

37. 다음 보기의 계기와 관련 있는 것은?

〈보기〉
공진 브리지, 캠벨 브리지, 빈 브리지

① 상용 주파수 측정
② 반송 주파수 측정
③ 고주파수 측정
④ 가청 주파수 측정

38. Wien Bridge는 무엇을 측정하는 데 사용하는가?
① 정전용량 ② 인덕턴스
③ 임피던스 ④ 역률

39. 다음 C 프로그램의 실행 결과는?

```
void main()
{
   int a, b, tot;
   a=200;
   b=400;
   tot=a+b;
   printf("두 수의 합=%d\n", tot);
}
```

① 두 수의 합=a+b
② 두 수의 합=200+400
③ 두 수의 합=600
④ 두 수의 합=%d\n

40. 스미스 선도(Smith chart)는 무엇을 구하는가?
① 반사 계수
② 파수(波數)
③ 정규화 임피던스
④ 전송선로의 특성 임피던스

41. 수신기에서 주파수 다이버시티(frequency diversity) 사용의 주된 목적은?
① 페이딩(fading) 방지
② 주파수 편이 방지
③ S/N 저하 방지
④ 이득 저하 방지

42. 그림과 같이 복합유전체를 선택 가열하는 경우 온도가 높은 순서로 옳은 것은? (단, 그림은 3개의 비커를 축이 일치하도록 하여 전극판 사이에 놓고 유전가열하는 경우로서 주파수는 20[MHz]로 하며, 식염수는 0.1[%] NaCl이다.)

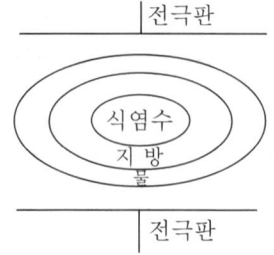

① 식염수 > 지방 > 물
② 물 > 식염수 > 지방
③ 지방 > 식염수 > 물
④ 식염수 > 물 > 지방

43. TV 수신 안테나가 아닌 것은?
① 반파장 다이폴 안테나
② 폴디드(folded) 안테나
③ 야기(yagi) 안테나
④ 비월 안테나

44. 동축 케이블(TV수신용 급전선)에 관한 설명으로 옳지 않은 것은?
① 특성 임피던스가 약 75[Ω]의 것이 많다.
② 고스트가 많은 시가지에 적합하다.
③ 광대역 전송이 불가능하다.
④ 평행 2선식 피더보다 외부로부터의 방해를 잘 받지 않는다.

45. 초음파 측심기로 수심을 측정하고자 초음파를 발사하였다. 이때 물의 깊이(h)를 계산하는 식은 어떻게 되는가?(단, 물 속에서의 초음파 속도는 v[m/s], 초음파가 발사된 후 다시 돌아올 때까지의 시간은 t[sec]이다.)

① $h = \dfrac{vt}{2}$ [m] ② $h = vt$ [m]
③ $h = 2vt$ [m] ④ $h = \dfrac{2}{vt}$ [m]

46. 자동제어에서 인디셜(indicial) 응답을 조사할 때 입력에 가하는 파형은?
① 사인파 ② 펄스파
③ 스텝파 ④ 톱니파

47. 다음 제어요소의 동작 중 연속동작이 아닌 것은?
① D 동작 ② P+D 동작

③ ON-OFF 동작 ④ P+I 동작

48. 센서의 명명법에서 X형 센서로 표시하지 않는 것은?
① 변위 센서
② 속도 센서
③ 열 센서
④ 반도체형 가스 센서

49. 다음 마이크로폰의 종류 중 쌍지향성을 갖는 것은?
① 가동코일형 ② 리본형
③ 크리스탈형 ④ 콘덴서형

50. 전자냉동에 대한 설명으로 가장 옳지 않은 것은?
① 온도조절이 용이하다.
② 대용량에 더욱 효율이 좋다.
③ 소음이 없고 배관도 필요 없다.
④ 전류방향만 바꾸어 냉각과 가열을 쉽게 변환할 수 있다.

51. 공중선의 전류가 57.3[A]이고, 복사저항이 250[Ω], 손실저항이 50[Ω]일 때 공중선 능률은?
① 약 0.83 ② 약 0.22
③ 약 1.23 ④ 약 50

52. 슈퍼헤테로다인 수신기에서 중간주파수가 455[kHz]일 때 710[kHz]의 전파를 수신하고 있다. 이때 수신될 수 있는 영상주파수는 몇 [kHz]인가?
① 910   ② 1165
③ 1420 ④ 1620

53. 심장의 박동에 따르는 혈관의 맥동 상태를 측정하고 기록하는 의용 전자기기는?
① 맥파계(sphygmograph)
② 근전계(electromyograph)
③ 심음계(phono cardiograph)
④ 심전계(electrocardiograph)

54. 레이더에 사용되는 초단파 발진관으로 주로 사용되는 것은?
① magnetron
② waveguide
③ cavity resonator
④ duplexer

55. 전자현미경의 성능을 결정하는 3요소로서 옳지 않은 것은?
① 배율   ② 분해능률
③ 투과도 ④ 빛의 세기

56. 음압의 단위는?
① [N/C]   ② [kcal]
③ [μbar] ④ [Neper]

57. 유전가열의 공업제품에 대한 응용에 해당하지 않는 것은?
① 합성수지의 예열 및 성형가공
② 합성수지의 접착
③ 목재의 접착
④ 목재의 세척

58. 금속의 두께 측정 시 초음파의 어떤 성질을 이용하는가?
① 전파속도 ② 진동력
③ 공진작용 ④ 굴절작용

59. 전파를 상공에 수직으로 발사하여 0.002초 후에 그 전파가 수신되었다고 하면 전리층의 높

이는?
① 150[km]　② 300[km]
③ 1500[km]　④ 3000[km]

60. 자기 녹음기(tape recorder)에서 고음부의 음량과 명료도가 저하한 증세가 나타났을 경우, 주로 어떤 부분의 조정이 필요한가?
① 헤드 높이
② 테이프 스피드(모터)
③ 헤드 애지머스
④ 녹음 바이어스

CBT 대비 모의고사

4회

1. 전류 I, 시간 t 및 전하량 Q 사이의 관계는?
① $Q = It$
② $Q = \dfrac{I}{t}$
③ $Q = I^2 t$
④ $Q = \dfrac{t}{I}$

2. 회로 내부 검류계 전류가 0이 되도록 평형시키는 영위법을 이용해서 미지 저항을 구하는 방법으로 주로 중저항 측정에 사용되는 브리지는?
① 캠벨(Campbell) 브리지
② 맥스웰(Maxwell) 브리지
③ 휘트스톤(Wheatstone) 브리지
④ 코올라우시(Kohlraush) 브리지

3. 다음 중 레이더에 사용되는 초단파 발진관으로 주로 사용되는 것은?
① magnetron
② waveguide
③ cavity resonator
④ duplexer

4. 캐비테이션(cavitation) 작용을 이용한 전자 응용기기는?
① 초음파 용접기
② 초음파 세척기
③ 초음파 의료기
④ 초음파 가공기

5. 전기석과 같은 결정체를 가열하거나 또는 냉각하면 결정의 한쪽 면에 + 전하가 발생하고 다른 쪽 면에 − 전하가 발생되는 현상을 무슨 효과라 하는가?
① 압전 효과
② 초전 효과
③ 홀 효과
④ 광전 효과

6. 그림에서 전류 $I_a = 3+j4[A]$, $I_b = -3+j4[A]$, $I_c = 6+j8[A]$이면 I_d는 몇 [A]인가?

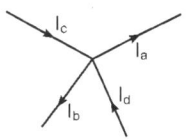

① -6
② $-j6$
③ $12+j8$
④ $8+j12$

7. 국내의 지상파 아날로그 컬러 텔레비전 방송 방식은?
① PAL 방식
② MPEG 방식
③ NTSC 방식
④ SECAM 방식

8. 테이프를 헤드에 밀착시켜 레벨 변동이나 고역 저하의 원인이 되는 스페이싱 손실을 줄이는 기구는?
① 캡스턴(capstan)
② 압착 패드(pressure pad)
③ 핀치 롤러(pinch roller)
④ 테이프 가이드(tape guide)

9. 다음의 진리표는 무슨 회로인가?

입력 1	입력 2	출력
1	1	1
1	0	1
0	1	1
0	0	0

① AND 회로
② OR 회로
③ NOT 회로
④ NAND 회로

10. 센서의 명명법에서 X형 센서로 표시하지 않는 것은?
① 변위 센서
② 속도 센서
③ 열 센서
④ 반도체형 가스 센서

CBT대비 모의고사

11. 우리나라의 상용주파수는 60[Hz]이다. 주기는 몇 초인가?
① 0.0083   ② 0.0167
③ 0.0334   ④ 0.0668

12. 그림과 같은 가동코일(coil)형 계기에서 미터의 축에 아래위로 인청동으로 된 스프링이 장치되어 있을 때, 스프링의 역할은 무엇인가?

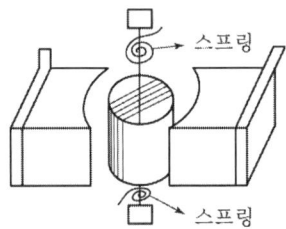

① 구동력   ② 제어력
③ 제동력   ④ 가동력

13. 자동평형 기록기에서 직류 입력 전압을 교류로 바꾸는 장치로서 기계적인 부분이 없으므로 수명이 긴 것은?
① 초퍼   ② 서보 모터
③ 자기 변조기   ④ 자기 초퍼

14. 지시계기의 구비 조건의 설명으로 틀린 것은?
① 절연 내력이 낮을 것
② 튼튼하고 취급이 편리할 것
③ 눈금이 균등하든가 대수 눈금일 것
④ 확도가 높고, 외부의 영향을 받지 않을 것

15. 슈미트 트리거(schmitt trigger) 회로는?
① 톱니파 발생회로   ② 계단파 발생회로
③ 구형파 발생회로   ④ 삼각파 발생회로

16. 증폭기에서 증폭도의 크기는 어떤 값으로 환산하여 표시하는가?
① 전압   ② 전류
③ 데시벨   ④ 절대온도

17. 리프레시(refresh)가 필요한 메모리는?
① DRAM   ② SRAM
③ CCD   ④ PROM

18. 다음과 같은 진리표를 불대수로 표현하면?

A	B	Y
0	0	0
0	1	0
1	0	0
1	1	1

① $Y=A\overline{B}$ ② $Y=\overline{A}B$
③ $Y=A+B$ ④ $Y=AB$

19. 아래 그림의 순서도 기호의 명칭은?
① 비교·판단
② 처리
③ 준비
④ 단말기

20. 오실로스코프의 X축에 미지 신호를 가하고, Y축에 100[Hz]의 신호를 가했더니 그림과 같은 리사주 도형이 얻어졌을 때, 미지 주파수는?

① 50[Hz]   ② 100[Hz]
③ 150[Hz]   ④ 200[Hz]

21. 다음 게이트(gate)들 중에서 두 수의 부호 판단에 적당한 것은?
① NAND   ② EX-OR
③ AND   ④ OR

22. 순서도(flow chart)의 기본형이 아닌 것은?
① 직선형   ② 조건형

③ 반복형　　　④ 분기형

23. Q-미터를 사용하여 측정하는데 적당하지 않은 것은?
① 절연저항
② 코일의 실효저항
③ 코일의 분포용량
④ 콘덴서의 정전용량

24. 반도체의 다수캐리어로 옳게 짝지어진 것은?
① P형의 정공, N형의 전자
② P형의 정공, N형의 정공
③ P형의 전자, N형의 전자
④ P형의 전자, N형의 정공

25. 중앙처리장치인 CPU의 구성으로 옳은 것은?
① 메모리, I/O
② 본체, 주변장치
③ 연산장치, 제어장치
④ 기억장치, 입·출력장치

26. 마이크로프로세서의 구성에 속하지 않는 것은?
① 연산회로　　　② 제어회로
③ 각종 레지스터　④ 증폭회로

27. 마이크로 컴퓨터의 주소가 16비트로 구성되어 있을 때 사용할 수 있는 주기억장치의 최대 용량은?
① 8[K]　　　② 16[K]
③ 32[K]　　　④ 64[K]

28. 다음 중 C언어에서 사용되는 산술 연산자가 아닌 것은?
① +　　　② =
③ -　　　④ %

29. 다음 중 전자기기에 사용되는 평판 디스플레이의 동작 방식이 발광형인 것은?
① ECD(전자변색 디스플레이)
② LCD(액정 디스플레이)
③ TBD(착색입자 회전형 디스플레이)
④ FED(전계방출 디스플레이)

30. 다음 중 볼로미터 전력계의 용도는?
① 직류 전력 측정
② 충격 전력 측정
③ 저주파 전력 측정
④ 마이크로파 전력 측정

31. 소나의 원리 응용과 거리가 먼 것은?
① 측심기　　　② 어군탐지기
③ 액면계　　　④ 수중레이더

32. 다음 중 TV 수신 안테나가 아닌 것은?
① 반파장 다이폴 안테나
② 폴디드(folded) 안테나
③ 야기(yagi) 안테나
④ 비월 안테나

33. 참값이 100[V]인 전압을 측정한 값이 99[V]였다면 백분율 오차는 얼마인가?
① -1　　　② -0.91
③ 0.0101　　　④ 1

34. 다음 중 오실로스코프의 음극선관의 주요 부분을 나타낸 것은?
① 전자총, 편향판, 형광판
② 전자총, 편향판, 발진기
③ 형광판, 발진기, 전자총
④ 형광판, 발진기, 편향판

35. 300[Ω]의 TV 급전선에 75[Ω]의 공중선을 접속하면 반사계수 m은?
① +0.25　　　② -0.6
③ +1.7　　　④ -1.7

36. 다음 변조파형에 대한 설명으로 옳은 것? (단, I_c는 반송파 전류, I_m은 변조파 전류이다.)

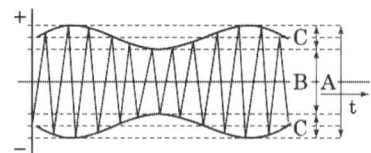

① 변조도(m)은 $m = \dfrac{I_c}{I_m}$ 으로 표시한다.
② 변조도(m)은 $m = \dfrac{A-B}{A+B}$ 으로 표시한다.
③ 주파수 변조(frequency modulation) 파형이다.
④ 변조가 잘 되었는지의 여부는 오실로스코프 화면 상의 파형 관측만으로 알아보기가 쉽다.

37. 전원주파수가 60[Hz]일 때 3상 전파정류회로의 리플 주파수는?
① 90[Hz]　② 120[Hz]
③ 180[Hz]　④ 360[Hz]

38. 입력에 정현파를 가하면 출력에 구형파를 얻을 수 있는 회로는?
① 적분 증폭회로　② 미분 증폭회로
③ 슈미트 회로　④ 밀러 회로

39. 다음 그림은 저음 전용 스피커(W)와 고음 전용 스피커(T)를 연결한 것이다. 이에 관한 설명 중 옳지 않은 것은?

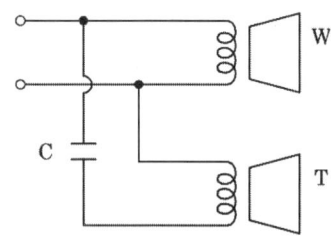

① 콘덴서는 저음만 T로 들어가도록 해준다.
② T의 구경은 W의 구경보다 보통 작게 한다.
③ 두 스피커의 위상은 같이 해주어야 한다.
④ 콘덴서 용량은 보통 2~6[μF] 정도이다.

40. 지시계기의 기능상 3대 요소에 해당되지 않는 것은?
① 구동장치　② 제어장치
③ 제동장치　④ 입력장치

41. 1[GHz]는 몇 [Hz]인가?
① 10^3　② 10^6
③ 10^9　④ 10^{12}

42. 다음 중 디지털 3D 그래픽스 처리의 구성이 아닌 것은?
① 기하처리　② 렌더링
③ 프레임 버퍼　④ 모델링

43. AN(Arrival Notice) 레인지 비컨(range beacon)에서 등신호 방향과 관계없는 각도는?
① 45°　② 190°
③ 135°　④ 315°

44. 우리가 일상생활에 많이 사용하는 초음파 가습기, 초음파 세척기는 초음파의 어떤 현상을 이용하여 만든 것인가?
① 캐비테이션(cavitation)
② 응집
③ 소나(SONAR)
④ 히스테리시스

45. 오디오미터(audiometer)는 어떤 의료기기에 이용되는가?
① 청력계(귀) 사용
② 맥파계(맥동) 사용
③ 안진계(눈) 사용
④ 심음계(청진기) 사용

46. 다음 중 원거리 수신에 가장 적합한 TV 수신 안테나는?
① 전등선 안테나
② 루프(loop) 안테나

③ 다이폴(dipole) 안테나
④ 다소자 야기(yagi) 안테나

47. 펠티어 효과(peltier effect)를 이용한 것은?
① 전자 현미경   ② 서보기구
③ 전자 냉동   ④ 레이더

48. 반도체 기반 저장장치가 아닌 것은?
① Solid State Drive
② MicroSD
③ Floppy Disk
④ Compact Flash

49. 실리콘 제어 정류기(SCR)의 게이트는 어떤 형의 반도체인가?
① N형 반도체   ② P형 반도체
③ PN형 반도체   ④ NP형 반도체

50. 다음 중 배리스터(varistor)가 이용되지 않는 것은?
① 온도 보상 장치
② 낙뢰로부터 통신기기의 보호
③ 회로의 전압 조정
④ 스파크를 제거함으로써 접점 보호

51. 2^n개의 입력 중에 선택 입력 n개를 이용하여 하나의 정보를 출력하는 조합회로는?
① 디코더   ② 인코더
③ 멀티플렉서   ④ 디멀티플렉서

52. 항공기가 강하할 때 수직면 내에서의 올바른 코스를 지시하는 것은?
① 팬 마커   ② 로컬라이져
③ 고니오미터   ④ 글라이드 패드

53. 전자현미경에서 초점은 무엇으로 조정하는가?
① 투사렌즈의 여자전류
② 대물렌즈의 여자전류
③ 집광렌즈의 여자전류
④ 전자총

54. 선박이 A 무선표지국이 있는 항구에 입항하려고 할 때, 그 전파의 방향, 즉 진북에 대한 α도의 방향을 추적함으로써, A 무선표지국이 있는 항구에 직선으로 도달하는 것을 무엇이라고 하는가?

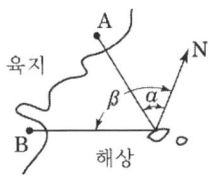

① 로란(Loran)
② 데카(Decca)
③ 호밍(Homing)
④ 센스 결정(Sense determination)

55. 궤환 제어계(feed back control)에서 공정제어 제어량에 해당하지 않는 것은?
① 유량   ② 전압
③ 압력   ④ 온도

56. 16진수 1B7을 10진수로 변환하면?
① 339   ② 340
③ 438   ④ 439

57. HDTV에 관한 설명으로 틀린 것은?
① 가로 : 세로 화면 비율은 16 : 9이다.
② CD급의 하이파이 음질의 방송이 가능하다.
③ 아날로그 TV에서는 셋톱박스가 필요하다.
④ 주사선의 수는 525~625선 정도이다.

58. 그림과 같은 되먹임계의 관계식 중 옳은 것은?

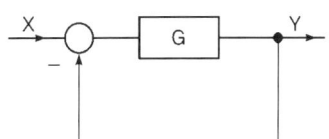

① $Y = \dfrac{G}{1+G}X$ ② $Y = \dfrac{1}{1+G}X$

③ $Y = \dfrac{G}{1-G}X$ ④ $Y = \dfrac{1}{1-G}X$

59. 다음 중 프로세스 제어(process control)는 어느 제어에 속하는가?
① 추치 제어   ② 속도 제어
③ 정치 제어   ④ 프로그램 제어

60. 전자 빔이 시료를 투과할 때 속도가 다른 여러 전자가 생겨서 상이 흐려지는 현상은?
① 색수차   ② 구면수차
③ 라디오존데   ④ 축 비대칭수차

CBT 대비 모의고사

5회

1. 저항 4[Ω], 유도 리액턴스 3[Ω]을 병렬로 연결하면 합성 임피던스는 몇 [Ω]이 되는가?
① 2.4 ② 5
③ 7.5 ④ 10

2. 다음 중 출력 임피던스가 가장 적은 회로는?
① 베이스 접지회로 ② 컬렉터 접지회로
③ 이미터 접지회로 ④ 캐소드 접지회로

3. 1[kW]의 출력을 갖는 신호 발생기의 출력에 10[dB]의 감쇠기 2대를 연결하여 사용하면 최종 출력은?

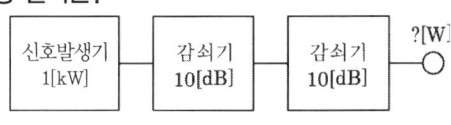

① 1[W] ② 10[W]
③ 100[W] ④ 10[mW]

4. 고주파수 측정에서 직렬공진회로의 주파수 특성을 이용한 것은?
① 동축 주파수계
② 공동 주파수계
③ 흡수형 주파수계
④ 헤테로다인 주파수계

5. 그림의 회로는 어떤 회로인가?

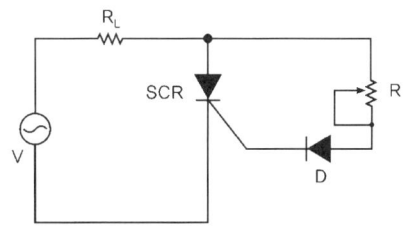

① 위상제어 반파정류회로
② 위상제어 전파정류회로
③ 위상제어 배전압정류회로
④ 위상제어 3배압정류회로

6. 제어계의 방식에 따른 제어용 증폭기에 속하지 않는 것은?
① 전기식 ② 유압식
③ 기계식 ④ 공기식

7. 이상적인 연산증폭기의 조건으로 틀린 것은?
① 대역폭이 1이다.
② 입력 임피던스가 ∞이다.
③ 출력 임피던스가 0이다.
④ 전압이득이 −∞이다.

8. 전자유도에 의한 유도기전력의 방향을 표시하는 법칙은?
① 패러데이의 법칙
② 렌츠의 법칙
③ 오른나사의 법칙
④ 비오−사바르의 법칙

9. 오실로스코프에서 휘도(intensity)를 조정하는 것은?
① 양극 전압 ② 제어 그리드 전압
③ 캐소드 전압 ④ 편향판 전압

CBT 대비 모의고사

10. 컴퓨터의 기억장치 레지스터 중 MBR(Memory Buffer Register)에 대한 설명으로 옳은 것은?
① 메모리로부터 읽거나 (read), 쓴(write) 데이터를 일시적으로 저장하기 위한 레지스터
② 실제 주소를 계산하기 위해 주소를 기억하는 레지스터
③ 연산 결과의 상태를 기억하는 레지스터
④ 실행될 명령 코드가 저장되어 있는 레지스터

11. 콘덴서 입력형 전파 정류회로의 입력 전압이 실효값으로 12[V]일 경우 정류 다이오드의 최대 역전압은 몇 [V]인가?
① 12   ② 17
③ 24   ④ 34

12. 2진수의 연산으로 옳은 것은?
① 0+0=1   ② 0+1=0
③ 1+0=1   ④ 1+1=2

13. 다음 중 C언어의 자료형과 거리가 먼 것은?
① integer   ② double
③ char   ④ short

14. 그림은 하틀레이형 발진기의 일반적인 구성도이다. Z_{CE}는 어떤 성분인가?

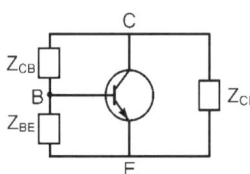

① 용량성   ② 저항성
③ 무유도성   ④ 유도성

15. 그림과 같은 회로에서 출력 C가 0이 되기 위한 조건은?

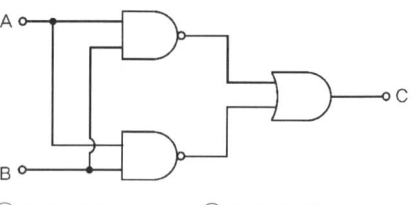

① A=1, B=1   ② A=1, B=0
③ A=0, B=1   ④ A=0, B=0

16. 트랜지스터가 정상적으로 증폭작용을 하는 영역은?
① 활성역역   ② 포화영역
③ 항복영역   ④ 차단영역

17. 입력되는 자료를 일정기간, 일정량을 저장한 다음 한꺼번에 처리하는 방식은?
① 온라인 방식
② 오프라인 방식
③ 배치 처리 방식
④ 실시간 처리 방식

18. 다음 진리표를 만족시키는 회로는?

A	B	빌림수	차
0	0	0	0
0	1	1	1
1	0	0	1
1	1	0	0

① 전가산기   ② 반감산기
③ EX-OR gate   ④ OR gate

19. 10진수 $(755)_{10}$를 16진수로 변환하면?
① 1F3   ② 1F5
③ 2F3   ④ 2F5

20. 서브루틴 호출 시 데이터나 주소의 임시 저장이 가능한 것은?
① 스택
② 번지 해독기
③ 프로그램 카운터
④ 메모리 주소 레지스터

21. 다음의 표는 10진수, 2진수, 8진수의 관계를 나타낸 것이다. 올바르게 표시한 것은?

10진수	2진수	8진수
(ㄱ)	0110	6
10	(ㄴ)	12
13	1101	(ㄷ)

① (ㄱ) : 6, (ㄴ) : 1000, (ㄷ) : 12
② (ㄱ) : 6, (ㄴ) : 1010, (ㄷ) : 15
③ (ㄱ) : 8, (ㄴ) : 0100, (ㄷ) : 5
④ (ㄱ) : 9, (ㄴ) : 1010, (ㄷ) : 12

22. 다음 중 7킬로바이트(KB)와 같은 용량은?
① 7000비트 ② 70000비트
③ 7168바이트 ④ 71680바이트

23. 측정 감도가 높아 정밀 측정에 가장 적합한 측정법은?
① 영위법 ② 편위법
③ 반경법 ④ 직편법

24. 연산장치의 기능이 아닌 것은?
① 보수의 계산 ② 2진 가감산
③ 정보의 기억 ④ 논리연산

25. 다음 회로에서 출력전압은 얼마인가?

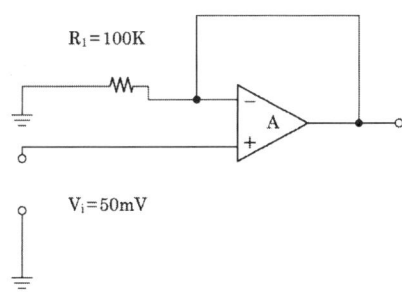

① 0[V] ② 50[mV]
③ −50[mV] ④ 500[mV]

26. 다음 중 10진수 (−7)의 부호화 절대치법에 의한 이진수 표현으로 옳은 것은?

① 10000111 ② 10000110
③ 10000101 ④ 10000100

27. Excess-3코드(3초과 코드) 표현에 의한 10진수 5의 값은?
① 0101 ② 1000
③ 1010 ④ 1111

28. 다음 그림의 연산 결과를 올바르게 나타낸 것은?

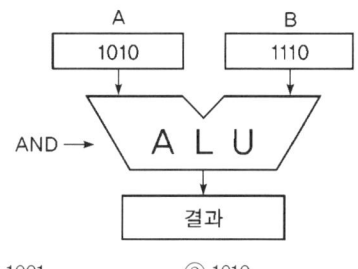

① 1001 ② 1010
③ 1100 ④ 1110

29. 헤테로다인 주파수계에 대한 설명으로 옳지 않은 것은?
① 흡수형 주파수계에 비하여 측정 확도가 높다.
② 흡수형 주파수계에 비하여 측정 범위가 넓다.
③ 흡수형 주파수계에 비하여 구조가 복잡하다.
④ 흡수형 주파수계에 비하여 감도가 양호하다.

30. 1차 코일의 인덕턴스 6[mH], 2차 코일의 인덕턴스 10[mH]를 직렬로 연결했을 때 합성 인덕턴스는 20[mH]였다. 이때 이들 사이의 상호 인덕턴스는 얼마인가?
① 2[mH] ② 4[mH]
③ 6[mH] ④ 8[mH]

31. 다음 중 서보기구에 사용되지 않는 것은?
① 리졸버
② 카보런덤
③ 싱크로
④ 저항식 서보기구

32. 전압이득이 100일 때 이것을 [dB]로 나타내면?
① 2[dB] ② 20[dB]
③ 40[dB] ④ 100[dB]

33. 다음 제어요소의 동작 중 연속동작이 아닌 것은?
① D 동작 ② ON-OFF 동작
③ P+D 동작 ④ P+I 동작

34. 스피커의 감도 측정에 있어서 표준 마이크로폰이 받는 음압이 4[μbar]이면 스피커의 전력 감도는? (단, 스피커의 입력에는 1[W]를 가한 것으로 한다.)
① 약 9[dB] ② 약 12[dB]
③ 약 16[dB] ④ 약 20[dB]

35. 전류력계형 계기의 특징에 속하지 않는 것은?
① 주로 전력계로 사용된다.
② 직류 전용의 정밀급 계기이다.
③ 외부 자기장의 영향 때문에 자기차폐를 해야 한다.
④ 자기 가열의 영향이 비교적 크므로 주의가 필요하다.

36. 헤테로다인 주파수계에서 더블 비트(double beat)법이 싱글 비트(single beat)법보다 좋은 이유는?
① 오차가 작다.
② 취급이 용이하다.
③ 구조가 간단하다.
④ 측정 주파수 범위가 넓다.

37. 자동제어의 서보기구가 제어를 수행하는 요소는?
① 온도 ② 유량이나 압력
③ 위치나 각도 ④ 시간

38. 측정기 자체의 결함이나 온도와 같은 환경의 영향에 의해서 발생하는 오차는?
① 과실오차 ② 우연오차
③ 계통오차 ④ 허용오차

39. 불 대수의 기본 정리 중 틀린 것은?
① $x + x \cdot y = y$
② $x \cdot (x + y) = x$
③ $\overline{(x \cdot y)} = \overline{x} + \overline{y}$
④ $x \cdot (y + z) = x \cdot y + x \cdot z$

40. 순서도 작성 시 장점에 속하지 않는 것은?
① 프로그램이 길어진다.
② 코딩하기가 쉽다.
③ 분석이 쉽다.
④ 오류를 발견하기가 쉽다.

41. 푸시풀(push-pull) 전력 증폭기에서 출력파형의 찌그러짐이 작아지는 주요 이유는?
① 두 개의 트랜지스터에 인가되는 입력전압의 위상이 동상이기 때문이다.
② 직류성분이 증폭되지 않기 때문이다.
③ 기수차의 고조파가 상쇄되기 때문이다.
④ 우수차의 고조파가 상쇄되기 때문이다.

42. 정보 전달의 매개체로서 전자 빔(beam)을 사용하는 현미경은?
① 광학 현미경 ② 전자 현미경
③ 볼록 현미경 ④ 오목 현미경

43. 최댓값이 I_m [A]인 전파정류 정현파의 평균값은?
① $\sqrt{2} I_m$ [A] ② $\dfrac{I_m}{\pi}$ [A]
③ $\dfrac{2I_m}{\pi}$ [A] ④ $\dfrac{I_m}{2}$ [A]

44. 다음 중 태양전지는 무슨 효과를 이용한 것인가?
① 광전자 방출 효과
② 광방전 효과
③ 광증폭 효과
④ 광기전력 효과

45. 다음 중 잔류편차가 없는 제어 동작은?
① ON-OFF 동작　② P 동작
③ PD 동작　　　④ PI 동작

46. 압력-변위 변환기에 속하는 것은?
① 전자석　　　② 스프링
③ 전자코일　　④ 슬라이드 저항

47. 자동조정의 제어량에 해당하지 않는 것은?
① 온도　② 전압
③ 전류　④ 속도

48. 고급 프로그래밍 언어를 한꺼번에 기계어로 변환시키는 것은?
① 인터프리터　② 어셈블러
③ 컴파일러　　④ 알고리즘

49. 디지털 계측에서 레지스터는 무슨 역할을 하는가?
① 디지털 신호를 기억하는 장치
② 디지털 신호를 변환하는 장치
③ 디지털 신호를 계수하는 장치
④ 디지털 신호를 지연하는 장치

50. 마이크로폰의 종류 중 쌍지향성을 갖는 것은?
① 가동코일형　② 리본형
③ 크리스탈형　④ 콘덴서형

51. VTR로 기록된 테이프를 재생할 때 VHF 출력의 채널은?
① 2~3ch　② 3~4ch
③ 4~5ch　④ 1~2ch

52. 방송국으로부터의 직접파와 반사파가 수상될 때 수상되는 시간차로 인하여 다중상이 생기는 현상을 무엇이라 하는가?
① 고스트　② 험
③ 동기　　④ 콘트라스트

53. 마이크로프로세서에 대한 설명 중 옳지 않은 것은?
① 프로그램에 의해 제어되는 반도체 소자이다.
② 매우 복잡하고 다양한 논리회로로 구성되었다.
③ 산술 논리 연산장치의 기능을 집적회로화하였다.
④ 외부회로와 연결하기 위해 주소 버스, 데이터 버스, 제어선 등을 가진다.

54. 중앙처리장치에서 마이크로 오퍼레이션이 순서적으로 일어나게 하려면 무엇이 필요한가?
① 누산기　② 제어신호
③ 스위치　④ 레지스터

55. 스피커의 재생 음역을 3분할하는 방식의 유닛이 아닌 것은?
① 우퍼(Woofer)
② 디바이더(Divider)
③ 트위터(Tweeter)
④ 스쿼커(Squawker)

56. 야기(YAGI) 안테나의 특성에 대한 설명으로 옳지 않은 것은?
① 소자수가 많을수록 이득이 증가하고 지향성이 예민해진다.
② 소자수가 많을수록 반사기나 도파기에 의한 영향으로 안테나 급전점 임피던스가 저하된다.
③ 도파기는 투사기보다 짧게 하여 용량성으로 동작한다.
④ 반사기는 투사기보다 짧게 하여 용량성으로 동작한다.

57. 다음 중 제너 다이오드(zener diode)를 이용한 회로로 가장 적합한 것은?
① 검파 회로
② 저주파 증폭회로
③ 고주파 발진회로
④ 정전압 회로

58. 태양전지의 용도가 아닌 것은?

① 조도계나 노출계
② 인공위성의 전원
③ 광전자 방출 효과
④ 초단파 무인 중계국

59. 태양전지에서 음극(-) 단자와 연결된 부분의 물질은?
① P형 실리콘판   ② N형 실리콘판
③ 셀렌   ④ 붕소

60. 자기 녹음기의 교류 바이어스에 사용되는 주파수는 대략 얼마의 범위가 사용되는가?
① 30[kHz]~200[kHz]
② 100[Hz]~2000[Hz]
③ 100[Hz]~200[Hz]
④ 60[Hz]~100[Hz]

CBT 대비 모의고사

6회

1. 그림과 같이 반시계 방향으로 회전하는 자석이 있다. 자석의 N극이 도체 A의 부근을 통과할 때 A, B 도체에 어떤 방향의 기전력이 유도되는가?(단, ⊙는 지면에서 나오는 방향, ⊗는 지면에 들어가는 방향이다.)

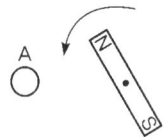

   ① A는 ⊙, B는 ⊙
   ② A는 ⊗, B는 ⊗
   ③ A는 ⊗, B는 ⊙
   ④ A는 ⊙, B는 ⊗

2. 어느 점전하에 의하여 생기는 전위를 처음의 $\frac{1}{4}$이 되게 하려면 점전하의 거리를 몇 배로 하여야 하는가?
   ① 2
   ② $\frac{1}{2}$
   ③ 4
   ④ $\frac{1}{4}$

3. 자기 테이프(magnetic tape)의 주파수 특성에 크게 영향을 주지 않는 것은?
   ① 자성막의 두께
   ② 표면의 고르기 상태
   ③ 자성체의 보자력
   ④ 테이프의 길이

4. 포토 커플러(photo coupler)의 특성에 대한 설명으로 옳은 것은?
   ① 입·출력간은 전기적으로 절연되어 있다.
   ② 출력신호에서 입력신호로 영향이 있다.
   ③ 논리소자와의 접속이 곤란하다.
   ④ 응답속도가 비교적 느리다.

5. 불 대수의 공리에서 분배법칙은?
   ① A+B=B+A
   ② (A·B)·C=A·(B·C)
   ③ A·(B+C)=A·B+A·C
   ④ (A+B)+C=A+(B+C)

6. 수신기의 특성 중 송신된 전파를 수신할 때, 수신기가 본래의 정보 신호를 어느 정도 정확하게 재생시키느냐의 능력을 나타내는 것으로 주파수특성, 일그러짐, 잡음 등에 의하여 결정되는 것은?
   ① 충실도
   ② 안정도
   ③ 선택도
   ④ 감도

7. 이미터 접지회로의 전류증폭률 β는 어떻게 정의되는가?
   ① $\frac{\Delta I_C}{\Delta I_B}$ (V_{CE} 일정)
   ② $\frac{\Delta I_C}{\Delta I_E}$ (V_{CB} 일정)
   ③ $\frac{\Delta I_E}{\Delta I_B}$ (V_{CB} 일정)
   ④ $\frac{\Delta I_B}{\Delta I_E}$ (V_{CE} 일정)

8. 초음파가 기체 중에서는 어떤 파형으로 전파되는가?
   ① 표면파
   ② 횡파
   ③ 종파
   ④ 종파와 횡파

CBT 대비 모의고사

9. 다음 중 자기 디스크의 설명으로 옳은 것은?
① sequential access만 가능하다.
② random access만 가능하다.
③ 주로 sequential access를 많이 한다.
④ 주로 random access를 많이 한다.

10. 캠벨 주파수 브리지가 평형되었을 때, 전원의 주파수는 어떻게 표시하는가? (단, M은 상호 인덕턴스, C는 콘덴서의 용량이다.)
① $f = \dfrac{1}{\sqrt{MC}}$ ② $f = \dfrac{1}{MC\sqrt{2}}$
③ $f = \dfrac{1}{2\pi\sqrt{MC}}$ ④ $f = \dfrac{1}{\sqrt{2\pi MC}}$

11. 초음파 가공기에서 혼(horn)의 역할로 가장 적절한 것은?
① 진동을 약하게 하기 위해
② 공구의 진폭을 크게 하기 위해
③ 공구와 결합을 쉽게 하기 위해
④ 발진기와 임피던스 매칭을 하기 위해

12. 다음 중 오실로스코프를 이용한 측정으로 알 수 없는 것은?
① 파형
② 전압의 최댓값
③ 전류의 최댓값
④ 주파수

13. 트랜지스터의 스위칭 시간에서 턴 오프(turn-off)시간은?
① 하강시간
② 상승시간 + 지연시간
③ 축적시간 + 하강시간
④ 축적시간

14. 어셈블리어(Assembly Language)의 설명 중 틀린 것은?
① 기호 언어(Symbolic Language)라고도 한다.
② 번역프로그램으로 컴파일러(Compiler)를 사용한다.
③ 기종 간에 호환성이 적어 전문가들만 주로 사용한다.
④ 기계어를 단순히 기호화한 기계 중심 언어이다.

15. 사칙연산 명령이 내려지는 장치는?
① 입력장치   ② 제어장치
③ 기억장치   ④ 연산장치

16. 다음 중 전자현미경에 대한 짝이 옳지 않은 것은?
① 매질 – 진공
② 상 관찰 수단 – 형광막상의 상 또는 사진
③ 초점 조절 – 대물렌즈와 시료의 거리를 조절
④ 콘트라스트가 생기는 이유 – 산란 또는 흡수

17. 10진수 $15_{(10)}$를 BCD 코드로 나타낸 것으로 올바른 것은?
① 00010101(BCD)   ② 00011010(BCD)
③ 10100101(BCD)   ④ 10101010(BCD)

18. 순서도를 작성하는 일반적인 규칙이 아닌 것은?
① 약속된 표준 기호를 사용한다.
② 흐름에 따라 오른쪽에서 왼쪽으로 그린다.
③ 기호 내부에 처리 내용을 간단, 명료하게 기술한다.
④ 한 면에 다 그릴 수 없거나 연속적인 표현이 어려울 때는 연결 기호를 사용한다.

19. 운영체제의 종류가 아닌 것은?
① MS-DOS   ② WINDOWS
③ UNIX   ④ P-CAD

20. 마이크로컴퓨터 내부에서 마이크로프로세서와 주기억장치 및 각 주변장치 모듈 간에는 버스(BUS)를 통해 정보를 전달한다. 이 버스에 해당되지 않는 것은?
① data bus
② address bus
③ register bus

④ control bus

21. 다음 중 기억장치의 기억장소를 지정하는 신호의 전송통로는?
① Control bus   ② I/O port bus
③ Address bus   ④ Data bus

22. 수직해상도 350, 수평해상도 340인 경우 해상비는 약 얼마인가?
① 0.86   ② 0.89
③ 0.94   ④ 0.97

23. 컴퓨터에 의해 처리된 프로그램 중 잘못된 부분을 수정하는 일을 무엇이라고 하는가?
① 천공(Punching)
② 코딩(Coding)
③ 디버깅(Debugging)
④ 블로킹(Blocking)

24. 1024×8bit의 용량을 가진 ROM에서 address bus와 data bus의 필요한 선로 수는?
① address bus=8선, data bus=8선
② address bus=8선, data bus=10선
③ address bus=10선, data bus=8선
④ address bus=1024선, data bus=8선

25. 오실로스코프에서 측정하고자 하는 신호를 인가하는 단자로 맞는 것은?
① 수평축 단자
② 수직축 단자
③ 외부동기 신호단자
④ X-Y축 단자

26. 다음 중 디지털 변조에 속하지 않는 것은?
① PM   ② ASK
③ QAM   ④ QPSK

27. 마이크로프로세스에서 누산기(Accumulator)의 용도는?
① 명령을 저장
② 명령을 해독
③ 명령의 주소를 저장
④ 연산 결과를 일시적으로 저장

28. 중앙처리장치(CPU) 구성에 해당되는 것은?
① 보조기억장치   ② 제어장치
③ 입력장치   ④ 출력장치

29. 마이크로프로세서에서 사용되는 주소지정방식이 아닌 것은?
① 직접 주소지정방식
② 간접 주소지정방식
③ 상대 주소지정방식
④ 소수 주소지정방식

30. 반도체의 성질을 가지고 있는 물질(형광체를 포함)에 전장을 가하였을 때 생기는 현상은?
① 광전 효과   ② 줄 효과
③ 전장 발광   ④ 톰슨 효과

31. 길이의 참값이 1.2[m]인 막대의 측정값이 1.212[m]이었다. 백분율 오차는 얼마인가?
① 0.212[%]   ② 1[%]
③ 1.2[%]   ④ 2.12[%]

32. 펄스레이더에서 전파를 발사하여 수신할 때까지 2.8[μs]가 걸렸다면 목표물까지의 거리는 몇 [m]인가?
① 14   ② 28
③ 280   ④ 420

33. 전자현미경의 성능을 결정하는 3요소로서 옳지 않은 것은?
① 배율   ② 분해능률
③ 투과도   ④ 빛의 세기

34. 오실로스코프(Oscilloscope)로 직접 측정할 수 있는 것은?
① 회전수　② 수신감도
③ 파형　　④ 잡음지수

35. 2진수 10111을 그레이 코드(Gray Code)로 변환하면 그 결과는?
① 11101　② 11110
③ 11100　④ 10110

36. 고주파 전력 측정방법이 아닌 것은?
① 의사 부하법
② 3전력계법
③ C-C형 전력계
④ C-M형 전력계

37. 다음 중 비월주사를 하는 주된 이유에 해당하는 것은?
① 깜박거림(flicker)를 방지하기 위하여
② 수평 주사선 수를 줄이기 위하여
③ 콘트라스트를 좋게 하기 위하여
④ 헌팅 현상을 방지하기 위하여

38. 다음 증폭방식 중 효율이 가장 좋은 것은?
① A급　② B급
③ AB급　④ C급

39. 다음 중 플립플롭회로에 해당하는 것은?
① 블로킹 발진기
② 단안정 멀티바이브레이터
③ 쌍안정 멀티바이브레이터
④ 비안정 멀티바이브레이터

40. 증폭기의 출력 파형을 측정한 결과, 기본파 진폭 100[V], 제2고조파 진폭 4[V], 제3고조파 진폭 3[V]를 얻었다. 일그러짐률은 몇 [%]인가?
① 5[%]　② 10[%]
③ 15[%]　④ 20[%]

41. 정재파비(VSWR)가 2일 때 반사 계수는?
① 1/2　② 1/3
③ 1/4　④ 1/5

42. 납땜이 잘 되지 않는 알루미늄의 납땜에 이용되는 초음파의 성질은?
① 초음파 응집　② 초음파 굴절
③ 초음파 탐상　④ 초음파 진동

43. 자동제어에서 인디셜(indicial) 응답을 조사할 때 입력에 어떤 파형을 가하는가?
① 사인파　② 펄스파
③ 스텝파　④ 톱니파

44. 비디오 신호를 기록 재생하기 위한 조건으로 가장 거리가 먼 것은?
① 비디오 헤드의 갭을 좁게 한다.
② 비디오 신호를 변조해서 기록한다.
③ 비디오 헤드의 모양을 보기 좋게 한다.
④ 비디오 헤드와 자기 테이프의 상대속도를 크게 한다.

45. 수신기에서 주파수 다이버시티(frequency diversity) 사용의 주된 목적은?
① 페이딩(fading) 방지
② 주파수 편이 방지
③ S/N 저하방지
④ 이득저하 방지

46. 전원회로의 구조가 순서대로 옳게 구성된 것은?
① 정류회로 → 변압회로 → 평활회로 → 정전압회로
② 변압회로 → 평활회로 → 정류회로 → 정전압회로
③ 변압회로 → 정류회로 → 평활회로 → 정전압회로
④ 정류회로 → 평활회로 → 변압회로 → 정전압회로

47. TV 수상기에서 복합 동기신호 가운데 수평 동기신호만을 골라내는 회로는?

① 적분회로　② 미분회로
③ AFC회로　④ AGC회로

48. 저항기의 색띠가 갈색, 검정, 주황, 은색의 순으로 표시되었을 경우에 저항값은 얼마인가?
① 27~33[kΩ]　② 9~11[kΩ]
③ 0.9~1.1[kΩ]　④ 18~22[kΩ]

49. 항공기가 강하할 때 수직면 내에 올바른 코스를 지시하는 것으로 90[Hz] 및 150[Hz]로 변조된 두 전파에 의해 표시되는 착륙 보조 장치는?
① PAR
② 팬마커
③ 글라이드 패드
④ 지상 제어 진입 장치

50. C언어에서 사용되는 관계 연산자가 아닌 것은?
① =　② !=
③ >　④ <=

51. 측정범위의 확대를 위한 장치에 대한 연결로 틀린 것은?
① 변류기 - 교류전류
② 배율기 - 직류전압
③ 분류기 - 직류전류
④ 계기용 변압기 - 교류전류

52. 슈퍼헤테로다인 수신기의 수신주파수가 850[kHz], 국부발진 주파수가 900[kHz]일 때, 영상 주파수는?
① 950[kHz]　② 850[kHz]
③ 1000[kHz]　④ 1100[kHz]

53. 광학 현미경에서 시료 위의 정보를 전하는 매개체로서는 빛을 사용한다. 전자 현미경에서는 무엇을 매개체로 하는가?
① 전자선　② 전자 렌즈

③ 전자총　④ 정전 렌즈

54. 전류계의 측정범위를 확대하기 위하여 전류계와 병렬로 접속하는 저항기는?
① 배율기　② 분류기
③ 분압기　④ 변류기

55. 16진수 A9B3-8A1B를 계산한 결과는?
① 75E4　② 75E5
③ 1F98　④ 1F99

56. 다음 중 볼로미터(bolometer) 전력계의 저항 소자는?
① 서미스터
② 터널 다이오드
③ 바리스터
④ FET

57. 주기억장치로 사용되는 반도체 기억소자 중에서 읽기, 쓰기를 자유롭게 할 수 있는 것은?
① RAM　② ROM
③ EP-ROM　④ PAL

58. 데이터의 크기를 작은 것부터 큰 순서로 바르게 나열한 것은?
① Bit<Word<Byte<Field
② Bit<Byte<Field<Word
③ Bit<Byte<Word<Field
④ Bit<Word<Field<Byte

59. 일렉트로 루미네선스(Electro Luminescence, EL)란 무엇인가?
① 반도체에 압력을 가하면 기전력이 생기는 현상
② 반도체에 열을 가하면 기전력이 생기는 현상
③ 반도체에 비추는 빛의 양에 따라 전류를 제어하는 현상
④ 형광체를 포함한 반도체에 전기장을 가하면 빛이 방출되는 현상

60. 다음 설명의 ( ) 안에 들어갈 내용으로 옳은 것은?

> "대전류를 측정할 경우에는 열전쌍의 허용 전류가 커지므로 열선이 굵어지고, 필연적으로 (①)가 커져서 차단 주파수가 낮아진다. 그러므로 높은 주파수의 대전류는 철심을 사용한 (②)를 사용한다."

① ① 우연오차, ② 분배기
② ① 전위오차, ② 배율기
③ ① 표피오차, ② 고주파 변류기
④ ① 전위오차, ② 고주파 변류기

CBT 대비 모의고사

7회

1. 어떤 형광등에 100[V]의 전압을 가하니 0.25[A]의 전류가 흘렀다. 이 형광등의 소비전력[W]은?
   ① 20   ② 25
   ③ 35   ④ 40

2. NOR 게이트를 나타내는 논리식은?
   ① F=A·B   ② F=A+B
   ③ F=$\overline{A+B}$ ④ F=$\overline{A·B}$

3. 불대수에서 (A+B)(A+C)와 등식이 성립되는 것은 어느 것인가?
   ① A+B+C   ② ABC
   ③ A+BC   ④ AB+C

4. 기전력 100[V], 내부저항 4[Ω]의 전원에 부하저항 16[Ω]을 접속할 때 부하저항 양단의 전압은 몇 V인가?
   ① 400[V]   ② 200[V]
   ③ 80[V]   ④ 40[V]

5. 2진수 덧셈 101과 111의 합은 2진수로 얼마인가?
   ① 1100   ② 1110
   ③ 1101   ④ 1001

6. 유전 가열과 유도 가열에서 공통되는 점은?
   ① 선택 가열을 할 수 있다.
   ② 직류를 쓸 수 없다.
   ③ 도체만을 가열할 수 있다.
   ④ 종이나 섬유의 건조를 할 수 있다.

7. 공기 중의 비투자율은 대략 얼마인가?
   ① 6.33   ② 0
   ③ 1   ④ 4π

8. 4[Ω], 5[Ω], 8[Ω]의 저항 3개를 병렬로 접속하고 여기에 40[V]의 전압을 가할 때 전 전류는 몇 A가 되는가?
   ① 5[A]   ② 8[A]
   ③ 12[A]   ④ 23[A]

9. 펄스의 상승 부분에서 진동의 정도를 말하는 링깅(ringing)이란?
   ① RC 회로의 시상수가 짧은 때문에 생긴다.
   ② 낮은 주파수의 성분에서 공진하기 때문에 생기는 것이다.
   ③ 높은 주파수의 성분에서 공진하기 때문에 생기는 것이다.
   ④ RL 회로에서 그 시상수가 매우 짧기 때문에 생기는 것이다.

10. 8비트로 최대 몇 가지의 상태를 나타낼 수 있는가?
    ① 32   ② 64
    ③ 256   ④ 128

11. 우리나라의 상용주파수는 60[Hz]이다. 주기는 몇 초인가?
    ① 0.0083   ② 0.0167
    ③ 0.0334   ④ 0.0668

CBT 대비 모의고사

12. 중앙처리장치(CPU)를 크게 2 부분으로 나누면 다음 어느 것인가?
① 제어장치와 기억장치
② 산술 연산장치와 논리 연산장치
③ 연산장치와 기억장치
④ 연산장치와 제어장치

13. 정전형 전압계의 결점이 아닌 것은?
① 구동 토크가 적다.
② 외부 정전계의 영향이 크다.
③ 계기 내부 전력손실이 크다.
④ 전류계로 쓰지 못한다.

14. 상승 시간(rise time)은 펄스 높이가 몇 %에서 몇 %까지 상승하는 데 걸리는 시간인가?
① 0~9[%]   ② 10~90[%]
③ 10~100[%]   ④ 0~100[%]

15. 플레밍의 왼손법칙에서 집게손가락이 표시하는 방향은 무엇인가?
① 기전력   ② 자장
③ 전류   ④ 힘

16. 전파 항법에서 전파의 도래 시간차를 측정하는 것은 어느 것인가?
① 데카   ② 로란 수신기
④ 레이더   ④ 고도계

17. 정격전압에서 600[W]의 전력을 소비하는 저항에 정격의 90[%]의 전압을 가할 때의 전력은?
① 540[W]   ② 486[W]
③ 500[W]   ④ 545[W]

18. IC 논리회로는 IC 소자에 의한 분류상 다음 종류로 분류되고 있다. 그 종류가 아닌 것은?
① DTL   ② RTL
③ TTL   ④ CLL

19. 다음 표와 같은 진리표(truth table)는?

입력 1	입력 2	출력
1	1	1
1	0	0
0	1	0
0	0	0

① NOT 회로   ② AND 회로
③ OR 회로   ④ NAND 회로

20. 표준 신호 발생기(SSG)가 갖추어야 할 조건이 아닌 것은 어느 것인가?
① 주파수가 정확하고 가변범위가 넓을 것
② 변조도가 자유롭게 조절될 수 있을 것
③ 출력 임피던스가 크고 가변일 것
④ 누설전류가 적고 장기간 사용에 견딜 것

21. 지멘스(siemens)는 무엇의 단위인가?
① 자기저항   ② 컨덕턴스
③ 전도율   ④ 리액턴스

22. 주어진 그림에 대한 종합 전달함수는?

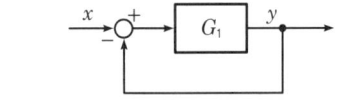

① $\dfrac{1}{1+G_1}$ ② $\dfrac{G_1}{1+G_1}$
③ $\dfrac{1}{G_1}$ ④ $\dfrac{1+G_1}{G_1}$

23. 다음 중 정수형 상수가 아닌 것은?
① 0   ② +26
③ -3126   ④ 4.0

24. 디스플레이에 사용되는 기본 색상에 속하지 않는 색상은?
① Red   ② Blue
③ Green ④ Yellow

25. 신호 주파수가 3[kHz], 최대 주파수 편이가 15[kHz]이면 변조 지수는?
① 1/15   ② 5
③ 18   ④ 45

26. 중앙처리장치와 모든 주변장치의 인터페이스에 공통으로 연결된 버스는?
① 번지 버스   ② 데이터 버스
③ 제어 버스   ④ 입·출력 버스

27. 전류가 흐르는 두 평행 도선간에 반발력이 작용했다면?
① 두 도선의 전류방향은 같다.
② 두 도선의 전류방향은 반대이다.
③ 두 도선의 전류방향은 서로 수직이다.
④ 한쪽 도선만 흐른다.

28. 150[V]용 직류 전압계가 있다. 내부 저항은 18000 [Ω]이다. 이 전압계를 직류 600[V]용으로 사용하려면 몇 Ω의 직렬저항이 필요한가?
① 72000   ② 54000
③ 60000   ④ 45000

29. 전자냉동기의 특징에 옳지 못한 것은?
① 회전부분이 없으므로 소음이 없다.
② 온도의 조절이 용이하다.
③ 성능이 고르고 수명이 길며 취급이 간단하다.
④ 대용량에서도 효율을 쉽게 해결할 수 있다.

30. 기구에 관측 장치를 적재하여 띄워 보내는 것을 무엇이라 하는가?
① 라디오존데   ② 레이더
③ 데카   ④ 전파 고도계

31. 전자와 양자의 성질에 관한 설명으로 옳지 못한 것은?
① 양자는 (+), 전자는 (−) 전기를 가지며, 같은 종류의 전기는 흡인하고, 다른 종류의 전기는 반발한다.
② 전기의 질량은 9.10955×10^{-31}[kg]이고, 양자는 전자보다 약 1840배 무겁다.
③ 1개의 전자와 양자가 가지는 전기량의 절대값은 1.60219×10^{-19}[C]이다.
④ 원자핵을 떠나서 물질 안에서 자유로이 움직이는 전자를 자유 전자라 한다.

32. 최근에 실용화되기 시작한 태양전지의 장점으로서 부적당한 것은?
① 에너지원이 되는 태양광선이 풍부하다.
② 장치가 간단하고 보수가 편하다.
③ 전원이 없는 벽지나 산꼭대기의 초단파 무인 중계국 등에 사용되는 것이 유리하다.
④ 대전력용으로서도 가격, 용적 등에서 유리하다.

33. 어떤 도체가 t초 동안에 Q[C]의 전기량이 이동하면 이때 흐르는 전류 I[A]는?
① $I = \dfrac{t}{Q}$ ② $I = \dfrac{Q}{t}$
③ $I = Q \cdot t$ ④ $I = \dfrac{I}{Q \cdot t}$

34. 마이크로프로세서(microprocessor) 내의 논리 연산 중에서 기본 연산으로 볼 수 없는 것은?
① AND연산   ② OR 연산
③ NOT연산   ④ NAND 연산

35. 저항 R_1, R_2가 병렬일 때 전 전류를 I라 하면 R_1에 흐르는 전류는?
① $\dfrac{R_1}{R_1 + R_2} I$ ② $\dfrac{R_2}{R_1 + R_2} I$

③ $\dfrac{R_1+R_2}{R_2}I$ ④ $\dfrac{1}{R_1+R_2}I$

36. 초음파 세척은 초음파의 무슨 작용을 이용한 것인가?
① 진동   ② 반사
③ 굴절   ④ 간섭

37. Full word는 몇 bit를 나타내는 말인가?
① 4[bit]   ② 8[bit]
③ 16[bit] ④ 32[bit]

38. 다음 그림에서 종합 전달함수는 다음 중 어떻게 표시되나?

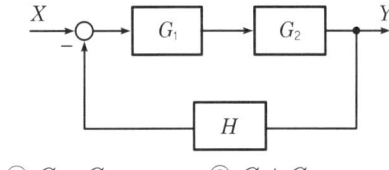

① $G_1 \cdot G_2$ ② $G_1 + G_2$
③ $\dfrac{G_1}{1+G_1 \cdot G_2}$ ④ $\dfrac{G_1 \cdot G_2}{G_1+G_2}$

39. 다음 주소지정방식 중에서 기억장치를 가장 많이 액세스해야 하는 것은?
① 직접 주소지정방식
② 간접 주소지정방식
③ 인덱스 주소지정방식
④ 상대 주소지정방식

40. 발광 다이오드(LED)의 장점이 아닌 것은?
① 소형, 박형 및 경량화가 가능하다.
② 수명이 길며, 유지비가 적다.
③ 점멸(점등 및 소등) 속도가 빠르다.
④ 견고하지만 색상조합이 어렵다.

41. 현 업무를 EDPS화하여 처리하기 위해서는 여러 가지의 작업 과정이 있다. 코딩(coding) 후 실행까지 작업 과정을 바르게 기술한 것은?
① 원시 프로그램 → 로더 → 목적 프로그램 → 실행
② 목적 프로그램 → 컴파일 → 원시 프로그램 → 연결 → 실행
③ 원시 프로그램 → 컴파일 → 목적 프로그램 → 연결 → 실행
④ 목적 프로그램 → 연결 → 원시 프로그램 → 컴파일 → 실행

42. 다음 중 주기억장치에 존재하는 레지스터는?
① MAR   ② PC
③ IC   ④ ALU

43. 다음 중 오실로스코프의 음극선관의 주요 부분을 나타낸 것은?
① 전자총, 편향판, 형광판
② 전자총, 편향판, 발진기
③ 형광판, 발진기, 전자총
④ 형광판, 발진기, 편향판

44. 측정 오차란 무엇인가?
① 측정에 의한 지시치를 의미한다.
② 측정값과 참값과의 차(差)를 말한다.
③ 측정값의 변화와 지시량의 비이다.
④ 측정값과 계기가 갖는 확도의 합이다.

45. 다음 중 레이더에 사용되는 전파는?
① 사인파형의 장파
② 펄스형의 중파
③ 사인파형의 단파
④ 펄스형의 초단파

46. 고주파 가열 중 유전 가열의 설명에 맞지 않은 것은?
① 가열이 골고루 된다.
② 온도상승이 빠르다.
③ 내부 가열이므로 표면 손상이 되지 않는다.

④ 피열물의 모양에 제한을 받지 않는다.

47. 다음에 기술한 내용 중 맞지 않는 것은?
① 두 개의 저항을 병렬 접속하는 경우의 합성저항은 각 저항값보다 작다.
② 저항이 병렬 연결된 두 저항의 양단에 전압이 인가 되었을 때 각 저항에 인가되는 전압은 서로 같다.
③ 직류 전원회로에서 병렬 연결된 저항에 전류가 흐를 때 저항값이 작은 쪽이 큰 쪽보다 많은 전류가 흐른다.
④ 두 개의 저항이 직렬 연결된 직류회로에서 저항값이 작은 쪽이 큰 쪽보다 많은 전류가 흐른다.

48. 전자빔이 시료를 투과할 때 속도가 다른 여러 전자가 생겨서 상이 흐려지는 현상은?
① 색수차   ② 구면수차
③ 라디오존데   ④ 축 비대칭수차

49. 2의 보수 표현이 1의 보수 표현법보다 더 좋은 점은?
① 음수로 표현하기 쉽다.
② 눈으로 확인하기 쉽다.
③ 산술 연산 속도가 빠르다.
④ 덧셈에서 자리올림을 처리하지 않아도 된다.

50. 오실로스코프로 측정 불가능한 것은?
① coil의 Q측정   ② 위상 측정
③ 주파수 측정   ④ 전압 측정

51. 기전력 100[V], 내부저항 33[Ω]의 전지에 내부저항 300[Ω]의 전압계를 접속할 때 전압계의 지시값[V]은?
① 90   ② 93
③ 100   ④ 96

52. 브리지(bridge)법에 해당하는 측정 방법은?
① 편위법   ② 영위법
③ 직편법   ④ 반진법

53. 다음 중 온도를 저항으로 변환시키는 것은?
① 스프링   ② 가변 저항기
③ 전자 코일   ④ 서미스터

54. 수신기의 특성 중 송신된 전파를 수신할 때, 수신기가 본래의 정보 신호를 어느 정도 정확하게 재생시키느냐의 능력을 나타내는 것으로, 주파수 특성, 일그러짐, 잡음 등에 의하여 결정되는 것은?
① 충실도   ② 안정도
③ 선택도   ④ 감도

55. 색의 3요소에 해당하지 않는 것은?
① 색상   ② 채도
③ 투명도   ④ 명도

56. 다음 중 태양전지의 용도가 아닌 것은?
① 조도계나 노출계
② 인공위성의 전원
③ 초단파 무인 중계국
④ 광전자 방출 효과

57. 선박에 이용되며 방향 탐지기가 없이 보통 라디오 수신기를 이용하여 방위를 측정할 수 있는 것은 다음 중 어느 것인가?
① AN 레인지 비컨
② 무지향성 비컨
③ 회전 비컨
④ 초고주파 전방향성 비컨

58. 구동 방식에 따른 LCD의 구분 중 수동형 (passive-matrix)의 장점이 아닌 것은?
① 구조가 단순하다.
② 생산성이 높다.

③ 단가가 저렴하다.
④ 화질이 높다.

59. 태양전지에서 음극 단자가 연결된 부분의 구성 물질은?
① P형 실리콘
② N형 실리콘
③ 셀렌
④ 붕소

60. OLED의 장점이 아닌 것은?
① 자체 방출형 소자로 휘도와 효율이 높고 대조비가 우수하다.
② 시야각이 넓으며, 후면의 빛이 불필요하다.
③ 동작속도가 매우 빠르다.
④ 수명이 비교적 길다.

CBT 대비 모의고사

8회

1. 컴퓨터의 연산자 기능이 아닌 것은?
   ① 함수연산기능 ② 제어기능
   ③ 기억기능 ④ 전달기능

2. 2진수 1010.100를 10진수로 고치면 다음 중 어느 것인가?
   ① 10.3 ② 10.5
   ③ 10.8 ④ 10.9

3. 다음 중 전자계산기가 기억하는 최소 단위는?
   ① 어드레스(Address) ② 워드(Word)
   ③ 바이트(Byte) ④ 비트(Bit)

4. 10분 동안에 600[C]의 전기량이 이동했다고 하면 전류의 크기[A]는?
   ① 1[A] ② 10[A]
   ③ 60[A] ④ 600[A]

5. 다음과 같은 주파수에서 로란 A국에서 사용되지 않는 주파수는 몇 [kHz]인가?
   ① 1,650 ② 1,750
   ③ 1,850 ④ 1,950

6. 매우 작은 저항을 측정할 때 사용하는 브리지명은?
   ① 빈 브리지(Wien bridge)
   ② 메거(megger)
   ③ 켈빈 더블 브리지(Kelvin's double bridge)
   ④ 맥스웰브리지(Maxwell bridge)

7. 다음 논리회로 중 fan-out가 가장 큰 회로는?
   ① CMOS gate ② DTL gate
   ③ TTL gate ④ RTL gate

8. 다음의 용도에 초음파의 진동수가 가장 높은 것은 어느 것인가?
   ① 초음파 가공 ② 소나
   ③ 초음파 탐상 ④ 에멀션화

9. 참값이 15[A]인 전류를 측정하였더니 14.85[A]라는 값을 알았다. 이때 보정(α)의 값은?
   ① $\alpha = +0.15[A]$ ② $\alpha = -0.15[A]$
   ③ $\alpha = +1.01[A]$ ④ $\alpha = -1.01[A]$

10. 다음 중 전자계산기(Computer)의 주요 구성 요소로 볼 수 없는 것은?
    ① 제어장치 ② 주기억장치
    ③ 연산장치 ④ 보조기억장치

11. 전자계산기에서 1K의 크기는 정확하게 어느 것인가?
    ① 1024 ② 1000
    ③ 512 ④ 1012

12. 자동 제어의 요소를 분류했을 때 사람에 비교하면 두뇌에 해당되는 부분은?
    ① 제어요소 ② 조작부
    ③ 조절부 ④ 검출부

13. 다음 괄호 안에 들어갈 과정이 순서대로 올바르게 들어간 내용은?

CBT 대비 모의고사

하나의 프로그램이 처리되는 과정은 입력 →
( ) → ( ) → ( ) → 출력의 과정을 거친다.

① 번역, 적재, 실행   ② 적재, 실행, 번역
③ 적재, 번역, 실행   ④ 번역, 실행, 적재

14. 고주파 유도 가열장치에 해당되지 않는 것은?
① 용해로   ② 진공로
③ 가공장치   ④ 전동 발전기

15. 내부 저항이 10[kΩ]인 전압계의 최대 지시 눈금이 100[V]였다면 이 전압계의 측정 범위를 최대 500 [V]로 하기 위한 배율기의 저항은 얼마로 하면 되는가?
① 2[kΩ]   ② 40[kΩ]
③ 50[kΩ]   ④ 90[kΩ]

16. 가동 코일형 측정기로 측정을 완료하였을 때에 미터의 바늘을 0의 위치로 되돌리는 토크는?
① 제어 토크   ② 구동 토크
③ 제동 토크   ④ 진동 토크

17. 어떤 전지를 써서 5[A]의 전류를 10분간 흘렸다면 전지에서 나오는 전기량은 몇 C인가?
① 1000   ② 2000
③ 3000   ④ 4000

18. 순서도를 작성하는 일반적인 규칙이 아닌 것은?
① 약속된 표준 기호를 사용한다.
② 흐름에 따라 오른쪽에서 왼쪽으로 그린다.
③ 기호 내부에 처리 내용을 간단, 명료하게 기술한다.
④ 한 면에 다 그릴 수 없거나 연속적인 표현이 어려울 때는 연결 기호를 사용한다.

19. Instruction의 구성 요소가 아닌 것은?
① OP-code   ② Operand
③ Comma   ④ Format

20. 다음 중 표피 효과(skin effect)의 설명으로 적합하지 않은 것은?
① 금속을 가열할 때 주파수가 높으면 표피 효과가 생긴다.
② 표피 효과를 이용하여 금속의 내부 가열을 한다.
③ 표피 효과는 전류 밀도가 도체의 중심보다 표면이 더 클 때 생긴다.
④ 금속을 유도 가열할 때 주파수의 변화에 따라 생긴다.

21. 전류가 전압에 비례하는 것은 다음 중 어느 것과 관계가 있는가?
① 키르히호프의 법칙
② 옴의 법칙
③ 줄의 법칙
④ 렌츠의 법칙

22. 선박이 A무선 표지국이 있는 항구에 입항하려고 할 때에는 그 전파의 방향 즉 진북에 대한 α도의 방향을 추적하여 감으로써 A무선 표지국이 있는 항구에 직선으로 도달하는 것은 다음 중 어느 것인가?

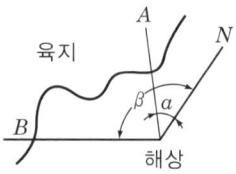

① 로란(loran)
② 데카(decca)
③ 호밍(homing)
④ 센스 결정(sence determination)

23. 저역통과 RC 회로에서 시정수가 의미하는 것은?
① 응답의 상승 속도를 표시한다.

② 응답의 위치를 결정해 준다.
③ 입력의 진폭 크기를 표시한다.
④ 입력의 주기를 결정해 준다.

24. 다음 측정법 중에서 감도가 높고 정밀측정에 적합한 측정법은?
① 직편법   ② 영위법
③ 편위법   ④ 반경법

25. 전류의 정의를 바르게 설명한 것은?
① 단위 시간에 이동한 전기량
② 단위 시간에 발생한 기전력
③ 단위 기전력으로 수행한 일
④ 단위 시간에 수행한 일

26. 다음 논리식의 성질 중 맞지 않는 것은?
① A+A=A   ② 0·A=1
③ A·A=A   ④ 1+A=1

27. 서브루틴(subroutine)의 복귀 어드레스가 보관되는 곳은 다음 중 어느 것인가?
① stack
② ROM
③ program counter
④ stack pointer

28. 톱니파 발생회로와 무관한 것은?
① LC 발진기
② 멀티바이브레이터
③ 블로킹 발진기
④ UJT 발진기

29. 전자계산기의 기능 중에서 프로그램의 명령을 꺼내어 판단하며, 지시 감독하여 명령하는 기능은?
① 연산 기능   ② 출력 기능
③ 제어 기능   ④ 기억 기능

30. 내부저항이 90[Ω], 최대지시 1[mA]의 직류 전류계로 최대지시 10[mA]를 측정하기 위한 분류기의 저항치는?
① 10[Ω]   ② 9[Ω]
③ 100[Ω]   ④ 90[Ω]

31. 태양전지를 연속적으로 사용하기 위하여 필요한 장치는?
① 변조장치   ② 정류장치
③ 축전장치   ④ 검파장치

32. 반도체 레이저에서 가장 많이 사용되는 결정은 다음 중 어느 것인가?
① NaAs   ② GaAs
③ ZnAn   ④ SnAn

33. 다음과 같이 저항을 직렬로 연결했을 때의 전달함수는?

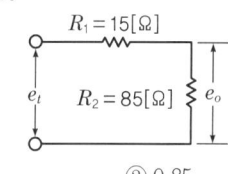

① 6.33   ② 0.85
③ 0.174   ④ 0.15

34. 소규모의 똑같은 프로그램을 되풀이 사용할 때 프로그램의 반복을 피하기 위한 방법은 다음 중 무엇인가?
① 인터럽트   ② 서브루틴
③ 인터페이스 ④ 데이터 버스

35. 자동 제어계에서 제어량의 종류가 아닌 것은?
① 온도   ② 전압
③ 속도   ④ 시간

36. 다음 중 주기억장치로부터 어떤 소정 크기의

명령이나 자료를 빼내는 시간은?
① 액세스 타임 ② 사이클 타임
③ 서치 타임   ④ 시크 타임

37. ALU에 의하여 수행되는 연산에 같이 참여하는 레지스터는?
① 프로그램 카운터(PC)
② 메모리 주소 레지스터(MAR)
③ 명령 레지스터(IR)
④ 누산기(ACC)

38. 다음 중 후입 선출(LIFO) 동작을 하는 것은?
① RAM   ② ROM
③ STACK ④ QUEUE

39. 가중값 코드(Weighted code)의 종류가 아닌 것은?
① 8421 code   ② 51111 code
③ 5421 code   ④ Gray code

40. 다음 중 전지의 기전력을 가장 정확하게 측정할 수 있는 것은?
① 직류 전압계 ② 테스터
③ 전위차계   ④ 교류 전압계

41. 한 개의 태양전지에서 광전 변환 효율은 이론상 최대 몇 %인가?
① 22 ② 32
③ 48 ④ 58

42. 루미네센스(luminescence)란 다음 중 어느 것인가?
① 물체에 압력을 가하여 빛을 방출시키는 현상
② 물체에 자극을 가하여 빛을 방출시키는 현상
③ 물체에 전류를 통하여 빛을 방출시키는 현상
④ 물체에 가하는 전압에 따라 빛의 색채가 변화하는 현상

43. 저주파 증폭기의 출력측에서 기본파의 전압이 50[V], 제 2고조파의 전압이 4[V], 제3고조파의 전압이 3[V]가 측정되었다. 왜율은?
① 5[%]   ② 6[%]
③ 8[%]   ④ 10[%]

44. 전자계산기를 이용하여 효율적으로 계산을 하거나 데이터 처리를 할 때는 일정한 순서에 따라 체계적인 프로그램을 작성해야 한다. 일반적으로 프로그램의 진행 순서를 나열한 것은?

┌─────────────────────────────┐
│ ㉠ 코딩(Coding)을 한다.   │
│ ㉡ 순서도를 작성한다.   │
│ ㉢ 원시 프로그램을 전자계산기에 입력시킨다.│
│ ㉣ 시험 및 실행한다.   │
│ ㉤ 평가한다.   │
│ ㉥ 문제를 분석한다.   │
│ ㉦ 수정한다.   │
│ ㉧ 실행한다.   │
└─────────────────────────────┘

① ㉥ - ㉠ - ㉡ - ㉢ - ㉦ - ㉣ - ㉧ - ㉤
② ㉥ - ㉠ - ㉡ - ㉢ - ㉦ - ㉣ - ㉤ - ㉧
③ ㉥ - ㉡ - ㉠ - ㉢ - ㉦ - ㉣ - ㉤ - ㉧
④ ㉥ - ㉡ - ㉠ - ㉢ - ㉦ - ㉣ - ㉤ - ㉧

45. 태양전지는 다음 중 무슨 효과를 이용한 것인가?
① 광전자 방출 ② 광기전력 효과
③ 광증폭 효과 ④ 제벡 효과

46. 반도체 고유 저항의 특성으로서 열에 대한 특성이 예민한 것은 어느 소자인가?
① 배리스터 ② 서미스터
③ CdS   ④ S.C.R

47. 철심의 길이 10[cm], 단면적 10[cm²]인 철심에 1차 전압 120[V]의 교류 전압을 가하여 2차에 12[V]를 얻으려면 1차 코일이 500회일 때 2차 코일의 권수는?

① 36   ② 50
③ 78   ④ 90

48. 다음 중 입력 전부가 동시에 1일 경우에만 출력이 1이 되고 그 밖의 경우에는 출력이 0이 되는 회로는?
① AND 게이트   ② OR 게이트
③ NOT 게이트   ④ NOR 게이트

49. 고주파 전력 측정법에 해당하지 않는 것은?
① 표준부하법   ② C-C형 전력비
③ C-M형 전력계 ④ 전압 전류계법

50. 잡음지수 측정에 사용되는 계기가 아닌 것은?
① 잡음 발생기   ② 수신기
③ 레벨계   ④ 주파수 체배기

51. 오실로스코프(oscilloscope)의 전자총에서 발사된 전파가 음극 선관의 스크린에 부딪혔을 때 다음 설명 중 옳은 것은?
① 고속의 전자가 가지고 있는 운동 에너지가 빛 에너지로 전환된다.
② 고속의 전자가 가지고 있는 빛 에너지가 열에너지로 전환된다.
③ 고속의 전자가 가지고 있는 위치 에너지가 빛에너지로 전환된다.
④ 고속의 전자가 가지고 있는 운동 에너지가 열에너지로 전환된다.

52. 이미터 접지회로를 이용하여 β를 측정하였더니 49가 측정되었다. 트랜지스터의 α는?
① 1   ② 0.98
③ 0.96   ④ 2

53. 다음 중 트랜지스터를 증폭기로 사용하는 영역은?
① 차단영역
② 포화영역
③ 활성영역
④ 차단영역 및 포화영역

54. 정재파비가 2일 때 반사계수는 얼마인가?
① $\frac{1}{2}$ ② $\frac{1}{3}$
③ $\frac{1}{4}$ ④ $\frac{1}{5}$

55. 도로 표지나 시계 및 계기의 문자판 등에 이용되는 EL 램프는?
① 고유형 EL   ② 주입형 EL
③ 발광형 EL   ④ 전장 발광판

56. 볼로미터로 측정할 수 없는 것은?
① 고주파 전압 측정
② 고주파 전류 측정
③ 마이크로파 전력 측정
④ 고주파 파형 측정

57. 교류의 최대치가 V_m일 때 전파 정류회로의 무부하 시 직류출력(평균) 전압값은 얼마인가?
① $\frac{V_m}{\sqrt{2}}$ ② $\frac{V_m}{2}$
③ $\frac{V_m}{\pi}$ ④ $\frac{2V_m}{\pi}$

58. 펠티에 효과는 어떤 장치에 이용하는가?
① 자동 제어   ② 온도제어
③ 전자냉동기   ④ 태양전지

59. 제어계의 방식에 따른 제어용 증폭기에 속하지 않는 것은?
① 전기식   ② 유압식
③ 기계식   ④ 공기식

60. LCD의 장점으로 옳지 않은 것은?
① 픽셀 피치가 높아 고해상도, 풀컬러 표시능력을 갖는다.
② 최고 밝기가 OLED 대비 2배 수준으로 직사광선에서도 판독 가능성이 높다.
③ 높은 콘트라스크비와 빠른 기록속도를 갖는다.
④ OLED보다 약간 더 얇다.

전자기기기능사 3주 완성

CBT 대비 모의고사 해설 및 정답

Craftsman Electronic Apparatus

해설 및 정답

1회

01 ③

전압 $V = 80 + j60 = 100[V]$

전류 $I = \dfrac{V}{V} = \dfrac{100}{10} = 10[A]$

따라서, 리액턴스 $Z_L = \dfrac{V_L}{I} = \dfrac{60}{10} = 6[\Omega]$

02 ①

SCR을 이용한 위상제어 반파정류회로로서 전원 전압이 순방향인 반주기 동안 게이트 전류가 흘러 SCR이 도통되고, 전원 전압이 역방향인 반주기 동안 SCR은 차단된다.

03 ①

전류의 크기 $I = \dfrac{Q}{t} = \dfrac{720}{3 \times 60} = 4[A]$

04 ③

반파 배전압 정류회로로 출력전압은 입력전압의 2배이다.
$V_o = 2 \times v = 2 \times \sqrt{2} \times V (V : $ 최댓값 전압$)$

05 ①

포토 커플러는 발광부와 수광부가 서로 전기적으로 절연되는 장점을 이용한 것으로서, 발광부에는 발광 다이오드, 수광부에는 포토다이오드 등이 쓰인다.

06 ③

진폭 변조 시 주파수 대역폭
$B = f_C \pm f_S = 8,100 \pm 5[kHz]$

07 ①

① 버스 : 컴퓨터 구성 요소 간의 데이터 전송에 사용되는 공통의 전송로
② 채널 : 주기억장치와 입·출력장치 사이의 고속 데이터 처리를 위한 중개역할을 담당하는 부분

08 ①

합성임피던스
$\dfrac{1}{Z} = \sqrt{(\dfrac{1}{R})^2 + (\dfrac{1}{X_L})^2}$
$= \sqrt{(\dfrac{1}{4})^2 + (\dfrac{1}{3})^2} = \sqrt{\dfrac{1}{16} + \dfrac{1}{9}}$
$= \sqrt{\dfrac{25}{144}} = \dfrac{5}{12}$

$Z = \dfrac{12}{5} = 2.4[\Omega]$

09 ①

키르히호프의 제1법칙
Σ유입전류 $= \Sigma$유출전류
$I_a + I_b = I_c + I_d$
$(3 + j4) + (-3 + j4) = 6 + j8 + I_d$
$j8 = 6 + j8 + I_d$
$I_d = -6[A]$

10 ③

펄스 응답 시 상승시간은 펄스의 높이가 10[%]에서 90[%]까지 상승하는 데 걸리는 시간을 말한다.

충전전류 $i = I_e^{-\dfrac{1}{RC}t}$

정상값의 10[%]일 때의 시간 t_1은

$0.1 I = I \times e^{-\dfrac{1}{RC}t_1}$

$10 = e^{\dfrac{1}{RC}t_1}$

$\dfrac{t_1}{RC} = \ln 10$

$t_1 = RC \ln 10$

정상값의 90[%]일 때의 시간 t_2는

$0.9 I = I \times e^{-\dfrac{1}{RC}t_2}$

$\dfrac{10}{9} = e^{\dfrac{1}{RC}t_2}$

$\dfrac{t_2}{RC} = \ln \dfrac{10}{9}$

$t_2 = RC \ln \dfrac{10}{9}$

상승시간 $t_r = t_2 - t_1$
$= RC(\ln 10 - \ln 9 - \ln 10)$
$= -RC \ln 9$

시상수 $\tau = RC = 2[\mu s]$이므로

상승시간 $t_r = -RC \ln 9 = 2 \times 2.2 = 4.4[\mu sec]$

11 ③

명령의 수행 과정 중 첫 순서는 프로그램 카운터(PC)에 기억된 주소를 주기억장치에 보내 수행될 명령어를 읽어내는 과정이다.

12 ②

미분회로로서 시정수 RC가 입력펄스폭에 비해 매우 작으며 출력은 임펄스파형이 나타난다.

13 ③

고정 바이어스 회로에서 안정계수 $S = \dfrac{\Delta I_c}{\Delta I_{co}} = (1+\beta)$ 이다. 따라서 안정계수 S=1+50=51이다.

14 ②

두 입력 중 어느 한 개 이상의 입력신호가 1이 되어도 출력신호가 1이 되는 OR 회로이다.

15 ②

① 렌츠의 법칙 : 전자유도에 의하여 생긴 기전력의 방향 정의
② 패러데이의 법칙 : 전자유도에 의하여 생긴 기전력의 크기 정의

16 ①

1의 보수 : 011011
2의 보수 : 011100(1의 보수에 1을 더함)

17 ④

이상적인 연산증폭기의 특성
① 전압이득 A_v 가 무한대이다($A_v = \infty$).
② 입력저항 R_i 가 무한대이다($R_i = \infty$).
③ 출력저항 R_o 가 0이다($R_o = 0$).
④ 대역폭이 무한대이고($BW = \infty$), 지연응답(response delay)은 0이다.
⑤ 오프셋(offset)이 0이다.
⑥ 특성의 변동, 잡음이 없다.
연산증폭기는 정확도를 높이기 위하여 큰 증폭도와 높은 안정도가 필요하다.

18 ③

리플(맥동률) $\gamma = \dfrac{\Delta V}{V_d} \times 100 [\%]$
$\Delta V = (v \times V_d) \div 100 = (1.5 \times 3000) \div 100 = 45 [V]$

19 ③

누산기(Accumulator)
연산장치를 구성하는 중심이 되는 레지스터로서 사칙 연산, 논리 연산 등의 결과를 기억한다.

20 ④

명령 레지스터(instruction register)는 현재 실행 중에 있는 명령을 임시 보존하는 레지스터로 명령부와 어드레스부로 구성된다.

21 ②

버스(bus)는 어드레스(번지) 버스, 데이터 버스, 제어 버스, I/O 포트 버스가 있으며 각종 신호의 전송 통로로 이용된다.
① 어드레스 버스(address bus) : 기억장치의 기억장소를 지정하는 신호의 전송 통로
② I/O 포트 버스(I/O port bus) : 입·출력장치 중 1개를 지정하는 신호의 전송 통로
③ 제어 버스(control bus) : 중앙처리장치와의 데이터 교환을 제어하는 신호의 전송 통로
④ 데이터 버스(data bus) : 입·출력시키는 데이터 및 기억장치에 써 넣고 읽어 내는 데이터의 전송 통로

22 ①

왜형률 $x = \dfrac{\text{고조파의 실효값}}{\text{기본파의 실효값}}$
$= \dfrac{\sqrt{4^2+3^2}}{100} \times 100 = \dfrac{5}{100} \times 100 = 5[\%]$

23 ①

$n = \dfrac{I}{I_a} = 1 + \dfrac{r_a}{R_s}$ 에서
$R_s = \dfrac{r_a}{n-1} = \dfrac{19}{\dfrac{300}{15}-1} = 1[\text{k}\Omega]$

24 ①

표준신호발생기는 출력레벨의 가변범위가 넓어야 한다.

25 ④

$2^{12} = 4096$ 이다. 그러므로 주기억장치의 번지는 0번지에서 4095번지까지의 4096가지의 번지를 갖는다.

26 ②

① 직접, 절대 어드레스 지정 방식(direct absolute addressing mode) : 오퍼랜드가 존재하는 기억장치의 어드레스를 직접 명령 속에 포함시켜 지정하는 방법
② 이미디어트 어드레스 지정 방식(immediate addressing mode) : 명령 속의 오퍼랜드 정보를 그대로 오퍼랜드로 사용하는 방법
③ 간접 어드레스 지정 방식(indirect addressing mode) : 오퍼랜드가 존재하는 기억장치 어드레스를 내용으로 가지고 있는 기억 장소의 어드레스를 명령 속에 포함시켜 지정하는 방법
④ 레지스터 어드레스 지정 방식(register addressing mode) : 기억장치의 어드레스 대신 레지스터의 번호를 지정하고, 그 레지스터 내용을 목적으로 하는 오퍼랜드의 어드레스로 한다.(레지스터 간접 어드레스 지정 방식이라고 한다.)

⑤ 상대 어드레스 지정 방식(relative addressing mode) : 명령 속의 오퍼랜드 지정 정보를 레지스터 지정부와 전개부로 나누어서 레지스터 지정부로 지정된 레지스터 내용과 전개부를 더해서 오퍼랜드의 어드레스를 구한다.
⑥ 페이지 어드레스 지정 방식(page addressing mode) : 기억장치를 일정한 크기의 페이지로 나누어서 명령 속에 페이지 내에서의 어드레스를 지정하는 방법

27 ②
측정값을 M, 참값을 T라 하면 측정 오차(ε)는 $\varepsilon = M - T$

28 ③
$$f = \frac{N}{T} = \frac{240}{1 \times 10^{-3}}$$
$$= 240,000[\text{Hz}] = 240[\text{kHz}]$$

29 ②
강력한 초음파를 액체 속에 방사하였을 때 진동자의 부근에 안개 모양의 기포가 생겨 이들이 진동면으로 수직 방향으로 움직여 분사 현상을 이루고 "싸야" 하는 잡음을 낸다. 이러한 현상을 캐비테이션(cavitation)이라 하며, 액체의 종류, 액체의 압력, 온도에 따라 변화하고 수면에서도 소리의 세기가 약 $0.3[\text{W/cm}^2]$ 이상일 때 일어나며, 캐비테이션 현상은 초음파 세척, 분산·에멀션화 등에 이용된다.

30 ①
누산기(Accumulator)란 가산기에서 연산된 결과를 일시적으로 저장하는 레지스터이다.

31 ②
① SRAM(static RAM) : 메모리 셀이 1개의 플립플롭으로 구성되므로 전원이 공급되고 있는 한 기억내용은 소멸되지 않는다.
② DRAM(dynamic RAM) : 메모리 셀이 1개의 콘덴서로 구성되므로 충전된 전하의 누설에 의해 주기적인 리프레시(refresh)가 없으면 기억 내용이 소멸된다.
③ 마스크 ROM(mask-programmed ROM) : 제조시에 바로 내용이 기입되어 생산되며, 사용자가 내용을 기입하거나 변경시킬 수 없다.
④ PROM(Programmable ROM) : 사용자가 특수 장치를 이용하여 내용을 단 1회만 기입할 수 있으나, 기억 내용은 변경이 불가능하다.
⑤ EPROM(erasable PROM) : 사용자가 내용을 반복해서 기입하거나 소거할 수 있으며, 자외선을 비추어 기억 내용을 소거할 수 있는 UV EPROM(ultraviolet EPROM)과 전기 신호에 의해 소거할 수 있는 EEPROM(electrical EPROM)이 있다.
⑥ 플래시 메모리는 소비전력이 작고 전원이 꺼져도 저장된 데이터가 지워지지 않는 특성을 가진 반도체를 말하며, 지속적으로 전원이 공급되는 비휘발성 메모리로, 데이터를 자유롭게 입력할 수 있는 장점도 있다.

32 ④
마이크로프로세서의 처리속도가 빠르기 위해서는 비트(bit)값이 커야 한다.

33 ①
정전용량의 측정에는 셰링 브리지(Schering bridge)를 주로 사용한다.

34 ④
① 구동장치 : 가동 부분에 측정하려는 전기량에 비례하는 구동 토크(torque)를 발생시키는 장치
② 제어장치 : 가동부분의 변위나 회전에 맞서 원래의 영위치에 되돌려 보내려는 제어 토크를 발생하는 장치
③ 제동장치 : 가동부분에 적당한 제동력(제동 토크)을 가하여 지침을 빨리 정지시키는 장치

35 ④
중앙처리장치(CPU)는 인간의 두뇌에 해당하는 장치로서, 연산장치와 제어장치로 구성된다.

36 ③
마이크로프로세서의 구성
① 레지스터부(PC, SP, 범용레지스터 등)
② 연산부(누산기, T레지스터, ALU, F레지스터 등)
③ 제어부(IR, 명령해독기, 타이밍과 제어장치 등)

37 ③
마이크로프로세서의 CPU 모듈의 동작 순서는 명령어 인출 → 명령어 해석 → 데이터 인출 → 데이터 처리의 과정으로 이루어진다.

38 ②
$$\rho = \frac{S-1}{S+1} = \frac{2-1}{2+1} = \frac{1}{3}$$

39 ④
볼로미터는 고주파 전압, 고주파 전류, 마이크로파 전력의 측정에 이용한다.

40 ②
$$\text{왜율} = \frac{\text{고조파의 실효치}}{\text{기본파의 실효치}} \times 100$$
$$= \frac{\sqrt{4^2 + 3^2}}{50} \times 100 = \frac{\sqrt{25}}{50} \times 100$$
$$= \frac{1}{10} \times 100 = 10[\%]$$

41 ②
프리엠퍼시스(pre-emphasis)는 FM의 송신측에서 S/N비 개선을 위해 고음역 부분의 이득을 단계적으로 증가시켜 송신하기 위한 회로이며, 디엠퍼시스(de-emphasis)는 수신기에

서 강조된 고역이득을 낮추기 위한 회로이다.

42 ③
라디오존데는 기상관측장비와 발진기를 실은 기구를 대기 상공에 띄워 무선으로 기상 요소를 측정하는 기기이다.

43 ③
RC 적분회로의 시정수(τ)는
$\tau = RC = 1 \times 10^6 \times 0.5 \times 10^{-6} = 0.5 [sec]$

44 ①
FM 수신기의 저주파 출력단에는 반송파 입력이 약하거나 없을 때는 일반적으로 큰 잡음이 생긴다. 스켈치(squelch)회로는 이 잡음을 방지하기 위하여 수신 입력전압이 어느 정도 이하일 때 저주파증폭기가 동작하지 않도록 하는 회로이다.

45 ②
$N_s = \dfrac{120f}{P} = \dfrac{120 \times 60}{4} = \dfrac{7200}{4} = 1800 [rpm]$

46 ④
① 온·오프 동작 : 편차가 양인가 음인가에 따라 조작부를 온(on) 또는 오프(off)하는 동작
② 비례 동작(proportional action, P동작) : 조작량이 편차, 즉 동작 신호에 비례하는 동작
③ 적분 동작(integral action, I동작) : 조작량이 편차의 적분, 즉 편차의 시간적인 가산에 비례하는 조절계의 동작
④ 미분 동작(derivative action, D동작) : 편차의 미분에 비례하는 조작량이 생기는 조절계의 동작
⑤ 비례 적분 미분 동작(PID동작) : 비례 적분 동작에 미분 동작을 합한 것

47 ①
비디오 신호를 기록 재생하기 위한 조건
① 비디오 헤드의 갭을 좁게 한다.
② 비디오 헤드와 자기테이프의 상대속도를 크게 한다.
③ 비디오 신호를 변조해서 기록한다.

48 ④
제너 다이오드(zener diode)는 정전압 회로에서 기준 전압을 설정하는 소자이다.

49 ②
① 고주파 유전 가열은 유전체에 고주파 전장을 가할 때 생기는 유전손(dielectric loss)에 의하여 유전체를 가열하는 방법이다.
② 고주파 유도 가열은 금속과 같은 도전 물질이 고주파 자장을 가할 때 도체 내에 생기는 맴돌이 전류에 의하여 물질을 가열하는 방법이다.

50 ②
방향이나 위치의 추치(추종) 제어를 서보 기구(servo-mechanism)라 하며, 조작력이 강하고, 추종속도가 빨라야 하며, 전기식이면 증폭부에 트랜지스터 증폭기나 자기 증폭기가 사용되고 유압식의 경우에는 파일럿 밸브나 유압 분사관 등이 사용된다.

51 ②
강력한 초음파를 액체 속에 방사하였을 때 진동자의 부근에 안개 모양의 기포가 생겨 이들이 진동면으로 수직 방향으로 움직여 분사 현상을 이루고 "싸이"하는 잡음을 낸다. 이러한 현상을 캐비테이션(cavitation)이라 하며, 초음파 세척, 분산·에멀션화 등에 이용된다.

52 ①
반도체의 형광물질을 포함한 물체에 전장을 가하면 빛을 방출하는 발광 현상을 전장발광(electro-luminescence : EL)이라 하며, 형광체(ZnS 등)의 미소한 결정을 유전체 속에 넣고 높은 교류전압을 가하면 전압에 따라 결정 내부에 높은 전장이 유기되어서 발광을 한다.

53 ④
2개의 다른 물질의 접합부에 전류가 흐르면 전류의 방향에 따라 열을 흡수하거나 발산하는 현상을 펠티에 효과(Peltier effect)라 하는데, 이 효과는 금속의 경우보다 반도체의 PN 접합을 이용할 때 크다. 전자냉동기로 이용된다.
* 전자냉동의 장점
  ① 회전 부분이 없으므로 소음이 없고, 배관도 필요 없다.
  ② 전류 방향만을 바꿈으로써 냉각에도 쓸 수 있고 가열에도 쓸 수 있다.
  ③ 온도의 조절이 쉽다.
  ④ 성능이 고르고 수명이 길며 사용기간 중에 변화가 거의 없다.
  ⑤ 크기가 작고 가벼워 취급이 간단하다.

54 ④
센서의 명명법은 X형, Y형, Z형으로 구분된다.
① X형 센서 : 계측 대상을 표시하는 센서로 변위 센서, 속도 센서, 열센서, 광센서 등이 있다.
② Y형 센서 : 재료가 서로 다름을 표시하는 센서로 반도체형 가스센서, 세라믹형 압력센서 등이 있다.
③ Z형 센서 : 변환 원리를 기준으로 표시하는 센서로 저항 변화형 온도센서, 압전형 온도센서 등이 있다.

55 ④
고주파 유도 가열의 장점
① 가열속도가 빠르며, 발열을 필요한 부분에 집중시킬 수 있다.
② 금속의 표면 가열이 쉽게 이루어진다.
③ 가열을 정밀하게 조절할 수 있다.
④ 가열 준비 작업이 불필요하며, 작업 환경을 깨끗하게 유지할 수 있다.

⑤ 제품의 질을 높일 수 있다.

56 ④
영상 주파수 f_2 = 수신 주파수 + 2×중간 주파수
$$= f_s + 2f_i = 710 + 2 \times 455$$
$$= 1620 [kHz]$$
* 영상 혼신을 경감시키는 방법
① 고주파 증폭단을 부가하여 선택도를 높인다.
② 동조회로의 Q를 높인다.
③ 중간 주파수를 높게 선정한다.
④ 안테나 회로에 웨이브 트랩(wave trap)을 설치한다.
⑤ 중간주파 증폭회로에 수정 여파기(x-tal filler)를 쓴다.
⑥ 이중 슈퍼 헤테로다인 방식으로 한다.

57 ③
A는 중간주파증폭기, B는 진폭제한기
① 진폭 제한기는 주파수 변조된 FM파가 수신기에 도달하는 도중에 생긴 잡음 펄스가 진폭변조로 나타나므로 이 잡음을 제거하기 위하여 사용하는 회로로서 보통 IF 증폭단과 주파수 변별기 사이에 접속된다.
② AFC(Automatic Frequency Control) 회로는 국부 발진 주파수의 변동을 자동적으로 방지하기 위한 회로이다.

58 ③
전계강도(E) = $\dfrac{7\sqrt{P}}{d}$ [V/m]
100[W]에서의 전계강도를 E_1이라 하면
$$E_1 = 7\sqrt{100} = 70 [V/m]$$
400[W]에서의 전계강도를 E_2라 하면
$$E_2 = 7\sqrt{400} = 140 [V/m]$$
즉, 전계강도는 2배가 된다.

59 ④
저역 주파수(Low Frequency Band)는 입력 신호의 주파수가 낮아서 결합 용량 C_c의 영향이 두드러지는 주파수 대역을 말한다. 저역차단주파수 f_L은 중역이득의 0.707배되는 주파수를 말한다.

60 ③
여러 가지 2차 변환의 보기

압력-변위	다이어프램, 스프링
변위-압력	유압 분사관
변위-임피던스	슬라이드 저항, 용량형 변환기, 유도형 변환기
변위-전압	가변저항 분압기, 차동 변압기
전압-변위	전자석, 전자코일

2회

01 ①
$$e_o = -\left(e_1\dfrac{R_f}{R_1} + e_2\dfrac{R_f}{R_2} + e_3\dfrac{R_f}{R_3}\right) = -(e_1 + e_2 + e_3)$$
$(R_1 = R_2 = R_3 = R_f)$ 이므로 반전 가산기이다.

02 ③
부궤환 증폭기의 특성
① 증폭기의 이득이 감소한다.
② 비선형 일그러짐이 감소한다. 특히 출력단의 잡음이 감소한다.
③ 주파수 특성이 개선된다.
④ 입력의 임피던스가 증가하고, 출력 임피던스는 감소한다.
⑤ 부하의 변동이나 전원 전압의 변동에도 증폭도가 안정된다.

03 ③
$E = I \cdot r + I \cdot R = I(r + R)$ 에서
$E = 5(r + 3) = 5r + 15 \cdots$ ①
$E = 2.5(r + 8) = 2.5r + 20 \cdots$ ②
$5r + 15 = 2.5r + 20$
$5r - 2.5r = 20 - 15$
$2.5r = 5, \ r = \dfrac{5}{2.5} = 2$
$\therefore E = 5(2 + 3) = 25 [V]$

04 ①
디지털 변조 방식
① 진폭 편이 변조(ASK : Amplitude Shift Keying) : 디지털 신호가 1이면 출력을 송신, 0이면 off
② 주파수 편이 변조(FSK : Frequency Shift Keying) : 디지털 신호가 1이면 f_1 주파수로, 0이면 f_2 주파수로 주파수를 바꿈
③ 위상 편이 변조(Phase Shift Keying) : 디지털 신호의 0, 1에 따라 2종류의 위상을 갖는 변조 방식이다.

05 ③
정현파 발진회로는 LC 발진회로(동조형 반결합, Clapp, Hartley, Colpitts)와 수정 발진회로(Pierce, 수정발진기) 및 RC 발진회로(이상형 병렬, Wein-Bridge)로 구분되고, 멀티 바이브레이터는 구형파 발진회로이다.

06 ①
A급 증폭기는 입력 신호의 전주기에 걸쳐 컬렉터 전류가 흐르고 충실도가 가장 좋으므로 왜율이 가장 작다.

07 ②
프로그램은 명령의 집합으로서, 명령은 명령코드(op-code)와 오퍼랜드(operand)로 구성된다.

08 ④
수정편의 Q가 높고($10^4 \sim 10^6$ 정도) 기계적으로나 물리적으로 안정하며, 발진을 만족하는 유도성 주파수 범위가 매우 좁은 반면 온도 변화에 대한 대책으로 수정 진동자를 항온조(恒溫槽) 내에 넣고 부하 변동의 영향을 막기 위해 차단회로와의 결합으로 완충 증폭기 또는 전자결합 방식을 채용한다.

09 ④
효율이란 출력의 입력에 대한 비를 백분율로 나타낸 것으로서, 증폭기에서의 효율의 양부는 무신호 시 양극 전류의 크기로 알 수 있다. 즉 C급은 무신호 시 양극 전류가 없어 에너지 소비가 적으므로 효율이 가장 좋다고 하겠으며, A급은 무신호 시 소비 전류가 많아 효율이 나쁘다.

10 ③
입력이 0일 때 출력에 나타나는 전압을 출력의 오프셋이라 한다.

11 ④
단상 반파 정류회로의 최대 효율은 40.6[%]이고, 단상 전파 정류회로의 정류효율은 반파 정류회로의 2배이며 이론적으로 81.2[%]이다.

12 ④
어떤 코드의 1의 보수를 취한 값이 10진수의 9의 보수인 코드를 자기 보수(self complementary) 코드라 하며 3초과 코드, 2421 코드, 51111 코드, 84-2-1 코드 등이 있다.

13 ④
이미터 폴로어 증폭기는 입력과 출력전압의 위상이 동위상이고, 입력 임피던스가 크고, 출력 임피던스가 낮아서 내부저항이 큰 전원과 낮은 값의 부하와의 정합에 적합하여 완충 증폭기로 많이 사용된다.

14 ③
① 이미터 접지방식의 특징
  ㉠ 전류 증폭률(β)이 매우 크고, 전압이득과 출력이득이 다른 접지방식보다 크다.
  ㉡ 입력 임피던스가 수백 [Ω]이고, 출력 임피던스가 수백 [$k\Omega$]이다.
② 컬렉터 접지방식의 특징
  ㉠ 입력 임피던스가 크고, 출력 임피던스가 낮다.
  ㉡ 낮은 입력 임피던스를 갖는 회로와 결합이 적합하다.
  ㉢ 입·출력전압위상이 동위상이고, 이득이 1 이하이다.
  ㉣ 입·출력 전류위상이 역위상이고, 이득이 크다.
  ㉤ 100[%] 부궤환 증폭기로서 안정적이고 왜곡이 가장 적다.
③ 베이스 접지방식의 특징
  ㉠ 고주파 특성이 양호하나 증폭도가 낮아, 저주파 회로에서는 사용이 곤란하다.
  ㉡ 입력 임피던스가 수십 [Ω]이고, 출력 임피던스가 수백 [$k\Omega$]이 되어 입력 임피던스가 큰 회로와 정합이 용이하다.
  ㉢ 전류 증폭도는 1 미만이지만 전압이득이 커서 전력이득이 크다.

15 ①
트랜지스터(BJT)의 동작영역에서 증폭기로 사용하기 위해서는 활성영역에서 동작하여야 하고, 논리회로에 사용하기 위해서는 포화영역과 차단영역을 사용한다.

16 ①
$r_f = 60 \times 3 \times 2 = 360[Hz]$
정류방식별 맥동주파수(60[Hz]의 경우)

정류 방식	맥동 주파수
단상 반파 정류회로	60[Hz]
단상 전파 정류회로	120[Hz]
3상 반파 정류회로	180[Hz]
3상 전파 정류회로	360[Hz]

17 ④
$1[kbyte] = 2^{10}[byte] = 1024[byte]$

18 ④
논리적 연산에서 단항 연산은 MOVE, SHIFT, ROTATE, COMPLEMENT 연산 등이 있고, 이항 연산에는 사칙 연산, OR(논리합 : 문자 또는 비트의 삽입), AND(논리곱 : 불필요한 비트 또는 문자의 삭제) 등이 해당된다.

19 ③
A9B3 - 8A1B = 1F98
16진수이므로 0에서 F(15)까지 사용한다.

20 ④
P형 반도체를 만드는 불순물(억셉터 : acceptor)로는 In, Ge, B 등이 있으며, N형 반도체를 만드는 불순물(도너 : donor)에는 안티몬(Sb), 비소(As), 인(P) 등이 있다.

21 ①
중앙처리장치와 주기억장치 사이의 속도 차이를 해결하기 위하여 개발된 고속의 버퍼기억장치를 캐시 기억장치라 한다.

22 ④
마이크로프로세서는 MPU(microprocessing unit)라고도 불리며, 데이터 처리를 위하여 연산능력과 제어능력을 가지도록 하나의 칩 안에 연산장치와 제어장치를 집적한 중앙처리장치(CPU)만을 의미하는 것은 마이크로프로세서이다.

23 ③
영위법은 피측정량을 표준량과 평형을 이루도록 하여 표준량의 값으로부터 알아내는 방식으로 감도가 높고 정밀측정이 가능하다.

24 ④

Fan Out이란 게이트의 출력단자에 연결하여 구동시킬 수 있는 회로의 수를 말한다. CMOS는 50개 이상, TTL은 15개 정도이다.

25 ①

오실로스코프로는 전압, 전류, 파형, 위상 및 주파수, 변조도, 시간 간격, 펄스의 상승시간 등의 제현상을 측정할 수 있다.

26 ②

지시계기의 3요소
① 구동장치 : 구동 토크를 발생시키는 장치
② 제어장치 : 제어 토크를 발생시키는 장치
③ 제동장치 : 제동 토크를 가해 지침의 진동을 멈추게 하는 장치

27 ①

$$a_e = \frac{T-M}{M} = \frac{100-80}{80} \times 100 = 25[\%]$$

28 ②

ASCII 코드는 존 비트와 디짓 비트로 구성되는 7비트 ASCII 코드(128개의 코드)와 8비트 ASCII 코드(7비트 ASCII 코드에 패리티 비트 추가)로 구분하나 일반적으로 8비트의 ASCII 코드가 사용되며 소형 컴퓨터와 데이터 통신용으로 폭넓게 사용되는 코드가 7비트 ASCII 코드이다.

29 ③

기억된 프로그램의 명령을 하나씩 읽고, 해독하여 각 장치에 필요한 지시를 하는 것은 제어기능이다.

30 ④

$2^{16} = 65536[byte] = 64[Kbyte]$

31 ②

① 주기억장치는 중앙처리장치에 연결되어 현재 수행될 프로그램 및 데이터를 기억하는 장치로서 매체, 어드레스 선택회로, 기록회로, 판독회로 등으로 구성된다.
 ㉠ 주기억장치의 기억 매체 : 자심(Magnetic Core) 기억장치, 반도체 기억장치(IC memory), 자기 박막(Magnetic thin film) 등이 있다.
  ⓐ 자심 기억장치 : 페라이트(ferrite) 강자성 물질의 자기 이력 현상을 이용하여 정보를 기억한다.
  ⓑ 반도체 기억소자 : 전기적으로 제어되는 스위치들의 집합(gate)으로서, 전도 조건인 아닌가로 비트(bit)를 표시하며, 용도에 따라 ROM과 RAM으로 구분된다.
 ㉡ ROM(Read Only Memory) : 비소멸성 기억 소자로 이미 저장되어 있는 내용을 인출할 수는 있으나, 새로운 데이터를 저장할 수 없는 반도체 기억소자
  ⓐ 마스크 ROM(Mask ROM) : 제조 과정에서 내용을 미리 기억시킨 것으로 사용자는 어떤 경우에도 그 내용을 바꿀 수 없다.
  ⓑ PROM(Programmable ROM) : 제조 후 사용자가 비교적 간단한 방법으로 ROM의 내용을 써 넣을 수 있도록 고안된 것
  ⓒ EPROM(Erasable PROM) : PROM을 개량한 소자로서, 자외선이나 높은 전압으로 그 내용을 지워서 다시 사용할 수 있다.
 ㉢ RAM(Random Access Memory) : 저장한 번지의 내용을 인출하거나 새로운 데이터를 저장할 수 있으나, 전원이 꺼지면 내용이 소멸된다.
  ⓐ 스태틱(Static)형(SRAM) : 단위 기억 소자가 플립플롭으로 구성되어, 속도가 빠르다.
  ⓑ 다이내믹(Dynamic)형(DRAM) : 단위 기억 비트당 가격이 저렴하고 집적도가 높다.
② 보조기억장치(Auxiliary Memory)는 현재 사용하지 않는 프로그램과 데이터를 기억시켜 두었다가 필요할 때에 사용할 수 있는 외부 기억장치로서, 순차 액세스 기억장치와 직접 액세스 기억장치로 구분된다.

32 ①

소인 발진기(Sweep Generator)는 오실로스코프와 조합하여 각종 무선 주파 회로의 주파수 특성을 직시하기 위해 사용하는 것으로, 수신기의 중간주파 특성, FM 수신기의 주파수 변별기 또는 광대역 증폭기 등의 조정에 많이 사용되며, 그림과 같이 소인 발진기는 고주파 발진기, 진폭 제한기, 출력감쇠기 등으로 구성된다.

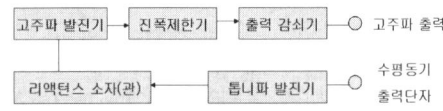

33 ③

$A_v = 100$
$G = 20 \log_{10} 100 = 40[dB]$

34 ③

1974년 미국 벨 연구소에서 UNIX시스템을 구축하기 위한 시스템 프로그래밍 언어로 개발된 언어로 수식이나 제어 및 데이터 구조를 가장 간편하게 제공하고 있으며, C언어는 원래 시스템 프로그램으로 개발되었으나 기종에 관계없이 수치 해석, 텍스트 처리, 데이터베이스 처리를 위한 프로그램에도 많이 활용되고 있으며, UNIX 운영체제를 위해 개발한 시스템 프로그램 언어로 저급 언어와 고급 언어의 특징을 모두 갖춘 언어이다.

35 ③

$7[KByte] = 1024 \times 7 = 7168[Byte]$

CBT 대비 모의고사

36 ②
$(6)_{10} = (0110)_2 = (6)_8$이 되고, $(10)_{10} = (1010)_2 = (12)_8$이 되고, $(13)_{10} = (1101)_2 = (15)_8$이 된다.

37 ③
$$T = M\left(1 + \frac{\alpha_e}{100}\right) = 100\left(1 + \frac{2}{100}\right) = 102[V]$$

38 ①
① Q미터(Q-meter)의 원리는 공진법을 이용한 것으로 Q의 측정 이외에도 인덕턴스, 정전 용량, 코일의 실효 저항과 분포 용량 등의 측정이 가능하다.
② 코일의 Q는 그 코일의 리액턴스와 저항과의 비 $\frac{\omega L}{R}$로 정의된다. Q-미터는 코일의 Q를 직독할 수 있게 한 측정기로 발진기, 열전대 전류계, 결합저항, 동조콘덴서와 진공관 전압계 등으로 구성된다.

39 ②
디지털 계측기의 특징
① 측정이 매우 쉽고 신속히 이루어진다.
② 측정값을 읽을 때 개인적인 오차가 발생하지 않는다.
③ 잡음에 대해 덜 민감하여 측정 정도를 높일 수 있다.

40 ②
헤테로다인 주파수계의 확도는 0~0.01[%]이며, 더블 비트법으로 하면 0.001~0.001[%]로 되어 오차가 작아진다.

41 ①
고주파 유도가열(HF induction heating)은 금속과 같은 도전 물질에 고주파 자장을 가할 때 도체에서 생기는 맴돌이 전류(eddy current)에 의하여 물질을 가열하는 방법이다.
* 고주파 유도가열의 원리
① 피가열체(도체)에 감긴 코일에 고주파 전류를 흘리면 전자유도작용에 의해 맴돌이 전류가 흐르고, 이 전류에 의해 도체는 가열된다.
② 도체가 가열되는 때 전력 손실이 생기는데, 이것을 전류손이라 한다.
③ 표피 효과(skin effect) 현상에 의해 맴돌이 전류밀도는 중심부, 즉 원의 축 위치에서 가장 작고 표면에 가까워질수록 커진다.

42 ①
제어량은 온도, 압력, 속도, 전압, 주파수 등으로 분류하며, 온도, 압력, 유량, 습도, 액위, 혼합비 등을 제어량으로 하는 자동제어를 공정 제어(process control)라 하고, 전압, 전류, 속도 등을 제어량으로 하는 자동제어를 자동조정이라 한다.

43 ④
테스트 패턴은 해상도, 편향 일그러짐, 광도 특성, 명암, 종횡비, 초점 등 화상의 여러 가지 성질을 판정하는 데 적합하도록 특별한 선이나 원을 조합한 도형인데, 상하의 가장 자리에 접하는 동심원, 가로와 세로의 쐐기형 직선군, 5단계의 농도를 가진 무늬모양 등으로 되어 있다. 또 5단계의 진하고 여린 모양은 콘트라스트(contrast)의 농도를 조사하기 위한 것이다.

44 ②
가변용량 다이오드는 바랙터 다이오드라고도 불리며, 무접점 튜너나 FM 송신기 등의 가변용량을 이용하는 소자이다.

45 ③
자기 녹음기에서 녹음 때에는 고역을, 재생 때에 저역을 각각의 증폭기로 보정하여 전체를 평탄한 특성으로 만들고 있다. 이것을 주파수보상 또는 등화(equalize)라 하며 이 회로를 등화증폭기(EQ amplifier)라 한다.

46 ②
스피커의 전력감도(S_p) $= 20\log_{10}\frac{P}{\sqrt{W}}$ [dB]에 의해
$$S_P = 20\log_{10}\frac{4}{\sqrt{1}} = 20\log_{10}4 \fallingdotseq 12[dB]$$

47 ①
전자렌즈에서 색 수차는 상이 흐려지는 원인이 된다. 색 수차의 발생 원인은 전자빔이 시료를 투과할 때 속도가 다른 여러 전자가 생기거나 전자의 가속전압 및 전자렌즈의 여자 전류의 변동에 의하여 전자속도가 변동하여 발생된다.

48 ④
SN비가 클수록 잡음은 상대적으로 작아진다.

49 ④
$$h = \frac{ct}{2} = \frac{2.8 \times 10^{-6} \times 3 \times 10^8}{2} = \frac{840}{2} = 420[m]$$

50 ②
AN(Arrival Notice) 레인지 비컨(range beacon)은 무지향성 비컨과 마찬가지로 공항이나 항공로상의 요소에 설치하여 항공로를 형성하는 데 사용되는 것으로 지향성 무선표식이라고도 하며, AN 레인지 비컨에서 등신호 방향의 각도는 45°, 135°, 225°, 315°이다.

51 ④
① 비례동작(proportional action) : P동작
② 미분동작(derivative action) : D동작
③ 적분동작(integral action) : I동작
④ 비례적분 미분동작 : PID동작

52 ②
컴팩트 디스크(CD, compact disk)
① 음반에는 소리의 신호가 PCM에 의한 디지털 신호로 기록

되어 있으며, 재생에는 광학계의 레이저 광선을 이용한 픽업을 사용한다.
② CD방식의 음반 : 두께 1.2[mm]의 플라스틱 몰드 속에 비트 구성을 위한 알루미늄 반사막을 증착시킨 은색의 플라스틱판이다.
   ㉠ 음반을 모터 스핀들에 고정하기 위한 중심 구멍은 15[mm]이고, 프로그램의 시발은 지름 50[mm]로부터 시작하여 최대 지름 116[mm]에서 끝난다.
   ㉡ 연주 시에 픽업은 음반의 안쪽에서 이동하며 회전속도는 안쪽에서 약 500[rpm]이고 바깥쪽으로 이동할수록 낮아져 약 200[rpm]이 된다.
   ㉢ 트랙의 선 속도는 항상 일정해야 하며, 서보모터 구동은 CLV(constant linear velocity)회로로 제어된다.
   ㉣ 음반의 바깥지름은 120[mm]이며 연주시간은 60~75분이다.
③ CD 플레이어의 회로 구성 : 픽업의 정밀한 광학계와 IC화된 전용의 LSI가 신호처리계 및 기타의 회로에 사용되며, 서보 및 시스템 제어에는 마이크로프로세서를 이용하고 있다.

53 ①
서보 기구(servomechanism)에 사용되는 기구에는 싱크로(synchro), 리졸버(resolver), 저항식 서보 기구, 차동 변압기 등이 있다.
① 싱크로(synchro) : 전기적으로 변위나 각도를 전달하는 서보 기구
② 리졸버(resolver) : 싱크로와 같이 각도의 전달을 하는 것

54 ②
① 캡스턴(capstan) : 모터에 의해 일정한 속도(테이프의 원주속도와 거의 같음)로 회전하는 회전축
② 핀치 롤러(pinch roller) : 테이프를 캡스턴에 압착하여 테이프가 정속 주행하도록 한다.
③ 테이프 가이드(tape guide) : 테이프의 주행의 안내로 헤드에 대하여 올바른 위치에서 녹음, 재생이 이루어지도록 또 릴에 대해서는 올바른 위치에서 테이프가 감기도록 한다.
④ 압착 패드(pressure pad) : 테이프를 헤드에 대하여 정확히 밀착시켜 레벨 변동이나 고역 저하의 원인이 되는 스페이싱 손실을 줄이기 위해 설치한다.
⑤ 자기 녹음기에서 테이프를 일정한 속도로 움직이게 하는 방법으로는 테이프의 주행속도와 거의 같은 원주 속도를 가진 회전축인 캡스턴(capstan)과 고무바퀴로 된 핀치 롤러(pinch roller)를 압착시키고 그 사이에 테이프를 삽입시켜서 정속 주행하도록 하는 캡스턴 구동법이 실용되고 있다.

55 ④
캐비테이션(cavitation)
강력한 초음파를 액체 속에 방사했을 때 진동자의 부근에 안개 모양의 기포가 생겨 이들이 진동면에 수직 방향으로 움직여 분사 현상을 이루고 쐐야 하는 소음을 내는 기포의 생성과 소멸현상을 말한다. 캐비테이션은 액체 중에 있는 금속을 침식하여 수차, 펌프, 배의 스크루 등을 부식 또는 침식하여 수명을 단축시키는 원인이 되며, 초음파 세척, 분산·에멀션화 등에 이용된다.

56 ②
서모스탯(thermostat)은 온도를 일정하게 유지하는 장치이다.

57 ①
VHS 방식의 로딩 기구에는 패럴렐(parallel)에 의한 M자형 로딩 기구가 채용되며, $\beta-\max$ 방식에는 U로딩 기구가 채용되고 있다.

58 ②
① 우퍼(Woofer) : 400[Hz] 이하의 저음역만을 담당—보통 8인치(20[cm]) 이상
② 스쿼커(squawker) : 400~1[kHz]의 중음역만을 담당
③ 트위터(tweeter) : 수[kHz] 이상의 고음역만을 재생

59 ③
EQ amp(등화증폭기)의 재생 특성은 재생 증폭기에서 고음역의 이득을 단계적으로 낮추어 전체의 특성이 평탄해지도록 한다.

60 ②
외란이란 제어량의 변화를 일으킬 수 있는 신호 중에서 기준 입력 신호 이외의 것을 말한다.

3회

01 ②
전기저항은 길이에 비례하고, 단면적에 반비례하므로, $R = \rho \dfrac{l}{S} [\Omega]$이 된다.

02 ①
직류 신호를 차단하고 교류 신호를 잘 통과시키는 소자가 커패시터(콘덴서)이고, 교류 신호를 차단하고 직류 신호를 잘 통과시키는 소자가 코일이다.

03 ③
차동증폭기는 동위상이며, 같은 진폭의 입력신호에 대한 동위상 신호 $V_c = \dfrac{1}{2}(v_{o1} + v_{o2})$에 대한 이득과 입력 신호의 차인 차동 신호 $V_p = v_1 - v_{o2}$에 대한 이득을 비교할 때, 차동 이득이 크고 동위상 이득이 작을수록 우수한 평형 특성을 가진다.

$$CMRR = \frac{차동\ 이득}{동위상\ 이득}$$

04 ③
정전용량의 역수는 엘라스턴스(elastance)이다.

05 ①
0.4375×2=0.875   0
0.875×2=1.75   1
0.75×2=1.5   1
0.5×2=1.0   1
$(0.4375)_{10} = (0.0111)_2$가 된다.

06 ①
초크 코일은 입력 교류 성분에 대하여 높은 임피던스를 가지므로 부하를 통한 전류의 흐름을 방지하고 전류의 급작스런 변화를 완만하게 하므로 전압 변동이 적게 된다. 일반적으로 입력 콘덴서 여파기는 입력 초크 여파기보다 큰 출력전압과 낮은 맥동률을 가지게 된다.

07 ③
$$I_b = \frac{V_{CC} - V_{BE}}{R_B} = \frac{6 - 0.6}{300 \times 10^3}$$
$$= \frac{5.4}{300 \times 10^3} = 18[\mu A]$$

08 ②
① 비안정 멀티바이브레이터(Astable Multivibrator) : 회로에 전원이 공급되면 구형파의 발진이 이루어지는 회로
② 단안정 멀티바이브레이터(Monostable Multivibrator) : 자체 발진의 능력은 없으나 외부의 트리거 펄스 입력이 공급될 때마다 하나의 구형파를 출력하는 회로
③ 쌍안정 멀티바이브레이터(Bistable Multivibrator) : 안정 상태를 유지하며 외부의 트리거 펄스 입력이 두 개 공급될 때마다 하나의 구형파를 출력하는 회로

09 ④
정류회로의 종류는 반파, 전파, 브리지, 배전압 등으로 구분하고, 정전압회로는 직류전압을 안정화하는 회로이다.

10 ③
베이직, 포토샵은 프로그램 언어가 아니고 응용프로그램이다.

11 ④
I_c는 반송파 전류의 최대진폭, ω는 각속도로 $\omega = 2\pi f$, θ는 위상각으로 변할 수 있는 대상이다. 그러므로 I_c는 진폭변조, ω는 주파수변조, θ는 위상변조의 대상이다.

12 ③
C언어의 연산자 기호에서 +=는 더한 값 할당, -=는 뺀 값 할당의 할당 연산자이다.

13 ④
주프로그램에서 서브루틴으로 분기할 때는 나중에 주프로그램으로 되돌아올 복귀 주소(return address)를 저장해 놓아야 하는데, 이때 사용되는 것이 스택(stack)이다.

14 ①
피변조파 전력
$$P_m = P_c\left(1 + \frac{m^2}{2}\right)$$
$$= 20 \times \left(1 + \frac{0.7^2}{2}\right)$$
$$= 20 \times 1.245 = 24.9 [kW]$$
$$P_u = P_c\left(\frac{m^2}{4}\right)$$
$$= 20 \times \left(\frac{0.7^2}{4}\right)$$
$$= 20 \times 0.1225 = 2.45 [kW]$$

15 ①
연산증폭기(OP-AMP)를 이용한 가산기로서
$$V_0 = -\left(V_1 \frac{R_f}{R_1} + V_2 \frac{R_f}{R_2}\right)$$

16 ①
① 수정발진기 : $10^3 \sim 10^8 [Hz]$
② LC 발진기 : $10^0 \sim 10^9 [Hz]$
③ RC 발진기 : $10^{-1} \sim 10^6 [Hz]$

17 ②
$E = I \times nr$
$$I = \frac{E}{nr} = \frac{1.5 \times 3}{3 \times 0.1} = \frac{4.5}{0.3} = 15 [A]$$

18 ③
$$R_t = \left(\frac{120 \times 80}{120 + 80}\right) + 12 = \frac{9600}{200} + 12$$
$$= 48 + 12 = 60 [\Omega]$$

19 ②
패리티 비트는 잘못된 정보를 검출만 하고, 해밍코드는 잘못된 정보를 검출하여 교정하는 코드이다.

20 ④
자기 디스크(magnetic disk)는 시스템 프로그램을 기억시키는 대표적인 보조기억장치로서 여러 장을 하나의 축에 고정시켜 함께 회전하도록 하는 디스크 팩으로 사용하며, 디스크 팩에 있는 데이터를 읽거나 기록하는 헤드는 하나의 축에 고

정되어서 같이 움직이는데 이것을 액세스 암이라 한다. 디스크 팩에서 데이터의 처리 순서는 항상 실린더 단위로 이루어지며, 주로 random access를 많이 한다.

21 ④
가상기억장치는 보조기억장치의 기억공간을 주기억장치처럼 기억공간을 확장하여 사용하는 기억장치이다.

22 ②
어떤 양과 일정한 관계가 있는 독립된 양을 직접 측정한 후에 계산에 의하여 그 양을 알아내는 방법이 간접측정이다.

23 ①
$$m = \frac{A-B}{A+B} \times 100[\%]$$

24 ②
직렬가산기에 10과 11의 가산 결과(S)는 캐리(C)가 발생되어 101이 된다.

25 ②
①은 종속처리, ②는 판단, ③은 수동 입력, ④는 데이터의 기호이다.

26 ④
컴퓨터 회로에서 버스 라인은 결합선 수의 축소를 위하여 사용한다.

27 ①
$f = \frac{1}{T}$ 의 식에 의해
$T = 2 \times 1 \times 10^{-3} = 2 \times 10^{-3}[sec] = 2[ms]$
$f = \frac{1}{2 \times 10^{-3}} = 500[Hz]$

28 ②
9의 보수는 10-1-n이 되므로 10진수 234에 대한 9의 보수는 765가 된다.

29 ①
$A + (\overline{A} \cdot B) = (A + \overline{A})(A + B)$
$= 1(A+B) = A+B$

30 ①
흡수형 주파수계는 직렬공진회로의 주파수 특성을 이용한 것으로 R, L, C 공진회로의 대략이 주파수 측정에 실용되며, 공진회로의 Q가 크지 않을 때에는 공진점을 찾기가 어려워 정밀한 측정이 어렵다.

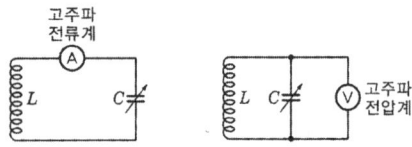

31 ②
왜형률 $x = \frac{고조파의\ 실효값}{기본파의\ 실효값}$
$= \frac{\sqrt{4^2 + 3^2}}{50} \times 100 = \frac{5}{50} \times 100 = 10[\%]$

32 ②
헤이 브리지는 자기 인덕턴스와 실효 저항의 측정에 사용된다.

33 ①
소인 발진기(Sweep Generator)는 오실로스코프와 조합하여 각종 무선 주파 회로의 주파수 특성을 직시하기 위해 사용하는 것으로, 수신기의 중간주파 특성, FM 수신기의 주파수 변별기 또는 광대역 증폭기 등의 조정에 많이 사용되며, 그림과 같이 소인 발진기는 고주파 발진기, 진폭 제한기, 출력 감쇠기 등으로 구성된다.

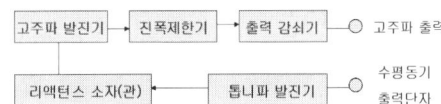

34 ②
① 디코더(Decoder : 복호기)는 n비트의 2진 코드를 최대 2^n개의 서로 다른 정보로 바꾸어 주는 논리 조합회로로 출력은 AND 게이트로 구성된다.
② 인코더(Encoder : 부호기)는 숫자나 문자 등의 10진수 입력을 2진부호로 변환하는 회로로 OR 게이트로 구성된다.
③ 멀티플렉서(Multiplexer)는 N개의 입력 데이터에서 1개의 입력씩만 선택하여 단일 통로로 송신한다.

35 ①
아날로그의 입력전압을 디지털로 표시하는 것이 디지털 전압계이므로 A/D 변환기의 원리와 같다.

36 ①
오차의 종류
① 개인오차 : 측정자의 잘못된 습성 등에 의한 오차
② 우연오차 : 측정 조건의 변동, 측정자의 주의력 동요 등 우연한 원인에 의한 오차
③ 계통오차 : 측정기의 눈금 부정확, 측정기의 부품 마멸 등에 의한 오차(기계적 오차)

37 ④

가청 주파수의 측정 방법에는 주파수 브리지, 헤테로다인 파장계, 오실로스코프를 이용하며, 주파수 브리지의 사용방법에는 공진브리지, 캡벨브리지, 빈브리지를 사용한다.

38 ①
Wein Bridge는 피측정 용량에 전력 손실이 있는 경우의 정전용량 측정에 쓰인다.

39 ③
두 수 a=200, b=400이고 tot=a+b이므로 tot=200+400이 되어 출력문은 "두 수의 합=600"이 된다.

40 ④
스미스 차트는 1939년 필립 스미스가 전송선로의 편리한 계산을 위해 고안한 것으로, 복소 임피던스를 시각화한 원형의 도표이다.

41 ①
주파수 다이버시티는 전파 도중에 일어나는 페이딩을 제거하여 전송 품질의 저하를 방지하기 위하여 사용한다.

42 ①
선택 가열 시 낮은 주파수(1[MHz])에서는 외부가열에 의하여 물 > 지방 > 식염수의 순으로 가열되고, 높은 주파수(20[MHz])에서는 내부가열에 의해 식염수>지방>물의 순으로 온도가 높다.

43 ④
TV 수신 안테나의 종류
① 반파장 다이폴 안테나(더블릿 안테나)
② 폴디드(folded) 안테나 : 반파장 다이폴 안테나의 양단에 병렬 도체를 접속한 것이다.
③ 야기(Yagi) 안테나
④ 인라인(inline)형 안테나 : 야기 안테나의 변형으로 2개의 폴디드 소자를 병렬 접속하여 광대역 수신이 되도록 한 것이다.
⑤ 코니컬(conical) 안테나

44 ③
동축케이블(coaxil cable)의 특징
① 불평형 선로로서 저주파(가청주파수 20~20000[Hz])에서는 누화 특성이 불량하나, 주파수가 증가할수록 누화가 감소한다.
② 정전계, 전자계에 영향을 받지 않고 고주파에서 인접된 다른 동축케이블 간에 누화가 적다.
③ 내전압 특성이 우수하고 도체저항이 적어 고주파 전송로로서 적합하다.
④ 감쇠 특성이 주파수의 평방근에 비례하므로 전송손실이 극히 적다.
⑤ 광대역, 장거리 전송로로 사용된다.

45 ①
측심기는 초음파가 배와 바다 밑 사이를 왕복하는 시간을 측정하여 물의 깊이를 다음 식으로 계산한다.
$$h = \frac{vt}{2} \text{ [m]}$$
여기서, h : 물의 깊이[m]
v : 물속에서의 초음파 속도[m/sec]
t : 초음파가 발사된 후 다시 돌아올 때까지의 시간[sec]

46 ③
단위 계단파(스텝파) 입력신호를 주었을 때 출력파형이 어떻게 되는가의 과도응답(transient response)을 인디셜 응답이라 한다.

47 ③
온·오프 동작은 편차가 양인가 음인가에 따라 조작부를 온(On) 또는 오프(Off)하므로 연속적인 동작이 아니다.

48 ④
센서의 명명법은 X형, Y형, Z형으로 구분
① X형 센서 : 계측대상을 표시하는 센서로 변위센서, 속도센서, 열센서, 광센서 등이 있다.
② Y형 센서 : 재료가 서로 다름을 표시하는 센서로 반도체형 가스센서, 세라믹형 압력센서 등이 있다.
③ Z형 센서 : 변환 원리를 기준으로 표시하는 센서로 저항변화형 온도센서, 압전형 온도센서 등이 있다.

49 ②
리본형 마이크로폰은 임피던스가 낮고 감도가 높으며, 양방향(쌍지향성) 지향 특성을 가진다.

50 ②
전자 냉동기는 펠티어 효과를 이용하여 전류의 방향에 따른 접합부의 흡열, 발열 작용을 이용한다.

51 ①
$$\text{공중선 능률} = \frac{\text{복사저항}}{\text{복사저항} + \text{손실저항}}$$
$$= \frac{250}{250+50} = \frac{250}{300} = 0.83$$

52 ④
영상주파수 = 수신주파수 + 2 × 중간주파수
따라서, 영상주파수 = 710 + 2 × 455 = 1620[kHz]이다.

53 ①
의용전자장치의 종류
① 심전계(electrocardiograph) : 심장의 활동으로 인하여 생기는 기전력에 의하여 생체 내에 흐르는 전류 분포의 변화를 신체 표면의 두 점 사이의 전위차로써 검출하여 증폭한 다음 기록기에 기록하는 장치로서, 심장 질환의

진단에 이용된다.
② 뇌파계(electroencephalograph) : 뇌수의 율동적 활동 전압을 머리 피부에 전극을 붙여서 검출, 증폭 기록하는 장치(뇌파 기록)
③ 근전계(electromyograph) : 근육의 수축에 따라 생기는 근육 활동 전류를 전극에 의해 검출하여 증폭 기록하는 장치
④ 안진계 : 눈의 안구 운동에 따라 생기는 각막, 망막 전위의 변화를 측정, 기록하는 장치
⑤ 망막 전도 측정기 : 동공을 통하여 빛을 망막에 보낼 때 유발되는 전위를 측정, 기록하여 눈의 시세포의 기능 검사 등에 사용하는 장치(망막 전장)
⑥ 심음계(phonocardiograph) : 청진기에 의한 청진술을 전자기술을 이용하여 개량한 것
⑦ 전기 혈압계 : 직접법과 간접법에 의한 혈압계가 있다.
⑧ 맥파계(plethysmograph) : 심장의 박동에 따르는 혈관의 맥동 상태를 측정, 기록한 맥파를 측정하는 장치
⑨ 오디오미터(audiometer) : 귀의 청력을 검사하기 위하여 가청 주파수 영역의 여러 가지 레벨의 순음을 전기적으로 발생하는 음향 발생 장치
⑩ 심장용 세동 제거 장치 : 수술 시나 고전압에 닿았을 경우의 충격에 의한 심장의 세동 상태를 정상 상태로 회복시키는 고압 임펄스 장치
⑪ 심장용 페이스메이커(cardiac pacemaker) : 일시적으로 정지하거나 박동 주기가 고르지 못한 심장을 정상으로 되돌리기 위하여 전기적 펄스를 발생시켜 심장에 가하는 장치
⑫ 저주파 치료기, 고주파 치료기, 전기 메스 등

54 ①
레이더에 사용되는 초단파 발진관은 자장 내에서의 전자 운동을 이용하여 초단파 발진을 일으키는 자전관(magnetron)을 사용한다.

55 ④
전자현미경의 성능을 결정하는 3요소는 배율, 분해능률, 투과도이다.

56 ③
① 소리의 압력 변화를 음압(sound pressure)이라 하며, 음압의 단위로 기압의 단위와 같은 바(bar)를 사용한다. 그러나 실제의 음향은 매우 작으므로 마이크로바(μ bar)를 사용하여 실효값으로 나타낸다.
② 음압수준(SPL : Sound Pressure Level)은 우리가 들을 수 있는 최소한의 음압(0.0002[μ bar])을 기준으로 하여 소리의 세기가 몇 배인가를 가지고 상대 값으로 나타내며, 단위는 데시벨[dB]을 사용한다.
③ SPL = $20\log_{10}(\frac{P}{0.0002})$[dB]

57 ④
고주파 유전가열의 응용

① 목재 공업에의 응용 : 목재의 건조, 성형, 접착 등
② 고주파 머신 : 비닐이나 플라스틱 시트의 접착
③ 고주파 용접 : 비닐 가방이나 비닐 시계줄의 제조
④ 고주파 의료기기
  ㉠ 고주파 나이프 : 환부의 수술
  ㉡ 고주파 치료기 : 환부의 치료(주파수 40.68[MHz]±0.05[%] 사용)
  ㉢ 음식물의 조리 : 고주파 레인지(HF range)
  ㉣ 고무 타이어의 수리, 재생이나 섬유공업 등에도 이용된다.

58 ③
초음파를 이용한 두께 측정에서 10[mm] 이하의 얇은 판의 두께 측정은 공진법을 사용한다.

59 ②
$l = \frac{ct}{2} = \frac{3 \times 10^8 \times 0.002}{2} = 300000[m] = 300[km]$

60 ③
헤드 애지머스란 재생헤드 갭의 기울기를 말하며, 갭의 위치가 정상보다 비스듬히 놓여 있으면 고역음이 감쇠된다.

4회

01 ①
1[sec] 동안에 도체의 단면을 이동하는 전하(전기량)로 나타내며, t [sec] 사이에 Q [C]의 전하가 이동하였을 때의 전류의 세기(I) 는 $I = \frac{Q}{t}$ [A]에 의해서 $Q = It$

02 ③

03 ①
레이더에 사용되는 초단파 발진관은 자장 내에서의 전자 운동을 이용하여 초단파 발진을 일으키는 자전관(magnetron)을 사용한다.

04 ②
강력한 초음파를 액체 속에 방사하였을 때 진동자의 부근에 안개 모양의 기포가 생겨 이들이 진동면으로 수직 방향으로 움직여 분사 현상을 이루고 "싸-"하는 잡음을 낸다. 이러한 현상을 캐비테이션(cavitation)이라 하며, 초음파 세척, 분산·에멀션화 등에 이용된다.

05 ②
① 압전 효과 : 압전 물질에 기계적 압력을 가하면 물질 표면에 기전력이 발생하는 현상

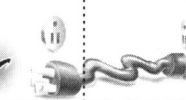

② 초전 효과 : 전기석과 같은 결정체에 가열·냉각하면 물질 표면에 기전력이 발생하는 현상
③ 홀 효과 : 반도체에 전류와 자장을 가하면 반도체 양면에 기전력이 생기는 현상
④ 광전 효과 : 반도체에 빛을 가하면 도전율이 증가하는 현상

06 ①
키르히호프의 제1법칙 Σ 유입전류=Σ 유출전류
$I_a + I_b = I_c + I_d$
$(3+j4) + (-3+j4) = 6+j8+I_d$
$j8 = 6+j8+I_d$
$\therefore I_d = -6[A]$

07 ③
우리나라는 미국, 일본 등과 같은 NTSC(National Television System Committee) 방식을 택하고 있다. PAL 방식은 서독, 영국 등, SECAM 방식은 프랑스, 러시아, 중동 등 여러 나라가 택하고 있다.

08 ②
스페이싱 손실은 테이프가 헤드에 밀착하지 않고 간격이 있기 때문에 생기는 공간 손실이며, 압착 패드(pressure pad)는 테이프를 헤드면에 밀착시켜서 이 손실을 줄이기 위한 것이다.

09 ②
두 입력 중 어느 한 개 이상의 입력신호가 1이 되어도 출력 신호가 1이 되는 OR 회로이다.

10 ④
센서의 명명법은 X형, Y형, Z형으로 구분
㉠ X형 센서 : 계측 대상을 표시하는 센서로 변위 센서, 속도 센서, 열 센서, 광 센서 등이 있다.
㉡ Y형 센서 : 재료가 서로 다름을 표시하는 센서로 반도체형 가스 센서, 세라믹형 압력 센서 등이 있다.
㉢ Z형 센서 : 변환 원리를 기준으로 표시하는 센서로 저항 변화형 온도 센서, 압전형 온도 센서 등이 있다.

11 ②
주기 $T = \dfrac{1}{f} = \dfrac{1}{60} ≒ 0.0167$

12 ②
지시계기의 3요소
① 구동장치 : 가동 부분에 측정하려는 전기량에 비례하는 구동 토크(torque)를 발생시키는 장치
② 제어장치 : 가동부분의 변위나 회전에 맞서 원래의 영위치에 되돌려 보내려는 제어 토크를 발생하는 장치
㉠ 중력 제어 : 지구의 중력을 이용한 것
㉡ 스프링 제어 : 스프링의 장력을 이용한 것
㉢ 전자 제어 : 1개의 회전축에 2개의 가동 코일을 교차로 장치하여 구동 토크가 상반되도록 한 것
㉣ 맴돌이전류 제어 : 영구 자석 안에 금속 원판을 삽입하여 원판이 회전하면서 전력을 끊어 맴돌이 전류를 발생시키도록 한 것
③ 제동장치 : 가동부분에 적당한 제동력(제동 토크)을 가하여 지침을 빨리 정지시키는 장치

13 ③
㉠ 자동평형식 기록계기(automatic balancing recorder)는 펜과 기록용지에서 생기는 마찰 오차를 피하기 위하여 영위법에 의한 측정원리를 이용한 것으로, 자동평형 기록계기는 영위법에 의한 측정회로, DC-AC 변환기, 증폭회로, 서보 모터 및 지시 기록기구로 구성되어 있다.
㉡ 자기변조기(magnetic modulator)는 저주파신호를 보다 높은 주파수로 변환시키는 자기장치. 자기변조기의 동작 원리는 두 전기회로 사이의 강자성 결합에 기초하고 있다. 자기변조기의 출구전압은 입구신호에 의해서 진폭, 위상 혹은 주파수에 따라 변조된 주기적으로 변화되는 전압과 진폭, 길이, 주파수 또는 위상에 따라 변조된 임펄스 전압으로 나타난다.

14 ①
지시계기의 구비 조건
① 정밀도가 높고 오차가 작을 것
② 응답도(responsibility)가 좋을 것
③ 튼튼하고 취급이 편리할 것
④ 눈금이 균등하든가 대수 눈금이어야 할 것

15 ③
슈미트 트리거 회로는 정형파를 구형파로 변환하는 회로이다.

16 ③
데시벨(decibel, dB)은 소리의 어떤 기준 전력에 대한 전력비의 상용로그 혹은 십진 로그인 $\log(P/P_0)$의 단위가 벨(bel)이고, 그것을 다시 10분의 1배=데시[d]한 변환이다. 벨의 10분의 일이란 의미에서 데시벨[dB]이며, 벨이 사용에서는 너무 큰 값이기에 그대로 쓰기는 힘들기 때문에 통상적으로는 데시벨을 이용한다. 소리의 강함(음압 레벨, SPL), 전력 등의 비교나 감쇠량 등을 에너지 비로 나타낼 때에도 사용된다. 증폭기의 입력 및 출력 전압비(이득, gain)를 나타내는 단위로도 사용하며, 다음 환산식에 적용하여 구한다.

$G = 20\log_{10} \dfrac{y}{x}$ [dB]

여기서, G : 데시벨로 환산한 입력/출력비
　　　　x : 입력
　　　　y : 출력

17 ①
① SRAM(Static RAM) : 메모리 셀이 1개의 플립플롭으로 구성되므로 전원이 공급되고 있는 한 기억 내용은 소멸되지 않는다.

② DRAM(Dynamic RAM) : 메모리 셀이 1개의 콘덴서로 구성되므로 충전된 전하의 누설에 의해 주기적인 리프레시(refresh)가 없으면 기억 내용이 소멸된다.
③ 마스크 ROM(Mask-programmed ROM) : 제조 시에 바로 내용이 기입되어 생산되며, 사용자가 내용을 기입하거나 변경시킬 수 없다.
④ PROM(Programmable ROM) : 사용자가 특수 장치를 이용하여 내용을 단 1회만 기입할 수 있으나, 기억 내용은 변경이 불가능하다.
⑤ EPROM(Erasable PROM) : 사용자가 내용을 반복해서 기입하거나 소거할 수 있으며, 자외선을 비추어 기억 내용을 소거할 수 있는 UV EPROM(Ultra Violet EPROM)과 전기 신호에 의해 소거할 수 있는 EEPROM(Electrical EPROM)이 있다.

18 ④
진리표의 내용은 입력 모두가 논리 1일 때만 출력이 논리 1이 되는 AND 게이트를 나타낸다.

19 ①
그림은 비교·판단 결정에 사용하는 분기 기호이다.

20 ①
주파수비는 $f_r : f_x = 2 : 1$이므로
$f_x = \frac{1}{2} \cdot f_r = \frac{1}{2} \times 100 = 50 [\text{Hz}]$

21 ②
배타적 OR게이트는 두 개의 입력이 다를 때만 출력이 1인 게이트로 두 수의 부호 판단에 적합하다.

22 ②
순서도는 기본형에는 직선형(GO TO), 반복형(FOR-NEXT), 분기형(IF-THEN)이 있다.

23 ①
① Q미터(Q-meter)의 원리는 공진법을 이용한 것으로 Q의 측정 이외에도 인덕턴스, 정전 용량, 코일의 실효 저항과 분포 용량 등의 측정이 가능하다.
② 코일의 Q는 그 코일의 리액턴스와 저항과의 비 $\frac{\omega L}{R}$ 로 정의된다. Q-미터는 코일의 Q를 직독할 수 있게 한 측정기로 발진기, 열전대 전류계, 결합저항, 동조콘덴서와 진공관 전압계 등으로 구성된다.

24 ①
㉠ n형 반도체 : 순수한 진성반도체인 게르마늄(Ge)이나 실리콘(Si)에 5가의 불순물 원자인 비소(As), 안티몬(Sb), 인(P) 등을 넣으면 공유결합을 하고 한 개의 과잉전자를 발생시킨다. 이 과잉전자를 제공한 불순물을 도너(donor)라 한다.

㉡ p형 반도체 : 순수한 진성반도체인 게르마늄(Ge)이나 실리콘(Si)에 3가의 불순물 원자인 알루미늄(Al), 붕소(B), 인듐(In), 갈륨(Ga) 등을 넣으면 공유결합을 하고, 하나의 전자가 부족하게 되어 정공이 발생한다. 이 정공을 제공한 불순물을 억셉터(acceptor)라 한다.

25 ③
중앙처리장치는 컴퓨터의 각 부분의 동작을 제어하는 제어장치와 연산을 수행하는 연산장치로 구성된다.

26 ④
마이크로프로세서의 구성
① 레지스터부 : PC, SP, 범용레지스터 등
② 연산부 : 누산기, T레지스터, ALU, F레지스터 등
③ 제어부 : IR, 명령해독기, 타이밍과 제어장치 등

27 ④
주기억장치의 용량은 $2^{16} = 2^6 \times 2^{10} = 64 [\text{K}]$이다.

28 ②
C언어의 산술 연산자

연산자	의미	연산자	의미
*	곱셈	+	덧셈
/	나눗셈	-	뺄셈
%	나머지 연산자		

∴ "="은 대입 연산자이다.

29 ④
FED(Field Emission Display, 전계 방출 디스플레이)는 금속 또는 반도체로 만들어진 극미세 구조의 전계 이미터에 전기장을 인가하여 진공 속으로 방출되는 전자를 형광체에 충돌시켜 화상을 표시하는 디스플레이 소자로서, 원리적으로 브라운관의 우수한 표시 특성을 그대로 가지면서 경량 박형화가 가능하기 때문에 Thin CRT라고 불리기도 한다. FED는 원리적으로 고휘도, 저소비 전력, 빠른 응답속도, 광시야각, 고해상도, 우수한 컬러 표시, 넓은 사용온도 범위 등 CRT 및 평판 디스플레이의 장점을 모두 갖추고 있는 이상적인 디스플레이 소자이다.

30 ④
볼로미터 전력계는 저항소자의 변화분을 측정하여 도파관 속을 전파하는 마이크로파대의 전력을 측정하는 계기이다.

31 ③
물 속에 초음파를 발사하고 그 반사파를 측정하여 거리와 방향을 알아내는 장치를 소나(sonar, sound navigation and ranging)라고 한다. 이것은 원래 군용으로 잠수함을 탐지하기 위해서 연구된 것이지만, 근래에는 항해의 안전을 위한 수중레이더, 어업용의 어군 탐지기 등에 이용되고 있다. 또한 수심의 측정에도 이 장치가 이용되고 있다. 댐의 수위, 저장 중인 석유량의 원격 감시나 댐, 하천에서 흘러내린 모래

32 ④
TV 수신 안테나에는 반파장 다이폴 안테나, 폴디드(folded) 안테나, 야기(yagi) 안테나 등이 사용된다.

33 ①
$$\varepsilon = \frac{M-T}{T} \times 100$$
$$= \frac{99-100}{100} \times 100 = -1[\%]$$

34 ①
오실로스코프의 음극선관은 전자총, 편향판, 형광판의 주요 부분으로 구성된다.

35 ②
반사계수
$$m = \frac{반사파}{입사파} = \frac{Z_r - Z_o}{Z_r + Z_o}$$
$$= \frac{75-300}{75+300} = -0.6$$

36 ②
진폭변조(AM) 파형으로 변조도 M은
$$M = \frac{A-B}{A+B} \times 100[\%]$$

37 ④
$r_f = 60 \times 3 \times 1 = 180[Hz]$
정류 방식별 맥동주파수(60[Hz]의 경우)

정류 방식	맥동 주파수
단상 반파 정류회로	60[Hz]
단상 전파 정류회로	120[Hz]
3상 반파 정류회로	180[Hz]
3상 전파 정류회로	360[Hz]

38 ③
슈미트 트리거 회로는 정현파 신호를 구형파 신호 변환하는 회로이다.

39 ①
콘덴서 C는 저음 성분을 차단하여 고음 성분만 트위터에 가해지도록 하기 위한 것이며, 트위터의 구경은 우퍼의 구경보다 작은 것이 사용된다.

40 ④
지시계기의 3요소
① 구동장치 : 구동 토크를 발생시키는 장치
② 제어장치 : 제어 토크를 발생시키는 장치
③ 제동장치 : 제동 토크를 가해 지침의 진동을 멈추게 하는 장치

41 ③
단위체계에서 K(킬로) : 10^3, M(메가) : 10^6, G(기가) : 10^9, T(테라) : 10^{12}

42 ③
3차원 컴퓨터 그래픽스의 제작 과정은 기본적으로 세 단계로 나뉜다.
① 3차원 모델링 : 컴퓨터에서 물체의 형태를 구성하는 과정
② 레이아웃과 애니메이션 : 물체를 작업 공간에 배치하고 그것의 움직임을 설정하는 과정
③ 3차원 렌더링 : 만들어진 장면을 컴퓨터가 조명의 배치와 면의 특성, 기타 다른 설정들을 바탕으로 계산하여 그림을 생성하는 과정

43 ②
AN 레인지 비컨은 무지향성 비컨과 마찬가지로 공항이나 항공로상의 요소에 설치하여 항공로를 형성하는데 사용되는 것으로 지향성 무선표식이라고도 하며, AN 레인지 비컨에서 등신호 방향의 각도는 45°, 135°, 225°, 315°이다.

44 ①
캐비테이션 작용은 강력한 초음파를 액체 속에 방사했을 때 일어나는 기포의 생성과 소멸 현상을 말하며, 초음파 세척, 분산, 에멀션화 등에 이용된다.

45 ①
① 오디오미터(audiometer) : 귀의 청력을 검사하기 위하여 가청 주파수 영역의 여러 가지 레벨의 순음을 전기적으로 발생하는 음향 발생 장치
② 심장용 페이스메이커(cardiac pacemaker) : 일시적으로 정지하거나 박동 주기가 고르지 못한 심장을 정상으로 되돌리기 위하여 전기적 펄스를 발생시켜 심장에 가하는 장치
③ 심음계(Phono cardiograph) : 청진기에 의한 청진술을 전자 기술을 이용하여 개량한 것
④ 망막 전도 측정기 : 동공을 통하여 빛을 망막에 보낼 때 유발되는 전위를 측정, 기록하여 눈의 시세포의 기능 검사 등에 사용하는 장치(망막 전장)

46 ④
일반적으로 안테나의 소자 수가 많으면 수신감도가 좋게 되고 지향성이 예민하게 되므로 반사파 방해를 경감시킬 수가 있다.

47 ③
전자 냉동기는 반도체 접합부의 흡열, 발열 작용의 펠티어 효과를 이용한다.

48 ③

㉠ Solid State Drive : 반도체 기억 소자인 낸드 플래시 메모리로 구성된 저장장치. HDD가 자기 디스크와 구동 장치로 구성되어 있는 것과 달리 SSD는 구동장치가 없어 소음이 없고, 데이터 처리 속도가 빠르다. HDD를 대신해서 노트북 컴퓨터나 차세대 모바일 제품의 대용량 기억 장치로 사용되고 있다.

㉡ MicroSD : 마이크로SD는 이동식 플래시 메모리 카드를 위한 포맷이다. 샌디스크 트랜스플래시에서 나온 것이며 휴대용 기술에 주로 쓰이지만, 휴대용 GPS 장치, MP3 플레이어, 게임기, 확장형 USB 플래시 메모리 드라이브에도 사용할 수 있다.

㉢ Compact Flash(CF 카드) : 36.4(L)× 42.8(W×3.3(H)mm PC 카드용 메모리 생산업체인 미국의 '샌디스크'가 개발한 메모리. NEC, 캐논, 엡손 등 일본업체를 포함한 12개사의 동참을 얻어 표준화를 추진했다.

49 ②

사이리스터(Thyristor)란 제어단자(G)로부터 음극(K)에 전류를 흘리는 것으로, 양극(A)과 음극(K) 사이를 도통(導通)시킬 수 있는 3단자의 반도체 소자이다. 실리콘 제어 정류기(Silicon Controlled Rectifier, SCR)라고도 불린다. PNPN의 4중 구조를 하고 있다. P형 반도체로부터 게이트 단자를 꺼내고 있는 것을 P게이트, N형 반도체로부터 게이트 단자를 꺼내고 있는 것을 N게이트라고 부른다.

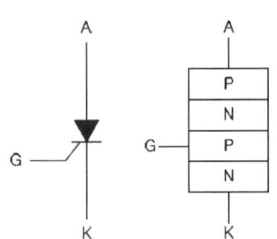

[SCR의 회로기호와 구조]

50 ①

반도체에는 전압과 전류 사이의 관계, 즉 전압-전류 특성이 비직선적인 것이 많다. 그러므로 전압에 따라 저항이 변하게 된다. 이 같은 성질을 가진 반도체 저항 소자를 배리스터 (varistor 또는 variable resistor의 약어)라고 한다. 탄화실리콘(SiC)으로 만든 배리스터는 과부하에 견디고, 고전압에 파괴되지 않고, 특성도 변하지 않는다. 이것은 전기나 통신기기를 낙뢰로부터 보호하기 위한 분로 저항으로 이용되며, 그 밖에 접점의 저항 및 소모를 방지하기 위한 스파크 제거용 병렬 저항 및 회로의 전압 조정 등에 이용되고 있다.

51 ③

① 디코더(Decoder : 복호기)는 n비트의 2진 코드를 최대 2^n개의 서로 다른 정보로 바꾸어 주는 논리 조합회로로 출력은 AND 게이트로 구성된다.
② 인코더(Encoder : 부호기)는 숫자나 문자 등의 10진수 입력을 2진부호로 변환하는 회로로 OR 게이트로 구성된다.
③ 멀티플렉서(multiplexer)는 2^n개의 입력 중에 선택 입력 n개를 이용하여 하나의 정보를 출력하는 조합회로이다. 즉, 여러 개의 입력선 중에서 하나의 입력선을 선택하여, 입력선의 데이터를 출력하는 조합 논리회로이다.

52 ④

글라이드 패드는 항공기가 강하할 때 수직면 내에서 올바른 코스를 지시하는 착륙보조장치이다.

53 ②

전자현미경에서 초점거리는 자장의 세기에 의해 달라지며, 초점은 대물렌즈의 여자전류에 의해 조정된다.

54 ③

지향성 수신 방식의 방사상 항법으로 그림에서와 같이 하나의 목표에 직선으로 도달하는 것을 호밍이라 한다.

55 ②

온도, 압력, 유량, 습도, 액위, 혼합비 등을 제어량으로 하는 자동제어를 공정제어(process control)라 한다.

56 ④

$(1B7)_{16} = 1\times 16^2 + 11\times 16^1 + 7\times 16^0$
$= 256+176+7$
$= (439)_{10}$

57 ④

HDTV(high definition television)는 고선명(품위·화질) TV를 말하며, 기존의 TV보다 화질과 음색이 뛰어나며 화면이 큰 차세대 TV이다. HDTV는 현행 TV의 주사선 525~625개보다 2배 정도 많은 1025~1250개 이상의 주사선으로 화면이 사진처럼 선명하며, 화면의 가로 세로 비율도 기존 컬러TV가 16[mm] 영화 화면과 같은 4 : 3인데 비해 HDTV는 35[mm] 영화 같은 16 : 9로 옆으로 길쭉해 시각이 화면과 넓고 크기도 32인치 이상으로 영화와 같은 현장감을 준다.

58 ①

$\dfrac{Y}{X} = \dfrac{G}{1+G}$, $Y = \dfrac{G}{1+G}X$

59 ③

㉠ 정치 제어(Constant value control, Regulatory Control) : 목표값이 시간적으로 항상 일정한 제어
㉡ 추종(추치) 제어(Follow-up control, Servo Control) : 목표값의 변화가 시간적으로 임의로 변하는 제어
㉢ 프로그램 제어(Program control) : 목표값이 미리 정한 프로그램에 따라서 시간과 더불어 변화하는 제어

60 ①

전자렌즈에서 색수차는 상이 흐려지는 원인이 된다. 색수차의 발생 원인은 전자 빔이 시료를 투과할 때 속도가 다른 여

러 전자가 생기거나 전자의 가속전압 및 전자렌즈의 여자 전류의 변동에 의하여 전자속도가 변동하여 발생된다.

5회

01 ①

합성 임피던스
$$\frac{1}{Z} = \sqrt{(\frac{1}{R})^2 + (\frac{1}{X_L})^2}$$
$$= \sqrt{(\frac{1}{4})^2 + (\frac{1}{3})^2} = \sqrt{\frac{1}{16} + \frac{1}{9}}$$
$$= \sqrt{\frac{25}{144}} = \frac{5}{12}$$
$$\therefore Z = \frac{12}{5} = 2.4[\Omega]$$

02 ②

	베이스 접지	이미터 접지	컬렉터 접지
입력 임피던스	작다(수[Ω] ~수십[Ω])	중간(수[Ω] ~수십[kΩ])	크다(수십[kΩ] 이상)
출력 임피던스	크다 (수십kΩ 이상)	중간(수[kΩ] ~수십[kΩ])	작다(수[Ω]~수 십[Ω])

03 ②

감쇠이득(G)=G₁+G₂=10+10=20[dB]=100배 감쇠되어 출력된다.

$A_v = \frac{V_i}{V_o}$ 의 식에 의해 $V_o = \frac{1000}{100} = 10$

04 ③

고주파의 측정에는 흡수형 주파수계, 헤테로다인 주파수계, 딥 미터(dip meter), 동축 주파수계, 공동 주파수계가 사용된다.

05 ①

SCR을 이용한 위상제어 반파정류회로로서 전원 전압이 순방향인 반주기 동안 게이트 전류가 흘러 SCR이 도통되고, 전원전압이 역방향인 반주기 동안 SCR은 차단된다.

06 ③

제어용 증폭기의 종류
① 전기식 : 트랜지스터나 진공관을 사용하여 증폭하는 방식
② 유압식 : 입력신호에 따라서 압력 기름의 통과량을 변화시켜서 출력신호를 증폭하는 방식
③ 공기식 : 노즐 플래퍼(nozzle flapper)로 변위를 공기압으로 바꾸고, 공기압을 파일럿 밸브로 증폭하여, 그 입력을 진동판으로 받아서 변위를 변화시키는 방법

07 ①

이상적인 연산증폭기의 특징
① 전압이득이 ∞이다.
② 입력 임피던스가 ∞이다.
③ 출력 임피던스가 0이다.
④ 대역폭이 ∞이다.
⑤ 오프셋이 0이다.

08 ②

㉠ 렌츠의 법칙 : 전자유도에 의하여 생기는 기전력의 방향은 그 유도 전류가 만들 자속이 항상 원래의 자속의 증가 또는 감소를 방해하는 방향이다.(역기전력의 법칙)
㉡ 비오-사바르의 법칙 : 전류에 의한 자기장의 세기를 결정한다.
㉢ 패러데이의 법칙 : 전자유도에 의하여 생기는 기전력의 크기는 코일을 쇄교하는 자속의 변화율과 코일의 권수에 비례한다.(전자유도 법칙)
㉣ 플레밍의 오른손 법칙 : 도체가 운동하여 자속을 끊었을 때 기전력의 방향을 알 수 있는 법칙

09 ②

오실로스코프에서 초점(focus)은 양극전압을 조정하고, 휘도 조정은 제어 그리드 전압을 조정하며, 위치조정은 수평, 수직 편향판 전압을 조정한다.

10 ①

메모리 버퍼 레지스터(MBR)는 기억장치로부터 불러낸 정보나 또는 저장할 정보를 넣어 두는 레지스터이다.

11 ④

콘덴서 입력형 전파 정류회로는 배전압 정류회로로써 정류 다이오드의 최대 역전압은 입력전압의 2배이다.
$$V_o = 2V_m = 2\sqrt{2}\,V$$
$$= 2\sqrt{2} \times 12 = 33.6[V]$$

12 ③

0+0=0, 0+1=1, 1+1=10이 된다.

13 ①

C언어의 자료형에는 char, double, short 등이 있다.

14 ④

하틀레이 발진회로의 발진조건
㉠ B-E, C-E : 유도성
㉡ B-C : 용량성

15 ①

출력(C)에 대한 논리식은 $C = \overline{A \cdot B} + \overline{A \cdot B}$이다. 따라서 출력 C가 0이 되기 위해서는 입력 A, B가 모두 1이 되어야 한다.

16 ①

트랜지스터(BJT)의 동작영역에서 증폭기로 사용하기 위해서는 활성영역에서 동작하여야 하고, 논리회로에 사용하기 위해서는 포화영역과 차단영역을 사용한다.

17 ③
- ㉠ 배치(일괄) 처리 방식 : 일정 기간 동안 일정량의 자료를 모아 한꺼번에 처리하는 방식
- ㉡ 실시간 처리 방식 : 데이터의 발생과 동시에 즉시 처리하는 방식

18 ②
반감산기(HS : Half Subtracter)는 두 개의 2진수를 감산하여 자리내림수 B(Borrow)와 차 D(Difference)를 나타내는 논리회로이다.

19 ③
$(755)_{10} = (2F3)_{16}$
16) 755 나머지
16) 47 … 3
2 … 15 (15는 16진수 F)

20 ①
주 프로그램에서 서브 루틴으로 분기할 때는 나중에 주 프로그램으로 되돌아올 복귀 주소(return address)를 저장해 놓아야 하는데, 이때 사용되는 것이 스택(stack)이다.
① 스택은 일반적으로 주기억장치의 일부를 스택 영역으로 할당하여 사용한다.
② 스택에서는 서브 루틴이나 인터럽트 서비스 루틴 사용 시 복귀 주소가 저장되며, 프로그램에 의해 임시 기억 장소로 사용되기도 한다.
③ 스택은 후입선출(LIFO : Last-In First-Out) 구조로 되어 있다.
④ 현재의 스택 톱(stack top)은 CPU 내의 스택 포인터(SP : Stack Pointer)에 의해 지시된다.
⑤ SP가 지정하는 번지에 데이터가 써 넣어지면(push down) SP의 값은 1감소하고, 데이터가 읽혀지면(pop up) SP값이 1 증가한다.

21 ②
$(6)_{10} = (0110)_2 = (6)_8$이 되고,
$(10)_{10} = (1010)_2 = (12)_8$이 되고,
$(13)_{10} = (1101)_2 = (15)_8$이 된다.

22 ③
7[KByte] = 1024×7 = 7168[Byte]

23 ①
영위법은 피측정량을 표준량과 평형을 이루도록 하여 표준량의 값으로부터 알아내는 방식으로 감도가 높고 정밀 측정이 가능하다.

24 ③
연산장치는 제어장치의 명령에 따라 입력되는 자료의 산술연산(4칙 연산, 보수의 계산)과 논리연산(AND, OR, NOT 등)을 수행하고, 정보의 기억은 기억장치에서 수행한다.

25 ②
연산증폭기를 이용한 전압 폴로워(Voltage follower) 회로로 입력 임피던스가 매우 크고 출력 임피던스는 매우 작은 이상적인 완충증폭기로서 부궤환에 의한 이득이 1이므로 출력은 "1"이 된다.
$A_V(V_s - V_o) = V_o$, $V_o = \dfrac{A_V}{1+A_V} \cdot V_s$ 에서
$A_V = \infty$이므로 $V_o = V_s$
$\therefore A_{Vf} = \dfrac{V_o}{V_s} = 1$
그러므로 출력은 입력과 같은 50[mV]이다.

26 ①
부호　　　　7
↓　　　　　↓
1　　　　0000111

27 ②
10진수 5의 3초과 코드값은 10진수 5에 3을 더한 8의 2진수 값이다.
$8_{(10)} = 1000_{(2)}$

28 ②

A	1	0	1	0
B	1	1	1	0
AND 연산	1	0	1	0

29 ②
헤테로다인(heterodyne) 주파수계는 $f_X - f_o = 0$으로 될 때 수화기의 소리가 들리지 않게 되는($f_X = f_o$) 것을 이용하여 미지의 주파수를 구한다.

30 ①
가동 접속 시 합성 인덕턴스
$L_S = L_1 + L_2 + 2M$[H]
$20 = 6 + 10 + 2M$
$\therefore M = \dfrac{4}{2} = 2$[mH] ($M$: 상호 인덕턴스)

31 ②
서보기구(servomechanism)에 사용되는 기구에는 싱크로(synchro), 리졸버(resolver), 저항식 서보기구, 차동변압기 등이 있다.

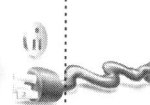

32 ③
$A_v = 100$배, $G = 20\log_{10}100 = 40[dB]$

33 ②
온-오프 동작은 편차가 양인가 음인가에 따라 조작부를 온(On) 또는 오프(Off)하므로 연속적인 동작이 아니다.

34 ②
스피커의 전력감도(S_P)는
$S_P = 20\log_{10}\dfrac{P}{\sqrt{W}}$ [dB]에 의해
$S_P = 20\log_{10}\dfrac{4}{\sqrt{1}} = 20\log_{10}4 ≒ 12$[dB]

35 ②
전류력계형 계기의 특징
① 주파수의 영향이 크다.
② 전력 측정에 많이 사용된다.
③ 직류와 교류 동일 균등눈금을 사용한다.
④ 전류 상호간에 작용하는 전자력을 이용한다.
⑤ 영구 자석 대신 고정코일을 사용하므로 외부자장의 영향을 받기 쉽다.

36 ①
헤테로다인 주파수계의 확도는 0~0.01[%]이며, 더블 비트법으로 하면 0.01~0.001[%]로 되어 오차가 작아진다.

37 ③
방향이나 위치의 추치 제어를 서보기구(servo-mechanism)라 하며, 조작력이 강하고, 추종속도가 빨라야 하며, 전기식이면 증폭부에 트랜지스터 증폭기나 자기증폭기가 사용되고 유압식의 경우에는 파일럿 밸브나 유압 분사관 등이 사용된다.

38 ③
오차의 종류
① 개인오차 : 측정자의 잘못된 습성 등에 의한 오차
② 우연오차 : 측정 조건의 변동, 측정자의 주의력 동요 등 우연한 원인에 의한 오차
③ 계통오차 : 측정기의 눈금 부정확, 측정기의 부품 마멸 등에 의한 오차(기계적 오차)

39 ①
$x + x \cdot y = (x+x)(x+y) = x + xy = x$ (배분법칙)

40 ①
순서도는 처리방법, 작업의 흐름, 순서 등을 정해진 기호를 사용하여 그림으로 나타내는 방법을 말한다.
① 특정한 문제에서 독립하여 일반성을 갖는다.
② 오류 발생 시 디버깅(debugging)이 용이하다.
③ 프로그램의 코딩(coding)이 용이하다.
④ 프로그램을 작성하지 않은 사람도 이해하기 쉽다.
⑤ 업무의 전체적인 개요를 쉽게 파악할 수 있다.

41 ④
푸시풀 전력 증폭기는 B급에서 동작하므로 짝수(우수) 고조파가 상쇄되어 일그러짐이 작은 큰 출력을 얻을 수 있다.

42 ②
전자 현미경은 전자 빔을 시료에 주고 시료에서 얻은 정보를 전자 렌즈로 확대하여 투명면 위에 상이 나타나는 장치

43 ③
정현파의 평균값은 $\dfrac{2I_m}{\pi}$ 인데, 반파 정류이므로 평균 전류는 $\dfrac{I_m}{\pi}$ 이다.

44 ④
태양전지(solar cell)는 반도체의 PN 접합에 빛이 입사할 때 기전력이 발생하는 광기전력 효과를 이용한 것이다.

45 ④
PI 동작은 비례적분 동작으로 편차의 시간적인 가산에 비례하는 조절계의 동작으로 비례 동작에서 생기는 잔류 편차가 없어진다.

46 ②
여러 가지 2차 변환의 보기

압력-변위	다이어프램, 스프링
변위-압력	유압 분사관
변위-임피던스	슬라이드 저항, 용량성 변환기, 유도형 변환기
변위-전압	가변저항 분압기, 차동변압기
전압-변위	전자석, 전자코일

47 ①
제어량은 온도, 압력, 속도, 전압, 주파수 등으로 분류하며, 온도, 압력, 유량, 습도, 액위, 혼합비 등을 제어량으로 하는 자동제어를 공정제어(process control)라 하고, 전압, 전류, 속도 등을 제어량으로 하는 자동제어를 자동조정이라 한다.

48 ③
번역기의 종류에는 어셈블러, 컴파일러, 인터프리터로 구분한다.
① 어셈블러(Assembler)는 어셈블리 언어로 작성된 원시 프로그램을 기계어로 번역하는 프로그램이다.
② 컴파일러(Compiler)는 전체 프로그램을 한번에 처리하여 목적 프로그램을 생성하는 번역기로, 기억 장소를 차지하지만 실행속도가 빠르다. 한번 번역해 두면 목적 프로그램이 생성되므로 재차 실행 시에 다시 번역할 필요가 없다. 컴파일러를 사용하는 언어는 ALGOL, PASCAL, FORTRAN,

COBOL, C 등이 있다.
③ 인터프리터(Interpreter)는 작성된 원시 프로그램을 한 줄씩 읽어 번역 및 실행하는 작업을 반복하는 프로그램이다. 목적 프로그램이 남지 않으며, 일괄 처리가 아니므로 대화형이라 한다. 실행속도가 느리지만 기억 장소를 적게 차지한다. 인터프리터를 사용하는 언어는 BASIC, LISP, 자바(JAVA), PL/1 등이 있다.

49 ①
디지털 계측에서 레지스터는 디지털 신호를 기억하는 역할을 담당한다.

50 ②
리본형 마이크로폰은 임피던스가 낮고 감도가 높으며, 양방향(쌍지향성) 지향 특성을 가진다.

51 ②

52 ①
고스트 현상은 직접파에 의한 영상과 반사파에 의한 영상이 시간적으로 벗어나 상이 2중, 3중으로 중복되어 나타나는 현상

53 ③
마이크로프로세서(microprocessor)는 중앙처리장치의 기능을 집적 회로화한 것으로서, 연산회로, 각종의 레지스터, 제어회로 등으로 구성된다.

54 ②
중앙처리장치(CPU)에서 마이크로 오퍼레이션은 제어신호에 의해 순서적으로 일어나도록 한다.

55 ②
① 우퍼 : 400[Hz] 이하의 저음역만을 담당, 보통 8인치 (20[cm]) 이상
② 스쿼커 : 400~1[KHz]의 중음역담당
③ 트위터 : 수[KHz] 이상의 고음역만을 재생

56 ④
야기 안테나의 특징
① 전방에 대하여 지향성이 예민하고 이득도 크다.
② 도파기 수를 늘리면 이득이 증가하고 지향성은 더욱 예민해진다.
③ 반사기는 도선의 길이가 제일 길며 투사기를 지나온 전파를 반사시켜 수신감도를 상승시키는 역할을 한다.

57 ④
제너 다이오드(zener diode)는 정전압 회로에서 기준 전압을 설정하는 소자이다.

58 ③
태양전지(solar cell)는 반도체의 PN 접합에 빛이 입사할 때 기전력이 발생하는 광기전력 효과를 이용한 것이다.
[태양전지의 특징]
① 종래에 이용되지 않은 풍부한 에너지원으로 이용된다.
② 장치가 간단하고 보수가 편하다.
③ 빛의 방향에 따라 발생 출력이 변하므로 이것을 고려하여 출력에 여유를 두어야 한다.
④ 연속적으로 사용하기 위해서는 태양광선을 얻을 수 없는 경우에 대비하여 축전 장치가 필요하다.
⑤ 대전력용은 부피가 크고 가격이 비싸다.

59 ②
태양전지의 구성 물질
㉠ 양극(+) : P형 실리콘층
㉡ 음극(-) : N형 실리콘층

60 ①
바이어스법에는 직류 바이어스법과 교류 바이어스법의 두 가지가 있는데, 직류 바이어스법은 직류자화로 인한 잡음이 많고 감도가 나쁘기 때문에 거의 사용되지 않고 현재에는 녹음 전류에 일정한 주파수(30~200[kHz])의 고주파 전류를 중첩시켜 바이어스 자장(bias magnetic field)을 가하는 교류 바이어스법이 가장 많이 사용된다.

6회

01 ④
유도기전력의 방향은 플레밍의 오른손 법칙에 따르며, 엄지는 힘의 방향, 검지는 자기장의 방향, 중지는 기전력의 방향을 나타낸다.

02 ③
전위 $V \propto \dfrac{1}{r}$
$\dfrac{1}{4} \propto \dfrac{1}{r}$ 따라서 $r = 4$ 이다.

03 ④
자기 테이프의 주파수 특성에 크게 영향을 주는 것으로는 자성막의 두께, 표면의 고르기 상태, 자성체의 보자력 등이 있다.

04 ①
포토 커플러는 발광부와 수광부가 서로 전기적으로 절연되는 장점을 이용한 것으로서, 발광부에는 발광 다이오드, 수광부에는 포토 다이오드 등이 쓰인다.

05 ③
① 교환법칙, ② 결합법칙, ③ 분배법칙

06 ①

수신기의 특성
① 감도(senstivity) : 미약한 전파를 수신할 수 있는 능력으로 SN비 30[dB]로 일정한 저주파 출력을 얻는데 필요한 안테나 단자의 입력 전압으로 나타낸다.
② 선택도(selectivity) : 희망하는 전파를 어느 정도까지 분리해 낼 수 있는지의 능력으로 근접주파수 선택도와 영상 주파수 선택도로 대별하여 나타낸다.
③ 충실도(fidelity) : 송신측에서 변조된 신호를 어느 정도까지 충실히 재현할 수 있는지의 청도(원음에 가까운)를 나타낸다.
④ 안정도(stability) : 주파수와 진폭이 일정한 신호 전파를 수신하면서 장시간에 걸쳐 일정한 출력을 낼 수 있는지의 능력을 나타낸다.

07 ①

이미터 접지 시의 전류증폭률(β), $\beta = \dfrac{\Delta I_C}{\Delta I_B}$

베이스 접지 시의 전류증폭률(α), $\alpha = \dfrac{\Delta I_C}{\Delta I_E}$

08 ③

초음파는 기체나 액체 또는 고체의 매질을 통하여 사방으로 전파되어 나간다. 기체나 액체 중에서는 이러한 종파뿐만 아니라 파동의 전파 방향에 수직인 방향으로 입자가 진동하는 횡파도 존재한다.

09 ④

자기 디스크(magnetic disk)는 시스템 프로그램을 기억시키는 대표적인 보조기억장치로서 여러 장을 하나의 축에 고정시켜 함께 회전하도록 하는 디스크 팩으로 사용하며, 디스크 팩에 있는 데이터를 읽거나 기록하는 헤드는 하나의 축에 고정되어서 같이 움직이는데 이것을 액세스 암이라 한다. 디스크 팩에서 데이터의 처리 순서는 항상 실린더 단위로 이루어지며, 주로 random access를 많이 한다.

10 ③

캠벨 브리지는 주파수 측정에 사용되며, 가변 상호 인덕턴스와 가변 콘덴서로 구성된다. 평형되었을 때 콘덴서의 전류를 I라 하면
$-j\omega MI = j\dfrac{1}{\omega C}I$에서 $f = \dfrac{1}{2\pi\sqrt{MC}}$ 로 되어 주파수를 구할 수 있다.

11 ②

초음파 가공기의 혼은 공구를 붙여서 사용하는 부분으로 공구의 진폭을 크게 한다.

12 ③

오실로스코프로는 전압, 파형, 위상 및 주파수, 변조도, 시간 간격, 펄스의 상승시간 등의 제현상을 측정할 수 있다.

13 ③

㉠ 턴-오프(turn off) 시간 : 이상적 펄스의 하강시간에서 진폭[V]의 10[%]까지 하강하는 시간으로 턴 오프 시간은 축적시간+하강시간이 된다.
㉡ 축적시간 : 이상적 펄스의 하강시간에서 실제의 펄스가 [V]의 90[%]가 되기까지의 시간
㉢ 하강시간 : 펄스의 진폭 [V]의 90[%]에서 10[%]까지 내려가는 데 걸리는 시간

14 ②

어셈블리어의 특징
① 기계어에 비해 프로그램 작성이나 수정이 용이하다.
② 호환성이 없으므로 전문가 외에는 사용하기 어렵다.
③ 컴퓨터 동작 원리에 대한 전문 지식이 필요하다.
④ 기계어보다 사용하기 편리하다.

15 ②

기억된 프로그램의 명령을 하나씩 읽고, 해독하여 각 장치에 필요한 지시를 하는 것은 제어기능이다.

16 ③

전자현미경은 전자층에 의하여 전자군을 만들어 이것을 시료(test piece)에 주고, 시료에서 정보를 받은 전자군은 전자 렌즈로 되어 있는 확대계에서 확대되어 투영면 위에 상이 나타나게 되어 있다.

대 상	광학현미경	전자현미경
조명원	광선	전자선
매질	공기	진공
콘트라스트가 생기는 원인	굴절 또는 흡수	산란 또는 흡수
배율	렌즈 교환	투사 렌즈의 여자전류 변화
초점	대물렌즈와 시료의 거리조절	대물렌즈의 여자전류를 조절
렌즈	회전대칭 유리렌즈	회전대칭 전자렌즈
상 관찰 수단	육안 또는 사진	형광막상의 상 또는 사진
재물대	재물 유리	박막

17 ①

BCD 코드는 10진수의 각 비트를 2진수 4비트로 표시한다.
10진수   1   5
BCD   0001 0101
$15_{10} = 0001\ 0101_{(BCD)}$

18 ②

순서도 작성 방법
① 위에서 아래로 작성한다.
② 분기점이 있는 경우 왼쪽에서 오른쪽으로 작성한다.
③ 기호와 기호 사이에는 화살표로 연결한다.
④ 기호 내부에는 처리내용을 간단명료하게 표시한다.

⑤ 한 면을 다 그릴 수 없거나 연속적인 표현이 어려울 때는 연결 기호를 사용한다.

19 ④
컴퓨터에 부속된 모든 자원을 효율적으로 제어하고 관리하는 시스템 소프트웨어가 운영체제(OS : Operating System)로, UNIX, WINDOWS XP, LINUX 등이 운영체제에 속한다. P-CAD는 EDA 소프트웨어이다.

20 ③
버스(BUS)의 종류에는 데이터 버스, 주소 버스, 제어 버스가 있다.

21 ③
CPU와 기억장치, 입·출력장치의 인터페이스 사이에 제어신호와 데이터를 주고 받는 전송로를 버스(BUS)라고 하며, 버스는 주소 버스(address bus), 제어 버스(control bus), 데이터 버스(data bus)의 세 종류로 분류한다. 이 중 데이터 버스만이 양방향성 버스이다.
㉠ 주소 버스(address bus) : 단일 방향으로 CPU가 메모리 중의 기억장소를 지정하는 신호의 전송통로이다.
㉡ 제어 버스(control bus) : 단일 방향으로 중앙처리장치와의 데이터 교환을 제어하는 신호의 전송통로이다.
㉢ 데이터 버스(data bus) : 양방향으로 입·출력 데이터를 기억장치에 써넣고 읽어내는 전송통로이다.

22 ④
해상비(resolution ratio)
$= \dfrac{\text{수평해상도}}{\text{수직해상도}} = \dfrac{340}{350} ≒ 0.97$

23 ③
디버깅이란 프로그램 중 잘못된 부분을 수정하는 작업을 말한다.

24 ③
전체 메모리의 용량=총 주소선의 수×데이터 선의 수에 의해 총 주소선의 수 $= 2^{10} = 1024$이므로 10선이 되고, data bit는 8bit이므로 8선이 된다.

25 ②
오실로스코프의 수직축 단자에 측정하고자 하는 신호를 가하고 수평축 단자에는 파형의 동기(출력 파형의 정지)를 맞추기 위하여 톱니파를 공급한다.

26 ①
① 진폭 편이 변조(ASK : Amplitude Shift Keying) : 디지털 신호가 1이면 출력을 송신, 0이면 off
② 주파수 편이 변조(FSK : Frequency Shift Keying) : 디지털 신호가 1이면 f1 주파수로, 0이면 f2 주파수로 주파수를 바꿈
③ 위상 편이 변조(Phase Shift Keying) : 디지털 신호의 0, 1에 따라 2종류의 위상을 갖는 변조 방식이다.

27 ④
누산기란 가산기에서 연산된 결과를 일시적으로 저장하는 레지스터이다.

28 ②
중앙처리장치(CPU)는 인간의 두뇌에 해당하는 장치이며, 연산장치와 제어장치로 구성된다.

29 ④
① 직접, 절대 주소지정방식(direct absolute addressing mode) : 오퍼랜드가 존재하는 기억장치의 주소를 직접 명령 속에 포함시켜 지정하는 방법
② 이미디어트 주소지정방식(immediate addressing mode) : 명령 속의 오퍼랜드 정보를 그대로 오퍼랜드로 사용하는 방법
③ 간접 주소지정방식(indirect addressing mode) : 오퍼랜드가 존재하는 기억장치 주소를 내용으로 가지고 있는 기억 장소의 주소를 명령 속에 포함시켜 지정하는 방법
④ 레지스터 주소지정방식(register addressing mode) : 기억장치의 주소 대신 레지스터의 번호를 지정하고, 그 레지스터 내용을 목적으로 하는 오퍼랜드의 주소로 한다.(레지스터 간접주소지정방식이라고 한다.)
⑤ 상대 주소지정방식(relative addressing mode) : 명령 속의 오퍼랜드 지정 정보를 레지스터 지정부와 전개부로 나누어서 레지스터 지정부로 지정된 레지스터 내용과 전개부를 더해서 오퍼랜드의 주소를 구한다.
⑥ 페이지 주소지정방식(page addressing mode) : 기억장치를 일정한 크기의 페이지로 나누어서 명령 속에 페이지 내에서의 주소를 지정하는 방법

30 ③
① 전장 발광 현상은 형광체를 포함한 반도체에 전기장을 가하면 빛이 방출되는 현상이다.
② 톰슨 효과(Thomson effect) : 도체 막대의 양 끝을 서로 다른 온도로 유지하면서 전류를 통할 때 줄열 이외에 발열이나 흡열이 일어나는 현상

31 ②
$\varepsilon = \dfrac{M-T}{T} \times 100$
$\varepsilon = \dfrac{1.212 - 1.2}{1.2} \times 100$
$= \dfrac{0.012}{1.2} \times 100 = 1[\%]$

32 ④
$l = \dfrac{ct}{2} = \dfrac{3 \times 10^8 \times 2.8 \times 10^{-6}}{2} = 420[m]$

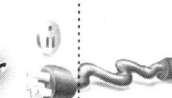

33 ④
전자현미경의 성능을 결정하는 3요소는 배율, 분해능률, 투과도이다.

34 ③
오실로스코프로는 전압, 전류, 파형, 위상 및 주파수, 조도, 시간간격, 펄스의 상승시간 등의 제현상을 측정할 수 있다.

35 ③
그레이 코드(Gray Code)
1비트의 변화를 주어 아날로그 데이터를 디지털 데이터로 변환하는 데 사용하는 코드로, 연산에는 부적합한 코드로 A/D 변환기, 입·출력장치의 인터페이스 코드로 널리 사용된다.
첫 번째 자릿수는 그냥 밑으로 내려주고 두 번째 자릿수부터 왼쪽 옆의 자릿수를 더하여 내려주면 코드 변환이 이루어진다.

```
   +    +    +    +
  ⌒    ⌒    ⌒    ⌒
1   0    1    1    1
↓   ↓    ↓    ↓    ↓
1   1    1    0    0
```

36 ②
고주파 전력 측정방법
① 표준부하법 : 표준부하로서 램프를 사용하여 광도차로 전력을 측정
② C-C형 전력계 : 열전대와 콘덴서 및 직류전류계로 구성되며 단파대 정도의 고주파 전력을 측정
③ C-M형 전력계 : 동축선로 또는 도파관이 조합된 전력계로 정전력 및 전자력 결합에 의한 전력계로 초단파대 이상의 전력을 측정
※ 3전력계법은 3상 교류전력 측정에 이용된다.

37 ①
비월주사(interlaced scanning)란 최초의 주사를 한 줄 걸러서 홀수번만을 행하고, 다음 두 번째의 주사를 짝수번으로 하는 주사 방식으로 현재의 TV주사에 실용되는 방식이다. 비월주사를 하게 되면 매초의 송상수는 그대로 30이나 주사의 되풀이는 매초 60이 되어 화면의 플리커(flicker), 즉 깜박거림이 적게 되는 이점이 있다.

38 ④
효율이란 출력의 입력에 대한 비를 백분율로 나타낸 것으로서, 증폭기에서의 효율의 양부는 무신호시 양극 전류의 크기로 알 수 있다. 즉, C급은 무신호시 양극 전류가 없어 에너지 소비가 적으므로 효율이 가장 좋다고 하겠으며, A급은 무신호시 소비 전류가 많아 효율이 나쁘며, 증폭기의 효율은 A급이 50[%], B급은 78.5[%], C급은 78.5[%] 이상이다.

39 ③
쌍안정 멀티바이브레이터는 Flip-Flop 회로라고도 하는데, 이 회로는 분주회로, 계수회로, 정보의 기억회로로 쓰이고, 2개의 펄스가 들어갈 때에 1개의 펄스가 나와, 분주 또는 계수회로로써 동작한다.

40 ①
$$외형률(x) = \frac{고조파의\ 실효값}{기본파의\ 실효값} = \frac{\sqrt{4^2+3^2}}{100} \times 100$$
$$= \frac{5}{100} \times 100 = 5[\%]$$

41 ②
$$정재파비 = \frac{2-1}{2+1} = \frac{1}{3}$$

42 ④
납땜이 잘되지 않는 알루미늄의 납땜에는 초음파 진동에 의한 마찰열을 이용한다.

43 ③
단위 계단파(스텝파) 입력신호를 주었을 때 출력파형이 어떻게 되는가의 과도응답(transient response)을 인디셜 응답이라 한다.

44 ③
비디오 신호를 기록 재생하기 위한 조건
① 비디오 헤드의 갭(gap)을 좁게 한다.
② 비디오 헤드와 자기 테이프의 상대속도를 크게 한다.
③ 비디오 신호를 변조해서 기록한다.

45 ①
주파수 다이버시티는 전파 도중에 일어나는 페이딩을 제거하여 전송 품질의 저하를 방지하기 위하여 사용한다.

46 ③
전원회로의 구조 순서
변압회로 → 정류회로 → 평활회로 → 정전압회로

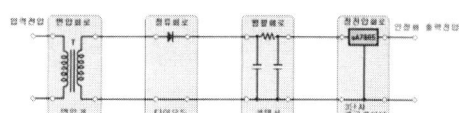

47 ②
동기신호 분리 방법
① 수평 동기신호 : 미분회로에서 15,750[Hz]의 수평 동기신호를 분리
② 수직 동기신호 : 적분회로에서 60[Hz]의 수직 동기신호를 분리

48 ②
4색 띠에 의한 저항 판독 방법에 따라

CBT대비 모의고사

제1색 띠	제2색 띠	제3색 띠 (승수)	제4색 띠 (오차)
갈색	검정	주황	은색
1	0	10^3	±10[%]
	10[kΩ]		±10[%]

∴ 10[kΩ] ±10[%]이므로 9~11[kΩ]의 저항값을 갖는다.

49 ③
① 계기 착륙 방식 (ILS : Instrument Landing System) : 현재 국제적인 표준 시설로서 로컬 라이저, 글라이드 패드, 마커 비컨의 1조인 지상 무선 설비와 지상의 계기 착륙 방식 수신기로 이루어진다.
② 로컬라이저(localizer) : 항공기의 진입에 있어 조종사에게 활주로의 정확한 연장선을 알리는 것
③ 글라이드 패드(glide pad) : 항공기가 강하할 때 수직면 내에서 올바른 코스를 지시하는 것으로, 로컬라이저와 마찬가지로 90[Hz] 및 150[Hz]로 변조된 두 전파에 의하여 표시된다.
④ 팬 마커(fan marker) : 착륙 자세에 들어간 항공기에 활주로까지의 대략의 거리를 알려 주는 것으로, 부채꼴 모양의 지향성 전파에 의하여 표시된다.

50 ①
C언어의 관계 연산자

종류	연산자 (기호)	연산자의 의미	관계식
관계 연산자	>	~보다 크다.	a>b
	>=	~보다 크거나 같다.	a>=b
	<	~보다 작다.	a<b
	<=	~보다 작거나 같다.	a<=b
	==	같다.	a==b
	!=	다르다.	a!=b

51 ④
계기용 변압기
교류전압의 확대를 위한 장치이다.

52 ①
영상주파수=수신주파수+2×중간주파수
중간주파수=국부발진주파수-수신주파수
=900-850=50[kHz]
따라서, 영상주파수=850+2×50=950[kHz]이다.

53 ①
광학 현미경과 전자 현미경(electronic microscope)이 기본적으로 다른 점은 광학 현미경에서는 시료 위의 정보를 전하는 매개체로서 빛을 사용하여 상을 확대하는 데 광학 렌즈를 사용하지만, 전자 현미경에서는 정보를 전달하는 매개체로서 전자 빔을 사용하고 또한 상을 확대시키는 데에는 전자 렌즈를 사용하는 것이다.

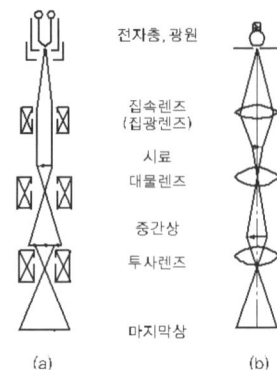

[2단 확대 전자 현미경과 광학현미경과의 관계]

54 ②

55 ③
A9B3-8A1B=F98
16진수이므로 0에서 F(15)까지 사용한다.

56 ①
볼로미터 전력계는 저항소자(서미스터)의 변화 분을 측정하여 도파관 속을 전파하는 마이크로파대의 전력을 측정하는 계기이다.

57 ①
RAM(Random Access Memory)
저장한 번지의 내용을 인출하거나 새로운 데이터를 써넣을 수 있으나, 전원이 꺼지면 내용이 소멸된다.
㉠ 스태틱(Static)형(SRAM) : 단위 기억 소자가 플립플롭으로 구성되어, 속도가 빠르다.
㉡ 다이내믹(Dynamic)형(DRAM) : 단위 기억 비트당 가격이 저렴하고 집적도가 높다.

58 ③
자료의 구조
① 비트(bit) : binary digit의 약어로 정보를 나타내는 최소의 단위이다.
② 바이트(byte) : 하나의 문자나 일정한 크기의 수를 기억하는 단위로서 8개의 비트를 연결한 모임을 말한다.
③ 워드(word) : 몇 개의 바이트의 모임으로, 하나의 기억 장소에 기억되는 데이터의 범위를 의미한다.
 ㉠ 반 워드(half word) : 2byte
 ㉡ 풀 워드(full word) : 4byte
 ㉢ 더블 워드(double word) : 8byte
④ 항목(field 또는 item) : 정보의 전달을 위한 최소한의 문자의 집단을 말한다.

⑤ 레코드(record) : 한 단위로 취급되는 서로 관련 있는 항목들의 집단을 말한다.
⑥ 파일(file) : 어떤 한 작업에 관련된 레코드들의 집합을 의미한다.
⑦ 데이터베이스(data base) : 상호 관련된 파일들의 집합을 말한다.
※ 정보의 단위 비교
비트＜바이트＜워드＜필드＜레코드＜파일＜데이터베이스

59 ④
일렉트로 루미네선스(EL)란 형광체를 포함한 반도체에 전기장을 가하면 빛이 방출되는 현상을 말한다.

60 ③
표피오차는 고주파로 인한 열선 저항의 표피 작용으로 인한 오차가 발생하므로 고주파의 대전류는 철심을 사용한 고주파 변류기를 사용한다.

7회

01 ②
$P = VI = 100 \times 0.25 = 25[W]$

02 ③
NOR 게이트는 OR 게이트의 부정 연산을 하는 회로로서 논리식은 $F = \overline{A+B}$로 나타낸다.

03 ③
$(A+B)(A+C)$
$= A \cdot A + A \cdot C + B \cdot A + B \cdot C$
$= (A + A \cdot C) + A \cdot B + B \cdot C$
$= A + A \cdot B + B \cdot C = A + B \cdot C$

04 ③
$V_r = IR - \dfrac{ER}{r+R} = \dfrac{100 \times 16}{4+16} = 80[V]$

05 ①
101 + 111 = 1100

06 ②
유전 가열은 고주파 전장, 유도 가열은 고주파 자장을 가하는 것이므로 직류를 쓸 수 없다.

07 ③
진공 중에서는 $\mu_s = 1$, 공기 중에서는 $\mu_s ≒ 1$이다.

08 ④
합성저항 $R_P = \dfrac{1}{\dfrac{1}{4} + \dfrac{1}{5} + \dfrac{1}{8}} = \dfrac{40}{23}$
$\therefore I = \dfrac{V}{R} = \dfrac{40}{\dfrac{40}{23}} = 23[A]$

09 ③
링깅(ringing)이란 펄스의 상승 부분에서 진동의 정도를 말하며, 높은 주파수의 성분에서 공진하기 때문에 생기는 것이다.

10 ③
n개의 비트로는 2^n개의 데이터를 표현할 수 있으므로 $2^8 = 256$

11 ②
주기 $T = \dfrac{1}{f} = \dfrac{1}{60} ≒ 0.0167$

12 ④
중앙처리장치(CPU)는 넓은 의미로 보면 연산, 제어, 기억의 3가지 기능을 가지고 있다. 그러나 좁은 의미에서는 기억 기능은 제외되기도 한다.

13 ③
정전형 계기는 일종의 콘덴서이므로 교류측정에서는 극히 적은 전류가 흐르지만 직류측정에서는 전류가 흐르지 않는다. 따라서 계기 내부의 전력손실은 거의 없다.

14 ②
상승 시간(rise time)이란 입력 펄스의 최대 진폭의 10[%]에서 90[%]까지 상승하는 데 걸리는 시간을 말한다.

15 ②
자장 안에 놓여 있는 도선에 전류가 흐를 때 도선이 받는 힘의 방향, 즉 전자력의 방향은 그림과 같이 왼손 세손가락을 서로 직각 방향으로 펼치고, 가운데 손가락을 전류, 집게손가락을 자장의 방향으로 하면, 엄지손가락의 방향은 힘의 방향이 된다. 이것을 플레밍의 왼손법칙(Fleming's lefthand rule)이라 한다.

16 ①
데카(decca)는 한 조를 이루는 지상국에서 펄스 대신에 연속파를 발사하고, 수신 장소에서는 구 위상차를 이용하여 거리차를 알아내는 쌍곡선 항법이다.

17 ②
$P = \dfrac{V^2}{R}[W]$에서

$$P' = \frac{(0.9V)^2}{R} = 0.81\frac{V^2}{R}$$
$$= 0.81 \times 600 = 486[W]$$

18 ④
① DTL : diode transistor logic
② RTL : resistor transistor logic
③ TTL : transistor transistor logic

19 ②
AND회로는 입력값이 전부 1일 경우에만 출력이 1이 되고 그 밖의 경우에는 출력이 0이 되는 회로를 말한다.

20 ③
표준 신호 발생기의 조건
① 주파수가 정확하고 가변 범위가 넓을 것
② 변조도가 자유롭게 조절될 수 있을 것
③ 출력이 가변될 수 있고, 그의 정확한 값을 알 수 있을 것
④ 출력 임피던스가 일정할 것
⑤ 불필요한 출력을 내지 않을 것
⑥ 누설 전류가 적고, 장기 사용에 견딜 것
⑦ 변조 특성이 좋으며, 지시 변조도가 정확할 것

21 ②
컨덕턴스의 단위로는 지멘스(siemens, 기호 S) 또는 모(mho, 기호 ℧ 또는 Ω^{-1})를 쓴다.

22 ②
$G_1 = (x - Hy) = y$
$y = \frac{G_1}{1 + G_1 H}$ 에서 직렬 되먹임계이므로 $H = 1$
$\therefore \frac{y}{x} = \frac{G_1}{1 + G_1}$

23 ④
정수형 상수는 소수나 지수를 포함하지 않는 수를 의미하며, -32768부터 32767까지의 정수를 사용한다.

24 ④

25 ②
신호 주파수를 f_s, 최대 주파수 편이를 Δf라고 하면 변조 지수 m_f는
$m_f = \frac{\Delta f}{f_s} = \frac{15}{3} = 5$

26 ③
중앙처리장치와 모든 주변장치가 일관성 있게 동작하기 위해서는 적절한 제어 신호의 통로가 구성되어 있어야 한다.

27 ②
두 도선에 흐르는 전류의 방향이 같으면 흡인력이 작용하고, 두 전류의 방향이 서로 반대이면 반발력이 작용한다.

28 ②
$R_m = \left(\frac{600}{150} - 1\right) \times 18000 = 54000$

29 ④
전자냉동은 대용량에 효율을 문제로 하는 곳에서는 단점이 많으므로 열용량이 작은 국부적인 부분의 냉각 또는 항온조에 적합하다.

30 ①
수소가스를 채운 조그마한 기구에 기상관측 장비와 발진기를 실어서 대기 상공에 띄워 무선으로 대기 상공의 기압, 온도, 습도 등의 기상 요소를 측정하는 기기를 라디오존데(radiosonde)라 한다.

31 ①
양자는 양(+)전기, 전자는 음(-)전기를 가지고 있으며, 같은 종류의 전기를 가진 것은 서로 반발하고 다른 종류의 전기를 가진 것은 서로 흡인한다.

32 ④
태양전지는 광전지의 일종으로 태양광선의 에너지가 전지 에너지로 변환되므로 새로운 전력원으로 주목되고 있으며, ㉮, ㉯, ㉰의 장점이 있으나 대전력용은 태양 광선에 따라 출력의 변동이 있으며, 부피가 크고, 가격이 비싸다는 단점이 있다.

33 ②
전류 $I[A]$의 크기는 1[sec] 동안에 얼마만큼의 전기량이 이동했는가에 따라 정해진다.

34 ④
논리 연산의 기본 연산은 AND, OR, NOT이다.

35 ②
병렬 분로에 흐르는 전류는 저항에 반비례하므로
R_1에 흐르는 전류는 $I_1 = \frac{R_2}{R_1 + R_2} I[A]$,
R_2에 흐르는 전류는 $I_2 = \frac{R_1}{R_1 + R_2} I[A]$

36 ①
초음파 세척은 초음파의 진동에 의한 캐비테이션(cavitation) 현상을 이용한다.

37 ④
word는 여러 byte의 묶음으로 byte의 수에 따라 다음과 같이

불린다.
① Half word(반 워드) : 2[byte](16[bit])
② Full word(풀 워드) : 4[byte](32[bit])
③ Double word(더블 워드) : 8[byte](64[bit])

38 ③

$\frac{G_1}{1+G_1G_2}A$ 에서 $G=\frac{C}{A}=\frac{G_1}{1+G_1G_2}$

39 ②

간접 주소지정방식에는 한 번 메모리를 액세스하면 그것이 목적 데이터의 번지이므로 다시 메모리를 액세스해야 하며 결국 2회의 메모리 액세스가 필요하다.

40 ④

견고하며 색상조합이 용이하다.

41 ③

source program → compile → object program → loader → execute

42 ①

주기억장치에는 memory controller 외에 MAR(memory address register)과 MBR(memory buffer register)이 존재한다.

43 ①

오실로스코프의 음극선관은 전자총, 편향판, 형광판의 주요 부분으로 구성된다.

44 ②

피측정량의 측정값 M과 피측정량의 참값 T의 차, 즉 M-T를 측정 오차라 한다.

45 ④

전파는 파장이 짧을수록(주파수가 높을수록) 지향성이 강하므로 레이더에서는 주파수 1000[MHz] 이상의 초단파가 사용된다.

46 ④

고주파 유전 가열의 장·단점
[장점]
 ① 가열이 골고루 된다.
 ② 온도상승이 빠르다.
 ③ 전원을 끊으면 가열이 곧 멈추어 주위의 열에 의하여 가열되지 않는다.
 ④ 내부 가열이므로 표면 손상이 되지 않는다.
[단점]
 ① 고주파 발진기의 효율이 낮다.
 ② 설비가 비싸다.
 ③ 피열물의 모양에 제한을 받게 된다.

④ 통신 방해를 준다.

47 ④

직렬 연결된 회로의 전류는 어느 저항값에서나 같다.

48 ①

전자렌즈에서 색수차는 상이 흐려지는 원인이 된다. 색수차의 발생원인은 전자빔이 시료를 투과할 때 속도가 다른 여러 전자가 생기거나 전자의 가속전압 및 전자렌즈의 여자 전류의 변동에 의하여 전자속도가 변동하여 발생된다.

49 ④

2의 보수는 덧셈 시 자리올림을 무시한다.

50 ①

오실로스코프로는 전압, 전류, 파형, 위상 및 주파수, 변조도, 시간간격, 펄스의 상승시간 등의 제현상을 측정할 수 있다.

51 ①

$E = \frac{V}{R} \times (R+r)$ 에서

$V = \frac{ER}{R+r} = \frac{100 \times 300}{333} = 90[V]$

52 ②

브리지법은 미지의 양을 기지의 양과 비교시켜 측정기의 지시를 0이 되도록 하는 방법이므로 영위법에 해당한다.

53 ④

온도의 변화를 저항의 변화로 검출하는 데에는 백금선이나 니켈선, 서미스터가 측온 저항체로 쓰인다.

54 ①

수신기의 종합 특성
① 선택도 : 희망하는 전파를 어느 정도까지 분리해낼 수 있는지의 능력
② 충실도 : 변조 신호를 어느 정도까지 충실하게 재현할 수 있는지의 정도
③ 감도 : 미약한 전파를 어느 정도까지 수신할 수 있는지의 능력
④ 안정도 : 장시간에 걸쳐 일정한 출력을 낼 수 있는지의 능력

55 ③

색의 종류를 나타내는 색상, 선명도를 나타내는 채도, 명암의 정도를 나타내는 명도(휘도)를 색의 3요소라 한다. 색광에는 파랑이라든지 빨강 등 색채의 종류를 나타내는 색상(hue)과 색깔이 없는 것에서부터 진한 색까지의 정도, 즉 선명도를 나타내는 채도(saturation), 또 명암의 정도를 나타내는 휘도(luminosity : 색깔로는 명도) 등 세 가지 속성이 있고, 특히 색상과 채도를 합쳐서 색도(chromaticity)라고도 부른다.

56 ④
태양전지는 인공위성의 측정장치용 전원으로 많이 이용되며, 등대나 산 위의 초단파 무인 중계소 등에 이용되고 있다.

57 ③
회전 비컨은 측정에 필요한 시간이 너무 길어서 항공기에 사용되지 않으며 선박에만 사용된다.

58 ④
구동 방식에 따른 LCD의 구분 중 수동형(passive-matrix)의 단점은 잔상문제로 화질이 낮고, 응답속도가 느리다.

59 ②
태양전지(solar cell)는 반도체의 PN 접합에 빛이 입사할 때 기전력이 발생하는 광기전력 효과를 이용한 것이다.
태양전지의 구성은 양극(+)은 P형 실리콘 층으로, 음극(-)은 N형 실리콘 층으로 구성된다.

60 ④
OLED의 단점
① 크기가 커질수록 필요 전류량이 증가한다.
② RGB를 각각 만들기 어렵다.
③ 수명이 비교적 짧다.

8회

01 ③
컴퓨터에서 연산자는 산술연산자, 논리연산자, 관계연산자, 조건연산자로 구성되며 함수의 연산기능, 제어기능, 전달기능을 수행한다.

02 ②
$1010.100_{(2)} = 1 \times 2^3 + 1 \times 2^1 + 1 \times 2^{-1}$
$= 10.5_{(10)}$

03 ④
비트(bit)는 전자계산기 내부에서 데이터를 기억하기 위한 정보의 최소 단위이며, 1개의 비트는 2진수 0 또는 1 중에서 어느 하나를 기억하게 된다.

04 ①
$I = \dfrac{Q}{t} = \dfrac{600}{10 \times 60} = 1[A]$

05 ①
로란 A국의 주파수는 1750, 1850, 1950[kHz] 등이 사용되고 있다.

06 ③
켈빈 더블 브리지는 1[Ω] 이하 10^{-2}[Ω] 정도의 저저항의 정밀측정에 사용된다.

07 ①
fan-out가 가장 큰 것은 CMOS이며 다음으로 TTL이다. CMOS는 50개 이상, TTL은 15개 정도이다.

08 ③
① 초음파 가공 : 16~30[kHz]
② 소나 : 15~100[kHz]
③ 초음파 탐상 : 5~15[MHz]
④ 에멀선화 : 20[kHz]

09 ①
보정 $\alpha = T - M$
$= 15 - 14.85 = 0.15[A]$

10 ④

11 ①
1K = 2^{10} = 1024

12 ③
① 제어요소 : 동작 신호를 조작량으로 변환하는 요소이며 조절부와 조작부로 되어 있다.
② 검출부 : 제어량을 검출하고 기준 입력 신호와 비교시키는 부분으로 사람에 비유하면 감각기관에 해당한다.
③ 조절부 : 기준 입력과 검출부 출력과의 차가 되는 신호(동작 신호)를 받아서 제어계가 정하여진 행동을 하는 데 필요한 신호를 만들어 조작부에 보내는 부분으로 사람에 비유하면 두뇌에 해당되며, 제어장치의 중심을 이룬다.
④ 조작부 : 조절부로부터 받은 신호를 조작량으로 바꾸어 제어대상에 보내 주는 부분으로 사람에 비유하면 손, 발에 해당한다.

13 ①
프로그램 처리는 입력→번역→적재→실행→출력의 순으로 진행된다.

14 ④
고주파 유도 가열장치에서 용해로, 진공로, 가공장치, 표면 경화장치 및 댐 장치 등이 있다.

15 ②
$R_m = \left(\dfrac{500}{100} - 1\right) \times 10 = 40[\text{k}\Omega]$

16 ①
구동 토크에 반항하여 가동 부분을 원래의 위치에 복귀시키

17 ③

$I = \dfrac{Q}{t}$ [A]에서

$Q = It = 5 \times 10 \times 60 = 3000$ [C]

18 ②

순서도 작성 방법
① 위에서 아래로 작성한다.
② 분기점이 있는 경우 왼쪽에서 오른쪽으로 작성한다.
③ 기호와 기호 사이에는 화살표로 연결한다.
④ 기호 내부에는 처리내용을 간단명료하게 표시한다.
⑤ 한 면을 다 그릴 수 없거나 연속적인 표현이 어려울 때는 연결 기호를 사용한다.

19 ④

Instruction(명령)은 operation code와 operand로 구성되며, operand의 각각은 콤마로 구분된다.

20 ②

표피 효과에 의하여 금속의 외부 가열이 쉽게 된다.

21 ②

부하에 가해진 전압과 흐르는 전류의 크기가 비례함을 밝힌 사람이 옴(Ohm, Georg Simon)이며, 이 관계를 표시하는 법칙이 옴의 법칙이다.

22 ③

지향성 수신 방식의 방사상 항법으로 그림에서와 같이 하나의 목표에 직선으로 도달하는 것을 호밍이라 한다.

23 ①

시정수란 입력 신호가 변화했을 때 출력 신호가 정상 상태에 도달하기까지(최종값 63.2[%])의 입력 신호에 대한 응답의 상승 속도를 표시한다.

24 ②

영위법은 검출기의 감도만 높다면 표준량의 정확도로 정밀도가 결정되므로 편위법보다 정밀한 측정을 할 수 있다.

25 ①

전류 I는 단위시간 t에 이동한 전기량 Q이다.

26 ②

$A \cdot 0 = 0$

27 ①

서브루틴의 호출 시 프로그램 카운터의 내용은 stack(스택)에 푸시하게 된다.

28 ①

블로킹 발진기나 멀티바이브레이터는 펄스파를 발생시키는 발진기로서 출력측에 C를 1개 넣고 이것을 전원 전압으로 충방전시킴으로써 톱니파 전압을 얻는다. 또는 UJT나 SCR도 이미터나 게이트에 LC의 회로를 넣어 충방전시킴으로써 톱니파를 발생시킬 수 있다.

29 ③

제어 기능(control function)은 전자계산기의 각 기능이 유기적으로 동작하도록 여러 장치들을 제어하며, 기억장치에 기억된 프로그램을 해독하고, 그 해독된 내용에 따라 동작하도록 지시하는 기능이다.

30 ①

$I = \left(1 + \dfrac{r_a}{R_s}\right) I_a$ [A], $n = \left(1 + \dfrac{r_a}{R_s}\right)$ 에서

$R_s = \dfrac{r_a}{n-1} = \dfrac{90}{\dfrac{10}{1} - 1} = 10 [\Omega]$

31 ③

태양전지를 연속적으로 사용하기 위해서는 태양광선을 얻을 수 없는 경우를 대비하여 축전장치가 필요하다.

32 ②

반도체 레이저는 반도체의 특수한 성질을 이용한 것이며 갈륨 비소(GaAs) PN 접합 레이저는 그 대표적인 것이다.

33 ②

전달함수 $G = \dfrac{e_e}{e_i} = \dfrac{R_2}{R_1 + R_2}$ 에서

$G = \dfrac{85}{15 + 85} = 0.85$

34 ②

서브루틴(subroutine)은 주 프로그램 내에서 같은 프로그램의 반복을 피하는 방법이다.

35 ④

제어량의 종류 : 온도, 압력, 속도, 잔압, 주파수 등

36 ①

기억장치에 데이터를 저장하거나 꺼내는 데 걸리는 시간을 액세스 타임(접근 시간)이라 한다.

37 ④

누산기(accumulator)는 ALU(연산장치) 내에서 산술 연산 및 논리 연산 후 계산된 값을 저장하기 위해 사용되는 레지스터이다.

38 ③
STACK(스택) : 제일 나중에 들어온 원소가 제일 먼저 삭제되는 특성을 가지므로 후입 선출(last-in first-out) 리스트라 한다.

39 ④
① 가중치 코드(Weighted code) : 각 자릿수에 일정한 값을 갖는 코드(8421코드, 5421코드, 바이쿼너리 코드, 링 카운터 코드 등)
② 비가중치 코드(Unweighted code) : 각 자릿수에 가중치를 갖지 않는 코드(3초과 코드(Excess 3 code), 그레이 코드(Gray code), 5중 2코드 등

40 ③
전지의 기전력은 전지에 전류를 흘리지 않는 전위차계(potentiometer)로 측정해야 정밀한 측정이 된다.

41 ①
1개의 태양전지에서 광전 변환 효율은 이론상 최대 22[%]이지만, 실제에 있어서는 최대 16[%] 정도이고, 양상품에서는 9~12[%]이다.

42 ②
물체를 고온으로 가열하면 온도 복사에 의하여 빛을 방출하나, 그 밖의 다른 자극에 의하여 빛을 방출하는 현상을 루미네센스라 한다.

43 ④
$K = \dfrac{\sqrt{4^2+3^2}}{50} \times 100 = 10[\%]$

44 ④
문제 분석 → 순서도 작성 → 프로그램 코딩 → 입력 → 수정 → 테스트 → 평가 → 실행

45 ②
태양전지(solar cell)는 반도체의 PN 접합에 빛이 입사할 때 기전력이 발생하는 광기전력 효과를 이용한 것이다.

46 ②
반도체의 전기 저항이 온도에 따라서 변화하는 성질을 가진 회로 소자를 서미스터(thermistor)라 한다.

47 ②
$a = \dfrac{N_1}{N_2} = \dfrac{V_1}{V_2}$ 에서
$N_2 = \dfrac{V_2}{V_1} N_1 = \dfrac{12}{120} \times 500 = 50[회]$

48 ①
AND 게이트(논리곱)는 n개의 입력과 1개의 출력으로 구성되며, 모든 입력 중 하나만 0이어도, 출력은 0이 된다.

49 ④
① 표준부하법 : 표준부하로서 램프를 사용하여 광도차로 전력 측정을 하거나 냉각수 속에 탄소저항을 넣어 온도차로 전력측정을 한다.
② C-C형 : 열전대와 콘덴서 및 직류전류계로 단파대 정도의 고주파전력을 측정한다.
③ C-M형 : 동축급전선과 같은 불평형 급전선에 사용되는 초단파용 고주파 전력측정기이다.

50 ④
잡음지수 측정에는 잡음 발생기 또는 신호 발생기를 사용하여 지시 출력(레벨계, 수신기) 계기를 이용한다.

51 ①

52 ②
$\alpha = \dfrac{\beta}{1+\beta} = \dfrac{49}{1+49} = 0.98$

53 ③
트랜지스터(BJT)의 동작영역에서 증폭기로 사용하기 위해서는 활성영역에서 동작하여야 하고, 논리회로에 사용하기 위해서는 포화영역과 차단영역을 사용한다.

54 ②
$m = \dfrac{\rho-1}{\rho+1} = \dfrac{2-1}{2+1} = \dfrac{1}{3}$

55 ④
전장 발광(또는 EL 램프)은 도로 표지, 시계나 계기의 문자판 등에 이용되고 있다.

56 ④

57 ④
① 반파 정류회로의 평균값 = $\dfrac{V_m}{\pi}$
② 전파 정류회로의 평균값 = $\dfrac{2V_m}{\pi}$

58 ③
펠티에 효과(Peltier effect)란 2개의 다른 물질의 접합부에 전류가 흐르면 열을 흡수하거나 발산하는 현상으로 이 효과는 금속과 금속을 접합했을 경우보다 반도체와 금속의 접합 또는 반도체의 PN 접합을 이용했을 경우가 크며, 반도체인 BiTe계 합금의 PN 접합이 전자 냉동으로 많이 이용되고 있다.

59 ③

제어용 증폭기의 종류
① 전기식 : 트랜지스터나 진공관을 사용하여 증폭하는 방식
② 유압식 : 입력신호에 따라서 압력 기름의 통과량을 변화시켜서 출력신호를 증폭하는 방식
③ 공기식 : 노즐 플래퍼(nozzle flapper)로 변위를 공기압으로 바꾸고, 공기압을 파일럿 밸브로 증폭하여, 그 압력을 진동판으로 받아서 변위를 변화시키는 방법

60 ④
OLED와는 달리 스스로 빛을 낼 수 없어서 뒤쪽에 백라이트를 붙였기에 백라이트로 인하여 OLED보다 약간 더 두껍다.

전자기기기능사 과년도 3주 완성

1판 1쇄 발행 2012. 1. 5.	8판 1쇄 발행 2019. 1. 5.	
2판 1쇄 발행 2013. 1. 5.	9판 1쇄 발행 2020. 1. 5.	
3판 1쇄 발행 2014. 1. 5.	10판 1쇄 발행 2021. 1. 5.	
4판 1쇄 발행 2015. 1. 5.	11판 1쇄 발행 2022. 1. 5.	
5판 1쇄 발행 2016. 1. 5.		
6판 1쇄 발행 2017. 1. 5.		
7판 1쇄 발행 2018. 1. 5.		

지은이 전자기기문제연구회
펴낸이 김 주 성
펴낸곳 도서출판 엔플북스
주 소 경기도 구리시 체육관로 113번길 45. 114-204(교문동, 두산)
전 화 (031)554-9334
F A X (031)554-9335

등 록 2009. 6. 16 제398-2009-000006호

정가 **19,000**원
ISBN 978-89-6813-353-4 13560

※ 파손된 책은 교환하여 드립니다.
　본 도서의 내용 문의 및 궁금한 점은 저희 카페에 오셔서 글을 남겨주시면 성의껏 답변해 드리겠습니다.
　http://cafe.daum.net/enplebooks

📝 전자기기 수험서

| 전자기기기능사 필기 | 전자기기기능사 필기 과년도3주완성 | 전자기기기능사 실기 |

📝 전자캐드 수험서 ## 📝 의료 요양 수험서

전자캐드기능사 필기 | 전자캐드기능사 필기 과년도3주완성 | PADS로 전자캐드기능사 냉큼따기 | 의료전자기능사 과년도3주완성 | 요양보호사 도전 10일

📝 무선 통신 수험서

   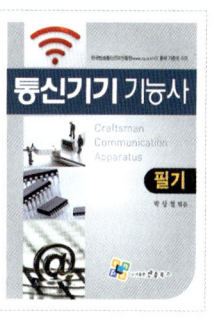 

무선설비기능사 필기 | 통신선로기능사 필기 | 통신선로기능사 과년도 3주완성 | 통신기기기능사 필기 | 무선설비&통신기기기능사 실기

📝 전기 수험서

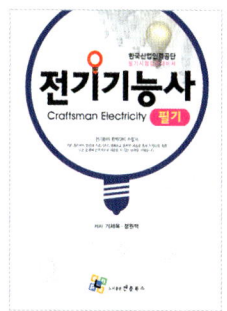   

전기기능사 필기 | 전기기능사 과년도 3주완성 | 전기기능장 필기 | 전기기능장 실기

✎ 공조냉동기계 수험서

공조냉동기계기사 필기 　 공조냉동기계기사 과년도7주완성 　 공조냉동기계산업기사 필기 　 공조냉동기계산업기사 과년도4주완성

공조냉동기계기능사 필기 　 공조냉동기계기능사 과년도3주완성

✎ 실내건축 수험서

  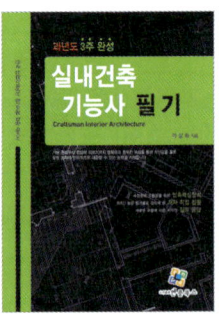 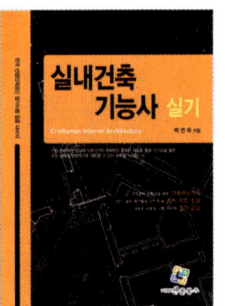 

실내건축기사 필기 과년도7주완성 　 실내건축산업기사 필기 과년도4주완성 　 실내건축기능사 필기 과년도3주완성 　 실내건축기능사 실기 　 실내건축시공실무

✎ 건축설비 수험서　✎ 전산응용건축 수험서

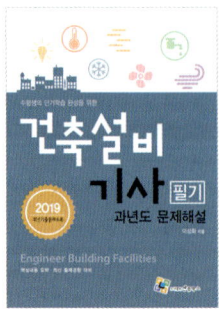  

건축설비기사 필기 과년도 문제해설 　 전산응용건축제도기능사 과년도3주완성 　 전산응용건축제도기능사 실기

지적직 공무원 수험서

핵심 지적학

핵심 공간정보 법규

컴퓨터응용 수험서

항공 부문 수험서

컴퓨터응용선반기능사
과년도3주완성

컴퓨터응용밀링기능사
과년도3주완성

항공산업기사 필기
과년도문제해설

항공기관정비기능사
과년도3주완성

용접 및 에너지·승강기 수험서

용접·특수용접기능사 필기

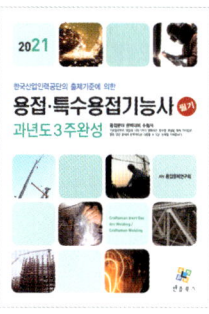
용접·특수용접기능사
과년도3주완성

용접산업기사 과년도4주완성

승강기기능사 과년도3주완성

에너지관리기능사 필기

전자계산기 수험서

전자계산기기능사
과년도 문제해설

전자계산기기사
과년도7주완성

전자계산기조직응용기사
과년도7주완성

기타 수험서

조경기사 산업기사 필기   조경기사 산업기사 실기   조리기능사 실기 (한식)   NCS 조리 실무

교재 및 활용서

 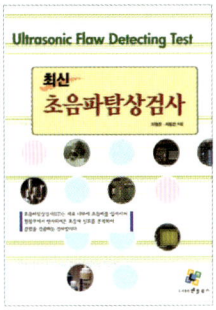  

비파괴검사개론   초음파탐상 검사   맛있는 예쁜 손글씨 POP   강의 스킬과 커뮤니케이션

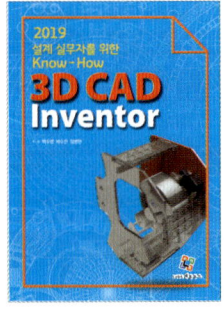   

3D CAD Inventor   PADS로 PCB 아트웍 혼자하기(Ver. VX1.2)   축전지 관리 바이블   사장이 되려면 알아야 한다

도서출판 엔플북스

주소 경기도 구리시 체육관로 113번길 45, 114-204 (교문동, 두산아파트)
TEL 031-554-9334   **FAX** 031-554-9335
DAUM Cafe http://cafe.daum.net/enplebooks